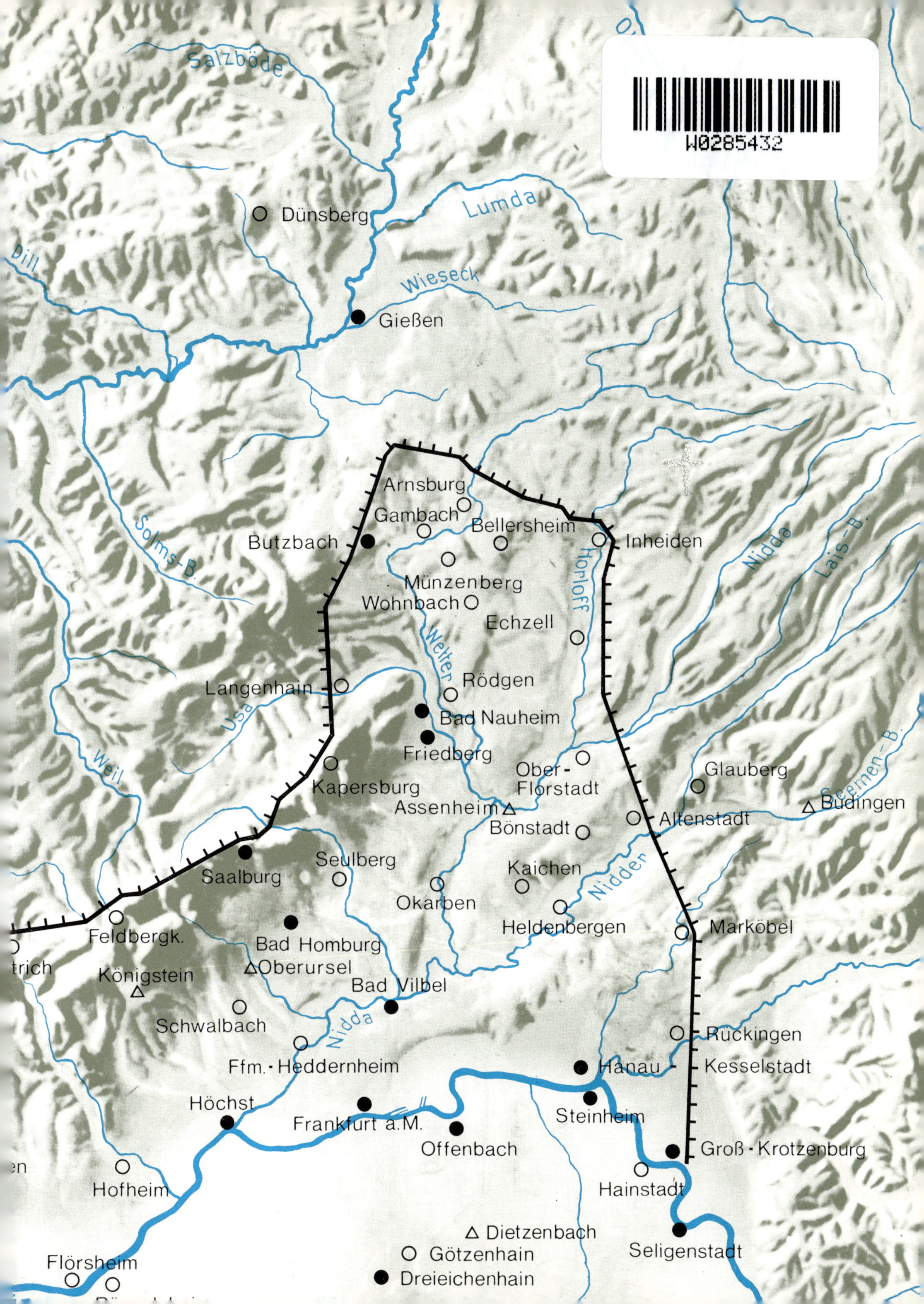
Salzböde
Dünsberg
Lumda
Dill
Wieseck
Gießen
Solms-B.
Arnsburg
Gambach
Bellersheim
Butzbach
Inheiden
Horloff
Nidda
Lais-B.
Münzenberg
Wohnbach
Echzell
Wetter
Rödgen
Langenhain
Usa
Bad Nauheim
Friedberg
Weil
Kapersburg
Ober-
Florstadt
Glauberg
Seemen-B.
Assenheim
Büdingen
Altenstadt
Bönstadt
Saalburg
Seulberg
Kaichen
Nidder
Okarben
Heldenbergen
Feldbergk.
Bad Homburg
Markóbel
Königstein
Oberursel
Bad Vilbel
Schwalbach
Nidda
Rückingen
Ffm.-Heddernheim
Hanau
Kesselstadt
Höchst
Frankfurt a.M.
Steinheim
Offenbach
Groß-Krotzenburg
Hofheim
Hainstadt
Dietzenbach
Flörsheim
Götzenhain
Seligenstadt
Dreieichenhain

Die Römer in Hessen

Die Römer

Herausgegeben von
Dietwulf Baatz
und
Fritz-Rudolf Herrmann

Konrad Theiss Verlag
Stuttgart

in Hessen

unter Mitarbeit von
Bernhard Beckmann,
Wolfgang Czysz, Ingeborg Huld-Zetsche,
Ernst Künzl, Hartmut Lischewski,
Hans Ulrich Nuber, Egon Schallmayer,
Hans Schönberger, Hans-Günther Simon,
Paul Wagner und Jürgen Wahl

Redaktion: Gabriele Süsskind

CIP-Kurztitelaufnahme der Deutschen Bibliothek

Die Römer in Hessen / hrsg. von Dietwulf Baatz
u. Fritz-Rudolf Herrmann. Unter Mitarb. von
Bernhard Beckmann . . . – Stuttgart : Theiss, 1982.
ISBN 3-8062-0267-2
NE: Baatz, Dietwulf [Hrsg.]; Beckmann, Bernhard
[Mitverf.]

Schutzumschlag: Ilse Roebel, Bad Homburg, unter Verwendung eines Fotos von Ernst Müller, Frankfurt a. M.; römischer Parade-Gesichtshelm aus Nida

Typographie: Rolf Bisterfeld
Grafik: Stephen Schwarz, Wiesbaden

Satz, Reproduktionen und Druck:
Grafische Betriebe Süddeutscher Zeitungsdienst, Aalen
Printed in Germany

ISBN 3–8062–0267–2

Vorwort

Das Bundesland Hessen ist erst wenige Jahrzehnte alt. Die Landesteile, aus denen es zusammengewachsen ist, haben jedoch eine lange Geschichte. Vor etwa zweitausend Jahren lebten hier Kelten und Germanen. Dann überschritten die Römer den Rhein und nahmen einen Teil des heutigen Hessen in Besitz. In jenem kleinen Zipfel des Römerreichs entfaltete sich nun ungefähr zwei Jahrhunderte lang ein vielgestaltiges, neues Leben, geprägt durch die überlegene Kultur des Mittelmeerraums. Das römische Gebiet im heutigen Hessen umfaßte auch nur einen geringen Teil der damaligen Provinz Germania superior; keine bedeutende römische Stadt lag darin. Es war ein Grenzland mit einer langen Strecke des Limes, des Schutzwalls gegen die Germanen. Die Lage im Spannungsfeld zwischen Römerreich und Germanenstämmen machte unseren Raum aber schon seit dem Beginn der römischen Kaiserzeit in der damaligen Welt bekannt. Mehr als einmal mußte ein beachtlicher Teil der römischen Macht am Mittelrhein konzentriert werden. Einige Ereignisse nahmen hier ihren Ausgang, die entscheidend in die Geschichte des Römerreichs eingriffen. Führende Verwaltungsbeamte des Reichs, hohe Militärs, Angehörige des Kaiserhauses hatten im Rhein-Main-Gebiet für eine kürzere oder längere Zeitspanne ihren Wirkungskreis. Mehrere Herrscher des Imperiums haben hier geweilt. Römische Historiker und Schriftsteller wie Tacitus, Plinius, Frontinus, Suetonius oder Ammianus erwähnen politische Vorgänge, Kriegshandlungen und andere Denkwürdigkeiten unseres Raums. Zusammen mit den Ergebnissen der heutigen Archäologie ergibt sich daraus ein lebendiges Bild der Eroberung, der Sicherung, Romanisierung und der Auseinandersetzung mit den Germanen.
Es ist unser Ziel, in verständlicher Form einen Überblick über die römische Epoche im hessischen Raum zu geben. Dabei war es gelegentlich notwendig, über die Grenze Hessens zu schauen und etwa die Mainlinie des Limes oder auch die damalige Provinzhauptstadt Mogontiacum (Mainz) einzubeziehen, obgleich sie heute die Hauptstadt eines anderen Bundeslandes ist; das geschah im Interesse einer abgerundeten Darstellung.

In diesem Buch werden die noch vorhandenen Denkmäler aus der Römerzeit – sei es im Gelände, sei es in den Museen – bewußt in den Mittelpunkt gestellt, denn sie sind anschauliche und zuverlässige Zeugen der Antike. Mögen manche von ihnen auch auf den ersten Blick bescheiden und stumm erscheinen, sie werden soweit möglich in ihren Zusammenhang gestellt und zum Sprechen gebracht. So stellt das Buch zugleich einen Führer zu den römischen Sehenswürdigkeiten in Hessen dar. Es ist aus der Zusammenarbeit mehrerer Fachwissenschaftler entstanden, die sich alle an der archäologischen Erforschung der Römerzeit in Hessen beteiligt haben.

Inhalt

Autoren

Prof. Dr. Dietwulf Baatz, Museumsdirektor, Saalburgmuseum Bad Homburg v. d. H. (Ba)

Dr. Bernhard Beckmann, Oberkustos, Saalburgmuseum Bad Homburg v. d. H. (Be)

Dr. Wolfgang Czysz, Konservator, Bayerisches Landesamt für Denkmalpflege, Außenstelle Augsburg (Czy)

Dr. Fritz-Rudolf Herrmann, Regierungsdirektor, Landesamt für Denkmalpflege Hessen, Abteilung für Vor- und Frühgeschichte, Wiesbaden (He)

Dr. Ingeborg Huld-Zetsche, Kustodin, Museum für Vor- und Frühgeschichte Frankfurt a. M. (Hu)

Dr. Ernst Künzl, Direktor am Römisch-Germanischen Zentralmuseum Mainz (Kü)

Hartmut Lischewski, Hungen (Li)

Prof. Dr. Hans Ulrich Nuber, Universität Freiburg i. Br. (Nu)

Dr. Egon Schallmayer, Landesdenkmalamt Baden-Württemberg, Außenstelle Karlsruhe (Scha)

Prof. Dr. Hans Schönberger, Römisch-Germanische Kommission des Deutschen Archäologischen Instituts Frankfurt a. M. (Schö)

Dr. Hans-Günther Simon, Universitätsdozent, Bad Nauheim (Si)

Paul Wagner MA, Frankfurt a. M. (Wg)

Dr. Jürgen Wahl, Glashütten-Oberems (Wa)

I Die Römer in Hessen

Die archäologische Erforschung der Römerzeit in Hessen

von Fritz-Rudolf Herrmann

Eine kritisch-wissenschaftliche Beschäftigung mit römischen Altertümern und Hinterlassenschaften finden wir in nennenswertem Umfang erst seit dem Beginn des 19. Jahrhunderts, als mit der Romantik und vor allem nach den Freiheitskriegen eine Hinwendung zur »vaterländischen Vorzeit« erfolgte. Wie immer eng mit dem Geistesleben der Zeit verbunden, kennen wir jedoch die ersten überlieferten römischen Zeugnisse aus der Zeit des Humanismus im frühen 16. Jahrhundert. Die aus der italienischen Renaissance erwachsende geistige Revolution, die um die Wende vom 15. zum 16. Jahrhundert mit dem Humanismus und der Reformation das Mittelalter beendete, führte auch zu einer besonderen Wertschätzung der deutschen Geschichte und ihrer Denkmäler und dem Bemühen, zu den antiken Quellen zurückzugehen. Einen besonderen Anteil daran hatte nicht zuletzt die Wiederentdeckung der »Germania« des Tacitus im Kloster Hersfeld 1455 und ihre Drucklegung 1473. Allenthalben wurden nun aus allerdings antiquarischem, weniger historischem Interesse Münz- und vor allem Inschriftensammlungen angelegt. In Mainz, einer der Hochburgen des deutschen Humanismus, war es Dietrich Gresemund d. J. (1477–1512), der Führer der Mainzer Humanisten, der eine Sammlung römischer Inschriften aus Mainz und seiner Umgebung zum Druck geben wollte. Sein Plan wurde erst durch Johann Huttich (1487/88–1544) aus dem nassauischen Strinz-Trinitatis verwirklicht, in dessen »Collectanea Antiquitatum in urbe atque agro Moguntino repertarum« (1520, ^{2}1525) mit Inschriftsteinen aus (Wiesbaden-)Frauenstein, (Mainz-)Kastel, Flörsheim und (Frankfurt-)Praunheim die ersten römischen Funde aus Hessen veröffentlicht werden.

Neben diesen Funden galt die Beachtung natürlich den noch sichtbaren Denkmälern des Altertums, und dabei in Hessen, wo abgesehen von geringen Resten außer der Heidenmauer in Wiesbaden aufragende Ruinen fehlten, in erster Linie *Abb. 466* dem größten archäologischen Denkmal Mitteleuropas überhaupt, dem Limes mit seinen Wachttürmen und Kastellen. Im Volke immer als der Pohl (Pfahlgraben, Polgraben) bekannt und erst den Heiden, dann den Römern zugeschrieben, hat ihn der aus dem wetterauischen Bruchenbrücken stammende Humanist Erasmus Alberus (um 1500–1553), der von 1522 bis 1527 als Lehrer in Oberursel wirkte, in seinen »Fabeln des Aesop« um 1550 erstmals ausführlicher beschrieben. Er schildert den Feldberg im Taunus und dichtet dann:

»Rings umbher ligt ein grosser Waldt,
Darumb die alten Heyden haben
Bey zehen meil umbher gegraben,
Ein lange zeit, eh Jhesu Christ
Auff erden mensch geboren ist,
Den graben man noch sehen kan,
Er wirdt genent von jederman
Der Polgrab, und zur lincken handt
Reicht er biß in das Hessenlandt,
Zur rechten handt biß an den Rhein,
Das kan ein langer Polgrab sein.
Derselbig grab vergeht nun sehr,
Dieweil man seiner acht nicht mehr,
Das alter so feindtselig ist,
Beid zeit und alter alles frist.«

Ein seltenes und frühes Zeugnis einer Ausgrabung und ihrer Dokumentation be-
Abb. 1, S. 244 f. sitzen wir aus der Mitte des 16. Jahrhunderts vom Arnheiter Hof zu Füßen des Breubergs am Nordrand des Odenwaldes. Hier war im Jahre 1543 ein Landmann beim Pflügen mit seinen Ochsen eingebrochen, und beim Nachgraben wurde ein unterirdisches Gelaß mit einem Fortuna-Altar aufgedeckt. Das Gebäude, ein römisches Bad, wurde zu großen Teilen sorgfältig ausgegraben und in einer perspektivischen Zeichnung festgehalten, von wem, wissen wir nicht. Später, im Jahre 1604, fand Graf Ludwig zu Löwenstein in der Nähe der Fundstelle
Abb. 171 zwei Viergöttersteine, von denen einer noch erhalten ist. Der Befund wurde offenbar weithin bekannt, findet sich zuerst in handschriftlichen Ausarbeitungen des Marbacher Präzeptors Simon Studion von 1597, gelangte vor 1627 an Jan Gruter in Heidelberg in dessen Materialsammlung für die geplante Fortsetzung seiner 1603 erschienenen »Inscriptiones antiquae totius orbis Romani«, und wird schließlich von Winkelmann 1697 genannt.

Der 1620 in Gießen geborene Antiquar Johann-Just Winkelmann war überhaupt der erste, der in seinem 1654 bis 1657 verfaßten, 1697 erschienenen Werk »Gründliche und warhafte Beschreibung der Fürstenthümer Hessen und Hers-

Abb. 1 Breuberg. Arnheiter Hof. Alter Ausgrabungsplan (Ausschnitt) eines römischen Bades. Von rechts nach links: Kaltbad (frigidarium) und Laubad (tepidarium, 2 Räume). Zeichnung aus dem 17. Jahrhundert

feld« nach eigener Begehung den Pfahlgraben ausführlich beschrieben und weiteren Kreisen bekannt gemacht hat. Über ein Jahrhundert bildete seine Arbeit die Grundlage für weitere Erwähnungen und Beschreibungen. Sonst wurden im 17. Jahrhundert römische Altertümer wohl beachtet – so z. B. die Funde von Inschriftsteinen wie bei Altenstadt 1603, der in die Burg Friedberg gebracht wurde, in Dreieichenhain, der 1605 geborgen wurde, in Dornheim 1612, in der alten Pfarrkirche in Dieburg 1655; der Felsberg im Odenwald mit seinen römischen Werkstücken wurde oft besucht, so etwa 1614 von der Gräfinwitwe von Schönberg und dem Grafen Wilhelm von Nassau – und teilweise in weitverbreiteten Werken wie der »Topographia Hassiae et regionum vicinorum« des Matthäus Merian (1646) erwähnt, doch noch durchaus als Merkwürdigkeiten und Kuriositäten, kaum als historische Quellen angesehen.

Abb. 182
Abb. 202, 203

In die zweite Hälfte des Jahrhunderts fällt auch die erste kartographische Darstellung des Pfahlgrabens. Auf einem Blatt des Atlas »Novae Archiepiscopatus

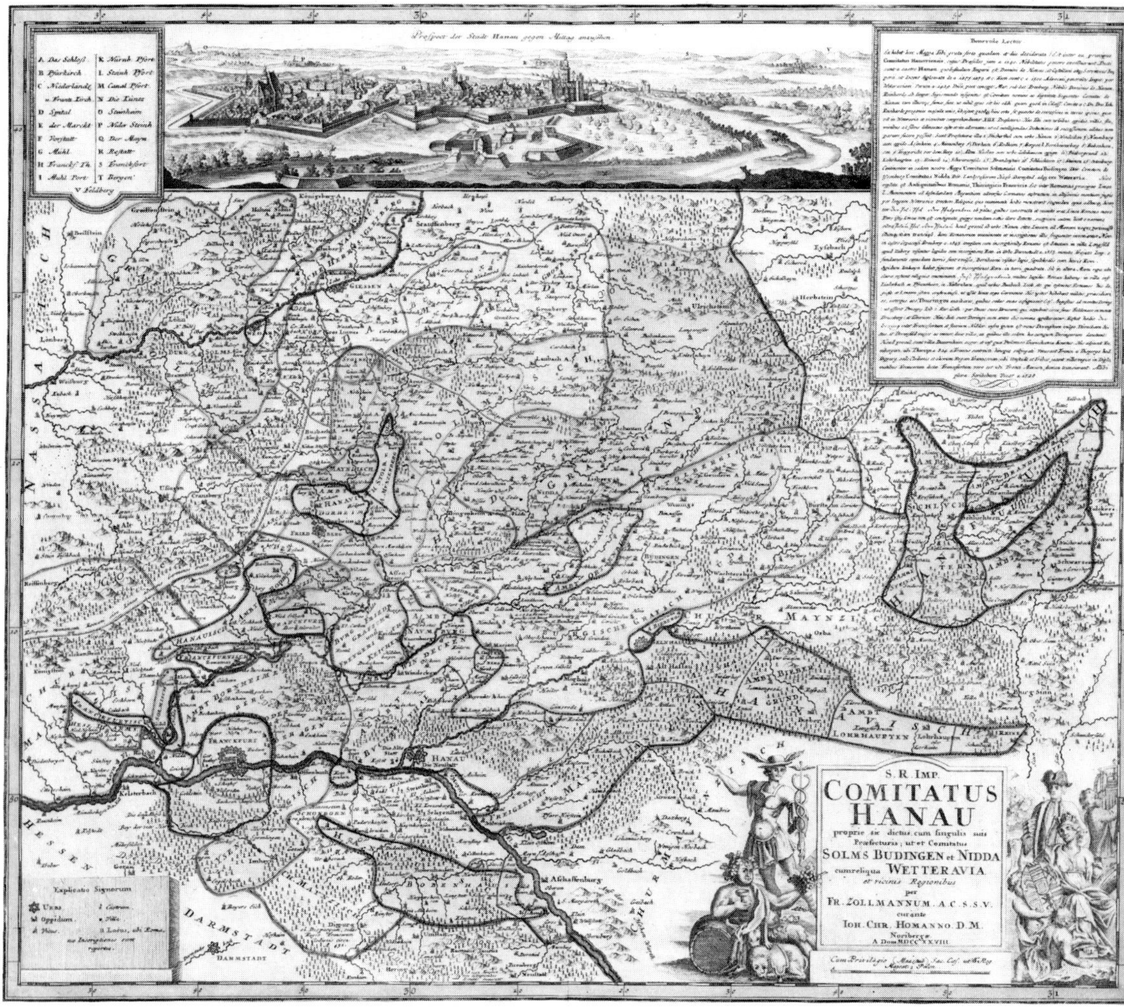

Abb. 2 Karte des »Comitatus Hanau« mit Einzeichnung des Limes von Friedrich Zollmann (1728)

Moguntini Tabulae« von Nikolaus Person (etwa von 1689/90) ist sein Verlauf auf dem Abschnitt zwischen Lenzhahn im Taunus und Langgöns in der Wetterau eingetragen. *Abb. 2* Die nächstältere Karte ist die des »Comitatus Hanau . . . et vicinis Regionibus« von Friedrich Zollmann, verlegt bei Johann Christoph Homann in Nürnberg 1728. Der Limes, bezeichnet als »Reliquiae munimenti Romani sive Lineae adversus Germanos erectae, hodieque Der Pfalgraben, Pfolgraben vel Polgraben dictae«, führt einigermaßen richtig von nördlich Königstein bis Arnsburg und Hungen, dann aber fälschlich weiter in den Vogelsberg in Richtung Schotten – eine Anschauung, die erst gegen Ende des 19. Jahrhunderts endgültig berichtigt wurde; bei Hanau selbst fehlt der Limes, doch in einer kurzen historischen Erläuterung, die auch den erwähnten Fund von Dornheim und Münzfunde von 1553 aus Darmstadt nennt, weist Zollmann auf den Wald Polau, Pfol- oder Pfalau (heute Bulau) östlich von Hanau hin und gibt der Vermutung Ausdruck, daß er nach entsprechenden Funden den Main erreicht und ihn auch überschritten habe (Odenwaldlimes). Erstaunlich an dieser Karte ist zudem, daß sie in der Legende eine eigene Signatur »Locus, ubi Romanae Inscriptiones sunt repertae« enthält, die bei Arnsburg (Lich), Butzbach, der Wüstung Straßheim bei Friedberg, Heddernheim, Praunheim, Unter-Liederbach, Dreieichenhain und Lengfeld auftaucht; die – leicht verschobene – Fundstelle beim Arnheiter Hof ist mit »Hic A. 1543 Templum cum inscriptionibus Romanis invenerunt« bezeichnet. Schon 1732 erschien dann eine historische Karte im »Chronicon Gotwicense« mit dem (im allgemeinen richtig angegebenen) Zug des Pfahlgrabens vom Rhein bis zur Wetterau und der (fälschlich eingezeichneten) Fortsetzung durch Vogelsberg und Spessart bis zum Main unterhalb Miltenbergs.

Daß 1748 die Preußische Akademie der Wissenschaften in Berlin die Preisaufgabe stellte, zu untersuchen, »Wie weit der Römer Macht, nachdem sie über den Rhein und die Donau gesetzt, in Deutschland eingedrungen, was vor Merkmale davon ehemals gewesen und etwa noch vorhanden seien«, zeigt, welches Interesse der wissenschaftlichen Klärung dieser Fragen entgegengebracht wurde, zu einer Zeit, in der allerdings schon fast unzählige Erwähnungen und Mitteilungen über römische Funde und Überreste vorlagen, auch schon erste Nachgrabungen, meist im Zusammenhang mit dem Steinraub aus den Kastellen, durchgeführt worden waren, und nachdem 1723 der Weißenburger Rektor Johann Alexander Döderlein (1675–1745) mit seinen »Schediasma Historicum, Impp. P. Ael. Hadriani & M. Aur. Probi Vallum et Murum, vulgo die Pfahl-Heck, Pfahlrayn, item Die Teuffels-Mauer dictum . . . exhibens« (dt. Ausgabe 1731) grundsätzliche Fragen vor allem für den rätischen Limesbereich beantwortet hatte. Als Beispiele seien aus dem hessischen Raum nur genannt die erste Erwähnung der römischen Ruinen Wiesbadens durch Hellmund (Thermographia peraenetica oder nutzliches Baad-Buch, 1731–1734) und Schenck (Memorabilia urbis Wisbadensis, 1732), römischer Funde aus Echzell durch Ayermann (Einleitung zur hessischen Historie, 1732), der Odenwaldkastelle Hainhaus bei *S. 436 f.*
Vielbrunn und Würzberg durch Schneider (Historie und Stammtafel des *S. 498 ff.*
Hoch-Gräflichen Hauses Erbach, 1736) oder die Veröffentlichung des 1723 gefundenen Caracallasteines von der Saalburg durch Neuhof (Abgefasste Briefe von unterschiedlichen Materien, 1. Stück. Nachricht von zweyen gefundenen alten römischen Monumenten, 1734), zu dem H. Jacobi meint: »Fast scheint in jener Zeit die Auffindung des vielbesprochenen Caracallasteins an der Saalburg den Anstoß zur Limesforschung gegeben zu haben.«

Die Reihe der Veröffentlichungen zu römischen Monumenten setzt sich in der zweiten Hälfte des 18. Jahrhunderts fort, nun teilweise schon mit Arbeiten, die den Beginn der wissenschaftlichen Erforschung wenigstens in Teilbereichen bedeuten. Hatte z. B. der Gießener Professor Johann Georg Liebknecht in seinem naturgeschichtlich ausgerichteten Werk »Hassiae subterraneae specimen. Clarissima testimonia Diluvii universalis . . . imo omnis Antiquitatis exempla certissima exhibens« 1759 Funde aus Echzell und besonders Münz- und Keramikfunde aus Butzbach und Inheiden noch eher beiläufig genannt und auch abgebildet, so ist die 1760 in Idstein erschienene, nach den Gepflogenheiten der Zeit umständlich benannte Schrift »Nachricht von Gelegenheit einiger Römischen Verschantzungen in den ehemaligen Feld-Zügen in Teutschland aufgeworffen, wie sie gegenwärtig noch befindlich und anzusehen sind, nebst einem bestmöglichst verzeichneten Plan auch kurtzen Untersuchung der Zeit und Absicht« von C. P. de Biebourg, einem Sohn aus morganatischer Ehe des Fürsten Carl von
S. 381 f. Nassau-Usingen, ganz einem Abschnitt des Pfahlgrabens im Taunus vor dem Kastell Zugmantel und dem Kastell selbst gewidmet. Biebourg fußte offensichtlich auf den Beobachtungen und der Forschungstätigkeit des Idsteiner Pfarrinspektors Georg Philipp Kraus (1713–1792), »dem vor allem das Verdienst zukommt, der Altertumswissenschaft in seiner nassauischen Heimat Bahn gebrochen zu haben« (Fabricius). Kraus war auch in seiner Zeit als Rektor in Wiesbaden, 1745 bis 1750, anerkannter Sachverständiger für »roemische Ueberbleibsel«. Er hat in einer Anzahl von Veröffentlichungen – der Großteil seiner Untersuchungen blieb ungedruckt – nicht nur Einzelfunde aus den Kastellen Zugman-
S. 343 ff. tel und Alteburg-Heftrich behandelt und in seiner Arbeit »Umständliche Nachricht vom Zug des Polgrabens über das Gebirg von dem Ort Kemel bis an den Feldberg« im Hanauischen Magazin 1784 bis heute nicht überholte Grundlagen zum Limes im westlichen Hochtaunus geliefert; seine Bedeutung liegt nicht zuletzt darin, daß er auf Zeitgenossen wie Gercken, Neuhof, Habel und Luja gewirkt und deren Forschungen angeregt hat. Die Ruinenstätte auf dem »Heidenfeld« bei Heddernheim, »diesem teutschen Pompeji« (v. Gerning) (Pompeji selbst war 1748 wiederentdeckt worden), fand ausführlichere Behandlung mit einem ersten Plan durch H. Sebastian Hüsgen in dessen »Verrätherische Briefe von Historie und Kunst« 1776. Etwa gleichzeitig legte der Fürstlich-Hessen-Homburgische Regierungsrat Elias Neuhof (1724–1799), der als erster die Saalburg als »Schantze der Römer« erkannt hat, 1777 (2. Auflage mit einer Karte 1780) seine »Nachricht von den Alterthümern in der Gegend und auf dem Gebürge bey Homburg vor der Höhe« vor. Das Jahr 1777 kann mit dem Aufsatz des Abbé Häfelin »Nachricht und Bemerkung über einige merkwürdige Säulen
S. 270 ff. von Kornstein (Granit), besonders über jene, die unter dem Namen Riesensäule

bekannt ist« im 1. Jahrgang der in Mannheim erscheinenden Rheinischen Beiträge zur Gelehrsamkeit ebenfalls als Anfang wissenschaftlicher Beschäftigung mit dem Felsberg angesehen werden. Im schon genannten Hanauischen Magazin, das mit acht Bänden von 1778 bis 1785 erschien und als erste Heimatzeitschrift für die Wetterau und angrenzende Gebiete gelten kann, finden sich mehrere Beiträge über römische Funde, dabei z. B. die Erwähnung römischer Münzen aus dem Sauerbrunnen bei Schwalheim 1778 und 1783. Zahlreiche hessische Fundorte und Funde, vor allem aus dem Castellum Mattiacorum, Kastel bei *S. 369 ff.* Mainz, waren auch schon von dem Mainzer Pater Joseph Fuchs in seinem Werk »Alte Geschichte von Mainz« 1771/72 genannt worden.

Schon früh, seit den ersten Autoren, ist die Sorge um Erhaltung und Bewahrung der Denkmäler erkennbar, also Bemühungen, die wir heute als Gesichtspunkte der Denkmalpflege bezeichnen würden. Huttich (1520) hoffte auf den Schutz und die Rettung schon bekannter und zukünftig zutage kommender römischer Funde, »damit sie nicht durch die Hand Ungebildeter zerstört werden«. Seine Befürchtungen waren wohl berechtigt, denn »Die Festungsbauten des 17. und 18. Jahrhunderts zogen fast alle römischen Friedhöfe in Mitleidenschaft. Vieles wurde durch Kriegseinwirkungen bis in die neueste Geschichte zerstört. Manches verschwand aus Mainz durch großzügige Schenkungen der Mainzer Kurfürsten an die Raritätenkabinette befreundeter Fürsten. Andere Denkmäler wiederum gingen in Mainz durch die Unwissenheit und Gedankenlosigkeit der eigenen Bürger zugrunde oder verloren« (Boppert). Alberus (1550) schreibt zum Pfahlgraben wie schon zitiert »Derselbig grab vergeht nun sehr, dieweil man seiner acht nicht mehr«, und so fort. Die römischen Stätten wurden mehr und mehr als bequeme Steinbrüche benutzt, wofür als klassisches Beispiel die gründliche Zerstörung des Kastells Alteburg bei Heftrich seit dem 12. Jahrhundert zu nennen ist. Nicht nur hier wurden »auch Schatzgräber durch die vielen zerstreut herumliegenden Trümmer angelockt«, es wurde »auf eine tolle Art öffentlich nach Gold gegraben«, und der Pfarrer des Ortes führte von 1741 bis 1754 gegen sie einen erbitterten, aber vergeblichen Kampf. In Heddernheim »eröffnete der Verkauf der neben den Mauern zufällig gefundenen Alterthümer, Bronzen, Münzen etc., durch die Concurrenz mehrerer Sammler in der Nachbarschaft, den Landleuten einen neuen einträglichen Industriezweig« (F. G. Habel). Verschiedene landesweite oder regional begrenzte Verordnungen, gleichsam die ersten »Denkmalschutzgesetze«, blieben praktisch wirkungslos – so die älteste überhaupt des Landgrafen Friedrich II. von Hessen-Kassel von 1780, später für das Großherzogtum Hessen des Großherzogs Ludwig I. von 1818 oder der Homburger Landgrafen Friedrich V. gegen das Steinebrechen auf der Saalburg von 1818 und Ferdinand von 1851 gegen die »Schatzgräber«, mit

Abb. 3 Erbach-Bullau. Kirche. Lateinische Inschrift des 18. Jh. auf der linken Seite der Kopie des Fortuna-Altars: »Das Original dieses Steins wurde im Juli 1764 durch die Akademie der Wissenschaften nach Mannheim versetzt«

dem das »planlose Durchwühlen dieses geschichtlichen Bodens« verboten und die »meist auf Schatzgräberei und nicht auf Altertumsforschung gerichteten Ausgrabungsgesuche« abgelehnt wurden. Frühe Beispiele des Denkmalschutzes zur Erhaltung einzelner Inschriftendenkmäler kennen wir gelegentlich, etwa die Rettung des schon erwähnten, in einen der Türme der alten Burg Hagen (Dreieichenhain) eingemauerten Steines durch Aufstellung an der Kirche durch den Isenburgischen Rat Weiprecht Schmitt 1605 oder des Caracallasteines von 1723 von der Saalburg durch Einmauerung im Weißen Turm des Homburger Schlosses auf Veranlassung des Landgrafen Friedrich Jacob (1708–1745); ein besonderes Beispiel für derartige Bemühungen ist die Überführung eines Steines von Waldbullau im Odenwald nach Mannheim durch Mitglieder der 1763 gegründe-
S. 265 f. ten Kurpfälzischen Akademie der Wissenschaften im Jahre 1764 bei gleichzeitiger Anfertigung einer Kopie in der Kapelle von Bullau mit erläuternder lateini-
Abb. 3 scher Inschrift auf einer Seite.

Dieser Stein war von Graf Ludwig Georg von Erbach nach Mannheim geschenkt
Abb. 4 worden. Dessen Sohn, Graf Franz I. zu Erbach-Erbach (1754–1823), begeistert

Abb. 4 Graf Franz I. zu Erbach-Erbach (1754–1823). Nach einem Ölbild im Schloß Erbach

für das klassische Altertum, brachte von Italienreisen wertvolle Antiken mit und legte damit den Grundstock zu den Erbacher Sammlungen. Angeregt durch die Schriften des Fürstlich Hohenloheschen Hofkammerrats Christian Ernst Hanßelmann, die dieser im Gefolge des Preisausschreibens der Preußischen Akademie verfaßt hatte (»Beweiss, wie weit der Römer Macht in den mit verschiedenen teutschen Völkern geführten Kriegen auch in die nunmehrige Ost-Fränkische Lande eingedrungen« 1768 und »Fortsetzung des Beweisses . . . « 1773), wandte er dann sein Interesse den heimischen römischen Denkmälern des Odenwaldes zu und ließ in den letzten Jahrzehnten des 18. Jahrhunderts in der Gegend des Kastells Würzberg die Schutthügel der Limeswachttürme, die man damals für Gräber hielt, nach römischen Altertümern durchsuchen. Ab 1802 nahm er, in Verbindung mit der Anlage eines Englischen Gartens mit antiken und antikischen Monumenten neben seiner Sommerresidenz Eulbach, die Ausgrabungen verstärkt wieder auf und dehnte sie auf den ganzen Limesabschnitt von Obernburg bis Schlossau aus, jetzt unterstützt durch den gräflichen Regierungsrat (seit 1802), späteren (seit 1816) darmstädtischen Geheimen Staatsrat

Abb. 5 Ausgrabung am Odenwaldlimes zu Anfang des 19. Jh. Links: freigelegter Sockel eines Steinturms; rechts: Holzturmhügel (darauf knorrige Eiche) mit Ringgraben

und dort auch 1839 bis 1848 Vorsitzender des Historischen Vereins Johann *Abb. 5* Friedrich Knapp (1776–1848). Fast alle Wachtturmhügel wurden untersucht und umfänglich auch in verschiedenen Kastellen, besonders in Würzberg und 1806 in Eulbach und im Bad des Kastells Hainhaus bei Vielbrunn gegraben. Im *S. 432 ff.* Eulbacher Park wurden Teile der Umfassungsmauer mit einem Tor des Kastells Würzberg, das Osttor des Kastells Eulbach und aus den Trümmern des Wachtpostens 10/22 die Ruine eines Steinturms wieder aufgebaut, außerdem aus Steinen des Kastells Würzberg ein Obelisk errichtet und verschiedene Inschriften und Werkstücke aufgestellt. Graf Franz legte seine Entdeckungen und Funde von 1809 bis 1811 in handschriftlichen, illustrierten Katalogen nieder, wissenschaftlich ausgewertet und veröffentlicht wurden die Ergebnisse aber von Knapp in »Römische Denkmale des Odenwaldes, insbesondere der Grafschaft Erbach und Herrschaft Breuberg« (1813, 2. Auflage mit Zusätzen von H. E. Scriba 1854). Wenn auch durch diese Grabungen manches moderner Forschung entzogen und »durch Bloßlegung dem Verderben ausgesetzt« wurde, so bedeuteten doch »die Unternehmungen des Grafen Franz zu Erbach und die Arbeiten Knapps in der Geschichte der Limesforschung auf deutschem Boden einen großen Fortschritt« (Fabricius).

Auf fürstliche Initiative ging auch noch die Aufdeckung des Bades des Kastells *S. 466 ff.* »Alteburg« bei Rückingen zurück, in dessen Umgebung man schon 1750 und 1777 Funde aus Gräberfeldern geborgen hatte und die Fürst Karl zu Isenburg-Birstein in den Jahren 1802 bis 1804 veranlaßte. Die weitere Forschung trugen, immer natürlich auf einzelnen Persönlichkeiten beruhend, dann großenteils die Historischen Vereine, die in ihren Anfängen nicht erst auf der Anregung des

Abb. 6 Friedrich Gustav Habel (1792–1867)

Reichsfreiherrn vom Stein und der von ihm 1819 in Frankfurt ins Leben gerufenen »Gesellschaft für Deutschlands ältere Geschichtskunde« gründen, durch diese aber ohne Zweifel ihren Aufschwung nahmen. Gerade bei den ältesten Vereinen in Hessen stand die römische Forschung durchaus im Vordergrund. Der 1812, endgültig 1821 in Wiesbaden konstituierte »Verein für nassauische Alterthumskunde und Geschichtsforschung« entstand nach einem Aufruf von Luja 1811 zur Gründung eines Vereins zur Beschreibung und Erforschung des Pfahlgrabens; seine eigentlichen Stifter waren der Dotzheimer Pfarrer Johann Christian Reinhard Luja (1767–1847), der Wiesbadener Hofkammerrat Christian Friedrich Habel (1747–1814), der Frankfurter Geheimrat Freiherr Johann Isaak von Gerning (1767–1837), alles Männer, die seit Jahren auf diesem Gebiet tätig waren, und Habels Sohn, der spätere Wiesbadener Archivar und Vereinssekretär Friedrich Gustav Habel (1792–1867), der für die römische Forschung am *Abb. 6* bedeutendsten wurde. In Darmstadt gründeten, vor allem auf Betreiben Steiners, der zum Hofrat (1825) und Historiographen (1831) ernannte Advokat Johann Wilhelm Christian Steiner (1785–1870) und der Geheime Staatsrat Karl

Christian Eigenbrodt (1769–1839) 1833 den »Historischen Verein für das Großherzogthum Hessen«. Steiner war schon durch eine Vielzahl meist antiquarischer, nicht durchgehend anerkannter Schriften hervorgetreten, wie z. B. »Alterthümer und Geschichte des Bachgaues im alten Maingau« 1821 bis 1829 oder »Geschichte und Topographie des Maingebietes und Spessarts unter den Römern« 1834, in denen immerhin zahlreiche »Römerstätten« erstmals zusammenfassend behandelt wurden. Es folgte – soweit auch mit Römerforschung befaßt – die Gründung von Vereinen 1834 in Kassel, der für uns vor allem durch seinen 1844 entstandenen Zweigverein »Hanauer Bezirksverein für hessische Geschichte und Landeskunde« wichtig wurde, ebenfalls 1844 des »Vereins zur Erforschung der rheinischen Geschichte und Alterthümer« in Mainz, mit Abstand in Frankfurt des »Vereins für Geschichte und Alterthumskunde« 1857 und des »Vereins für das Historische Museum« 1877, ebenso recht spät des »Oberhessischen Vereins für Localgeschichte« in Gießen 1878.

Die weiterhin meist stark regional geprägte Forschung in der ersten Hälfte des 19. Jahrhunderts konzentrierte sich allerdings nur teilweise in Vereinen und war nun mehr und mehr von der Erkenntnis bestimmt, daß es mit antiquarischem Sammeln nicht getan sei, sondern daß Geländeforschungen und Ausgrabungen zur Erzielung neuer Erkenntnisse notwendig seien. In Wiesbaden war es der dort als Kurgast 1817 bis 1819 weilende Diplomat Wilhelm Dorow (1790 bis 1846), der auch römische Ausgrabungen vornahm, außerdem Altertümer ankaufte – seine Sammlungen bildeten den Grundstock des heutigen Rheinischen Landesmuseums in Bonn – und sie für damalige Zeit vorbildlich vorlegte in »Opferstätte und Grabhügel der Germanen und Römer am Rhein« (1819 und 1821, ^{2}1826). In der Wetterau wirkte bahnbrechend der Friedberger Rektor Johann Philipp Dieffenbach (1786–1860); er erforschte auf langen Wanderungen und durch Ausgrabungen in Friedberg und Umgebung (Butzbach) die Geschichte seiner Heimat, hatte Anteil an der Entdeckung der meisten Kastelle, veröffentlichte schon 1829 »Ueber Alterthümer in und um Friedberg« und, seit 1841 im Auftrag des darmstädtischen Vereins tätig, 1843 die vortreffliche Schrift »Zur Urgeschichte der Wetterau«. Seine Arbeit wurde durch seinen Sohn, den Friedberger Kaufmann Gustav Dieffenbach (1825–1891), mit Sammeltätigkeit und Ausgrabungen (Kapersburg) fortgesetzt. In der nördlichen Wetterau grub der Arnsburger Solms-Laubachische Rentamtmann Christian Wilhelm Fabricius um 1840 am Pfahlgraben und brachte den ersten genaueren Plan des Kastells Alteburg bei Arnsburg. Dieffenbach (Vater) stand schon in Verbindung mit dem 1846 verstorbenen Oberstleutnant F. W. Schmidt, dessen »Lokaluntersuchungen über den Pfahlgraben oder limes transrhenanus vom Rhein, unterhalb Neuwied, bis Oehringen sowie über die alten Befestigungen zwischen Lahn und

Abb. 7 Frankfurt a. M.-Praunheim. Professor Riese (rechts) besucht die Ausgrabung des römischen Gräberfelds im Winter 1901/1902. Im Hintergrund das Niddatal, am Horizont Frankfurt. Zeitgenössisches Ölgemälde von F. Gumsheimer

Sieg« 1859 erschien und für verschiedene Limesstrecken im Taunus und der Ostwetterau Klärung brachten. Für den Taunus und sein mainisches Vorland ist neben anderen Mitgliedern des nassauischen Altertumsvereins vor allem F. G. Habel zu nennen. Er leitete 1823 die planmäßige Erforschung Heddernheims (Nida) ein, unter seiner Leitung standen die Ausgrabungen im Kastell Wiesbaden 1838/39, er grub 1823 in Höchst, 1842 in Hofheim, 1845 zusammen mit Pfarrer Hannappel aus Reifenberg am Feldbergkastell, und führte 1853 bis 1862 die ersten systematischen Grabungen auf der Saalburg durch.

Auf breitere Grundlage bedacht, wirkte Habel, wie auch die Darmstädter Knapp und Walther, bei der Gründung des Gesamtvereins der deutschen Geschichts- und Alterumsvereine 1852 in Mainz mit und stellte dort den erfolgreichen Antrag zur Gründung einer »Commission zur Erforschung des limes imperii Romani«, in der er zum Vorsitzenden gewählt wurde und der auch schon v. Cohausen angehörte. Diese erste Limeskommission blieb als solche ebenso ergebnislos wie die vom Gesamtverein 1876 beschlossene, 1880 tätig werdende Kommission zur Untersuchung der römischen Befestigungen im Odenwald, wo die Forschung nach dem Weggange Knapps praktisch geruht hatte. Bis zur Gründung der Reichslimeskommission 1891 auf Anregung und unter dem Vorsitz des 1902 mit dem Nobelpreis ausgezeichneten Historikers Theodor Mommsen (1817–1903) waren die Vereine in Wiesbaden, Darmstadt, Frankfurt, Hanau, Bad Homburg und Gießen mit einzelnen Mitgliedern für den Fortgang der Forschung entscheidend. In diese Zeit fallen auch erste Bemühungen um eine Zusammenschau, die Philipp Alexander Ferdinand Walther mit »Die Alterthümer der heidnischen Vorzeit innerhalb des Großherzogthums Hessen, nach Ursprung, Gattung und Örtlichkeit. Mit einer archäologischen Karte« (1869), Adam Hammeran mit »Urgeschichte von Frankfurt a. M. und der Taunus-Gegend. Mit einer archäologischen Fundkarte« (1882) und Friedrich Kofler mit »Archäologische Karte des Grossherzogthums Hessen. Zwei Kartenblätter in Farbendruck nebst begleitendem Text« (1890) mit unterschiedlicher Verwendbarkeit gaben.

Zum Taunuslimes erschien 1876 das 1872 abgeschlossene Buch »Die römische Grenzwehr im Taunus« des Wiesbadener Staatsarchivars Karl Rossel, der auf den Grundlagen der Ausgrabungen Habels schon 1871 »Das Pfahlgraben-Castell Salburg« herausgebracht hatte. Seine Beschreibungen wurden teilweise 1884 überholt durch v. Cohausens »Der römische Grenzwall in Deutschland«.

Abb. 8 Der Pionieroberst Karl August von Cohausen (1812–1894) war 1871 zum Konservator der Altertümer im Regierungsbezirk Wiesbaden und Leiter des Museums berufen worden, nachdem er, mit dienstlichen Unterbrechungen, schon immer mit Limesforschung befaßt und von größter Bedeutung für die gesamte

Abb. 8 Karl August von Cohausen (1812–1894)

vor- und frühgeschichtliche Forschung in Nassau gewesen war. Er wurde sogleich mit den Grabungen und Konservierungen auf der Saalburg beauftragt, wobei ihm von Anfang an der Bad Homburger Architekt Louis Jacobi (1836–1910) zur Seite stand. Dieser hatte sich früh heimatkundlichen Sammlungen und Studien zugewandt, 1873 in Homburg das erste Saalburgmuseum gegründet und sah seine Lebensaufgabe in der Erforschung und Wiederherstellung der Saalburg. 1897 erschien sein bedeutendes Werk »Das Römerkastell Saalburg«, das endgültig Anlaß gab zum Wiederaufbau des Saalburgkastells 1898 bis 1907, dessen Direktor er wurde. *S. 469 ff.* *Abb. 9*

In der Hanauer Gegend kann der Gymnasiallehrer Albert Duncker mit seinem Aufsatz »Beiträge zur Erforschung und Geschichte des Pfahlgrabens im unteren Maingebiet und der Wetterau« 1880 als Begründer der hanauischen Limesforschung angesehen werden. Seine Arbeit wurde 1880 von Georg Wolff (1845 bis 1929) aufgenommen, damals Oberlehrer in Hanau, der anfänglich von dem Architekten Eduard von Rößler, dem Major Otto Dahm und dem Numismatiker Reinhard Suchier unterstützt wurde. Wolff hat als überragende Persönlichkeit *Abb. 10*

Abb. 9 Kaiser Wilhelm und Louis Jacobi (1836–1910)

von Hanau und ab 1889 von Frankfurt aus nicht nur den Limes und seine Kastelle und andere Anlagen untersucht, zahlreiche auch neu entdeckt, er hat als geschulter Historiker die Ergebnisse auch überregional eingeordnet und war zugleich einer der bedeutendsten frühen Vertreter der siedlungsgeschichtlichen Forschung. Sein Werk »Die südliche Wetterau in vor- und frühgeschichtlicher Zeit, mit einer archäologischen Fundkarte« (1913) gibt davon bestes Zeugnis. In der nördlichen Wetterau hat zu Beginn der achtziger Jahre der spätere Ministerialrat Wilhelm Soldan (1842–1905) von Gießen aus den Limes zwischen Butzbach und Arnsburg untersucht. Ab 1888 in Darmstadt, ist ihm als Mitglied

Abb. 10 Georg Wolff (1845–1929)

der Reichslimeskommission die Entdeckung des Palisadengräbchens zu verdanken. Er wurde 1901 zum ersten hessischen »Denkmalpfleger für die Altertümer und beweglichen Gegenstände« berufen und hat sich auch in dieser Eigenschaft weiter römischer Denkmäler angenommen. In der östlichen Wetterau war zur gleichen Zeit Friedrich Kofler (1830–1910) tätig. Geboren in Bad Homburg, *Abb. 11* hatte er dort schon als Schüler auf der Saalburg und in den siebziger Jahren am Limes Ausgrabungen vorgenommen (»Der Pfahlgraben in der Umgebung von Homburg« 1877) und übersiedelte 1877 nach Darmstadt. Von dort aus grub er im Auftrag des Historischen Vereins 1884 bis 1887 am Limes und stellte die Kastelle Inheiden, Ober-Florstadt und Altenstadt fest; ebenso arbeitete er 1887 und 1888 im Odenwald.

Für Südhessen ist daneben Leutnant Heinrich Gieß (1841–1918) zu nennen. 1874 bis 1896 von seiner Garnison Höchst i. O., dann von Heppenheim aus unternahm er verschiedene kleinere Grabungen im Odenwald und an der Bergstraße, war in der Limesforschung tätig und ab 1903 Bezirksstellvertreter des Denkmalpflegers unter Soldan, Müller und Anthes. Eduard Anthes (1859 bis *Abb. 12*

Abb. 11 Friedrich Kofler (1830–1910)

1922), seit 1885 Lehrer in Darmstadt, seit 1909 hauptamtlicher Denkmalpfleger und 1912 bis 1922 Vorsitzender des Historischen Vereins, hatte sich schon früh auch mit römischen Funden und Denkmälern beschäftigt. Neben seinen Arbeiten am Limes entdeckte er 1898 das Kastell Groß-Gerau.

Als die Reichslimeskommission 1892 ihre Arbeit aufnahm, lag also schon eine ganze Reihe von Ergebnissen vor, auf denen sie aufbauen konnte. Genug war allerdings noch zu tun, um das Ziel – die genaue Aufnahme des Limesverlaufs mit allen Wachttürmen und Kastellen und auch der Anlagen im Hinterland – zu erreichen. Der Limes wurde in 15 Strecken, Arbeitsabschnitte, eingeteilt, von denen in Hessen ein kleines Stück der Strecke 2 westlich der Aar bis zur Landesgrenze, die Strecke 3 – die Taunuslinie von der Aar bis zum Köpperner Tal –, die Strecken 4 und 5 – die Wetteraulinie, eingeteilt in die Abschnitte bis zur damaligen hessischen Grenze zwischen Altenstadt und Marköbel und von dort bis zum Main bis Großkrotzenburg –, von der Strecke 6 – der Mainlinie – nur das Kastell Seligenstadt, und der Nordteil der Strecke 10 – der Odenwaldlinie – liegen. Streckenkommissare wurden die schon bewährten Forscher, im Taunus, abge-

Abb. 12 Eduard Anthes (1859–1922)

sehen von verschiedenen Bearbeitern für den letzten Teil der Strecke 2, Louis und Baurat Heinrich Jacobi, der Sohn (1866–1946), der auch als Direktor des Saalburgmuseums die Arbeit des Vaters fortsetzte, in der Wetterau Kofler, dann Soldan und Anthes, auf dem ehemals preußischen Teil und im Hinterland vor allem Wolff, im Odenwald wieder Anthes, Kofler und Soldan. Das Ziel war jedoch zu hoch gesteckt, die vorgesehenen fünf Jahre zur Vollendung der Arbeit zu kurz, die vom Reichstag bewilligten Mittel nicht ausreichend. 1896 wurden Gelder für weitere vier Jahre bereitgestellt, dann mußte man sich entschließen, die Ausgrabungen 1903 zu beenden und sich nur noch der Veröffentlichung der Ergebnisse zu widmen. Gar nicht überschätzt werden kann, was hier auch die hessische Forschung dem Freiburger Althistoriker Ernst Fabricius (1857–1942) zu verdanken hat. Er trat 1898, auf Wunsch Mommsens, der Leitung der Kommission als Mitherausgeber des Limeswerks »Der obergermanisch-rätische Limes des Römerreiches« (ORL) bei und führte ab 1902 die Geschäfte allein. Erst 1937 konnte der letzte Band dieses vierzehnbändigen Werkes abgeschlossen werden, das in zwei Abteilungen gegliedert ist (Abt. A Die Strecken, Abt. B Die

Abb. 13 Der Kaiser auf Besuch bei der Ausgrabung der Saalburg (Wilhelm II.: dritter von rechts)

Abb. 14 Ausgrabung im Kastell Hofheim am Taunus 1979

Abb. 15 Emil Ritterling (1861–1928)

Kastelle) und dessen erste Teile 1894 erschienen. Selten ist ein Mann so hinter seinem Werk zurückgetreten. Besonders die Streckenbeschreibungen, die Fabricius mit Akribie und Überblick unter unablässiger zeitaufwendiger Nachprüfung im Gelände verfaßte, sind ein wichtiger Teil dieser Veröffentlichung, »die bis heute die Grundlage jeder wissenschaftlichen Beschäftigung mit dem Limes ist. Damit hatte Fabricius sein Ziel erreicht, ›genaue Rechenschaft über die geleistete Arbeit zu geben und den tatsächlichen Befund so vollständig und wahrheitsgetreu als möglich darzustellen, um das, was in unserer Generation von dem Gesamtdenkmal noch erhalten oder feststellbar war, der Zukunft zuverlässig zu überliefern‹« (Baatz).
Bei allem Vorrang der Untersuchung des Limes in den Jahrzehnten um die Jahrhundertwende hatte die Forschung auch im Limeshinterland nicht geruht und wurde gleichermaßen, soweit es die Zeitumstände erlaubten (1. und 2. Weltkrieg, Inflation und Weltwirtschaftskrise), tatkräftig fortgeführt. Von der Saalburg aus durch Heinrich Jacobi und zeitweise Wilhelm Schleiermacher, von

Abb. 16 Kastell Butzbach. Ausgrabung 1980. Oben rechts erkennt man die Grundmauern des westlichen Seitentors (siehe Abb. 174)

Abb. 17 Ausgrabung eines römischen Gebäudes im Vicus des Kastells Inheiden

Abb. 18 Florstadt-Ober-Florstadt. Mauern und Gräben des Kastells und des Kastelldorfs erscheinen auf dem Luftbild als Wuchsmarken in den Äckern. Über alten Mauern vertrocknen die Pflanzen in einem heißen Sommer, während sie über zugefüllten Gräben länger grün bleiben

Darmstadt, Frankfurt – wo 1903 eine eigene Ausgrabungskommission für Heddernheim gegründet worden war –, Mainz und Wiesbaden durch die Denkmalpfleger und ihre Beauftragten wurden meist kleinere Grabungen vorgenommen und Forschungsergebnisse vorgelegt (genannt seien nur, ohne auf ihre Bedeutung im einzelnen einzugehen, die Namen Friedrich Behn, Friedrich Gündel, Paul Helmke, Ferdinand Kutsch, Karl Nahrgang, Hermann Roth, Christian Ludwig Thomas, Karl Woelcke). Um die Straßenforschung hatte sich neben Wolff vor allem Karl Schumacher (1860–1934), seit 1901 Direktor des Römisch-Germanischen Zentralmuseums in Mainz, verdient gemacht. Besonders
Abb. 15 zu nennen ist schließlich Emil Ritterling (1861–1928). Als Privatgelehrter seit 1892 in Wiesbaden, war er von 1899 bis 1911 und von 1915 bis 1923 dort Museumsdirektor, dazwischen 1911 bis 1914 Direktor der Römisch-Germanischen Kommission in Frankfurt, die 1902 als Kommission des Deutschen Archäologischen Instituts mit der Aufgabe gegründet wurde, »die archäologische Erforschung derjenigen Theile des Deutschen Reichs, die dauernd unter römischer Herrschaft gestanden haben, mit Rath und That zu fördern«. (Zu ihren ersten 17 Mitgliedern gehörten von den Genannten außer Fabricius und Schumacher immerhin L. Jacobi, Ritterling, Soldan und Wolff.) Außer der Erforschung des römischen Wiesbaden liegt Ritterlings Bedeutung in der Ausgrabung und Veröffentlichung des frührömischen Lagers von Hofheim, eine der »klassischen Stätten römischer Archäologie im Rheinland« (Wells).

Geordnetere Forschung konnte erst nach dem Zweiten Weltkrieg wieder in Gang kommen. Sie ist – siehe in zweiter Linie die Autoren dieses Bandes – mit den Namen der Männer verbunden, die als Denkmalpfleger wie Museumsdirektoren sich der kaum lösbaren Aufgabe gegenübersahen, sowohl Ordnung in Fundbestände zu bringen wie im Gelände die durch einen nie erlebten Bauboom rascher Zerstörung entgegenschreitenden Befunde zu retten: Ulrich Fischer, 1954 bis 1980 Museumsdirektor in Frankfurt; Hans Jürgen Hundt, 1952 bis 1954 Museumsdirektor in Frankfurt; Werner Jorns, 1947 bis 1974 Denkmalpfleger in Darmstadt; Hans Schönberger, 1947 bis 1966 Direktor des Saalburgmuseums, ab 1966 2., 1972 bis 1981 1. Direktor der Römisch-Germanischen Kommission in Frankfurt; Helmut Schoppa (1907–1980), 1939 bis 1972 Denkmalpfleger in Wiesbaden, dabei ab 1967 erster Landesarchäologe von Hessen. Planmäßige Untersuchungen konnten nur vom Saalburgmuseum und der Römisch-Germanischen Kommission durchgeführt werden, sonst mußte an Kastellplätzen und zivilen Anlagen gegraben werden, die durch Baumaßnahmen bedroht waren. Teilweise mit finanzieller Hilfe der Deutschen Forschungsgemeinschaft wurden aber auch hierbei Ergebnisse erzielt, die uns stets erweiterte Kenntnis der Besetzungs- und Besiedlungsgeschichte der Römerzeit geben.

Die archäologische Denkmalpflege in Hessen wird heute von der Abteilung für Vor- und Frühgeschichte im Landesamt für Denkmalpflege Hessen in Wiesbaden mit Außenstellen in Darmstadt und Marburg wahrgenommen. Sie wird dabei von zahlreichen ehrenamtlichen Mitarbeitern und, im Limesland, vom Museum für Vor- und Frühgeschichte Frankfurt und dem Saalburgmuseum unterstützt. Ihre gesetzliche Grundlage ist das hessische »Gesetz zum Schutze der Kulturdenkmäler (Denkmalschutzgesetz) vom 23. September 1974« (HDSchG). Nach diesem Gesetz sind zufällige Funde« wie sie jederzeit bei Erdarbeiten oder sonstigen Gelegenheiten auftauchen können, unverzüglich an die Denkmalfachbehörde, das Landesamt für Denkmalpflege Hessen, zu melden, und es sind nicht nur Grabungen, sondern auch jegliche Nachforschungen nach Bodenfunden, besonders solche mit elektronischen Geräten, verboten und genehmigungspflichtig.
Neue Funde und Grabungen werden vornehmlich in den Zeitschriften »Fundberichte aus Hessen« des Landesamtes und »Saalburg-Jahrbuch« des Saalburgmuseums sowie in der Reihe »Limesforschungen« der Römisch-Germanischen Kommission veröffentlicht. Eine ganze Anzahl von Denkmälern ist im Gelände restauriert und gibt unmittelbaren Zugang zur römischen Geschichte des Landes, zu der dieses Buch unabhängig vom »Abenteuer Archäologie« hinführen will.

Eroberung und Verzicht. Die römische Politik in Germanien zwischen 12 v. Chr. und 16 n. Chr.

von Hans-Günther Simon

Die Feldzüge des Drusus und Tiberius

Seit der Eroberung Galliens durch Caesar (58–49 v. Chr.) bildete der Rhein die Grenze des römischen Machtbereichs. Im Verlauf dieser Feldzüge war es zu einem Kampf mit einem germanischen Stammesverband unter Führung der Sueben gekommen, die – nach einer Niederlage im Elsaß – zwar über den Rhein zurückgeworfen werden konnten, in den folgenden Jahrzehnten aber einen ständigen Herd der Unruhe bildeten. Caesar überschritt den Rhein zweimal im Bereich des Neuwieder Beckens (55 und 53 v. Chr.), aber diese Unternehmen dienten der Demonstration römischer Macht; Pläne für weiterreichende Eroberungen waren damit nicht verbunden.

Auch nach seinem Tode war der Widerstand in Gallien noch nicht gebrochen, und mehrfach mußten Operationen gegen rebellierende Stämme durchgeführt werden. Es war vor allem Agrippa, dem Vertrauten Octavians, des späteren Kaisers Augustus, zu verdanken, daß während seiner Statthalterschaft in Gallien (39–38 v. Chr.) durch die Planung eines strategischen Straßensystems die Grundlagen für eine dauernde und wirksame Kontrolle geschaffen wurden. Er war es auch, der einen demonstrativen Vorstoß über den Rhein unternahm und – wahrscheinlich 38 v. Chr. – den germanischen Stamm der Ubier von der rechten Rheinseite in das Gebiet um Köln übersiedelte. Aber auch später noch blieb das nördliche Gallien unruhig, und germanische Stämme, darunter die Sueben, nutzten die Situation zu Vorstößen über den Rhein.

Die Alleinherrschaft des Augustus machte erstmals eine langfristig planende großräumige Außenpolitik Roms möglich. Nach dem Ende langjähriger schwerer Kämpfe in Nordwestspanien konnte sich der Kaiser den Problemen der Reichsgrenzen im Norden und Nordosten zuwenden. Eine der vordringlichsten

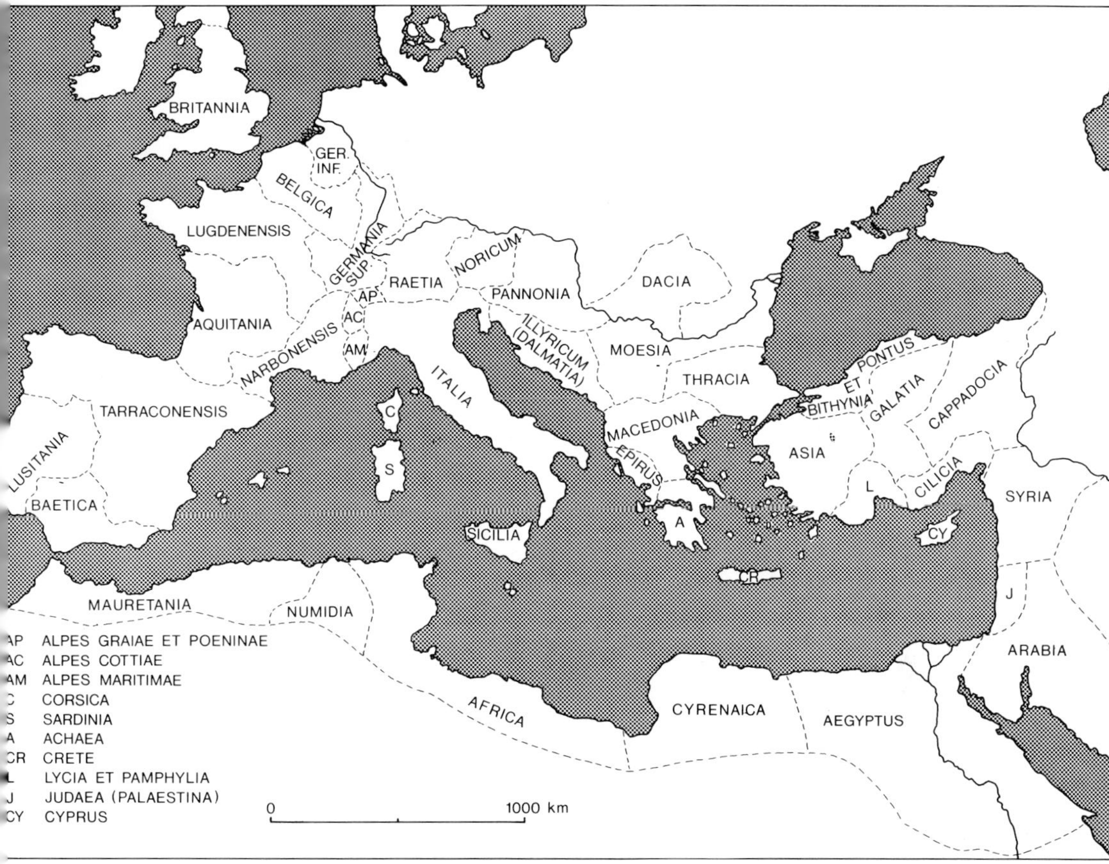

Abb. 19 Das Römische Reich im 2. Jh. n. Chr.

Aufgaben war die Sicherung Norditaliens vor den Einfällen der Raeter und die Öffnung der Alpenpässe, die einen direkten Zugang nach Gallien ermöglichten, eine Aufgabe, die bereits zuvor mehrfach vergeblich in Angriff genommen worden war. In einem von Süden und Westen her geführten Zangenangriff im Jahr 15 v. Chr. gelang es den Stiefsöhnen des Kaisers, Drusus und Tiberius, das zentrale Alpengebiet zu unterwerfen und den römischen Machtbereich bis zur oberen Donau auszuweiten. Gleichzeitig wurde auch das seit langer Zeit mit Rom eng verbundene norische Königreich im Ostalpenraum in das Imperium Romanum einbezogen.

In Gallien selbst war auch im 3. und beginnenden 2. Jahrzehnt v. Chr. die Lage durch innere Unruhen und Einfälle germanischer Stämme gekennzeichnet. Im Jahr 25 v. Chr. unternahm Marcus Vinicius einen Vorstoß über den Rhein als Vergeltung für die Ermordung römischer Kaufleute, und 20 und 19 v. Chr. mußte Agrippa während seiner zweiten Statthalterschaft die Ordnung im Lande wiederherstellen. Als schließlich bei einem Beutezug der Sugambrer, Usipiter und Tenkterer, germanischer Stämme am Niederrhein, im Jahr 16 v. Chr. ein römisches Heer eine Niederlage hinnehmen mußte, war dies der Anstoß, die Verhältnisse in Gallien neu zu ordnen und für einen wirksamen Schutz der Provinz, in der sich die römischen Lebensformen rasch verbreitet hatten, Sorge zu tragen. Augustus selbst begab sich noch in diesem Jahr nach Gallien und blieb dort bis 13 v. Chr.

In der Erkenntnis, daß eine nur auf die Defensive beschränkte Politik keine dauernde Abhilfe gegen germanische Einfälle sein konnte, begannen im Jahr 12 v. Chr. unter dem Kommando des Drusus die Operationen gegen das rechtsrheinische Germanien. Bis etwa zu diesem Zeitpunkt kann von einer militärischen Präsenz Roms am Rhein noch kaum die Rede sein. Nach der administrativen Teilung Galliens in die Provinzen Narbonensis und Aquitanien einerseits und der Gallia Comata (später Gallia Lugdunensis und Belgica) andererseits im Jahr 27 v. Chr. standen in beiden Teilen wahrscheinlich je drei Legionen, Einheiten von 5000 bis 6000 Mann Stärke, wobei das Heer der Comata seine Standorte im Gebiet der Lingonen (um Langres) und der Remer (um Reims) hatte. Zwar wurde bereits etwa um 16 v. Chr. ein Militärlager bei Neuß angelegt, das älteste bisher bekannte am Rhein, doch bot dies nur einer kleinen Einheit Platz. Erst unmittelbar vor Beginn der Offensive wurden am Rhein jene Militärbasen errichtet, welche die Voraussetzungen für großräumige Offensiven gegen Germanien boten: Mainz (*Mogontiacum*), Birten bei Xanten (*Vetera*), Nijmwegen (*Numaga*), ferner der Flottenstützpunkt Vechten (*Fectio* unweit Utrecht) als Ausgangspunkt der Schiffsexpeditionen zur Nordseeküste. Wetterau und hessische Senke einerseits und das breite Tal der Lippe in Westfalen andererseits boten die besten geographischen Vorbedingungen für einen Vormarsch in das Innere des Landes. Daß der Rhein als wichtige Verbindung zwischen den neuen Basen und dem bei Dangstetten am Hochrhein gegenüber der Aaremündung stationierten Heer nicht ohne Überwachung blieb, ist selbstverständlich. Wenn auch die Nachricht eines unzuverlässigen antiken Historikers, Florus, Drusus habe 50 Kastelle am Rhein errichten lassen, in dieser Form kaum zutrifft, so wird man doch mit einer Reihe von Militärposten, vielleicht gestützt auf größere Lager, zu rechnen haben, von denen allerdings bisher nur wenige archäologisch nachgewiesen sind. Für die Offensive standen mindestens fünf Legionen sowie Hilfstruppen zur Verfügung.

Die Operationen des Jahres 12 v. Chr. gingen von den niederrheinischen Basen aus: Der Angriff galt zunächst den Usipitern und Sugambrern, jenen Stämmen, die Rom wenige Jahre zuvor eine Niederlage zugefügt hatten. Eine von Vechten ausgehende Flottenexpedition – damals wurde ein Rhein und Ijsselmeer verbindender Kanal gebaut – richtete sich gegen Friesen und Chauken, germanische Stämme an der Nordseeküste. Auch im Folgejahr 11 v. Chr. war erneut der Niederrhein der Ausgangspunkt der Offensive und wiederum waren Usipiter und Sugambrer das Ziel. Der römische Angriff gegen die letzteren ging jedoch ins Leere, da die Sugambrer sich gegen die Chatten gewandt hatten, die ein Bündnis mit ihnen verweigert hatten. Der anschließende Vorstoß gegen die Cherusker führte bis zur Weser, mußte aber wegen Versorgungsschwierigkeiten abgebrochen werden, ein auffälliger Mangel an Planung.

Gegen Ende der Feldzüge dieses Jahres berichten die Quellen von der Anlage eines Stützpunktes an der Lippe und eines weiteren im Gebiet der Chatten nahe dem Rhein, die erste Erwähnung dieses Stammesnamens in den antiken Nachrichten. Die Chatten waren nach der Verweigerung eines Bündnisses mit den Sugambrern von diesen angegriffen worden, hatten aber dann die Fronten gewechselt und Gebiete, die ihnen zu einem nicht näher bezeichneten Zeitpunkt zuvor von den Römern überlassen worden waren, geräumt. Ob die Chatten durch den Feldzug der Sugambrer zum Beitritt zu einem romfeindlichen Bündnis gezwungen worden waren und die Anlage eines Stützpunktes in ihrem Gebiet eine Reaktion auf diese veränderte Haltung war, oder ob umgekehrt dessen Errichtung erst der Anlaß zum Wechsel der Fronten war, wissen wir nicht. Archäologisch ist dieser Stützpunkt bisher nicht nachgewiesen, so daß seine Lage nur erschlossen werden kann. Sicher wird er auf der rechten Seite des Rheins zwischen der Mündung des Mains und der Sieg zu suchen sein. Eine weitere Überlegung führt zu einer engeren Eingrenzung: Da von einer Landanweisung an die Chatten die Rede war, muß eine gewisse Verfügungsmöglichkeit Roms vorausgesetzt werden. Man kann deshalb annehmen, daß es sich um jene Gebiete handelt, die von den Ubiern bei ihrer Übersiedlung auf das linke Rheinufer geräumt worden waren. Gute Gründe sprechen dafür, daß sich die früheren Sitze dieses Stammes im Bereich des Neuwieder Beckens befanden und dieses Land dann mit Zustimmung Roms von den Chatten übernommen wurde, die es dann 11/10 v. Chr. wieder räumten. Dort wird man den Stützpunkt des Drusus vermuten können.

Der Beitritt der Chatten zu dem gegen Rom gerichteten Bündnis hatte eine Ausweitung des Kriegsschauplatzes im Gefolge. Diesem Stamm, dessen Kerngebiet damals wie später im nördlichen Hessen lag, galt der Feldzug des Jahres 10 v. Chr., von dem keine näheren Einzelheiten bekannt sind. Auch die Operationen des Jahres 9 v. Chr. nahmen ihren Ausgang von Mainz. Sie richteten sich wieder gegen die Chatten, anschließend aber auch gegen Sueben bzw. deren Teilstamm, die Markomannen, und weiter gegen die Cherusker. Im Verlauf dieser Feldzüge stieß Drusus ostwärts bis zur Elbe vor, ohne jedoch den Fluß zu überschreiten. Auf dem Rückmarsch erlitt der Feldherr einen Unfall, an dessen Folgen er auf dem Weg zwischen Saale und Rhein starb. Als Bezwinger eines großen Teils von Germanien bezeichnet ihn ein antiker Historiker, und man verglich ihn mit Alexander dem Großen: Wie einst der Makedone bei seiner Umkehr am Hyphasis hatte Altäre aufstellen lassen, so hatte Drusus an der Elbe ein Siegesmal errichtet. Die Parallele wird sogar noch übersteigert; war Alexander durch den Unwillen des Heeres am Weitermarsch gehindert worden, so waren es bei Drusus nicht Menschen, sondern eine übermenschliche Erscheinung, die ihm an der Elbe entgegentrat und zur Umkehr zwang. Unter den zahlreichen Ehrungen, die dem Toten zuerkannt wurden, wird auch die Errichtung eines Kenotaphs am Rhein erwähnt, der wohl in Mainz gestanden haben wird. Nach einer bis in das Mittelalter zurückreichenden Tradition soll er mit dem Eigelstein, einem allerdings aus späterer Zeit stammenden Grabbau, identisch sein. Auf die Nachricht von dem Unfall war Tiberius sofort nach Germanien aufgebrochen und hatte seinen Bruder noch lebend angetroffen. Dem Toten gab er das Geleit nach Rom und übernahm danach das Kommando über das Heer in Germanien. Im Jahr 8 v. Chr. überschritt er den Rhein; die Stoßrichtung dieses Feldzuges und nähere Einzelheiten sind nicht bekannt, doch handelte es sich um ein weiträumiges Unternehmen, bei dem es zu keinen größeren Kämpfen kam. Auch im Folgejahr wird nur von einigen unbedeutenden Aufständen berichtet. Im Verlauf dieser beiden Jahre wurden die Sugambrer, die erbittertsten Feinde Roms, und einige suebische Stammesteile auf das linke Rheinufer übergesiedelt. Der offene Widerstand der germanischen Stämme war gebrochen, Tiberius kehrte nach Rom zurück und feierte dort einen Triumph über die Sugambrer. Archäologische Spuren dieser Feldzüge sind spärlich. Zwar legten die römischen Truppen auf ihrem Vormarsch täglich ein befestigtes Lager an, doch ist es bisher nicht gelungen, solche Marschlager dieser Zeit nachzuweisen. Neben diesen muß aber auch mit kleineren, für die Dauer eingerichteten Lagern, die wohl ebenfalls in Abständen von einem Tagesmarsch (etwa 18 km) angelegt waren, gerechnet werden. Ihre Funktionen waren vielfältig: Instandhaltung von Brükken und Straßen, Kontrolle der einheimischen Bevölkerung und vor allem Sicherung des Nachschubs. Während im Bereich des Vormarschweges längs der Lippe bereits seit langem ein Legionslager, Oberaden, und ein zugehöriges kleineres Lager am Fluß selbst bekannt sind, die mit Sicherheit im Verlauf dieser ersten Offensiven angelegt wurden, konnte erst 1960 das bisher einzige archäolo-

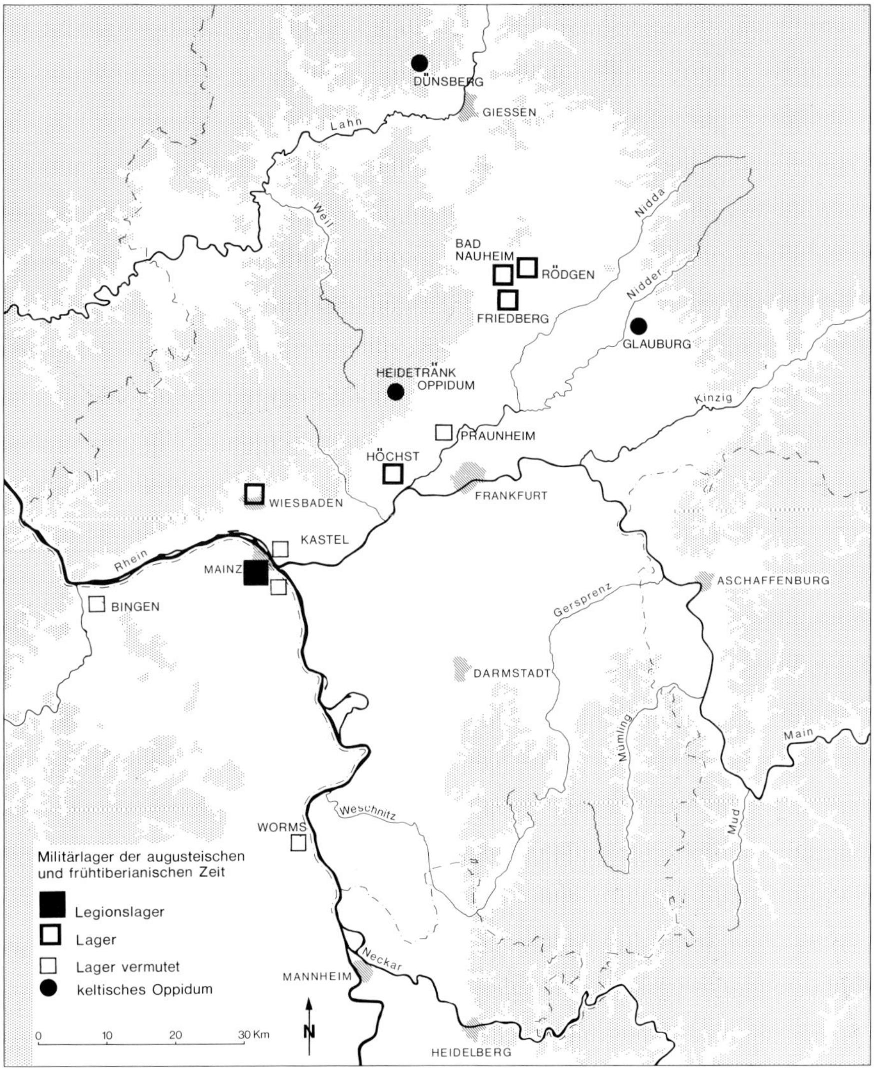

Abb. 20 Römische Militärlager der augusteischen und frühtiberischen Zeit im heutigen Hessen

Abb. 21 Ausschnitt einer Schwertscheide (sog. Schwert des Tiberius). Gefunden in Mainz (London: British Museum)

gische Zeugnis der Drususzüge an der von Mainz ausgehenden Vormarschstraße
S. 238 ff. entdeckt werden: Das Lager von Rödgen bei Bad Nauheim in der Wetterau. Un-
Abb. 165 ter den Innenbauten fallen drei mächtige Getreidespeicher auf, die zeigen, daß es sich hier um ein Nachschublager handelt. Ein weiteres Lager ist nur aus der literarischen Überlieferung bekannt: Der gegen Ende des 1. Jahrhunderts schreibende Historiker Tacitus berichtet von einem im Verlauf der Feldzüge des Germanicus angelegten Kastell *in monte Tauno,* das bereits zuvor unter Drusus als Stützpunkt gedient hatte. Der Name Taunus, der erst in der Neuzeit auf das Gebirge übertragen wurde, läßt sich nicht von dem des römischen Verwaltungsbezirks, der *civitas Taunensium,* trennen, die zu Beginn des 2. Jahrhunderts eingerichtet wurde und deren Vorort Nida, das heutige Frankfurt-Heddernheim (Nordweststadt), war. Es ist anzunehmen, daß dieser Stützpunkt an der auch

später noch genutzten Vormarschstraße, die von Mainz über Hofheim, Heddernheim, Okarben in Richtung Friedberg führte, lag. Möglicherweise ist er im Abstand von zwei Tagesmärschen von Mainz zu suchen, vielleicht in der Nachbarschaft der stadtähnlichen Anlage der einheimischen Bevölkerung über dem Heidetränktal bei Oberursel. Die Lage von Rödgen läßt vermuten, daß der Vormarsch des Drusus von dort aus über den Höhenrücken zwischen Wetter und Horloff verlief und weiter zur Gießener Senke führte. Nordwestlich von

Abb. 22 Legionärshelm des 1. Jh. n. Chr., gefunden im Rhein bei Mainz (Museum Worms)

S. 259 ff. Gießen, auf dem Dünsberg, ebenfalls einer stadtartigen Befestigung der einheimischen Bevölkerung, fanden sich Spuren, die auf eine Auseinandersetzung mit den Römern weisen: Im Bereich einer Toranlage kamen zahlreiche Schleuderbleie zutage, wie sie im römischen Heer in augusteischer Zeit benutzt worden sind, ferner Wurfspeere (*pila*), die zur Ausrüstung der Legionäre gehörten. Ob sich diese Kämpfe, die wohl nur mit einer Erstürmung des Oppidum geendet haben können, bereits in den ersten Jahren der Offensiven abspielten oder erst später, läßt sich nicht sagen.

Das Ziel der römischen Offensive in Germanien

Als Ergebnis des Feldzuges des Jahres 8 v.Chr. vermerkt Velleius Paterculus, der als Offizier mit dem germanischen Kriegsschauplatz vertraut war, Tiberius habe Germanien fast zu einer tributpflichtigen Provinz gemacht. Man wird diese Worte nicht zu eng fassen wollen, aber davon ausgehen können, daß es bis zu dieser Zeit gelungen war, mit den meisten germanischen Stämmen zwischen Rhein und Elbe zu vertraglichen Regelungen zu kommen, die Abhängigkeitsverhältnisse unterschiedlichen Charakters konstituierten. Das wird bestätigt durch den Triumph, der allein den Sieg des Tiberius über die Sugambrer feierte, und die Tatsache, daß man 7 v. Chr. auf größere Operationen völlig verzichten konnte.

Die Rückkehr des Tiberius nach Rom stellt einen Einschnitt dar und fordert die Frage heraus, welche Ziele die römische Politik in Germanien verfolgte. Das Problem ist in der Forschung stark umstritten, und die Antworten auf diese Frage sind stets dadurch bestimmt, wie man allgemein die Außenpolitik des Augustus beurteilt, ob man sie entweder auf Verteidigung oder auf Expansion gerichtet sieht. Lange Zeit waren die Vorstellungen Theodor Mommsens bestimmend, denen man, wenn auch mit unterschiedlicher Akzentuierung, weitgehend Folge leistete. Er hob vor allem die ursprüngliche Beschränkung der Außenpolitik auf die Defensive hervor. Erst die Niederlage des Lollius im Jahr 16 v. Chr. habe zu einem entscheidenden Wechsel der Politik geführt, deren Ziel nun die Errichtung einer Provinz Germanien mit der Grenze an der Elbe gewesen sei. Als extreme Gegenposition, die allerdings wenig Anhang fand, wurde die These vertreten, daß alle Feldzüge der augusteischen und tiberischen Zeit niemals auf Okkupation und Einrichtung einer Provinz Germanien abzielten, sondern lediglich militärische Demonstrationen darstellten. Andere Historiker sahen den Versuch, die Grenze vom Rhein zur Elbe vorzuverlegen, im Rahmen einer Grenzpolitik in Europa, die auf Sicherung der Verbindungslinien gerichtet war. In den neueren Forschungen werden stärker die imperialistischen Motive in der Außenpolitik des Kaisers herausgehoben. So erscheint in einer der letzten zusammenfassenden Darstellungen der Germanenpolitik des Augustus schließlich die Okkupation des Landes nur als ein Teilaspekt einer auf Welteroberung ausgerichteten Politik.

Alle Interpretationen der Ereignisse in Germanien gehen im wesentlichen davon aus, daß die Intentionen stets gleich blieben. Zwar spricht vieles dafür, daß die später in der Zeit der Statthalterschaft des Varus eingeleiteten Maßnahmen die Errichtung einer bis zur Elbe reichenden Provinz zum Ziel hatten, aber es ist fraglich, ob man unterstellen kann, daß eine solche Absicht bereits von Anfang an bestand. Die Beendigung großräumiger Offensiven und die Rückkehr des Tiberius nach Rom 7 v. Chr. stellen eine tiefe Zäsur dar, deren Bedeutung erst durch die archäologischen Befunde in vollem Umfang klar erkennbar wurde. Im Rahmen der Offensiven wurden rechts des Rheins die Legionslager von Dangstetten am Hochrhein und Oberaden nordöstlich Dortmund im Tal der Lippe, ferner in der Wetterau das Nachschublager Rödgen angelegt. Alle diese Lager *S. 238 ff.* wurden zu einem annähernd gleichen Zeitpunkt, wahrscheinlich 8/7 v. Chr. geräumt. Das ist gewiß kein Zufall, sondern Teil einer umfassenden Planung, die den Verzicht auf weitere großräumige Operationen in sich schließt. Dies weist darauf, daß man in Rom die mit den Offensiven verbundenen Ziele erreicht zu haben glaubte. Sie lagen offenbar nicht in einer ständigen Okkupation des Landes, sondern in der Errichtung einer den gallischen Provinzen vorgelagerten Zone, deren Stämme durch Verträge unterschiedlicher Abstufungen an Rom gebunden waren. Nicht kürzere und damit sichere Grenzen – eine Grenze an der Elbe wäre kaum vorteilhafter gewesen als eine Rheingrenze – standen im Mittelpunkt der Planung, sondern der Schutz Galliens durch die Schaffung eines vorgelagerten abhängigen Gebietes. Erst der 1 n. Chr. beginnende Aufstand der germanischen Stämme zerstörte diese Ordnung und zwang Rom zu einer Neukonzeption. In dieser Sicht fügt sich die augusteische Germanenpolitik in das vor allem im Osten deutliche außenpolitische Konzept des Kaisers ein, vor die Reichsgrenzen einen Kranz abhängiger Staaten zu legen.

Der Aufstand der germanischen Stämme und die römische Politik bis zur Niederlage des Varus

In den Jahren nach der Rückkehr des Tiberius nach Rom versiegen die schriftlichen Quellen fast völlig, nicht einmal der unmittelbare Nachfolger des Tiberius ist bekannt. Zwischen frühestens 6 v. Chr. und 1 n. Chr. hatte Lucius Do-

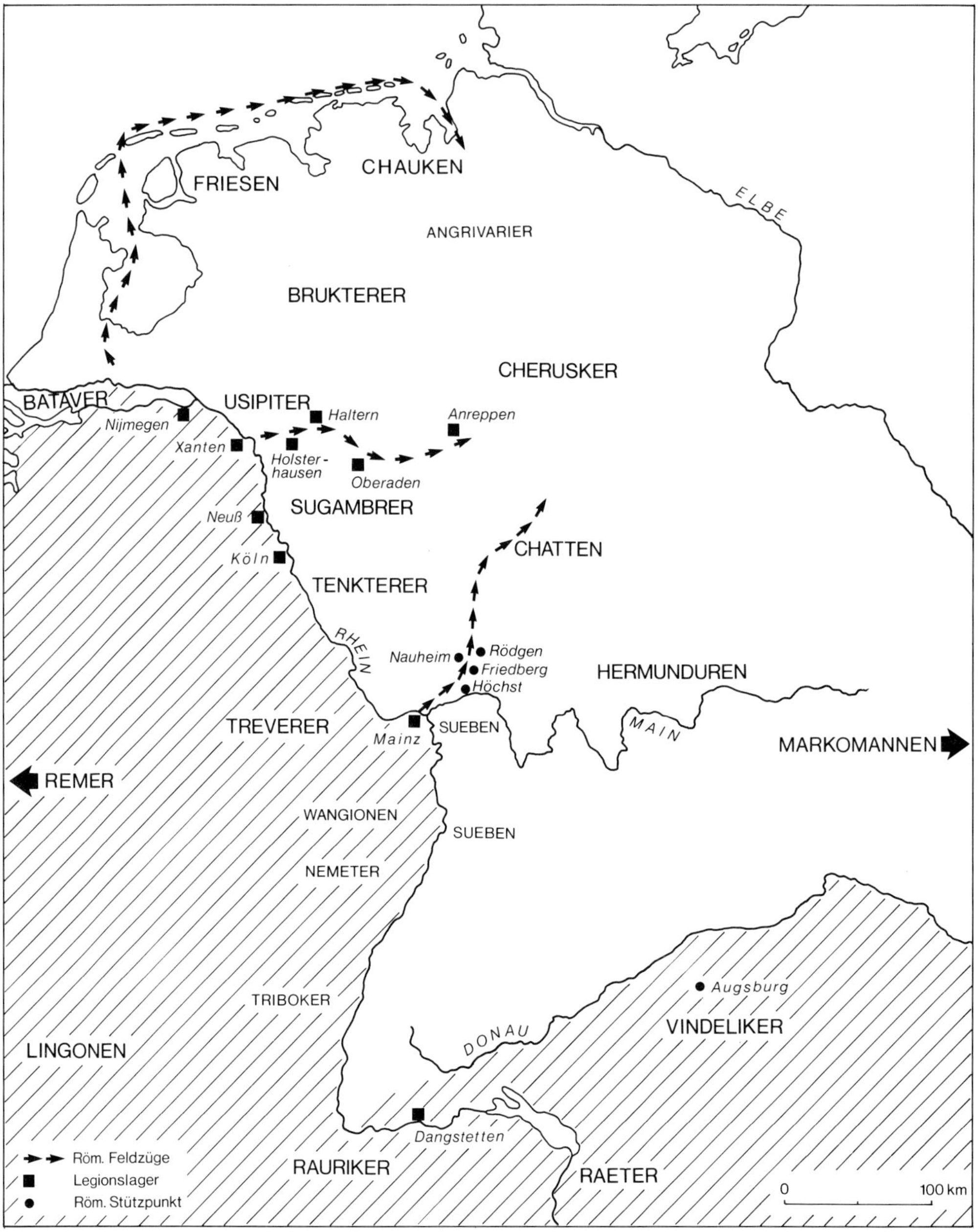

Abb. 23 Karte der Germanenstämme vor der römischen Grenze

mitius Ahenobarbus den Befehl über das Rheinheer inne, ein Verwandter des Kaiserhauses, der zuvor Statthalter von Illyrien gewesen war. Er unternahm einen Vorstoß zur Elbe und überquerte sie, eine erste Demonstration römischer Macht östlich des Flusses. Im Verlauf dieses Feldzuges wies er dem germanischen Stamm der Hermunduren ehemals von Markomannen besiedelte Gebiete zu, die man wohl in Franken und Thüringen zu suchen haben wird. Zwar verlegte ein antiker Historiker diese Ereignisse in die Zeit der illyrischen Statthalterschaft des Domitius, so daß man annahm, der Vormarsch sei von der Donau ausgegangen. Neuere Untersuchungen zeigten jedoch, daß die Überquerung der Elbe, für die der Feldherr hoch geehrt wurde, während seines Kommandos in Germanien erfolgte, und also wohl Mainz die Basis des Vorstoßes war. In seine Zeit fällt auch eine Episode, die ein bezeichnendes Licht auf die noch wenig gefestigte Position Roms in Germanien wirft: Ein Versuch des Domitius, vertriebene Cherusker in ihre Heimat zurückzuführen, scheiterte am Widerstand des Stammes, vielleicht ein erstes Wetterleuchten jener Ereignisse, die bald darauf alles Erreichte in Frage stellten.

Aus unbekannten Gründen brach im Jahr 1 n. Chr. ein Aufstand aus, der die meisten germanischen Stämme zwischen Rhein und Elbe erfaßte. Über den Ver- *Abb. 23* lauf der Kämpfe ist nahezu nichts bekannt, aber Velleius Paterculus sprach von einem *immensum bellum*, einem gewaltigen Krieg, und die Tatsache, daß der Nachfolger des Domitius, Marcus Vinicius, ein erfahrener und in vielen Feldzügen bewährter Heerführer, in dreijährigen Kämpfen nicht in der Lage war, Herr des Aufstandes zu werden, spricht für die Härte der Auseinandersetzungen. Erst Tiberius, der wieder im Jahr 4 n. Chr. das Kommando über das Rheinheer übernahm, gelang es, die Wende herbeizuführen. *Intrata protinus Germania, subacti Canninefates, Attuarii, Bructeri, recepti Cherusci . . ., transitus Visurgis, penetrata ulterior* (Wir drangen sogleich in Germanien ein, Canninefaten, Attuarier, Brukterer wurden unterworfen, die Cherusker wieder in Pflicht genommen . . ., die Weser wurde überschritten und tief in das jenseitige Gebiet eingedrungen) schrieb Velleius Paterculus, der an diesen Kämpfen selbst teilgenommen hatte. Aber auch dieser, bis in den Dezember andauernde Feldzug führte noch nicht zur endgültigen Befriedung. Zwar konnte das römische Heer in Germanien das Winterlager beziehen, aber Tiberius war, nachdem er den Winter in Rom verbracht hatte, im Jahr 5 n. Chr. zu erneuten Operationen gezwungen, in deren Verlauf die Chauken unterworfen und ein Vorstoß gegen die Langobarden unternommen wurde. Ein kombiniertes Heer- und Flottenmanöver demonstrierte erneut Roms Macht an der Elbe.

Dieser Aufstand zerstörte die in den Feldzügen der Jahre 12 bis 7 v. Chr. errichtete Ordnung. In der Sicht Roms waren die Verträge von den Germanen gebrochen worden, die völlige Unterwerfung war die notwendige Konsequenz; daß man auch jetzt nicht summarisch verfuhr, sondern differenzierte, zeigen die Worte des Velleius. Das Ziel, zwischen Rhein und Elbe eine Gallien vorgelagerte Zone zu schaffen, in welcher die Stämme – ähnlich wie auch an anderen Grenzen des Reiches – in einem Abhängigkeitsverhältnis standen, war gescheitert. In den Folgejahren werden Maßnahmen erkennbar, welche die Schaffung einer Provinz Germanien vorbereiteten. Sicher war man sich darüber im klaren, daß eine Grenze an der Elbe auf längere Sicht die gleichen Probleme aufwerfen mußte wie die Grenze am Rhein.

In der Zwischenzeit war ein neuer Machtfaktor entstanden: Unter dem Druck der römischen Offensive waren die Markomannen, ein Teilstamm der Sueben, nach Böhmen ausgewichen. Dort hatte sich unter Führung Marbods, der sich längere Zeit in Rom aufgehalten hatte, in kurzer Zeit ein straff organisiertes, monarchisches Staatswesen mit einem schlagkräftigen Heer entwickelt, die erste Staatsbildung eines germanischen Volkes. Obwohl Marbod bestrebt war, einen Konflikt zu vermeiden, war Rom nicht gewillt, eine solche Machtkonzentration, die eine potentielle Bedrohung sowohl Germaniens wie auch der Donaugrenze darstellte, zu dulden, zumal sich eine Anzahl ostgermanischer Stämme den Markomannen angeschlossen hatte. Wie hoch man den Gegner einschätzte, zeigt die Zahl der gegen ihn mobilisierten Truppen, insgesamt zwölf Legionen, das gesamte in Germanien, Raetien und Illyricum stehende Heer. Die Planung des Feldzuges war hervorragend: Tiberius selbst stellte seine Truppen an der Donau im Raum von *Carnuntum* (Deutsch-Altenburg, östlich von Wien) zu einem direkten Vorstoß nach Böhmen in Bereitschaft, eine zweite Heeressäule unter dem Kommando des Sentius Saturninus stieß von Mainz aus durch das Gebiet der Chatten gegen die Elbe vor mit dem Ziel, die Verbündeten Marbods auszuschalten. Bevor die geplante Vereinigung beider Heere zustandekam, mußten die Operationen abgebrochen werden. Ein schwerer Aufstand pannonischer Stämme im heutigen Jugoslawien, der sich über Jahre hinziehen sollte, stellte die römische Herrschaft in Illyricum in Frage. Marbod verzichtete darauf, diese für Rom prekäre Situation zu nutzen und schloß Frieden.

Im Jahr 6 oder 7 n. Chr. übernahm P. Quinctilius Varus den Befehl über das Rheinheer, ein Mann, der im Gegensatz zu seinen Vorgängern kein Militär war, wohl aber über Erfahrungen in der Verwaltung verfügte. Seine Maßnahmen, welche die allmähliche Einführung einer Provinzialverwaltung in Germanien zum Ziel hatten, stießen auf Opposition. Der Widerstand wurde durch Arminius, einen cheruskischen Adeligen und Führer eines Stammesaufgebots organisiert. Selbst römischer Bürger und zum Ritterrang aufgestiegen, genoß er das Vertrauen des Varus. Durch dieses geschützt, gelang es ihm, eine Koalition germanischer Stämme zustandezubringen. Durch ein Täuschungsmanöver konnte Armin im Herbst des Jahres 9 n. Chr. ein römisches Heer unter dem Befehl des Varus in den Hinterhalt locken und vernichten. Bei dieser Schlacht im Teutoburger Wald – der Ort des Kampfes ist noch immer umstritten – gingen drei Legionen, die *legiones XVII, XVIII* und *XIX,* drei Alen und sechs Kohorten verloren, insgesamt fanden etwa 20000 Mann den Tod. Bei einer Gesamtzahl von etwa 28 Legionen im gesamten Imperium Romanum bedeutete dies einen schweren Schlag, und die panikartige Reaktion an der Rheingrenze ist verständlich. Die Niederlage des Jahres 9 hatte den fast völligen Rückzug Roms auf die Ausgangspositionen vor der Offensive von 12 v. Chr. zur Folge.

Obwohl eine Vielzahl römischer Stützpunkte in Germanien vorauszusetzen ist, da eine Kontrolle des Landes nur bei einem wirksamen Schutz der Kommunikationswege denkbar ist, sind die archäologischen Zeugnisse aus den Jahren zwischen dem Ende der ersten großen Offensiven 8/7 v. Chr. und der Niederlage des Varus auf die beiden Vormarschwege durch das Tal der Lippe und die Wetterau beschränkt. Während im Lippetal aus dieser Zeit die Legionslager von Holsterhausen, Haltern und Anreppen (westlich von Paderborn) bekannt sind, von denen die beiden letzteren für ständige Besatzungen ausgebaut waren, kennt man im Umkreis von Mainz und in der Wetterau bisher nur kleinere Lager. Wahrscheinlich war der Brückenkopf Mainz-Kastel militärisch gesichert; wenn *S. 369 f.* auch Funde aus dieser Zeit dort bisher fehlen, so kam doch an der vom Nordosttor des Mainzer Legionslagers ausgehenden Straße, die in Richtung auf die später nachweisbare römische Brücke führt, augusteische Keramik zutage. In Wiesbaden reicht einiges Fundmaterial sicher bis in die spätaugusteische Zeit zurück und erlaubt den Schluß auf die Existenz einer militärischen Anlage, die sich vielleicht damals schon auf dem Heidenberg befand. Sie diente der Sicherung der Taunusübergänge und damit dem Flankenschutz der von Mainz ausgehenden Vormarschstraße, auch ein Interesse an den Wiesbadener Heilquellen mag für die Wahl des Ortes eine Rolle gespielt haben. In Höchst ist ein augusteischer *S. 302* Stützpunkt nachweisbar. Zwar lag er nicht an der Vormarschstraße selbst, hatte aber an der Mündung der Nidda in den Main sicher die Funktion eines Umschlag- und Nachschublagers. Hypothetisch dagegen ist die Existenz eines frühkaiserzeitlichen Lagers in Frankfurt-Praunheim. Zwar führt hier die Elisabethenstraße, der alte Vormarschweg, vorüber, aber der einzige Hinweis auf eine frühe Zeitstellung ist die auf alte Beobachtungen zurückgehende Feststellung, daß der Lagergraben von einem latènezeitlichen Grab überschnitten wurde. Das nördlichste der bisher bekannten Lager dieser Zeit in der Wetterau wurde in Bad Nauheim über dem südlichen Randbereich der latènezeitlichen *S. 237 f.* Siedlung und Saline errichtet, als Nachfolger des 8/7 v. Chr. geräumten Nach-

S. 238 f. schublagers von Rödgen. Befestigungsgräben eines zweiten Lagers im selben Bereich gehören wahrscheinlich ebenfalls der gleichen Zeit an.

Die einheimische Bevölkerung

Bis in das letzte Jahrhundert v. Chr. gehörte Hessen in den Bereich der Latènekultur, deren Kern eine breite, sich von Böhmen bis nach Nordfrankreich erstreckende Zone bildete, und deren Träger Völker keltischer Sprache waren. Einiges spricht dafür, daß auch die damalige Bevölkerung Hessens, das in der Randzone der Latènekultur lag, zu den Kelten zu rechnen ist. Viele noch heute gebräuchliche Gewässernamen gehen auf ihre Sprache zurück. Politische Mittelpunkte waren stadtähnliche, befestigte Anlagen oft beträchtlicher Größe, die man mit dem lateinischen Wort *oppidum* bezeichnet.

Gegen Mitte des 1. Jahrhunderts v. Chr. brachten die Wanderungen suebischer Stämme weitreichende Veränderungen mit sich: So endet die Besiedlung der Altenburg bei Niedenstein um die Mitte dieses Jahrhunderts; weiter südlich, im
S. 259 ff. Bereich der Gießener Senke, befand sich das Oppidum auf dem Dünsberg zur Zeit der römischen Okkupation wohl bereits in den Händen einer germanischen
S. 319 ff. Bevölkerung. Über das Schicksal der Befestigung auf dem Glauberg im Osten der Wetterau ist nichts bekannt, auch nicht über das große Oppidum über dem Heidetränktal bei Oberursel. Wahrscheinlich hatten auch hier die suebischen Vorstöße die politische Ordnung zerstört und damit der Funktion der Oppida die Grundlage entzogen. Zwar lassen sich sowohl in der Wetterau wie in Teilen Nordhessens seit Mitte des 1. Jahrhunderts v. Chr. elbgermanische Einflüsse archäologisch nachweisen, die mit Sueben in Verbindung zu bringen sind, doch scheint die einheimische Bevölkerung weitgehend überlebt zu haben. Die bedeutende latènezeitliche Siedlung und Salzsiederei von Bad Nauheim bestand wohl kontinuierlich bis in die Zeit der römischen Besetzung, als wenige Kilometer entfernt ein Lager bei Rödgen angelegt wurde.

In der frühen Kaiserzeit ändert sich das Bild. In Nordhessen, mit dem Zentrum um Fritzlar, Kassel und Hofgeismar findet sich nun eine Keramik, die enge Verbindungen zu Nordwestdeutschland aufweist. Es ist dies gerade jenes Gebiet,
S. 316 ff. für das die antiken Quellen die Sitze der Chatten bezeugen, deren Name trotz al-
S. 72 ler Bedenken der Sprachwissenschaft kaum von »Hessen« zu trennen ist. Wann sich dieser Stamm in Nordhessen niederließ, ist unsicher, vielleicht nicht allzulange vor der römischen Invasion.

Auch im Süden traten einschneidende Veränderungen ein: Hatte die Siedlung
S. 237 f. und Saline von Bad Nauheim wohl noch in den ersten Jahren der römischen Ok-

kupation Bestand, so änderte sich das Bild in der Zeit zwischen der Auflassung von Rödgen und der Errichtung eines Lagers in Bad Nauheim. Dieses überdeckt den südlichen Randbereich der Siedlung und Salzsiederei, die damals wahrscheinlich völlig zu Ende gingen oder mindestens stark reduziert wurden. Bezeichnend ist, daß in zahlreichen Gruben im Bereich des Lagers zusammen mit römischer Keramik augusteischer Zeit eine germanische Ware zutage kam, die ihre Parallelen in Nordwestdeutschland findet. Diese Keramik liegt aus allen frühkaiserzeitlichen Militäranlagen dieses Gebietes vor, so daß man mit einer germanischen Besiedlung im Bereich der Wetterau zu rechnen haben wird, auch wenn von ihr bisher nur geringe Spuren nachweisbar sind. Ob es ein Nebeneinander der einheimischen und der germanischen Bevölkerung gegeben hat, läßt sich nicht sagen. Direkte Zeugnisse über die Stammeszugehörigkeit dieser Germanen fehlen, doch geben einige Anhaltspunkte zu der Vermutung Anlaß, daß es sich um Mattiaker handelt. Seit der Mitte des 1. Jahrhunderts ist dieser Stamm im Umkreis von Wiesbaden nachweisbar, wo seit Anfang des 2. Jahrhunderts die *civitas Mattiacorum,* ein römischer Verwaltungsbezirk mit dem Vorort *S. 84 f.* Wiesbaden, nach ihnen benannt ist. Der Name läßt sich von Mattium, dem Hauptort der Chatten, sicher nicht trennen, und es liegt nahe, in den Mattiakern einen Teilstamm der Chatten zu sehen. Die Namensbildung ist zwar keltisch, doch von Tacitus werden sie ausdrücklich als Germanen bezeichnet. Da im Umland von Wiesbaden wie auch in der Wetterau die Latènekultur kontinuierlich bis in die frühe Kaiserzeit besteht, andererseits aber die Anwesenheit einer germanischen Bevölkerung belegt ist, löst sich dieser Widerspruch, wenn man annimmt, daß die Mattiaker in augusteischer Zeit hier angesiedelt wurden. Eine solche Niederlassung kann selbstverständlich nur mit Zustimmung Roms erfolgt sein, und hieraus wird sich wohl die rechtliche Sonderstellung des Stammes, die allerdings nicht näher definiert wird, erklären, von der Tacitus berichtet. Daß sich die *civitas Mattiacorum* seit dem 2. Jahrhundert auf den Rheingau beschränkte, kann administrative Gründe gehabt haben. Über das Schicksal der einheimischen Bevölkerung ist nichts überliefert. Man mag sich aber daran erinnern, daß wahrscheinlich in augusteischer Zeit Wangionen, Nemeter und Triboker auf das linke Rheinufer übergesiedelt wurden. Sie werden zwar als Germanen bezeichnet, müssen aber aus einer keltisch-germanischen Kontaktzone stammen, da nur der Name der Wangionen germanisch ist, während die Namen der beiden anderen Stämme keltischen Ursprungs sind.

Wieder anders liegen die Verhältnisse in der oberrheinischen Tiefebene. Im Umkreis von Groß-Gerau, im Mündungsgebiet des Neckar und bei Diersheim etwa gegenüber Straßburg ließen sich suebische Bevölkerungsgruppen nieder. Ihre Keramik trägt elbgermanischen Charakter, und Verbindungen zu Böhmen geben zu der Vermutung Anlaß, daß es sich um Stammesteile handelt, die aus dem Reich Marbods abwanderten. Daß sie sich als Sueben bezeichneten, geht aus dem Namen der Civitas an der Neckarmündung hervor, die nach den *Suebi Nicretes,* den Neckarsueben, benannt ist. Während die Gruppe um Diersheim erst um die Mitte des 1. Jahrhunderts n. Chr. in Erscheinung tritt, lassen sich die beiden anderen bis in die frühe Kaiserzeit zurückverfolgen. Auch hier im unmittelbaren Vorland des römischen Machtbereichs kann man voraussetzen, daß die Ansiedlung nur mit der Zustimmung Roms erfolgte und wohl mit der Verpflichtung zur Waffenhilfe verbunden war. Die vielfach sehr reichen römischen Importgüter unter den Grabbeigaben im Bereich der Groß-Gerauer Gruppe sprechen für intensive Handelsbeziehungen.

Der Feldzug des Germanicus

Unmittelbar nach dem Eintreffen der Nachricht von der Niederlage des Varus übernahmen die noch intakten Mainzer Legionen unter ihrem Legaten Lucius Nonius Asprenas den Schutz des Niederrheins. Zwei Umständen war es zu verdanken, daß die Katastrophe keine weiteren schwerwiegenden Folgen für Gallien hatte: Einmal verweigerte Marbod ein Bündnis mit Arminius gegen Rom, zum anderen war es Tiberius gelungen, den seit 6 n. Chr. andauernden Aufstand der pannonischen Stämme endgültig niederzuwerfen. Wieder wurde Tiberius der Oberbefehl am Rhein übertragen. Seine erste Maßnahme bestand in der Verstärkung des Heeres. Standen bis zum Zeitpunkt der Niederlage sechs Legionen am Rhein, so wurde nun ihre Zahl auf acht erhöht. In Untergermanien wurden zwei Legionen, die *legio Alaudae* und die *XXI Rapax,* in Vetera bei Xanten, zwei weitere, die *I Germanica* und die *XX Valeria Victrix* in Köln stationiert. In Mainz standen wohl die *legio XIV Gemina* und die *XVI Gallica,* eine dritte, die *legio II Augusta,* wahrscheinlich in Mainz-Weisenau. Schließlich lag noch eine Legion, die *XIII Gemina,* im Voralpenland. Dieses Achtlegionenheer, das stärkste des Imperium Romanum, wurde nun in zwei Kommandobezirke zu je vier Legionen unterteilt, das ober- und das untergermanische Heer, Vorläufer der beiden unter Kaiser Domitian eingerichteten Provinzen (s. S. 76). Sie unterstanden jeweils einem *legatus Augusti pro praetore,* der aus den Reihen der ehemaligen Konsuln ernannt wurde und in der Regel über militärische Erfahrung verfügte. Zentren waren Mainz und Vetera. Tiberius beschränkte sich zunächst völlig auf die Defensive und unternahm erst im Jahr 11 zusammen mit Germanicus, dem Sohn des Drusus, einen vorsichtigen Vorstoß über den Rhein, blieb aber dabei in der Nähe des Flusses. Es waren wohl weniger militärische Gründe, die sein Vorgehen bestimmten, als der sich verschlechternde Gesundheitszustand des Kaisers, der Tiberius denn auch im Folgejahr 12 zur Rückkehr nach Rom veranlaßte. An seiner Stelle übernahm Germanicus das Kommando über das gesamte Rheinheer.

Als Augustus am 19. August 14 starb, verlief zwar die Herrschaftsübernahme durch Tiberius in Rom problemlos, aber zwei der wichtigsten Grenzheere meuterten. Der Aufruhr der in Pannonien stehenden Truppen konnte verhältnismäßig rasch durch den Sohn des Tiberius, Drusus, unter Kontrolle gebracht werden. Während unter den Verbänden des obergermanischen Heeres nur eine der Mainzer Legionen, die *XIV Gemina,* mit dem Treueid zögerte, meuterten die in einem Sommerlager, wohl in Neuß, zusammengezogenen vier Legionen des untergermanischen Heeres. Zwar gelang es Germanicus zunächst, die Truppen durch eine Brieffälschung zu beruhigen, aber eines erneuten Aufruhrs vermochte er nur durch Lynchjustiz loyaler Soldaten Herr zu werden. Noch im gleichen Jahr unternahm er einen Überfall auf den am Niederrhein ansässigen Stamm der Marser, aber diese Aktion war sicher nicht Teil eines größeren Feldzugsplanes, sondern diente in erster Linie der Wiederherstellung von Disziplin und Moral der Truppe.

Die eigentliche Offensive begann im Jahr 15 unter dem Befehl des Germanicus, *Abb. 25/26 Nr. 6, 7* der nun nach seiner Adoption durch Tiberius zugleich zum präsumptiven Thronfolger aufgestiegen war. Zur Zielsetzung bemerkte Tacitus *abolendae magis infamiae ob amissum cum Quintilio Varo exercitum quam cupidine proferendi imperii aut dignum ob praemium* (mehr um die Schmach zu tilgen wegen des mit Quintilius Varus verlorenen Heeres als aus Verlangen nach Erweiterung des Reiches oder wegen eines sich verlohnenden Gewinns). Augustus hatte seinem Nachfolger den Rat gegeben, das Reich innerhalb der bestehenden Grenzen zu halten, und das Urteil des Tacitus besteht wohl zu Recht, wenn er Tiberius keine Absichten auf eine dauernde Okkupation Germaniens unterstellt. Die Wiederherstellung des römischen Prestiges mag dabei nicht das alleinige Motiv gewesen sein, sondern auch die für das Ansehen des Kaiserhauses notwendige Bewährung des Thronerben.

Die Hauptoffensive begann mit einem zweifachen Vorstoß. Vom Niederrhein her führte der Legat Aulus Caecina Severus vier Legionen gegen die Cherusker, und gleichzeitig rückte Germanicus von Mainz aus ebenfalls mit vier Legionen und 10000 Mann Hilfstruppen gegen die Chatten vor. Wenn Tacitus in diesem Zusammenhang berichtet, Germanicus habe *in monte Tauno* an der gleichen Stelle wie Drusus einen Stützpunkt anlegen lassen, so zeigt dies, daß auch damals der Feldzug den gleichen Vormarschwegen folgte. Mit der Sicherung dieser Straße und der Brücken wurde ein Legat, Lucius Apronius, betraut. Die Chat-

ten traf der Vorstoß ohne Vorbereitungen. Nach einem für die Römer erfolgreichen Gefecht beim Übergang über die Eder kam es zu Friedensverhandlungen, die jedoch ohne Ergebnis verliefen. Germanicus konnte eine Entscheidungsschlacht nicht erzwingen, da sich die Germanen in die Wälder zurückzogen, vernichtete aber den Vorort der Chatten, Mattium. Dieser Ort wurde häufig mit der Altenburg bei Niedenstein (zwischen Fritzlar und Kassel) identifiziert, doch zeigten neuere Untersuchungen des Fundmaterials, daß dieses Oppidum bereits lange vor der römischen Offensive sein Ende gefunden hatte, so daß die Frage der Lokalisierung weiter offen ist.
Inzwischen war es bei den Cheruskern zu inneren Auseinandersetzungen gekommen. Gegen Arminius hatte sich dessen Schwiegervater Segestes gewandt, der bei den Römern Unterstützung suchte. Germanicus kam dem Hilfsersuchen nach und konnte Segestes, der von Arminius belagert wurde, Entsatz bringen; dabei geriet die Frau des Arminius in römische Gefangenschaft.
Noch im gleichen Jahr kam es zu einem weiteren Unternehmen, bei welchem ein Teil der Truppen über Land zur Emsmündung vorrückte, wo sie mit den zur See herangeführten Legionen unter Germanicus zusammentrafen. Nach einer Niederlage der Brukterer verwüstete man das Land zwischen Ems und Lippe und drang bis zum Ort der Niederlage des Varus vor. Ein Gefecht mit Arminius endete ohne Entscheidung, ein durchschlagender Erfolg blieb dem Feldzug versagt. Im Verlauf des Rückmarsches über Land entgingen die unter dem Befehl Caecinas stehenden Verbände nur mit knapper Not der Vernichtung und auch die Flotte unter Germanicus mußte infolge einer Springflut Verluste hinnehmen.
Auch im Folgejahr 16 stand die Emsmündung im Zentrum der Operationspläne. Vorausgegangen war ein Vorstoß des Germanicus mit sechs Legionen zum Entsatz eines belagerten Stützpunktes, Aliso, an der Lippe und ein Zug des Legaten Silius gegen die Chatten, der offenbar ohne Erfolg verlief, auch wenn von der Gefangennahme eines chattischen Häuptlings, Arpius, berichtet wird. Das Heer wurde zu Schiff zur Mündung der Ems transportiert, stieß von dort in Richtung Weser vor und überschritt den Fluß. Bei Idistaviso, dessen Lage unbekannt ist, kam es zur Schlacht mit Arminius. Zwar konnte Germanicus den Sieg für sich in Anspruch nehmen, aber weder hier noch in der darauffolgenden Schlacht am Angrivarierwall fiel eine endgültige Entscheidung. Auf dem Rückweg zum Rhein ging durch ein Unwetter ein großer Teil der Flotte verloren. Die Nachricht gab dem Gegner neuen Auftrieb, und Germanicus war noch im gleichen Jahr zu einer Doppeloffensive gezwungen. Er selbst unternahm einen Zug gegen die Marser am Niederrhein, sein Legat Gaius Silius rückte mit 30000 Mann und 3000 Reitern gegen die Chatten vor, ohne daß es zu einer entscheidenden Auseinandersetzung gekommen wäre.

Nach zwei Feldzugsjahren war Germanicus noch weit von einer Eroberung des Landes entfernt; die beiden bedeutendsten Gegner, Cherusker und Chatten, waren nicht endgültig geschlagen, die Elbe nicht erreicht worden. Tiberius befahl nun, nach dem Rückmarsch des Heeres in die Winterlager, den Abbruch der Operationen gegen Germanien. Der Kaiser, der bereits im Jahr zuvor auf eine Beendigung der Feldzüge gedrängt hatte, verwies bei seinem Entschluß darauf, daß man Germanien der inneren Zwietracht überlassen könne. Die Ehrungen, die Germanicus erwiesen wurden, werden eher seiner Stellung als Thronerbe als seinen Erfolgen gerecht: Er erhielt das Konsulat für das Jahr 17 und ein Triumph über »Cherusker, Chatten und Angrivarier und die anderen Völker, die bis zur Elbe wohnen« wurde ihm zuerkannt, den er am 26. Mai 17 beging.
Die archäologischen Spuren dieser Feldzüge sind gering: Im Bereich von Mainz blieb Wiesbaden weiter unter dem Schutz des Militärs. Sicher wurde bei den Operationen wiederum Höchst als Nachschubbasis genutzt. An der Vormarschstraße selbst ist das einzige Zeugnis ein Stützpunkt, der auf dem Burg- *S. 305 f.*
berg von Friedberg in der Wetterau errichtet wurde. Er war Nachfolger des wahrscheinlich 9 n. Chr. geräumten, etwa 3 km entfernten Lagers von Bad Nauheim. Die Aufgabe von Höchst wie von Friedberg im Jahr 16 markiert die entscheidende Zäsur, den endgültigen Verzicht auf Offensiven in das Innere Germaniens.

Die Zeit der Defensive: Die römische Grenzpolitik zwischen 16 und 69 n. Chr.

von Hans-Günther Simon

Tiberius und Gaius

Wenn auch der Verzicht auf eine Annexion Germaniens bedeutete, daß sich Rom weitgehend auf die Ausgangspositionen des Jahres 12 v. Chr. zurückzog, so war doch die neue Situation in vieler Hinsicht vorteilhafter. Bataver, Friesen und vielleicht auch andere Küstenstämme waren in einem Abhängigkeitsverhältnis verblieben, am unteren Rhein stand auf der rechten Uferseite ein Geländestreifen unter militärischer Kontrolle und ein Wiesbaden einschließender Brückenkopf vor Mainz wurde besetzt gehalten. Wahrscheinlich waren Mattiaker und suebische Gruppen in der oberrheinischen Tiefebene zur Truppenstellung verpflichtet und boten einen zusätzlichen Schutz der Grenze im Bereich des obergermanischen Heeres. Die Sueben, die zuvor einen unberechenbaren Herd der Unruhe gebildet hatten, waren teils – wie Markomannen und Quaden – abgewandert, teils auf das linke Rheinufer übergesiedelt worden.
Wichtiger aber noch waren die während der Okkupation gewonnenen Kenntnisse über die inneren Verhältnisse der Stämme und die Beziehungen zu einzelnen Persönlichkeiten. Die Vorverlegung der römischen Kommandostellen an den Rhein erleichterte eine Kontaktaufnahme, und bei Streitigkeiten innerhalb der Stämme bestand stets die Möglichkeit, daß eine Seite die römische Unterstützung suchte. Daß man Segestes und seinem Anhang in Gallien Asyl gewährte, war kaum ein Einzelfall. Ein solches Vorgehen erlaubte ein indirektes Eingreifen in Stammesangelegenheiten. Ein bezeichnendes Licht auf diese Verhältnisse wirft das Schreiben eines chattischen Häuptlings namens Adgandestrius an den Senat, in welchem er sich erbot, Arminius zu vergiften.
Die Entwicklung der Folgejahre bestätigte die römischen Erwartungen. Im Jahr 17 kam es zu einer Auseinandersetzung zwischen dem mit einigen elbgermani-

schen Stämmen verbündeten Arminius und Marbod, die zwar zu keiner Entscheidung führte, aber eine Schwächung des Markomannenreiches im Gefolge hatte, die zum Sturz Marbods beitrug. Bald darauf wurde Arminius bei dem Versuch, ein straffer organisiertes Königtum bei den Cheruskern einzuführen, ermordet.

Grundlage der römischen Grenzverteidigung bildeten die acht Legionen des ober- und untergermanischen Heeres mit ihren Standlagern in Birten (*Vetera*), Köln, Mainz, Straßburg und Windisch bei Brugg an der Aare (*Vindonissa*). Dem Heer kam eine doppelte Aufgabe zu, sowohl der Schutz gegen den äußeren Feind wie auch die Wahrung der Sicherheit in Gallien. Bereits in augusteischer Zeit waren am Rhein eine Anzahl Kastelle errichtet worden, deren Garnisonen von regulären Hilftruppen gebildet wurden, die in Kohorten (Infanterieverbänden) und Alen (Reitereinheiten) organisiert waren. Diese Kastellreihe wurde in den folgenden Jahrzehnten weiter ausgebaut. Auch die linksrheinischen Stämme leisteten Beiträge zur Verteidigung und stellten im Bedarfsfall Stammesmilizen zur Verfügung.

Die Doppelfunktion des Rheinheeres wird bei einem Aufstand der Haeduer und Treverer im Jahr 21 deutlich, bei dem es den Legaten des ober- und untergerma-

Abb. 24 Reliefschüssel aus Terra Sigillata, Mitte 1. Jh. n. Chr. (Museum Wiesbaden)

1

2

3

4

5

6

7

8

9

10

Abb. 25/26 Römische Münzen der frühen Kaiserzeit: 1 Augustus, 2 Augustus und Agrippa, 3 Agrippa, 4 Drusus der Ältere, 5 Tiberius, 6, 7 Germanius, 8 Gaius, 9 Claudius, 10 Nero

nischen Heeres ohne Mühe gelang, der Rebellion Herr zu werden. In den späten Regierungsjahren des Kaisers Tiberius ist die Politik am Rhein durch eine strikte Defensive und einen Mangel an Initiative gekennzeichnet, der wohl nur dadurch verständlich wird, daß sich Tiberius nach Capri zurückgezogen hatte und an der Regierung nur noch geringen Anteil nahm. So ist es bezeichnend, daß es im Jahr 28 zu einem durch überhöhte Tributforderungen ausgelösten Aufstand der Friesen kam, bei dem das römische Heer erhebliche Verluste erlitt, dennoch auf einen Vergeltungsschlag und eine Wiederherstellung des Abhängigkeitsverhältnisses verzichtete.

Abb. 25/26 Nr. 8 Aus der kurzen Regierungszeit des Kaisers Gaius, genannt Caligula (37–41 n. Chr.), wird von einem Germanenfeldzug im Jahr 39 berichtet, der jedoch in den antiken Quellen in einem solchen Maße verzerrt dargestellt wird, daß eine zuverlässige Rekonstruktion der Ereignisse nicht mehr möglich ist. Aufgrund eines plötzlichen Entschlusses sei der Kaiser zum Rhein aufgebrochen, habe allenthalben Aushebungen veranlaßt und in großem Umfang Truppen zusammengezogen; er habe dann einen Vorstoß über den Rhein unternommen, der ihn allerdings nicht weit in das Innere des Landes geführt habe. Der Feldzug wird als ein Possenspiel mit fingierten Gefangenen dargestellt, ähnlich wie später der Chattenzug Domitians. Wo dieses Unternehmen stattfand, wird nicht gesagt. Als Gegner werden von einem spätantiken Schriftsteller, der allerdings auf älteres Material zurückgreift, die Sueben genannt. Bei einer solchen Quellenlage ist es kaum verwunderlich, wenn der Feldzug unterschiedlich gedeutet wurde. So hat man die Annahme vertreten, daß diese Offensive eine Wiederaufnahme der Eroberungspolitik in Germanien darstelle nach dem Vorbild des Germanicus, des Vaters des Kaisers, aber für diese These gibt es kaum Anhaltspunkte. Eher wird man vermuten können, daß eine gegen den Kaiser gerichtete Verschwörung den Hintergrund des Unternehmens bildete. Am 27. Oktober 39 erwähnen die Akten der Arvalbrüder, eines römischen Priesterkollegiums, Opfer *ob detecta nefaria*, »wegen der Aufdeckung von Verbrechen« des Cnaeus Cornelius Lentulus Gaetulicus, der wenig später hingerichtet wurde. Gaetulicus war seit 30 n. Chr. Legat des obergermanischen Heeres und erfreute sich bei der Truppe größter Beliebtheit. Da in der gleichen Zeit in Rom eine Konspiration aufgedeckt wurde, in die auch die Schwestern des Kaisers verwickelt waren, liegt es nahe, einen Zusammenhang anzunehmen. Man kann daher vermuten, daß der plötzliche Aufbruch des Kaisers von Rom und die Truppenzusammenziehungen durch den drohenden Abfall des obergermanischen Heeres veranlaßt wurden. Falls es zutrifft, daß die Gegner Sueben waren, so könnte es sich um eine der in der Rheinebene angesiedelten Gruppen handeln, die, aus welchem Grunde immer, Anlaß zu einer Machtdemonstration gegeben hatte. Freilich ist nicht auszuschließen, daß eine militärische Notwendigkeit für diesen Vorstoß nicht bestand und die Operation nur der Disziplinierung der Truppe diente. Archäologische Spuren dieses Unternehmens sind nicht nachweisbar. Man hat zwar die Errichtung von Kastellen in Hofheim und Groß-Gerau damit in Zusammenhang gebracht, doch lassen die Funde von Hofheim eine so enge zeitliche Eingrenzung nicht zu, und das Kastell Groß-Gerau wurde sicher erst in vespasianischer Zeit angelegt.

Claudius und Nero

Bald nach seiner Rückkehr aus Germanien im Jahr 40 fand Gaius den Tod. Unter seinem Nachfolger Claudius (41–54 n. Chr.) stand die Germanenpolitik im Schatten der im Jahre 43 beginnenden Invasion Britanniens. Zwar beschränkte man sich am Rhein weiter auf die Defensive, doch ist deutlich, daß man auf Herausforderungen energischer reagierte, als dies in den späten Regierungsjahren des Tiberius der Fall gewesen war. So unternahm der Nachfolger des hingerichteten Gaetulicus, der spätere Kaiser Servius Sulpicius Galba, im Jahr 41 einen Vorstoß gegen die Chatten als Antwort auf einen Plünderungszug des Stammes nach Gallien. Weitere Einzelheiten sind nicht bekannt, aber die Tatsache, daß der Kaiser für diese Aktion und einen gleichzeitigen Feldzug des niedergermanischen Heeres gegen die Marser die Ehre einer imperatorischen Akklamation in Anspruch nahm, zeigt, daß man diese Operationen als Erfolge wertete. Auch im Bereich des niedergermanischen Heeres ist ein energischeres Vorgehen erkennbar. Auf Überfälle der Chauken unternahm der Legat Cnaeus Domitius Corbulo im Jahr 47 einen erfolgreichen Zug gegen diesen Stamm und brachte die im Jahr 28 abgefallenen Friesen erneut in Abhängigkeit. Der ausdrückliche Befehl des Kaisers zum Rückzug über den Rhein macht aber den defensiven Charakter der Politik unmißverständlich deutlich.

Abb. 25/26 Nr. 9

Wiederum waren es Plünderungszüge der Chatten, die einige Jahre später, 50 n. Chr., zu einem römischen Gegenstoß Anlaß gaben. Zwar liegen darüber ausführliche Nachrichten vor, ein klares Bild der Operationen vermitteln sie dennoch nicht. Der Legat des obergermanischen Heeres, Publius Pomponius Secundus, führte seine Legionen in eine Bereitschaftsstellung am *mons Taunus*, also im Bereich der Wetterau, wohl zwei Tagesmärsche von Mainz entfernt und überließ den eigentlichen Kampf den Auxiliarverbänden, die durch Stammesmilizen der Wangionen (um Worms) und Nemeter (um Speyer) verstärkt waren. Diese stießen in zwei getrennten Abteilungen vor, von denen es der einen ge-

Abb. 27 Dolch eines Soldaten der Legio XXII Prinigenia, 1. Jh. n. Chr., gefunden im Rhein bei Mainz

lang, den eben zurückgekehrten Gegner zu überraschen. Dem zweiten Verband traten die Chatten entgegen, konnten aber geschlagen werden. Da bei dieser Gelegenheit römische Kriegsgefangene aus der Varusschlacht befreit wurden, erstreckten sich die Operationen bis in das chattische Kerngebiet. Die Folge dieser Kämpfe war eine Friedensgesandtschaft der Chatten. Die Verhandlungen führten wohl zu einem Erfolg; die friedlichen Verhältnisse dauerten offenbar auch unter dem Nachfolger des Claudius, Nero (54–68), an, jedenfalls sind Nachrichten über militärische Aktivitäten gegenüber diesem Stamm nicht überliefert, der in der Zwischenzeit nach dem Niedergang der Macht der Cherusker in Germanien eine führende Rolle eingenommen hatte. Unter Nero kam es nur einmal, im Jahr 58, zu einem Vorstoß des Legaten des obergermanischen Heeres, Titus Curtilius Mancia, über den Rhein, ein Unternehmen, das der Entlastung des in

Abb. 25/26 Nr. 10

Kämpfe um den siedlungsfreien Landstreifen am rechten Rheinufer verwickelten niedergermanischen Heeres diente.
Die Invasion Britanniens hatte auf das Rheinheer, das zuvor auf zehn bis elf Legionen verstärkt worden war, erhebliche Auswirkungen. Die Zahl der Legionen wurde wieder auf acht reduziert, die Truppen neu verteilt. So standen jetzt in Mainz die zuvor in Weisenau garnisonierte *legio IV Macedonica* und die aus Untergermanien herangeführte *legio XXII Primigenia.* Einige Jahre später wurde *Abb. 27* die in Straßburg stationierte Legion abgezogen und damit das obergermanische Heer auf drei Legionen reduziert. Parallel zu der Verminderung der Zahl der Legionen erfolgte ein verstärkter Ausbau der Reihe der Auxiliarkastelle am Rhein.
War seit Augustus im rechtsrheinischen Vorland von Mainz nur in Wiesbaden ein militärischer Stützpunkt nachweisbar, so wurde nun, vermutlich zu Anfang der Regierung des Claudius, in Hofheim, an der Grenze der späteren *civitas* *S. 350 ff.* *Mattiacorum*, ein Kastell errichtet. Es fiel wohl nicht, wie man angenommen hat, einem Einfall der Chatten um 50 n. Chr. zum Opfer, sondern wurde erst im Verlauf der Wirren nach dem Tode Neros zerstört. In der Wetterau selbst sind keine sicheren Spuren von Kastellanlagen dieser Zeit nachweisbar, wenn man auch mit Marschlagern oder kurzfristig besetzten Anlagen, die im Verlauf der Feldzüge gegen die Chatten errichtet wurden, zu rechnen haben wird. Aus den sehr spärlichen Spuren der germanischen Bevölkerung in claudisch-neronischer Zeit in dieser Landschaft hat man geschlossen, daß Rom im Bereich der Vormarschstraße ein siedlungsfreies Glacis angestrebt hat. Auch zwischen Main- und Neckarmündung wurden keine Kastelle über den Rhein vorgeschoben.
In claudisch-neronischer Zeit steht die Rheingrenze im Zeichen der Verfestigung. Die Innenbauten der Legionslager, zuvor in Holzbauweise aufgeführt, wurden in Stein ausgebaut, die Zahl der Auxiliarkastelle vermehrt, häufiger finden sich Nachrichten über Arbeitseinsätze der Truppe, wie etwa die Anlage von Silbererzminen im Bereich der Mattiaker durch den Legaten Curtius Rufus. Der *S. 102* Zusammenbruch dieser Grenze in den Wirren der Jahre 69/70 wurde nicht durch äußere Feinde, sondern durch innere Auseinandersetzungen verursacht.

Römische Eroberungen unter den flavischen Kaisern, Bau des Limes

von Dietwulf Baatz

Das Vierkaiserjahr 69: Bataveraufstand und Imperium Galliarum

Im Frühjahr 68 n. Chr. brach in der Provinz *Gallia Lugdunensis* – ihre Hauptstadt war das heutige Lyon – ein folgenreicher Aufstand gegen Kaiser Nero aus. Er wurde allerdings rasch von den Legionen des Legaten L. Verginius Rufus niedergeschlagen, die von der Rheingrenze herbeigeeilt waren. Verginius Rufus war Chef des römischen Heeres am Oberrhein, eines der stärksten Provinzheere jener Zeit, das aus drei Legionen und zahlreichen Hilfstruppen bestand. Dem
S. 62 Aufstand in Gallien hatte sich aber Galba, Statthalter in Spanien, angeschlossen, es folgten die Prätorianer in Rom. Das Schicksal Neros war damit besiegelt. Er beging im Juni 68 auf der Flucht nahe bei Rom Selbstmord. Galba wurde in Rom Kaiser, doch war dies nur der Auftakt zu den Bürgerkriegswirren des Vierkaiserjahrs 69.

Schon der erste Tag des neuen Jahres brachte ein Ereignis am Mittelrhein, das schwerwiegende Folgen für das Reich haben sollte. Galba hatte den beim Heer beliebten Verginius Rufus versetzt, der ihm als Chef der schwankenden obergermanischen Truppen gefährlich zu sein schien. Das aber brachte die Empörung der beiden Mainzer Legionen, der *IV Macedonica* und der *XXII Primigenia,* zum Ausbruch. Ihnen schlossen sich sogleich die Truppen am Niederrhein an. Sie riefen den gerade erst in Köln als Chef des niederrheinischen Heeres eingesetzten Vitellius zum Kaiser aus. Vitellius nahm die Kaiserwürde an und zog mit den besten Kampftruppen der Rheingrenze nach Italien, um sich dort als Kaiser gegen Otho durchzusetzen, der seit der Ermordung Galbas im Januar 69 in Rom regierte. Durch den Abmarsch der kampfkräftigsten Einheiten aber war an der Rheingrenze ein gefährliches Machtvakuum entstanden.

Das machten sich die Bataver, ein Germanenstamm am Niederrhein im heutigen Holland (»Betuwe«), zunutze, griffen die restlichen Truppen am Niederrhein an

Abb. 28 Rückseite eines Spiegels mit eingesetzter Münze des Kaisers Nero (Museum Wiesbaden)

und eroberten nach längeren Kämpfen das Zweilegionslager Vetera bei Xanten. Ein Heereshaufen rechtsrheinischer Germanen, aus Chatten, Usipitern und Mattiakern zusammengesetzt, überschritt den Mittelrhein und begann das Legionslager Mainz zu belagern. Mit Mühe gelang es dem Legaten Vocula, von Neuß aus Entsatz zu bringen, Mainz zu retten und die römische Herrschaft am Mittelrhein für den Augenblick zu sichern.

Der römische Brückenkopf gegenüber von Mainz, der von Wiesbaden bis Hofheim am Taunus reichte, ging verloren. Die römischen Bauwerke in Wiesbaden *S. 485 ff.* wurden zerstört. Dort befand sich bereits damals ein römisches Kastell, unter dessen Schutz an den heißen Quellen Kuranlagen des Militärs entstanden waren. Immer wieder hat man bei Grabungen im heutigen Stadtkern Wiesbadens Spuren der damaligen Zerstörung gefunden. Hinweise auf einen gewaltigen Brand zeigten sich auch bei der Ausgrabung des älteren Holzkastells in Hofheim. Es *S. 350 ff.* hat ebenfalls zu dieser Zeit sein Ende gefunden.

Als man jetzt in Gallien hörte, bei dem Bürgerkrieg in Italien sei das Kapitol in Rom mit dem berühmten Jupitertempel abgebrannt (Dezember 69), sahen viele darin ein göttliches Zeichen, das das Ende des römischen Imperiums anzukündigen schien. Die gallischen Stämme der Treverer und Lingonen – ihre Hauptstädte waren Trier und Langres – beteiligten sich nun auch an dem Aufstand. Sie setzten sich das Ziel, die anderen Gallier mitzureißen und ein eigenständiges, von römischer Herrschaft freies gallisches Reich (*Imperium Galliarum*) zu schaffen.

Nunmehr brach jeder Widerstand des römischen Rheinheeres zusammen. Alle Militärlager nördlich von Mainz gingen in Flammen auf. Der Rest der Legionen hatte auf das Imperium Galliarum zu schwören. Das war ein bis dahin in der römischen Geschichte unerhörter Vorgang. In Mainz weigerten sich die Stabsoffiziere, den Eid zu leisten; sie wurden getötet und der Lagerpräfekt vertrieben. Eine solche Katastrophe hatte Rom im Norden noch nicht erlebt. Die Aufständischen waren sich allerdings offenbar im Unklaren über die ungeheuren Reserven des Römerreichs und über die Tatkraft Vespasians, der inzwischen unangefochtener Herrscher geworden war. Aus diesen Gründen hatten sich auch keineswegs alle Gallier dem Aufstand angeschlossen. Es gelang den aufständischen Galliern und Germanen auch nicht, gemeinsame Handlungen zu planen und den Sieg zur Festigung ihrer Herrschaft auszunutzen.

Da der Bürgerkrieg beendet war, hatte Rom jetzt freie Hand, mit der gefährlichen Situation am Rhein fertigzuwerden. Aus Italien marschierte im Frühjahr 70 eine Heeressäule von fünf Legionen ab, aus Spanien kamen drei Legionen und eine weitere griff aus Britannien ein. Zwei fähige Heerführer – Annius Gallus und Petilius Cerialis – hatten das Kommando erhalten.

So schnell der Aufstand ausgebrochen war, so schnell brach er nun zusammen. Gallus hatte den Auftrag, gegen die Lingonen vorzugehen und das Oberrheingebiet zu befrieden. Noch bevor er in Mainz eintraf, war die 21. Legion aus ihrem Lager in der Schweiz zusammen mit raetischen Hilfstruppen nach Norden marschiert und hatte den Treverer Tutor bei Bingen geschlagen. Das erleichterte die Unterwerfung der Lingonen. Unter dem Kommando des Gallus stand damals der Legat Sex. Iulius Frontinus, von dem später noch die Rede sein wird. Er hat – wohl als Chef der *legio XXII Primigenia* – die kampflose Unterwerfung der Lingonen entgegengenommen. Dabei ließ er Mäßigung (*continentia*) walten, wie er in seinem Buch »Strategemata« berichtet. Der römischen Führung war offenbar viel daran gelegen, die Aufständischen friedlich in das Reich zu integrieren.

Die schwierigere militärische Aufgabe war Cerialis zugefallen, nämlich die Treverer und die Bataver zu unterwerfen. Er besiegte die Treverer schließlich in einer Schlacht bei Trier. Die Bataver leisteten weit zäheren Widerstand und gaben erst im Spätherbst 70 auf. Auch Cerialis war so klug, kein Strafgericht über die geschlagenen Völker zu verhängen.

Die Reichsgrenze am Ober- und Mittelrhein unter Kaiser Vespasian (69–79 n. Chr.)

Der Aufstand der Bataver und der Gallier sowie Einfälle germanischer Stämme hatten außerordentliche materielle Schäden an der römischen Rheingrenze hinterlassen. Noch schwerwiegender wird der Eindruck der Führungslosigkeit und der vernichtenden Niederlagen des römischen Rheinheeres nicht nur auf die Provinzbewohner, sondern auch auf die germanischen Nachbarn des Römerreichs gewesen sein. Die Aufgabe der neuen Regierung unter Kaiser Vespasian mußte es daher zuerst sein, die Schäden zu beseitigen und den Willen zur Grenzverteidigung deutlich sichtbar zu machen. Neue politische und militärische Maßnahmen zur Festigung der Provinzen und zu ihrem Schutz nach außen waren notwendig, um einer ähnlichen Katastrophe in der Zukunft vorzubeugen.
Nach der Unterdrückung des Aufstandes wurde das obergermanische Heer um eine Legion verstärkt und erhielt viele neue Truppeneinheiten. Nach 70 lagen im obergermanischen Grenzbereich nun vier Legionen, und zwar die *legio XI Claudia* in Vindonissa (Windisch bei Brugg im Aargau, Schweiz), die *legio VIII Augusta* in Argentorate (Straßburg) und die *legio I adiutrix* sowie die *legio XIV gemina Martia victrix* in dem Zweilegionslager *Mogontiacum* (Mainz), das weiterhin der Sitz des Chefs dieser Heeresgruppe blieb. Sein Kommandobereich reichte vom Westende des Bodensees bis in die Gegend um Koblenz. Zu den Legionen kamen zahlreiche Hilfstruppen, wodurch sich der Personalbestand des obergermanischen Heeres auf etwa 40 000 Soldaten erhöhte.
Diese beachtliche Militärmacht hat unter Kaiser Vespasian nicht nur die Rheingrenze wieder gefestigt, sie wurde auch eingesetzt, um jenseits des Rheins neue Gebiete zu gewinnen. Außerdem waren Schäden an den militärischen Einrichtungen zu beseitigen und diese erheblich zu verbessern. So war etwa in Mainz das große Legionslager nach der Aussage des Tacitus zwar nicht abgebrannt, hatte aber doch Schaden genommen, worauf Ausgrabungsergebnisse hindeuten. Das Lager hatte bis dahin eine hölzerne Umwehrung besessen; nun erhielt es eine steinerne Wehrmauer. Zu seiner Wasserversorgung entstand ein kilometerlanger, aufwendiger Aquaedukt, dessen Ruinen heute noch stehen. *Abb. 389*
Spätestens unter der Führung des Legaten Cn. Pinarius Cornelius Clemens griff das obergermanische Heer wieder über den Rhein, um in Zukunft Übergriffe der Germanen zu verhindern (um 73). In den Jahren 69 und 70 hatte sich ferner gezeigt, daß die Verbindung vom Oberrhein zu den Donauprovinzen gefährdet und unnötig lang war, denn damals gehörten weder der Schwarzwald noch das Land am oberen Neckar zum Römerreich und ragten wie ein Keil in römisches Gebiet.

Deshalb ließ Pinarius Clemens eine Straße vom Legionslager Straßburg über den Schwarzwald an die obere Donau anlegen (Inschrift eines Meilensteins von Offenburg). Damit war die so dringend benötigte kürzere Verbindung zwischen dem Oberrheingraben und der oberen Donau hergestellt. Zu ihrer Sicherung bauten die Truppen mehrere neue Kastelle am oberen Neckar; durch Ausgrabungen sind die Kastelle in Rottweil, Sulz und Waldmössingen bekannt. Auf diese Weise wurden zugleich das Land am oberen Neckar und der Schwarzwald dem Reich einverleibt.

In diesen Jahren haben die Römer – wohl ebenfalls unter Pinarius Clemens – das östliche Rheinufer auch südlich von der Mainmündung besetzt. Dadurch kam der gesamte Oberrheingraben in römische Hand. Hier hatten sich seit der ersten Hälfte des 1. Jahrhunderts n. Chr. einige germanische Volksgruppen suebischer Stammeszugehörigkeit angesiedelt, zweifellos mit römischer Zustimmung und unter fester Vertragsbindung, die den germanischen Ansiedlern die Verpflichtung auferlegte, eine Art Vorfeldsicherung vor der römischen Grenze auszuüben. So war jenseits des Rheins ein römisches Einflußgebiet entstanden. Es wurde nun fest in das Imperium einbezogen und mit Kastellen gesichert
S. 322 (Groß-Gerau, Ladenburg und Heidelberg, Gernsheim?).

Die neuen Kastelle wurden durch eine Straße verbunden, die von Mainz über Groß-Gerau nach Heidelberg führte. Sie wurde schon jetzt oder nur wenige Jahre später von dort nach Süden fortgesetzt und an die schon erwähnte Schwarzwaldstraße angeschlossen. Dadurch kam eine direkte Landverbindung zwischen Mainz und Augsburg (*Augusta Vindelicum*) zustande; Augsburg war damals Hauptstadt der Provinz Raetia. – Auf hessischem Gebiet ist diese Römerstraße zwischen Gernsheim und Ladenburg an vielen Stellen erhalten.

Neue Ergebnisse archäologischer Forschungen lassen erkennen, daß die Römer sich unter der Regierung Kaiser Vespasians keineswegs mit dem zurückgewonnenen, verhältnismäßig kleinen Brückenkopf vor dem Legionslager Mainz begnügten. Sie stießen von ihm aus weiter in die Wetterau vor. Wieder legten sie Kastelle zur Sicherung des neuen Gebiets an, die allerdings noch nicht so wie die späteren Limeskastelle an einer Grenzlinie aufgereiht waren, sondern in die Mittelpunkte der damaligen Bevölkerung gelegt worden sind. Es handelt sich um die Kastelle auf der »Dominsel« in Frankfurt a. M., in Frankfurt a. M.-Heddern-
S. 293 ff., 275 ff. heim, Okarben und Friedberg; vielleicht gab es auch schon in Höchst ein römi-
S. 367 ff., 305 ff. sches Lager. Damit schob sich die Macht Roms wieder in die Wetterau vor. Die Kastelle wurden durch Straßen miteinander verbunden, die wie ein Netz das neugewonnene Gebiet überspannten und vor allem eine rasche Verbindung zur Basis, dem Legionslager in Mainz, ermöglichten. Recht wichtig waren auch die Verbindungen auf dem Wasserweg, die der untere Mainlauf bot.

Abb. 29 Kaiser Domitian. Silbermünze (Denar)

Die beachtlichen Gebietsgewinne östlich vom Ober- und Mittelrhein unter der Regierung Kaiser Vespasians sind anscheinend mehr durch den zähen und umsichtigen Arbeitseinsatz der Legionen und Hilfstruppen errungen worden, durch Straßen- und Kastellbauten, als durch Kämpfe oder gar große Schlachten. Die stetigen Sicherungsmaßnahmen schoben die Macht Roms nach Osten vor und brachten im Vorfeld des Legionslagers Mainz das fruchtbare Gebiet des Rheingaus und der Wetterau in römische Hand. Die Verleihung der Ehrenzeichen des Triumphators an den Legaten Pinarius Clemens lassen aber auch auf Kämpfe schließen, von denen allerdings keine Einzelheiten bekannt sind.

Der Chattenkrieg Kaiser Domitians 83 bis 85 n. Chr.

Im Jahre 81 kam Kaiser Domitian nach dem Tod seines weit beliebteren Bruders Titus unvermutet auf den Thron. Zu dieser Zeit standen die Chatten – so berichtet der Zeitgenosse Iulius Frontinus – an der Rheingrenze unter Waffen und hatten eine drohende Haltung eingenommen. Vielleicht fühlten sie sich durch die Ausweitung des römischen Machtbereichs bis in die Wetterau hinein bedroht oder sogar angegriffen; es ist gut möglich, daß sie die Wetterau bereits zu ihrem *Abb. 29*

Stammesgebiet gezählt hatten. Jedenfalls entschloß sich Domitian zu einem Präventivkrieg gegen die Chatten, deren Romfeindlichkeit ohnehin seit Jahrzehnten feststand.

Der Name des germanischen Stammes der Chatten lebt in dem des heutigen Bundeslandes »Hessen« fort. Die Chatten waren in den Jahrzehnten vor Christi Geburt in die Beckenlandschaften der hessischen Senke eingewandert und dort seßhaft geworden. Das Zentrum des Stammesgebiets lag im Norden Hessens im *Abb. 32* Raum Kassel – Fritzlar, was sich auf der archäologischen Karte deutlich abzeichnet. Aber auch kleinere Siedlungskammern des nordhessischen Raums – etwa das Amöneburger Becken bei Marburg, das Gießener und das Limburger Becken sowie die Gegend um Fulda – gehörten sicherlich ebenfalls zu ihrem Stammesgebiet. Wer sich die Landschaft jener Zeit vorstellen möchte, muß sich die Wälder besonders in den Mittelgebirgen Hessens weit umfangreicher und unzugänglicher vorstellen als heute. Erst durch die großen mittelalterlichen und neuzeitlichen Rodungen ist die heutige, offenere Landschaft entstanden. Damals gab es in Nordhessen nur die schon genannten größeren und einige kleinere Siedlungskammern im Bereich der Lößböden der Beckenlandschaften. Nur diese Böden boten für die Landwirtschaft der Chatten, die ein Bauernvolk waren, günstige Bedingungen. Die Siedlungskammern waren durch ausgedehnte Mittelgebirgswälder voneinander getrennt, und es gab nur wenige einfache Wege und Pfade, die sie verbanden. Darin lag eine große Schwierigkeit für das römische Heer, dessen taktische Ordnung für den Kampf im freien Gelände ausgebildet war. Die geringe Bevölkerungsdichte in dieser Gegend ließ es nicht zu, sich bei Feldzügen aus dem Land zu ernähren, wie es damals üblich war. Dadurch ergab sich die Notwendigkeit, auf langen Wegen, die leicht zu stören waren, den Nachschub zu organisieren.

Die Zersplitterung der Chatten in mehrere Siedlungskammern wird es begünstigt haben, daß sich bei ihnen nicht wie bei vielen anderen Germanenstämmen eine zentrale Regierungsgewalt in der Gestalt eines Königs herausbildete. Dennoch war der Stamm eine politisch und militärisch handlungsfähige Einheit, die von einer Adelsoligarchie beherrscht wurde. Zum Beispiel wissen wir, daß der Stamm Verträge mit Rom abschloß. Bemerkenswert effektiv waren die Chatten im Krieg mit den Römern und bei Stammesfehden. Tacitus schreibt in seiner Germania über sie: »Für Germanen besitzen sie viel Berechnung und Geschick: sie stellen gewählte Männer an die Spitze, leisten ihnen Gehorsam, kennen Reih und Glied, erfassen Gelegenheiten, können den Angriff aufschieben, teilen den Tag ein, verschanzen sich nachts, sehen das Glück als schwankend, nur die eigenen Fähigkeiten als sicher an.«

Unter dem Vorwand eines Census zog Domitian umfangreiche Truppen in Gal-

lien und an der Rheingrenze zusammen und griff die Chatten unvermutet an. *Abb. 30–31*
Der Kaiser kam selbst nach Gallien und begab sich mit seinem Hofstaat nach Mainz. Hier waren schon die vier obergermanischen Legionen eingetroffen: die *I adiutrix, VIII Augusta, XI Claudia* und *XIV gemina.* Zu ihnen stieß die *legio XXI rapax* aus Bonn vom niedergermanischen Kommandobereich, ferner eine legionsstarke Einheit aus Britannien, die aus abkommandierten Abteilungen der vier Legionen dieser Provinz zusammengesetzt war. Den Legionstruppen in Stärke von rund 30000 Mann waren außerdem zahlreiche Einheiten der Hilfstruppen angegliedert.

Dieses Heer war dem Aufgebot der Chatten nicht nur zahlenmäßig überlegen, die römischen Berufssoldaten besaßen auch eine weit gründlichere militärische Ausbildung als sie ein Bauernaufgebot je haben konnte. Die Güte der römischen Waffen und die technische Ausrüstung des Heeres hatten in der damaligen Welt nicht ihresgleichen.

Im Frühjahr 83 eröffnete der Kaiser den Feldzug gegen die Chatten. Die Legionen marschierten von Mainz aus in die Wetterau, die schon durch römische Kastelle gesichert war. Von hier aus mußte der Vorstoß nach Norden in das Kernland der Chatten gehen. Das römische Heer fand keinen direkten Widerstand, denn die Chatten vermieden es, sich zu einer Entscheidungsschlacht zu stellen. Sie entzogen sich dem römischen Angriff in die Weite der Mittelgebirgswälder, wo sie für die Römer nicht faßbar waren. Überraschend brachen kleine Abteilungen aus den Wäldern hervor, wo es ihre Gegner am wenigsten erwarteten, griffen an und verschwanden ebenso rasch wieder. Die Aktionen der Chatten werden sich vornehmlich auf die rückwärtigen Verbindungen der Römer gerichtet haben, die dadurch in ihrem Vormarsch und bei der Versorgung empfindlich behindert wurden. Das zwang die Römer zu einer grundlegenden Änderung der Kriegsführung. Wie Frontinus berichtet, schlugen die römischen Soldaten deshalb von der Ebene aus Schneisen in diese Wälder – unter anderem in den Taunus –, machten sie dadurch für eigene Patrouillen zugänglich und verhinderten so die chattischen Angriffe.

Offensichtlich hatten die Römer die Gegner im Vertrauen auf die zahlenmäßige und technische Überlegenheit ihrer Streitkräfte beachtlich unterschätzt, mit einem schnellen Vorstoß in das chattische Kerngebiet und einer baldigen, vernichtenden Entscheidungsschlacht gerechnet.

Im Sommer zeigte sich, daß der Krieg sich in die Länge ziehen würde. Er war nur mit langwieriger Pionierarbeit und zähen, im einzelnen unbedeutenden Kämpfen, jedoch nicht im ersten Anlauf mit einer glorreichen Schlacht zu gewinnen. Wegen der unbestreitbaren römischen Überlegenheit schien ein endgültiger Erfolg jedoch sicher. So nahm der Kaiser schon jetzt den Ehrenbeina-

Abb. 30 Mainz. Schrankenreliefs. Legionssoldaten in Kampfordnung. Letztes Drittel 1. Jh. n. Chr.

Abb. 31 Mainz. Schrankenreliefs. Auxiliarsoldat im Angriff. Letztes Drittel 1. Jh. n. Chr. (Mittelrheinisches Landesmuseum, Mainz)

men »Germanicus« an, überließ die Fortführung des Feldzugs aber dem obergermanischen Legaten und kehrte nach Rom zurück.
Wie es im Altertum üblich war, unterbrach der Winter den Krieg. Im nächsten Jahr 84 setzten ihn die Römer ohne überlieferte Erfolge fort. Wie ungebrochen die Kraft der Chatten in diesem Jahr noch war, zeigt eine Nachricht des römischen Historikers Dio: die Chatten vertrieben den römerfreundlichen König Chariomerus ihres nördlichen Nachbarstammes, der Cherusker. Wahrscheinlich hatten die Römer auf diplomatischem Wege versucht, die Cherusker vom Rücken her gegen die Chatten in Marsch zu setzen. Das hatten die Chatten vereitelt. – Vielleicht hätte das folgende Jahr 85 den entscheidenden römischen Sieg über die Chatten gebracht.
In diesem Jahr 85 trat aber an der unteren Donau im heutigen Bulgarien und Rumänien eine neue Lage ein, die für die Römer gefährlich wurde. Aus dem heu-

tigen Siebenbürgen war das kriegerische Volk der Daker weit in die römische Provinz Moesia eingefallen. Es hatte die Legionen geschlagen und sogar den römischen Statthalter getötet. Im nächsten Jahr endete die sofort eingeleitete Strafexpedition unter dem Praetorianerpräfekten Cornelius Fuscus mit einer völligen Niederlage der Römer. Schleunigst mußten Legionen von der Rheingrenze abgezogen werden, um die Provinz Moesia zu retten. An ein Weiterführen des Krieges gegen die Chatten war nicht mehr zu denken. Es trat ein historischer Wendepunkt ein: War bisher die Rheingrenze von größter militärischer Bedeutung für das Reich gewesen, so wurde von nun an die Donaugrenze zum neuen Schwerpunkt. Am Rhein mußte sich der Kaiser mit einem enttäuschend geringen Gebietszuwachs begnügen. Der Chattenkrieg wurde abgebrochen. Die *legio I adiutrix* wurde an den neuen Kriegsschauplatz beordert. An ihren Platz im Mainzer Lager rückte die *legio XXI rapax.* Die Stärke des obergermanischen

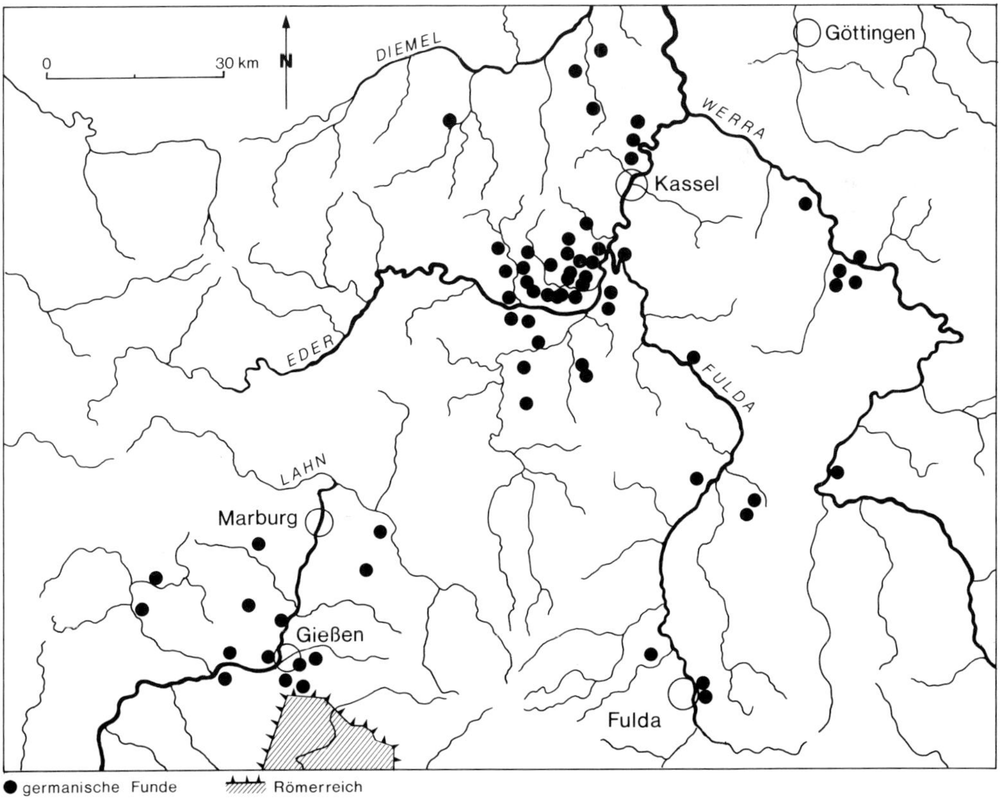

Abb. 32 Germanische Funde im hessischen Raum außerhalb des Limes (nach G. Mildenberger)

Heeres ging damit auf vier Legionen zurück. Auch die Legionsabteilungen aus Britannien sind um diese Zeit wieder in ihre Standorte zurückgekehrt.
Immerhin waren im hessischen Raum der Rheingau und die Wetterau fest in römischer Hand. Südlich vom Main besaßen die Römer den östlichen Oberrheingraben mit den heutigen Landkreisen Groß-Gerau und Bergstraße und wohl auch schon die Ebene zwischen Main und Odenwald, jetzt die Landkreise Offenbach und Darmstadt-Dieburg. In Zukunft ging es nur noch darum, den relativ kleinen Gebietszuwachs östlich vom Rhein in verteidigungsfähigen Grenzen zu sichern. Daher liegen in diesen Jahren auch die Anfänge des obergermanischen Limes. Zugleich stellte sich die Aufgabe, zur inneren Festigung der Grenzzone die ziemlich uneinheitliche Bevölkerung der üblichen Verwaltungsordnung des Imperiums zu unterwerfen.

Gründung der Provinz Germania superior und Anfänge des Limes

In den Jahren zwischen 85 und 90 wurden die neuen Provinzen – *Germania Inferior* (Niedergermanien) und *Germania Superior* (Obergermanien) – eingerichtet. Die Namen waren als Bezeichnung der beiden Heeresbezirke schon lange gebräuchlich.
Sitz des obergermanischen Statthalters blieb Mainz. Er kommandierte weiterhin die Truppen der Provinz, doch umfaßte seine Kompetenz nun auch die Zivilverwaltung. Die Provinz *Germania Superior* reichte vom Raum Koblenz–Remagen im Norden in einem schmalen Streifen am Rhein entlang nach Süden bis in die Westschweiz an den Genfer See; sie setzte sich von hier aus ein Stück weit nach Westen fort in das Gebiet der Sequaner und Lingonen im heutigen Frankreich. Die Hauptstädte dieser beiden Stämme waren Besançon und Langres. Nur ein kleiner Zipfel der neuen Provinz lag also auf dem Boden des heutigen Hessen.
Hier, gegenüber der neuen Provinzhauptstadt Mainz, befand sich das Gebiet, das die flavischen Kaiser dem Reich gerade einverleibt hatten. Eine recht buntscheckige Bevölkerung lebte dort im Rheingau und in der Wetterau sowie im nördlichen Abschnitt des Oberrheingrabens. Ihre Zusammensetzung gibt der heutigen Forschung noch manche Rätsel auf. Erwähnt wurden bereits die Mat-
S. 53 f. tiaker, die im Gebiet um Wiesbaden wohnten und nach Ansicht des römischen Historikers Tacitus den Chatten nahestanden. Tatsächlich besitzen wir aus Wiesbaden und Hofheim am Taunus archäologische Funde, die seit der Mitte des 1. Jahrhunderts n. Chr. faßbar werden und eindeutig germanischen Charakter haben. Südlich vom Main, etwa in der Gegend um Groß-Gerau, saßen an-

dere Germanen suebischer Volkszugehörigkeit. Schwer nachzuweisen ist die Bevölkerung, die nördlich von Frankfurt in der Wetterau wohnte. Immerhin gibt es aus dem Frankfurter Raum germanische Funde seit der ersten Hälfte bis Mitte des 1. Jahrhunderts (aus dem Osthafen und der Stadtkerngrabung), denen sich weiter im Norden entsprechende Fundstücke aus Bad Nauheim anschließen lassen. Nach den antiken Schriftquellen wird man diese Funde mit einem Teilstamm der Chatten in Verbindung bringen müssen.

Doch dürfte die ursprüngliche keltische Bevölkerung keineswegs ganz verschwunden sein. Auch sie wird – vielleicht regional unterschiedlich – noch immer einen gewissen Bevölkerungsanteil gestellt haben. Allerdings hatten die germanischen Wanderbewegungen, die unseren Raum seit der ersten Hälfte des 1. Jahrhunderts v. Chr. zu berühren begannen, das keltische Stammesgefüge schon vor dem Eingreifen der Römer erschüttert. Die immer wieder durch die Wetterau vorgetriebenen römischen Feldzüge werden für die einheimische Bevölkerung oft genug Gefahren und Einbußen mit sich gebracht haben.

So war die Wetterau nach der flavischen Eroberung wahrscheinlich schwächer besiedelt als es nach den damaligen ökonomischen Bedingungen möglich gewesen wäre. Wir haben aber ein zeitgenössisches Zeugnis dafür, daß die ansässige Bevölkerung dennoch ein gewisses Gewicht gehabt haben muß. Frontinus erwähnt folgende Episode aus dem Chattenkrieg: »Als Kaiser Domitian während jenes Krieges, der ihm durch den Sieg über die Feinde den Beinamen ›Germanicus‹ einbrachte, auch im Gebiet der Kubier Kastelle errichtete, ließ er für die Feldfrüchte derjenigen Grundstücke, die vom Lagerwall eingeschlossen wurden, eine Entschädigung zahlen. Die Nachricht von dieser gerechten Handlung sicherte ihm das Vertrauen aller Einheimischen« (Strategemata 2, 11, 7). Die geschickte Maßnahme wird ihren Zweck nicht verfehlt haben. Leider ist von dem Stamm der Kubier sonst nichts bekannt, so daß wir nicht wissen, in welchem Teil des eroberten Gebiets die erwähnten Kastelle lagen.

Aus Tacitus erfahren wir, daß in jener Zeit Bewohner der Provinz Gallien in das Land jenseits des Rheins einströmten, und zwar arme und abenteuerlustige Leute, die ihr Glück in den schwach besiedelten Gegenden suchten. Der römische Historiker berichtet dies von den *decumates agri*, einer Landschaft, die wir allerdings südlicher, im heutigen Baden-Württemberg annehmen müssen (Tacitus, Germania 29). Doch wird ähnliches auch in unserem Raum geschehen sein. Dadurch entstand ein überaus uneinheitliches Bevölkerungsgemisch. Die Verwaltung der neuen Provinz *Germania superior* stand nun vor der schwierigen Aufgabe, die Bevölkerung in dem neu hinzugewonnenen Gebiet der Ordnung des Reichs zu unterwerfen, klare Rechtsverhältnisse im Sinne der Römer zu schaffen und Grundlagen für die übliche Provinzbesteuerung aufzubauen. Oft

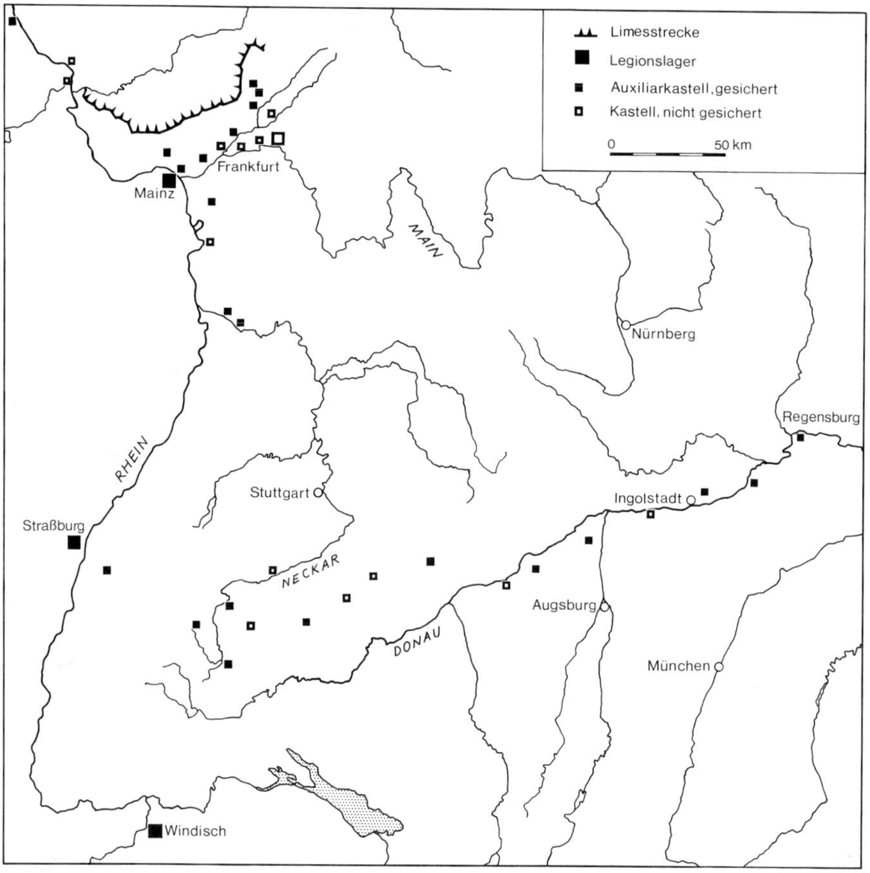

Abb. 33 Der obergermanisch-raetische Limes am Ende des Chattenkrieges (um 85 n. Chr.)

erschien dazu eine Vermessung und Neuverteilung des Bodens notwendig, denn S. 92 eine der wichtigsten Provinzsteuern war die Grundsteuer. In manchen Provinzen des Römerreichs sind die Vermessungsgitter der römischen Landmesser (*agrimensores*) heute noch nachweisbar. Eine solche Vermessung (*limitatio*) überzog das Land mit einem Quadratnetz ohne Rücksicht auf die Geländeform, wobei die Netzlinien durch Grenzsteine und Grenzwege markiert wurden.

Abb. 34 Limes nördlich von Butzbach. Der Pfahlgraben läuft als gerade Linie am Waldrand, er wird durch abweichenden Baumwuchs deutlich. Der Blick geht nach Nordosten, die römische Provinz lag rechts vom Pfahlgraben. Im Hintergrund die Autobahn Frankfurt–Gießen

Häufig hatte das Grundquadrat des Gitternetzes eine Seitenlänge von 20 *actus* (710 m). Es ist nicht ausgeschlossen, daß es auch in der Wetterau kleinräumige Limitationsnetze dieser Art gegeben hat, die sich an die geradlinigen, römischen Militärstraßen angelehnt haben können. Nachweisen konnte man aber bisher eine solche römische Vermessung in Hessen nicht.

Die Maßnahmen der römischen Verwaltung sind gewiß nicht ohne Härten für die Bevölkerung abgegangen. Soweit wir wissen, sind die einheimischen Siedlungsplätze – Bauernhöfe und Dörfer – zum allergrößten Teil aufgegeben worden, um einer völlig anderen Siedlungs- und Wirtschaftsweise Platz zu machen. Die neuen Dörfer (*vici*) und die römischen Landgüter (*villac rusticae*) liegen in unserem Raum in der Regel nicht an der Stelle der vorgeschichtlichen Siedlungen; es handelt sich um einen Abbruch und zugleich einen Neubeginn. Die Einzelheiten dieses Umbruchs vermögen wir allerdings heute noch bei weitem nicht zu erkennen. Eine wichtige Aufgabe der hier stationierten römischen Truppen muß es gewesen sein, möglichem Widerstand und Unruhen in der Bevölkerung vorzubeugen. Sie hatten den Maßnahmen der Provinzverwaltung Nachdruck zu verleihen und lagen deshalb an den Knotenpunkten der neu angelegten Militärstraßen meist in den Siedlungsschwerpunkten der Bevölkerung.

Außerdem wurde das Grenzland weiterhin durch Einfälle und Übergriffe der Chatten bedroht. Diese abzuwehren war eine weitere Aufgabe der Besatzungstruppen. Es erwies sich als notwendig, die Grenze der römischen Provinz sichtbar zu markieren und sie zu überwachen, weil dauernd die Gefahr kleinerer Überfälle und Anschläge bestand. Damals sind die ersten Strecken des Limes entstanden, und zwar auf der Höhe des Taunus und an der West- und Nordgrenze der Wetterau. Der Taunuslimes richtete sich gegen Übergriffe, die aus dem Limburger Becken kamen; dort wohnten auch Germanen. Noch mehr gefährdet war die Wetterau von Norden her, weil durch ihre West- und Nordbegrenzung wichtige, alte Völkerstraßen zogen, die bis nach Mitteldeutschland reichten. Vor allem aber stellten sie eine Verbindung zum Kernland der Chatten im Raume um Kassel und Fritzlar her. Vor der Ostgrenze der Wetterau lag dagegen das unabsehbare Waldgebirge des Vogelsberges, das damals weitgehend menschenleer war. Von daher drohte wenig Gefahr, und so ist der Limes im Osten der Wetterau erst einige Jahre später gezogen worden.

In seinem ersten Ausbauzustand war der Limes weiter nichts als eine Schneise, die in die Randwälder der Wetterau und in den Bergwald des Taunus geschlagen worden ist. Sie wurde mit hölzernen, verhältnismäßig weit auseinanderliegenden Wachttürmen besetzt, ihr Abstand betrug im Mittel knapp einen Kilometer. Von den Türmen aus wurde die Grenzschneise überwacht.

Die Anfänge der Limesstrecken im Süden Hessens, am Main südlich von Hanau

und im Odenwald, liegen wenige Jahre später. Hier schätzte man die Bedrohung von außen anfangs gering ein, lagen doch die undurchdringlichen Bergwälder des Spessart und des östlichen Odenwalds wie eine Barriere vor dem römischen Gebiet.
Mitten in den Aufbau der Provinz *Germania superior* schlug nun zum Jahreswechsel 88/89 ein unerwartetes Ereignis ein, das manche Entwicklungen veränderte und wohl auch beschleunigte.

Der Saturninusaufstand und die letzten Regierungsjahre Kaiser Domitians

Am Neujahrstag 89 erhob sich der Statthalter von Obergermanien C. Antonius Saturninus mit seinen Truppen gegen Domitian. Dieser setzte sofort Legionen aus Spanien und den Nachbarprovinzen Obergermaniens in Marsch. Außerdem rüstete der niedergermanische Statthalter A. Buccius Lappius Maximus mit seinen Truppen zum Gegenschlag gegen Saturninus und besiegte ihn im Raume von Remagen. Der Ausgang wurde wesentlich dadurch mitbestimmt, daß die mit Saturninus verbündeten Chatten nicht eingreifen konnten. Der zugefrorene Rhein war wegen eines plötzlich eingetretenen Tauwetters unpassierbar geworden und verhinderte den Übergang der Germanen. Die obergermanischen Legionen wurden geschlagen, Saturninus fiel. Der Aufstand war damit zusammengebrochen.
Nun trafen in Obergermanien die Provinzheere ein, die der Kaiser dorthin beordert hatte. Lappius Maximus übernahm für kurze Zeit die Provinz. Aus der beachtlichen Menge der zusammengezogenen Truppen bildete er ein Expeditionscorps und führte einen Vergeltungsschlag gegen die Chatten, die schon wieder als gefährliche und labile Nachbarn des Römerreichs aufgetreten waren. Zwar hatten sie nicht den Rhein überschreiten und in den Aufstand eingreifen können, hatten aber selbstverständlich die Gelegenheit benutzt, das rechtsrheinische römische Gebiet heimzusuchen und zu plündern. Zerstörungen an den schon bestehenden Limesstrecken und in deren Hinterland sind durch Ausgrabungen bekannt. – Der kurze, zweite Chattenkrieg des Jahres 89 ist für die Römer erfolgreich verlaufen. Domitian feierte im November 89 einen doppelten Triumph über Daker und Chatten. Wahrscheinlich endete der zweite Chattenkrieg mit einem Vertrag (*foedus*), der beide Partner befriedigte. Jedenfalls leitete er eine Friedensperiode an der obergermanischen Grenze ein, die viele Jahrzehnte andauerte und eine beachtliche wirtschaftliche Aufwärtsenwicklung der Provinz ermöglichte. Die Erfahrungen des Saturninusaufstandes bewogen den

Kaiser, alle Zweilegionslager im Reich aufzulösen, um für die Zukunft Truppenkonzentrationen zu verhindern. Die Mainzer *legio XXI rapax* wurde an die Donaugrenze strafversetzt, wo sie wenige Jahre später im Krieg unterging. In Mainz blieb nur eine Legion, die *legio XIV gemina,* die aber auch einige Jahre darauf (um 92) an die Donau mußte. An ihre Stelle trat in Mainz die *legio XXII Primigenia pia fidelis,* die bis in das 4. Jahrhundert n. Chr. als einzige Legion die Garnisonstruppe der Provinzhauptstadt blieb. Sie kam aus Niedergermanien, wo sie im Lager Vetera bei Xanten gelegen hatte. Ihre Beinamen *pia fidelis* (»die kaisertreue«) waren ihr gerade erst zusammen mit allen anderen Einheiten dieser Provinz wegen ihrer Haltung während des Saturninusaufstandes verliehen worden.

Noch im Jahre 89 ernannte der Kaiser einen neuen Statthalter in Obergermanien, nämlich L. Iavolenus Priscus. Iavolenus Priscus war einer der berühmtesten Juristen seiner Zeit. Die Berufung eines bekannten Juristen zum Provinzstatthalter bedeutet Abkehr von der Eroberungspolitik an der germanischen Grenze, was ja auch dadurch unterstrichen wurde, daß jetzt nur noch drei Legionen in der Provinz verblieben: die *legio XXII Primigenia pia fidelis* in Mainz, die *legio VIII Augusta* in Straßburg und die *legio XI Claudia* in Vindonissa. Der besondere Auftrag Iavolenus war wohl der Aufbau der römischen Verwaltung in der neuen Provinz.

Aber auch die Festigung der Provinz nach außen hin gehörte zu den Aufgaben des neuen Statthalters. Die Schäden des Jahres 89 am Limes wurden sofort ausgebessert. Damit aber hatte es nicht sein Bewenden. Die schon erwähnten anfänglichen Limesstrecken wurden nun systematisch ausgebaut und verlängert, bis nach etwa zehn Jahren (um 100 n. Chr.) das gesamte rechtsrheinische Grenzgebiet der Provinz im Schutz einer überwachten Grenzlinie lag. Nach und nach zogen weitere Hilfstruppen aus dem Inneren der Provinz in neue Kastelle unmittelbar am Limes. So legte Iavolenus, der wahrscheinlich länger als andere Statthalter im Amt blieb, ein festes Fundament für die weitere Entwicklung der Provinz.

Der nächste, uns bekannte Statthalter Obergermaniens ist M. Ulpius Traianus, der Anfang des Jahres 98 römischer Kaiser wurde.

Kaiser Trajan und die ersten Civitates östlich vom Rhein

Nach seiner Ernennung blieb Trajan einige Monate an der Rheingrenze, um seine Pläne auszuführen, die auf eine Festigung der beiden germanischen Provinzen abzielten. In Niedergermanien gründete er eine neue Stadt, die *Colonia*

Ulpia Traiana; sie lag nahe dem heutigen Xanten am Rhein. Die Stadt erhielt seinen Namen und wurde zu einem wichtigen Vorposten Roms an der Grenze gegen die Germanen. Zugleich bildete sie einen Kristallisationskern für die Romanisierung der Bevölkerung.

Ähnlich verfuhr der Kaiser in Obergermanien. Die geschickte Verwaltung seiner Vorgänger hatte die Romanisierung auch in den neu erworbenen Teilen der Provinz schon weit gefördert. Die Bevölkerung paßte sich überraschend schnell der römischen Verwaltung an und stellte keine Gefahr mehr für die römische Herrschaft dar. So konnte der Kaiser weitere Hilfstruppen abziehen, die bis dahin in den Siedlungszentren der einheimischen Bevölkerung stationiert gewesen waren. So wurde zum Beispiel die *ala I Cananefatium,* die gerade erst ein solides Steinkastell in *Lopodunum* (heute Ladenburg bei Heidelberg) gebaut hatt, an die Donaugrenze beordert, das Kastell abgerissen und an seiner Stelle der Hauptort einer neuen Stammesgemeinde (*civitas*) gegründet, die wiederum den Namen des Kaisers trug: die *civitas Ulpia Sueborum Nicretum* (Ulpische Stammesgemeinde der Neckar-Sueben). Im Rahmen der neuen Civitas erhielt die einheimische Bevölkerung, die hier aus Germanen bestand, eine weitgehende Selbstverwaltung. Das Territorium der Civitas reichte im Norden in den Landkreis Bergstraße hinein, berührte also auch hessisches Gebiet.

Zur gleichen Zeit oder nur wenige Jahre später sind weitere *civitates* in unserem Raum entstanden, etwa die *civitas Taunensium* (Stammesgemeinde der Taunenser), die sich von der Frankfurter Gegend aus in die Wetterau erstreckte, und wohl auch die *civitas Mattiacorum* um Wiesbaden. Hier sind ebenfalls die Hilfstruppen aus den Kastellen Wiesbaden, Hofheim, Frankfurt a. M.-Heddernheim und Okarben abgezogen und an den Limes oder an die Donaufront beordert worden. Der schon weit gediehene Ausbau des Limes wurde beschleunigt weitergeführt und in wenigen Jahren abgeschlossen.

Nachdem im Jahre 101 die *legio XI Augusta* abgezogen worden war, blieben in Obergermanien nur noch zwei Legionen, nämlich die *XXII Primigenia pia fidelis* in Mainz und die *VIII Augusta* in Straßburg. Die drastische Verringerung der Heeresstärke auf weniger als die Hälfte in weniger als 20 Jahren zeigt deutlich, wie sehr sich die Situation am Mittelrhein gewandelt hatte. Das Römerreich hatte seine Eroberungspläne aufgegeben; das Verhältnis zu den germanischen Nachbarvölkern hatte sich entspannt. Eine Zeit des Friedens stand bevor. Die beiden Legionen blieben lange in der Provinz; sie bildeten von nun an das Rückgrat der Grenzverteidigung am Ober- und Mittelrhein.

Das Leben im Grenzland des Römerreichs

von Dietwulf Baatz

Die Gliederung der Provinz

Ähnlich wie das Bundesland Hessen in verschiedene Verwaltungsbezirke einge- *Abb. 36* teilt ist, gliederte sich die römische Provinz Germania Superior in bestimmte Verwaltungsregionen. Sie unterstand direkt dem Kaiser und wurde von einem *S. 90 f.* kaiserlichen Statthalter (*legatus Augusti pro praetore*) verwaltet.

Die Fläche der Provinz wurde zum größten Teil von den Territorien der Städte *S. 87 ff.* und der ihnen nachgebildeten Stammesgemeinden, den Civitates, eingenommen. Zur antiken Stadt gehörte stets ein oft umfangreiches Gebiet in der Umgebung, das die Bürger landwirtschaftlich nutzten. Ferner gab es in der Provinz außerhalb dieser Stadtgebiete kaiserliche Domänen, die von Beauftragten (Prokuratoren) des Kaisers verwaltet wurden. Germania Superior gehörte zu den Provinzen mit Militär. Die Legionslager Straßburg und Mainz besaßen in ihrer Umgebung militäreigene Ländereien, die den Legionen unterstanden. Es ist möglich, daß es solche Militärterritorien auch am Limes gegeben hat.

Städte mit römischem Stadtrecht gab es in der Provinz Germania Superior nur wenige. Sie hatten entweder römisches Stadtrecht im Range einer Colonia – was als das Vornehmere galt – oder eines Municipium. Beispiele sind die colonia *Augusta Raurica* (Augst bei Basel, Schweiz) oder das municipium *Arae Flaviae* (Rottweil, Baden-Württemberg). Im Gebiet Hessens befand sich zwar keine römische Stadt mit den Rechten einer *colonia* oder eines *municipium,* aber mehrere Orte mit den Funktionen und dem Aussehen kleiner Städte. Sie befanden sich an der Stelle des heutigen Wiesbaden (*Aquae Mattiacorum*), Frankfurt a. M.-Heddernheim (*Nida*) und Dieburg (*Med . . .*). Diese de-facto-Städte waren Hauptorte von Civitates. Die Civitates besaßen zwar einen niedrigeren Rechtsstand als die eigentlichen Städte, waren aber nach ihrem Muster organisiert.

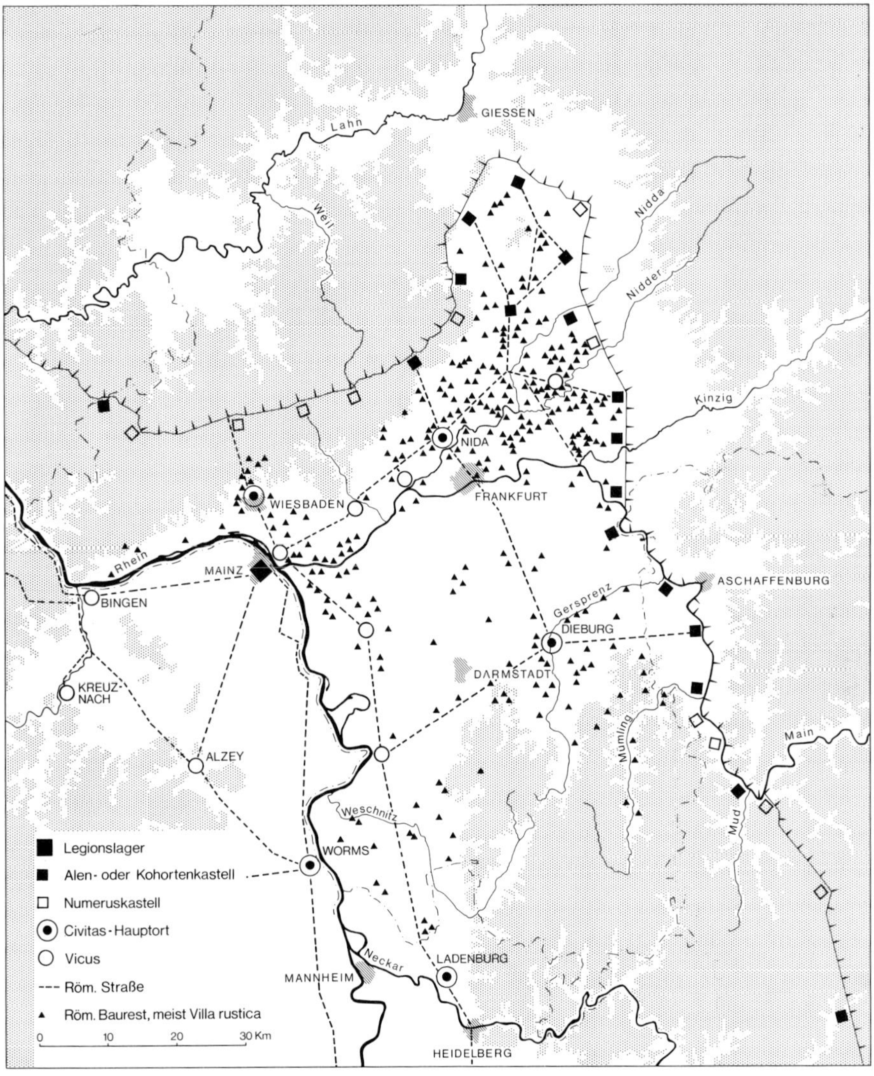

Abb. 35 Das römische Hessen in der zweiten Hälfte des 2. Jh. n. Chr.

Wiesbaden war Mittelpunkt der *Civitas Mattiacorum.* Diese umfaßte den Rheingau, den Stadtkreis Wiesbaden und Teile des Main-Taunus-Kreises bis an den Schwarzbach bei Hofheim am Taunus, der wohl die Grenze gegen die östlich anschließende *Civitas Taunensium* gebildet hat. Zur Stammesgemeinde der *S. 485 ff.*

Taunenser gehörte alles Land nördlich vom Main bis an den Limes, einschließ-
S. 280 ff. lich Wetterau. Hauptort dieser Civitas war *Nida*. – Südlich vom Main erstreckte sich das Gebiet der *Civitas Auderiensium* mit dem Schwerpunkt im Rodgau.
S. 250 ff. Hauptort war Dieburg. Es ist ungewiß, wie weit die Civitas in den Oberrheingraben nach Süden hineinreichte und wo die Grenze zur *Civitas Ulpia Sueborum Nicretum* lag, deren Hauptort Ladenburg (*Lopodunum*) sich schon außerhalb des heutigen Hessen befand.

Rechtsstand der Bevölkerung

Der Rechtsstand der Provinzbewohner war nicht einheitlich. Auf unterster Stufe standen die Sklaven. Aber auch die freien Einwohner der Provinz waren rechtlich nicht gleichgestellt. Es gab freie Provinzbewohner ohne römisches Bürgerrecht (*peregrini*) und solche mit diesem Recht (*cives Romani*). Der Besitz des römischen Bürgerrechts war nicht an eine Volkszugehörigkeit geknüpft. Ein bekanntes Beispiel dafür ist der Apostel Paulus, der als Provinziale – Jude – das römische Bürgerrecht besaß. – Für die Provinzbewohner gab es mehrere Wege, das Bürgerrecht zu erwerben, und so nahm der Anteil römischer Bürger an der Provinzbevölkerung stetig zu, bis durch einen Erlaß Kaiser Caracallas im Jahre 212, die *constitutio Antoniniana*, alle freien Provinzbewohner das römische Bürgerrecht erhielten.

In besonderen Fällen hat der Kaiser das Bürgerrecht schon frühzeitig an Provinzbewohner verliehen, vor allem an Mitglieder einflußreicher Familien. Man wollte sie auf diese Weise in das Reich integrieren. Andere Provinziale erwarben das Bürgerrecht über die Wahl in die Ratsversammlung einer Stadt durch Wahl zum Magistrat; auch hier war Wohlstand Voraussetzung. Ärmere Provinzbewohner konnten das Bürgerrecht durch Dienstverpflichtung bei den Hilfstruppen des römischen Heeres erhalten. Die Verleihung des Bürgerrechts an solche Berufssoldaten erfolgte bei der ehrenvollen Entlassung (*missio honesta*) nach Ablauf der 25 Dienstjahre.

Einen höheren Rang nahmen unter den römischen Bürgern diejenigen ein, die den Ritteradel oder gar den Senatsadel besaßen. Voraussetzung war Reichtum und Teilnahme an der Stadt- und Staatsverwaltung. Der Aufstieg adliger Provinzialer erfolgte daher stets über die Magistratsstellen der bedeutenderen Provinzstädte, doch solche Städte gab es in unserem kargen Grenzland nicht. Dennoch hielten sich hier auch römische Ritter und Senatoren auf. Sie nahmen die hohen Kommandostellen beim Heer ein und leiteten die Provinzverwaltung.

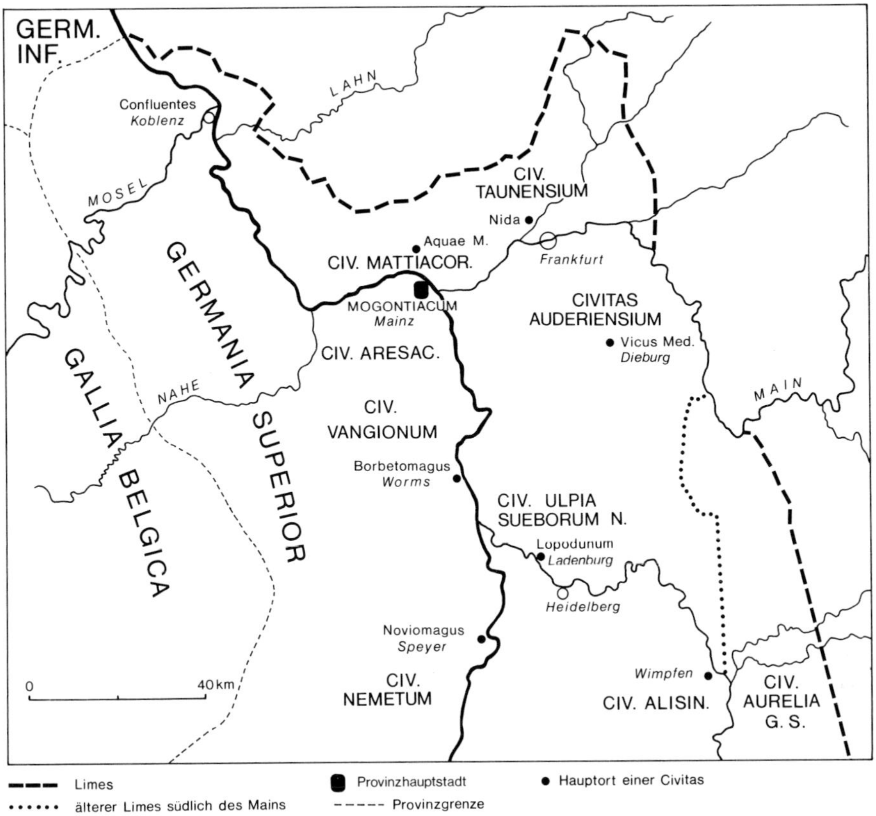

Abb. 36 Die Civitates im Norden der Provinz Germania superior

Die größeren Hilfstruppen am Limes (Kohorten und Alen) wurden von römischen Rittern geführt. Der Provinzstatthalter und auch die Generäle (*legati*), die die Legionen kommandierten, waren stets Senatoren. Die Stabsoffiziere der Legion kamen sowohl aus dem Ritterstand (*tribuni angusticlavi*) als auch aus dem Senatsadel (*tribuni laticlavi*). Die beachtlichen Verschiedenheiten im Rechtsstand spiegeln die großen sozialen Unterschiede der damaligen Zeit. *S. 135 ff.*

Die Civitates

Eine Civitas bestand aus sämtlichen Freien, die innerhalb ihrer Grenzen wohnten; diese waren ihre Bürger (*cives*), ob sie nun einfache Provinziale (*peregrini*) oder römische Bürger waren. Sie wählten aus ihrer Mitte die Ratsherren (*decu-*

riones), deren Versammlung (*ordo decurionum*) die Civitas im Rahmen der Reichsgesetze, der kaiserlichen Erlasse und der Anordnungen des Statthalters verwaltete. Ihr Sitzungssaal (*curia*) befand sich mitten im Ort am Marktplatz (*forum*). Als *decurio* war nicht jeder Bürger wählbar; ein gewisses Mindestvermögen (*census*) wurde vorausgesetzt, denn die Zugehörigkeit zur *ordo decurionum* war ein Ehrenamt ohne Besoldung und mit mancherlei finanziellen Verpflichtungen verbunden. Die Ratsversammlung wählte zwei jährlich wechselnde Bürgermeister (*duoviri*), die bisweilen *duoviri iure dicundo* (»rechtsprechende Bürgermeister«) genannt wurden, weil eine ihrer wichtigen Aufgaben die Rechtsprechung war, allerdings beschränkt auf einfachere Delikte und Rechtsstreitigkeiten. Alle schweren Straf- oder gar Kapitalprozesse und verwik-
S. 90 keltere zivilrechtliche Streitigkeiten kamen vor das höhere Gericht des Statthalters. Ratsherren und Bürgermeister kennen wir aus lateinischen Inschriften unseres Raums: *Iovi Optimo Maximo Conservatori. Licinius Tugnatius Publius, duovir civitatis Taunensium, in suo ut haberet restituit Attico et Praetextato consulibus;* »Dem größten und besten, erhaltenden Jupiter zu Ehren hat Licinius Tugnatius Publius, Bürgermeister der Civitas Taunensium, dieses Weihedenkmal auf eigenem Grund und Boden wieder hergerichtet, im Jahr der Konsuln Atticus und Praetextatus« (242 n. Chr.; ergänzt nach CIL XIII 2240/1). Die Inschrift befand sich auf dem Sockel einer Jupitergigantensäule aus Mainz-Kastel; dort, also in der Nachbarcivitas, besaß der Bürgermeister ein Grundstück. – In einer anderen Inschrift wird ein gewisser Paternius Postuminus genannt, der Rechtsanwalt (*pragmaticus*) und Ratsherr der *Civitas Taunensium* war (CIL XIII 7064).

Außer den beiden Bürgermeistern gab es weitere Magistrate, die die Geschäfte der Civitas führten, und auch sie wechselten jährlich; wir kennen Ädilen (»Wirtschafts- und Kulturdezernent«) und Quästoren (»Finanzdezernent«). So hatte zum Beispiel Murius Victor das Amt eines Ädilen der *Civitas Taunensium* inne, als er – wahrscheinlich im Jahre 245 – in Frankfurt a. M.-Heddernheim einen Altar für den »unbesiegten Gott Mithras« stiftete (CIL XII 7370).

Um Mittel für die öffentlichen Aufgaben der Gemeinde zu erhalten, erhob die
S. 91 f. Civitas von ihren Bürgern Kommunalsteuern (*munera*), die nicht nur in Geld, sondern auch in Hand- und Spanndiensten bestehen konnten. Dazu führte ihre Verwaltung Listen der Bürger und des Vermögens. Die Vermögensschätzung für die Besteuerung fand alle fünf Jahre statt. Die Bürgermeister dieses Jahres hatten eine schwierige Aufgabe und mußten besonders angesehen und geschickt sein. Sie wurden als *duoviri quinquennales* bezeichnet; es war das höchste Amt, das die Gemeinde zu vergeben hatte. Bei dieser Vermögensschätzung (*census*) wurden die Bürger und ihr Rechtsstand in eine Liste aufgenommen, ferner der

unbewegliche und bewegliche Besitz, wozu unter anderem auch die Sklaven gehörten. Nur wer in der Liste geführt wurde, galt als Bürger der Civitas, die er seinerseits als Heimat (*domus*) angab. Wichtigstes Kapital war der Grundbesitz. Die Civitas führte daher für die Besteuerung und aus Gründen der Rechtssicherheit ein Kataster, in dem alle Grundstücke eingetragen waren. Es bildete zugleich die Grundlage für die Erhebung der Reichssteuern. – Auf der Ausgabenseite der Civitas standen Aufwendungen für den Bau und die Erhaltung der öffentlichen Gebäude (Forum mit Hallen, Rathaus, Thermen, Stadtmauer), für Straßen und technische Einrichtungen (z. B. Frisch- und Abwasserleitungen, Brücken) und schließlich für die Personalkosten der Verwaltung (Schreiber und Aufsichtskräfte).

Das Landgebiet einer Civitas war manchmal in Unterbezirke (*pagi*) eingeteilt, die von gewählten Schulzen (*magistri*) geleitet wurden. Es ist unsicher, ob die kleinen, rechtsrheinischen Civitates in dieser Weise unterteilt waren. – Die landwirtschaftlich nutzbare Fläche der Civitas wurde von zahlreichen Einzelhöfen (*villae rusticae*) aus bestellt; diese Höfe waren in mancher Hinsicht unseren *Abb. 35* Aussiedlerhöfen vergleichbar. Eine Anzahl von ihnen ist durch archäologische Untersuchungen bekannt geworden (siehe Katalogteil). Dörfer waren weit seltener als heute, es gab vor allem keine Bauerndörfer. Außer dem Hauptort bestanden daher im Gebiet einer Civitas nur wenige geschlossene Siedlungen. Sie bildeten kleine, gewerbliche Zentren (*vici*). – Eine Besonderheit unseres Raums stellten diejenigen Vici dar, die immer neben den Militärlagern heranwuchsen und von der Kaufkraft der Besatzung profitierten.

Während der Römerzeit war die Landwirtschaft der wichtigste Wirtschaftsfaktor. Sie hatte ein besonderes Gewicht in jenen Civitates, die wie die *Civitas Taunensium* hervorragende Böden in ihren Grenzen besaßen. Reichtum und Ansehen waren daher vornehmlich an den Grundbesitz gebunden. Die führende Schicht der Civitates, wie sie uns im Stand der Decurionen entgegentritt, verfügte stets über Landbesitz. Oft besaß ein einflußreicher Mann mehrere Höfe, die er von Verwaltern oder Pächtern bewirtschaften ließ; manchmal war er auch noch außerhalb der eigenen Civitas begütert, wie der schon erwähnte Bürgermeister Licinius Tugnatius Publius. Besonders die größeren Gutshöfe unseres Raums werden im Besitz der Kreise gewesen sein, die in der Civitas politisch und gesellschaftlich tonangebend waren. Allerdings nahm sich der Reichtum der führenden Schicht unserer rechtsrheinischen Civitates bescheiden aus neben den prächtigen Landsitzen der städtischen Aristokratie Galliens oder gar den Palastvillen römischer Senatoren in Italien. Palastartige Landsitze, wie man sie westlich des Rheins kennt, etwa in Kreuznach, Wittlich oder Otrang, sucht man im hessischen Raum vergebens.

Unterhalb der führenden Schicht gab es einen Mittelstand, der aus den kleineren Grundbesitzern und den gehobenen Gewerbetreibenden des Hauptorts und der anderen Vici zusammengesetzt war. Den Sockel der sozialen Pyramide bildeten einfache Handwerker, Pächter, Saison- und Lohnarbeiter mit ihren Familien und schließlich die Sklaven.

Der Statthalter

In der Provinz Germania Superior setzte der Kaiser nur Senatoren der höchsten Rangklasse als Statthalter ein, die schon Konsuln gewesen waren und daher eine lange Verwaltungserfahrung besaßen. Sie führten den Titel *legatus Augusti pro praetore* »kaiserlicher Statthalter mit praetorischer Amtsgewalt« und hatten ihren Sitz in Mainz. Der Grund für die Wahl besonders erfahrener und erprobter Männer lag in dem großen militärischen Gewicht der Grenzprovinz, in der ständig zwei Legionen und zahlreiche Hilfstruppen lagen. Das war sowohl für die Grenzverteidigung als auch innenpolitisch ein beachtlicher Machtfaktor. Über dieses Heer führte der Statthalter den Oberbefehl; in kritischen Situationen lag die Entscheidung über Krieg und Frieden bei ihm. Zu den Aufgaben eines Statthalters in den Grenzprovinzen gehörte es daher auch, mit den Nachbarvölkern im Rahmen der Anweisungen aus Rom diplomatische Verbindungen zu pflegen. Das wird für das Geschick der Provinz Germania Superior oft wichtiger gewesen sein, als wir es heute aus den überlieferten Schriftquellen erkennen können.
In der Hand des Statthalters lag außer der militärischen auch die zivile Gewalt. Das galt besonders für die Rechtsprechung in allen schweren Straf- und Zivilge-
S. 88 richtsfällen, soweit sie über die Zuständigkeit der *duoviri* in den Städten und Civitates hinausgingen. In Kapitalprozessen entschied der Statthalter über Leben und Tod der einfachen Provinzbewohner (*peregrini*). Ihm war nur das Kaisergericht in Rom übergeordnet, an das aber lediglich römische Bürger in bestimmten Fällen appellieren konnten. In friedlichen Zeiten war die Arbeitszeit des Statthalters vor allem mit Rechtsgeschäften ausgefüllt. Die Verhandlungen fanden nicht nur in Mainz statt. Der Statthalter bereiste die Provinz und hielt an bestimmten Orten Gerichtstage ab. Dabei umgab er sich mit einem Rat (*consilium*) von Leuten seines Vertrauens, die eine Art persönliches Gefolge bildeten. Die Steuerverwaltung der Germania Superior lag jedoch in der Hand des Trierer Finanzprokurators, und für die Verwaltung des Militärs waren die Stäbe der Legionen in Mainz und Straßburg zuständig.
Zu seinem persönlichen Schutz, aber auch als sofort verfügbare, bewegliche Eingreifreserve stand dem Statthalter eine Leibwache (*singulares*) zu, die auch

Polizeiaufgaben wahrnahm, etwa bei Unruhen in der Provinz. Die Städte hatten zwar eine Wachtmannschaft (*vigiles*), doch hatte diese eine geringe Stärke und war nur ganz leicht bewaffnet. Ferner gab es auf dem Lande in weiten Abständen an wichtigen Straßenknoten oder an Brücken Stationen, die von einer Art Militärpolizei besetzt waren. Sie wurden von Unteroffizieren (*beneficiarii consularis*) geleitet. Es waren abkommandierte Legionssoldaten, die – wie ihr Name sagt - vom Statthalter (*consularis*) auf diesen Posten befördert worden waren. Solche Benefiziarierstationen gab es im hessischen Raum bis an den Limes, man kennt sie beispielsweise aus Friedberg, *Nida* (Frankfurt a. M.-Heddernheim) und Großkrotzenburg. Trotz dieser Vorkehrungen war die öffentliche Sicherheit nicht ganz so garantiert wie heute.
Die Statthalter waren, von einigen Ausnahmen abgesehen, erfahrene Soldaten und Verwaltungsfachleute, die ihre Provinz mit Verantwortungsbewußtsein und Rechtsgefühl verwalteten. Ohne eine in der Regel gute Provinzverwaltung, die die Interessen der Bevölkerung berücksichtigte, hätte das Römerreich nie die politische Stabilität erreicht, die es tatsächlich über Jahrhunderte besaß.

Steuern, Zölle

Wie schon dargelegt, haben die Gemeinden Kommunalsteuern erhoben, um ihre öffentlichen Aufgaben finanzieren zu können. Bedeutender waren die Provinzsteuern (*tributum, stipendium*); sie gehörten zu den wichtigsten Einnahmen des römischen Staates. Die Provinzsteuern flossen dem kaiserlichen »Finanzministerium« (*fiscus*) in Rom zu. Ihre Höhe wurde durch den Provinzialcensus, eine Vermögensschätzung, festgelegt. Dieser fand in unregelmäßigen Abständen auf besondere Anordnung des Kaisers etwa alle 20 bis 30 Jahre statt. Wegen der langen Abstände bedeutete der Census einen tiefen Eingriff in die Vermögensverhältnisse vieler Provinzbewohner. Es konnte zu Spannungen kommen, ja sogar zum Einsatz von Truppen. Die Leitung des Census lag daher bei dem Provinzstatthalter, der über die militärische Macht verfügte. Er arbeitete mit dem zuständigen Finanzprokurator zusammen, dem hohen Reichsbeamten, der vom *fiscus* mit der Verwaltung der Provinzsteuern beauftragt war. Ähnlich wie beim Kommunalcensus wurden Anzahl, Personenstand und Besitz der Provinzbewohner festgestellt. Dabei konnten die Staatsbehörden auf die vorhandenen Steuerunterlagen der Gemeinden zurückgreifen. Aus diesem Grund erfolgte der Provinzcensus auch gemeindeweise, wie man es aus der biblischen Weihnachtsgeschichte kennt (Lukas 2: Es begab sich aber zu der Zeit, daß ein Gebot von dem Kaiser Augustus ausging, daß alle Welt geschätzt würde . . . Und jedermann ging, daß er sich schätzen ließe, ein jeglicher in seiner Stadt . . .). Die Steuerunterlagen der Provinz wurden in einem Finanzamt (*tabularium*) niedergelegt. Für die drei Provinzen Gallia Belgica, Germania Superior und Germania Inferior gab es zusammen ein *tabularium* in Trier, an dessen Spitze der Finanzprokurator stand. Die Einziehung der Steuern war Sache der Gemeindebehörden. Die Magistrate und Ratsherren hafteten persönlich für den Eingang der festgesetzten Leistungen. Daher kam das *tabularium* in Trier mit sehr wenig Personal aus, obgleich es die Steuern aus drei Provinzen verwaltete.

Die wichtigste Provinzsteuer war die Grundsteuer. Sie dürfte im Mittel etwa bei einem Zehntel des Ertrages gelegen haben. Es gab ferner eine Vermögenssteuer für das bewegliche Eigentum, von der aber römische Bürger ausgenommen waren, was auch für die Kopfsteuer (*tributum capitis*) galt, die jeder peregrine Provinzbewohner zu zahlen hatte. An indirekten Steuern gab es die Umsatzsteuer von 1% (im Sklavenhandel 4%), ferner die Sklavenfreilassungssteuer (5%), für die der ehemalige Besitzer aufzukommen hatte. Eine fünfprozentige Erbschaftssteuer hatten wiederum nur römische Bürger zu zahlen; sie wurde von einer besonderen Behörde eingezogen. Zoll (*portorium*) wurde nicht nur im Warenhandel mit dem Ausland erhoben; das Römerreich kannte auch Binnenzölle innerhalb bestimmter Gruppen von Provinzen (2,5%).

Die Vielfalt der Steuern und Zölle war beachtlich und mutet fast modern an. Dennoch war die Steuerbelastung – verglichen mit heutigen Steuersätzen – recht niedrig. Auf einen grundsätzlichen Unterschied zum heutigen Steuersystem sei hingewiesen: es gab keine progressiven Steuern; diese sind erst eine Erfindung der Neuzeit. Das begünstigte die Ansammlung großer Vermögen auch in den Provinzen und trug zur Ausbildung der enormen sozialen Unterschiede bei, die bezeichnend für die antike Gesellschaft waren – keineswegs nur im Römerreich. Aus diesem Grunde lag auch das Einkommen einer breiten, unteren Bevölkerungsschicht näher am Existenzminimum als wir es heute für akzeptabel halten würden. Diese Menschen haben schon eine geringe Steuerbelastung als bedrückend oder bisweilen als bedrohend empfunden.

Die Steuereinnahmen aus den Provinzen sind keineswegs ausschließlich nach Italien geflossen, wenn auch das Kernland des Reichs manche Vergünstigungen genoß (etwa Befreiung von der Grundsteuer). Auf der Ausgabenseite des Staates standen nicht nur die Beamtengehälter in den Provinzen, sondern vor allem die recht hohen Verteidigungslasten. In die Grenzprovinzen wie Germania Superior, in denen Militär stand, liefen daher beträchtliche Steuermittel zurück. Diese Ausgaben des Staates kamen der wirtschaftlichen Entwicklung der Germania Superior zugute. Sie bildeten einen der Gründe für den frühen und raschen Beginn der Romanisierung an der römischen Rheingrenze.

Wirtschaft

In der Römerzeit stellte die Landwirtschaft den weitaus wichtigsten Wirtschaftszweig dar, in dem mehr als drei Viertel der Bevölkerung tätig waren. Gegenüber der vorrömischen Zeit brachte die römische Wirtschaftsweise einen grundlegenden Wandel, der im rechtsrheinischen Gebiet der Provinz ziemlich abrupt nach der römischen Okkupation einsetzte. Die freilich noch immer lükkenhaften archäologischen Ergebnisse lassen erkennen, daß damals die vorrömischen Siedlungen in unserem Raum fast überall aufhörten. Anscheinend wurde der Provinzboden nach der Eroberung neu vermessen und neu zugeteilt, doch wissen wir über die Einzelheiten dieser Vorgänge so gut wie nichts.
Die neue Wirtschaftsweise läßt sich seit Anfang des 2. Jahrhunderts n. Chr. archäologisch nachweisen. Sie geht grundsätzlich von Einzelhöfen aus. Zahlreiche solcher Höfe – *villae rusticae* – befanden sich auf landwirtschaftlich nutzbaren Flächen der Provinz. Verglichen mit den Verhältnissen im Inneren Galliens herrschten bei uns kleine bis mittlere Betriebe vor; die überaus reichen Landgüter mit prachtvollen Palästen, wie sie in Gallien häufig waren, fehlten hier. Die größeren Landgüter unseres Raums waren bis zu 100 ha groß. Viele von ihnen hatten verhältnismäßig einheitliche Flächen zwischen 60 und 100 ha. Die Höfe *Abb. 37* selbst sind stets nach einem ähnlichen Schema gebaut. Innerhalb einer steinernen Umfassungsmauer, die den Hofbezirk einschloß, stand ein repräsentatives Wohnhaus für den Besitzer. Es bot oftmals durch Heizungsanlagen (*hypocausta*), *Abb. 45* Wandmalereien in den Räumen, durch Glasfenster und andere Ausstattungen einen Wohnkomfort, der auch noch heute beachtlich wäre, und der sich weit über das Niveau vorgeschichtlichen Wohnens erhob. Diese bautechnisch aufwendigen Steinhäuser konnten nicht mehr mit ländlichen Arbeitskräften erstellt werden. Qualifizierte Fachhandwerker und Bauunternehmer aus den Städten erhielten die Aufträge zum Bau. – Meist besaßen die Herrenhäuser einen rechteckigen Kernbau, der eine große Halle enthalten konnte, mitunter aber auch eine Flucht einzelner Räume aufnahm. Dem Kernbau wurde gerne an der Frontseite eine Säulenhalle vorgeblendet, die man oft an beiden Seiten mit je einem turmartigen Vorsprung des Gebäudes (Risalit) abschloß. Mit Vorliebe hat man das Herrenhaus an einen sonnigen Hang oder auf eine beherrschende Höhe mit schöner Aussicht gebaut. Dieses Haus, das wohl auch von einem Ziergarten umgeben war, überschaute einen ausgedehnten Wirtschaftshof, in dem sich Ställe, Scheunen, Schuppen und die Unterkünfte von Sklaven oder anderem Gesinde befanden; die Wirtschaftsgebäude konnten aus Stein oder aus Fachwerk be-

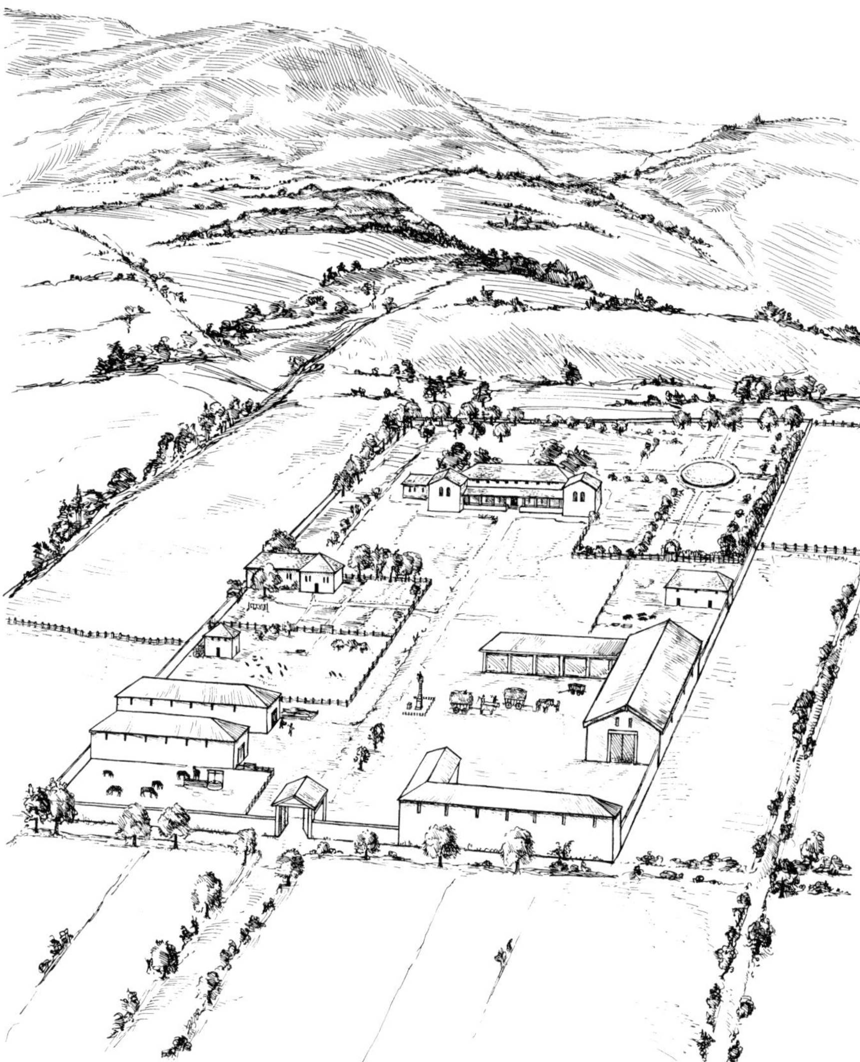

Abb. 37 Rekonstruktion eines römischen Gutshofs

stehen. Manche der ummauerten Hofbezirke nahmen alleine mehr als einen Hektar Fläche ein.

Längst gab es bei den Hochkulturen des Mittelmeerraums eine landwirtschaftliche Fachliteratur, auch bei den Römern (wichtigste Autoren: Cato, Varro, Columella). Die rationelle, erstaunlich gleichförmige Bauweise der römischen

Gutshöfe ist eine Folge der Anwendung dieses Wissens. Dadurch waren zweifellos eine höhere Produktivität pro Arbeitskraft, bessere Hektarerträge und eine vielgestaltigere Erzeugung als in der vorrömischen Landwirtschaft möglich. Zwar hatten schon die Kelten eiserne Geräte in der Landwirtschaft eingesetzt. Aber erst in der Römerzeit sind diese in großem Ausmaß verwendet worden und waren weiter spezialisiert. Selbst die kleinste *villa rustica* verfügte mit Selbstverständlichkeit über einen Satz guter Eisengeräte. Für die Viehzucht haben die Römer größere und höher gezüchtete Haustiere mitgebracht (Rind, Schwein, Pferd), die die kleinwüchsigen und ertragsschwächeren Haustierrassen der vorgeschichtlichen Zeit nach und nach zurückdrängten. Wir wissen das durch die Untersuchung der Knochenreste von Haustieren, die man bei Ausgrabungen in den Siedlungen und in den Limeskastellen gefunden hat.

Ebenso haben die Römer eine Reihe neuer Kulturpflanzen eingeführt und besonders beim Getreideanbau neue Schwerpunkte gesetzt. Die botanische Untersuchung verkohlter Pflanzenreste aus den Brandschichten zerstörter Siedlungen oder pflanzlichen Materials, das wohlkonserviert in alten Brunnen unter Wasserabschluß lag, brachten darüber Aufschluß. Neben den heute nicht mehr üblichen Weizenarten Einkorn, Emmer und Dinkel spielte der jetzt noch verwendete Saatweizen schon damals eine große Rolle, daneben gab es in geringe- *Abb. 54*

Abb. 38 Mainz. Ein Landarbeiter (rechts) reinigt das Getreide mit einer Getreideschwinge; ein zweiter (links) trägt das gereinigte Getreide fort. Beide sind mit einer gegürteten Tunika bekleidet (Mittelrheinisches Landesmuseum, Mainz)

ren Anteilen Gerste, Roggen und Hafer. Auch Ölfrüchte und Gespinstpflanzen haben sich nachweisen lassen, nämlich Lein, Leindotter, Hanf und Mohn. Wichtiger als heute war der Anbau von Hülsenfrüchten, wie Bohnen, Erbsen und Linsen. Sie waren als Nahrungsmittel verbreitet. Vor allem in der Nähe von Siedlungen hat der Landwirt auch Gemüse, Obst, Gewürz- und Heilpflanzen angebaut; sie waren dort auf dem Markt gut abzusetzen. Diese Erzeugnisse mochten bisweilen einen Hauch von Luxus und Fremdartigkeit auf den Tisch bringen. Die Römer haben hierfür neue Pflanzen eingeführt: sie brachten die Kulturrebe (*vitis vinifera*) und den Pfirsich, verbreiteten die Kultur-Süßkirsche, einige Gemüsearten und manche der Gewürzpflanzen, die so oft in römischen Rezeptsammlungen – etwa bei Apicius – erwähnt werden.
Wenn auch ein römisches Landgut sich stärker auf eine bestimmte Erzeugung spezialisieren konnte als ein einheimischer Bauer der vorrömischen Zeit, so strebte man doch danach, möglichst viele der benötigten Gebrauchsgüter im Haus herzustellen. Aus den gewonnenen Textilfasern (Wolle, Leinen) haben die Frauen einfache Gewebe hergestellt und daraus Kleidungsstücke gefertigt, meist für den Hausgebrauch, mitunter auch zum Verkauf. Das Gleiche gilt für die Herstellung einfacher Geräte und Vorrichtungen aus Holz. Größere Gutsbetriebe haben auch andere Rohstoffe verarbeitet, die auf ihrem Grundstück anfielen, um ihre Arbeitskräfte außerhalb der landwirtschaftlichen Saison zu beschäftigen; als Beispiele seien der Holzeinschlag, die Kalkbrennerei und die Ziegelproduktion genannt. Doch blieb die *villa rustica* in vieler Hinsicht auf die Handwerksbetriebe in den Städten und Vici angewiesen.
Dank der rationellen Landwirtschaft erzeugten die Betriebe einen merklichen Überschuß an Nahrungsmitteln, der deutlich über den eigenen Bedarf hinausging. Dies war eine wichtige Voraussetzung für das Heranwachsen der Städte und Vici und auch für die Versorgung des Grenzheeres. Der Anteil der nicht landwirtschaftlich tätigen Bevölkerung nahm erheblich zu, auch im Ganzen wird die Bevölkerungszahl in den germanischen Provinzen des Römerreichs während des friedlichen 2. Jahrhunderts n. Chr. gestiegen sein. Das erlaubte in unserem Raum zum ersten Mal eine in höherem Maß arbeitsteilige Wirtschaft mit differenzierten Handwerks- und Gewerbebetrieben, von denen es ganze Sparten vorher noch nie hier gegeben hatte, wie etwa Steinmetzen, Schuster, Ziegler, Maler, Tuchmacher oder Maurer.
Die Nahrungsmittelerzeugung der Landgüter bildete eine wichtige Voraussetzung für die Verteidigung der Provinz, denn die Truppen am Limes und die Legionen am Rhein mußten ja versorgt werden. Da die Truppen das Getreide und die anderen Lebensmittel kauften, belebte ihre Nachfrage die Landwirtschaft und den Handel mit Landprodukten. Die Versorgung damit konnte keineswegs

Abb. 39 Markttag auf dem dreieckigen Hauptplatz von Nida. Rekonstruktionszeichnung

auf die Dauer aus der Ferne erfolgen, etwa durch Lieferungen vom Inneren Galliens, weil der Transport über Land damals außerordentlich teuer und langsam war.

Dem Preisedikt Kaiser Diokletians kann man nämlich entnehmen, daß sich beispielsweise der Preis von Weizen nach einem Landtransport über 150 Meilen (222 km) verdoppelte; die Ware war nach einem solchen Transport nicht mehr konkurrenzfähig zu verkaufen. Das wird verständlich, wenn man erfährt, daß der normale, zweispännige Ochsenkarren wegen des primitiven Zuggeschirrs nur 800 römische Pfund (etwa 260 kg) aufnehmen konnte und im Durchschnitt kaum mehr als 10, höchstens 15 Meilen am Tag schaffte; und in dieser Zeit wollte der Ochsentreiber versorgt sein, und auch die Ochsen brauchten Futter! Massengüter wie etwa Getreide mußten daher in der Nähe abgesetzt werden, es sei denn, daß man sie auf einem Fluß transportieren konnte. Der Schiffstransport war nämlich weitaus günstiger als der Landtransport, je nach Größe des Schiffs betrugen die Kosten nur ein Zehntel bis ein Zwanzigstel der Landtransportkosten. Die Flußschiffahrt war daher in der Römerzeit von weit höherer Bedeu- *Abb. 49* tung als heute. Mit flachen Kähnen, die getreidelt wurden, hat man noch kleine Flüsse befahren. Man konnte beispielsweise vom Main die Nidda aufwärts den römischen Hafen von Nida erreichen.

Dennoch hatte das römische Straßensystem eine hohe wirtschaftliche Bedeutung. Ohne die meist schnurgeraden, wohlgeschotterten Straßen hätten die rö- *Abb. 47* mischen Gutsbetriebe weder ihre Erzeugnisse günstig verkaufen noch die benötigten Güter (Geräte, Baumaterial) preiswert beziehen können.

Gewerbe und Handel hatten ihren Sitz in den Civitas-Hauptorten und in den Vici, die sich im Grenzgebiet häufig neben den Kastellen entwickelten. Hier lie-

fen die Straßen zusammen, und wenn auch noch ein schiffbarer Fluß vorhanden war, wie etwa bei Mainz-Kastel, Frankfurt a. M.-Höchst, Nida (Frankfurt a. M.-Heddernheim) und bei manchen Kastellvici, dann ergab sich eine um so günstigere Verkehrslage. In den Hauptorten und in den kleineren Vici sind
Abb. 39 Märkte abgehalten worden, wie es zum Beispiel durch eine Inschrift aus dem
S. 478 Kastellvicus von Seligenstadt bekannt ist, auf der *nundinenses* (Teilnehmer oder Aufsichtspersonal eines Marktes) erwähnt werden. In diesen Orten spielte sich im wesentlichen der Warenumsatz zwischen der Landwirtschaft und den Gewerbebetrieben ab: Schmiede, Geschirrhändler und Töpfer, Textilverarbeiter und -händler, Bauhandwerker, Schuster und manche anderen Gewerbe hatten hier ihren Sitz. Dazu kamen Dienstleistungsbetriebe wie Gaststätten, Thermen und Transportunternehmen. Die regelmäßigen Soldzahlungen an das Militär brachten Geld in die Hände der Soldaten. Ihre Kaufkraft bildete daher den wirtschaftlichen Hintergrund für die Existenz vieler Gewerbetreibender, besonders in den Kastellvici.

Die größeren Händler hatten ihre Kontore in den Civitas-Hauptorten. So war Dativius Victor ein reicher Getreidehändler und Ratsherr der Civitas Taunensium. Er konnte es sich leisten, dem römischen Mainz, zu dem er sicherlich Ge-
Abb. 146, 147 schäftsverbindungen besessen hatte, eine Säulenhalle und ein Schmucktor zu stiften, offenbar aus Dank für die Aufnahme seiner Familie in einer Zeit der Gefahr. Eine Kopie des Schmucktors ist in Mainz neben dem Römisch-Germani-

Abb. 40 Echzell. Trinkbecher aus Ton, gefunden in einem Töpferofen des Kastellvicus

Abb. 41 Saalburg. Becher aus Ton mit Trinksprüchen (1. Hälfte 3. Jh. n. Chr.)

schen Zentralmuseum aufgestellt worden. – Die fruchtbaren Lößböden im Gebiet der Civitas Taunensium sind zum Weizenanbau vorzüglich geeignet; in diesem Hinterland hat der Händler das Getreide aufgekauft, in Nida oder einem anderen Verladungsort auf Kähne verladen und es an Abnehmer in den Römerstädten am Rhein oder an das Militär verkauft. Wie ein solcher Frachtkahn aus-
Abb. 49 sah, zeigt das Relief auf dem Grabstein des Blussus in Mainz.

In Wiesbaden fand man den Grabstein eines Geschirrhändlers (CIL XIII 7588). »Den Totengeistern und der Erinnerung an Secundius Agricola, Händler von Töpfereiprodukten, hat die Tochter Agricolia Agripina ihrem lieben Vater (den Grabstein) setzen lassen.« Agricola war sicherlich kein kleiner Töpfer, sondern ein Fernhändler, der feines Tafelgeschirr, etwa Terra Sigillata, aus den Offizinen von Rheinzabern oder Trier bezogen und zusammen mit lokalen Produkten in Wiesbaden angeboten haben wird. Er gehörte damit zu den Kaufleuten, die in der Civitas nicht hergestellte Waren heranschafften. Dazu gehörten auch Südwein und Olivenöl sowie andere Feinkostwaren wie etwa die beliebte Fischsoße (*garum, liquamen*); die großen, bauchigen Transportbehälter aus Ton findet man immer wieder bei Ausgrabungen. Andere Rohstoffe und Fertigwaren mußten ebenfalls im Fernhandel beschafft werden, vor allem gehobene Güter aus dem Bereich der Textil- und Haushaltswaren sowie der Baustoffe. Die Einwoh-

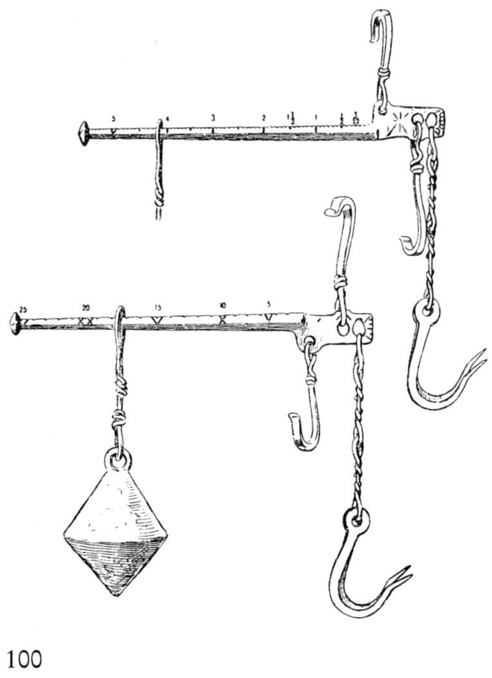

Abb. 42 Limeskastell Zugmantel. Römische Schnellwaage mit zwei Wiegebereichen; oben: Aufhängung für das Wiegen bis 5 Pfund; unten: Aufhängung für einen Wiegebereich bis 25 Pfund

Abb. 43 Limeskastell Zugmantel im Taunus. Bronzekrug (2. Jh. n. Chr.)

ner der rechtsrheinischen Civitates konnten sie mit ihren landwirtschaftlichen Überschüssen bezahlen, und so breitete sich im Mittelstand langsam ein gewisser Wohlstand aus. In dem Civitas-Hauptort Aquae Mattiacorum gab es immerhin so viele Kaufleute, daß diese eine Körperschaft gründeten, in der sie Geselligkeit pflegten, die aber wohl auch ihre Interessen vertrat. Die Körperschaft *S. 489* (*collegium*) hat im Jahre 212, wie eine Inschrift mitteilt (CIL XIII 7587), ein eigenes Versammlungsgebäude (*schola*) eingeweiht.

Bodenschätze gab es hier nur wenige. Zur Zeit des Kaisers Claudius, etwa um *S. 65* 46 n. Chr., beschloß der obergermanische Legat Curtius Rufus, seine müßigen Legionäre mit der Anlage eines Silberbergwerks im Gebiet der Mattiaker zu beschäftigen, also wohl im Taunus, unweit von Wiesbaden. Der Ertrag aber war dürftig, und die Soldaten beschwerten sich beim Kaiser (Tacitus, Annalen XI 20). So wurde das Unternehmen aufgegeben. Tatsächlich gibt es im Taunus einige geringe Buntmetall-Gangerzlagerstätten, darunter solche mit silberhaltigem Bleiglanz. Einen bedeutenden Bergbau haben sie aber auch in nachrömischer Zeit nicht ermöglicht. – Wahrscheinlich sind einige kleine Eisenerzlagerstätten von lokalen Betrieben ausgebeutet worden, es kann sich dabei um Gangerze im Mittelgebirge oder um kleinere, nahe der Oberfläche abgelagerte Raseneisenerzvorkommen handeln. Eine wirklich umfangreiche Eisenerzverhüttung hat sich aber in unserem Raum während der Römerzeit nicht entwickelt.

Dafür standen die Rohstoffe, die man zum Bauen benötigt, reichlich zur Verfügung. Allenthalben wurde der örtlich anstehende Stein für den Hausbau in Steinbrüchen gewonnen. Der Buntsandstein des Odenwaldes ist schon damals als Material für Skulpturen und Inschriftsteine geschätzt worden; sicherlich gab es Steinbrüche am Main, die das Rohmaterial flußabwärts auf Schiffen zu den Verbrauchern sandten. In den Civitas-Hauptorten Dieburg und Frankfurt a. M.-Heddernheim entstanden Steinmetzbetriebe, die aus dem hiesigen Stein Werke von beachtlichem handwerklichen Können und einigem künstlerischen Anspruch schufen. Besonders erwähnenswert sind die Granitsteinbrüche am *S. 270 ff.* Felsberg im Odenwald, wo man noch heute die Abbautechnik der Römerzeit *Abb. 201–203* studieren kann. Sie haben in spätrömischer Zeit für kaiserliche Großbauten in Trier Material geliefert. – Ein weiteres Baumaterial war Kalk, der gebrannt und danach eingesumpft zur Mörtelherstellung unentbehrlich war. Ein römischer *S. 257 ff.* Kalkbrennofen ist bei Götzenhain gefunden worden; er ist vermutlich als Nebenbetrieb einer villa rustica geführt worden.

Sand und Kies für den Haus- und Straßenbau waren in den Flußtälern reichlich vorhanden, sie werden dort bis heute abgebaut. Ton- und Lehm unterschiedlicher geologischer Herkunft kommen in unserem Raum ebenfalls vielerorts vor und begünstigten Töpferei- und Zieglerbetriebe. Größere Töpfereien gab es in

Nida, aber auch in manchem kleineren Vicus konnte ein Töpfer auf Absatz rechnen, sogar am Limes wie etwa in Echzell. – Von besonderer Bedeutung für die Bauwerke des Militärs war die Ziegelei der Mainzer Legionen in Frankfurt a. M.-Nied, die gleich nach der Besetzung des Landes den Betrieb aufnahm und Material sowohl für den Bau der Limeskastelle als auch für Umbauten im Legionslager Mainz lieferte. Sie war – mit Unterbrechungen – bis in die Mitte des 2. Jahrhunderts in Betrieb. Auch Töpfereiwaren sind in Nied hergestellt worden. Eine andere Militärziegelei befand sich neben dem Kastell Großkrotzenburg. Sie produzierte vor allem am Ende des 2. Jahrhunderts, löste die Nieder Ziegelei also gewissermaßen ab. Beide Ziegeleien lagen an Wasserstraßen und haben den größten Teil ihrer Produkte auf Lastkähnen versandt. Außerdem gab es Ziegeleibetriebe für den privaten Bedarf, sie sind aber weniger bekannt und sind gelegentlich auch als Nebenbetrieb eines Gutshofs geführt worden. – Ein wichtiger und genügend vorhandener Rohstoff war Holz, der als Baustoff und als einziger Energielieferrant für Heiz- und Gewerbezwecke eine noch größere Bedeutung hatte als heute. Der hohe Bedarf der römischen Siedlungen und Militärlager hat mancherorts die Waldgrenze zurückgedrängt und die Randzone der Wälder aufgelichtet. Die Mainzer Legion sandte Holzfällerkommandos (*vexillationes agentium in lignariis*) mainaufwärts in den nördlichen Odenwald; man fand ihre Inschriften in Stockstadt, Obernburg und Trennfurt am Main. Von diesen Orten aus konnte das eingeschlagene Holz bequem mainabwärts geflößt werden.

S. 285 ff. *Abb. 40* *S. 303 f.* *Abb. 459*

Einige Mineralwässer Hessens gehören zu den Bodenschätzen, die schon von den Römern verwendet wurden. An erster Stelle standen die Wiesbadener Thermalquellen, an denen bereits im 1. Jahrhundert n. Chr. Heilbäder der Mainzer Legionen entstanden. Ein anderes Heilbad, das mit einer prächtigen Innenausstattung versehen war, befand sich an einer Mineralquelle bei Bad Vilbel.

S. 487 f. *S. 241 ff.*

Andererseits sind die Bad Nauheimer Salzquellen von den Römern nicht genutzt worden, obgleich die Kelten dort in der vorrömischen Zeit eine größere Salzsiederei aufgebaut hatten. Dank der weiträumigen Handels- und Transportmöglichkeiten im Römerreich war Salz von auswärtigen Quellen mit reicherer Sole preisgünstig zu beziehen, die Salzgewinnung aus der verhältnismäßig schwachen Nauheimer Sole wurde dadurch unrentabel.

Ein wohlentwickeltes Geldsystem und die allgemeine Verwendung von Geld als Tauschmittel kennzeichneten die römische Wirtschaft. Ansätze zu einer Geldwirtschaft hatte es in unserem Raum zwar schon im späten Keltentum gegeben. Der keltische Geldumlauf war aber niedrig und wenig differenziert, und so ist auch die wirtschaftliche Bedeutung des Geldes verhältnismäßig gering gewesen. Das änderte sich in der Römerzeit.

Abb. 44

Seit Kaiser Augustus beruhte das römische Münzsystem auf Prägungen aus Gold, Silber und Kupferlegierungen. Der Nennwert der Edelmetallmünzen war durch den Metallwert gedeckt. Dagegen bestand das Kleingeld aus Kupfer oder Kupferlegierungen; hier deckte das Münzmetall den Nennwert der Münzen nicht. – Die übliche Goldmünze war der Aureus (ca. 7,2 g), die häufigste Silbermünze der Denar (3,4 g). Als größte Scheidemünze lief der Sesterz um; er war etwa 27 g schwer. Sesterzen waren große, goldglänzende Münzen aus Messing. Sie waren so verbreitet, daß Preise meist in Sesterzen angegeben worden sind. Aus dem gleichen Material wie der Sesterz war der Dupondius, doch war er nur halb so schwer. Zur besseren Unterscheidung trug auf dem Dupondius der Kopf des Kaisers, der stets auf den Münzvorderseiten abgebildet war, eine Strahlenkrone, auf dem Sesterz aber einen Lorbeerkranz. Einen solchen Lorbeerkranz trägt das Kaiserbild auch auf dem rotglänzenden As aus Kupfer (11 g), der kleinsten, gängigen Münze; nur gelegentlich und in geringer Anzahl ist dazu ein Viertelstück (Quadrans) geprägt worden. – Auf einen Dupondius gingen zwei As, auf einen Sesterz vier; der Denar war 16 As wert, der Aureus 400.

Der Münzumlauf war in der Römerzeit recht hoch, höher als später im Mittelalter. Daher gehören römische Münzen keineswegs zu den seltenen Funden. Selbst am Limes hat man bei der Ausgrabung eines einzigen Kastells bisweilen mehr als 2000 Münzen gefunden. Allerdings bestand der größte Teil des Umlaufgeldes wie auch heute aus kleinen Werten. Nur die Ersparnisse wurden meistens in Edelmetallgeld niedergelegt, auch größere Zahlungen erfolgten in diesen wertvolleren Münzen. Daher bestehen Münzschätze, die bei Ausgrabungen gelegentlich gefunden worden sind, in der Regel aus dem wertvolleren Silbergeld. Goldstücke waren immer selten, so wie heute die Tausendmarkscheine. Der bargeldlose Zahlungsverkehr war in der Römerzeit noch wenig entwickelt; Bankiers (*argentarii*) gab es in den größeren Römerstädten am Rhein, aber kaum in den Civitas-Hauptorten des Grenzgebiets. Die Zahlungen erfolgten daher fast immer in Münzen, ein Faktor, der den Geldumlauf erhöhte. Die Münzen wurden in Beuteln aus Leder oder Stoff mitgeführt, mitunter auch in den eigentümlichen Börsenarmreifen.

Während einer für heutige Verhältnisse sehr langen Zeit ist der Metallwert der Edelmetallmünzen vom Staat beibehalten und garantiert worden; das Gleiche galt für die Abstufung der Münzwerte. Das römische Geld besaß daher einen hohen praktischen Gebrauchswert. Vor allem aber hatte es durch die gleichblei-

Abb. 44 Römische Gold- und Silbermünzen. Von oben nach unten: Gallienus, Gordian III., Severus Alexander und Commodus

IMP ALEXANDER PIVS AVG
PROVIDENTIA AVG
S C

bende Edelmetalldeckung ein beachtliches Vertrauen erworben und dieses über lange Zeit erhalten können. Auch wirkte sich der ausgedehnte Wirtschaftsraum des Römerreichs günstig aus, in dem das Geld kursierte und überall akzeptiert wurde. Aus diesem Grund entwickelte sich das Geld in neugewonnenen Provinzen rasch zum allgemeinen Tauschmittel und zu einem Wertmesser für alle Güter und Dienstleistungen, so daß der altertümliche Tauschhandel der vorrömischen Zeit aufhörte. Das hat den Handel und die Warenversorgung sehr erleichtert; das römische Geldsystem hat so zu der wirtschaftlichen Blüte der Provinz im 2. Jahrhundert wesentlich beigetragen.

Als das Römerreich in der ersten Hälfte des 3. Jahrhunderts immer tiefer in eine Krise geriet, hat der Staat zur Deckung seiner hohen Ausgaben gute in unterwertige Münzen umgeprägt und diese massenweise in Umlauf gebracht. Unter Kaiser Caracalla kam ein untergewichiger Doppeldenar heraus, der »Antoninian« genannt wurde. Diese Münze, deren Gewicht und Silbergehalt in den vierziger Jahren des 3. Jahrhunderts weiter sanken, hat den vollgewichtigen Silberdenar bald verdrängt. Die Münzverschlechterung griff auch auf andere Münzwerte über und zerstörte das Vertrauen in die Währung; das hat der Wirtschaft geschadet und die Krise verschärft. In der Mitte des 3. Jahrhunderts, in der gleichen Zeit, in der auch der Limes fiel, war das Geld fast wertlos geworden. Erst die Münzreform Kaiser Diokletians am Ende des 3. Jahrhunderts brachte wieder ein funktionierendes Währungssystem.

Preise und Löhne der Römerzeit sind aus unserem Raum kaum bekannt. Immerhin erfährt man aus den Schriftquellen, daß ein Legionssoldat im 2. Jahrhundert 300 Denare pro Jahr erhielt, ein Auxiliarsoldat wahrscheinlich 250 Denare. In dieser Größenordnung dürfte auch der Lohn eines einfachen Handwerkers gelegen haben. Das Grundnahrungsmittel war Weizen, von dem ein Modius (etwa 6,4 kg) im ungemahlenen Zustand etwa 2–3 Sesterzen gekostet haben mag. Preisvergleiche zwischen der heutigen und der Römerzeit sind schwierig, weil kaum Zahlenmaterial bekannt ist. Auch die Warenzusammensetzung, der »Warenkorb«, hat sich völlig verändert.

Im Römerreich waren weithin einheitliche Maße und Gewichte üblich, was den Handelsverkehr erheblich erleichterte. Das Grundmaß für Längenmessungen war der Fuß (*pes*) zu 29,6 cm, bei längeren Strecken die Meile (*milia passuum* »tausend Doppelschritte«) zu 1,48 km. Als Hohlmaß für trockene Schüttgüter wie Getreide diente der Scheffel (*modius*) zu 8,7 l. Flüssigkeiten sind bei größeren Gebinden in *amphorae* gemessen worden; dieses Maß umfaßte 26,2 l. Ein häufig benutztes Bruchteil davon war der *sextarius* (1/48 *amphora;* 0,55 l). Als
Abb. 42 Gewicht wurde allgemein ein Pfund (*libra*) zu 327,5 g verwendet.

Technik

Mit den Römern zog die höher entwickelte Technik der mittelmeerischen Völker in. Ihre rationellere Landwirtschaft wurde schon erwähnt. Besonders ein- *S. 93 ff.* drucksvoll sind die Reste römischer Bauwerke, wie man sie am Limes, in Mainz oder gar in Trier noch heute sehen kann. Die römische Bautechnik führte eine Fülle neuer Arbeitstechniken, Baustoffe und Gebäudetypen in unserem Raum ein, vor allem im Zusammenhang mit der Steinbauweise. Mörtelgebundene Steinmauern, Gewölbekonstruktionen, verputzte und bemalte Steinwände, Glasfenster und Ziegeldächer hat es in Mitteleuropa vor den Römern nicht gegeben. Technisch anspruchsvolle Bauwerke wurden errichtet, wie etwa die Thermen in Wiesbaden und in Nida oder die große, steinerne Rheinbrücke bei *Abb. 210/211* Mainz. Ohne eine präzise Planung durch technische Fachleute waren solche *S. 371 f.* Vorhaben nicht möglich. Es verwundert daher nicht, daß der Beruf des Architekten an der Rheingrenze bezeugt ist, auch beim Militär (z. B. auf der Inschrift CIL XIII 6680 aus Mainz). Das römische Heer hat besonders in den ersten Jahrzehnten nach der Eroberung des Landes viele Kastelle, Straßen, Häfen und Wasserleitungen errichtet. So waren die Legionen in unserem Grenzland Schrittmacher der römischen Technik.

Für den Bau von Thermen spielten die Wasserversorgung und die Heizung eine entscheidende Rolle. Das römische Unterflur-Heizsystem (*hypocaustum*) war *Abb. 45* damals das modernste, das es gab; die einheimische Bevölkerung wird es anfangs *Abb. 58* als einen exotischen Luxus angesehen haben. Der Fußboden ruhte auf vielen, kleinen Steinpfeilern. Durch den so gebildeten Hohlraum unter dem Fußboden ließ man aus einem Heizkanal, in dem ein Feuer brannte, von außen heißen Rauch einströmen. Dieser erwärmte den Fußboden und zog dann in Tonrohren, die in die Wand eingebaut waren, nach oben ab. Das Hypokaustum ist nicht nur bei Thermen, sondern auch im Wohnbau verwendet worden, sogar in manchen Gutshäusern auf dem Lande. Manchmal hat man in Wohnräume eine vereinfachte Form des Hypokaustums eingebaut, nämlich die Kanalheizung. Bei dieser Heizung liefen nur einige schmale Rauchkanäle unter dem Fußboden; auch bei ihnen zog der Rauch durch Tonrohre in den Wänden nach oben ab. Natürlich konnte sich nicht jeder eine so komfortable Heizung in seinem Haus leisten. Eine einfachere Heizung funktionierte wie ein englischer Kamin, und in ärmeren Häusern, besonders auf dem Lande, war es das Feuer des Küchenherdes, an dem man sich wärmte.

Die Wasserversorgung erfolgte durch Brunnen und Wasserleitungen (Aquaedukte). Es gab nicht nur einfache Schöpfbrunnen, bei denen man das Wasser – vielleicht mit Hilfe einer Handwinde – in Holzeimern hochzog, man setzte auch

Abb. 45 Modell einer Hypokaustheizung

Pumpen ein. Bequemer war die Versorgung durch Wasserleitungen. Man faßte eine Quelle oder zapfte einen Wasserlauf an, der höher als die Siedlung lag und führte das Wasser von dort zunächst meistens in einer geschlossenen, drucklosen Leitung weiter. Sie konnte bei größeren Aquaedukten aus einem gemauerten, gedeckten Kanal bestehen, der nach Möglichkeit unterirdisch verlegt wurde. Nur wenn die Leitung über ein Tal geführt werden mußte, hat man einen Bogenaquaedukt gebaut. Ein recht hoher Bogenaquaedukt, dessen Pfeiler zum *Abb. 389* Teil noch stehen, zog über das Zahlbachtal bei Mainz (»Römersteine«). – Einfachere Aquaedukte waren aus Tonrohren oder aus Holz; es gab kastenartige, bretterverschalte Rinnen und auch in der Längsrichtung durchbohrte Baumstämme, die zusammengefügt wurden und eine Rohrleitung bildeten. In beson- *Abb. 46* deren Fällen haben die Römer Druckleitungen gebaut, allerdings nur über kurze Strecken. Sie dienten vor allem zur Versorgung von Thermen mit Niederdruckwasser. Man baute sie aus Ton-, Holz- oder Bleirohren. Die Leitungen führten das Wasser in einen kleinen Hochbehälter, der an den Thermen stand. Von hier aus wurde es im Gebäude in Bleileitungen weitergeführt. Es gab Durchlauferhitzer; fließendes warmes und kaltes Wasser war in den Thermen selbstverständlich.

Die leistungsfähige Wassertechnik der Römer machte ihre Städte, Vici und Landgüter weitgehend unabhängig von Oberflächengewässern. Man findet daher römische Gutshäuser auf halber Höhe eines Hanges oder gar oben auf einem Höhenrücken, auf dem in vorrömischer Zeit wegen des Wassermangels niemand ein Haus errichtet hätte. Als die Römer in der Mitte des 3. Jahrhunderts das rechtsrheinische Grenzland aufgaben, ging die Kenntnis der Wassertechnik bald verloren. Die Germanen haben daher ihre Dörfer nur selten an der Stelle römischer Gutshäuser gebaut, sie haben immer die Nähe eines Gewässers gesucht. Dadurch hat sich das Siedlungsbild nach dem Ende der Römerzeit sehr verändert.

Die Holzbautechnik hatte bei den keltischen und germanischen Völkern schon in vorrömischer Zeit einen beachtlichen Stand erreicht; man darf sich ihre hölzernen Häuser keineswegs primitiv vorstellen. Doch haben die Römer auch auf diesem Gebiet vieles Neue eingeführt und technische Höchstleistungen vollbracht. Ein berühmtes Beispiel aus der Zeit des ersten Kontakts der Römer mit unserem Raum ist die hölzerne Rheinbrücke, die die Legionen Caesars im Jahre 55 v. Chr. in zehn Tagen errichteten, wahrscheinlich in der Nähe von Neuwied bei Koblenz (Caesar, Bellum Gallicum IV 17–18). Die Leistung der römischen Pioniere wäre auch heute nicht leicht zu überbieten, errichteten sie doch keine Pontonbrücke, sondern eine richtige Pfahlbrücke. – Die römische Brücke bei Mainz, die in der zweiten Hälfte des 1. Jahrhunderts n. Chr. entstanden ist, besaß zwar Steinpfeiler. Ihre Fahrbahn aber war aus Holz. Ein kompliziertes, hölzernes Sprengewerk trug die Fahrbahn. Es hatte in der Strommitte, wo die Pfeilerabstände größer waren, freie Spannweiten von über 27 m zu überbrükken. Beim Bau solcher Steinpfeilerbrücken haben die Römer zur Gründung der Pfeiler wasserdichte Spundwände aus Holz eingerammt; auch die Verwendung *Abb. 316, 317*

Abb. 46 Wiesbaden. Wasserleitungs-Druckrohr aus Blei mit Stempel der Legio XIIII gemina Martia victrix. Zwischen 70 und 92 n. Chr.

von Kränen und Flaschenzügen war bei derartigen Großbauten selbstverständlich. – Beachtliche Spannweiten freitragender Dächer sind beim Hallenbau erreicht worden, selbst in Limeskastellen. Die Vorhalle der Principia des Limeskastells Echzell hatte 15 m freie Spannweite. Im Limeskastell Saalburg kann man in der Vorhalle der Principia die Rekonstruktion eines ähnlichen, etwas kleineren Dachstuhls sehen.

Verkehr

Römische Straßen haben sich in Hessen an mehreren Stellen erhalten. Manche werden noch heute benutzt, sei es als Feld- und Waldwege oder als Land- und *Abb. 35* Bundesstraßen. Eine schon im Altertum wichtige Römerstraße hat sich sogar zur Autobahn entwickelt; es handelt sich um jenen völlig geraden Abschnitt der Autobahn A 66 Frankfurt a. M.–Wiesbaden, der zwischen dem Frankfurter Nordwestkreuz und der Autobahnabfahrt Zeilsheim–Hofheim liegt und an Höchst vorbeiläuft. Diese auch im Mittelalter bedeutende Straße, damals Elisabethenstraße genannt, ist in der Zeit der flavischen Kaiser von römischen Soldaten erbaut worden, als der Frankfurter Raum und die Wetterau von Mainz aus besetzt wurden. Die Straße zog von Mainz über die römische Rheinbrücke, die ebenfalls damals entstanden ist, nach Kastel und von dort über Hofheim, Frankfurt a. M.-Heddernheim und Okarben nach Friedberg. Militärische Gesichtspunkte bestimmten ihren Bau; sie wurde zur Versorgung der Truppen, zur Sicherung des eroberten Gebiets und als Vormarschstraße für weitere Vorstöße in das freie Germanien angelegt. In Friedberg verzweigte sich die Straße. Der wichtigste Ast lief nach Butzbach zum Limes; südwestlich von Butzbach hat die Bundesstraße 3 über mehrere Kilometer die Nachfolge der Römerstraße angetreten. Ein anderer Zweig ging von Friedberg in nördlicher Richtung zum Kastell Arnsburg am Limes. – Seit Anfang des 2. Jahrhunderts erhielt die Straße eine wachsende wirtschaftliche Bedeutung, da sie die fruchtbare Wetterau und ihren Civitas-Vorort Nida mit der Provinzhauptstadt Mainz verband. Auch der Verkehr und der Handel mit dem germanischen Ausland, der über die Grenzkastelle Butzbach und vielleicht auch Arnsburg erfolgte, liefen auf dieser Straße. Sie stellte die wichtigste Landverbindung unseres Raums in der damaligen Zeit dar.

Eine zweite bedeutende Straßenverbindung nahm ebenfalls ihren Ausgang von der Provinzhauptstadt. Sie lief wie die erste zunächst über die römische Rheinbrücke bei Mainz, wendete sich in Kastel nach Südosten und überquerte bei Kostheim auf einer Brücke den Main. Sie nahm nun die Richtung nach Groß-Gerau auf und ging von hier nach Süden. Über Gernsheim erreichte sie Ladenburg (*Lopodunum*), den nächsten Civitas-Hauptort. Dieses Straßenstück ist heute noch als Feld- und Waldweg über längere Strecken erhalten. Von Ladenburg aus lief die Straße über Heidelberg in den Süden der Provinz. Auch sie ist im Zuge militärischer Maßnahmen der siebziger Jahre des 1. Jahrhunderts n. Chr. entstanden. Manche Straßen führten zu Civitas-Hauptorten, etwa die Straße von Mainz-Kastel nach Wiesbaden. Andere verbanden den Hauptort der Civitas Auderiensium, Dieburg, mit der Provinzhauptstadt und den Flüssen Rhein und Main. Eine dieser Straßen nahm ihren Ausgang in Gernsheim am Rhein und zog in nordöstlicher Richtung durch das Rheintal. Bei Bickenbach lief sie auf einer Holzbrücke über ein Sumpfgebiet und führte dann südlich an *Abb. 169* Darmstadt vorüber, das damals allerdings noch nicht existierte. Eine andere Straße verband Dieburg mit dem Mainlimes bei Stockstadt, und auch nach Norden zur Frankfurter Furt gab es einen Weg, der zu der Römerstadt Nida führte. Weitere Straßen geringerer Bedeutung sind vom Militär zur Versorgung der Limeskastelle erbaut worden; sie erlaubten auch die rasche Bewegung der Truppen im Grenzgebiet. Man hat sie vor allem in der Wetterau gefunden, die von Militärstraßen wie von einem Netz durchzogen war. Ein Beispiel dafür ist jenes große Straßendreieck, das die Kastelle Friedberg, Arnsburg und Echzell mitein- *Abb. 411, 412* ander verband. Viele Kilometer dieser bemerkenswerten Straßenanlage sind heute noch als Landstraßen, Feld- oder Waldwege erhalten.

Zum Bau einer Straße haben die Römer zunächst die Trasse vermessen und abgesteckt. Mit Vorliebe haben sie lange, schnurgerade Straßenzüge angelegt. Die Arbeitskommandos haben dann in der vorgesehenen Straßenbreite den Mutter- *Abb. 47* boden entfernt (»ausgekoffert«) und eine schwere Steinvorlage von 20 bis 30 cm Stärke eingebracht. Die Bruchsteine wurden dabei oft hochkant eingelegt. Mitunter hat man eine Reihe größerer Steine als Randsteine gesetzt. Die Steinvorlage wurde sodann mit einer Schicht aus bindigem Schotter abgedeckt, der eine gewölbte Oberfläche erhielt, damit der Regen ablaufen konnte. Zu beiden Seiten

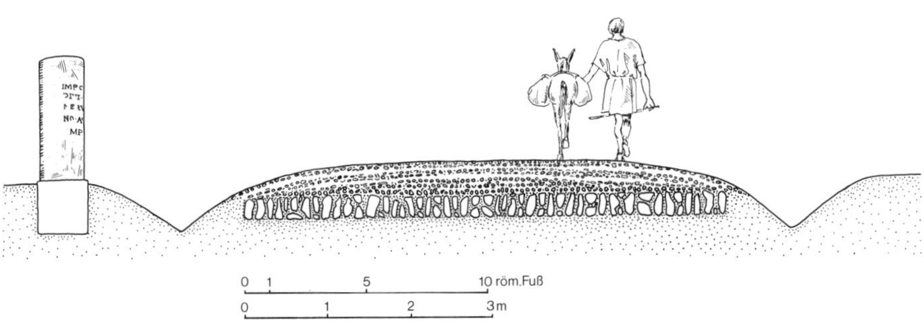

Abb. 47 Schnitt durch eine römische Straße. Rekonstruktionszeichnung

Abb. 48 Trier. Leichter, einachsiger Karren. Die Römerstraße wird durch den Meilenstein vor dem Pferd angedeutet (2. Jh. n. Chr.)

befanden sich flache Straßengräben. Eine oft verwendete Standardbreite des Straßenkörpers war 20 Fuß (knapp 6 m); der Gegenverkehr von Lastfuhrwerken war damit möglich.

An den wichtigeren Straßen sind Meilensteine gesetzt worden. Die etwa 1,5 m *Abb. 47, 48* hohen, zylindrischen Steinsäulen standen jeweils eine römische Meile (1,48 km) voneinander entfernt und gaben die Entfernung von der Provinzhauptstadt oder von der nächsten Civitas-Hauptstadt an; denn es gehörte zur Aufgabe der Civitates, die Straßen in ihrem Territorium zu unterhalten. Römische Meilensteine hat man in Hessen in Wiesbaden, Mainz-Kastel, Friedberg, Frankfurt a. M.-Heddernheim und Kleestadt bei Dieburg gefunden. Die später gesetzten Meilensteine geben seit der Zeit des Kaisers Septimius Severus nicht mehr römische Meilen (*milia passuum*) an, sondern gallische Meilen (*leugae*), die jeweils 2,22 km lang waren. Dieses Längenmaß hatte sich in der gallischen Bevölkerung lebendig erhalten und schließlich wieder durchgesetzt.

Hölzerne Stege und Brücken hat es schon in vorrömischer Zeit gegeben, wenn auch seltener. Die Römer aber bauten als erste in unserem Raum Flußbrücken *S. 371 f.* mit Steinpfeilern. Die große Rheinbrücke bei Mainz wurde schon erwähnt. Sie ließ eine Fahrbahnbreite von etwa 12 m zu und hatte demnach die doppelte Breite der oben erwähnten »Standardstraßen«, ein Hinweis auf den beachtlichen Verkehr, den sie trug. – Über den Main führten römische Steinpfeiler-Brücken bei Kostheim-Gustavsburg, vielleicht bei Frankfurt a. M.-Schwanheim und bei *Abb. 263, 276* Hanau, sicher aber am Kastell Großkrotzenburg. Auch kleinere Wasserläufe, die im Zuge der Straßen lagen, wurden von zahlreichen Brückenbauwerken überspannt. Mußte ein Sumpf überquert werden, so wurde die Straße auf einen Damm gelegt oder über eine hölzerne Sumpfbrücke geführt; solche Brücken sind bei Bickenbach und Goddelau gefunden worden. *S. 242 ff., 264 ff.*

Die verschiedensten Fahrzeuge befuhren die Straßen; das nahe Gallien war berühmt für seine vielseitigen Wagenbauer. Vornehme Leute benutzten gefederte, geschlossene Reisewagen, die zweiachsig oder einachsig sein konnten. Sie waren leichter und schneller und wurden von Pferden oder Maultieren gezogen. Außerdem gab es einachsige und die schwereren, zweiachsigen Ochsenkarren zur Lastenbeförderung, aber auch leichtere Transportfahrzeuge, die mit Maultieren bespannt waren. Ferner wird man Lasttiere mit Tragkörben und Säcken auf den Straßen gesehen haben, Reiter und viel mehr Fußgänger als heute; auch sie waren oft genug unter Traglasten gebeugt.

Eine zweite, oft unterschätzte Komponente des römischen Verkehrssystems bildete die Flußschiffahrt. In dem Kapitel über Wirtschaft wurde schon darauf *S. 97* hingewiesen. Die Leistungsfähigkeit des römischen Verkehrs beruhte gerade auf dem Zusammenwirken von Fluß- und Straßenverkehr. Die Schiffsverbindungen auf den Flüssen Rhein und Main waren in Obergermanien für viele Waren wich-

Abb. 49 Mainz. Grabstein des Blussus, Sohn des Atusirus. Darauf Relief eines Treidelkahns für die Rheinschiffahrt (1. Jh. n. Chr.)

tiger als die Landverbindungen. Das galt besonders für schwere Massengüter wie Bau- und Brennholz, Getreide, Ziegel und ähnliches. Sogar kleine Nebenflüsse von Rhein und Main sind von flachen Transportkähnen befahren worden. Für den Civitas-Hauptort Nida war die römische Anlegestelle unterhalb der Stadt an der Nidda von hoher wirtschaftlicher Bedeutung. Die Schiffe sind vom Main die Nidda hinaufgefahren, bis zu der Anlegestelle in Nida, vielleicht auch noch weiter flußaufwärts. Die Vici an Rhein und Main hatten sicherlich ebenfalls in den meisten Fällen richtige, als Kai ausgebaute Anlegestellen, wie man sie beispielsweise in Stockstadt a. M. beobachtet hat. – Es gab Schiffer, die als Transportunternehmer tätig waren, wie Blussus aus Mainz, auf dessen Grabstein ein Lastkahn mit Treidelmast, Rudern und Steuer abgebildet ist.

Abb. 49

Flußaufwärts wurden die Schiffe getreidelt, das heißt sie wurden von einem Zugtier gezogen, das auf einem Treidelpfad am Flußufer lief. Das Zugseil war oben am Treidelmast befestigt. Auf diese Weise konnte ein Zugtier ein Vielfaches der Last bewegen, die es auf einem Lastkarren hätte ziehen können. Das hat die Transportkosten enorm vermindert. – Flußabwärts wurde das Schiff mit geringer Mühe gerudert oder gestakt.

Tägliches Leben und Zeitrechnung

Der Tag war wie heute in 24 Stunden eingeteilt, die aber anders gezählt und gemessen wurden. Man unterschied 12 Tag- und 12 Nachtstunden, die jeweils vom Sonnenaufgang oder Sonnenuntergang an gerechnet wurden. Das hatte zur Folge, daß die Tag- und Nachtstunden im Jahreslauf verschieden lang waren, ihre Länge schwankte mit der Jahreszeit. Als Zeitmesser dienten Sonnenuhren, man kannte auch Wasseruhren, die ähnlich wie Sanduhren funktionierten. Die Uhren waren aber nicht so allgegenwärtig wie heute, man nahm es mit der Zeit weniger genau. Mit dem ersten Tageslicht erhob man sich; Anziehen und Waschen waren bald erledigt. Eine besondere Nachtkleidung gab es nämlich nicht, man behielt nachts eine Tunika an, zog morgens je nach Jahreszeit noch etwas Wärmeres über und streifte die Schuhe an. Nach einer kleinen Erfrischung mit Wasser und einem knappen Frühstück war man rasch auf den Beinen. Schon in der ersten Stunde begann das Tagewerk, bald nach Sonnenaufgang, sowohl in den Städten und Vici als auch auf dem Lande. Nach einer Mittagspause, bei der es einen Imbiß (*prandium*) gab, ging die Arbeit auf dem Lande weiter, oft bis zur zehnten Stunde oder länger.

In den Vici und in den Städten konnten dagegen viele Bürger ihre Tätigkeit mittags mit der sechsten Stunde beenden. Aber auch hier arbeiteten manche einfa-

chen Handwerker nachmittags weiter, und Geschäfte, Gasthäuser und Thermen waren geöffnet. Wer es sich leisten konnte, besuchte die Thermen, die in keiner Stadt und in keinem Vicus fehlten, die es auch auf jedem mittleren und größeren Landgut gab und die bei den Limeskastellen ebenfalls selbstverständlich waren. Die Hauptmahlzeit (*cena*) begann am späten Nachmittag, für viele nach dem Gang zum Bade. Gerne lud man Freunde dazu ein, auch weitgereiste Gäste, denn Zeitungen, Rundfunk und Fernsehen gab es nicht, und nur so konnte man Neues erfahren. Man blieb mit ihnen zusammen, bis der Tag sich neigte, im Winter wohl auch bis in die ersten Nachtstunden hinein. Straßenbeleuchtung gab es nicht und in den Häusern verbreiteten schwache Öllämpchen und Kerzen, die man damals schon kannte, nur ein kümmerliches Licht. Ärmere Leute begnügten sich mit einem Kienspan oder dem Schimmer des Herdfeuers. So gingen die meisten, sobald es dunkel wurde, zu Bett, besonders die schwerer arbeitende Bevölkerung.
Das Leben in Öffentlichkeit und Beruf war nahezu ausschließlich Sache der

Abb. 50 Frankfurt a. M.-Heddernheim. Relief mit Minerva, Vulcanus und Mercurius, darüber die Wochengötter. Von links nach rechts, Saturnus (Samstag), Sol (Sonntag), Luna (Montag), Mars (Dienstag), Mercurius (Mittwoch), Jupiter (Donnerstag) und Venus (Freitag) (Museum Wiesbaden)

Männer, die auch die Einkäufe für den Haushalt besorgten. Der Wirkungskreis der Frauen war die Hauswirtschaft, die verschiedenen Arbeiten in Haus und Hof, zu denen besonders die Essenszubereitung sowie das Spinnen und Weben gehörten. Das war in den Städten nicht anders. In einem größeren Haushalt hatte die Hausfrau das Gesinde zu überwachen und ihm die Arbeit zuzuweisen, das Haus und den Hausrat instand und sauber zu halten und Vorräte zu beschaffen; sie hatte genauso wie ihre Mägde alle Hände voll zu tun.

Der siebentägige Wochenrhythmus mit dem Sonntag als Feiertag hat erst später durch die christliche Kirche Verbindlichkeit erlangt. Die Wochenzählung, bei der die Wochentage mit den Himmels- und Planetengöttern identifiziert werden *Abb. 50* (Sol, Luna, Mars, Merkur, Jupiter, Venus, Saturnus), stammt aus dem Orient. Über das hellenistische Griechentum gelangte sie vom Osten nach Italien und begann sich auch bei uns schon in der römischen Kaiserzeit neben der altrömischen Zeitrechnung einzubürgern, wie es etwa das kleine Wochengötter-Relief im Museum Wiesbaden veranschaulicht. Doch offiziell blieb der römische Kalender gültig. Er war durch die eigentümliche Rückzählung der Tage von den drei Stichtagen eines jeden Monats aus gekennzeichnet. Als Stichtage galten in jedem Monat: *Kalendae* (1. Monatstag), *Nonae* (5. Monatstag bzw. 7. im März, Mai, Juli, Oktober) und *Idus* (13. Monatstag bzw. 15. im März, Mai, Juli, Oktober). Erster und letzter Tag wurden bei der Rückzählung jeweils mitgerechnet. Der 2. März hieß daher: ante diem sextum Nonas Martias (der sechste Tag vor den Nonen des März).

Allerdings gab es zu Ehren der Götter viele Feiertage, die Erholung von der Arbeit, Festschmaus und Fröhlichkeit brachten. Sie waren in einem Festkalender (*feriale*) verzeichnet, aus dem hervorging, welcher Gottheit der Festtag geweiht war und welche Opfergabe der Gott schätzte. Nicht nur für die römischen Götter gab es Feste, sondern auch für die einheimischen. So war die Anzahl der Feiertage kaum geringer als wir es heute bei unserer Fünftagewoche gewohnt sind. Die Jahre wurden nicht wie heute mit einer Zahl benannt, sondern mit den Namen der beiden in Rom amtierenden Konsuln, die jeweils nur für ein Jahr gewählt waren. Das änderte sich auch in der römischen Kaiserzeit nicht, obgleich das Konsulat nur noch ein Ehrenamt ohne wirkliche politische Macht war. Für das Jahr 178 n. Chr. sagte man beispielsweise *Orfito et Rufo consulibus* (als Orfitus und Rufus Konsuln waren). Zeitabstände nach Jahren zu berechnen war mit Hilfe solcher Daten nicht ganz einfach, man brauchte dazu eine Konsulliste. Manche einfachen Leute wußten daher nur ungefähr, wie alt sie waren.

Kleidung und Tracht

Einige Informationen über Kleidung und Tracht erhalten wir durch römische Reliefs unseres Raums, besonders durch Grabreliefs. Bei Ausgrabungen fand man nur selten Textilien, die bei unserem Klima rasch im Boden vergehen. Immerhin sind einige kleine Stücke auf uns gekommen. Sie haben sich in tiefen Brunnen oder in Moorschichten erhalten. Es handelt sich dabei meistens um Wollgewebe. In zweiter Linie sind Leinenstoffe zu nennen, die aber schon seltener waren. Baumwolle und Seidenstoffe waren damals in Europa zwar schon bekannt, sie mußten aber aus weiter Entfernung importiert werden, waren sehr teuer und galten daher als Luxus.

Bei Ausgrabungen findet man gelegentlich metallenes Trachtenzubehör, beispielsweise Gürtelschnallen und Fibeln (Spangen) zum Zusammenstecken der

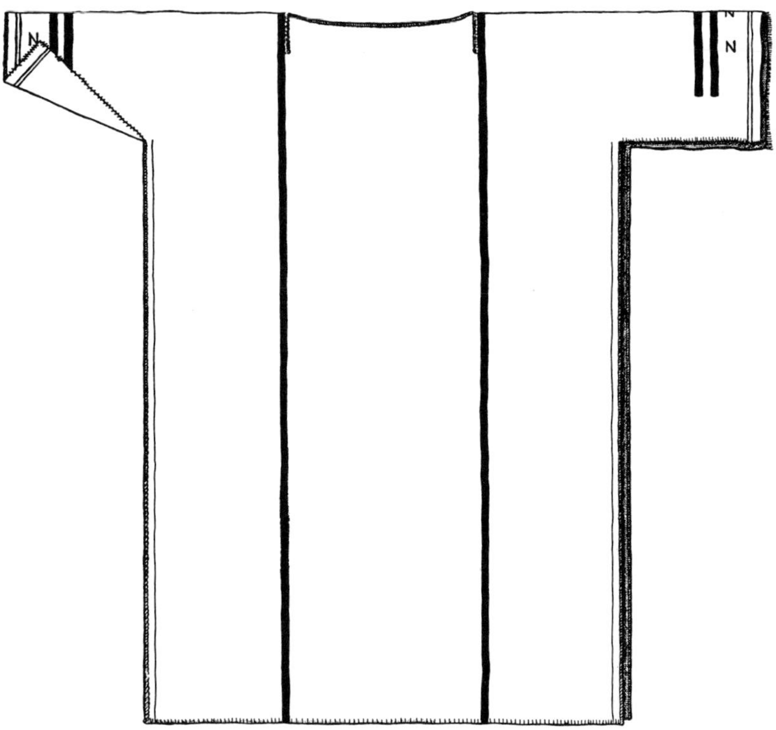

Abb. 51 Dura-Europos (Syrien). Tunika aus heller Wolle mit kurzen Ärmeln. Die Tunika ist mit zwei eingewebten, purpurfarbenen Streifen (clavi) verziert. Sie trägt weitere, kurze Zierstreifen auf den Ärmeln. 1. Hälfte 3. Jh. n. Chr.

Kleidung. Auch sie geben uns Auskünfte über die antike Kleidung. Diese war viel einfacher geschnitten als die heutige. Da man Knöpfe oder Reißverschlüsse nicht kannte, waren die Fibeln notwendig zum Zusammenstecken der Kleidung.
Abb. 51 Das wichtigste Kleidungsstück war die hemdartige Tunika. Oft bestand sie lediglich aus zwei aneinandergenähten, rechteckigen Stoffbahnen, die oben ein Loch für den Kopf und rechts und links in der Seitennaht je ein Armloch offen ließen. Die Besonderheit der Tunika bestand darin, daß sie nicht etwa wie ein heutiges T-Shirt eng anlag, sondern recht weit gearbeitet war, ungefähr mit der doppelten Schulterbreite. Außerhalb des Hauses trug man die Tunika stets gegürtet, wobei man den Stoff seitlich etwas über den Gürtel zog, so daß sich ein kleiner Bausch bildete. So angezogen, war die Tunika beim Mann meistens knielang. Nur vornehme oder ältere Leute trugen die Tunika länger. Frauen hatten stets eine gegürtete, knöchellange Tunika an. Das Kleidungsstück war üblicherweise aus einem feinen, hellen Wollgewebe gefertigt. Mitunter wurden der Tunika auch kurze Ärmelstücke angefügt. Die enger anliegende, mehr hemdartige Tunika mit langen Ärmeln ist unrömisch und war – klimatisch bedingt – bei den einheimischen Völkern Mittel- und Nordeuropas üblich; sie kam im Römerreich erst spät unter dem Namen *dalmatica* auf. – Die gehobenen Schichten der Bevölkerung trugen eine Tunika, die mit zwei senkrechten roten oder violetten Streifen (*clavi*) verziert war. Breite *clavi* zu tragen, war das Vorrecht des Senatsadels.

Bei Kälte zog man mehrere Tuniken übereinander oder warf einen Mantel über. Die Männer – vor allem auch die Soldaten – verwendeten gerne ein rechteckiges Wolltuch (*sagum*). Man warf es über die linke Schulter und steckte es über der rechten Schulter mit einer kräftigen Fibel zusammen. Es gab auch den Kapu-
Abb. 82, 97 zenmantel (*paenula*), der ähnlich wie ein heutiger Poncho übergeworfen wurde. Er war aus dickem Wolltuch und galt als Wettermantel. Kapuzenmäntel in mancherlei Ausführung waren in Gallien beliebt und sind auch in unserem Raum viel getragen worden.

Ein unrömisches Kleidungsstück war die in Gallien übliche, enganliegende Kniehose (*braca*), die in ähnlicher Form auch den Germanen bekannt war. Da sie bei unserem Klima in den Übergangsjahreszeiten und im Winter vorteilhaft war, ist sie in der römischen Provinz gerne getragen worden, und auch das römische Militär hat sie übernommen. – Vollends fremd und barbarisch erschienen den Mittelmeervölkern lange Hosen, wie sie alle Nord- und Ostvölker Europas trugen. In der römischen Provinz waren lange Hosen kaum zu finden, höchstens als Volkstracht noch unromanisierter Germanen. – Gegen die Kälte des Winters, aber auch als schützende Fußbekleidung für den Jäger und Landmann waren Gamaschen und strumpfartige Kleidungsstücke üblich.

Abb. 52 Kaiseraugst (Schweiz). Ehepaar in städtischer Tracht um 200 n. Chr. Die Frau trägt eine knöchellange, unter der Brust gegürtete Tunika, dazu einen langen, schalartigen Überwurf, den sie über die linke Schulter geworfen hat. Der Mann hat eine knielange Tunika an, er trägt einen Gürtel mit großer Ringschnalle. Er hat einen Mantel übergeworfen, der aus einem rechteckigen Wolltuch besteht; er ist auf der rechten Schulter mit einer Fibel zusammengesteckt. Das Relief war ehemals farbig gefaßt, das Schuhwerk vermutlich aufgemalt

Die römische Provinzbevölkerung unseres Raums war durchaus nicht einheitlich gekleidet. Sie bestand bei der Provinzgründung aus Volksgruppen unterschiedlicher Herkunft. So gab es gegen Ende des 1. Jahrhunderts n. Chr. im Mainzer Raum eine bereits teilweise romanisierte keltische Bevölkerung. Es waren aber auch Einwanderer aus dem Mittelmeerraum gekommen, es gab ferner eingesprengte Gruppen germanischer Herkunft, vor allem im rechtsrheinischen Gebiet. In der Grenzzone war das Militär mit seinen besonderen »Uniformen« allgegenwärtig. So ist es nicht verwunderlich, daß man auf Grabreliefs des 1. Jahrhunderts n. Chr. noch deutliche Anklänge an keltische Trachten findet,
Abb. 82 beispielsweise auf dem Grabstein des Blussus und der Menimane aus Mainz-Weisenau. Blussus trägt den gallischen Kapuzenmantel, seine Frau Menimane eine verhältnismäßig enge, eigenartig am Hals gekrauste Tunika unrömischen Zuschnitts und auch ein Obergewand einheimischer Art, das auf beiden Schultern mit Fibeln zusammengesteckt war. Ihr reicher Schmuck steht gleichfalls in keltischer Tradition. – Germanische Trachten sind zur selben Zeit vor allem rechts des Rheins auch in der römischen Provinz anzunehmen, sie sind durch Funde germanischen Trachtzubehörs, besonders Fibeln, belegt. Andere Einzelheiten dieser Tracht sind allerdings unbekannt. – Die einheimischen Trachten verfielen nach und nach der Romanisierung, der nur die besonders praktischen Kleidungsstücke wie bracae oder der gallische Kapuzenmantel widerstanden. So hat sich die Kleidung der Bevölkerung während des 2. Jahrhunderts n. Chr. vereinheitlicht und allgemein das römische Vorbild aufgenommen. Ein Relief
Abb. 52 aus Kaiseraugst zeigt ein Ehepaar in römischer Tracht, wie sie um 200 n. Chr. üblich war. Auch damals war die Kleidung einer freilich nur langsam wechselnden Mode unterworfen und hat 50 Jahre vorher oder nachher ein wenig anders ausgesehen. – Die Kleidung drückte stets auch die beachtlichen sozialen Unterschiede aus. Ein Sklave trug keineswegs die gleiche Tunika wie der Ratsherr einer Civitas.

Abb. 53 Für das Schuhwerk der Römer gibt es eine Reihe interessanter Funde. Vor allem sind die Brunnenfunde aus den Tauruskastellen Zugmantel, Feldberg und Saalburg zu nennen, die im Saalburgmuseum gezeigt werden. Das Leder der Schuhe hat sich dort unter dem Grundwasserspiegel bisweilen vorzüglich erhalten. So sind zahlreiche verschiedene Schuhformen zu unserer Kenntnis gelangt. Darunter befinden sich einfache Schuhe, die in der Art von Hüttenschuhen jeweils aus einem einzigen Stück Leder zugeschnitten waren. Solche Schuhe konnten im bäuerlichen Haushalt selbst gefertigt werden und waren daher bereits in vorrömischer Zeit bei der einheimischen Bevölkerung Mitteleuropas verbreitet. Die Römer brachten handwerklich weit anspruchsvollere Schuhe mit, die ähnlich wie unser heutiges Schuhwerk Oberleder, Laufsohlen und Brandsohlen aufwie-

Abb. 53 Saalburg. Römisches Schuhwerk mit Durchbruchverzierung. Im Vordergrund: Original, dahinter Nachbildung

sen. Sie waren daher viel dauerhafter als die einfachen Schuhe und konnten leichter repariert werden. Zu ihrer Herstellung war aber das Fachhandwerk nötig, und so gibt es in römischer Zeit auch in der Provinz den Beruf des Schuhmachers. Dieser stellte noch manches andere Schuhwerk her, Holzschuhe, Hausschuhe und Sandalen, auch zierliche und modische Stücke für die Frauen.

Nahrung

Das Grundnahrungsmittel im Römerreich war Weizen. Die schon erwähnten botanischen Untersuchungen pflanzlicher Überreste lassen daher auch in unserem Raum während der Römerzeit ein Vordringen des Weizenanbaus erkennen, vor allem des heute noch angebauten Saatweizens. Das Getreide wurde damals im Haushalt gemahlen und weiterverarbeitet. Das Müller- und Bäckerhandwerk gab es allenfalls in den Städten. Durch unterschiedliches Ausmahlen auf Handmühlen und durch Sieben des Mahlguts gewann man gröberes oder auch feineres Mehl, um verschiedene Arten von Brot und Kuchen backen zu können. Brot wurde mit Sauerteig bereitet, in runde Form gebracht und im Backofen gebakken. Ungesäuertes Brot wurde in Fladenform auf der heißen Herdplatte gebakken, indem man ein weites Tongefäß darüber stülpte und mit heißer Asche abdeckte. – Weizen und andere Getreidearten wurden auch zu Grieß und Graupen

Abb. 54 Rechts: verkohlter Weizen aus der Römerzeit; links: heutiger Weizen zum Vergleich (Saalburgmuseum)

verarbeitet und mit verschiedenen Zutaten zu Grütze (*puls*) gekocht; das war eine verbreitete Nahrung einfacher Volksschichten. Beliebt waren außerdem Gerichte aus Hülsenfrüchten (Erbsen und Bohnen). Als Zukost gab es vielerlei Sorten von Obst und Gemüse, von denen die Römer manche neu bei uns eingeführt haben. Das gilt auch für die Würzkräuter, die für viele Gerichte unerläßlich waren. – Das im Süden für die Nahrung so wichtige Olivenöl mußte importiert werden und wird daher teuer gewesen sein. Man hat es vielleicht durch Öl aus hier angebauten Ölfrüchten ersetzt – Lein und Leindotter sind nachgewiesen. Auch tierische Fette wie Schweineschmalz wird man verwendet haben.
Fleisch ist im Römerreich viel weniger gegessen worden als heute. Es kam besonders an Feiertagen im Zusammenhang mit Tieropfern auf den Tisch. Die noch heute für die Fleischversorgung gehaltenen Haustiere Rind, Schwein, Schaf, Ziege und Geflügel standen an erster Stelle; Jagdtiere spielten für die Ernährung nur eine ganz untergeordnete Rolle. Die Zusammensetzung der Fleischnahrung ließ sich durch osteologische Untersuchungen der Tierknochenreste erkennen, die in mehreren römischen Kastellen und Siedlungen Hessens gefunden worden sind. Allerdings wird Fleisch in den nördlichen Provinzen des Römerreichs etwas häufiger gegessen worden sein als im Mittelmeerraum. Wegen des kühleren Klimas war es hier haltbarer, und aus dem gleichen Grund ist der Energiebedarf der Menschen etwas höher. Jedenfalls gab es in den gallischen Provinzen eine Schinkenproduktion, deren Qualität im ganzen Reich bekannt war. Milch, Käse und Eier kamen oft auf den Tisch, auch als Bestandteile anderer Speisen. Eine Besonderheit der römischen Küche war die Verwendung scharf gesalzener, pikanter Fischsoßen (*garum, liquamen*), die in großen Offizinen im Süden produziert worden sind und in bauchigen Amphoren importiert wurden. Ihre Verwendung als Würze in zahlreichen Gerichten hat diesen einen eigenartigen, uns ungewohnten Geschmack verliehen. Ebenso ungewohnt für unseren Geschmack waren Süßigkeiten und Kuchen ohne Zucker mit sirupartig eingedicktem Traubensaft (*defrutum*) und mit Honig.
Eine weitere Eigentümlichkeit der römischen Küche war die Vorliebe für breiartige Gerichte. Auf die Grütze wurde schon hingewiesen. Römische Rezeptsammlungen (etwa bei Cato oder Apicius) überliefern eine Fülle abwechslungsreicher Gerichte, die in Mörsern oder in tönernen Reibschalen gestampft und angerieben worden sind. Darunter gab es manche Würzsoßen und Speisen, die scharf und pikant abgeschmeckt waren, etwa das aus weißem Käse, Zwiebeln, Knoblauch, Gewürzkräutern und Salz angeriebene »Bauernfrühstück« (*moretum*), zu dem man frisches Fladenbrot aß. Die zahlreichen tönernen Reibschalen, die in unseren Museen stehen, beweisen, daß solche Gerichte in der Römerzeit auch in unseren Breiten beliebt waren.

Als Getränk kam meistens Wasser oder auch Milch auf den Tisch. Wein war im Römerreich ein sehr verbreitetes und beliebtes Getränk, doch wird der in Amphoren und Fässern importierte Südwein hier recht teuer und deshalb nicht für jeden erschwinglich gewesen sein. Allerdings haben die Römer den Weinbau an Rhein und Mosel eingeführt, so daß auch einheimische Weinsorten auf dem Markt waren. Es war nicht üblich, den Wein »pur« zu trinken. Stets verdünnte man ihn mit Wasser und fügte allerhand Würzmittel bei, ähnlich wie bei einer heutigen Bowle. Diese Mischung wurde gerne angewärmt getrunken, eine für uns etwas ungewohnte Vorstellung. – In den gallischen und germanischen Provinzen war auch Bier (*cerevisia*) beliebt, das obergärig aus Weizen oder Gerste hergestellt wurde. Allerdings kannte man noch nicht die würzende und konservierende Hopfenbeigabe, deshalb war das Bier wenig haltbar und hatte nicht den uns bekannten, bitteren Geschmack. Dafür wurde es mit Wildbeeren und anderen Aromastoffen gewürzt. – Die Stelle der heutigen Limonaden nahm die *posca* ein, ein erfrischendes Getränk, dessen Hauptbestandteile Wasser und Essig waren. Es wird vor allem in der heißen Jahreszeit getrunken worden sein.

Medizin und Hygiene

Die ärztliche Wissenschaft hat in den letzten 200 Jahren außerordentliche Fortschritte erzielt. Ein heutiger Mensch kann sich kaum vorstellen, wieviel furchtbarer das Kranksein im Altertum war als heute. Man denke nur daran, daß es damals keine wirklich wirksamen Narkose- und Schmerzlinderungsmittel gab. Die Ursache der Infektionskrankheiten war den Ärzten unklar, man wußte nichts von Bakterien und Viren und stand daher Seuchen und Epidemien recht hilflos gegenüber. So lag die Lebenserwartung im römischen Altertum zwischen 30 und 40 Jahren; sie ist heute doppelt so hoch.

Für die damalige Welt war indessen die Leistung der griechisch-römischen Medizin überragend hoch, etwa im Vergleich mit den noch in vorgeschichtlichen Lebensformen verharrenden Völkern Nord- und Osteuropas. Seit dem 5. Jahrhundert v. Chr. hatte sich in der griechischen Medizin, besonders in den Arztschulen von Kos und Knidos, eine Fülle medizinischer Kenntnisse und Erfahrungen angesammelt. Hier sind zum erstenmal wirklich wissenschaftliche Methoden entwickelt worden, und so liegen auch hier die Wurzeln der heutigen Medizin. Die Anwendung dieser Kenntnisse erreichte in der römischen Kaiserzeit einen Höhepunkt. Im Römerreich dominierten daher auch Griechen im Arztberuf. Autoren wie A. Cornelius Celsus, der unter Kaiser Tiberius lebte, oder der berühmte Arzt Galenus, der im 2. Jahrhundert n. Chr. wirkte und

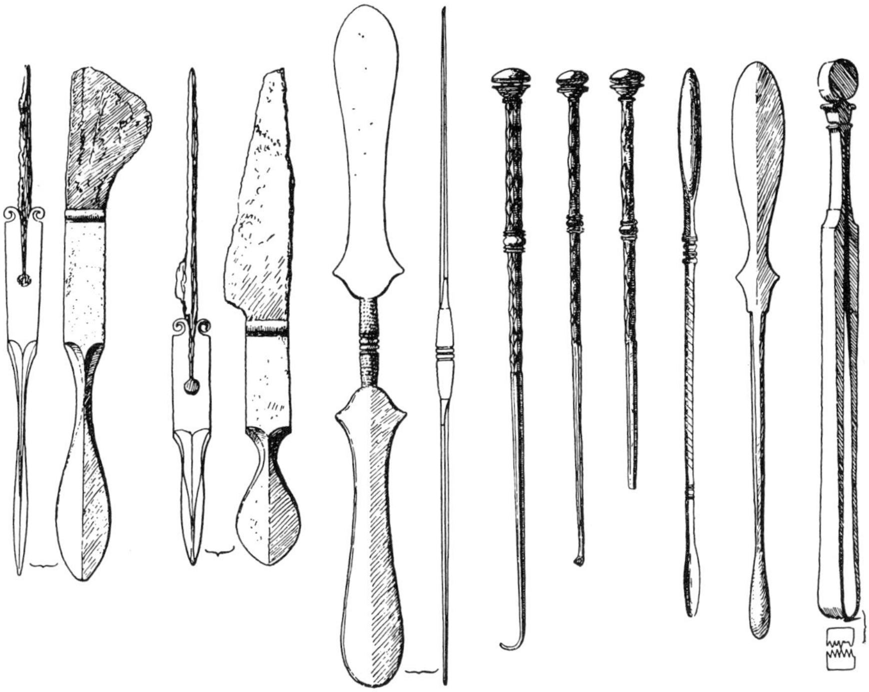

Abb. 55 Bingen am Rhein. Instrumente eines römischen Arztes: Operationsmesser, Sonden, eine Pinzette

schrieb, haben der Nachwelt zahlreiche medizinische Schriften hinterlassen, die den Weg der ärztlichen Kunst für mehr als ein Jahrtausend bestimmten.
Besonders gut organisiert war die ärztliche Versorgung des römischen Heeres. Die wohlausgebildeten Berufssoldaten, aus denen das römische Heer bestand, waren schwer ersetzbar, und die Regierung unternahm beträchtliche Anstrengungen, um Ausfälle durch Krankheit zu vermindern. Jede Legion erhielt mehrere Ärzte (*medici*) und ein großes Krankenhaus (*valetudinarium*). Aber auch den Hilfstruppen am Limes, den Alen und Kohorten, war jeweils ein »Regimentsarzt« zugeteilt; sie besaßen meist auch ein kleines Lazarett. Auf einem Altar aus Groß-Krotzenburg a. M. steht folgende Inschrift zu Ehren des Gottes Mithras: Dem unbesiegten Gott erfüllt Lucius Fabius Anthimus, Arzt der 4. Vindelikerkohorte, sein Gelübde gerne, freudig und nach Gebühr (CIL XIII 7415). – Von einer gelungenen Heilung berichtet die Inschrift eines Altars *Abb. 428* aus Obernburg a. M., den M. Rubrius Zosimus geweiht hat (CIL XIII 6621). Zosimus war Arzt der *cohors IV Aquitanorum equitata,* die damals in Obern-

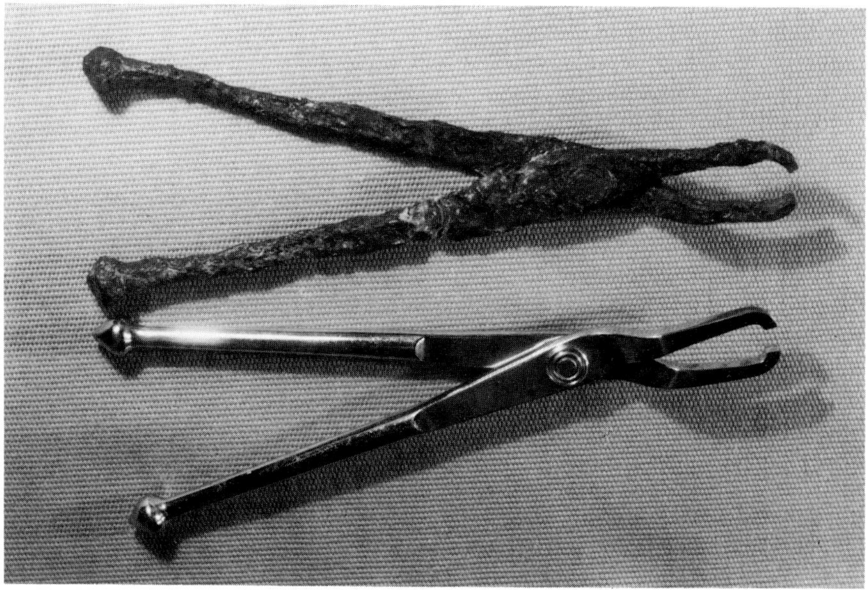

Abb. 56 Saalburg. Zahnzange. Oben Original, unten Nachbildung

burg lag; auch er trug einen griechischen Namen. Der Präfekt der Kohorte, L. Petronius Florentinus, war so schwer erkrankt, daß der Arzt in großer Sorge ganz besonders die Hilfe der Götter Apoll, Aeskulap, Salus und Fortuna erbat, denen er großen Einfluß zuschrieb. Nach der glücklichen Genesung des Präfekten stiftete der Arzt diesen Göttern den Altar zum Dank. Hier wird recht deutlich, wie sehr die ärztliche Kunst damals religiös verwurzelt war. – Die römischen Ärzte besaßen viele spezialisierte Instrumente für Operationen und für die Untersuchung. Solche Instrumente – unterschiedlich geformte Operationsmesser, Sonden, Spatel und anderes – sind immer wieder bei Ausgrabungen in römischen Kastellen, aber auch in den zivilen Siedlungen zutage gekommen und werden heute in den Museen gezeigt; eine besonders reiche Sammlung römischer Arztinstrumente befindet sich im Römisch-Germanischen Zentralmuseum in Mainz. Der bekannteste Fund unseres Raums kam aus einem römischen Arztgrab in Bingen. Dem verstorbenen Arzt sind die Instrumente in das Grab
Abb. 55 mitgegeben worden. Unsere Abbildung zeigt nur einen Teil der Geräte.
Gegen viele Krankheiten hatten die Ärzte des Altertums Medikamente entwikkelt, die zum Teil auf uralte Volksmedizin zurückgingen. Dabei flossen bisweilen magische Vorstellungen ein oder auch merkwürdige, philosophisch bestimmte Anschauungen über das Wesen der Krankheiten. Große Ärzte des Al-

Abb. 57 Saalburg. Augenarztstempel

tertums haben jedoch immer wieder der Erfahrung den Vorrang gegeben und die Wirksamkeit der Medikamente daran geprüft. Aus unserer Gegend sind zwar keine römischen Medikamente erhalten, doch sind Augenarztstempel bekannt, die auf vier rechteckigen Stempelfeldern vier verschiedene Arzneinamen enthalten. Sie dienten zum Versiegeln von Medikamentenpackungen. Die Inschrift eines solchen Stempelfeldes lautete etwa so: *C. Xanthi diamisus ad aspritudinem* *Abb. 57* (Salbe gegen Gerstenkörner nach C. Xanthus; Stempel im Saalburgmuseum). Für die zivile Bevölkerung gab es in der Provinz bei weitem keine so gesicherte ärztliche Versorgung wie für das Militär. Staat und Gemeinden hatten es noch nicht als ihre Pflicht erkannt, für die Kranken zu sorgen und beispielsweise Krankenhäuser zu errichten. Man findet daher in den römischen Städten und in den Vici keine Krankenhäuser. Der Kranke blieb zu Hause und wurde von der Familie gepflegt. Es gab Zivilärzte, die man heranziehen konnte, doch konnten sich ärmere Leute eine solche Hilfe oft nicht leisten.

Manche Kranken suchten ein Heiligtum auf; es gab in der Provinz einige solcher Pilgerheiligtümer, die bisweilen mit einer heilkräftigen Quelle verbunden waren. Die Gottheit konnte den Kranken – so glaubte man – Heilung oder Anweisungen zur Wiederherstellung im Schlaf geben. Der Ruf eines solchen Heiligtums hing wohl auch von einer sachkundigen Priesterschaft ab, die medizinische Ratschläge zu geben vermochte.

Die römischen Städte haben allerdings mehr für die Hygiene ihrer Bewohner getan, als es je in den Städten des Mittelalters geschehen ist. In erster Linie ist die vorbildliche Wasserversorgung zu nennen. Wenn nur irgend möglich, hat man in Aquaedukten unterschiedlicher Bauart fließendes Wasser in die Städte und Vici geleitet; ebenso besaßen viele Limeskastelle und selbst Landgüter ihren eigenen Aquaedukt. Bei Planung und Bau der Wasserleitungen wurde mit Sorgfalt

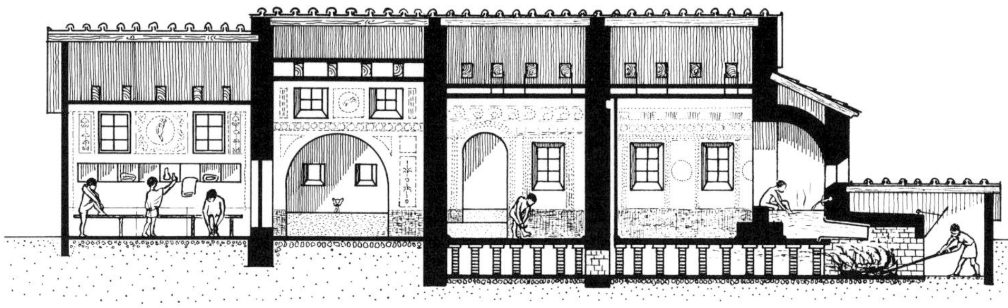

Abb. 58 Schnitt durch einen Thermenbau. Raumfolge von links nach rechts: Auskleideraum, Kaltbad, Laubad, Warmbad, Heizraum

auf die Reinheit und Qualität des Wassers geachtet. Diese Maßnahmen haben sicherlich den Ausbruch mancher Seuchen und Infektionskrankheiten verhindert; man war sich des Zusammenhangs durchaus bewußt.

Der Bau von Thermen war mit der Wasserversorgung eng verknüpft. Es gab keine römische Stadt ohne Thermen, die oft eine erstaunliche Größe erreichten. Selbst bei den Vici findet man immer Thermen, und auch das kleinste Limeskastell besaß sein Badegebäude. Nicht einmal heute gibt es – auf den Kopf der Bevölkerung gerechnet – eine so gute Versorgung mit öffentlichen Bädern. Die *Abb 58* römischen Thermen hatten Räume mit Kaltwasserbassins (*frigidarium*). In anderen Räumen standen Becken mit lauwarmem und mit warmem Wasser (*tepidarium* und *caldarium*). Es gab saunaartige Baderäume (*sudatorium*), und auch für Massage war gesorgt. Üblicherweise begann man das Bad in den warmen Räumen und beschloß es im Kaltbad. Die römischen Ärzte haben sich intensiv mit der medizinischen Wirkung der Bäder befaßt; so findet man bei Galenus genaue Badeanweisungen für Gesunde und für Kranke. – Oft war den Thermen ein *Abb. 210–211* Sportplatz (*palaestra*) angegliedert, wie man ihn etwa bei den Ostthermen von Nida gefunden hat. Solche Thermen besaßen den Charakter eines »Freizeitzentrums«. Man benutzte sie am Nachmittag und konnte sich stundenlang darin aufhalten, sich mit Freunden treffen, mit ihnen zusammen die verschiedenen Bäder nehmen und Sport treiben.

Eine besondere Spielart der Bäder stellten in römischer Zeit die Heilthermen dar, die an Mineralquellen, besonders an Thermalquellen entstanden sind. Sie dienten der spezifischen Behandlung bestimmter Krankheiten und waren dafür berühmt. Als die bekanntesten dürfen hier die Thermen von Wiesbaden gelten, deren warmes, heilkräftiges Wasser schon im 1. Jahrhundert n. Chr. medizini- *S. 487 f.* sche Anwendung fand. Die Wiesbadener Thermen dienten von Anfang an als Kurort des Militärs und haben sicherlich viele geheilt. Uns sind allerdings nur die Grabsteine einiger bedauernswerter Kranker geblieben, denen auch die

Thermen nicht mehr helfen konnten. Die Verstorbenen gehörten einer Anzahl verschiedener Heereseinheiten an, die am Limes oder in den Legionslagern der Provinz stationiert waren. Die Grabsteine werden im Museum Wiesbaden aufbewahrt. – Als weiterer, auch heute noch durch seine Mineralquellen bekannter Ort mit römischen Heilthermen ist Bad Vilbel zu nennen. Leider hat sich bis heute keine Inschrift gefunden, die Genaueres über diese einst prächtig ausgestatteten Thermen mitteilt.

Tod und Bestattung

Die Begräbnisplätze lagen stets außerhalb der Siedlungen und Kastelle und vor den Toren der Städte. Nach altrömischem Gesetz war die Verbrennung der Toten und ihre Bestattung innerhalb der Stadt nicht erlaubt (Zwölftafelgesetz). Oft wurden die Ausfallstraßen von Gräbern gesäumt. So wurde das Andenken wachgehalten und die Toten waren den Lebenden stets gegenwärtig.

Der Tote wurde über einem Scheiterhaufen aufgebahrt, was oft mit großem Aufwand, ja bei reichen Familien mit Prunk geschah. Die Bahre war mit Tüchern bedeckt, Gefäße mit Speisen, wohlriechendes Öl und Weihrauch, auch persönliche Dinge wurden beigegeben. Mit einem Opfer bereitete man das Grab vor. Abgewandten Gesichts zündete dann ein Angehöriger den Scheiterhaufen an. Es gab auf den Friedhöfen dafür einen bestimmten, vorbereiteten Brandplatz (*ustrina*). Man kannte aber auch die Sitte, den Scheiterhaufen gleich über dem geöffneten Grab zu errichten, so daß die Asche in die Grabgrube hinunterfiel. Eine solche Verbrennungsgrube hieß *bustum.* War das Feuer erloschen, barg man die Asche in einer Urne und setzte diese zusammen mit den Beigaben in der Grabgrube bei. Bisweilen ist die Asche in einem Holzkästchen oder in einem Stoffbeutel gesammelt worden. Auch darin gab es unterschiedliche Bräuche, daß manche die verbrannten Knochen des Toten sorgfältig aus der Asche lasen und nur diese in der Urne bestatteten, während andere die auf dem Scheiterhaufen verbrannten Beigaben dabei ließen. – Die Totenfeier schloß mit einem Totenmahl ab. Nach antiker Vorstellung lebte der Tote als Schatten weiter, und man stellte sich vor, daß die Totengeister anfangs noch eine zeitlang nahe dem Körper weilten und an dem Totenmahl teilnahmen.

So ist auch die Beigabensitte ein Spiegel des Glaubens an ein Weiterleben nach dem Tode. Sehr oft findet man in den Gräbern eine einzelne Münze geringen Werts, bei Skelettgräbern liegt sie im Mund des Toten. Es ist der Obolus für Charon, den Fährmann, der die Verstorbenen über den Totenfluß in die Unterwelt bringt. Viele Gräber enthalten ein Tonlämpchen als Symbol des ewigen

Lichts und der Weiterexistenz. Bezeichnend für römische Grabbeigaben sind ganze Geschirrsätze, wie man sie üblicherweise im Haushalt bei Festmählern als *Abb. 7, 432* Gedeck benötigte, oft mit Trinkbecher und Krug. Sie sollten es dem Toten ermöglichen, dem Totenmahl beizuwohnen, das die Angehörigen bisweilen auch später noch regelmäßig wiederholen konnten, wenn es nicht durch ein einfacheres Opfer am Gedenktage ersetzt wurde. Außer diesen häufigen Beigaben kam vereinzelt auch persönlicher Besitz in das Grab; Kinder erhielten ihr Spielzeug, *Abb. 55, 229* bei Frauen wurde Schmuck beigegeben, Geräte oder Instrumente findet man bei Handwerkern, Künstlern oder Ärzten. Solche besonderen Beigaben waren aber selten; fast ganz fehlen Edelmetallbeigaben und Waffen. Man glaubte nicht, daß die Schatten der Toten solche Gegenstände in der Unterwelt brauchten. – Die verhältnismäßig kleinen Grabgruben, in die die Asche und die Beigaben gebettet wurden, konnten ohne besonderen Einbau in die Erde eingetieft sein, sie bekamen aber mitunter Einfassungen und Abdeckungen aus Stein, Ziegeln oder Holz.

Obgleich im 1. und 2. Jahrhundert n. Chr. die Brandbestattung der vorherrschende Brauch war, sind einige Tote auch unverbrannt bestattet worden. Dabei kann es sich um das Weiterleben einer einheimischen, keltischen Sitte handeln. In anderen Fällen, zumal in der späteren Zeit, standen neue geistige Strömungen dahinter. Sie kamen mit den orientalischen Kulten aus dem Osten des Reichs, wo die Körperbestattung seit langer Zeit üblich war. In der späteren römischen Kaiserzeit wurde die Körperbestattung auch hier immer häufiger und verdrängte die Brandbestattung schließlich ganz.

Oberirdisch bezeichnete ein Grabstein (*cippus*) die Stelle des Grabes. Eine kurze Inschrift nennt Namen, Herkunft und oft auch Beruf, Titel und Ehrenämter des Verstorbenen; nur selten enthält sie weitere Angaben. Manche Grabsteine tragen ein Relief und zeigen den Verstorbenen stehend oder beim Totenmahl. Mitunter findet man auch die Abbildung eines Ehepaares. Aufwendige Grabbauten, wie etwa Grabtempel oder Turmgräber, wie man sie im Rheinland oder in den reichen gallischen Provinzen findet, fehlten im Grenzland allerdings oder waren sehr selten. Hier gab es viele ärmere Familien, die sich mit einer hölzernen Grabstelle begnügten. Es ist jedenfalls auffällig, daß von den Friedhöfen unserer Limeskastelle so wenige Grabsteine bekannt sind. – Der *cippus* stand in einem kleinen Grabgarten, der manchmal eine Steineinfassung besaß. Ein solch abgegrenzter Platz diente wohl auch als Familiengrabstätte.

Landschaft und Umwelt

Unter Kaiser Augustus, im Jahre 10 v. Chr., überschritt das römische Heer den Rhein bei Mainz. Damit betrat es zum erstenmal den Boden des heutigen Bundeslandes Hessen. Was die Römer dort während der ersten Tagesmärsche vorfanden, war keineswegs »germanischer Urwald«. Diesen sollten sie erst weiter im Norden kennenlernen. Sie marschierten vielmehr zunächst durch die Ebene zwischen Untermain und Taunus und dann durch die Wetterau. Hier zogen sie tagelang durch uraltes, offenes Kulturland.

Abb. 59 Landschaft mit Straße, die zu einem ummauerten Civitas-Hauptort führt

Seit über drei Jahrtausenden, seit der Jungsteinzeit, hatten Menschen hier vom Ackerbau gelebt und hatten dadurch das natürliche Pflanzenkleid der Landschaft grundlegend verändert. Vor dem Eingreifen des Menschen durch den Ackerbau war die Landschaft in Mitteleuropa völlig von Wald bedeckt gewesen, dessen Zusammensetzung je nach Standort und örtlichem Klima mehr oder weniger wechselte. Die ersten Ackerbauern unseres Raumes waren die Jungsteinzeitmenschen der bandkeramischen Kultur. Sie haben auf den Böden, die sich für ihre Ackerbaumethoden eigneten, nach und nach den Wald gerodet. Das betraf vor allem die mit Löß bedeckten Flächen, aber auch manche leichteren, sandigen Böden in den Flußauen, wenn sie fruchtbar und ausreichend bewässert waren. Alle diese Böden befanden sich in den Ebenen und in den breiteren Tälern. Das Mittelgebirge und die ungeeigneten Böden in den Niederungen blieben weiterhin vom Wald bedeckt. Doch sind auch diese Wälder von Menschen aufgesucht und zum Teil verändert worden. Das gilt besonders für die Randlagen, die sich den bereits offenen Ackerbauflächen zuwandten. Der Mensch ging hier der Jagd nach, er gewann Bau- und Brennholz für seine Siedlungen, und er trieb Vieh zur Weide in die Wälder. Diese nahmen daher in ihren Randzonen einen lockeren, parkartigen Charakter an, auch weil das Weidevieh das Jungholz nicht aufkommen ließ.

Als die Römer am Ende des 1. Jahrhunderts n. Chr. die Provinz Germania Superior gegründet hatten und ihre rechtsrheinischen Eroberungen durch den Limes sicherten, wandelte sich die Landschaft rascher, als dies je zuvor geschehen war. Schnurgerade Militärstraßen durchschnitten das offene Land, wo es vorher nur wenige, kurvige Landwege und Pisten gegeben hatte. Für den Bau des Limes wurden an der obergermanischen Grenze Hunderte von Kilometern Schneisen in die Wälder geschlagen, Lichtungen für die Kastelle angelegt und weitere Schneisen für Zufahrts- und Versorgungsstraßen in die Wälder getrieben. Die alte, offene Ackerbaulandschaft wurde neu parzelliert und erhielt statt der bisherigen kleinen Blockäcker großzügig geplante Grundstücke für die römischen Gutshöfe. Überall wuchsen die villae rusticae hoch, die als Einzelhöfe in der Landschaft verstreut waren und mit ihren weißen Mauern und roten Ziegeldächern weithin leuchteten. Die verbliebenen, vorgeschichtlichen Siedlungen verschwanden bald. Mehrere Vici und die Civitas-Hauptorte wurden gebaut. Für alle diese militärischen und zivilen Bauten, die in relativ kurzer Zeit entstanden, brauchte man viel Bauholz. Die dafür nötigen Rodungen ergaben neues Ackerland. Außerdem ermöglichten die höher entwickelten römischen Ackerbaugeräte und -methoden die Nutzung von Böden, die bis dahin dem Wald überlassen worden waren. Dadurch vergrößerte sich der Anteil der offenen Landschaft.

Der Energiebedarf der römischen Siedlungen lag höher als in vorgeschichtlicher Zeit. Hatte man bis dahin Brennholz nur für die einfachen Herdstellen der Bauernhäuser gebraucht, die im Winter zugleich die Heizung übernahmen, so gab es nun Hypokaustheizungen, aber auch manche Gewerbeanlagen, die man bis jetzt nicht gekannt hatte (etwa Kalk- oder Ziegelöfen). Sie verbrauchten eine Menge Holz. Einen weiteren Faktor, der den Energieverbrauch erhöhte, war die Bevölkerungsdichte, die wahrscheinlich in römischer Zeit angestiegen ist. Allerdings blieb sie weit unter der heutigen Bevölkerungsdichte und erreichte wohl nur ungefähr ein Zwanzigstel oder ein Dreißigstel davon. Einem Bewohner des heutigen Ballungsgebiets wäre die Landschaft menschenleer vorgekommen. – Botanische Untersuchungen haben jedenfalls gezeigt, daß nach einiger Zeit in der Nähe von römischen Städten, ja sogar in der Nachbarschaft von Limeskastellen, Übernutzungserscheinungen im Wald auftraten, so daß es schwierig wurde, größere Eichen für gutes Bauholz zu finden. Allerdings waren die Transportmöglichkeiten im Altertum beschränkt, deshalb wirkte sich die Übernutzung nicht auf das Innere der größeren Mittelgebirgswälder aus. Diese blieben weiterhin nahezu unberührt. Übrigens gab es im Altertum in den Waldgebirgen unseres Raumes kaum Nadelholz. Lediglich einige Kiefernbestände sind damals auf den Sandböden und Dünen südlich vom Untermain anzunehmen. Die vorherrschenden Baumarten der alten Mittelgebirgswälder waren Eiche und Buche.

Es ist möglich, daß die Römer durch die rasche Einführung ihrer intensiveren Wirtschaftsweise nicht nur in den siedlungsnahen Wäldern, sondern auch in den alten Ackerbaugebieten auf Umweltprobleme gestoßen sind. Die Römer kannten zwar wirksame Methoden, um die Fruchtbarkeit des Bodens zu erhalten: die Düngung mit Stallmist und Kompost, ebenso die Gründüngung, auch von Mineraldüngung in der Form von Mergel- und Kalkgaben wird berichtet. Sie schonten den Boden durch Fruchtwechsel und ließen ihn im Turnus mit einem ein- oder mehrmaligen Fruchtanbau auch ein Jahr brach liegen. Die Brachfelder wurden während des Ruhejahrs gepflügt, damit sich das Unkraut nicht festsetzen konnte. Dennoch mag es auch in der Landwirtschaft gelegentlich zu Übernutzungserscheinungen gekommen sein.

In der Mitte des 3. Jahrhunderts n. Chr. haben die Germanen den Limes überrannt. Zugleich brach die römische Wirtschaft in unserem Raum zusammen. Bei ihrer Landnahme bevorzugten die Germanen fast immer andere Siedlungsplätze als die Römer, so daß die meisten römischen Landgüter und Vici wüst wurden. Die Germanen gründeten ihre Dörfer gerne an Bächen oder Flüssen. Wegen ihrer höher entwickelten Wassertechnik hatten die Römer ihre Landgüter auch abseits von Oberflächenwässern anlegen können; das war den Germanen kaum möglich. – So bildeten sich in den Jahrhunderten nach dem Ende der Römerherrschaft langsam die Bauerndörfer heraus, die das Landschaftsbild das ganze Mittelalter hindurch bis in die Neuzeit bestimmten. Erst in der neuesten Zeit hat es sich durch Zersiedlung, Verkehrs- und Industriebauten wieder tiefgreifend verändert.

Das römische Grenzheer

Gliederung

Das römische Heer der Kaiserzeit bestand aus Legionen, Hilfstruppen (Auxiliartruppen) und Flotten. Außerdem gab es die Kaisergarde (Praetorianer) in Rom. Den Kern des Heeres bildeten die rund 30 Legionen, die jeweils etwa 5500 Mann stark waren. Die Legionen bestanden ausschließlich aus Berufssoldaten, die schon bei ihrem Eintritt das römische Bürgerrecht besitzen mußten. Sie verpflichteten sich zum Dienst für 25 Jahre.

Die Hilfstruppen waren in kleinere Einheiten gegliedert. Auch sie bestanden aus Berufssoldaten. Von den Rekruten, die in den Provinzen des Reichs ausgehoben wurden oder sich auch freiwillig melden konnten, wurde der Besitz des römischen Bürgerrechts indessen nicht verlangt. Ähnlich war es bei den Flotten.

Unter den Hilfstruppen gab es Kavallerie und Infanterie. Ein Reiterregiment wurde als *ala*, ein Infanterieregiment als *cohors* bezeichnet. Eine Besonderheit stellten die teilweise berittenen Kohorten (*cohortes equitatae*) dar. Diese drei Gattungen von Einheiten konnten in Stärken von entweder fünfhundert oder tausend Mann vorkommen; sie wurden dann *quingenaria* oder *milliaria* genannt. Auf diese Weise ergaben sich sechs Arten von Hilfstruppen. Oft wurden sie nach dem Volk benannt, aus dem die Rekruten anfangs kamen. Als Beispiel sei die *cohors I Flavia Damascenorum milliaria equitata sagittariorum* genannt (1. flavische Damaszenerkohorte, teilweise beritten, 1000 Mann stark, bestehend aus Bogenschützen), die in Friedberg inmitten der Wetterau stationiert war. Ursprünglich war sie unter einem der flavischen Kaiser – Vespasian, Titus oder Domitian – in Damaskus in der Provinz Syria ausgehoben worden; der Beiname »Flavia« rührt von der Kaiserdynastie her. Die Kohorte ist bald nach Obergermanien versetzt worden. Hier ergänzte sie sich von nun an aus der einheimischen Bevölkerung der Provinz, so daß nach einiger Zeit kein Syrer mehr in der Truppe diente.

Abb. 244

Zu Beginn des 2. Jahrhunderts n. Chr. entstand eine neue Gattung von Hilfstruppen speziell zum Einsatz in den kleineren Kastellen am Limes. Es waren die

numeri, die oft nur etwa 150 Mann stark waren. Solche Einheiten waren manchmal auch beritten und wurden als leichte Aufklärungstruppen eingesetzt; sie hießen dann *numerus exploratorum* oder kurz *exploratio*. Eine solche Einheit, die *exploratio Halicanensium*, lag im Kastell am Feldberg im Taunus. *S. 266 ff.*
Die Legion hatte eine präzise und komplizierte Gliederung. Sie war in zehn Kohorten eingeteilt. Die 1. Kohorte war 1000 Mann stark, die übrigen umfaßten 500 Mann. Die neun schwächeren Kohorten 2 bis 10 enthielten je sechs Centurien zu rund 80 Mann. Die 1. Kohorte war in zehn etwas stärkere Centurien gegliedert. Insgesamt besaß die Legion demnach 64 Centurien. Der Legion waren auch einige Reiterzüge für Meldezwecke und Aufklärungsaufgaben angegliedert. Unter den Soldaten befanden sich zahlreiche ausgebildete Handwerker und technische Fachleute. Sie betreuten die Katapulte und das übrige Belagerungsgerät, das nur die Legionen führten. Auch konnten sie die üblichen Pionieraufgaben ausführen. In Friedenszeiten haben die Legionen oft komplizierte und umfangreiche Bauwerke errichtet: Wehrmauern, Aquaedukte, Thermen, Brücken und manches andere.
Das Rückgrat der Legion im täglichen Dienst und im Einsatz bildeten die Führer der Centurien, die Centurionen. Sie gingen aus dem Mannschaftsstand hervor. Die Stabsoffiziere (*tribuni*) kamen dagegen aus dem Ritteradel (*tribuni angusticlavi*) oder gar aus dem Senatsadel (*tribuni laticlavi*). Auch der Chef der Legion, der *legatus* – wir würden ihn als General bezeichnen – stammte aus dem Senatsadel. *S. 86 f.*
Die Kohorten der Hilfstruppen waren ähnlich gegliedert wie die Legionskohorten: so enthielt eine fünfhundert Mann starke Kohorte (*cohors quingenaria*) sechs Centurien zu je 80 Mann, die ebenfalls jeweils von einem Centurio geführt wurden. Der Chef einer solchen Auxiliarkohorte war ein *praefectus* aus dem Ritteradel. Bei größeren, tausend Mann starken Auxiliarkohorten – sie enthielten 10 Centurien – führte er auch den Titel *tribunus*. Mitunter kam es vor, daß bei Abwesenheit des Präfekten ein abkommandierter Legionscenturio zeitweise eine Hilfstruppe führte. Die *numeri* wurden stets von einem abkommandierten Legionscenturio kommandiert, der sich dann *praepositus numeri* nannte.
Ein 500 Mann starkes Reiterregiment (*ala quingenaria*) bestand aus 16 Reiterzügen (*turmae*) von je 32 Mann. Jede *turma* wurde von einem Rittmeister (*decurio*) geführt; dieser Dienstgrad ist nicht mit der gleichlautenden Bezeichnung der städtischen Ratsherren zu verwechseln. – Die 1000 Mann starke *Ala* zerfiel in 24 Turmen, die rund 40 Mann stark waren. Die schon erwähnten teilweise berittenen Kohorten enthielten außer den 6 oder 10 Centurien Infanterie zusätzlich noch 120 oder 240 Reiter, die in 4 oder 8 Turmen gegliedert waren, je nachdem die Einheit eine fünfhunderter oder eine tausender Kohorte war.

Diese strikte und differenzierte Heeresgliederung galt im ganzen Römerreich; sie hat sich während einer langen Zeit bewährt. Zahlreiche, genau bestimmte Rangstufen der Soldaten und Offiziere und ein Dienstbetrieb, der in kaiserlichen Erlassen vorgeschrieben war, runden das Bild des römischen Berufsheeres in der Kaiserzeit ab. In diesem Heer wurde viel geschrieben und schriftlich angeordnet; es gab eine verzweigte Bürokratie, die zahlreiche Vorgänge protokollierte und quittierte, Marschbefehle ausstellte, den Briefverkehr abwickelte und Buch führte über die Besoldung und andere Ausgaben der Truppe.

Bewaffnung und Ausrüstung

Die wichtigste Waffe des Legionssoldaten war das Kurzschwert (*gladius*). Es diente als Hieb- und Stichwaffe. Außerdem führte der Legionär einen besonderen Wurfspeer (*pilum*) mit einer langen dünnen Eisenspitze, die beim Aufprall leicht umbog. Dadurch wurde verhindert, daß der Feind ihn benutzen und zu-

Abb. 60 Frankfurt a. M.-Heddernheim. Römischer Helm, 1. Hälfte 3. Jh. n. Chr.

Abb. 61 Rom, Trajanssäule (113 n. Chr.). Kampfszene. Legionssoldaten im Schienenpanzer, Auxiliarsoldaten im Kettenpanzerhemd

rückwerfen konnte. Als dritte Angriffswaffe verwendete der Legionär den Dolch (*pugio*). – Die Schutzwaffen waren Panzer, Helm und Schild. Bei der Legion waren in der Frühzeit Kettenpanzerhemden üblich, die seit der Mitte des 1. Jahrhunderts n. Chr. zunehmend durch die eigenartigen und typisch römischen Schienenpanzer abgelöst wurden. Die Offiziere der Legion trugen vom Centurio aufwärts einen besonderen Panzer aus Metall, der dem Oberkörper eng anlag und dessen Formen nachbildete (»Muskelpanzer«). Der Schild des Legionärs (*scutum*) war groß, rechteckig und leicht gebogen; er deckte den Mann recht gut. Wenn die Legion in der üblichen, dichtgeschlossenen Schlachtreihe aufgestellt war, bildeten die eng aneinandergereihten Schilde eine schwer zu durchbrechende Schutzwehr.

Abb. 27
Abb. 22, 227, 228
Abb. 30, 31, 61, 79–81, 83, 88–90

Die Hilfstruppen waren recht unterschiedlich ausgerüstet und oft auf bestimmte Waffen spezialisiert. Manche Auxiliarkohorten waren ähnlich ausgestattet wie die Legionen, doch führten sie stets einen leichteren Ovalschild (*parma*) und

Abb. 31

Abb. 62 Rom, Trajanssäule (113 n. Chr.). Römische Kavalleristen

trugen Kettenpanzerhemden. Andere Hilfstruppen verwendeten außer dem Schwert Wurfspeere mit kurzer Eisenspitze, die vierkantig waren oder Blatt-
Abb. 80 form besaßen. Bogenschützen gab es nur bei den Hilfstruppen. – Auch die Reiterregimenter, die Alen, waren unterschiedlich bewaffnet und gepanzert, je nach
Abb. 62 der Taktik ihres Einsatzes. Es gab leichtbewaffnete »Plänkler«, die ein ganzes Bündel kurzer Wurfspeere mitführten; andere leichte Reitereinheiten waren mit dem Bogen ausgerüstet. Manche Alen verwendeten Stoßlanzen. Wegen seiner Kampfesweise benötigte der Reiter ein längeres Schwert (*spatha*). Auch die Reiter trugen meist Kettenpanzerhemden. Vor allem seit dem 3. Jahrhundert
S. 214 n. Chr. kamen schwer gepanzerte Reiterverbände auf (*catafractarii*), bei denen Mann und Pferd eine Panzerung trugen. Diese neue Truppengattung hatten die Römer im Osten des Reichs von den Parthern (Persern) übernommen. Eine solche Einheit, die *ala nova firma milliaria catafractaria* (Das neue, feste Reiterregiment, 1000 Mann stark, schwer gepanzert) ist durch den Grabstein eines im Krieg vermißten Soldaten bekannt, der in Frankfurt a. M.-Rödelheim gefunden worden ist (CIL XII 7323). Die *ala* mag als Beispiel dafür dienen, daß sich Be-

Abb. 63 Rekonstruktion eines Pfeilgeschützes (catapulta oder scorpio) (Saalburgmuseum)

waffnung und Ausrüstung des römischen Heeres im Lauf der Jahrhunderte änderten. Die Römer reagierten damit auf veränderte Kampftaktiken der Nachbarvölker, sie übernahmen mitunter auch neue Waffen von dort, doch liefen die Einflüsse in unserem Raum eher in umgekehrter Richtung, dem Kulturgefälle entsprechend. Die römische Bewaffnung und Taktik hat die der Germanen stark beeinflußt. Dies geschah natürlich vor allem im Krieg. Manche Germanen haben auch als Verbündete oder Söldner zeitweise auf römischer Seite gekämpft und sind auf diese Weise mit der römischen Bewaffnung vertraut geworden.

Truppen am obergermanischen Limes

Das Grenzheer der Provinz Germania Superior bestand vom Anfang des 2. bis zur Mitte des 3. Jahrhunderts aus zwei Legionen, 22 Auxiliarkohorten, 3 Alen und einer Anzahl kleiner *numeri*. Die Truppenzahl unterlag aber gewissen Schwankungen, weil mitunter ganze Einheiten für Kriege in andere Provinzen abkommandiert wurden und auch im Lauf der Zeit Organisationsänderungen eintraten. Schätzt man die Mannschaftsstärke überschlägig, so kommt man auf 11000 Legionssoldaten, etwa 13000 Soldaten in den Auxiliarkohorten und Alen sowie vielleicht 4000 bis 6000 Mann in den numeri; die Gesamtstärke belief sich also auf rund 28000 bis 30000 Mann.
Die Standorte der beiden Legionen befanden sich in Obergermanien am Rhein, eine Strecke vom Limes entfernt: die *legio VIII Augusta* lag in Straßburg, die *legio XXII Primigenia pia fidelis* in Mainz. Die Kerntruppen der Provinz – die

beiden Legionen – bildeten so eine strategische Reserve. Bei Germaneneinfällen in die Provinz konnten sie in massiver Stärke eingreifen. Die Hilfstruppen hatten dagegen den mühsamen Wachtdienst am Limes zu versehen.

Die lange Grenzstrecke der Provinz wurde nämlich ausschließlich von Hilfstruppen bewacht. Die erwähnten Alen, Kohorten und Numeri, also 17000 bis 19000 Mann, mußten in Obergermanien seit der Mitte des 2. Jahrhunderts einen Limes von 375 km Länge besetzen; auf den Kilometer kamen somit nur etwa 50 Mann. Die hessische Strecke war 180 km lang.

Auch bei den Hilfstruppen gab es Schwerpunkte des Einsatzes, die Limeslinie lief ja durch recht unterschiedliches Gelände. Im Taunus und im Odenwald zog sie durch ausgedehnte, unwegsame Mittelgebirgswälder. Hier war die Gefahr germanischer Überfälle gering, und so genügte es, den Wachtdienst vornehmlich den kleinen Numeri anzuvertrauen. Lief die Grenzlinie aber durch offenes Gelände oder wurde sie gar von einer der wenigen Fernverbindungen gekreuzt, die in das freie Germanien führten, dann wurden Auxiliarkohorten oder Alen an diesem Abschnitt stationiert. In Hessen ist das vor allem in der Wetterau geschehen. Für die Taktik der Reiterverbände war offenes Gelände ohnehin eine notwendige Voraussetzung. Im hessischen Raum sind die Alen daher nur in der Wetterau eingesetzt worden.

Bauten des Heeres am Limes

Einen Begriff von den Bauwerken des römischen Heeres geben die Standlager (*castra*) der Legionen. Das befestigte Lager für eine Legion beanspruchte eine Fläche von 18 bis 25 ha. Nur wenige dieser großen Legionslager sind einigermaßen vollständig ausgegraben worden. Von den beiden obergermanischen Lagern in Straßburg und Mainz kennt man nicht viel mehr als den Umriß. Als Beispiel
Abb. 64 kann aber das besser untersuchte Legionslager *Novaesium* (Neuß) dienen. Bezeichnend ist der rechteckige Grundriß mit den abgerundeten Ecken. Das Lager wurde von einer steinernen Wehrmauer umschlossen, vor der ein Graben lag. Im Inneren war das Legionslager mit Mannschaftsbaracken für die Centurien dicht gefüllt, es gab außerdem Wohngebäude für die Offiziere, Magazine, Werkstätten, Verwaltungsgebäude, Thermen und ein Lazarett. Der Plan des Lagers, das von einem Raster rechtwinklig sich kreuzender Straßen durchzogen wurde, spiegelt die präzise und differenzierte Organisation der Truppe. Alle Legionslager des Reichs hatten einen verwandten Grundriß. Die einzelnen Bauformen hatten sich in langer Erfahrung herausgebildet, sie waren standardisiert und in einer Art „Heeresdienstvorschrift“ festgelegt. Die Militärarchitekten

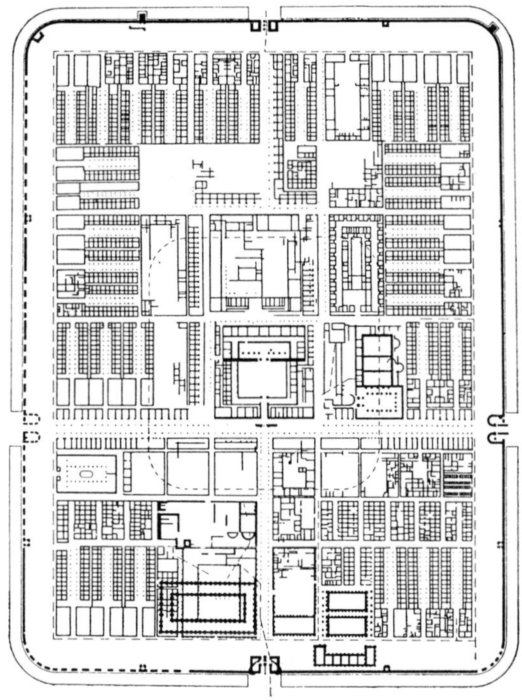

Abb. 64 Neuß. Plan des Legionslagers, Länge 570 m

hatten einige Gebäudetypen der gleichzeitigen städtischen Architektur entlehnt; das galt beispielsweise für das Mittelgebäude (*principia*), das dem Forum einer Koloniestadt entsprach. Die Bauform der Mannschaftsbaracken hatte ihre Wurzel indessen in den langen Zeltreihen der römischen Marschlager.
Die Hilfstruppen, die am Limes stationiert waren, haben ihre Kastelle nach dem Muster der Legionslager errichtet. Daher waren die Grundrisse dieser Wehrbauten ebenfalls im ganzen Reich ähnlich. Wurde ein Soldat von der Provinz Africa nach Britannia versetzt, so konnte er sich in dem neuen Lager sogleich ohne Schwierigkeiten zurechtfinden. Die Auxiliarlager (*castellum* oder *praesidium*) waren allerdings viel kleiner als die Legionslager. Die Alen und die 1000 Mann starken Kohorten benötigten die größten Kastelle. Ihre Fläche lag zwischen 3 und 6 ha. Die 500 Mann starken Kohorten besaßen Lager zwischen 1,4 und 3,2 ha Fläche, wobei die größeren für die teilweise berittenen Kohorten bestimmt waren, die zusätzlich Reiter und Pferde unterbringen mußten. – Die kleinen Numeri lagen in Kastellen von oft nur 0,6 bis 0,8 ha Fläche.
In Hessen sind nur wenige Auxiliarkastelle so weit ausgegraben worden, daß

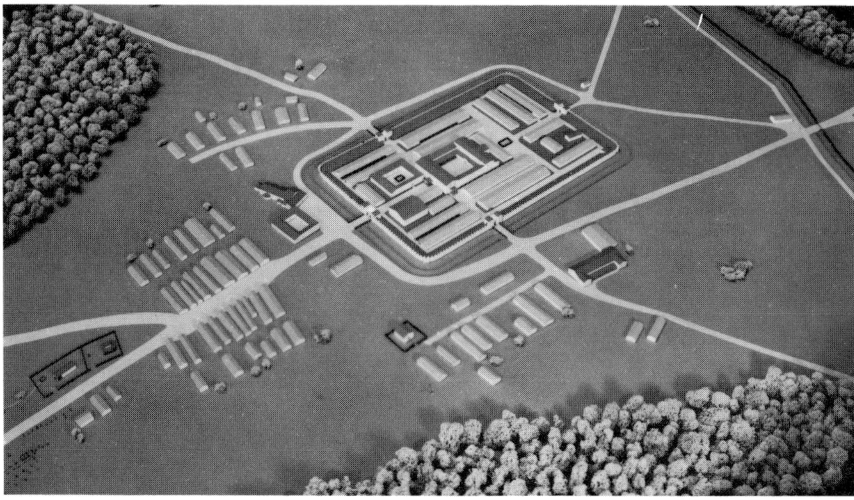

Abb. 65 Saalburg. Modell des Limeskastells mit Lagerdorf (vicus). Rechts oben der Limes

auch die Grundrisse der Innenbauten gut bekannt sind; zu nennen sind die Kastelle Hofheim und Hesselbach. *Abb. 293, 297* Von vielen anderen kennt man aber wenigstens einige Innenbauten. Einen guten Eindruck einer Kastellumwehrung vermittelt *Abb. 65* die Saalburg. Hinter der nur mäßig hohen Steinmauer ist ein Erddamm aufgeschüttet, der zugleich den Wehrgang trägt. Vor der Mauer liegen zwei Gräben, die wie üblich nicht mit Wasser gefüllt waren. Viele Kastelle hatten auch nur einen Verteidigungsgraben. Manche Militärlager besaßen – vor allem in der Frühzeit der römischen Okkupation – lediglich eine hölzerne Umwehrung. Die Kastellumwehrungen blieben in den Abmessungen stets hinter denen gleichzeitig errichteter Stadtmauern zurück. Die Kampfkraft der Besatzung wurde in dieser Zeit höher eingeschätzt als umfangreiche und raffinierte Wehrbauten. So waren die Auxiliarlager am Limes keine Festungen, sondern nur befestigte Kasernen.
Abb. 66 In der Mitte der Limeskastelle befand sich stets die Kommandantur (*principia*).
Abb. 445 Sie ist in der Saalburg rekonstruiert worden. Man sieht dort, wie ein solches Gebäude bei einem Kohortenkastell eingeteilt war. Stets besaß die Kommandantur einen Innenhof mit gedecktem Umgang. Oft war das Gebäude mit einer Vorhalle versehen, die sich über der Kreuzung der beiden wichtigsten Kastellstraßen erhob: der *via principalis,* die die Seitentore miteinander verband und der *via praetoria,* die vom Haupttor kam. Hier trat die Truppe zum Appell an. – Der wichtigste Raum der Principia war das Fahnenheiligtum (*aedes*). Der Raum war architektonisch besonders betont, auf ihn führte die Achse des Gebäudes hin.

Das Heiligtum enthielt die Fahnen der Truppe und ein Standbild des regierenden Kaisers. Es war den altrömischen Gottheiten und dem Kaiserkult geweiht. Hier zog tagsüber eine Ehrenwache auf, morgens nahm der Kohortenpräfekt die Meldungen der Offiziere entgegen und gab das Kennwort und den Tagesbefehl aus. In der Querhalle vor dem Heiligtum fanden an den vorgeschriebenen Festtagen die Kulthandlungen der Truppe zu Ehren der Götter und des Kaisers

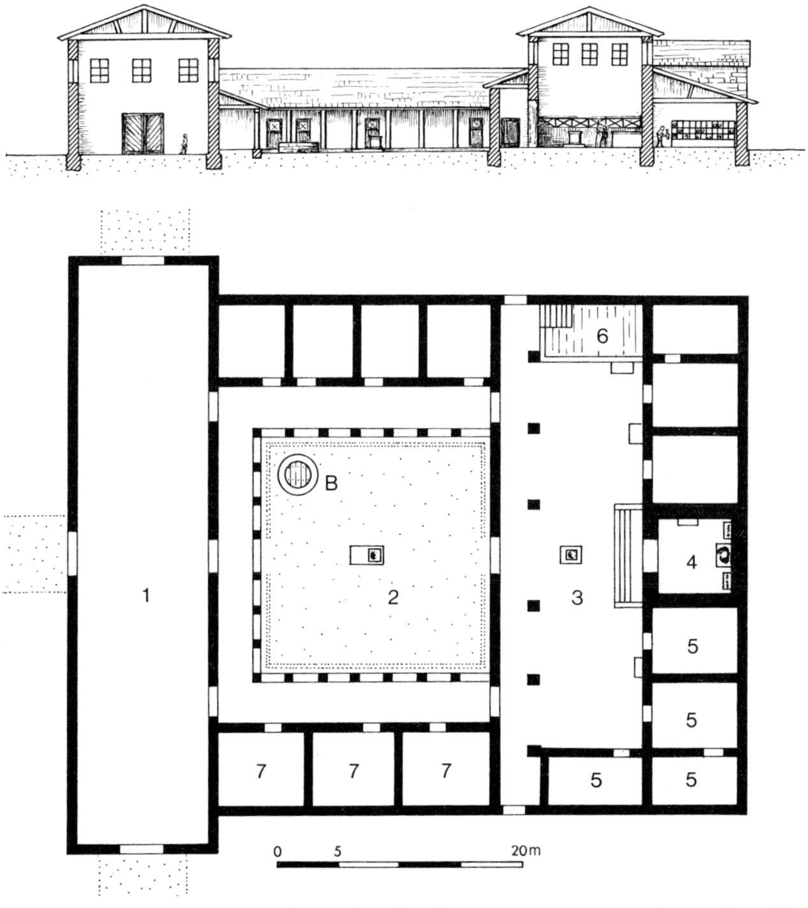

Abb. 66 Kommandantur- oder Stabsgebäude (principia) eines Kohortenkastells, schematischer Plan. 1 Vorhalle, 2 offener Hof mit Altar in der Mitte und Brunnen in einer Ecke, 3 Querhalle, 4 Fahnenheiligtum (aedes), 5 Schreibstuben (tabularia) und Versammlungsräume (scholae), 6 Tribunal, 7 Waffenkammern (armentaria). Darüber Schnittzeichnung

statt. – Die Räume neben dem Fahnenheiligtum dienten als Schreibstuben für die Truppenverwaltung und als Versammlungsräume (*scholae*) der Offiziere und Unteroffiziere. In den seitlichen Räumen der Principia befanden sich Waffenkammern (*armentaria*).

Für den Chef der Truppe – bei einer Kohorte war es ein *praefectus* – gab es ein größeres Wohnhaus, das die Bezeichnung *praetorium* führte. Es lag meist seitlich neben den *principia* (z. B. im Steinkastell Hofheim), manchmal aber auch im vorderen Teil des Lagers (Saalburg).

Die Mannschaftsbaracken, die einen beträchtlichen Teil der Kastellinnenfläche
Abb. 67 einnahmen, waren bis zu 70 m lange, schmale Bauten. Eine Centurienbaracke enthielt zehn Stuben (*contubernia*) für die zehn Stubengemeinschaften der Centurie. Jede Stube faßte acht Mann. Vor dem langen Trakt der Contubernien lag eine offene Vorhalle, deren Dach auf einer Reihe hölzerner Stützen ruhte. Die Contubernien besaßen einen Vorraum für die Kleidung und Ausrüstung der Soldaten. Dahinter lag der eigentliche Wohn- und Schlafraum der Mannschaften, der stets mit einem einfachen Kamin versehen war. Er diente zur Heizung im Winter, außerdem bereiteten die Soldaten dort ihr Essen. An dem einen Ende der Baracke befand sich ein größerer Anbau (»Kopfbau«) mit der Wohnung des Centurio. – Die Reiter waren ähnlich untergebracht. Zwei Turmen lagen mit ihren Decurionen in einer Baracke; eine solche Kavalleriebaracke hatte an jedem Ende einen »Kopfbau« als Offizierswohnung.

In den Auxiliarlagern gab es außerdem einen Speicher (*horreum*) für die Weizenrationen und andere Lebensmittel. Er war so groß bemessen, daß die Truppe für ein Jahr Vorrat einlagern konnte. Da die Auxiliareinheiten ebenso wie die Legionen Handwerker besaßen – Schmiede, Schuster, Schreiner, Maurer und andere – so gab es auch die entsprechenden Werkstätten in den Lagern. In den grö-

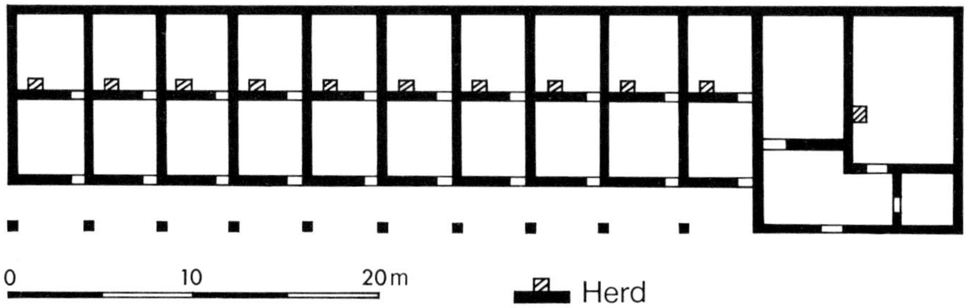

Abb. 67 Mannschaftsbaracke für eine Centurie, schematischer Plan. Links die Flucht der zehn Mannschaftsräume (contubernia), davor offene Halle mit Stützen; rechts der »Kopfbau« mit Wohnung des Centurio

ßeren Limeskastellen befand sich ein Lazarett, das von einem Truppenarzt betreut wurde.

Größe und Anzahl der Innenbauten der Auxiliarlager richteten sich nach der Art und Stärke der Besatzung. Bei aller Normierung der Gebäude hatten daher selten zwei Limeskastelle genau den gleichen Grundriß: Kavallerie und Infanterie benötigten beispielsweise recht verschiedene Unterkünfte, und auch sonst waren Größe, Organisation und Ausrüstung der Hilfstruppen unterschiedlich.

Außerhalb der Kastelle befand sich stets ein Thermenbau (*balineum*). Selbst die kleinsten Einheiten an einsamen und entlegenen Winkeln der Grenze brauchten darauf nicht zu verzichten. Er war wichtig sowohl für die Hygiene als auch für die Freizeitgestaltung der Soldaten. – Bei größeren Kastellen fand man mitunter ein Unterkunftshaus (*mansio*) neben den Thermen. Es diente dienstlichen Zwecken des Militärs. Die Ruine einer solchen *mansio* ist neben der Saalburg zu sehen.

Fast immer bildete sich neben den Kastellen eine kleine, dorfartige Siedlung, ein *vicus*. Die Häuser waren an der Straße aufgereiht, die das Kastell mit dem Hinterland verband. Die Reste eines solchen *vicus* sind vor der Saalburg freigelegt *S. 469 ff.* worden. Dort lebten einst Händler, Handwerker, Gastwirte, Soldatenfamilien und Veteranen. Die langgestreckten Wohnhäuser wendeten eine Schmalseite der *Abb. 482* Straße zu. Dort lag ein unterkellerter Raum. Im rückwärtigen Teil des Gebäudes befanden sich Wohn- und Wirtschaftsräume, die das Licht von einem engen Innenhof empfingen. Am Rand des Vicus waren die Heiligtümer einheimischer oder auch orientalischer Gottheiten (Mithras, Jupiter Dolichenus, Kybele, Quadruviae und andere). Die zugehörige Begräbnisstätte lag außerhalb des Wohngebiets an der Straße.

Als ,,Limeskastelle" werden hier diejenigen Truppenlager bezeichnet, in denen eine selbständige Einheit dauernd ihre Unterkunft besaß. Es gab aber an manchen Limesstrecken zwischen den größeren Kastellen kleinere Wehrbauten, deren Fläche unterhalb derjenigen lag, die für die kleinsten Numeri üblich war (0,6 ha). Diese werden hier als Kleinkastelle bezeichnet. In ihnen waren im allgemeinen kurzfristig abkommandierte Wachttruppen untergebracht, die vom nächsten Limeskastell kamen und von dort abgelöst wurden. Es besteht aber in einigen Fällen auch die Möglichkeit, daß eine ganz kleine Hilfstruppe dauernd die Besatzung eines solchen Kleinkastells bildete. Leider sind in Hessen bisher nur wenige solcher Wehrbauten gründlicher untersucht worden, so daß über die Art der Besatzungen wenig bekannt ist. Immerhin kennen wir die Grundrisse der Innenbauten bei den Kleinkastellen von Kemel, Butzbach-Degerfeld und *Abb. 319, 352* Neuwirtshaus bei Hanau. – Die Kleinkastelle hatten verschiedene Aufgaben. *Abb. 278, 279* Einige überwachten Limesdurchgänge (Butzbach-Degerfeld). Andere lagen an

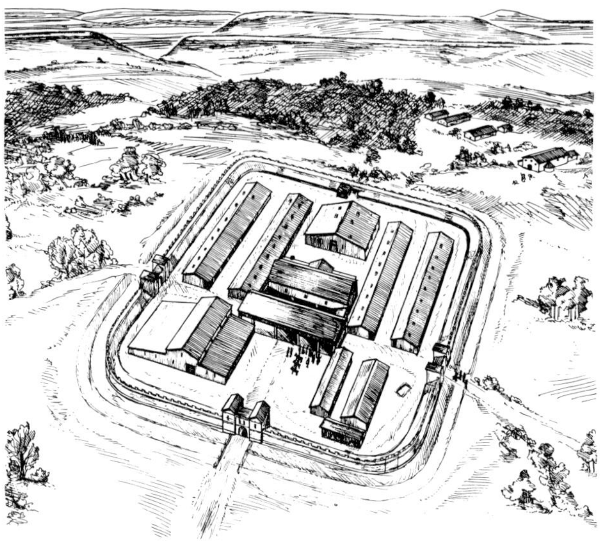

Abb. 68 Hesselbach. Rekonstruktion des Numeruskastells

Abb. 373 stärker gefährdeten Punkten des Limes, auf Paßhöhen (Windlücke im Oden-
Abb. 344 wald) oder sie sperrten Täler (Lochmühle im Taunus). An einigen Limesstrecken sind Kleinkastelle nachträglich zwischen größere Kastelle eingefügt worden, wenn eine stärkere Bedrohung der Grenze dies erforderlich machte (Altes
Abb. 339, 340 Jagdhaus und Heidenstock im Taunus). Die unterschiedliche Aufgabe und Zeitstellung der Kleinkastelle bewirkte eine Vielfalt der Größen, Grundrisse und Bauweisen. So waren die Kleinkastelle bis zur Mitte des 2. Jahrhunderts reine Holzkonstruktionen; erst von dieser Zeit an erhielten sie steinerne Umwehrungen.

Abb. 69 Die eigentlichen Limesstrecken haben in Obergermanien vier Ausbauphasen durchlaufen. Anfangs war der Limes nichts weiter als ein überwachter Weg, der in den Mittelgebirgswäldern auf einer breiten Schneise lief. Der Weg wurde von Holztürmen aus überwacht (Zustand 1). Die Besatzungen der Holztürme kamen aus den benachbarten Limeskastellen. Solche Limesstrecken, die nur aus einem Postenweg und Holztürmen bestanden, gab es seit der Regierungszeit Kaiser Domitians (81–96 n. Chr.). Einige Jahrzehnte später, unter der Regierung Kaiser Hadrians (117–138 n. Chr.), ist vor dem Postenweg eine hölzerne Palisade aufgerichtet worden (Zustand 2). Eine weitere Verbesserung trat in der Mitte des 2. Jahrhunderts ein, als die alten Holztürme baufällig geworden waren. Sie wurden nun durch die dauerhafteren Steintürme ersetzt (Zustand 3). Aus diesem Grund findet man häufig die Reste von Holz- und Steintürmen nebeneinander. – Ende des 2. oder Anfang des 3. Jahrhunderts legten die Grenztruppen schließlich Wall und Graben des Limes an, und zwar auf der römischen Seite der Palisade, die weiterhin bestehen blieb (Zustand 4). Die Grabungen haben immer wieder gezeigt, daß die Palisade nicht oben auf dem Limeswall stand, sondern außen unmittelbar vor dem Graben entlangzog. Bis zum Ende des Limes um 260 n. Chr. sind keine weiteren Änderungen an den Türmen und Grenzhindernissen eingetreten. *Abb. 70*

Besonders eindrucksvoll haben sich die Reste des letzten, vierten Zustandes im

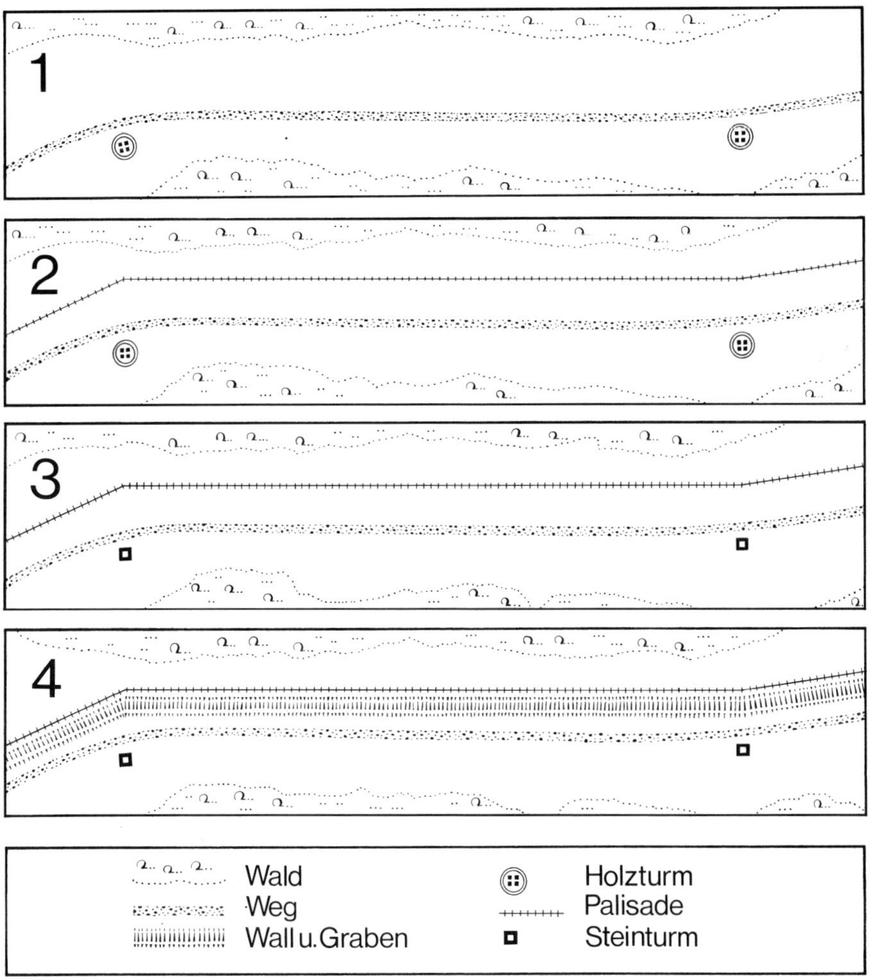

Abb. 69 Die vier Bauphasen des obergermanischen Limes

Abb. 70 Obergermanischer Limes, vierte Bauphase (seit etwa 200 n. Chr.)

Taunus erhalten. Zwar hinterließ die Palisade keine sichtbaren Spuren an der
Abb. 75 Oberfläche, doch sind Wall und Graben des Limes als Pfahlgraben über viele Kilometer im Wald zu sehen. Dahinter liegen in Abständen von 300 bis 1000 m die Ruinen der Steintürme. Der aufmerksame Beobachter kann neben ihnen mitunter sogar den schwachen Ringgraben erkennen, der einst einen Holzturm umschloß.

Ein ganz anderes Bild bietet der Limes im Odenwald. Das römische Heer verließ diese Grenzstrecke in der Mitte des 2. Jahrhunderts, um einige Kilometer weiter östlich eine neue Grenzlinie zu bauen. Der Odenwaldlimes hatte gerade den Bauzustand 3 erreicht. Daher gibt es hier keinen Pfahlgraben. Die Palisade ist längst verschwunden, und nur die Ruinen der kleinen Limeskastelle und Wachttürme markieren heute die ehemalige römische Grenze.

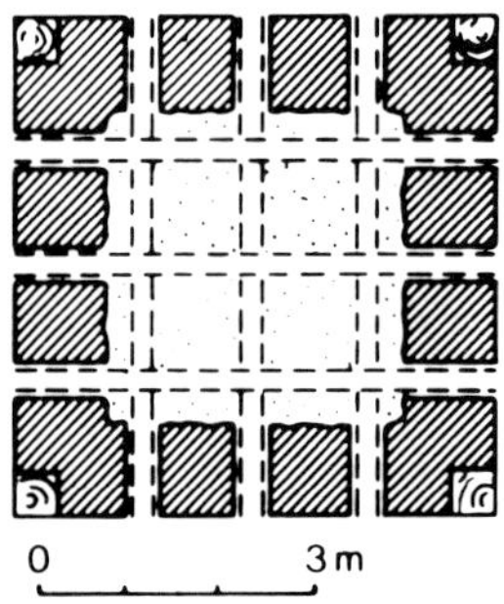

71 Odenwaldlimes. Grundriß eines hölzernen Wachtturms. Schraffiert: ungemörtelte Steinsetzung. In den Turmecken stehen die tragenden Holzpfosten für den Oberbau

Bei Ausgrabungen findet man von den Holztürmen stets die Spuren der großen Eckpfosten im Boden. Sie bildeten im Grundriß ein Quadrat von 4,5 bis 5,5 m Seitenlänge. Der schon erwähnte Ringgraben zog sich außen um die Turmstelle; er hatte lediglich die Aufgabe, den Baugrund trockenzuhalten, damit das Holzwerk etwas länger hielt. Im Aufgehenden besaßen die Holztürme ein massives Erdgeschoß. Reste davon hat man im Taunus (z. B. Wp. 3/32*) und im Odenwald gefunden. Es bestand aus einer eigentümlichen Mischkonstruktion aus Holz, Steinen und Lehm. Mehrere übereinander angeordnete Balkenroste hielten die Konstruktion zusammen, deren Fronten mit Steinen ausgefüllt und deren Inneres mit Lehm ausgestampft war. Die senkrechten Eckpfosten trugen die höheren Turmgeschosse, in denen sich die Wohn- und Wachträume der Mannschaft befanden. *Abb. 71* *Abb. 72*

Die Steintürme waren ähnlich eingerichtet. Meistens waren sie dreigeschossig. Das Erdgeschoß besaß keinen Eingang, es konnte nur von oben über eine Falltür erreicht werden. Der Turmeingang befand sich im ersten Obergeschoß; er war nur über eine Leiter zugänglich. Dieses Obergeschoß diente zugleich als Wohn- *Abb. 73, 74*

Abb. 72 Rekonstruktion eines Wachtturms aus Holz

Abb. 73 Schnitt durch einen Steinturm (Rekonstruktion)

raum der Besatzung. Darüber befand sich der Wachtraum. Er war mit großen Aussichtsfenstern versehen. Funde von den Wachttürmen am Odenwaldlimes erlauben die Rekonstruktion solcher Fenster, die von eigentümlichen Zwergsäulen unterteilt waren. An anderen Strecken des Limes können die Steintürme auch hölzerne Außengalerien besessen haben, wie sie auf der Trajanssäule in Rom dargestellt sind. Die Steintürme trugen einen weißen Verputz, auf den mit roter Farbe Quader aufgemalt waren. Das Dach war wohl meistens mit Schindeln gedeckt. Die Besatzung der kleinen Türme war gering, sie dürfte vier bis fünf Mann stark gewesen sein.

Abb. 74 Zugmantel im Taunus. Limes. Strecke 2. Rekonstruierter Wp 15 mit Pfahlgraben und Palisade

Abb. 75 Limes. Strecke 3. Pfahlgraben bei Wp 63 im Hochtaunus

Aufgabe des Limes

Wer die taktische Aufgabe des Limes verstehen will, muß sich zunächst klarmachen, wie schwach die Besatzung der römischen Grenze war. In Obergermanien kamen – wie schon dargelegt – auf den Kilometer im Durchschnitt nur rund 50 Mann. Der eigentliche Wachtdienst lag in den Händen von noch weniger Soldaten: die Abstände der Wachttürme betrugen zwischen 300 und 1000 m. Auf dieser Strecke waren nur die Mannschaften der Turmbesatzungen unmittelbar verfügbar; in den Türmen hielten aber lediglich vier bis fünf Mann Wache. Die übrigen Soldaten waren in den Limeskastellen stationiert, die jeweils mehrere Kilometer voneinander entfernt lagen. Mit diesem dünnen Schleier von Hilfstruppen ließen sich größere Angriffe der Germanen nicht aufhalten. Das kann den römischen Offizieren, die nach jahrzehntelangen Erfahrungen den Limes geplant hatten und ihn lange Zeit aufrechterhielten, kein Geheimnis gewesen sein. So dürfen wir davon ausgehen, daß es nie der Zweck des Limes war, in der Art einer Befestigungslinie germanische Völker aufzuhalten. Die militärisch überwachte Grenze war nur gegen kleine, räuberische Überfälle gerichtet, zu denen das wirtschaftlich aufblühende Grenzland die Germanen verlockte. Eine römische Inschrift aus Ungarn spricht von Limeskastellen, die »den heimlichen Übergangsstellen des Raubgesindels entgegengestellt wurden«. Damit sind kleine, bewegliche Kampfgruppen der Germanen gemeint, die in die römische Provinz zu Raub und Plünderung einfallen wollten. Der Limes markierte außerdem eindeutig die Reichsgrenze nach außen. Er ermöglichte ferner eine sichere Kontrolle über den Personen- und Warenverkehr an den Übergangsstellen.
Bei großen Angriffen auf die Provinz, die stets als Bewegungskriege abliefen,

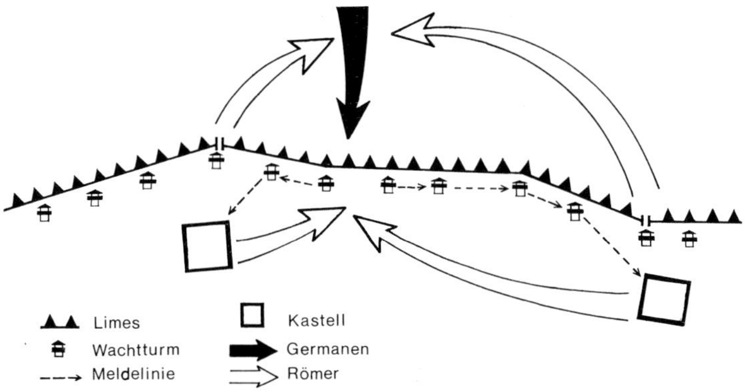

Abb. 76 Taktisches Schema zur Abwehr einer kleinen Germanengruppe am Limes

griffen die beiden Legionen ein. In diesen Heeresverband wurden auch die Hilfstruppen vom Limes eingegliedert. Im Notfall konnten Truppenkörper aus anderen Provinzen zur Hilfe gerufen werden.

So war der Limes keine Verteidigungslinie, sondern nur eine überwachte Grenze. Das wird bei der Betrachtung der Bauzustände 1, 2 und 3 deutlich, die ja zu- *Abb. 69* sammen über ein Jahrhundert lang bestanden haben, aber nie in der Art antiker Wehrmauern verteidigungsfähig waren; denn die Palisade besaß keinen Wehrgang. Das Gleiche gilt für Wall und Graben im Bauzustand 4, die nur als Annäherungshindernisse dienten. Diese Annäherungshindernisse – seit Zustand 2 Palisade, ab Zustand 4 zusätzlich Wall und Graben - sollten das Überschreiten der Grenze erschweren und verlangsamen, damit die Wachtposten in den Türmen die Angreifer leichter erkennen konnten. Die Türme sind stets so angelegt worden, daß von ihnen aus die anschließende Limesstrecke und möglichst beide Nachbartürme zu sehen waren. Aus diesem Grund findet man Turmruinen fast immer auf den Höhen, die der Limes überschreitet, ferner an den ein- oder ausspringenden Winkeln der Grenzlinie. Die Entfernung der Türme voneinander überstieg selten einen Kilometer. Da es damals noch keine Ferngläser gab, wäre bei noch größeren Turmabständen eine zuverlässige Überwachung der Grenzlinie nicht mehr möglich gewesen. Aus diesem Grund war auch die Aussicht in das Vorgelände des Limes zweitrangig: man findet immer wieder Türme, bei denen das Vorland durch unmittelbar vor der Linie aufsteigende Höhen verdeckt wird. – Übrigens hätte der Wachtposten selbst bei guter Aussicht in die Gegend vor dem Limes kaum die Möglichkeit gehabt, feindliche Bewegungen zu entdecken, denn vor den meisten Limesstrecken war das Gelände bewaldet.

Hatte ein Turmposten eine feindliche Gruppe auf der Grenzschneise entdeckt, so gab er ein vereinbartes Signal an die Nachbartürme weiter. Nachts konnte eine herausgehaltene Fackel diesen Zweck erfüllen, wie es auf der Trajanssäule *Abb. 78* dargestellt ist. Tagsüber waren andere Signale üblich, beispielsweise Zeichen mit einer roten Flagge. Zu den optischen Zeichen traten Hornsignale, denn diese boten bei Nebel und starkem Regen die einzige Möglichkeit der Verständigung. Tatsächlich ist in einem Wachtturm des Taunuslimes das Mundstück eines Blas- *Abb. 77* instruments gefunden worden. – Auf der Trajansäule ist schließlich noch eine andere Art der Signalgebung abgebildet. Man sieht große Holz- und Strohhau-

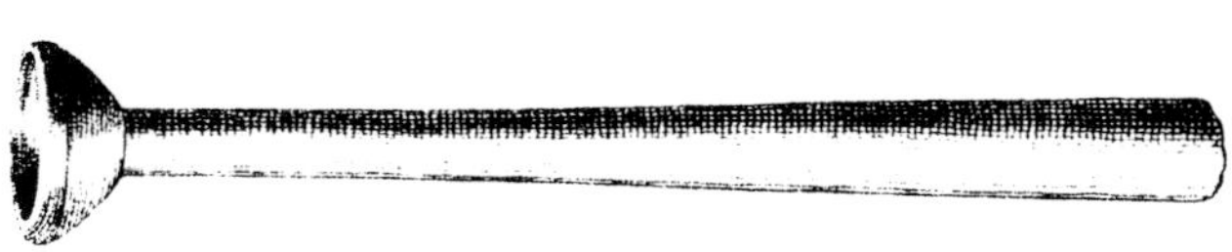

Abb. 77 Mundstück eines römischen Blasinstruments vom Taunuslimes (Wp 4/18)

Abb. 78 Rom, Trajanssäule (113 n. Chr.). Wachttürme am Donaulimes der Provinz Moesia

fen neben einem Turm. Damit konnten Feuer- oder Rauchsignale über größere Entfernungen gegeben werden, um Hilfe herbeizurufen oder um die Bevölkerung im Hinterland des Limes zu warnen.
Die Signale liefen von Turm zu Turm weiter bis zu den benachbarten Limeskastellen. Zusätzlich kann ein Meldeläufer abgesandt worden sein. Von den Kastellen rückten dann Mannschaften aus, um die Eindringlinge abzufangen. – Die geschilderte Wirkungsweise des Limes erforderte verteidigungsfähige Wachttürme. Es mußte sichergestellt sein, daß eine feindliche Gruppe nicht etwa einen Turm im Handstreich nehmen und damit den Alarm verhindern konnte. Aus diesem Grund waren die Turmeingänge erhöht und nur durch eine Leiter erreichbar, und daher sind auch massive Erdgeschosse bei den Holztürmen gebaut worden.

Das römische Heer und die Provinzbevölkerung

Verhielt sich das römische Heer zu der Provinzbevölkerung wie eine Besatzungsmacht, und kann man von einer Unterdrückung der einheimischen Bevölkerung sprechen? Es ist naheliegend, das römische Heer in dieser Rolle zu sehen, denn schließlich sind die meisten Provinzen des Reichs von Rom erobert worden, und die Armee war das Instrument dazu.

Über die Vorgänge bei der Eroberung des rechtsrheinischen Gebiets der Provinz Obergermanien sind nur wenige Einzelheiten überliefert. Wir wissen daher kaum, in welchem Maß die einheimische Bevölkerung zu leiden hatte. In den ersten Jahren nach der Eroberung legte der Provinzstatthalter größere Auxiliareinheiten in die Zentren der einheimischen Bevölkerung, etwa nach Wiesbaden oder nach Frankfurt a. M.-Heddernheim, beides Plätze, die später Civitas-Hauptorte werden sollten. Diese Einheiten hatten durchaus den Charakter von Besatzungstruppen und sollten der Einführung der römischen Verwaltung Nachdruck verleihen, denn die Veränderungen während der Anfangszeit waren einschneidend: umfangreiche militärische Straßenbauten ohne Rücksicht auf vorhandene Grundstücke, Neuverteilung des Bodens und die erste Steuerveranlagung, um nur die wichtigsten zu nennen.

Nach überraschend kurzer Zeit wandelte sich das Bild indessen vollständig. Die Bevölkerung wurde rasch romanisiert und gewöhnte sich an die römische Verwaltung; ein wirtschaftlicher Aufschwung erleichterte das. Die Truppen zogen in neue Standorte am Limes. Ihre einzige Aufgabe war es nun, die Provinz zu schützen. Diese Hilfstruppen, die aus den verschiedensten Provinzen des Reichs gekommen waren, ergänzten ihre Mannschaften jetzt vornehmlich aus der einheimischen Bevölkerung Obergermaniens. Das galt auch für die beiden Legionen der Provinz, die freilich nur solche Rekruten einstellten, die bereits das römische Bürgerrecht besaßen. Daher schwand der Gegensatz zwischen Heer und Provinzbevölkerung. Wir besitzen einige interessante Urkunden dazu. Im Jahre 225 setzte der Soldat Finitius Fidelis vom *numerus Cattharensium* einen Viergötterstein auf eigenem Grund und Boden, und zwar in Wiesbaden-Kastel (CIL XIII 7268, Museum Mainz). Der Numerus stand im Limeskastell Heftrich. Der Auxiliarsoldat war also zugleich Grundeigentümer im Hinterland des Limes. – Auch Legionssoldaten besaßen Landgüter in unserem Raum, etwa Viccius Seneca, Reiter der 22. Legion, der am 28. Februar 221 n. Chr. eine große Gigantensäule auf seinem Grundstück in Wiesbaden-Schierstein aufstellen ließ (CIL XIII *Abb. 118–120* 7609, Museum Wiesbaden). – Ein anderer Soldat der 22. Legion, Titus Flavius Sanctinus, bezeichnete sich und seine Brüder Perpetuus und Felix als Bürger der Civitas Taunensium, also als Einheimische; das geht aus der Inschrift einer Ge- *Abb. 113* nius-Statue hervor, die gemeinsam von den drei Brüdern zusammen mit einer kleinen Kapelle und einem Altar an der Hauptstraße des »Neuen Viertels« im Civitas-Hauptort Nida gestiftet worden ist, und zwar im Jahr 230 (CIL XIII 7335, Museum Wiesbaden). – Sogar ganze Truppenkörper sind aus Einheimischen formiert und hier am Limes eingesetzt worden, zum Beispiel der *numerus Nidensium*, der aus Einwohnern von Nida entstanden ist und in der Kapersburg im Taunus stationiert war. – Auf die große wirtschaftliche Bedeutung des Heeres für die Provinzbewohner wurde schon hingewiesen. Die Existenz vieler Landwirte und Gewerbetreibender hing von Lieferungen an die Truppen und von der Kaufkraft der Soldaten ab.

So darf man sicher annehmen, daß die Bevölkerung des Grenzlandes die Truppen am Limes und die Legionen der Provinz nach einiger Zeit als »ihre Soldaten« ansah und sich von ihnen beschützt fühlte. – Umgekehrt besaßen auch die Truppen eine starke Bindung an »ihre Provinz«. Das hatte gelegentlich politische und militärische Folgen: Als während des Partherkriegs (233) Germanen nach Raetien und Obergermanien einfielen, erzwangen die Heeresabteilungen aus den betroffenen Provinzen den Abbruch des Partherkriegs und veranlaßten den Kaiser, an die weitentfernte Rheingrenze zu marschieren und sich gegen die Germanen zu wenden.

Religion und Kunst

von Ernst Künzl

Wer immer sich mit den Kunstwerken der Römer aus dem heutigen Hessen befaßt, mit all den Plastiken aus Stein, Ton oder Metall, mit den Resten der Wandmalereien und Mosaiken, darf nie die geographische Lage aus den Augen verlieren: das moderne Hessen umfaßt den Teil der Provinz Obergermanien (*Germania Superior*), der im Norden, Nordosten und Osten der Provinzhauptstadt *Mogontiacum* (Mainz) liegt. Ich muß deshalb meine Leser öfters auch mit Mainzer Denkmälern konfrontieren, ohne die man vergleichbare Schöpfungen aus Wiesbaden oder Heddernheim nicht richtig beurteilen kann.

Mogontiacum war seit dem Jahrzehnt 20/10 v. Chr. der entscheidende römische Stützpunkt am Mittelrhein und bildete zusammen mit dem niedergermanischen Raum um Köln seit der Zeit des Augustus den Hauptumschlagplatz für Anregungen auf dem Gebiet der Kunst. In den späteren Jahren des Kaisers Augustus (also von Christi Geburt bis zum Jahre 14 n. Chr.) finden wir denn auch an der Rheingrenze die ersten Großskulpturen der Römer, bezeichnenderweise vor allem Grabreliefs von Soldaten, die – eine Generation nach der systematischen Besetzung – die Entstehung einer lokalen Kunst dokumentieren. Es ist allerdings nicht die Kunst der senatorischen und ritterlichen Oberschicht, die hier das Bild bestimmt; jene hat es auch gegeben, in Form von Kaiserporträts ebenso wie von Bildnissen der Gouverneure, der Legionskommandeure und anderer hoher Beamter, doch ist diese importierte Kunst der römischen Führungsschicht und Oberklasse fast völlig verloren (der bekannte Mainzer Kopf des Gaius Caesar, der sog. »Mainzer Augustuskopf«, ist die einzige und noch dazu arg umstrittene Ausnahme). Was wir hier vielmehr zuerst finden, ist eine Kunst der Handwerker und einfachen Leute, sind Stilmittel, die besonders in Norditalien (der Provinz *Gallia cisalpina*) beheimatet waren. – Wenn die Archäologen von »Provinzialkunst« sprechen, so bedarf dieser Begriff etwas der Interpretation. Die

Abb. 79 Mainz. Grabrelief des Adlerträgers Musius. Kalkstein. (Mittelrhein. Landesmuseum, Mainz)

Abb. 80 Mainz. Grabrelief des Bogenschützen Monimus. Kalkstein. (Mittelrhein. Landesmuseum, Mainz)

Abb. 81 Bingerbrück. Grabrelief des Auxiliarsoldaten Annaius. Kalkstein. (Karl-Geib-Museum, Bad Kreuznach)

römerzeitliche Provinzialkunst in den diversen Reichsteilen ist ein Produkt, welches sich aus verschiedenen Faktoren zusammensetzt, wobei die Herkunft der Künstler ebenso eine Rolle spielt wie die lokale kulturelle Tradition oder der soziale Rang der Besteller. Die Frage des künstlerischen Niveaus ist dabei natürlich auch wichtig, ist aber für das Verständnis der historischen Vorgänge zweitrangig: viele Kunstwerke dieser Art mögen für unsere Augen ungeschickt gearbeitet sein, doch ist nicht dies entscheidend, sondern eher die Tatsache, daß diese Werke der Sepulkral- wie der Votivkunst neben ihrem direkten Zweck auch unschätzbare Zeugnisse der jeweiligen kulturellen Situation sind, des Niveaus der Romanisierung im Norden und Westen des Reiches oder des Hellenismus im Osten. Der Begriff »Römer« war bekanntlich kein völkischer, sondern ein juristischer Begriff. Für das dauernde Vermehren des römischen Volkes, für den Weitblick, die Reichsbasis andauernd durch Neubürger zu verbreitern, sind gerade die Provinzialkunstwerke der Nordprovinzen ein erstrangiges Zeugnis.

Die Rolle von Mogontiacum (Mainz)

In der Zeit des Kaisers Augustus und seines Nachfolgers Tiberius markierten an-
scheinend Bildhauer aus Oberitalien den Anfang in Mainz und bestimmten am
Beginn das Niveau und den Stil der Plastik. Noch waren die Soldatengrabsteine
allerdings recht ungeschickt; der Adlerträger (*aquilifer*) Musius von der 14. Le- *Abb. 79*
gion macht noch einen sehr unbeholfenen Eindruck, auch angesichts der Tatsa-
che, daß ein *aquilifer* kein geringer Rang war. Doch schon bald haben die Bild-
hauer, die für die Armee arbeiteten, dazugelernt. Grabstellen in Aediculaform
(*aedicula* = Häuschen) zeigen manchmal auch nur die Halbfigur des Toten,
z. B. im Falle des Monimus, eines Orientalen aus Palästina, der in der Zeit des *Abb. 80*
Kaisers Tiberius starb. Schon bald zeigt sich etwas Charakteristisches: eine Vor-
liebe für genaue Einzelheiten. Grabsteine wie der des Annaius aus Bingerbrück, *Abb. 81*
eines Auxiliarsoldaten, den eine Mainzer Werkstatt gegen die Mitte des 1. Jahr-

Abb. 82 Mainz-Weisenau. Grabrelief des Blussus und seiner Familie. Kalkstein. (Mittelrhein. Landesmuseum, Mainz)

hunderts n. Chr. schuf, sind deshalb auch eine respektable Hilfe für die Erforschung römischer Waffen. In dieser Detailvorliebe zeigt sich der Geschmack der einfachen Soldaten und ihrer Erben wie Testamentsvollstrecker: es ist ihre Art der sozialen Repräsentation. – Die Zivilbevölkerung übernahm schon bald dieselbe Haltung. Blussus, ein Mainzer Rheinschiffer und Transportunternehmer, war nach Ausweis von Namen und Tracht ebenso wie seine Frau Menimane keltischen Stammes, doch schon sein Sohn Primus trägt einen römischen Namen und präsentiert sich mit einer Frisur nach römischer Mode. Nicht zuletzt durch die Grabreliefs glauben wir zu wissen, daß sich die Romanisierung in Mainz und Umgebung rasch vollzog. Schon bald gingen die hiesigen Bildhauer über ihre norditalischen Vorbilder hinaus. In der ersten Hälfte des 1. Jahrhunderts n. Chr. treten in Mainz Reitergrabreliefs mit dem Bild eines Kavalleristen im Barbarenkampf auf. Um die Mitte des Jahrhunderts, in den Jahren der Kaiser Claudius und Nero, war dieser Typus besonders beliebt. Nach dem Relief des

Abb. 82
Abb. 83

Abb. 83 Mainz. Grabrelief des Kavalleristen Romanius. Kalkstein. (Mittelrhein. Landesmuseum, Mainz)

Abb. 84 Dienheim. Grabrelief des Kavalleristen Silius. Kalkstein. (Mittelrhein. Landesmuseum, Mainz)

Romanius nennen wir ein bestimmtes Atelier direkt die Romaniuswerkstatt. Die immer noch spürbare Detailtreue verbindet sich hier mit plastischem Geschick zu einem eindrucksvollen Bild. – Nach dem Tode Neros wurde es in den siebziger Jahren des 1. Jahrhunderts n. Chr. bei den Kavalleristen Mode, sich in der Form eines Totenmahles darstellen zu lassen, wie man an dem Grabrelief des Silius aus Dienheim in Rheinhessen sehen kann. Die Inschrift nimmt die Mitte *Abb. 84* ein, oben erscheint der Tote beim seligen Mahl, unten versorgt sein Pferdeknecht das Pferd. Das Relief trug deutliche Spuren der üblichen Bemalung. Das Totenmahl ist eine Übernahme aus der griechischen Kunst. Es taucht in Mainz als Kunstform in jenen Jahren auf, als die Römer bereits dabei waren, sich im großen Stil rechtsrheinisch festzusetzen.

Die Kunst in Mainz in den ersten 100 römischen Jahren, von Augustus bis zum Ende des 1. Jahrhunderts n. Chr., bietet das Bild einer lebhaften Entwicklung. Ins Land brachten das Kunsthandwerk die Bildhauer und sonstigen Künstler im Gefolge der römischen Truppen. Bestimmend scheint am Anfang der Einfluß Oberitaliens gewesen zu sein, doch haben sich die rheinischen Werkstätten schon bald von diesen Vorbildern emanzipiert und sind eigene Wege gegangen. Charakteristisch ist eine sehr ausgeprägte Detailtreue, die erst mit der Übernahme des Totenmahltypus in flavischer Zeit endete. Von dieser Zeit an hören die großformatigen und mit allen Einzelheiten versehenen Soldatenreliefs langsam auf, die Aktivitäten verlagern sich mehr auf den zivilen Bereich. Es ist dies auch der Grund, weshalb wir militärische Grabreliefs zwar noch etliche Male in *Aquae Mattiacorum* (Wiesbaden), doch dann schon seltener in *Nida* (Frankfurt-Heddernheim) und an der Militärgrenze selbst finden. Doch auch in anderen Teilen des Rheinlandes hört man vom Beginn des 2. Jahrhunderts an langsam auf, großformatige Soldatengrabsteine aufzustellen. Dagegen nehmen die zivile Sepulkralkunst und die allgemeine Votivkunst einen deutlichen Aufschwung.

Ein charakteristisches Beispiel für neue Ideen auf dem religiösen Sektor ist die
Abb. 85 große Mainzer Jupitersäule aus der Zeit des Kaisers Nero, wahrscheinlich aus den Jahren 59/60. Sie wurde für Neros Heil gestiftet, Stifter waren zivile Main-
Abb. 87 zer Einwohner; in Gestalt seines Genius sehen wir ein Porträt Neros selbst. Der direkt angesprochene und ehemals auch mit einer vergoldeten Bronzestatue auf
Abb. 86 der Säule geehrte Gott ist *Iupiter Optimus Maximus.* Um ihn versammelt sich ein Pantheon, welches auf die Mainzer wie auch auf die Leute des Umlandes ebenso wie die gesamte Säule einen großen Eindruck gemacht haben muß. Diese Säule ist der Ausgangspunkt der charakteristischen Jupitergigantensäulen; auch die vielen in Hessen später aufgestellten Jupitersäulen gehen letztlich alle auf das Mainzer Urbild zurück, das um das Jahr 60 n. Chr. sehr fortschrittlich gewesen war.

Vor diesem Mainzer Hintergrund des 1. Jahrhunderts n. Chr. ist die Skulptur zu verstehen, die vom mittleren und späten 1. Jahrhundert an im hessischen Teil der Provinz Obergermanien geschaffen wurde. Schwerpunkte sind die drei Siedlungen *Aquae Mattiacorum* (Wiesbaden), *Nida* (Frankfurt-Heddernheim) und *Med . . .* (Dieburg). Dazu finden sich beachtenswerte Kunstwerke an einigen

Abb. 85 Mainz. Große Jupitersäule. Rekonstruktion bei der Saalburg

Abb. 86 Mainz. Jupiter von der großen Jupitersäule. Kalkstein. (Mittelrhein. Landesmuseum, Mainz)

Abb. 87 Mainz. Genius des Nero von der großen Jupitersäule. Kalkstein. (Mittelrhein. Landesmuseum, Mainz)

(nicht etwa an allen) Kastellen der Militärgrenze, wobei Saalburg, Großkrotzenburg, Stockstadt und Obernburg besonders fundreich sind. Etliche Skulpturen stammen noch aus dem Mümlingtal im nordöstlichen Odenwald, einem der Versorgung der Kastelle am Main dienenden Siedlungsgebiet. Auffallend fundarm sind der westliche Odenwald (bis auf ganz wenige Funde bei Lorsch) sowie das gesamte Gebiet südlich des Mains von Mainz-Kastel im Westen über Langen/Neu-Isenburg bis zu Seligenstadt am Main.

Die Römer waren, wenn man von den auf dem Gebiet der Kunst weniger ergiebigen Anfängen unter Augustus bis Nero absieht, von flavischer Zeit bis 259/260 in Hessen, wobei wir diese ca. 200 Jahre in eine Friedenszeit bis etwa 160 n. Chr. und in dann folgende 100 Jahre Krisen und Kriege bis zum weitgehenden römischen Rückzug unterteilen können. Eine solche Teilung in eine Friedensperiode und in eine Epoche der Krisen und Kriege sagt jedoch noch nichts von vornherein über die künstlerischen Aktivitäten aus. Die Mehrzahl der erhaltenen Votive stammt sogar aus den Jahren ab 160 n. Chr. Der Grund liegt gerade in den dann folgenden Wirren. Seit den Jahren 160/170 wurde das Reich von andauernden Kriegen, Krisen und Katastrophen verfolgt. Richtigen Frieden hat es also selbst unter der *pax romana* nur für wenige Generationen gegeben. Dann begannen die Zeiten der Unsicherheit und Bedrängnis, und eben aus diesen stammen die meisten der uns erhaltenen religiösen Monumente.

Grabkunst

Von den Griechen hatten die Römer in Italien die Sitte übernommen, Reliefbilder der Toten oder andere Reliefmotive auf die Gräber zu stellen. Diese Sitte hatten sie sehr bald an den Rhein gebracht. So reich allerdings *Mainz* an solchen Grabreliefs ist, so gering sind vergleichsweise die rechtsrheinischen Funde. – Auf dem militärischen Sektor stammt das meiste aus Wiesbaden, wo der Reitergrabstein des Dolanus die schnelle Imitation jener Formen dokumentiert, die in der benachbarten Legionsfestung Mainz aufgebracht worden waren. War Dolanus ein Thraker gewesen, also ein Mann vom Südbalkan, so stammte der Infanterist Licaius aus Pannonien, im wesentlichen dem heutigen Westungarn. Es sind dies die bisher greifbaren Anfänge der Reliefkunst im römischen Wiesbaden

Abb. 88, *Abb. 89*

Abb. 88 Wiesbaden. Grabrelief des Kavalleristen Dolanus. Kalkstein. (Museum Wiesbaden)

Abb. 89 Wiesbaden. Grabrelief des Infanteristen Licaius. Kalkstein. (Museum Wiesbaden)

DOLANVS·ESBE
NI·F·BESSVS·EQ·EX
COH·IIII·THRACVM
ANNO·XXXXVI
STIPENDI·XXIIII
H S E

LICAIVS·SERI·F·MILES
EX·CHO·I·PANONIORVM·AN

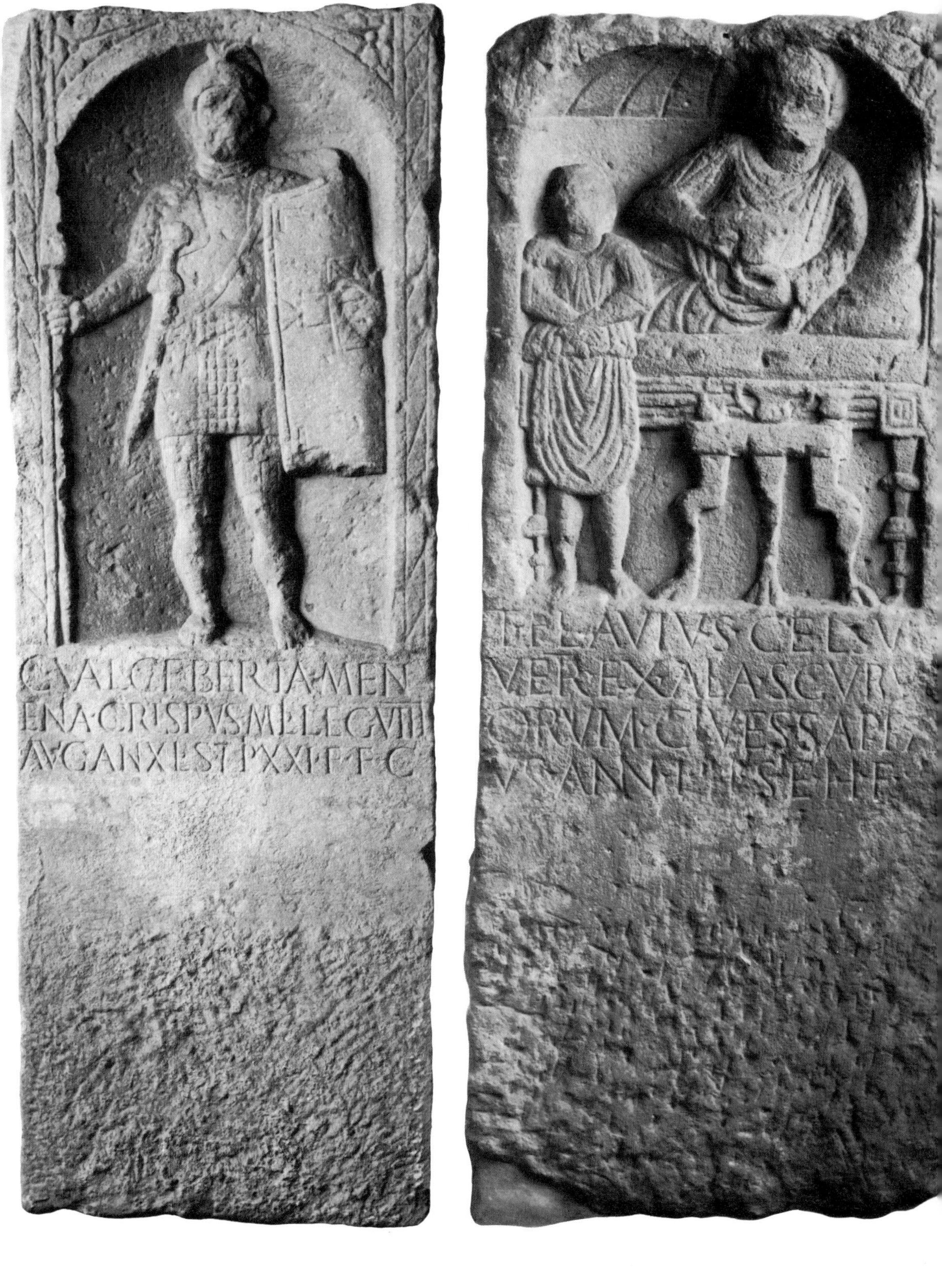
C·VAL·C·F·BER·TA·MEN
ENA·CRISPVS·MIL·LEG·VIII
AVG·AN·XL·STIP·XXI·F·F·C
TI·FLAVIVS·CELSV
VET·EX·ALA·SCVBV
LORVM·CIVES·SAPA
VS·ANN·LII·H·S·E·H·F·C

Abb. 92 Frankfurt a.M.-Praunheim. Fragment des Grabreliefs eines Kavalleristen. Sandstein. (Museum für Vor- und Frühgeschichte, Frankfurt)

etwa aus der Mitte des 1. Jahrhunderts n. Chr. Der Stil weist eindeutig auf Ableger von Mainzer Werkstätten, wie es auch nicht anders zu erwarten war. Ganz in der Tradition der großen Grabstelen des frühen 1. Jahrhunderts steht der Grabstein des Gaius Valerius Crispus aus Wiesbaden. Crispus, römischer Bürger und *Abb. 90* Soldat der 8. Legion, war wohl im Chattenkrieg des Kaisers Domitian, an dem seine Einheit teilnahm, gestorben oder gefallen. Mit der Vorliebe für detailgetreue, repräsentative Darstellung ist das Relief des Valerius Crispus in den achtziger Jahren allerdings bereits etwas konservativ. Jetzt kommt die Jenseitssymbolik des Totenmahls auch in Wiesbaden zur Geltung. Der Grabstein des Titus *Abb. 91* Flavius Celsus ist allerdings im Vergleich zum etwas älteren Grabrelief des Silius *Abb. 84* aus Dienheim merklich ungeschickter gearbeitet, außerdem hat man die Szene mit dem Pferdeknecht weggelassen, was das Relief zweifellos billiger machte. Derartige Reliefs mit Pferd und Begleiter finden sich hingegen unter den Funden *Abb. 92* von *Nida,* was den Weg dieses Motivs weiter nach Osten belegt. – Wesentlich ärmlicher wird das Bild der Wiesbadener Plastik, wenn es um zivile Grabdenkmäler geht. Bleiben wir deshalb zum Abschluß noch einmal bei zwei Soldaten, dem Veteranen Gaius Iulius Clemens in der Toga und seinem Sohn Gaius Iulius *Abb. 93* Sabinus, der noch als *centurio* aktiv ist, und deshalb einen Stock trägt, dazu einen

◀ *Abb. 90 Wiesbaden. Grabrelief des Legionsinfanteristen Gaius Valerius Crispus. Kalkstein. (Museum Wiesbaden)*

◀ *Abb. 91 Wiesbaden. Grabrelief des Titus Flavius Celsus. Kalkstein. (Museum Wiesbaden)*

Abb. 93 Wiesbaden. Grabrelief des Gaius Iulius Clemens und seines Sohnes. Kalkstein. (Museum Wiesbaden)

Abb. 94 Frankfurt a. M.-Heddernheim. Grabmalfragment. Sandstein. (Museum für Vor- und Frühgeschichte, Frankfurt) ▶

Abb. 95 Frankfurt a. M.-Heddernheim. Büstengrabstein. Sandstein. (Röm. Ausstellung Nida, Frankfurt) ▶

Kapuzenmantel. Das Relief gehört nach dem Namen der Truppeneinheit wohl schon in das frühe 2. Jahrhundert n. Chr.; es zeigt recht gut, daß in derselben Zeit, als sich im Rheinland und in Ostgallien (Trierer Land) eine blühende zivile Sepulkralkunst zu entwickeln begann, die Beispiele aus dem Vorfeld von Mainz merklich härter zu sein scheinen. Nur ein neugefundenes Fragment eines großen Grabreliefs mit Familienmahlszene aus Groß-Umstadt, welches von einer Villa stammt und wohl zu einem mächtigen Pfeilergrabmal gehörte, kann auf dem zivilen Sektor mit Werken des 2. und frühen 3. Jahrhunderts aus dem Rheinland und aus Ostgallien konkurrieren. Das übrige Material ist sehr viel unscheinbarer, auch wenn wir berücksichtigen, daß sehr viel zerstört worden ist. Doch ist der Eindruck nicht von der Hand zu weisen, daß sich die Aktivität im Laufe des 2. Jahrhunderts mehr und mehr auf den religiösen Bereich konzentrierte. Ver-
Abb. 94 einzelte Beispiele wie der Rest eines vielfigurigen Grabmals aus *Nida* und der
Abb. 95 ebendort gefundene Büstengrabstein gehören beide in die mittlere Kaiserzeit der zweiten Hälfte des 2. und des frühen 3. Jahrhunderts, und sie weisen die typischen Kennzeichen einer routinierten, aber wenig lebensvollen Formensprache auf. Der Heddernheimer Büstengrabstein aus dem Anfang des 3. Jahrhunderts wirkt im Vergleich zu Werken des 1. Jahrhunderts, auch wenn sie technisch unbeholfen waren, leblos und kühl. Am Mittelrhein glaubt man im übrigen ebenfalls im Laufe des 2. Jahrhunderts ein Nachlassen der zivilen Sepulkralkunst feststellen zu können. Daß es vor allem in Ostgallien, also um Arlon (Belgien), Luxemburg und Trier anders aussah, ist unbestritten. Hier in Hessen, nahe der Militärgrenze, hängt das Nachlassen der privaten Sepulkralkunst wahrscheinlich direkt mit der ökonomischen, militärischen und allgemein geistigen Krise der Jahre ab 160/170 n. Chr. zusammen. So paradox es klingen mag: Grabbauten, Grabskulpturen und Grabreliefs waren immer ein Zeichen von Prosperität,
S. 129 von wirtschaftlichem Optimismus. Die antiken Friedhöfe lagen ja bekanntlich außerhalb der Städte, Siedlungen und Garnisonen, gut zu sehen, meist beiderseits der Ausfallstraßen. Schön deutlich gemeißelte Grabreliefs, die außerdem bunt bemalt waren und so die Details noch deutlicher zeigten als in reiner Skulptur, kündeten vom militärischen Rang der Toten, von ihren bürgerlichen Erfolgen wie etwa der Erlangung des römischen Bürgerrechts oder von ihren wirtschaftlichen Erfolgen als Gewerbetreibende, Händler und Bauern. Es ist ein bäuerliches und bescheiden-bürgerliches Milieu, das sich in der Grabkunst der Grenzprovinzen präsentiert, und es ist nicht erst eine Erfahrung des 20. Jahrhunderts, daß sich in diesen sozialen Schichten Zukunftsängste und Krisensorgen besonders deutlich zeigen. Wir spüren es an den religiösen Kunstwerken des späten 2. und des frühen 3. Jahrhunderts, daß sich die Welt verändert haben muß. Weihefiguren, Weihreliefs bestimmen von nun an das Bild, das religiöse

Abb. 96 Obernburg. Grabrelief des Ateius Genialis. Sandstein. (Römerhaus, Obernburg)

Votiv wird zur Leitform, so wie es am Anfang der Römerherrschaft unter Augustus und Tiberius das Grabrelief gewesen war.
Natürlich hat es noch mehr Formen gegeben als wir hier darstellen können. Vereinzelte Fragmente oder Teile von Gräbern, wie Tierkampfgruppen oder Pinienzapfen, welche zugleich als Grabbekrönungen und Jenseitssymbole dienten, geben uns Fingerzeige, was alles noch zu erwarten sein könnte. Grundsätzlich dürfen wir aber davon ausgehen, daß sich das Bild kaum mehr verändern wird. Dafür spricht, daß man im 2. und 3. Jahrhundert kaum mehr Soldatengrabsteine gesetzt hat. Es ist bezeichnend genug, daß die wenigen Totenmahlreliefs von der Militärgrenze vermutlich oder sicher Zivilisten darstellen, was
Abb. 96 hier mit dem Obernburger Grabstein des aus Trier stammenden Ateius Genialis vorgeführt sei. Gut 100 Jahre nach dem ersten Auftreten dieses Motivs läuft es hier in hybriden, wuchernden Formen aus. In den Grenzgarnisonen haben die Soldaten diese Grabsteinform schon lange nicht mehr benutzt. Hier sehen wir einmal an einem sehr typischen einzelnen Beispiel, wie Motive wanderten und wie sich ihre Benutzer wandelten.

Zweckgebundene Kunst

Bevor wir uns politischen und religiösen Dokumenten zuwenden, sei ein notwendiger Hinweis eingeschoben. Es gab im Altertum keine wertfreie, für sich selbst wirksame und gleichsam gebrauchslose Kunst (»l'art pour l'art«). Jegliche künstlerische Äußerung hatte ihren sozialen, ökonomischen oder religiösen Zweck. Es ist hier meist von religiöser Kunst die Rede, zu der ja letztlich auch die Grabskulpturen zu rechnen sind; doch auch die Kleinkunst hatte nur selten einen rein ästhetischen Zweck. Von der rein dekorativen Kunst, der Verzierung von Gärten, Brunnen und was es sonst noch gab, hat sich aus Hessen wenig erhalten. Einige Kleinplastiken scheinen weniger religiösen, sondern anspruchslosen kunsthistorischen Zwecken gedient zu haben: es gibt dabei eine Reihe von Kleinplastiken in Stein, Ton und Metall, die als Bildungssymbol ebenso wie als Kunstsouvenir gelten können. Doch bilden solche Produkte nur einen Teil des Ganzen.
Wir können allgemein davon ausgehen, daß die meisten Kunstwerke der Römerzeit einem sozialen oder religiösen Zweck dienten.

Fundorte

Die Fundorte römerzeitlicher Kunst in Hessen sind ganz unterschiedlichen Charakters. Es gibt den Brückenkopf *Castellum Mattiacorum*/Mainz-Kastel, es gibt gemischt militärisch-zivile Plätze wie *Aquae Mattiacorum*/Wiesbaden und *Nida*/Frankfurt-Heddernheim neben den Garnisonen des Limes und es gibt auch die rein zivilen Siedlungen wie Med . . ./Dieburg oder die *villae rusticae.* Mengenmäßig fand man die meisten Objekte in den Siedlungen Wiesbaden, Heddernheim und Dieburg sowie in einigen Grenzkastellen. Die reinen Landwirtschaftsgegenden fallen naturgemäß dagegen ab.

Offizielle politische Kunst

Wir kennen aus dem Römerreich viele Kunstwerke in Stein oder Metall, mit denen eine bestimmte Politik und Ideologie ausgedrückt werden sollte. Meistens handelt es sich um Plastiken in Bronze und Stein, großformatige Plastik in Edelmetall ist fast ganz verloren, und von der großen Tafelmalerei besitzen wir überhaupt nichts mehr. – Selbstverständlich gab es auch in Hessen Bildnisse der Kaiser und Kaiserinnen, Bildnisse der Prinzen, Gouverneure und höherer Beamten. Diese Porträts standen auf den Marktplätzen ebenso wie in den Garnisonen. Öffentliche Bauten trugen ferner Reliefs mit historischen oder allgegorischen Themen (sog. historische Reliefs), wie sie noch der moderne Reisende beispielsweise in Rom am Titusbogen auf dem *Forum Romanum* oder am Konstantinsbogen neben dem Colosseum sehen kann. Es ist sehr traurig, daß diese eminent wichtige Denkmälergattung in Hessen überhaupt nicht erhalten geblieben ist. Wir kennen kein Kaiserporträt, wir kennen keine Triumphdarstellung, wir fanden kein kleinformatiges Kaiserbild von einer militärischen Standarte. Es ist ein geringer Trost, daß die Lage in der Provinzhauptstadt Mainz kaum anders ist. Immerhin schärft diese Situation unseren Blick für die Qualität eines Reliefs aus Nida, auf dem man noch einen *lictor* wie auch den Rest einer zweiten Figur *Abb. 97* erkennen kann. Es ist ein politischer Aufzug, der hier gemeint ist, eine offizielle kommunalpolitische Szene wahrscheinlich, die als Dekor eines öffentlichen Monumentes gedient haben wird. Wir müssen den Verlust der restlichen Figuren des Frieses lebhaft bedauern, braucht die Qualität dieses Reliefs aus dem frühen 2. Jahrhundert n. Chr. doch selbst einen Vergleich mit Werken aus Italien nicht zu scheuen. Seine Frische und klare Diesseitigkeit unterscheidet sich deutlich von den mehr verinnerlichten und oft auch zerquälteren religiösen Monumenten 100 Jahre später.

Abb. 97 Frankfurt a. M.-Heddernheim. Liktorenrelief. Kalkstein. (Röm. Ausstellung Nida, Frankfurt)

Wer waren die Künstler?

Die Bürger des Imperium Romanum hatten ein sehr starkes Gefühl für den persönlichen Wert, doch dürfen wir dies nicht so verstehen, daß man dem Individuum einen absoluten Rang zuerkannt hätte. »Welche Verhaltensweisen und Taten wurden von der Gesellschaft des Römischen Reiches wirklich als individuell betrachtet, worin wurde ihre Individualität erblickt, und welche Bedeutung wurde ihnen zugewiesen? Die Antwort müßte lauten: Die Individualität wurde nicht primär an persönlichen Fähigkeiten, Interessen, Ambitionen, nicht an der Einzigartigkeit und Einmaligkeit, nicht an der Originalität, nicht an der

Unwiederholbarkeit des einzelnen Menschen gemessen, sondern an dessen Verhältnis zu Roms kollektiver moralischer Ordnung, zum Kanon der Werte römischer Tradition« (Géza Alföldy in einer Heidelberger Akademieabhandlung 1980 über die Rolle des einzelnen in der Gesellschaft des Römischen Kaiserreiches). Solche Überlegungen gelten nun etwa nicht allein für die Dargestellten und die Auftraggeber; es ist vielmehr schon seit langem bekannt, daß wir in diesen Rahmen auch das Faktum der meist fehlenden Künstlersignaturen auf den Skulpturen der römischen Kaiserzeit zu stellen haben. Das Problem ist durchaus vielschichtig, doch wird normalerweise dieses Fehlen damit zu erklären sein, daß die ausführenden Bildhauer, Maler und sonstigen Künstler ihre Arbeit als Auftragsarbeit ansahen und den inhaltlichen sowie sozialen Interessen der Besteller unterordneten.

Vereinzelt finden wir aber doch Künstlernamen, und dann sind es nicht immer nur lateinische Namen. Aus Hessen kenne ich vier Künstlernamen aus dem 2. und 3. Jahrhundert n. Chr. Es sind dies zwei Steinbildhauer (Mithrasrelief Dieburg, Sockelrelief Berkach) sowie ein Mosaizist (Bad Vilbel) und ein Keramiker (Nida-Heddernheim). Lateinische Namen tragen Silvestrius Silvinus in Dieburg sowie Pervincus in Bad Vilbel; ebenso oft jedoch finden wir griechische Namen, und zwar Euandros auf einem rotbemalten Teller aus Nida, und das sogar in griechischen Buchstaben. Aus Berkach bei Groß-Gerau stammt ferner ein Sockel (vielleicht für eine Statue?) mit den Reliefs von *Victoria, Mars* und einem schlangenfüßigen Giganten auf der Vorderseite. Die auffällige Signatur steht quer auf der Front beiderseits des Giganten: *Xysticus scalpsit* (Xysticus war der Bildhauer). Natürlich sind vier Signaturen keine brauchbare Statistik, aber nach allen Gesetzen der Wahrscheinlichkeit müssen wir doch mit einem beträchtlichen Anteil nichtlateinischer Namen unter den Künstlern auch der Militärgrenze und des Rheinlandes rechnen, ein im übrigen nach den Erkenntnissen aus anderen Provinzen des Reiches keinesfalls überraschendes Ergebnis.

Abb. 136, 137
Abb. 140
Abb. 259

Stilfragen

Es gehört zu den traditionellen archäologischen Methoden, die künstlerischen Erzeugnisse der Griechen, Etrusker, Römer und anderer Völker in Stilkategorien aufzuteilen. Dahinter steht die Erwartung, durch die formale Analyse nicht nur ein chronologisches System zu bekommen (wenn andere Kriterien nicht bereitstehen), sondern auch etwas Grundsätzliches über das Wesen des Objektes selbst zu erfahren, in welche Richtung die Fragen auch gehen mögen. Für die unter bestimmten historischen, geographischen und sozialen Gesichtspunkten ent-

Abb. 98 Obernburg. Bauinschrift 162 n. Chr. Sandstein. (Römerhaus, Obernburg)

standenen Kunstwerke des Imperium Romanum sind allerdings reine Stilanalysen und darauf basierende Interpretationssysteme wenig fruchtbar.
Auch unter den römischen Plastiken aus Hessen kann man Gruppen bilden, Abfolgen herausfinden, Veränderungen konstatieren. Allerdings sind die meisten Skulpturen einfach zu allgemein geformt, verteilen sich außerdem auf einen sehr kurzen Zeitraum, so daß wir mit den Kriterien der Stilrevolution nicht viel anfangen können.

Das heißt nicht, daß es aussichtslos wäre, mit den Mitteln des Formvergleichs nach Zusammenhängen, Entwicklungen, Werkstätten zu suchen. Auf dem zivi-
Abb. 82 len Sektor ist es beispielsweise gelungen, um das Mainzer Blussusrelief eine Reihe von Arbeiten zu gruppieren; während wir uns hier im zivilen Markt be-
Abb. 83 finden, arbeitete die sog. Romaniuswerkstatt hauptsächlich für militärische Kundschaft. Eine weitere zusammenhängende Gruppe können wir im 2. Jahrhundert an der östlichen Militärgrenze fassen. Damals brachten Bildhauer, die für die Armee gearbeitet haben, eine neue Mode auf: den Kerbschnittdekor. Schwerpunkte in Hessen sind die Kastelle am Main, Groß-Krotzenburg, Stockstadt, Obernburg, doch reichen die Beispiele auch bis an den Neckar (Heilbronn-Böckingen) sowie an den vorderen Limes südlich von Walldürn. Vereinzelte Funde stammen aus Mainz und Köln. Alle Denkmäler sind militärische Stiftungen, und, abgesehen von wenigen Sonderfällen wie der Bauinschrift vom
Abb. 98 Obernburger Kastell 162 n. Chr., handelt es sich fast immer um Weihesteine für Götter: *Iupiter, Iuno, Mercurius, Genius,* Nymphen, *Iupiter Dolichenus, Taranucnus.* Viele der Weihungen sind durch Konsulatsangaben datiert, so z. B.

auch der Jupiteraltar aus Stockstadt von 167 n. Chr. So können wir diese Mode *Abb. 99* auf etwa 80 Jahre von der Mitte des 2. bis in die erste Hälfte des 3. Jahrhunderts eingrenzen. Der Kerbschnitt war ein aus dem Orient übernommenes Dekorprinzip (Mesopotamien, Syrien, Palästina), mit dem eine graphische Hell-Dunkel-Wirkung erzielt werden sollte. Ihn brachten militärische Bildhauer aus dem Orient nach Obergermanien.

Ansonsten können wir jedoch keine weiteren so prägnanten stilistischen Gruppen bilden, weder für den Figurendekor noch für die Ornamentik.

Abb. 99 Stockstadt. Jupiteraltar 167 n. Chr. Sandstein. (Saalburgmuseum)

Die Götter der Römer

Als im späten 1. Jahrhundert v. Chr. mit den Römern auch ihre Götter in den Norden nach Germanien kamen, hatte sich die römische Religion längst am griechischen Vorbild orientiert und gewandelt. Zwar trugen die Gottheiten lateinische Namen, aber aus der altitalischen Rückbindung (*religio*) an die göttlichen Mächte und Kräfte war eine griechisch-römische Mischung geworden, wo die römische Venus zwar noch ihren altitalischen Namen behalten hatte, dennoch jetzt sehr stark an der griechischen Aphrodite orientiert war. Der überwältigende Eindruck griechischer Literatur und Kunst führte dazu, daß die römischen Götter immer etwas mehrdeutig blieben. Um den Kern der olympischen Götter (*Zeus-Iupiter, Hera-Iuno, Athena-Minerva, Apollon-Apollo, Artemis-Diana, Ares-Mars, Aphrodite-Venus, Hephaistos-Vulcanus, Hermes-Mercurius, Demeter-Ceres, Hesta-Vesta, Poseidon-Neptunus*) versammelte sich eine ganze Welt von göttlichen Wesen, denen sich dann noch die Mysterien- und Himmelsgötter Kleinasiens, des Orients und Ägyptens zugesellten.

Die Frage nach der Bedeutung dieser oder jener Gottheit kann dabei für uns recht kompliziert werden, respektierte man doch in sehr realistischer Art die Mächte der irdischen und überirdischen Welten, und drückte sich diese Haltung auch folgerichtig in facettenreichen Namen aus.

In einer Provinz des Nordens wie Obergermanien kommt noch eine weitere Dimension hinzu, die wir kurz anhand der *Venus* (Aphrodite) skizzieren wollen. Findet der Archäologe eine Figur oder eine kleine Statuette einer nackten Göttin, so weiß er aus dem bildlichen Kontext, daß hier ein Bild der griechischen Aphrodite zu sehen ist, die existentielle Liebeserfahrung in Person.

Zugleich aber wissen wir, daß die lateinisch sprechenden Römer diese Göttin weiterhin mit dem altlateinischen Wort »Venus« benannten, ihr also vielleicht doch noch Züge der altitalischen Naturgottheit zuerkannten, falls man überhaupt darüber nachdachte.

Ganz sicherlich jedoch wurde diese graeco-römische »Venus« von den Kelten Galliens und der Rheinlande mit eigenen Augen gesehen: neben Venus war sie für diese Menschen auch eine (für uns anonyme) keltische Göttin. Die Religionshistoriker nennen diesen Vorgang *interpretatio romana.* Wenn also z. B. in Alzey (Rheinhessen) ein Relief mit *Vulcanus* und *Venus* zutage kam, das einige ikonographische Besonderheiten aufweist, so müssen wir nach zwei Richtungen hin denken: Einmal erinnert uns das Thema an die homerischen Mythen von Hephaistos, seiner Gattin Aphrodite und ihren Ehebruch mit Ares, aber daneben steht die vage Idee eines keltischen Götterpaares, welches wahrscheinlich auch Schützer der Natur und der Fruchtbarkeit gewesen ist. Die Römer haben Vermittlerdienste geleistet, und sie haben die lateinischen Namen geliefert, doch zeigt sich auf dem Gebiet der Religion ebenso wie auf manchem anderen Sektor die kulturelle Vielschichtigkeit des Imperiums.

Griechenland und Italien

Bei der Frage nach den Göttern, welche die Römer mit nach dem Norden brachten, ist zu beachten, daß die Römer grundsätzlich auf dem Gebiet der Religion außerordentlich tolerant waren. Selbst die Verehrung des capitolinischen Iupiter war keinesfalls obligatorisch oder gar ein ideologischer Zwang. Nur der Kaiserkult, die Verehrung des kaiserlichen Genius, wurde zu einer politischen Verpflichtung, aus der sich der Konflikt mit den Christen ableitete. – Nach den Capitolstempeln für die capitolinischen drei Götter *Iupiter, Iuno* und *Minerva* brauchen wir nicht zu suchen, waren die *Capitolia* doch Zeichen von Städten mit dem Rang einer *colonia,* und eine solche gab es in Hessen nicht. Auch sonst wissen wir wenig über die Sakralarchitektur. Die meisten Tempel, die wir kennen, gehören den Göttern des Orients. Wir dürfen aber die Verehrung aller Götter des Olymps voraussetzen: *Iupiter, Iuno, Minerva, Venus, Bacchus, Ceres, Mars, Vulcanus, Mercurius, Diana,* bis hin zu Gestalten wie *Fortuna* und *Victoria* oder den diversen Spielarten des Genius. Wir können hier auf knappem Raum keine kurze Religionsgeschichte der Römerzeit einschieben, nur sei auf die Vielfalt der künstlerischen Äußerungen aufmerksam gemacht. Große Götter wie Minerva *Abb. 100*
konnten in anspruchslosen Terrakottafigürchen Gestalt finden, ebenso wie dies für Venus zutrifft, wobei man jedoch auch bessere (und teurere) Venusstatuetten *Abb. 101, 103*
anbot wie jene schöne aus Heddernheim. Es ist nicht immer leicht zu entscheiden, wo das Gebiet der Religion und des Votivs aufhört und jenes der anspruchslosen Kleinkopie, also der Ästhetik anfängt. Oft wird man beide Aspekte vermischt haben. Das Spektrum von der primitiven Kleinplastik bis zur anspruchsvollen Statuette läßt sich besonders gut an den reichen Terrakottafunden und den ausreichend vorhandenen Bronzestatuetten aus Heddernheim ablesen. Man stelle nur die von uns ausgewählten Statuetten von *Diana, Mercurius, Vulcanus* *Abb. 102, 104, 105*
und *Fortuna* nebeneinander. Zwar verdienen die meisten dieser Statuetten das *Abb. 106*
Etikett Kunstwerk nicht, doch muß man gerechterweise anmerken, daß dies auch weder vom Hersteller noch vom Käufer beabsichtigt war, den reinen Kleinkunstmarkt ausgenommen. – Religiöse Votivkunst erstrebt Segen und Schutz. Auf einem mehrfigurigen Votivrelief aus Heddernheim ist oben der Kreislauf der Zeit in Form der Wochengötter angegeben, von *Saturnus* (Sams- *Abb. 50*
tag) bis zu *Venus* (Freitag), darunter verkörpern *Minerva, Vulcanus* und *Mercu-*

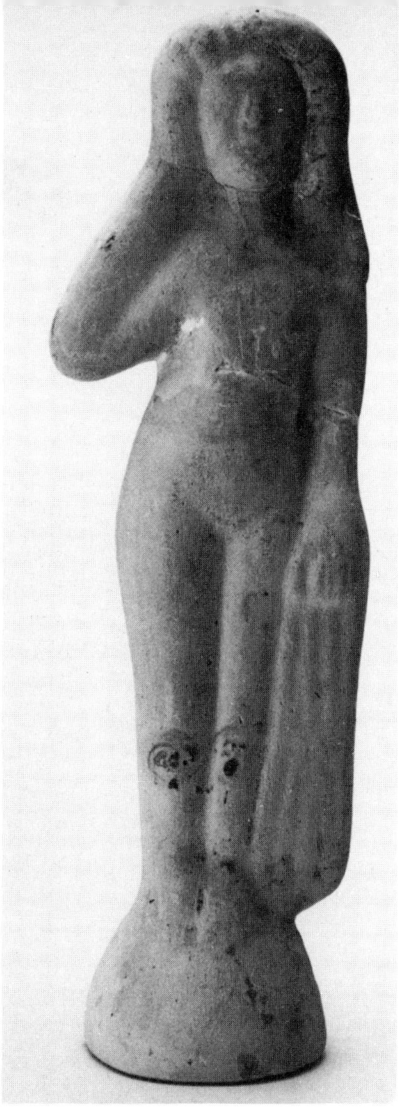

Abb. 100 Frankfurt a. M.-Heddernheim. Minerva. Ton. (Röm. Ausstellung Nida, Frankfurt)
Abb. 101 Frankfurt a. M.-Heddernheim. Venus. Ton. (Röm. Ausstellung Nida, Frankfurt)
Abb. 102 Frankfurt a. M.-Heddernheim. Diana. Ton. (Röm. Ausstellung Nida, Frankfurt)

Abb. 103 Frankfurt a. M.-Heddernheim. Venus. Bronze. (Röm. Ausstellung Nida, Frankfurt) ▶
Abb. 104 Frankfurt a. M.-Heddernheim. Mercurius. Bronze ▶
Abb. 105 Frankfurt a. M.-Heddernheim. Vulcanus. Bronze. (Röm. Ausstellung Nida, Frankfurt) ▶
Abb. 106 Frankfurt a. M.-Heddernheim. Fortuna. Bronze (Röm. Ausstellung Nida, Frankfurt) ▶

Abb. 107 Frankfurt a. M.-Heddernheim. Frau mit Phallos. Sandstein. (Museum für Vor- und Frühgeschichte, Frankfurt)

Abb. 108 Frankfurt a. M.-Heddernheim. Fortunarelief. Sandstein. (Museum Wiesbaden)

Abb. 109 Lützel-Wiebelsbach. Victoria. Sandstein. (Museum Wiesbaden) ▶

Abb. 110 Mainz-Kastel. Schrein. Sandstein. (Mittelrheinisches Landesmuseum, Mainz) ▶

rius (von links) die klare Ordnung, den Wert aktiven Lebens und die glückverheißende Regsamkeit. Segenswünsche und Schutz drücken sich auch manchmal in einer für das Altertum typischen Unbefangenheit aus. Auf einem kleinen Re-
Abb. 107 lief von einem Bau in Heddernheim kniet eine nackte Frau vor einem gigantischen geflügelten Phallos, der selbst wiederum mit Genitalien versehen ist: unheilabwehrend (apotropäisch) nannte man solche Szenen, jegliche Zweideutigkeit ging ihnen ab, ist auch angesichts der unrealistischen Figuren kaum vorstellbar.

Neben den Statuetten aus Kupferlegierung (Bronze) oder Ton waren kleine, einfache Weihreliefs sehr beliebt, die man in Heiligtümern oder Schreinen aufstell-
Abb. 108 te. Oft sind sie wie etwa das Fortunarelief aus Heddernheim recht unscheinbar gearbeitet. In ländlichen Gegenden und in manchen Militärgarnisonen gab es al-
Abb. 109 lerdings noch unbeholfenere Plastiken; die *Victoria* aus Lützel-Wiebelsbach, also aus einem Kastell des Odenwaldlimes, ist primitive Dekorationskunst, die aber sicherlich ihren Propagandazweck erfüllt haben wird.

Wie gut allerdings manche religiösen Votive kleineren Formates sein konnten,
Abb. 110 demonstriert der hervorragende Schrein aus Mainz-Kastel mit den Reliefs von *Iuno, Hercules* und den Dioskuren *Castor* und *Pollux,* ein Werk der frühen Kaiserzeit, der als Behälter für eine kleines Kultbild oder für Opfergaben gedient haben wird. An solchen fast eleganten Reliefs läßt sich erahnen, was uns alles verlorengegangen sein mag.

Aus den religiösen Weihungen des Militärs, die sehr vielfältig waren, greifen wir nur den *Genius* heraus, die verkörperte Lebens- und Zeugungskraft des Mannes,
Abb. 111 die auch auf abstrakte Begriffe übertragen werden konnte. Ein Weihaltar von der Saalburg für den *genius centuriae* mag für viele einfache Weihungen stehen,
Abb. 112 ebenso wie der kleine Bronzegenius aus Heddernheim diesen Typus in der Kleinplastik vertritt: nackt bis auf den Mantel, mit Mauerkrone und Füllhorn.
Abb. 113 Typisch ist in seiner Gestalt der Genius einer Weihung des Jahres 230 n. Chr., der aus Heddernheim stammt und von drei Brüdern gestiftet wurde, deren einer Soldat der Mainzer 22. Legion war. Es ist ganz bezeichnend für das antike religiöse Fühlen, wie lebensvoll man selbst solche abstrakten Begriffe auffaßte. Man darf sich die Verkörperung solcher Ideen nicht als zu blutleer vorstellen. Wer in schwierigen Zeiten für ein Votiv viel Geld auszugeben bereit ist, vertraut auch auf Wirkung und Macht seiner Stiftung.

Wenn wir allerdings insgesamt auf die religiösen Denkmäler der Römerzeit in Hessen zurückblicken, so spielen nicht die traditionellen Götter Griechenlands und Roms die Hauptrolle, sondern es dominieren die Götter der einheimischen, keltischen Tradition Galliens und die Kulte des Orients.

Abb. 111 Saalburg. Geniusaltar. (Saalburgmuseum)

Abb. 112 Frankfurt a. M.-Heddernheim. Genius. Bronze. (Stadtbibliothek, Frankfurt a. M.)

Abb. 113 Frankfurt a. M.-Heddernheim. Genius. Sandstein. (Museum Wiesbaden)

Keltisches Erbe

Ähnlich wie die Römer schon in der Frühzeit Italiens die olympischen Götter akzeptiert hatten, verfuhr man später mit den Göttern der Kelten und Germanen, die man vom 2. und besonders 1. Jahrhundert v. Chr. an kennenlernte. – Direkt zu einer Leitform solcher Religionsmischung wurden dann in den kaiserzeitlichen Provinzen Galliens und der Rheinzone die sog. Jupitergigantensäulen, in denen sich keltische und italische Elemente verbanden. Sie sind dem römischen *Iupiter* geweiht, hinter dem sich zugleich der keltische Himmelsgott *Taranis* verbirgt, der allerdings nicht genannt wird, sondern sich manchmal in Attributen wie dem Rad ausdrückt. Der über einen schlangenbeinigen Giganten hinwegreitende *Iupiter* triumphiert über die Mächte der Unterwelt. Die Säulenkapitelle tragen sehr oft Köpfe der Jahreszeiten, und ein Zeitsymbol sind auch die häufigen Zwischensockel mit den Wochengöttern. Der Sockelteil

Abb. 114 Frankfurt a. M.-Heddernheim. Drei Jupitersäulen. Sandstein. (Museum für Vor- und Frühgeschichte, Röm. Ausstellung Nida, Frankfurt a. M.)

Abb. 115 Frankfurt a. M.-Heddernheim. Hercules von Jupitersäule. Restitutionsinschrift 240 n. Chr. Sandstein. (Röm. Ausstellung Nida, Frankfurt a. M.)

Abb. 116 Dieburg. Juno von Viergötterstein. Sandstein. (Hess. Landesmuseum, Darmstadt)

der manchmal recht hohen Säulen ist in der Regel auf den vier Seiten mit Götterreliefs dekoriert (deshalb der Rufname Viergöttersteine). Normalerweise erscheinen dort *Iuno, Minerva, Hercules* und *Mercurius,* doch kommen auch viele weitere Götter auf diesen Sockelsteinen vor. Die Inschrift richtet sich meist an den *Iupiter Optimus Maximus,* oft auch zusammen mit ihm an die *Iuno Regina.* Diese Jupitergigantensäulen entstanden unter dem Einfluß der großen Mainzer Jupitersäule der Jahre 59/60 n. Chr., wobei die ersten Nachfolger in und um

Abb. 115–117
S. 162
Abb. 85–87

Abb. 117 Frankfurt a. M.-Heddernheim. Juno von Viergötterstein. Sandstein. (Röm. Ausstellung Nida, Frankfurt a. M.)

Mainz geschaffen wurden. Stand auf der großen Mainzer Säule noch eine einzelne Bronzestatue Jupiters, so wurde etwa im späten 1. Jahrhundert die Reitergruppe erfunden, die später das Bild beherrschen sollte: Jupiter in der Rüstung reitet wie ein römischer Feldherr über den Giganten hinweg. Wir besitzen aus Hessen eindrucksvolle Belege für diese Komposition, und zwar nicht allein aus der Spätzeit wie die 221 n. Chr. datierbare Gruppe der Säule aus Schierstein. *Abb. 118–120*

Viel wichtiger noch ist der aufsehenerregende neue Fund des Jahres 1973 aus Heddernheim, das Fragment einer Kalksteingruppe von Jupiter und Gigant, *Abb. 121* welches ausgesprochen zügig und souverän gearbeitet ist und noch so viele stilistische Elemente der frühen Kaiserzeit aufweist, daß man es wohl noch im frühen 2. Jahrhundert ansetzen darf. Damit ist dieses Werk unter den Denkmälern dieser Gattung eine Besonderheit. Die große Zeit der Jupitergigantensäulen sind allerdings erst die Jahre ab 160/170 bis 240 n. Chr. Charakteristisch für den Reliefstil der letzten Jahrzehnte des 2. Jahrhunderts sind langgestreckte, manierierte Figuren, wie z. B. besonders schön am Dieburger Viergötterstein zu sehen, *Abb. 116* die dann auf der großen Heddernheimer Säule (mit der Restitutionsin- *Abb. 115*

◀ *Abb. 118–120 Wiesbaden-Schierstein. Jupitersäule 221 n. Chr. Sandstein. (Museum Wiesbaden)*

Abb. 121 Frankfurt a. M.-Heddernheim. Jupiter und Gigant. Kalkstein. (Röm. Ausstellung Nida, Frankfurt a. M.)

Abb. 122 Frankfurt a. M.-Heddernheim. Epona. Sandstein. (Museum Wiesbaden)

schrift von 240 n. Chr.) einen späten Nachfolger haben. Ansonsten ist für die
Abb. 118–120 Jahre 220/230 ein mehr gedrungener Reliefstil dominierend, den wir an der Schiersteiner Säule von 221 bemerken können. – Je nach Wunsch konnte man
Abb. 114 die Form der Säulen auch variieren. Eine kleine Version besteht nur aus einem sitzenden Jupiter auf einer relativ niedrigen und schmalen Säule, während die Heddernheimer Weihung eines auf der Säule sitzenden Götterpaares *Iupiter* und *Iuno* eine von Mainz stammende Besonderheit darstellt.

Die religiösen Motive und Hintergründe waren römisch und keltisch zugleich, die Formen kamen aus Italien; das Vorbild für die große Mainzer Säule von

Abb. 123 Frankfurt a. M.-Heddernheim. Muttergottheit. Ton. (Röm. Ausstellung Nida, Frankfurt a. M.)

Abb. 124 Frankfurt a. M.-Heddernheim. Dea Candida. Sandstein. (Röm. Ausstellung Nida, Frankfurt a. M.)

59/60 n. Chr. scheinen Jupitersäulen in Rom selbst gewesen zu sein, die wir allerdings nur mehr literarisch fassen können. Es waren dann die Jupitergigantensäulen Weihungen an den Herrn des Himmels und der Zeit, verbunden mit einer Weihung an mehrere zusätzliche, ausgewählte Götter. Diese Säulen sind wohl das eigentümlichste Kennzeichen der römischen Kunst in Nordostfrankreich und Südwestdeutschland. Das Zentrum lag in Mainz, so ist es denn auch nicht erstaunlich, daß wir in Hessen besonders viele von ihnen finden, und zwar nicht etwa nur in ländlichen Gegenden. Im Gegenteil, Nida/Heddernheim gehört mit vier ganz erhaltenen und neun fragmentierten Säulen zu den reichsten Fundplätzen überhaupt.

Die keltischen Gottheiten verbergen sich jedoch nicht allein unter dem Gigan-
Abb. 122 tensieger Jupiter. Sie treten auch unter eigenem Namen auf wie *Epona,* die Göttin auf dem Pferd, die Schutzpatronin der Reiter und Fuhrleute, deren kleine Reliefbilder überall in den Nordprovinzen verbreitet sind. – Schützende Gott-
Abb. 123 heiten waren auch die *matres* oder *matronae,* die fruchtbarkeitsspendenden Muttergöttinen, die zwar hier nicht so häufig auftreten wie am Niederrhein oder in einigen gallischen Landschaften, die aber dennoch vom großen Reliefbild bis zur unscheinbaren Tonstatuette auftauchen. – Vor dem Hintergrund der kelti-
Abb. 124 schen Religion ist schließlich auch die schöne sitzende *Dea Candida* aus Heddernheim zu sehen, die Weihung eines *centurio* der auf der Saalburg stationierten 2. Raeterkohorte, etwa aus den Jahren zwischen 180 und 220. Leider sind Kopf und Attribute der graziösen Figur abgebrochen, doch hielt sie vielleicht Füllhorn und Schale, ist also im Habitus den sitzenden Muttergottheiten mit ihren Früchten oder noch mehr den vielen Fortunabildern angeglichen.

Götter des Orients

Der Orient bestimmte vom späteren 2. Jahrhundert an neben den keltorömischen Göttern das religiöse Leben. Die Götter und Kulte Ägyptens, Syriens, Irans und Kleinasiens beherrschten mehr und mehr das private und offizielle religiöse Denken, und mit dem aus Palästina stammenden Christentum blieb der Orient schließlich auch über die Spätantike hinaus bestimmend. – Ein Zufall der Erhaltung wird es sein, daß die dionysischen (bacchischen) Mysterien in Hessen unter den Funden wenig vertreten sind, und auch die Mysterien der kleinasiatischen Kybele (*Mater magna*) werden häufiger vertreten gewesen sein, wie zumindest die Bauinschrift eines Kybeletempels (*Metroon*) von der Saalburg ver-
Abb. 125, 126 muten läßt. Auch die ägyptischen Hauptgötter Isis und Sarapis sind unter den Funden nicht sehr häufig vertreten (wir haben eine schöne kleine Bronze-Isis aus

Abb. 125 Frankfurt a. M.-Heddernheim. Isis. Bronze. (Mittelrhein. Landesmuseum, Mainz)

Abb. 126 Mainz-Kastel. Sarapis. Sandstein. (Museum Wiesbaden)

Abb. 127 Frankfurt a. M.-Heddernheim. Jupiter-Dolichenus-Relief. Bronze. (Museum Wiesbaden)

Abb. 128 Frankfurt a. M.-Heddernheim. Jupiter-Dolichenus-Relief. Silber

Heddernheim und einen neugefundenen fragmentierten Sarapis aus Mainz-Kastel ausgewählt).

Beherrschend sind zwei Gottheiten: *Iupiter Dolichenus* und *Mithras*. Der nordsyrische Himmels- und Wettergott (Hadad) von Doliche, der *Iupiter Optimus*
Abb. 415 *Maximus Dolichenus* wurde nicht allein in Nida/Heddernheim verehrt, sondern hatte auch viele Anhänger in den Garnisonen und Dörfern der Militärgrenze,
Abb. 481, 430 in Zugmantel, Saalburg, Großkrotzenburg, Stockstadt und Obernburg. Als

Himmelsherr erscheint er in Feldherrnrüstung, bewaffnet mit Blitzen und Doppelaxt, hoch auf einem Stierrücken stehend; die bemerkenswerte dreieckige Bronzetafel stellt ihn wie auch sonst oft mit Gottheiten und Genien zusammen, *Abb. 127* in diesem Falle unter anderem mit einer *Isis-Iuno,* einer *Victoria* und den Göttern von Sonne und Mond, während er auf einem der beliebten Silbertäfelchen in *Abb. 128* Pflanzenform als graeco-römischer Jupiter, nackt, mit Zepter, Blitz und Adler aufgefaßt wird. Solche Metallvotive haben sich sehr häufig erhalten, die Wände der Dolichenustempel müssen von ihnen übersät gewesen sein. – *Iupiter Dolichenus* war vor allem ein erhaltender und schützender Gott, seine Anhänger waren demnach nicht so sehr wie die Mithrasjünger oder die Christen auf Jenseits und Wiedergeburt ausgerichtet. Der Kult des Dolichenus reichte nur bis zur Mitte des 3. Jahrhunderts n. Chr. In den Perserinvasionen der Jahre 253 oder 256 wurde sein Haupttempel in der Stadt Doliche gründlich zerstört, der Kult ging damit unter. Als sich im Laufe des 4. Jahrhunderts das Christentum durchsetzte, scheint es zumindest in dem damals schon zur Historie zählenden Dolichenuskult keinen Rivalen mehr gehabt zu haben.

Mächtiger noch war der Mithraskult, im 3. Jahrhundert n. Chr. gewiß eines der wichtigsten religiösen Elemente der Oekumene. Wir müssen uns hier auf wenige Stichworte zu diesem Kult beschränken. Der ursprünglich aus dem Iran stammende Mithraskult verbreitete sich schon im 1. Jahrhundert n. Chr. über Italien

Abb. 129 Mithrasheiligtum. Rekonstruktionszeichnung

Abb. 130/131 Frankfurt a. M.-Heddernheim. Mithräum I. Doppelseitiges Kultrelief. Sandstein. (Museum Wiesbaden)

◀ *Abb. 132 Frankfurt a. M.-Heddernheim. Mithräum I. Kleines Mithrasrelief. Marmor. (Museum Wiesbaden)*

◀ *Abb. 133 Frankfurt a. M.-Heddernheim. Mithräum I. Felsgeburt des Mithras. Sandstein. (Museum Wiesbaden)*

◀ *Abb. 134 Frankfurt a. M.-Heddernheim. Mithräum I. Genius mit Fackel (Cautopates). Sandstein. (Museum Wiesbaden)*

◀ *Abb. 135 Frankfurt a. M.-Heddernheim. Aion. Sandstein. (Museum für Vor- und Frühgeschichte, Frankfurt a. M.)*

Abb. 136/137 Dieburg. Doppelseitiges Kultrelief. Sandstein. (Kreis- und Stadtmuseum, Dieburg)

und bald über die ganze römische Welt. Die aus dem römischen Germanien stammenden Mithrasmonumente sind besonders reich und vielfältig. Es handelt *Abb. 129* sich um Skulpturen wie um Reliefs aus den Mithraskapellen (*spelaea, speluncae, antra*), kleineren langgestreckten Sakralanlagen mit zwei Podien an den Längsseiten und einer Nische für das Kultbild an der Schmalseite. In Hessen hat man besonders viele Mithraskapellen gefunden, darunter besonders charakteristische in Wiesbaden, Heddernheim und Dieburg. Zeugnisse dieses Kultes finden sich ferner längs der gesamten Militärgrenze, von der Saalburg über Butzbach, Friedberg, Echzell, Ober-Florstadt bis nach Großkrotzenburg und Stockstadt. Neben den gallo-römischen Jupitergigantensäulen bilden die Mithrasdenkmäler die größte und bedeutendste Gruppe religiöser Kunst der Römerzeit in Hessen. Auf dem großen Kultrelief wird meist die Tötung des Weltenstieres durch Mithras gezeigt, ein mit dem Glauben an Wiedergeburt zusammenhängendes kosmisches Ereignis. Die Mithrasmysterien sind eine dualistische Erlösungsreligion, Mithras versprach seinen Gläubigen Erlösung, Reinigung und ewiges *Abb. 130, 131* Leben. Auf dem zentralen großen Kultrelief im Mithräum I von Nida/Heddernheim ist die Stiertötung umrahmt von Szenen aus der Mithraslegende und von Anspielungen auf Zeit und Ewigkeit (Jahreszeiten, Zodiacus). Der Mittelteil des Reliefs konnte gedreht werden und zeigte dann den Sonnengott und Mithras beim Mahl über dem getöteten Stier.

Die Mithräen müssen sehr reich ausgestattet gewesen sein. Allein im Mithräum I von Heddernheim fanden sich etwa 20 Steindenkmäler, vom verlorenen kleineren Inventar zu schweigen. Die Stiertötung konnte dabei auch auf einem kleinen *Abb. 132–135* Weihrelief wiederkehren, verbunden mit Darstellungen der Geburt des Mithras aus dem Felsen oder den fackeltragenden Genien *Cautes* und *Cautopates* in orientalischem Gewand. Ein Symbol der ewigen Zeit ist der löwenköpfige *Aion*, vertreten durch schöne Beispiele aus Heddernheim.

Einzigartig ist darüberhinaus die Verbindung des Phaethonmythos mit der Mithrasideologie auf dem Altarrelief aus Dieburg. Auf der konventionelleren *Abb. 136* Seite des Doppelreliefs erscheint Mithras in der Mitte als Jäger, umgeben von Szenen aus seiner Legende. Auf der anderen Seite, wir können ruhig sagen der *Abb. 137* Hauptseite, erbittet *Phaethon* von dem thronenden Sonnengott die vier Pferde des Sonnenwagens, während Jahreszeiten, Windgötter und Gottheiten von Himmel, Erde und Meer die Szene einrahmen. Der Phaethon ist in diesem Kontext ein Hinweis auf den Weltenbrand als Ende aller Dinge und Beginn der von Mithras garantierten Erneuerung. Das hervorragende Relief ist eine Weihung der Brüder Silvestrius Silvinus (eines Bildhauers) und Silvestrius Perpetuus (ei- *S. 174 f.* nes Schusters) sowie ihres Enkels Silvinius Aurelius. Der Bildhauer Silvestrius Silvinus bot für einen lokalen Dieburger Künstler eine ausgezeichnete Leistung

und verdient einen ehrenvollen Platz in der Kunstgeschichte des späten 2. Jahrhunderts n. Chr. Die Komposition der Mithrasseite ist unbedeutend, doch die des Phaethonreliefs mit ihrer Zentralkomposition verrät eine solide Kenntnis von Werken der Malerei wie der Edelmetallkunst.
Die Jupitersäulen sowie die Denkmäler des Dolichenus und des Mithras sind nicht nur zahlreicher, sondern auch sehr viel farbiger als die verglichen damit doch recht blassen Dokumente der eigentlich römischen Religion. Diese Feststellung beschränken wir allerdings nur auf das hier erörterte Gebiet des römischen Hessen; in anderen Teilen des Reiches sieht das Bild wesentlich anders aus.
Die Christen können wir vor dem Jahre 260 in Hessen nicht recht fassen. Es sind zwar auffällig viele Jupiterdenkmäler und Mithrasmonumente absichtlich zerhauen worden, sehr viele Fragmente hat man auch sorgfältig in Brunnenschächten versenkt, ein Akt, den man nicht unbedingt von vornherein allein den ab 259/260 das Land übernehmenden Alamannen zur Last legen möchte. Doch ob sich darin schon christlicher Glaubenseifer der Jahre vor 260 zeigt, ist zumindest mit archäologischen Methoden noch nicht beweisbar.

Malerei, Mosaik, dekorative Kleinkunst

Auf manchen Gebieten kennen wir sehr wenige Werke aus der Römerzeit, wobei besonders die Malerei zu nennen ist. Die bewegliche Tafelmalerei ist vollständig verloren. Auf dem Gebiet der Wanddekoration hat man zwar manche Reste gefunden, doch ist bisher nur wenig publiziert worden, so zuletzt der schöne Kopf einer Frühlingshore aus Heddernheim. Es ist ein merkwürdiger Zufall, daß die größte erhaltene römische Wandmalerei aus Hessen aus der Offizierswohnung einer Kaserne im nördlichen Echzell stammt. Aus vielen Fragmenten konnte man eine Wand mit drei religiösen Bildern rekonstruieren: *Hercules* und *Fortuna* in der Mitte, ein auf die Mühen und Ziele des Lebens hindeutendes Bild. Zu beiden Seiten zwei Bilder aus Sagen von Kreta: Theseus besiegt den Minotauros und Daedalus und Ikarus bereiten sich auf den Flug vor. Man soll sich eine Galerie von drei Gemälden denken, die in eine farbige Marmorwand eingelassen waren. Man kennt viele Fragmente von Wandmalereien, auch aus den Kastellen der Militärgrenze, doch da die meisten Reste ganz gering sind und da außerdem wenig bearbeitet ist, kommt den Echzeller Gemälden aus den Jahren zwischen 135 und 155 n. Chr. ein besonderer Wert zu. Seit dem 1. Jahrhundert v. Chr. hatten die Römer ihre Zimmerwände farbig dekoriert. Nach den raumillusionistischen Systemen der frühen Kaiserzeit begann mit dem Ende

Abb. 138, 139

des 1. Jahrhunderts n. Chr. eine flächige Wanddekoration, darunter auch die Imitation von realen marmornen Wandverkleidungen. Was in den Palästen der Kaiser und Reichen mit echtem Stein geschah, konnte in bescheidenerem Rahmen wie auch in Echzell durch Malerei ersetzt werden. – Die Situation ist bei den römischen Mosaiken aus Hessen nicht anders. Es muß zahlreiche Mosaikfußböden mit dekorativer oder figürlicher Verzierung gegeben haben, doch nennenswert unter den erhaltenen Resten ist eigentlich nur der 7,05 x 4,75 m messende
Abb. 140 farbige Boden aus den Thermen von Bad Vilbel. Um eine Oceanusmaske herum gruppieren sich phantastische und reale Meerwesen, dazu Fische und Vögel. Auf einer Leiste unter dem Kopf des *Oceanus* steht die Signatur des Künstlers Pervincus in großen Lettern. Lebhafte Bewegungen, Glanzlichter und Schattierungen kennzeichnen das etwa um 200 n. Chr. geschaffene Mosaik, welches im Hauptbadesaal der Vilbeler Thermen so im Boden montiert war, daß es leicht mit Wasser überflutet werden konnte, um durch die Bewegung des Wassers das Spiel

Abb. 138 Echzell. Wandmalerei aus dem Kastell. Kopie nach dem Original. (Saalburgmuseum)

Abb. 139 Echzell. Wandmalerei. Fortuna und Hercules. (Saalburgmuseum)

Abb. 141 Kriftel. Hercules. Bronze. (Museum Wiesbaden)

Abb. 142 Mainz-Kastel. Hercules aus Gruppe. Bronze. (Museum Wiesbaden)

Abb. 143 Frankfurt a. M.-Heddernheim. Hercules und Satyr. Bronze und Silber. (Museum für Vor- und Frühgeschichte, Frankfurt a. M.)

◀ *Abb. 140 Bad Vilbel. Meerwesenmosaik. (Hess. Landesmuseum, Darmstadt)*

S. 175 der Gesten und Körper zu verstärken. Der Mosaizist Pervincus ist neben dem Dieburger Steinbildhauer Silvestrius Silvinus, dem Meister des großen Dieburger Kultreliefs, der zweite Künstler lateinischen Namens in Hessen.

Außerordentlich vieles ist verlorengegangen, ist bei Plünderungen weggeschleppt worden, in Notzeiten eingeschmolzen oder zerhackt worden, im Feuer verbrannt, im Boden vermodert. Wir kennen aus Hessen keine großen Metallstatuen mehr, keine Schätze von Geräten und Gefäßen aus Gold und Silber. Reichverzierte Silberbecher ähnlich jenen aus den Schätzen von Hildesheim oder vom Golf von Neapel können auch die Tische wohlhabender Römer in Wiesbaden oder Dieburg verziert haben, doch sie scheinen für immer verloren zu sein. Beschließen wir also unser notgedrungen fragmentarisches Bild mit einigen Werken der Kleinkunst, die uns noch einmal auf den Gegensatz religiöse Kunst und dekorative Kunst hinweisen sollen, waren zwar die meisten Kleinplastiken für einen religiösen Zweck geschaffen, doch gab es daneben auch dekorative Werke. Als Beispiel dienen uns drei Versionen des Herculesthemas. Eine
Abb. 141 kleine elegante Bronzestatuette aus Kriftel könnte durchaus auch ein Votiv gewesen sein. Sie ist allgemein gehalten, Kopie oder Umwandlung eines kunsthistorisch bekannten Vorbildes scheint nicht vorzuliegen, die Fundumstände sind indifferent. In solchen Fällen kann man nur nach dem Inhalt urteilen, und der spricht eher für ein religiösem Zweck dienendes Werk. Anders der immerhin
Abb. 142 32 cm hohe Bronzehercules aus Mainz-Kastel, der zu einer Gruppe des *Hercules* gehörte, welcher die märchenhafte kerynitische Hirschkuh eingeholt hat und sie durch den Griff in das Geweih niederringt. Zahlreiche Variationen des Themas, die alle mehr oder weniger auf ein hochgerühmtes Bronzewerk des griechischen Bildhauers Lysippos (4. Jh. v. Chr.) zurückgehen, waren bei den Römern auf dem Markt erhältlich. Die Statuette aus Mainz-Kastel, die etwa im späten 1. Jahrhundert n. Chr. entstand, bildet das Motiv in die Studie eines athletischen jungen Mannes um, wie es oft mit Herkulesfiguren geschah. Kleinformatige Kopien und Variationen berühmter Kunstwerke dieser Art haben mit Religion ebensowenig mehr etwas zu tun wie die unzähligen betenden Hände nach Dürer mit dem christlichen Glauben: es ist eine Mischung von preiswerter Kunstkopie und Bildungsdemonstration. – In manchen billigen Kleinplastiken wird die Grenze zum Kitsch oft ebenso überschritten wie in Teilen der massen-
Abb. 143 haften Produktion von Votivstatuetten. Der kleine Messergriff aus Heddernheim, dekoriert mit einem betrunkenen Herkules an der Seite eines Satyrn, ist weniger bemerkenswert als Kleinplastik des frühen 3. Jahrhunderts n. Chr. als vielmehr für die Dauerhaftigkeit der Gerätedekoration dieser Geschmacksrichtung kennzeichnend.

Die römische Kleinkunst war reich an Formen und Inhalten. Auf Gläser und

Keramiken müssen wir hier verzichten und verweisen unsere Leser dafür auf den topographischen Teil. Stellvertretend für viele soll am Schluß die kleine Jaspisgemme von der Bickenbacher Brücke stehen, ein Ringstein des 3. Jahrhunderts n. Chr. Die Sternzeichen Löwe und Skorpion symbolisierten im Altertum ebenso hochfahrendes wie großzügiges Wesen; es war außerdem eine Zeit, in welcher die Astrologie eine fast den orientalischen Mysterienreligionen vergleichbare Bedeutung besaß. *Abb. 144*

Abb. 144 Bickenbach. Ringstein aus Jaspis.

Zusammenfassung

Hessen liegt im Zentrum der Provinz Obergermanien und bildet das Vorfeld zwischen der Hauptstadt *Mogontiacum*/Mainz und der Militärgrenze. In einem Zeitraum von nur etwas über 200 Jahren entfaltete sich ein überaus reiches kulturelles Leben, wenn auch viele Monumente verloren sind (Kaiserporträts, offizielle Bildnisse, freiplastisches Privatporträt, Historisches Relief, Kleinkunst in Edelmetall u. a.). Hier hoffen wir teilweise noch auf künftige Funde. – Charakteristisch sind die vielfältigen religiösen Skulpturen sowohl der einheimischen gallo-römischen Tradition wie auch der orientalischen Religionen. Jupitergigantensäulen, Denkmäler des Jupiter-Dolichenus-Kultes und der Mithrasmysterien bestimmen das Bild. – Charakteristisch ist ferner die enge Verflechtung zwischen dem Militär und der Zivilbevölkerung, was bei der geringen Distanz zwischen der Legionsgarnison Mainz, den Städten Wiesbaden, Heddernheim und Dieburg und der Grenze im Taunus, in der Wetterau und am Main nicht weiter erstaunlich ist. Im Rahmen der Funde aus Deutschland nehmen die römischen Denkmäler aus Hessen einen angesichts der kurzen historischen Epoche sehr guten Platz ein.

Fall des Limes und Spätantike

von Dietwulf Baatz

Endgültiger Ausbau und erste Gefährdung des Limes

Unter Kaiser Hadrian (117–138) herrschte Frieden an der germanischen Grenze
des Reichs. Daher sind nur wenige militärische Maßnahmen der Provinzverwal-
tung aus dieser Zeit zu erwähnen. Am bekanntesten ist der Bau der hölzernen
Abb. 69 Palisade an der Grenzlinie (Zustand 2 des Limes). Es handelte sich dabei ledig-
lich um eine »polizeitechnische« Maßnahme, die das Überwachen der Grenze
erleichterte. Eine militärische Bedeutung als Wehranlage hatte das Annähe-
rungshindernis nicht. Veränderungen beim Grenzheer waren geringfügig; wir
wissen lediglich, daß das Limeskastell Saalburg gegen Ende der Regierungszeit
Hadrians vergrößert worden ist. Unter diesem Kaiser ist wohl auch die letzte
S. 85 f. römische Civitas in Hessen entstanden, nämlich die *Civitas Auderiensium* mit
dem Hauptort Dieburg. Die römischen Landgüter in ihrem Gebiet hatten eine
gewisse Bedeutung für die Lebensmittelversorgung der Hilfstruppen am Main-
limes und im Odenwald. – Die Wirtschaft erlebte einen außerordentlichen Auf-
schwung in den westlichen Provinzen des Reichs. Selbst dem Grenzland brachte
sie einen Wohlstand, der zwar geringer war als in den reichen Landstrichen im
Inneren Galliens, aber an Zivilisationsgütern und Nahrungsangebot alles über-
traf, was es je in den vorgeschichtlichen Epochen in unserem Raum gegeben
hatte.

Abb. 145 In der Mitte des 2. Jahrhunderts n. Chr. trat eine wichtige Änderung am Limes
ein. Zwischen 148 und 161 n. Chr., wahrscheinlich bald nach 154, ist der Südab-
schnitt des obergermanischen Limes um 20 bis 30 km nach Osten vorverlegt
worden. Die Taunus-, Wetterau- und Mainlinie blieben bestehen. Der Oden-
waldlimes und die Neckarlinie wurden dagegen im Zuge der Vorverlegung ver-
lassen. Die Römer verlängerten die bisherige Mainlinie bis Miltenberg und bau-

ten hier die Kastelle in Trennfurt und Miltenberg. Von Miltenberg aus wurde über Walldürn und Osterburken eine neue Grenzlinie gezogen, die in die Nähe von Lorch (Baden-Württemberg) führte und dort an den raetischen Limes anschloß. Auf diese Weise wollten die Römer wahrscheinlich ein schon bestehendes Einflußgebiet sichern und es in die Provinz einschließen. Die Grenzverschiebung könnte eine Reaktion auf Völkerbewegungen und Machtverschiebungen im freien Germanien gewesen sein, deren Auswirkungen man vorbeugen wollte. Der Taunuslimes ist in den gleichen Jahren um drei Numeruskastelle verstärkt worden (Kemel, Heftrich, Feldbergkastell), zugleich sind an diesem Abschnitt mehrere neue Kleinkastelle entstanden. Zwar waren die Verstärkungen im Grunde geringfügig, sie künden aber doch von einem zunehmenden germanischen Druck auf die Provinzgrenze. Er sollte sich zwei Jahrzehnte später in den furchtbaren Markomannenkriegen entladen. *S. 482 f., 437 ff.*

Die Provinz Obergermanien ist von den Markomannenkriegen nicht betroffen worden. Dennoch wirkte sich die Unruhe der Germanen auch hier aus, denn die alten Gegner der Römer, die Chatten, nutzten die Gelegenheit, um sich gegen die Provinz in Bewegung zu setzen (162 und 170). Ihr Angriff wurde abgewiesen. Im obergermanischen Grenzland ist es dabei zu Zerstörungen gekommen. Ein umfangreicher Münzschatz ist bei den Kämpfen im Kastell Stockstadt vergraben und nicht wieder gehoben worden; er umfaßte 1322 Münzen, deren letzte im Jahr 169 geprägt worden ist. In der gleichen Zeit, vielleicht auch einige Jahre später können Zerstörungen erfolgt sein. Ihre Spuren hat man bei Ausgrabungen im Civitas-Hauptort Nida und in einigen Limeskastellen der Wetterau und der Taunuslinie entdeckt.

In Obergermanien kam es im Jahre 185 unter der Mißregierung des Commodus zu einem Aufstand, der vielleicht von Südgallien her auf die Provinz übergegriffen hatte (Maternusrevolte). Dabei wurde sogar das Legionslager Straßburg mit der *legio VIII Augusta* belagert, jedoch ohne Erfolg. Ob sich die Unruhen auch auf den nördlichen Teil der Provinz und damit auf das hessische Limesgebiet auswirkten, ist ungewiß. Bei der Ausgrabung der Taunuskastelle Zugmantel und Saalburg machte man einige Beobachtungen, die vielleicht auf eine Zerstörung unter Kaiser Commodus hindeuten. Sollte das wirklich zutreffen, dann wäre eher an die Folge eines Germaneneinfalls von lokalem Charakter zu denken. Jedenfalls fand man in den Limeskastellen Butzbach, Langenhain und Saalburg Soldateninschriften, in denen die Loyalität zu Kaiser Commodus betont wird.

Im übrigen brachte das Ende des 2. Jahrhunderts eine Festigung des obergermanischen Limes. An vielen Stellen sind die in den Krisenjahren der Markomannenkriege vernachlässigten Militärbauten repariert worden. Von besonderer

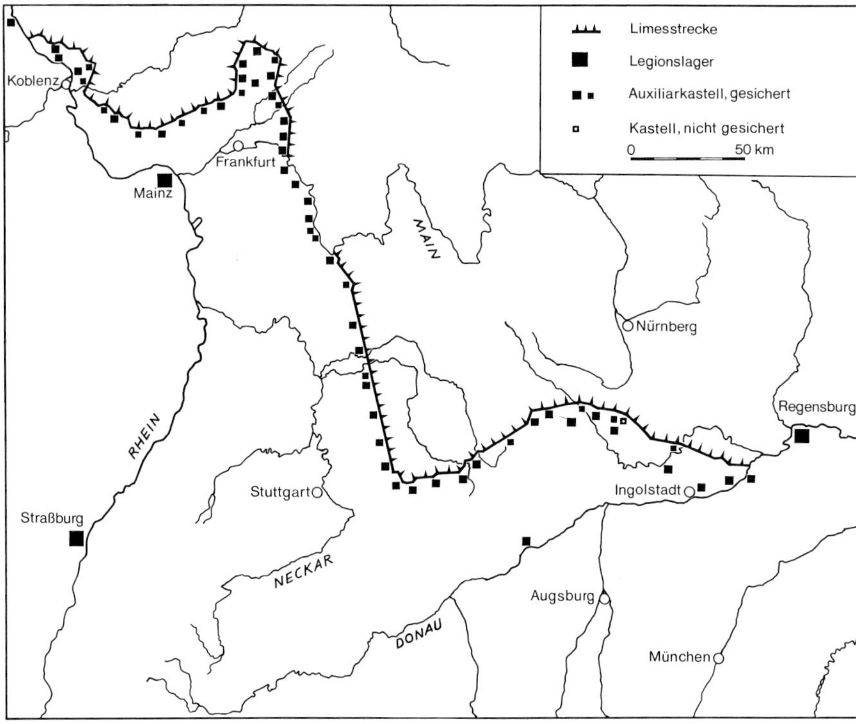

Abb. 145 Der obergermanisch-raetische Limes am Anfang des 3. Jh. n. Chr.

Bedeutung war der Neubau des großen Limeskastells Niederbieber im Neuwieder Becken, im Norden des obergermanischen Limes. Zugleich ist im westlichen
S. 357 ff. Taunus das Kastell Holzhausen entstanden. Beide Kastelle richteten sich gegen Angriffe, die über die Siedlungskammern des unteren Lahntals, besonders über das Limburger Becken zu befürchten waren, ein Hinweis darauf, daß auch hier der germanische Druck auf die Grenze zunahm. Es ist sogar möglich, daß der
Abb. 69 Bau von Wall und Graben am Limes, die den letzten Bauzustand (Zustand 4) kennzeichnen, bereits in die Regierungsjahre des Commodus fällt, doch ist eine genaue Datierung dieses Annäherungshindernisses bisher noch nicht möglich; es kann auch einige Jahre später am Anfang des 3. Jahrhunderts entstanden sein. Trotz der Krise der Markomannenkriege war die zweite Hälfte des 2. Jahrhunderts für die Grenze Obergermaniens eine überwiegend friedliche Zeit. Die Zerstörungen durch Chatteneinfälle und innere Unruhen haben nur verhältnismä-

ßig kleine Gebiete betroffen und konnten bald beseitigt werden. Die Wirtschaft blühte danach in der Provinz wieder auf, das Leben in den Städten, Vici und Landgütern ging weiter.

Behauptungswille und Rückzug: das Grenzland bis zum Fall des Limes

Um die Wende vom 2. zum 3. Jahrhundert blieb es an der obergermanischen Grenze ruhig. Eine neue Situation zeichnete sich erst unter Kaiser Caracalla (211–217) ab. In diesen Jahren hörte man in der römischen Welt zum erstenmal von den Alamannen.

Der alamannische Stammesbund war gerade erst am Mittellauf der Elbe entstanden, also weit von der römischen Grenze entfernt. Er begann, weitere Germanenstämme mitzureißen und die Provinzen Obergermanien und Raetien zu bedrohen. Auch die Chatten traten dem Bündnis bei. Die Römer begannen, für die Sicherheit der Provinzen zu fürchten. In dieser Lage entschloß sich Kaiser Caracalla, einen Präventivkrieg zu führen. Er zog dafür das größte Heeresaufgebot zusammen, das seit dem Chattenkrieg Kaiser Domitians an der germanischen Grenze eingesetzt worden ist. Außer den Legionen und Hilfstruppen der unmittelbar betroffenen Provinzen (*legio III Italica* aus Regensburg, *legio VIII Augusta* aus Straßburg und *legio XXII Primigenia* aus Mainz) nahmen viele Truppenabteilungen aus anderen Provinzen des Reichs daran teil, sogar aus dem fernen Ägypten. Anfang August 213 überschritt die Armee die Nordgrenze Raetiens. Zur gleichen Zeit dürfte eine andere Heeressäule von Mainz aus gegen die Chatten marschiert sein. Schon am 6. Oktober 213 feierte man in Rom den Sieg des Kaisers. Er sicherte für zwei Jahrzehnte den Frieden an Rhein und Donau.

Die alamannische Bedrohung, die das Reich zu einer solchen militärischen Anstrengung veranlaßt hatte, warf ihre Schatten auch auf die römische Zivilbevölkerung am Limes. Nun erhielten fast alle Civitas-Hauptorte nahe der Grenze eine Stadtmauer; jedenfalls sprechen die Ausgrabungsergebnisse für eine Datierung dieser Wehrmauern in den Anfang des 3. Jahrhunderts. Die Orte waren bis dahin offene, ungeschützte Siedlungen. Stadtmauern wurden im hessischen Raum von der *Civitas Auderiensium* und der *Civitas Taunensium* um ihre Hauptorte *Med . . .* (Dieburg) und *Nida* (Frankfurt a. M.-Heddernheim) errichtet. *Abb. 177, 207* Sie schlossen eine reichlich bemessene Fläche ein, um im Falle der Gefahr die umwohnende Landbevölkerung mit aufnehmen zu können. Der Mauerbau muß für die Civitates eine hohe finanzielle Belastung gewesen sein, der sie aber in dieser Zeit offenbar noch gewachsen waren. Aus der Befestigung der Städte spricht Behauptungswille und auch Vertrauen in die Zukunft. – Es ist auffällig, daß die *Civitas Mattiacorum* als einzige um ihren Hauptort *Aquae Mattiacorum* (Wiesbaden) keinen Mauerring baute. Dort war man weiterhin der Meinung, daß die nahe Legion in Mainz einen hinreichenden Schutz gewährleistete.

212 n. Chr. verlieh Kaiser Antoninus Caracalla mit einem berühmten Erlaß S. 86 (*constitutio Antoniniana*) jedem freien Provinzbewohner das römische Bürgerrecht. Daß sich die Provinzbewohner jetzt allenthalben als »Römer« fühlten, hatte auch für die spätere Geschichte des Römerreiches Auswirkungen.

233 fielen die Alamannen vor allem über die Donaugrenze nach Raetien und Noricum ein, ebenso sind an der Rheingrenze einige Landstriche verwüstet worden. Auch im hessischen Raum sind Spuren der Zerstörung bei Ausgrabungen gefunden worden. Die Grenztruppen der betroffenen Provinzen waren geschwächt, weil sich ihre beweglichsten und kampfkräftigsten Abteilungen im Partherkrieg befanden. Die abkommandierten Truppen – fast ausschließlich Einwohner der Provinz – gerieten im fernen Antiochia in größte Sorgen um ihre Angehörigen und zwangen den Kaiser, den Partherkrieg abzubrechen und mit dem Heer an die gefährdete Grenze zu ziehen.

Der Germaneneinfall von 233 änderte die Lage und die Stimmung im Grenzgebiet und leitete dort den wirtschaftlichen Niedergang ein. Die ersten Zweifel an der Fähigkeit des Reichs, die Grenzen Obergermaniens und Raetiens halten zu können, kamen in der Bevölkerung auf. So scheinen einige der im Jahre 233 beschädigten oder zerstörten Kastellvici des obergermanischen Limes überhaupt nicht mehr oder doch nur in verringertem Umfang wiederaufgebaut worden zu sein.

Inzwischen sammelte sich in Mainz ein umfangreiches römisches Heeresaufgebot zum Gegenschlag. Man sah dort exotische Hilfstruppen, Orientalen und Afrikaner, Bogenschützen und Speerschleuderer und auch die neuen, schwer S. 138 gepanzerten Reiter, die nach dem Vorbild der parthischen Kavallerie ausgerüstet waren, darunter sogar Parther, die als Auxiliare mitgezogen waren. Schon war eine Schiffsbrücke entstanden – offenbar hatte man 233 im Augenblick der Gefahr die hölzerne Fahrbahn der Mainzer Steinpfeilerbrücke abgerissen. Da verursachte die unsichere Haltung des jungen Kaisers Severus Alexander eine Militärrevolte. Er wurde bei Mainz ermordet, vielleicht in Mainz-Bretzenheim (235). Der bei den Soldaten beliebte Maximinus wurde von ihnen zum Kaiser ausgerufen. Mit ihm begann die chaotische Zeit der Soldatenkaiser.

Maximinus führte den geplanten Gegenangriff erfolgreich aus; er ist von Mainz aus weit in germanisches Gebiet vorgestoßen. Noch war das geballte Aufgebot des römischen Heeres derartig überlegen, daß sich die germanischen Gegner nicht im offenen Gelände zum Kampf stellten. So gelang es dem neuen Kaiser für den Augenblick, den Limes wieder zu sichern. Zerstörte Grenzkastelle wurden wieder aufgebaut, zum Beispiel in Butzbach und Echzell am Wetteraulimes. *S. 246 ff., 261 ff.*

Die Jahre bis zum Fall des Limes um 260 n. Chr. waren durch die Krisenzeit der Soldatenkaiser geprägt. Die zentrale Macht im Römerreich verfiel. Immer wieder meuterten größere Heeresabteilungen und riefen einen ihnen genehmen Offizier zum Gegenkaiser aus. Die Folge war, daß sich das römische Heer in Bürgerkriegen verzettelte. Die beute- und landhungrigen Nachbarn im Norden – die Germanen – und das neue, energische Königtum der Sassaniden im Osten nahmen die Gelegenheit wahr zum Einfall in die römischen Provinzen. Bürgerkriege und Grenzkämpfe hatten einen beispiellosen wirtschaftlichen Niedergang zur Folge, der durch die hohen Aufwendungen für das Militär noch verschärft wurde.

Die Vorgänge an der germanischen Grenze sind nur lückenhaft überliefert, auch die Ergebnisse der Ausgrabungen können diese Lücken bis jetzt nur teilweise ausfüllen. – Wegen der Bürgerkriege und der Abkommandierungen zum Schutz ferner, gefährdeter Grenzen waren die Limeskastelle und die beiden Legionslager der Provinz Obergermanien oft nur schwach bemannt. Das forderte neue Angriffe der Alamannen und ihrer Verbündeten heraus. In manchen Gegenden sprangen Aufgebote der Bevölkerung zum Selbstschutz ein; so fand man in Altenstadt am Wetteraulimes die Inschrift eines *collegium iuventutis,* wohl einer *S. 227 f.* für diesen Zweck aus der Bevölkerung aufgebotenen Jungmannschaft (CIL XIII 7424). Diese und einige andere Inschriften aus Nida zeigen, daß es in der Bevölkerung noch immer den Willen gab, sich im Grenzland zu behaupten. Beispielsweise richtete im Jahre 240 C. Sedatius Stephanus, Ratsherr der Civitas Taunensium, eine Jupitergigantensäule wieder auf; wie aus Resten einer älteren Beschriftung hervorgeht, war die Säule schon vorher einmal renoviert worden (CIL XIII 7352, Museum Frankfurt). Eine ähnliche Säule stellte 239 n. Chr. ein gewisser Victorinus auf, Ratsherr der *Civitas Auderiensium* (CIL XIII 7353; Museum Wiesbaden). Selbst im Jahre 249 funktionierte die Verwaltung der *Civitas Taunensium* noch, denn sie ließ Meilensteine setzen, von denen einer in Friedberg gefunden wurde. Das ist nicht denkbar ohne einen entsprechenden Beschluß der Ratsversammlung, kommunale Bedienstete und verfügbare Steuereinnahmen. Dann aber muß auch eine Anzahl von Landgütern innerhalb der Civitas bis zu diesem Zeitpunkt noch bewirtschaftet worden sein. – Als Zeugnis für die Gefährdung der Civitas-Hauptorte in diesen Jahren kann die schon erwähnte Inschrift eines Ehrenbogens angesehen werden, den ein Ratsherr aus Nida, Dativius Victor, den Mainzern gestiftet hat. Die Stiftung war *Abb. 146, 147* wohl aus Dank erfolgt für Hilfe und Aufnahme in die sichere Provinzhaupt-

Abb. 146 Mainz. Dativius-Victor-Bogen. Kopie am Römisch-Germanischen Zentralmuseum

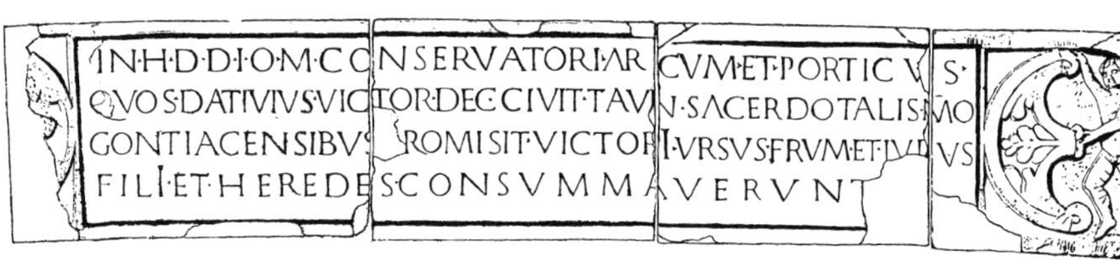

Abb. 147 Mainz. Inschrift des Dativius Victor: In honorem domus divinae Jovi Optimo Maximo Conservatori arcum et porticus quos Dativius Victor decurio civitatis Taunensium sacerdotalis Mogontiacensibus promisit Victori Ursus frumentarius et Lupus filii et heredes consummaverunt; »Zur Ehre des Kaiserhauses und des erhaltenden, besten und größten Jupiter hat Dativius Victor, Ratsherr der Civitas Taunensium und ehemaliger Priester, den Mainzern ein Schmucktor und Säulenhallen versprochen. Seine Söhne und Erben, der Getreidehändler Victorius Ursus und Victorius Lupus haben den Bau vollendet.« Die Söhne tragen die unrömischen, einheimischen Namen Ursus (Bär) und Lupus (Wolf)

stadt, in die die Familie geflüchtet war. Der Bogen ist dem bewahrenden Jupiter (*Iupiter Conservator*) geweiht, was darauf hindeutet, daß die Gefahr diesmal glücklich vorübergegangen war.
Im Jahre 254 fielen die Alamannen erneut ein und überrannten 260 endgültig das obergermanische Grenzgebiet bis zum Rhein. Sie überschritten den Strom und verwüsteten Gallien. Zeugnisse von Kämpfen am obergermanischen Limes gibt es vom Kastell Niederbieber bei Neuwied. Hier ist im Jahre 260 die Besatzung kämpfend untergegangen, was aus dem einmaligen Fund zweier römischer Truppenstandarten hervorgeht. Die Kastelle des Taunus- und Wetteraulimes und der Mainlinie sind eher kampflos geräumt worden, vermutlich waren ihre Besatzungen ohnehin zu schwach, um sich verteidigen zu können. Die Hilfstruppen vom obergermanischen Limes verschwinden von nun an aus der Überlieferung; was nicht in den Kämpfen aufgerieben worden ist, wurde in andere Truppenkörper eingereiht.
Auch der Civitas-Hauptort Nida wurde endgültig vernichtet. Ein mit Schutt dieser Zerstörung gefüllter Keller, aus dem eine 258 geprägte Münze des Gallienus und viele andere Funde stammen, ist 1961 ausgegraben worden. In dem Keller lag auch die interessante Inschrift der Dendrophoren, einer Kultgemeinschaft *Abb. 225*
der Großen Göttermutter – *Mater Magna* –, die sowohl in Nida als auch in dem Vicus Med . . . ein Versammlungsgebäude besaß.
In den nächsten Jahren hatten die Römer Mühe, wenigstens den Rhein als Grenze gegen die Germanen zu halten. Von nun an lag das Gebiet des heutigen Hessen außerhalb des Römerreichs.

Die Rheingrenze nach dem Fall des Limes

Das Römerreich hatte inzwischen durch die Verwaltungs- und Heeresreformen Kaiser Diokletians (284–305) eine neue Stabilität gefunden. Aus dem Rest der alten Provinz *Germania Superior* entstand eine neue, kleinere Provinz *Germania I* und im Süden die Provinz *Maxima Sequanorum.* Die Provinz *Germania I* umfaßte nur noch einen schmalen Landstreifen am Westufer des Rheins, der nördlich von Koblenz begann und im Süden noch Straßburg einschloß. In *Germania I* blieb Mainz Provinzhauptstadt.
Während der Zeit Konstantins (306–337) griff die Macht Roms wieder stärker über den Rhein. Auch gegenüber von Mainz gab es wieder einen römischen Brückenkopf. 1862 fand man bei Lyon in der Saône ein Bleimedaillon; es war ein *Abb. 149*

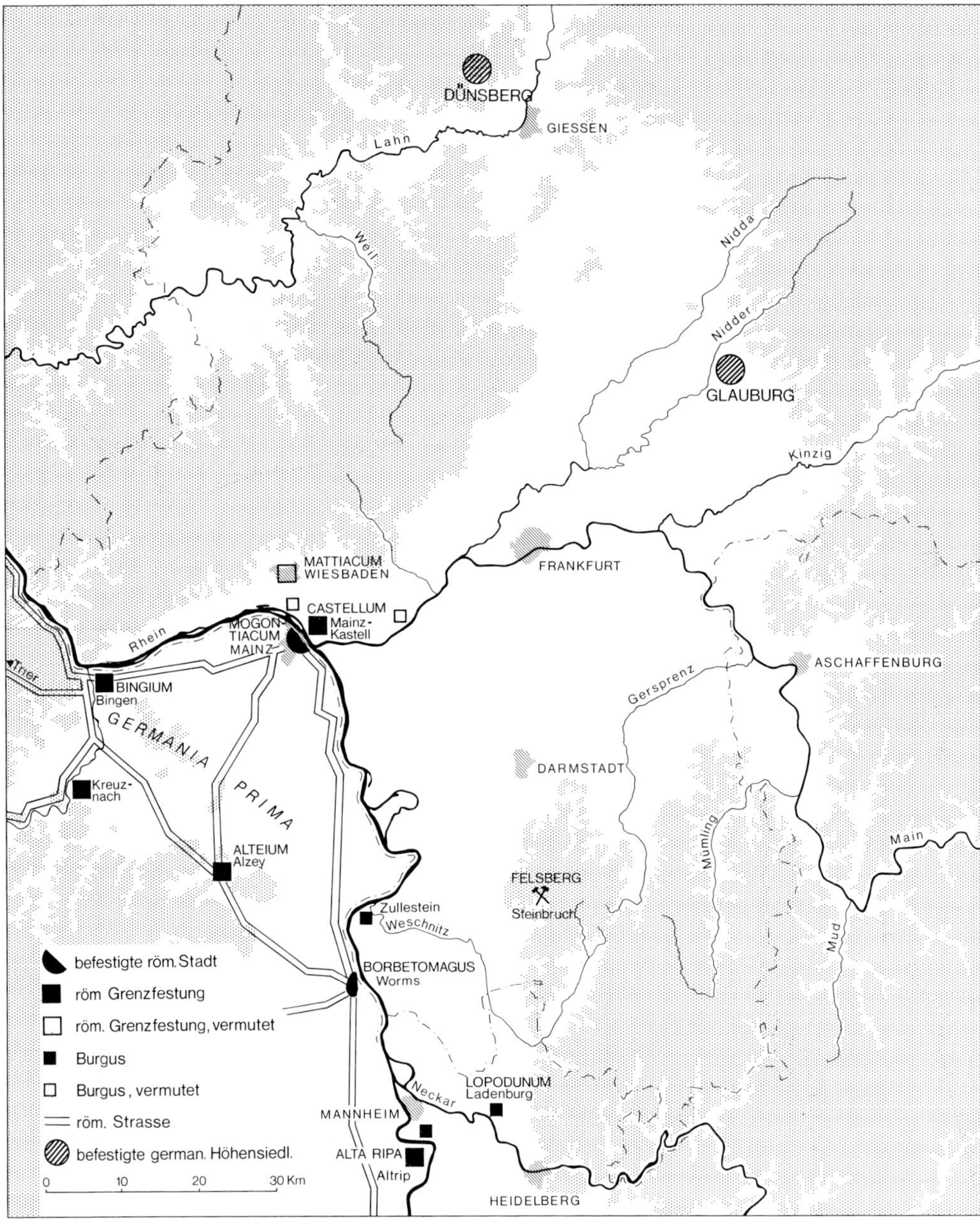

Abb. 148 Spätrömische Zeit. Die Grenze des Imperiums am Mittelrhein im 4. Jh. n. Chr.

Abb. 149 Lyon. Bleiabschlag für ein Goldmedaillon (um 300 n. Chr.)

Probeabschlag eines Prägestempels für die Rückseite eines Goldmedaillons, er wird auf kurz vor 300 datiert. Darauf sieht man den Mauerring von *MOGONTIACUM* links, die Türme der Festung *CASTEL(lum)* rechts, dazwischen eine Brücke, die über den *FL(uvius) RENUS* führt.

Unter Konstantin wurde der Brückenkopf erweitert. In Wiesbaden sind die römischen Heilthermen am Kochbrunnen renoviert worden; der Ort erschien so sicher, daß der Kurbetrieb wieder einsetzte. Man fand in den Ruinen der Thermen gestempelte Ziegel der Mainzer 22. Legion aus dieser Zeit, von denen einige die Inschrift *l(egio) XXII C(onstantiniana) V(ictrix)* »die sieghafte, konstantinische 22. Legion« trugen. Sogar Münzen aus der Zeit Konstantins lagen noch in einem der Badebecken. Ziegel der *legio XXII CV* befanden sich außerdem in einem Bauwerk, vielleicht einer kleinen Grenzfeste, die westlich von Flörsheim am Main lag. Sie sicherte wohl einen der Zugänge zu dem römischen Brückenkopf gegenüber Mainz. Ihre Lage gibt einen Eindruck davon, wie ausgedehnt der Brückenkopf war.

S. 485 ff.
Abb. 204

Zur Zeit Konstantins griff die römische Macht auch wieder nach Südhessen hinein. In den späteren Regierungsjahren des Kaisers entstand in Trier eine gewaltige Doppelbasilika, auf die letztlich der heutige Trierer Dom zurückgeht. Die

zwölf riesigen, monolithischen Granitsäulen, die das Mittelschiff der Basilika trugen, sind am Felsberg im Odenwald, nordöstlich von Bensheim, gebrochen
Abb. 202, 203 worden. Noch heute sieht man am Felsberg die Spuren des römischen Steinbruchbetriebs, und in Trier liegt vor dem Dom der Rest einer dieser Säulen aus Felsberggranit, der Domstein. Die Kapitelle der Säulen waren aus Marmor gefertigt, der aus den Steinbrüchen bei Auerbach an der Bergstraße kam. Die Tätigkeit der römischen Steinmetzen jenseits des Rheins setzt eine militärische Beherrschung der Gegend durch die Römer in der Zeit Konstantins voraus. Sie war gewiß auch durch Verträge (*foedera*) mit den angrenzenden Germanen abgesichert.

In der Mitte des 4. Jahrhunderts trat an der Rheingrenze eine Krise ein, als sich der Gegenkaiser Magnentius in Gallien erhob. Zwar wurde Magnentius von Kaiser Constantius II. im Jahre 351 bei Mursa (heute Osijek an der Drau, Jugoslawien) geschlagen. Dabei gingen große Teile der römischen Heere beider Seiten zugrunde, darunter auch die 8. und die 22. Legion von den Grenztruppen der Provinz *Germania I.* Die Germanen nutzten diese Schwäche des Römerreichs jahrelang zu Einfällen nach Gallien aus. In unserem Raum waren die Alamannen die Angreifer; die rechtsrheinischen Brückenköpfe der Römer wurden zuerst zerstört. Wiesbaden und Kastel gingen in Flammen auf, die Fahrbahn der römischen Rheinbrücke wurde abgerissen. Erst als Constantius II. seinen Neffen Julianus als Caesar in Gallien einsetzte (355), nahm die Krise ein Ende. Julian, der 361 Kaiser wurde, vermochte die Rheingrenze wieder zu festigen.

Nach Julian kam noch einmal ein kraftvoller Herrscher an die Rheingrenze, der die letzten römischen Bauten auf heute hessischem Boden errichten ließ: Kaiser Valentinian I. (364–375). Er setzte die Grenzpolitik seiner Vorgänger Konstantin und Julian fort. Mehr als einmal führte er seine Truppen über den Rhein. Doch auch die Alamannen unternahmen immer wieder Raubzüge in die Provinz. Bezeichnend ist der Überfall auf Mainz, den im Jahre 368 ein alamannischer Häuptling namens Rando unternommen hat. Wie der römische Historiker Ammianus berichtet, hat Rando nach langer, sorgfältiger Vorbereitung Mainz gerade in dem Augenblick überfallen, als die dort stationierten Limitantruppen mit Valentinian auf einem Feldzug waren. Mit seinem leichtbeweglichen Gefolge drang er heimlich in die Stadt ein, als während eines hohen christlichen Festes – wohl Ostern – die ganze Bevölkerung in der Kirche war. Ungehindert konnte er Männer und Frauen jeden Standes mit ihrem nicht geringen Hausrat in die Sklaverei schleppen.

Um weitere Überfälle zu verhindern, hat Valentinian auch den Mittelteil der Rheingrenze stärker befestigt. Wehrbauten gab es damals in diesem Abschnitt der Rheingrenze bereits in Boppard, Bingen, Mainz und Worms. Valentinian

Abb. 150 Wiesbaden. Ziegelstempel der Portissienses, einer spätrömischen Grenztruppe (2. Hälfte 4. Jh. n. Chr.)

fügte dem System der Grenzverteidigung die Festungen von Bad Kreuznach, *Alteium* (Alzey) und *Alta Ripa* (Altrip südlich Ludwigshafen) hinzu. So entstand eine tiefgestaffelte Verteidigungszone am linken Rheinufer. Solange sie ausreichend bemannt war und entschlossen verteidigt wurde, war sie für die Germanen undurchdringlich. Der Kaiser nahm auch den römischen Brückenkopf gegenüber Mainz wieder in Besitz. In Wiesbaden ließ er mit dem Bau einer mächtigen Festung beginnen, der heute noch sichtbaren Heidenmauer. Man hat bei *Abb. 462, 466* Ausgrabungen an der Heidenmauer gestempelte Ziegel spätrömischer Truppeneinheiten aus der Zeit Valentinians gefunden, und zwar der *Martenses* (Standort Altrip) und der *Portissenses.* Am 4. Juni 369 hat sich Valentinian persönlich in *Abb. 150* Wiesbaden aufgehalten; er hat hier ein Gesetz erlassen. Doch ist die spätrömische Befestigung von Wiesbaden nie vollendet worden. Wahrscheinlich hängt der Abbruch der Bauarbeiten mit dem Vertrag zusammen, den Valentinian nach mancherlei Kämpfen mit dem Alamannenfürsten Macrianus abschloß. Macrianus regierte die Bucinobanten, einen Teilstamm der Alamannen, der im Rhein-Maingebiet saß. Dieser Stamm schützte nun im Dienst des Römerreichs das Vorland von Mainz.

Aus den Schilderungen des Ammianus und anderer antiker Quellen geht hervor, daß die Alamannen keinen zentral gelenkten, straff organisierten Stamm bildeten, sondern in zahlreiche unterschiedlich große Gruppen zersplittert waren, die jeweils ihren eigenen Fürsten oder Häuptling besaßen. Ammianus nennt diese Stammesherrscher *reges* (Könige) oder auch *reguli* (kleine Könige). Alamannische Häuptlingssitze befanden sich damals auf dem Dünsberg bei Gießen und *S. 259 ff.* auf dem Glauberg bei Büdingen; beide Berge hatten bereits keltische Befestigun- *S. 319 ff.* gen getragen, die nun nach Jahrhunderten des Zerfalls von den Alamannen wiederhergerichtet worden sind. – Im übrigen hatten die Alamannen inzwischen von den fruchtbaren Böden unseres Raums Besitz ergriffen. Die römischen Ruinen haben sie meist liegengelassen und neue Dörfer und Gehöfte gebaut. Nur in einigen Fällen haben sie römische Villen weiterbenutzt, wie wir es etwa von der Villa auf dem Ebel im Stadtgebiet von Frankfurt a. M. wissen. Auch Ammianus *S. 296 f.* berichtet einmal etwas verwundert von alamannischen Höfen, die in römischer Art gebaut waren.

Inzwischen war es zu einer eigentümlichen Verzahnung zwischen den Germanen und dem römischen Heer gekommen. Ein wachsender Anteil des Heeres bestand aus germanischen Söldnern und Verbündeten. Aus unserer Gegend hören wir, daß mehrere Adlige der Bucinobanten, gegen die die Römer jahrelang gekämpft hatten, mit ihrem Gefolge als Offiziere in das römische Heer aufgenommen worden sind. So erhielt beispielsweise der Bucinobante Fraomarius unter Valentinian den Rang eines Tribunen und beteiligte sich mit seinem *numerus Alamannorum* an der Verteidigung der Provinz Britannia. In ähnlicher Weise standen andere germanische Adlige im Dienst Roms und erreichten zum Teil hohe Kommandostellen.

Valentinian hat auch am rechten Rheinufer mehrere befestigte Schiffslandeplätze errichten lassen. Sie sollten es seiner Rheinflotte und damit dem Heer erlauben, jederzeit östlich vom Rhein einzugreifen. Diese Schiffsländen bestanden aus einem mächtigen Wehrturm nahe am Ufer. Er war mit seitlichen Flügelmauern versehen, die zum Fluß hinabführten und so eine gesicherte Schiffslandestelle einschlossen. Einen solchen *burgus* hat es bei Niederlahnstein gegeben. Ein weiterer befand sich vermutlich in Wiesbaden-Biebrich. Erst vor wenigen Jahren ist der Burgus Zullestein bei Biblis an der Weschnitzmündung entdeckt worden; seine Grundmauern sind sichtbar und geben einen guten Eindruck von einem solchen spätrömischen Wehrbau. Zusammen mit der Heidenmauer in Wiesbaden gehört der Zullestein zu den spätesten Römerbauten in Hessen.

S. 504 ff.
Abb. 484–486

So hat Valentinian den Schutz der Rheingrenze auf ein in die Tiefe gestaffeltes System von Befestigungen gegründet, das sich zum Teil offensiv auf das rechte Rheinufer vorschob. Es ist diplomatisch durch Verträge mit Alamannenstämmen im unmittelbaren Vorfeld der Grenze abgesichert worden. Diese Grenze hat einige Jahrzehnte gehalten.

In den Jahren 401, 402 und 405 hat der weströmische Heeresmeister Stilicho die Kerntruppen des Bewegungsheeres aus den gallischen Provinzen abgezogen. Obgleich Stilicho Germane war, nahm er die höchste Stellung nach dem schwachen Kaiser Honorius ein und regierte praktisch das Westreich. Der Heeresmeister benötigte die Truppen dringend zur Abwehr der Goten, die nach Italien eingefallen waren. Diese Einheiten sind nicht mehr nach Gallien zurückgekehrt. Die Lage am Rhein wurde dadurch labil. Im Winter 406/407 kam es zu einem folgenreichen Germaneneinfall; Wandalen, Alanen und Sueben überschritten bei Mainz den Rhein. Der Kirchenvater Hieronymus hörte im fernen Bethlehem davon: »Unzählbare und äußerst wilde Stämme haben ganz Gallien überrumpelt . . . Mainz, die einst so schöne Stadt, ist gefallen und zugrundegerichtet, und in der Kirche wurden viele tausend Menschen umgebracht . . .« Aber auch dieser Einbruch der Germanen brachte noch nicht das Ende der Römerherr-

Abb. 151 Mainz-Kastel. Spätrömischer Schwertscheidenbeschlag aus dem Schatzfund von 1962. Silber vergoldet (Anfang 5. Jh. n. Chr.)

schaft in Gallien und am Rhein. Zwar hatte das Reich nicht mehr die Kraft, die eingedrungenen Germanen über den Rhein zurückzuwerfen. Der in Gallien regierende Gegenkaiser Konstantin III. konnte mit Mühe die römische Herrschaft in Zentralgallien bewahren. Germanische Stämme setzten sich westlich vom Rhein fest, darunter die Burgunder in der Umgebung von Worms. Es gelang jedoch, die meisten dieser Stämme vertraglich zu binden und zur Verteidigung der Rheingrenze zu verpflichten. Es lag ja auch in ihrem Interesse, das neugewonnene Siedlungsgebiet gegen die nächsten Wellen der andringenden germanischen Völkerwanderung, bald auch gegen die Hunnen zu verteidigen.

Aus der kurzen Regierungszeit Konstantins III. (407–411) stammt ein Fund, der wohl als das letzte archäologische Zeugnis der Römerherrschaft aus Hessen gelten kann. Es ist der Schatzfund von Kastel, der 1962 geborgen wurde. Er umfaßt 697 römische Münzen, darunter 16 Goldstücke, prachtvolle Teile eines Of- *Abb. 151* fiziers-Wehrgehänges und anderes Trachtenzubehör sowie Schmuck. Diese Fundstücke sind eigenartig aus Teilen römischer und germanischer Herkunft gemischt. Sie gehörten wohl dem Kommandeur der letzten regulären römischen Einheit, die zum Schutz von Mainz östlich vom Rhein in Kastel gestanden hat; dieser Offizier wird ein Germane gewesen sein.

Die römische Epoche war im hessischen Raum verhältnismäßig kurz und hat historisch nicht unmittelbar weitergewirkt. Die Provinzbewohner sind von den Alamannen verdrängt worden, und nur die Reste ihrer Bauten und die Ruinen der Wehranlagen des Limes sind geblieben, wie man sie heute noch im Taunus und im Odenwald liegen sieht. Über die römische Grenze sind indessen in der Zeit ihres Bestehens entscheidende Impulse auf die Germanen übergegangen. Die mittelmeerische Hochkultur der Römer hat die Germanenstämme vielfältig beeinflußt und umgeformt; erst dadurch wurden sie zu den Reichsgründungen der Völkerwanderungszeit befähigt, die das Ende des Römerreichs brachten und das politische Gesicht Europas umgestalteten. – Andererseits hat der Limes den römischen Provinzen in Gallien Jahrhunderte einer ungestörten Entwicklung ermöglicht. Die Romanisierung schlug in dieser Zeit so tiefe Wurzeln, daß sie in Frankreich auch die Völkerwanderung und die Reichsgründung der Franken überstand. Frankreich blieb ein romanisches Land; das wirkt noch heute in den politischen Verhältnissen Europas weiter.

II Grabungsstätten, Geländedenkmäler und Museen von Adolfseck bis Zullestein

Erläuterungen und Abkürzungen

Das ehemals röm Gebiet im heutigen Hessen ist so reich an Fundstätten, Geländedenkmälern und Einzelfunden, daß nicht alle in einem Band beschrieben werden können. Die Autoren haben aber angestrebt, auf jeden Fall die heute noch sichtbaren Geländedenkmäler aufzuführen. Diese erhielten in der Überschrift jeweils das Zeichen *. Von zahlreichen, zum Teil wichtigen Fundstätten ist indessen nichts oder fast nichts mehr zu sehen. Von ihnen wurden diejenigen in das Verzeichnis aufgenommen, die den Autoren aus historischen oder archäologischen Gründen bedeutsam erschienen. Das Verzeichnis stellt demnach keinen vollständigen Katalog der röm Fundstätten Hessens dar; so konnte beispielsweise nur ein geringer Teil der vielen röm Gutshöfe erwähnt werden.

Abkürzungen

Abb	Abbildung
Ao	Aufbewahrungsort
Fo	Fundort
Jh	Jahrhundert
Lit	Literatur
N	Norden, nördlich
nCh	nach Christi Geburt
O	Osten, östlich
RLK	Reichslimeskommission
röm	römisch
S	Süden, südlich
vChr	vor Christi Geburt
W	Westen, westlich
Wp	Wachtposten am Limes

Die Stadt- und Landkreise werden mit ihren Autokennzeichen genannt

AB	Stadt- und Landkreis Aschaffenburg (Bayern)
DA	Stadtkreis Darmstadt, Landkreis Darmstadt-Dieburg
EMS	Rhein-Lahn-Kreis (Rheinland-Pfalz)
ERB	Odenwaldkreis
F	Stadtkreis Frankfurt a. M.
FB	Wetteraukreis
GG	Landkreis Groß-Gerau
GI	Stadt- und Landkreis Gießen
HG	Hochtaunuskreis
HP	Landkreis Bergstraße
HR	Schwalm-Eder-Kreis
HU	Main-Kinzig-Kreis
MIL	Landkreis Miltenberg (Bayern)
MTK	Main-Taunus-Kreis
MZ	Stadtkreis Mainz (Rheinland-Pfalz)
OF	Stadt- und Landkreis Offenbach
RÜD	Rheingau-Taunus-Kreis
WI	Stadtkreis Wiesbaden

Adolfseck → Limes (Westliche Taunusstrecke)

Altenstadt FB

Numeruskastell

Abb 152, 176

Die röm Militäranlagen in Altenstadt hatten offensichtlich die Aufgabe, einen wahrscheinlich schon vorröm Weg zu sperren, der an der Nidder entlang in den Vogelsberg und weiter nach Fulda führte, sowie den nur 5 km entfernten → Glauberg zu überwachen. Bereits 1603 war ein wichtiger Inschriftstein vom Jahr 242 nChr aus einem Brunnen geborgen worden. Grabungen fanden dann 1886, 1907 und 1911 statt. Sie wurden in etwas größerem Umfang 1955, 1956 und 1959 vom Saalburgmuseum wieder aufgenommen. Aber auch jetzt konnten im wesentlichen nur die Umwehrungen untersucht werden, während wegen der Häuser, Höfe und Gärten die Bauwerke im Innern weitgehend unerforscht blieben. (Die wenigen aufgedeckten Reste werden auf Abb 152 wegen des kleinen Maßstabs auch nicht dargestellt.) Das Kastellareal ist heute fast restlos über-

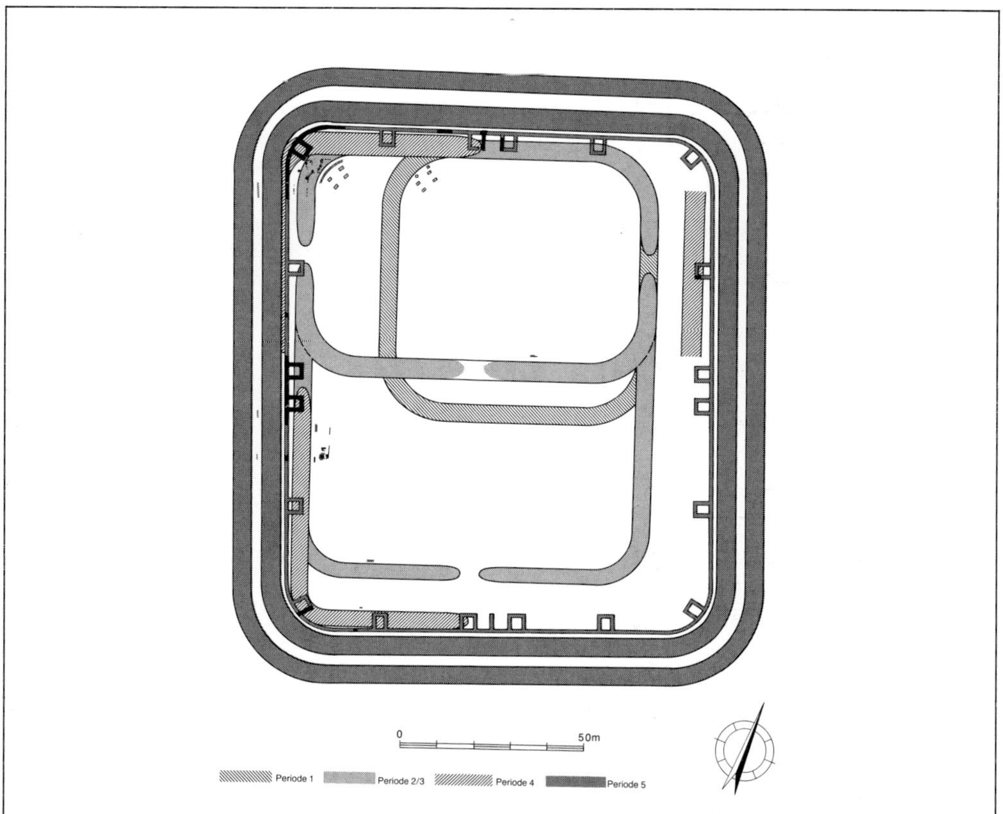

Abb. 152 Altenstadt. Numeruskastell. Bauperioden der Umwehrung. In der 6., hier nicht dargestellten Periode stand nur noch der innere Wehrgraben offen

baut. – Die Geschichte der Fortifikation ist ziemlich kompliziert, da sie sich im Lauf der Jahre von einer kleinen Schanze zu einem Numeruskastell entwickelte. Es ließen sich folgende Bauphasen erkennen:

1. Wohl nach dem Saturninusaufstand 88/89 nChr kleine Schanze. Von Mitte zu Mitte des umlaufenden Wehrgrabens wahrscheinlich 69,5 x 69,5 m groß, NS-Ausdehnung jedoch unsicher. Hinter dem Graben Holz-Erde-Mauer mit vorderer Bohlenwand, deren Pfosten in einzelnen Gruben saßen. Grundriß eines Turms auf 4 Pfosten in der NW-Ecke aufgedeckt. Belegbarer Innenraum vermutlich rund 0,3 ha.

2./3. Möglicherweise eine gewisse Zeit nach Auflassung der Schanze, vielleicht um 110 nChr, ein langrechteckiges Kleinkastell. Zwischen den Grabenmitten 92,5 x 58,5 m. Holz-Erde-Mauer mit vorderer Bohlenwand in Pfostengräbchen. In der NW-Ecke Grundriß eines Holzturms auf 4 Pfosten aufgedeckt. Belegbarer Innenraum etwa 0,35 ha. Hinter der N Umwehrung Spuren einer Mannschaftsbaracke. – Später Erweiterung des Kleinkastells nach S zu durch einen Annex, so daß die gesamte Fortifikation zwischen den Grabenspitzen 112,5 x 92,5 m maß und eine belegbare Innenfläche von 0,8 ha hatte. Im NO-Teil des Annexes wohl ein Badgebäude, nach den Ziegelstempeln zu urteilen am ehesten unter Trajan (98–117 nChr) erbaut. Gegenüber in der W Hälfte wahrscheinlich weitere Gebäude.

4. Auflassung der Anlage der Bauphase 2/3 um 135 nChr. Jetzt völliger Neubau zur Aufnahme einer taktisch selbständigen Einheit, wohl eines Numerus in Stärke von vielleicht 300 Mann. Hinter dem Wehrgraben 3,6 m breite Rasensodenmauer. Beide N vom W-Tor um 7,5 m nach W versetzt. In der NW-Ecke Grundriß eines Holzturms auf 4 Pfosten aufgedeckt. Verhältnisse auf der O-Seite unklar. Belegbarer Innenraum wohl mehr als 1 ha. Im NW-Teil Spuren einer Mannschaftsbaracke, im Zentrum solche des Stabsgebäudes, im W-Teil der S Hälfte ein Vorratsbau mit Keller und im O-Teil vermutlich anstelle des früheren Bades heizbare Wohnräume, die zum Kommandantenhaus gehörten.

5. Um 150 nChr Einplanierung der Bauphase 4 und Errichtung eines Kastells mit zwei umlaufenden Verteidigungsgräben, einer steinernen Wehrmauer, 4 über Kreuz liegenden Toren, Eck- und Zwischentürmen. Von Innenwand zu Innenwand der Umfassungsmauer 132 x 114 m groß, belegbare Innenfläche 1,3 ha. Im NW-Teil Pfostengräbchen und Pfostengruben von 2 Bauwerken unsicherer Bedeutung und ein großes Wasserbassin, im Zentrum Spuren des Stabsgebäudes, im W-Teil der S Hälfte Mannschaftsbaracken und im O-Teil ein heizbarer Raum mit Hypokaustpfeilern, der mit großer Wahrscheinlichkeit auf das Kommandantenhaus hinweist.

6. Vorblendung der Wehrmauer auf der NW-Seite, Reparaturen am einen oder anderen Turm. In der spätesten Phase nur noch der innere Wehrgraben offen. Das Kastell wurde zweimal zerstört: in der 2. Hälfte des 2. Jh und um 233 nChr. Der anfangs schon erwähnte Inschriftstein vom Jahr 242 nChr, der *genio collegi iuventutis Cons . . .* geweiht ist, zeigt, daß das Kastell damals wieder besetzt war. Wie lange noch danach, kann man nicht sagen.

Das rings um das Kastell vorhandene Lagerdorf teilt leider das Schicksal so vieler anderer am obergermanischen und rätischen Limes, da es niemals planmäßig untersucht wurde. Schö

Lit: EAnthes, ORL Abt. B Band II,2 Nr. 20 (1912); EFabricius, ORL Abt A Band II,1 Strecke 4 u. 5 (1936) 146; HSchönberger u. H-GSimon, Limesforschungen 22 (im Druck).

Arnheiter Hof → Breuberg

Arnsburg GI

Kohortenkastell

Abb 153, 154

Das Kastell Alteburg liegt 1 km SW von Kloster Arnsburg. Zum Bau des nördlichsten Kohortenkastells am Wetteraulimes wählten die Römer einen Vorsprung der Lößhochfläche, der vom Zusammenfluß des Welsbaches mit der Wetter ge-

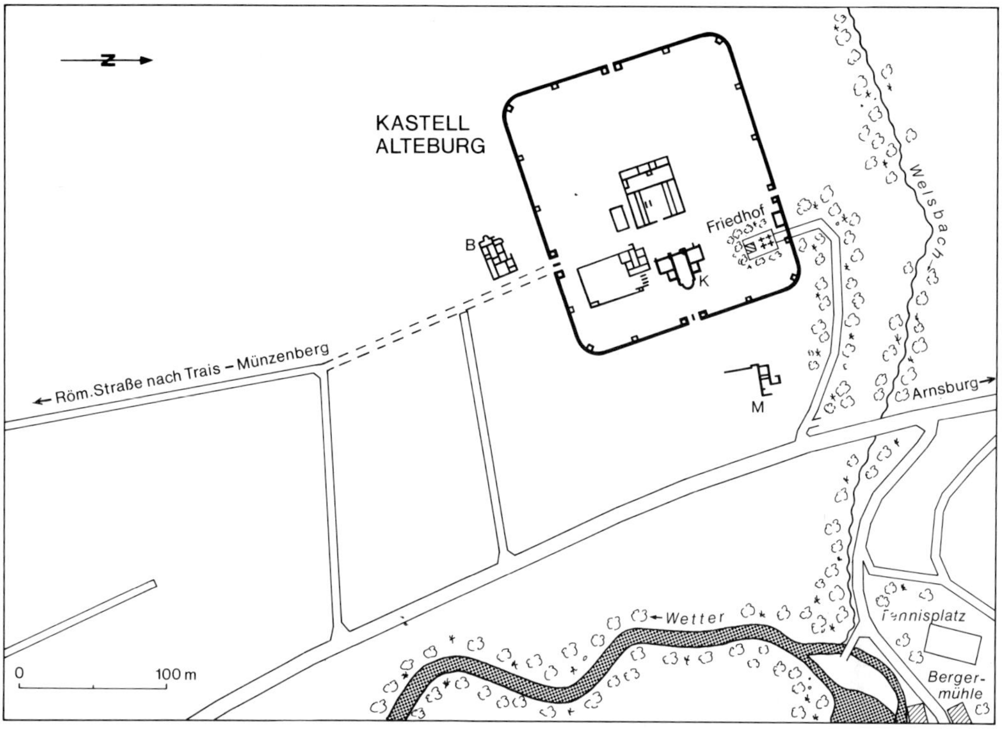

Abb. 153 Arnsburg. Lageplan des Kohortenkastells

bildet wird. Die Höhe erlaubte einen vorzüglichen Überblick über die Umgebung und bot zugleich einen natürlichen Schutz für die N- und O-Seite des Kastells. Heute wird der Platz durch eine uralte Linde bezeichnet, die im vorderen Teil des Kastells neben dem kleinen Friedhof von Hof Güll steht.

Die Alteburg war schon immer als röm Fund- und Ruinenstätte bekannt. 1151 stiftete Konrad von Arnsburg die Ruinenstätte zur Gründung eines Benediktinerklosters. Damals werden noch beachtliche Teile des röm Mauerwerks aufrecht gestanden haben; vielleicht hat sich die Ruine der Umwehrung als Klostermauer angeboten. Die Benediktiner begannen sogleich mit dem Bau ihrer Klosterkirche. Als das Kloster schon nach wenigen Jahrzehnten, 1174, an die Stelle des heutigen Klosters Arnsburg verlegt und dem Zisterzienserorden übertragen wurde, waren Chor und Querschiff fertig, das Langhaus der Kirche aber gerade erst begonnen. Bei der Ausgrabung des Kastells im 19. Jh fand man die Grundmauern dieser Klosterkirche, die heute völlig von der Oberfläche verschwunden ist. Die alte Linde nimmt ungefähr den Platz des Altars ein, und wenn ihr Alter richtig geschätzt wurde, muß sie bald nach der Verlegung des Klosters gepflanzt worden sein. – Bis zum 19. Jh sind auch die Mauern des röm Wehrbaus nahezu völlig verschwunden. Der Wiederentdecker des Kastells war der Solms-Laubachische Rentamtmann Fabricius. Er bemerkte in dem heißen Sommer 1842, daß sich die unterirdischen, antiken Mauerzüge sehr deutlich durch mageren Wuchs und gelbe Farbe im Kleeacker abzeichneten und maß sie auf. Damit benutzte er als erster in unserem Raum Wuchs-

marken zum Aufspüren verschwundener Mauern, eine Technik, die heute in der archäologischen Luftbildprospektion eine große Rolle spielt. Tatsächlich werden seine Beobachtungen durch neue Luftbildaufnahmen bestätigt.
Unsere Kenntnis des Kastellplans beruht aber vor allem auf den Ausgrabungen der RLK, die F. Kofler 1983 unternahm. Er stellte fest, daß das 2,9 ha große Kohortenkastell mit dem Haupttor nach O wies, in Richtung auf das Wettertal. Für den heutigen Besucher sind noch Fundamentreste der N Kastellmauer mit dem linken Seitentor und der abgerundeten NW-Ecke schwach sichtbar. Man findet sie mit einiger Mühe in der Wiese oben am Beginn des Abhangs zum Welsbachtal. – Von den Innenbauten deckte Kofler das Stabsgebäude (*principia*) sowie ein größeres Gebäude im Vorderlager auf, vermutlich das Wohnhaus des Kommandanten (*praetorium*). Die übrigen Innenbauten – vor allem die Mannschaftsbaracken – waren Holzbauten, die man mit der damaligen Grabungsmethode nicht erkennen konnte. Außerdem hat Kofler die Fundamente der Klosterkirche (K) untersucht.
Als erste Besatzung ist die *Cohors II Aquitanorum equitata civium Romanorum* bezeugt. Sie wird beim Bau des Limes in den Jahren unmittelbar nach dem Chattenkrieg 83–85 nChr das erste, wohl noch aus Holz bestehende Kohortenkastell errichtet haben. Die Hilfstruppe bestand bei ihrer Gründung aus Kelten, die in Aquitanien im W Galliens ausgehoben worden waren. Sie wurde schon am Anfang des 2. Jh in die Provinz Raetia versetzt, wo sie in das Kastell Regensburg-Kumpfmühl kam. An ihre Stelle trat in Arnsburg die *Cohors I Aquitanorum veterana equitata.* Auch sie blieb nicht dauernd in Arnsburg, denn nach der Mitte des 2. Jh ist sie im Kastell Stockstadt a. M. bezeugt. Welche Einheit später in Arnsburg lag, ist unbekannt, doch blieb das Kastell bis zum Endes des Limes Mitte des 3. Jh besetzt.
Sowohl Fabricius als auch Kofler deckten einige Gebäude des Kastelldorfs auf. Der Kern der Siedlung (*vicus*) befand sich S vom Kastell an der Römerstraße nach Friedberg, die vom rechten Seitentor ausging. Dicht am Kastell lag dort das Badegebäude B, dann folgten an beiden Seiten der Straße die Häuser des Vicus. – Ein anderes, größeres Gebäude M befand sich unmittelbar O vom Kastell unmittelbar über dem Zusammenfluß von Welsbach und Wetter. Das in so vorzüglicher Lage errichtete Bauwerk war sicherlich ein dienstliches Unterkunftshaus (*mansio*).
Als nördlichster Stützpunkt des Wetteraulimes muß Kastell Arnsburg stets von besonderer Bedeutung gewesen sein. Dafür spricht auch seine frühe Gründung noch unter Kaiser Domitian. Die Besatzung war als *cohors equitata* (teilweise berittene Kohorte) vielseitig und rasch einsetzbar, auch für Aufklärungszwecke. Das Kastell schützte nämlich eines der Einfallstore in die Provinz: nur wenige Wegstunden Marsch führten in das → Gießener Becken, in dem damals eine germanische Bevölkerung saß, und von wo aus es Fernverbindungen nach Mitteldeutschland gab. Der eigentliche Grenzübergang befand sich vermutlich in 1,8 km Entfernung vom Kastell unmittelbar N von der Stelle, wo die Wetter den Limes kreuzt. Hier hat vielleicht ein Kleinkastell gestanden, vergleichbar mit dem Kleinkastell Degerfeld vor Butzbach. – Am Kastell selbst liefen mehrere röm Straßen zusammen, die nach Butzbach, Friedberg und Echzell führten. Von ihnen war die nach Friedberg, ins Zentrum der Wetterau, die wichtigste. Sie ist heute S vom Kastell über eine weite Strecke zu verfolgen. Ba

Lit: FKofler ORL Abt B Band II, 2 Kastell Nr. 16 (1902).

Abb. 154 Arnsburg. Ziegelstempel des Cohors I Aquitanorum

Aschaffenburg AB

Stiftsmuseum

Abb 155

Stiftskapitelhaus an der Stiftskirche. Öffnungszeiten: tägl. 10–13, 14–17 außer Di; 15.10. bis 15.4. geschlossen.

Im Stiftsmuseum der Stadt Aschaffenburg befindet sich eine beachtliche Ausstellung röm Funde vom nahen Mainlimes. Ferner sind sehenswerte Sammlungen vor- und frühgeschichtlicher Funde sowie Mittelalter- und Renaissancekunst zu sehen. Den röm Funden sind zwei Museumssäle im Erdgeschoß gewidmet. Der erste ist als Lapidarium (Steinsaal) eingerichtet. Er enthält Altäre, Grabsteine und Skulpturen aus den Limeskastellen Stockstadt, Obernburg und Niedernberg. Bemerkenswert ist eine Inschrift in griechischer Sprache, in der ein Soldat »gerettet aus dem Krieg« dem Genius sein Gelübde darbringt; der Name des Weihenden ist leider nicht erhalten. Griechische Inschriften sind recht selten am Limes. – Inhaltlich interessant ist die Weiheinschrift des Kohortenarztes M. Rubrius Zosimus aus Obernburg (s. S. 125). – Eine eigentümliche Fassung besitzt der Grabstein des Soldaten Marcellus, Sohn des Bolgedo, aus Niedernberg. Der Stein ist 1963 gefunden worden. Er überliefert auch den bis dahin unbekannten Namen der Kastellbesatzung, der *Cohors I Ligurum et Hispanorum.* – Der zweite Museumssaal enthält eine gute Übersicht über röm Keramik und andere Fundstücke aus den Mainkastellen, vornehmlich aus dem Kastell Stockstadt. Besonders schön ist ein bronzener Silenskopf aus Niedernberg, der einst als Wasserspeier an einem Brunnen angebracht war; man sieht hinter dem Kopf noch das Anschlußstück des Zulaufrohrs. Das Stück ist einzigartig, es gibt am ganzen Limes kein gleichartiges. Ein Meisterwerk der Eisentreibkunst ist die eiserne Gesichtshelmmaske aus Stockstadt. Sie wurde bei Paradespielen der röm Kavallerie getragen und wird einem Reiter der seit der Mitte des 2. Jh nChr in Stockstadt stationierten *Cohors I Aquitanorum veterana equitata* gehört haben.

Abb. 155 Aschaffenburg. Stiftsmuseum. Silenskopf als Wasserspeier. Bronze

Schließlich sei auf den großen Münzschatz aus Stockstadt hingewiesen, der aus 1315 Silberdenaren und 6 Goldstücken (*aurei*) besteht. Er wurde 1962 im Kastell gefunden und stellt ein wichtiges historisches Zeugnis für einen Germaneneinfall dar, der um 170 nChr stattgefunden haben muß. Offenbar ist derjenige, der den Schatz verbarg, bei den Kriegswirren ums Leben gekommen, und so blieb der Schatz fast zwei Jahrtausende im Boden. Ba

Lit: ESchneider, Stiftsmuseum der Stadt Aschaffenburg, Bildführer. Aschaffenburg 1974. – Zu den Inschriftsteinen: HCastritius u. M.Clauss in: Beiträge zur Erforschung des Odenwaldes und seiner Randlandschaften 3 (Breuberg-Neustadt 1980) 193 ff.

Abb. 156 Aschaffenburg. Pompejanum

Pompejanum (z. Z. geschlossen)

Abb 156

Wenige hundert Meter mainabwärts vom Aschaffenburger Schloß leuchtet ein hier fremd anmutendes Gebäude aus den dunklen Baumkronen eines kleinen Parks, das Pompejanum. Das Bauwerk ist die freie Kopie eines in Pompeji ausgegrabenen, röm Stadthauses, der Casa dei Dioscuri (Region VI 9,6–7), die allerdings in Pompeji dicht zusammengedrängt mit den Nachbarhäusern zwischen zwei engen Gassen liegt. – Vielleicht war es die südlich anmutende Lage inmitten von Weinbergterrassen, die König Ludwig I. von Bayern zu der Rekonstruktion veranlaßte. Sie stand einerseits ganz im Geist der Romantik, war aber andererseits auch ein Politikum, ein Zeichen der Präsenz des Königs in dem damals neubayerischen Maingebiet. Der Bau entstand 1840–1848 (Planung durch Friedrich von Gärtner). Er ist mit Wandmalereien und Mosaiken geschmückt, die sich an pompejanische Vorbilder anlehnen. Im Pompejanum waren auch Kopien röm Hausrats und eine kleine Antikensammlung aufgestellt. So geht es zwar auf kein röm Gebäude unseres Raums zurück, ist aber ein bemerkenswertes Zeugnis der romantischen Rom-Begeisterung und der damaligen Rezeption der Antike. Ba

Aschaffenburg-Nilkheim AB

*Grundmauern der Kastellthermen von Stockstadt**

Abb 157, 158

Nilkheimer Park. April bis Oktober tagsüber geöffnet.
Der Nilkheimer Park liegt ungefähr 3 km SW vom Stadtkern Aschaffenburgs am Main. Als bei einer Erweiterung der Papierfabrik in Stockstadt das dort seit 1898 freiliegende Kastellbad den Fabrikbauten weichen mußte, wurde es im Jahre 1968 in den Nilkheimer Park versetzt. Man findet die Fundamente der Thermen jetzt am NO-Ende des Parks. – Das Stockstädter Kastellbad ist um 100 nChr von der damals in Stockstadt stationierten *Cohors III Aquitanorum equitata civium*

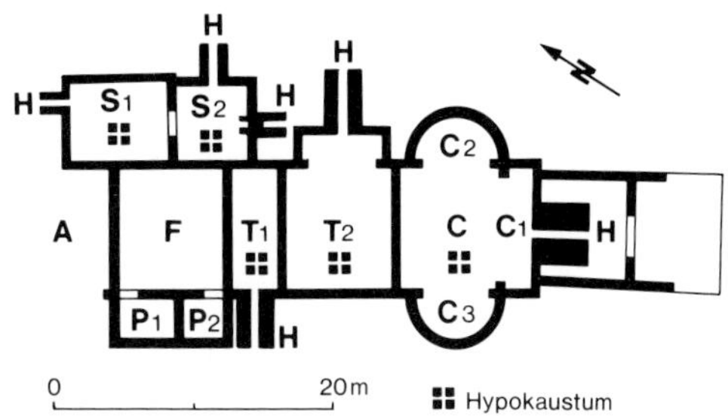

Abb. 157 Aschaffenburg. Nilkheimer Park. Plan der Thermen des Kastells Stockstadt. A Auskleideraum, F Kaltbad mit Kaltwasserbecken P_1 und P_2, T_1, T_2 Laubad, Ca Warmbad, S_1, S_2 Schwitzbad, H Heizraum

Romanorum errichtet worden. Es ist ein typisches Kastellbad dieser Zeit mit den üblichen, längs der Gebäudeachse aufgereihten Räumen. Im Tepidarium ist ein Stück der Heizeinrichtung

Abb. 158 Aschaffenburg. Nilkheimer Park. Warmbad (caldarium) des Stockstadter Bades

(*hypocaustum*) rekonstruiert worden. – Wahrscheinlich befand sich NW vom Kaltbaderaum (*frigidarium*) F noch ein hölzerner Umkleidesaal. Diesen Holzbau konnte man mit den Grabungsmethoden der Jahrhundertwende noch nicht feststellen. Daher fehlt er auf dem Plan und ist auch im Nilkheimer Park nicht aufgebaut worden.

Ba

Lit: FDrexel, ORL Abt B Band III Kastell Nr. 33 Stockstadt (1910) 17 ff – DBaatz, Bayer. Vorgeschichtsbl. 34, 1969, 63 ff.

Assenheim →Niddatal-Assenheim

Babenhausen-Hergershausen DA

Priapos-Terrakotta

Abb 159

Aus einem Grabfund, der in den 80er Jahren des 19. Jh in der Nähe der Feldgewann »Lettbusch« SO von Hergershausen geborgen wurde, stammt eine 25 cm hohe Terrakotta-Statuette, die den Gott der Fruchtbarkeit, Priapos, darstellt. Das ehemals zerbrochene und unzureichend restaurierte Figürchen ist aus feinem, weißen Ton gebrannt und zeigt an der Oberfläche die Reste fahlgelber (fleischfarbener) Bemalung. Der Gott ist als Jüngling dargestellt, mit Mantel bekleidet und streckt beide Unterarme nach vorn, mit den Händen einen Früchtekorb haltend, der zusätzlich von seinem Phallus gestützt wird. Priapos, der als Segensbringer und Übelabwehrer in Dingen animalischer und vegetabiler Fruchtbarkeit fungiert, spielte besonders in Gärten eine Rolle. Die Beigabe einer Götter-Terrakotta in einem Grab (übriges Inventar leider verschollen) mag auf die besondere Beziehung des Toten zu dem dargestellten Gott verweisen.

Scha

Ao: Hessisches Landesmuseum, Darmstadt
Lit: FBehn, Starkenburg[1] 71 mit Taf. 41 c.

Abb. 159 Babenhausen-Hergershausen. Priapos-Terrakotta aus einem Grabfund

Bad Homburg vor der Höhe HG

Röm Gutshöfe

Abb 160

Im Stadtgebiet Bad Homburgs sind einige Baureste zutage gekommen, die zu röm Gutshöfen gehörten. S vom Kirdorfer Bach fand man eine Villa nahe der ehemaligen Gasanstalt zwischen Römerstraße und Frankfurter Landstraße in der alten Flur »Am Schützbrett«. Das nächste Landgut befand sich in etwa 800 m Entfernung SO im Ortsteil Obereschbach, Flur »Steinkritz«. Beide Landwirtschaftsbetriebe sind nicht im Tal an den Bach gebaut worden, sie lagen vielmehr auf der Höhe im fruchtbaren Lößgebiet. Einige weitere Villen dürften in ähnlicher Lage locker verstreut im Homburger Stadtgebiet gestanden haben; eine geschlossene röm Siedlung gab es hier nicht. – Man hat sich bisweilen gefragt, ob die bekannten Homburger Heilquellen schon von den Römern genutzt worden sind. L. und H. Jacobi haben tatsächlich im Quellengebiet ein freilich bescheidenes röm Haus gefunden (12,5 x 19,3 m). Es war weder ein Thermenbau noch ein Tempel, sondern ein einfaches ländliches Wohnhaus, das immerhin ein solides Schieferdach und farbigen Innenverputz besaß. Es ist bis in die 1. Hälfte des 3. Jh bewohnt worden. Ähnliche Grundrisse kennt man bei Hauptgebäuden kleiner Landgüter. Der Bautypus kommt aber auch bei Nebengebäuden größerer Gutshöfe vor. Vielleicht gehörte das Haus als Vorwerk zu dem röm Gutshof am Wingertsberg, der nur 400 m weiter O am N-Hang des Bachtals lag (zwischen Rebenweg und Weinbergsweg). Die Römer haben die kalten, kohlensäurehaltigen, schwach salzigen (max. 2%) Quellwässer offenbar nicht in Bädern oder zur Salzgewinnung genutzt. Für die Anwendung in Kurbädern zogen sie Thermalquellen vor (Wiesbaden). Dennoch hat das Mineralwasser die Aufmerksamkeit der röm Anwohner gefunden. 1856 fand man bei Arbeiten am Kaiserbrunnen eine ganze Terra-Sigillata-Bilderschüssel des Trierer Töpfers Dexter, die wohl als schlichte Weihegabe für die Quellgottheit niedergelegt worden ist. Ba

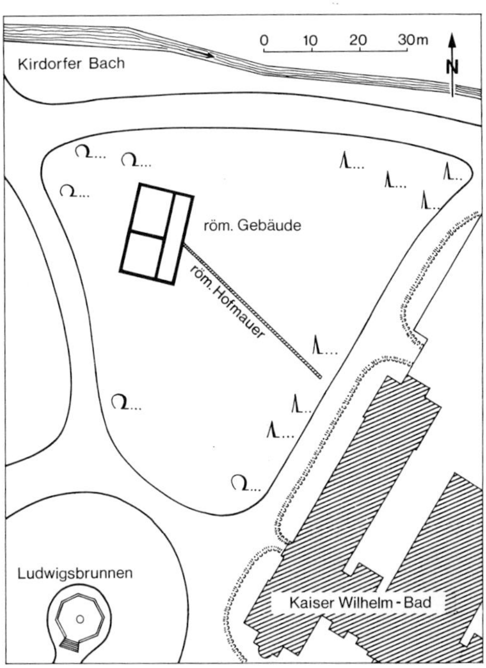

Abb. 160 Bad Homburg v. d. H. Römisches Gebäude im Quellengebiet

Lit: HJacobi, Mitteilungen des Vereins f. Geschichte und Altertumskunde Bad Homburg v.d.H. 18, 1935, 16 ff.

Städtisches Heimat- und Hutmuseum

Louisenstr. 120. Öffnungszeiten: Di u. Fr. 16.30–18.30, So 10–12 Uhr.
Das stadtgeschichtliche Museum enthält als Besonderheit eine originelle Hutsammlung. Aus röm. Zeit wird das Gipsmodell des Badegebäudes gezeigt, das zu dem röm Gutshof am Wingertsberg gehörte. Das Modell gibt den Zustand wieder, den der Ausgräber L. Jacobi 1880 vorfand. Weitere röm Funde aus Bad Homburg liegen im Magazin. Ba

Bad Homburg v. d. H. → Saalburg

Bad König ERB

Röm Grabstein im Turm der ev. Kirche und Götterdenkmäler*

Abb 161–163

An der W-Seite des im Jahr 1479 errichteten Kirchturms der ev. Kirche befindet sich in etwa 12 m Höhe der obere Teil eines röm Grabsteins mit dreieckigem Giebel und rechteckigem Inschriftfeld (Breite 0,86 m, Höhe 0,92 m) eingemauert, von dem eine Kopie in der alten Friedhofskapelle aufbewahrt wird. Im Zentrum des Giebelfeldes zeigt der Stein eine leere Nische (*aedicula*). In einer profilierten Kartusche befindet sich die Inschrift: *D(is) M(anibus) L(ucii) Sextii Valen[tis . . .]* Übersetzung: »Den Totengöttern. Für Lucius Sextius Valens«. Woher der Stein stammt, ist unbekannt.

Im Walddistrikt »Birkerts« SO von Bad König in der Nähe der Gemarkung Kimbach wurde 1883 ein auf 2 Seiten abgerundeter, auf der dritten ebener, grob zugehauener Sandsteinblock gefunden, in dem in einer nur unzureichend ausgearbeiteten Nische ein menschlicher Kopf zu sehen ist. Das 0,41 m breite, 0,23 m hohe und 0,24 m starke Steinwerkstück ist offenbar unvollendet geblieben. In der Nische sollte wohl eine Götterfigur dargestellt werden. Der noch halb bossierte Kopf mit starren Augen, kurzer Nase und durch Lokkenkranz angedeutetem Haar trägt offensichtlich einen Hut, auf dem zwei Flügel angebracht sind. Entgegen der früheren Deutung dieser Kopfbedeckung als Mondsichel und der Darstellung als Göttin Diana, möchte man eher an einen Merkurkopf denken, der zu einem Reliefbild gehörte, welches nicht mehr zur Ausführung kam.

Zu Beginn des 19. Jh wurden in dem Waldgewann »Deichelwald« Teile eines Merkur- und eines Fortunastandbildes gefunden, heute verschollen.

Scha

Lit: CIL XIII 6521. Espérandieu Nr. 180. 190. 193. 207. – Behn, Steindenkmäler 13 Nr. 24–28.

Abb. 161/162 Bad König. Grabstein des Lucius Sextius Valens, eingemauert im Turm der ev. Kirche

Abb. 163 Bad König. Teil eines Merkurreliefs

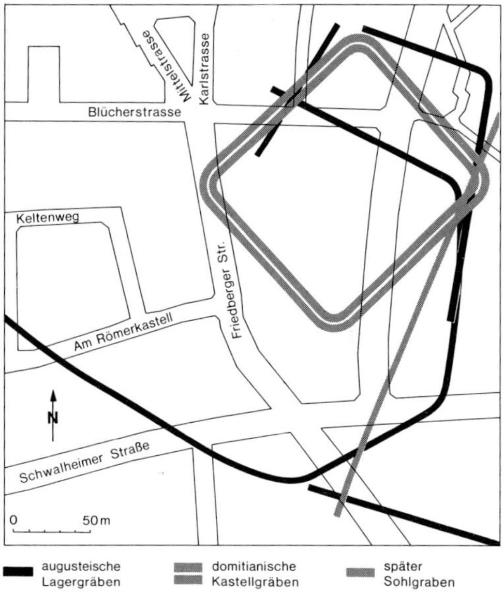

Abb. 164 Bad Nauheim. Früh- und mittelkaiserzeitliche Militärlager

Bad Nauheim FB

*Früh- und mittelkaiserzeitliche Militärlager; Wachtturm**

Abb 164

Am S-Ende der Stadt, im Bereich der Fluren »Auf dem Siebel« und »Auf der Lattkaute« konnten bei Notbergungen 1958/59 und bei den anschließenden, bis 1971 andauernden Ausgrabungen Befestigungsgräben mehrerer röm Militärlager beobachtet werden, welche die S Randzone der latènezeitlichen Siedlung und Saline überlagern.
Sicher in die augusteische Zeit zu datieren ist ein mit einem einzelnen Spitzgraben, in dessen Tiefe sich italische Sigillaten fanden, umwehrtes Lager mit polygonalem Grundriß. Seine O-Front lehnt sich an den Rand der Usa-Aue an. Der Graben biegt in Höhe der Schwalheimer Straße nach SW ab und dreht S der Kreuzung dieser Straße mit der Friedberger Straße nach NW ab. Die NO-Front konnte S der Einmündung der Blücherstraße in die Kurstraße nachgewiesen werden. Die Erstreckung des Lagers in NW-Richtung ist nicht bekannt, möglicherweise reichte es bis zur Höhe der Homburger Straße. Ist dies richtig, so ergibt sich ein Flächeninhalt von etwa 6 ha. Von der Innenbebauung ist, abgesehen von einem Abwassergraben, nichts bekannt. Wahrscheinlich in die gleiche Zeit gehört ein mit einem Sohlgraben umwehrtes Lager, von dem nur der, gegenüber dem Lager mit Spitzgraben um etwa 60 m nach NO verschobene N Teil beobachtet wurde. Das im Bereich dieser Lager geborgene frühkaiserzeitliche Fundmaterial gehört zwar der augusteischen Zeit an, ist aber jünger als das aus dem benachbarten, wohl 8 vChr aufgelassenen Versorgungslager von Rödgen. Wahrscheinlich wurde das Lager nach der Niederlage des Varus (9 nChr) geräumt. In fast allen Gruben dieser Zeit fand sich germanische Ware, die wohl auf eine Siedlung in der näheren Umgebung schließen läßt.
Eine erneute militärische Besetzung erfolgte im Zusammenhang mit dem Chattenkrieg Domitians (83–85 nChr). Im gleichen Bereich entstand ein mit 2 Spitzgräben umwehrtes Holzkastell (etwa 120 x 134 m). Seine Besatzung ist nicht bekannt, doch erscheint auf einigen Ziegelstempeln eine *vexillatio* (Sonderkommando) der 14. Legion und man kann erwägen, ob diese Einheit hier stationiert war. Das Kastell wurde in spätdomitianischer oder – worauf einige unpubli-

zierte Funde hinweisen – in frühtrajanischer Zeit aufgelassen. Wahrscheinlich ebenfalls in die Zeit Domitians zu datieren ist ein O der SO-Front des Erdkastells verlaufender einzelner Spitzgraben. Nicht näher zeitlich einzugrenzen ist ein von NW nach SO gerichteter weiterer Spitzgraben, der S der Schwalheimer Straße angeschnitten wurde. Jünger als das Erdkastell, aber gleichfalls nicht näher datierbar ist ein von NO nach SW verlaufender Sohlgraben in der Flur »Auf dem Siebel«. 1909 wurden auf dem Johannisberg Reste eines röm Turmes freigelegt. Die etwa 1 m breiten, durch pfeilerartige Widerlager an den 4 Ecken verstärkten Mauern umschließen einen annähernd quadratischen Innenraum (5,70 x 5,60 m) mit abgerundeten Ecken. Der aus der Mitte nach S verschobene ebenerdige Eingang befand sich an der O-Seite. Der Boden war mit rhombischen Ziegeln belegt. Eine Ziegelbedachung ist anzunehmen. Bauteile, die über die Ausgestaltung des obersten Geschosses Auskunft geben könnten, sind nicht vorhanden. An der S-Seite konnte eine holzverschalte Zisterne nachgewiesen werden. Nach Größe und Bauweise stimmt der Turm weitgehend mit dem etwa 6,5 km entfernten Wachtturm auf dem Gaulskopf am Limes überein. Von diesem konnten zwar optische Signale bis zum Feldbergkastell am Taunuslimes und bis zu den Kastellen Echzell und Arnsburg am Wetteraulimes gegeben werden, doch bestand keine Sichtverbindung mit dem Kastell Friedberg. Der Turm auf dem Johannisberg diente daher als Vermittlerstation zwischen dem Limesturm auf dem Gaulskopf und der in Friedberg stationierten Truppe. Die Funde zeigen, daß der Bau unter Verwendung von Material aus dem aufgelassenen Holzkastell in der Zeit des Kaisers Hadrian (117–138 nChr) errichtet wurde. Aus unbekannten Gründen wurde er um etwa 190 nChr verlassen. Das restaurierte Fundament liegt unweit NW des Turmes der mittelalterlichen Kirche. Si

Lit: Lager: HSchönberger u. H-GSimon, Römerlager Rödgen. Limesforschungen 15 (1976) 205 ff.
Turm: H-GSimon, Wetterauer Geschichtsblätter 26, 1977, 27 ff.

Salzmuseum

Teichhaus. Öffnungszeiten: Di, Do, Sa 15.30–17.30 Uhr.
Das Museum veranschaulicht die latènezeitliche, frühmittelalterliche und neuzeitliche Salzgewinnung, zeigt aber auch in einem Raum des Erdgeschosses einige Funde aus den früh- und mittelkaiserzeitlichen Kastellen.
Das umfangreiche Fundmaterial aus den langjährigen Grabungen im Bereich der latènezeitlichen Salzsiederei und Siedlung, den röm militärischen Anlagen und der karolingischen Saline ist größtenteils im Badehaus 6 (Sprudelhof) magaziniert. Si

Bad Nauheim-Rödgen FB

Augusteische Versorgungsstation

Abb 165, 166

Das röm Lager in Rödgen ist eine bisher einzigartige Versorgungsstation aus der Zeit des Kaisers Augustus. Sie wurde mit größter Wahrscheinlichkeit im Verlauf des Drususfeldzugs 10 vChr errichtet und wohl schon 2 oder 3 Jahre später wieder planmäßig geräumt. Noch niemals hatten sich hier in der Gemarkung röm Funde gezeigt, bis 1960 bei Bauarbeiten für die neue Schule zufällig 2 Wehrgräben zutage traten. 1961–1966 fanden dann Untersuchungen des Saalburgmuseums statt. Sie konnten 1973 im Zusammenhang mit Straßenarbeiten auf der W-Seite vervollständigt werden.
Das neu entdeckte Lager nahm den W Teil einer flachen Anhöhe ein, die sich nach SW in das Tal der Wetter vorschiebt. Im S lehnte sich seine Umwehrung an eine Schlucht an, die von der Talsohle nach O sanft anstieg, und im W an einen wohl auch damals verhältnismäßig steilen Hang. Umgeben war die Station von 2 Spitzgräben, von denen der innere teilweise rund 3 m tief war. Dahinter stand eine 3 m breite Holz-Erde-Mauer,

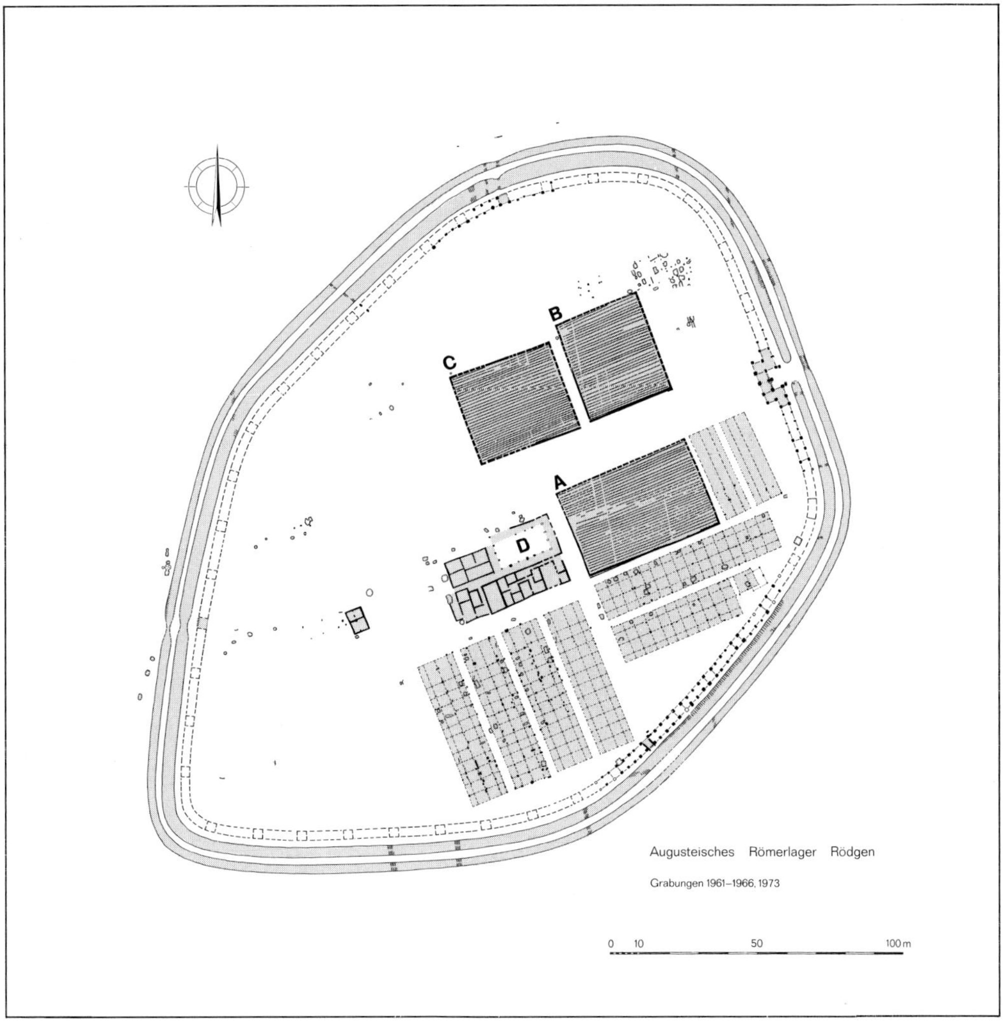

Abb. 165 Bad Nauheim-Rödgen. Augusteische Versorgungsstation. A–C Speicher, D Stabsgebäude

die eine vordere und eine hintere Bohlenwand hatte und mit Hilfe von einzelnen starken Pfosten errichtet worden war. In wahrscheinlich ganz regelmäßigen Abständen trugen die Pfosten hölzerne Türme. Im O, wo die Anhöhe ganz allmählich ansteigt, wurde sie von der Umwehrung schnurgerade abgeschnitten. Dort fand sich auch das Haupttor des Lagers. 2 weitere, aber nur halb so breite Tore möchte man im N und S vermuten. Im W darf schließlich noch ein viertes Tor angenommen werden, durch das der kürzeste Weg zur Wetter führte.

Das Lager umfaßte, an der Innenwand seiner Holz-Erde-Mauer gemessen, ein Areal von rund 3,3 ha. Für die Wahl des Platzes war wohl einerseits die für die Wasserversorgung wichtige Wet-

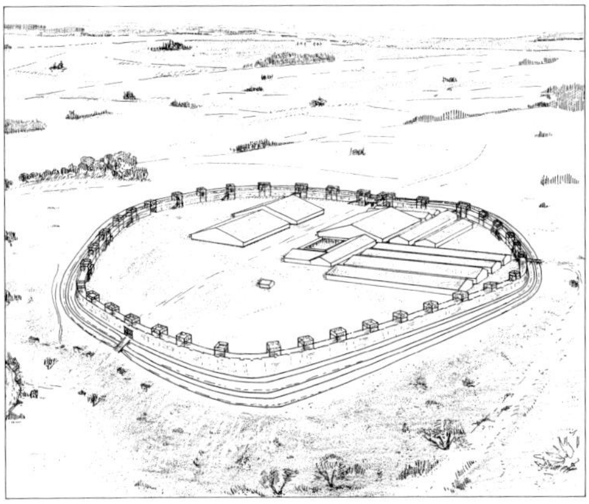

Abb. 166 Bad Nauheim-Rödgen. Schaubild von Südwesten

ter entscheidend, andererseits eine vermutlich schon damals begangene Heerstraße, die etwas mehr als 1,5 km O des Lagers über die flachen Höhenrücken von S nach N verlief. Zu ihr führte das Haupttor.

Im Innern wurden die Grundrisse von 3 riesigen Getreidespeichern (A–C) und W von A das Stabs- oder Verwaltungsgebäude (*principia*) freigelegt. Bei sämtlichen Bauwerken handelt es sich um reine Holzkonstruktionen. Den Fußboden der 3 Speicher (*horrea*) muß man sich auf einem Rost aus zahlreichen Pfosten vorstellen; diese waren in zueinander parallellaufende, rund 0,3 m breite und 0,5 m tiefe Gräbchen gestellt worden. Horreum A war etwa 47,2 x 29,5 m groß, B ungefähr 29,5 x 33 m und C rund 35,5 x 30,7 m. Der Grundriß des Stabsgebäudes (D) war ebenfalls an seinen Pfostengräbchen zu erkennen. Die ganze Baugruppe bestand aus einem 41 m langen und 9,3 m breiten Längstrakt im S, der einzelne, verschieden große Räume und Korridore aufwies. Unmittelbar N von diesem Längstrakt fanden sich im W Teil Spuren eines 14,7 x 8,4 m großen, in sich nochmals gegliederten Bauwerks und O davon ein bekiester Hof, der von einem Säulengang umgeben und offenbar nach N und O geöffnet war. Es scheint ziemlich sicher zu sein, daß der ganze Baukomplex nicht nur Verwaltungsräume enthielt, sondern auch die Wohnräume des Kommandanten. – Rund 30 m W vom Stabsgebäude stand ein 7,5 x 5,7 m großer, nochmals unterteilter Bau, dessen Bedeutung unklar ist.

Die Mannschaften konnten hauptsächlich in den langgestreckten Baracken S vom Stabsgebäude und von Speicher A untergebracht werden. Bei diesen Bauten waren die Pfosten nicht in Gräbchen gestellt worden, sondern in einzeln ausgehobene Gruben. Insgesamt dürften in Rödgen rund 1000 Mann stationiert gewesen sein, doch wissen wir nichts über die Art der Truppe.

Was die zeitliche Einordnung angeht, so geben uns Münzen und Keramik einen guten Anhaltspunkt. Die Gefäßkeramik entspricht vollkommen der im Legionslager Oberaden geborgenen. Dieses Lager ist zur Zeit der Feldzüge des Drusus in Westfalen an der Lippe entstanden. – Unter den 32 Münzen spielen vor allem 24 in Nîmes-Nemausus geprägte Asse eine wichtige Rolle, die zwischen 28 und 16 bzw. 10 vChr geschlagen wurden. Für das Enddatum des Lagers ist vor allem das Fehlen von Münzen mit dem Altar der Roma und des Augustus entscheidend, die bald nach 12 oder wahrscheinlich 10 vChr in Lyon-Lugudunum geprägt worden sind.

Da die 3 großen Speicher A–C sozusagen im Mittelpunkt der ganzen Anlage standen und viel zu groß waren, als daß sie nur dem Bedarf der hier untergebrachten Einheit gedient haben könnten, besteht kein Zweifel, daß es sich bei dem Lager in Rödgen um eine Nachschubstation handelt, die in erster Linie der Versorgung des weiter N operierenden Heeres dienen sollte. Schö

Lit: HSchönberger u. H-GSimon, Saalburg-Jahrb. 19, 1961, 37 ff; 21, 1963/64, 95 ff; Limesforschungen 15 (1976).

Bad Schwalbach-Kemel →Kemel

Bad Vilbel FB

Heilthermen

Abb 140, 167, 168

Im Winter 1848/49 wurde in der ehemaligen Flur »Auf der Mauer« der Vilbeler Südbahnhof der Main-Weser-Bahn errichtet. Als man beim Auffüllen von Erde für die Station auf röm Mauerwerk stieß, wurden die alten Mauern zunächst wenig beachtet. Am 24. April 1849 erkannte der zur Inspektion der Arbeiten anwesende Baurat Laubenheimer einige kleine Steinwürfel als Mosaiksteine. Nun wurde die Erde vorsichtig entfernt, und es zeigte sich das schöne Pervincus-Mosaik, das heute im Hessischen Landesmuseum Darmstadt aufbewahrt wird. Es gehört zu den bedeutendsten Mosaiken des röm Deutschland. Das Mosaik bildete den Hauptschmuck in einem Badesaal, der 11,75 m lang und 10 m breit war; an seiner S-Seite befand sich ein marmorverkleidetes Becken von über 7 m Länge, in das man über seitliche Stufen hineinsteigen konnte. Davor lag das Mosaik. Es wurde von einem Marmorboden eingefaßt, der wenige Zentimeter höher lag. So konnte das Mosaik mit Wasser überspült werden, und man darf sich vorstellen, wie dadurch seine Figuren Leben gewannen. Es gehört in das ausgehende 2. Jh und ist nachträglich bei einer Renovierung in die Thermen gekommen; leider weiß man nicht sicher, wann die Thermen erbaut worden sind.

Nur wenige Räume des Bades sind seinerzeit sachgemäß freigelegt und aufgemessen worden. Es ist daher schwierig, den überlieferten Grundriß genauer zu beurteilen und einzuordnen. Nur so viel ist sicher, daß der Plan nicht der einer gewöhnlichen Thermenanlage ist; er gleicht nicht den immer wiederkehrenden, standardisierten Grundrissen. Die Anordnung und Bauweise der bekanntgewordenen Räume ist anderer Art und spricht entschieden für ihre Bestimmung als Heilthermen. Vielleicht verwendeten die Römer eine

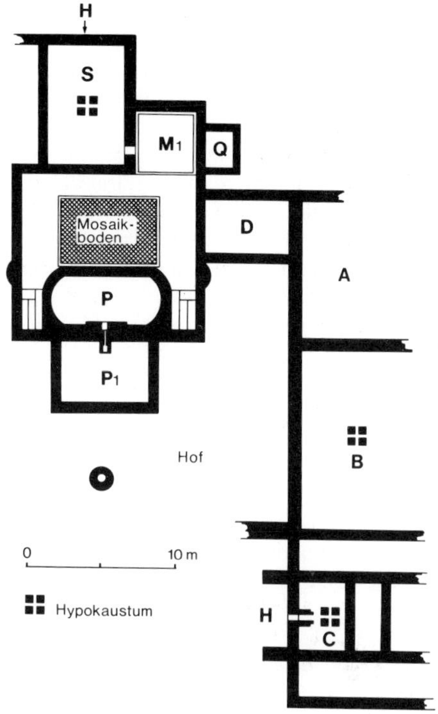

Abb. 168 Bad Vilbel. Plan der Thermen

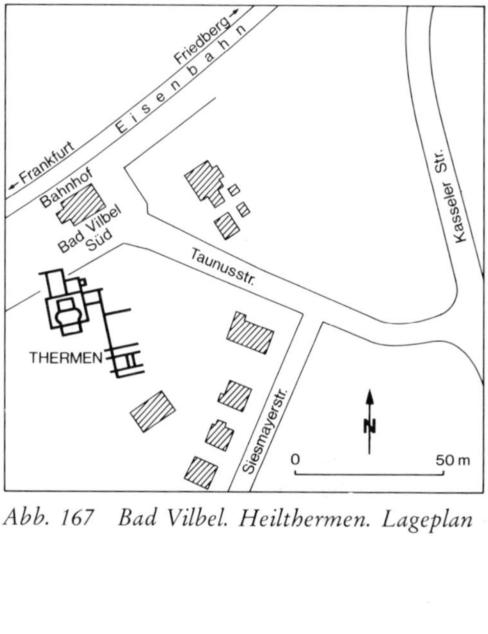

Abb. 167 Bad Vilbel. Heilthermen. Lageplan

warme Mineralquelle. Tatsächlich soll bis zu einem Erdrutsch im Jahre 1783 eine warme Quelle oberhalb der Thermen im Vilbeler Wald ausgetreten sein; ihr Wasser könnte durch eine Leitung in das Bad geführt worden sein.
Während der Mosaiksaal kein Hypokaustum besaß, konnte Raum S, dessen Fußboden auf Hypokaustpfeilern ruhte, durch eine Heizanlage (*praefurnium*) von N her geheizt werden. Wahrscheinlich handelte es sich um einen Schwitzraum (*sudatorium*). Eine Tür verband den Raum mit dem kleinen, ungeheizten Vorraum M 1 des Mosaiksaals, und auch dieser Raum besaß ein allerdings unverziertes Fußbodenmosaik. Seitlich war das Kaltwasserbecken Q angebaut, so daß die Anlage ein kleines Kaltbad (*frigidarium*) bildete. Die drei erwähnten Räume waren vermutlich für die spezifische medizinische Anwendung des damaligen Vilbeler Wassers vorgesehen. Raum D war wohl nur ein Korridor, der zu einer Flucht weiterer Baderäume führte. Möglicherweise bildeten diese ein Bad mit »normaler« Aufreihung der Räume, so daß Raum A ein Frigidarium, B ein Laubad (*tepidarium*) und C ein Warmbad (*caldarium*) war. Auch bei anderen röm Heilthermen ist den eigentlichen Mineralbädern oft noch ein Trakt mit »normal« angeordneten Baderäumen angefügt. – Neben der Flucht der Räume A, B und C befand sich ein offener Hof, auf dem ein Badebassin P 1 den Überlauf aus dem Becken P aufnahm, so daß man im Sommer das Mineralwasser auch im Freien gebrauchen konnte. Sicherlich war der Hof architektonisch eingefaßt. Diese verhältnismäßig großen und recht komplizierten Thermen gehörten bestimmt nicht zu einem röm Gutshof. Sie können mit einem Heiligtum verbunden gewesen sein, und auch mit einem Gästehaus ähnlich dem Prätorium zu Nida ist zu rechnen; dazu kommen vielleicht noch die Häuser einer kleinen Siedlung. Doch dies wie manches andere bleibt bei den Vilbeler Thermen unsicher. Ba

Lit: Boßler, Archiv f. Hess. Geschichte u. Altertumskunde 10, 1864, 1 ff – GWolff, Die südliche Wetterau (1913) 168 f – KParlaska, Die römischen Mosaiken in Deutschland (1959) 93 f – WBelz, Das Mosaik von Bad Vilbel (Bad Vilbel, ohne Jahr).

Brunnen- und Heimatmuseum

Burg. Öffnungszeiten: So 10–12 u. 14–17, Sa 14–17 Uhr.
Das Museum ist in dem einzigen noch vorhandenen Gebäude der alten Wasserburg Vilbel eingerichtet. Die röm Funde sind im Eingangsraum (Erdgeschoß) ausgestellt. Dort findet man in einer Vitrine Beispiele röm Keramik und einige eiserne Werkzeuge. Sie stammen zum Teil aus dem Stadtgebiet von Bad Vilbel, in dem sich auch die Thermen mit dem bekannten Mosaikboden des Pervincus befanden; ein anderer Teil der Funde kam aus einigen röm Gutshöfen (*villae rusticae*) der Umgebung. Eine zweite Vitrine enthält Informationen über die Vilbeler Thermen und Mosaikreste. Außerdem sind Kopien von Teilen des Vilbeler Mosaiks ausgestellt; das Original befindet sich im → Hessischen Landesmuseum, Darmstadt. Eine kleine Steinkiste mit den Gefäßbeigaben einer Brandbestattung ist S von der Auferstehungskirche in Bad Vilbel gefunden worden; vielleicht gehörte die Bestattung zu dem Gräberfeld einer *villa rustica.* Ba

Bauernheim → Friedberg-Bauernheim
Bellersheim → Hungen-Bellersheim
Bergen-Enkheim → Frankfurt a. M.-Bergen-Enkheim
Biblis → Zullestein

Bickenbach DA

Sumpfbrücke

Abb 169, 170

Etwa 3 km W von Bickenbach in der Gewann »Schifflache« ergaben sich bereits 1934 bei Entwässerungsarbeiten Hinweise auf eine hölzerne

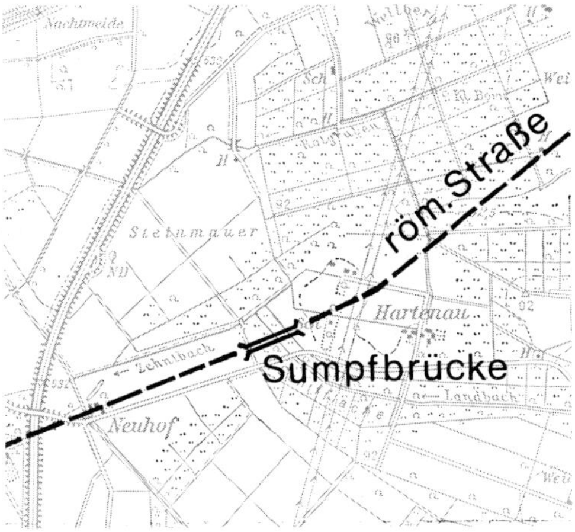

Abb. 169 Römische Sumpfbrücke bei Bickenbach. Lageplan mit römischer Straße. (Top. Karte 1:50000, Ausschnitt aus Blatt L 6316 Worms, mit Genehmigung des Hess. Landesvermessungsamtes Wiesbaden)

Brücke, die dann 1967–1976 weitgehend aufgenommen und teilweise ausgegraben wurde. Sie überquert hier an der im weiteren Umkreis engsten Stelle des Sumpfes einen vermoorten Arm des Alt-Neckars und liegt im Zuge der für das 2. Jh gesicherten röm Straße von Gernsheim über Darmstadt–Eberstadt nach Dieburg. Die ursprünglich mindestens 300 m lange Brücke konnte auf einer Länge von 225 m nachgewiesen werden. Sie bestand aus 4,5 m breiten Jochen aus je 3 Eichenpfählen von etwa 5 m Länge und 25 bis 40 cm Durchmesser; die Jochabstände betrugen 3 m. Einige Pfosten zeigten Spuren der Verzapfungen. Nach der dendrochronologischen Untersuchung ergab sich ein Baubeginn im Jahr 145 nChr (± 5 Jahre). Wie zahlreiche Reparaturen an Jochen zeigen – ein Pfosten wurde 20 Jahre später erneuert – hatte das Bauwerk längere Zeit Bestand. Gegen Ende des 2. Jh oder etwas später geriet die Brücke in Verfall. Eine horizontale Lage von Hölzern wurde auf die Mooroberfläche aufgebracht und durch Bedeckung mit einer Kiesschicht ein Straßendamm hergestellt. Eine unter dieser Schicht gefundene, zwischen 176 und 180 nChr geschlagene Münze gibt hierfür einen terminus post quem. Auf ein noch späteres Datum könnte eine im Randbereich unter der Schüttung gefundene Fibel aus dem 4. oder 5. Jh weisen, doch muß mit der Möglichkeit einer nachträglichen Verschleifung der Deckschicht gerechnet werden.

Vorgänger dieser Brücke war eine Konstruktion aus etwa 15 cm starken Eichenpfählen, die ihrerseits Nachfolgerin einer aus Weichholzpfählen errichteten Brücke war.

Bei den Grabungen kamen, meist im W Randbereich, zahlreiche Funde zutage, darunter 11 Münzen und 11 Fibeln, unter ihnen eine Fibel mit Trompetenkopf mit engen Parallelen in Britannien. Das Fundmaterial setzt in frühvespasianischer Zeit ein. Die sehr zahlreiche Keramik dieser frühen Periode entspricht etwa dem durch die Anlage des Kastells Groß-Gerau repräsentierten Horizont und reicht damit in die älteste Zeit der röm Okkupation dieses Gebietes zurück. Bei diesen Funden handelt es sich sicher nicht um die Hinterlassenschaft einer Ansiedlung der einheimischen Bevölkerung – nur wenige germanische Scherben kamen zutage – und auch die Annahme, daß in dieser ersten Zeit der röm Besetzung hier eine Zivilsiedlung ohne militärischen Schutz entstand, ist wenig wahrscheinlich. Einige Funde, wie ein Dolch- oder Schwertscheidenbeschlag, das Fragment eines Panzerhakens und auch die häufig in militärischem Zusammenhang begegnenden Lunula-Anhänger und Ziernägel geben Hinweise auf die Existenz eines Militärpostens in unmittelbarer Nachbarschaft, dessen Funktion die Sicherung des Moorübergangs gewesen sein

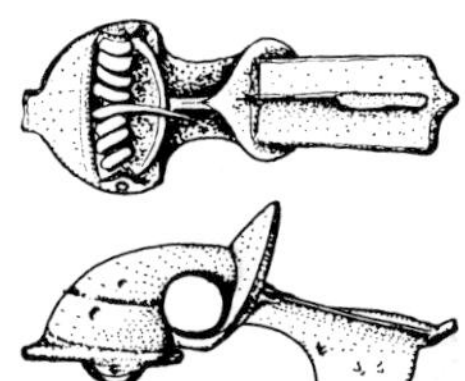

Abb. 170 Bickenbach. Fibel, in der Provinz Britannia hergestellt. Bronze (1. Hälfte 2. Jh.)

dürfte. Ein solcher Posten hätte zugleich die Flanke der von Mainz ausgehenden Rheintalstraße gesichert. In spätdomitianisch-frühtrajanischer Zeit läßt sich ein ausgeprägter Rückgang des Fundmaterials erkennen, und man kann vermuten, daß dies mit der Aufgabe des Militärpostens in Zusammenhang steht, der nach der Anlage des Odenwaldlimes überflüssig erscheinen mochte. Nur spärliche Funde reichen über diese Zeit hinaus bis etwa 170/180 (eine Ausnahme bildet die bereits erwähnte späte Fibel). Sie dürften mit einer kleinen Zivilsiedlung, die den Posten um einige Jahrzehnte überlebte, oder mit Gutshöfen in der Nachbarschaft in Zusammenhang stehen.
Si

Lit: WGeyer, KKandt, JKokes, HSchuler, BSchmidt, H-GSimon, Saalburg-Jahrb. 34, 1977, 29 ff; BSchmidt, HSchwabedissen, Arch. Korrespondenzbl. 8, 1978, 335.

Biebertal → Dünsberg
Biebrich → Wiesbaden-Biebrich
Bönstadt → Niddatal-Bönstadt

Abb. 171 Breuberg. Viergötterstein. Juno

Breuberg ERB

Arnheiter Hof. Bad und Steindenkmäler

Abb 1, 171

Der Marbacher Präzeptor Simon Studion aus Urach berichtet in zwei handschriftlich erhaltenen Ausarbeitungen zu seiner Württembergischen Geschichte von 1597, daß im Jahr 1543 ein am Fuße des Breubergs (»ad radicem castri Breunburg«) pflügender Bauer mit seinem Ochsengespann in einen unterirdischen Hohlraum einbrach und damit ein röm Badegebäude entdeckte. 1604 fand der damals auf der Burg Breuberg residierende Graf Ludwig II von Löwenstein nicht weit von der Fundstelle des Bades entfernt »bei der cappellen arheiden« 2 Viergöttersteine, von denen einer noch heute auf der Burg im Breuberg-Museum aufbewahrt wird. Von der damaligen Ausgrabung gibt es eine alte Planzeichnung, die der holländische Humanist Jan Gruter anfertigte. Das Badegebäude ist in Halbperspektive dargestellt.
Der Grundriß des Bades läßt gewisse Übereinstimmungen mit den Grundrissen der Kastellbäder am Odenwaldlimes, beispielsweise Vielbrunn, Würzberg und Schlossau erkennen. Diese Tatsache wie auch die auf der Zeichnung abgebildeten Ziegelstempel, die zu den frühesten Funden in diesem Teil des Odenwaldes überhaupt gehören und in spätdomitianische Zeit datieren, führten anfangs dazu, daß man in der Ruine das zu einem Kastell gehörende Bad gesehen hat. Die Lage eines Kastells am Fuße des Breubergs ist aus militärstrategischer Sicht aber äußerst ungünstig, da

es im Schatten eines Bergrückens zu liegen kommt, der dem Feind ein ungehindertes Anrükken ermöglicht. Daher ist seine Zuordnung zu einer Befestigung der um 100 nChr angelegten Limeslinie auf dem Odenwaldrücken nicht anzunehmen. Die relativ frühen Ziegelstempel dürften in diesem Gebiet wohl nicht als sicheres Argument für die Existenz eines Kastells ausreichen, da immerhin mit wiederverwendetem Baumaterial zu rechnen ist. Somit wird man das im 16. Jh teilweise ausgegrabene Badegebäude einer röm villa rustica zurechnen können, die unterhalb des Breubergs gelegen hat. Die Auffindung der genauen Fundstelle muß der zukünftigen Forschung vorbehalten bleiben.
Von der »cappelen Arheiden« stammt der Viergötterstein, welcher im Lapidarium des Breuberg-Museums aufbewahrt wird. Der durch zahlreiche im roten Sandstein vorhandene Löcher verunstaltete Block hat die Maße 0,40 x 0,41 x 0,72 m. Die frontal dargestellten, einfach ausgeführten Götterfiguren sind abgeschliffen, so daß sie nur in ihren Konturen und den schemenhaft auftretenden Attributen zu erkennen sind. Es handelt sich um Herkules, Minerva, Juno und Mars. Scha

Lit: ORL Abt B Band V, 1 Nr. 46 a (1914) – FBehn, Das »Kastell Arnheiter Hof«. Germania 47, 1969, 176 ff – Espérendieu 124 Nr. 186.

Breuberg-Museum

Burg Breuberg. Öffnungszeiten: täglich 9–12, 13–17 Uhr.
Das Museum besteht seit 1963 und ist in den Räumen des Johann-Casimir-Baues untergebracht. Die wenigen vorgeschichtlichen und röm Fundstücke befinden sich im Rittersaal. Scha

Büdingen FB

Museum im Rathaus

Abb 172

Rathausgasse 6. Öffnungszeiten: Di–Fr 10–12, Sa 15–17, So 10–12, 15–17 Uhr.
Das historische Rathaus von Büdingen, inmitten der malerischen Altstadt gelegen, enthält seit 1975 ein modern eingerichtetes Regionalmuseum. Zwar liegt Büdingen außerhalb des Limes, doch gelangten Ausgrabungsfunde vom nahen Kastell → Altenstadt und einigen anderen Fundstätten der röm Wetterau nach Büdingen. – Im Erdgeschoß ist in einer Vitrine die röm Geschichte der Gegend dargestellt, daneben eine Vitrine mit Informationen über die → Glauburg bei Büdingen, die in spätröm Zeit Sitz eines alamannischen

Abb. 172 Büdingen. Museum. Grabrelief mit Totenmahl aus Echzell-Gettenau

Stammesfürsten war. Außerdem ist im Erdgeschoß ein röm Grabrelief aus Echzell-Gettenau ausgestellt, das eine Totenmahlszene zeigt: der Verstorbene liegt auf der Kline, davor der Speisetisch. Zu seinen Füßen steht, kleiner abgebildet, ein Sklave, der ihn bei dem Mahl bedient. – Im Obergeschoß findet man eine weitere Vitrine mit röm Keramik, ferner eine Kopie des Matronenreliefs aus Altenstadt (Original im → Hessischen Landesmuseum, Darmstadt). Ba

Lit: ORL Abt B Band II, 2 Kastell Nr. 18 Echzell S. 15 Nr. 6 (Totenmahlrelief).

Bullau → Erbach-Bullau

Butzbach FB

Limeskastell Hunneburg

Abb 16, 173, 174, 175

Am N Ortsausgang von Butzbach lag eines der wichtigsten Limeskastelle der Wetterau. Es wird heute von der B 3 dort durchschnitten, wo eine große Reithalle steht. Leider ist von dem röm Wehrbau und seinem Vicus fast nichts mehr zu sehen.

Das Kastell Hunneburg hatte einen der wenigen Grenzübergänge des obergermanischen Limes zu sichern, über den der Fernverkehr lief. Die Verkehrsbedeutung des Butzbacher Raums ist – geografisch bedingt – bis heute geblieben: die vielbefahrene B 3, eine Fernstrecke der Bundesbahn und die Autobahn Frankfurt–Kassel sind Träger eines intensiven N-S-Verkehrs längs der Hessischen Senke. In röm Zeit führte eine Straße von Mainz über Friedberg zum Limes bei Butzbach. Hier überschritt sie den Limes. Nach N gab es eine Wegeverbindung in das freie Germanien über das → Gießener Becken, das von einem kleinen Germanenstamm besiedelt war, zu dem mächtigen Stamm der Chatten im Raume Kassel und Fritzlar. Daher haben die Römer den Limesübergang schon unter Kaiser Domitian bald nach dem Chattenkrieg (83–85) mit einem großen Grenzkastell gesichert. Noch unter diesem Kaiser kam eine Kohorte nach Butzbach, wohl die *Cohors II Raetorum civium Romanorum,* die vorher in Wiesbaden gelegen hatte. Sie erbaute ein Kastell mit einer Umwehrung aus Rasensoden, Holz und Erde. Der Verteidigungsgraben dieses Kastells ist derjenige, der auf dem Übersichtsplan im N, O und W über die späteren Umwehrungen hinausgeht und nur im S von ihnen überschritten wird. Die neuen Ausgrabungen H. Lischewskis deuten darauf hin, daß dieses Kastell ungewöhnlich groß war und wohl etwas über 4 ha Fläche umfaßte. Sollte das zutreffen, dann müßte außer der Raeterkohorte noch eine weitere Hilfstruppe in dem Kastell gelegen haben. – Um 135 nChr ist die 2. Raeterkohorte auf die Saalburg versetzt worden. An ihre Stelle trat die *Cohors II Augusta Cyrenaica equitata,* die aus Heidelberg-Neuenheim kam. Sie erbaute das ältere Steinkastell (2,8 ha). Mitte des 2. Jh oder wenig später ist das Steinkastell nach S erweitert worden; es erhielt jetzt eine Fläche von 3,3 ha (»Jüngeres Steinkastell«). Möglicherweise hing die Vergrößerung des Kastells mit einem Wechsel der Besatzung zusammen; es gibt aus Butzbach eine Inschrift der *Ala Moesica felix torquata.* Ein solches 500 Mann starkes Reiterregiment mußte innerhalb der Mauern auch die Pferde unterbringen und benötigte daher mehr Platz. – Bei den Grabungen zeigten sich im Kastell die Spuren mehrerer Zerstörungen. Die Hunneburg lag an dem am stärksten durch die Chatten gefährdeten Einfallstor in die Provinz. Anscheinend haben die Übergriffe der Chatten in den 60er Jahren des 2. Jh auch hier ihre Spuren hinterlassen. Das gleiche dürfte für den Germaneneinfall von 233 gelten. Die Römer haben das Kastell aber stets wiederhergestellt. Es war bis zum Ende des Limes um 260 besetzt.

Der Vicus neben dem Kastell besaß eine ungewöhnliche Ausdehnung und Bauart, sicherlich wegen der Bedeutung des Grenzübergangs. Er hatte wohl schon in den 30er Jahren des 2. Jh die endgültige Größe erreicht und war nicht wie die meisten Kastellvici eine einfache Straßensiedlung, die sich mit zwei Häuserzeilen an die vom Kastell

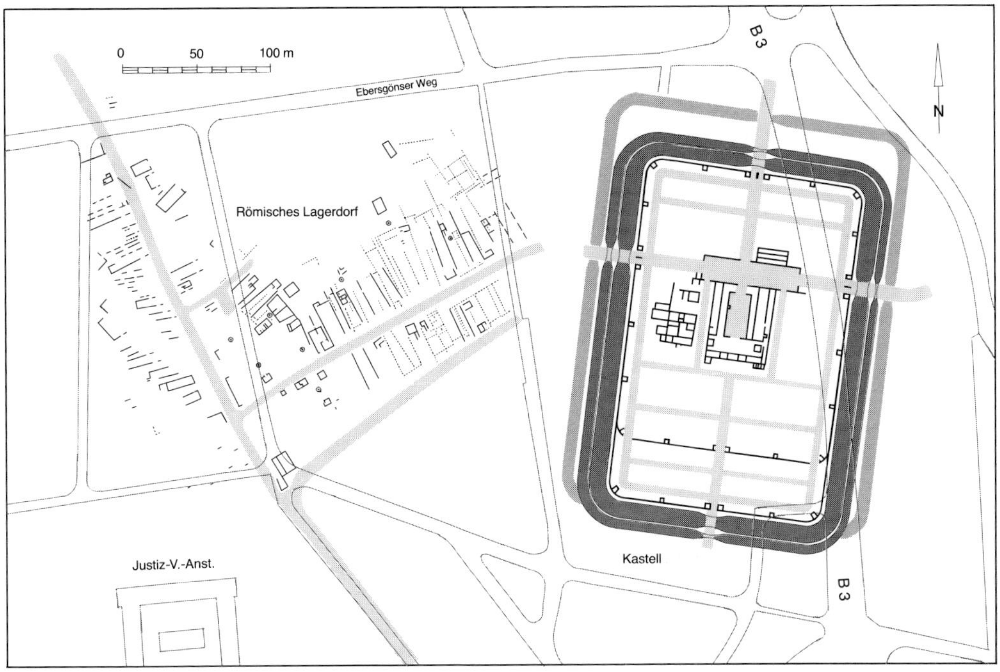

Abb. 173 Butzbach. Limeskastell und Vicus. Übersichtsplan

ausgehende Hauptstraße anlehnte (wie etwa an der Saalburg). Im Gegensatz dazu entstand der Vicus der Hunneburg an der röm Fernstraße, die in rund 200 m Entfernung am Kastell vorüberlief. Diese Straße zog in Richtung des heutigen Seedammwegs zur Hunneburg, lief durch den Vicus und führte in NW Richtung zum eigentlichen Grenzübergang am Limes. Dieser befand sich rund 700 m NW von der Hunneburg. Als Grenzposten diente dort das Kleinkastell Degerfeld. Es lag neben dem südlichen der drei weithin sichtbaren Hochhäuser. – Nicht alle Häuser des Vicus standen an der Fernstraße. Zwischen dieser Straße und dem Kastell hatten sich einige kleine Gassen gebildet, und auch die Straßen, die aus den Kasteltoren führten, zogen die zivile Bebauung an. Die bisherigen Ausgrabungen haben den Vicus noch keineswegs vollständig erfassen können. Weder ist das Kastellbad bekannt noch die Heiligtümer, die man sicher voraussetzen darf.

Abb. 174 Butzbach. Ausgrabung der Fundamente des westlichen Kastelltors (porta principalis sinistra)

Jedenfalls war der Vicus so ausgedehnt, daß er mehr kleinstädtischen als dörflichen Charakter besaß. Bezeichnend sind auch hier die länglich-rechteckigen Häuser, die mit der Schmalseite an der Straße standen. Der Vicus hat nicht in voller Ausdehnung bis zum Ende des Limes um 260 bestanden. Er dürfte von dem Alamanneneinfall von 233 schwer in Mitleidenschaft gezogen worden sein. Die Spannungen zwischen Römerreich und Germanen seit Anfang des 3. Jh haben sicherlich den Handelsverkehr beeinträchtigt, das Risiko an der Grenze erhöht und damit dem Vicus einen wesentlichen Teil seiner wirtschaftlichen Grundlage entzogen.
Das ausgedehnte röm Ruinenfeld der Hunneburg zog schon früh die Aufmerksamkeit auf sich. Es wird bereits in wissenschaftlichen Schriften des 18. Jh erwähnt. Die ersten Ausgrabungen unternahm 1842 J. Ph. Dieffenbach. Die Entdeckung des Kastells blieb aber den Grabungen F. Koflers im Jahre 1892 vorbehalten. Kofler arbeitete im Auftrag der RLK. Er entdeckte das ältere und das jüngere Steinkastell, erforschte die Kommandantur (*principia*) in der Kastellmitte und stellte W neben diesem Gebäude das Haus des Kommandeurs (*praetorium*) fest. Weitere Ausgrabungen erfolgten erst 1953, als ein »Kastellvicus« des amerikanischen Militärs teilweise über den Spuren des röm Lagerdorfs errichtet wurde. W. Jorns und G. Müller haben bis 1956 den Kern des Vicus ausgegraben. Auch im Kastell selbst fand damals eine Untersuchung statt (Müller 1955). Weitere Ausgrabungen waren nötig, als die B 3 durch das Kastell gelegt wurde (W. Jorns, H. Schönberger 1961). In den letzten Jahren hat sich H. Lischewski darum bemüht, die Innenbauten des Kastells und die Abfolge der Umwehrungen genauer zu untersuchen. Ba

Lit: FKofler, ORL Abt B Band II,2 Kastell Nr. 14 (1894) – GMüller, Kastell Butzbach. Limesforsch. 2 (1962) – ders., Das Lagerdorf des Kastells Butzbach. Limesforsch. 5 (1968) – DBaatz, Wetterauer Geschichtsblätter 20, 1971, 1 ff (m. weit. Lit.).

Heimatmuseum

Griedeler Straße 18–20. Öffnungszeiten vom 1. April – 30. September: Di 10–12, Mi 10–12, 14–17, Do u. Fr 10–12, Sa 15–18, So 11–13, 14–17 Uhr, Mo geschlossen.
Aus der röm Fundstätte »Hunburg« in Butzbach sind immer wieder Fundstücke zutage gekommen, oft auch bei Bauarbeiten in diesem Gebiet. Ein Teil davon gelangte in das Heimatmuseum Butzbach, das dadurch beachtliche Bestände u. a. röm Keramik hat. Sie sind im Erdgeschoß des Museums in mehreren Vitrinen ausgestellt. Man findet dort Küchen- und Vorratsgefäße, eine ganze Vitrine mit Terra Sigillata, mehrere gut erhaltene eiserne Werkzeuge und auch andere Metallsachen, Mahlsteine und Ziegel mit röm Truppenstempeln. Ein kleiner Altar aus Stein, der 1913 beim Abbruch der alten Kirche in Griedel gefunden wurde, ist dem Gott Mercurius von einem gewissen Propincus geweiht worden, vielleicht einem Einwohner des röm Kastellvicus in Butzbach. Ba

Darmstadt DA

Hessisches Landesmuseum

Abb 116, 136, 137, 140, 175, 176, 178, 243, 435, 460

Friedensplatz 1. Öffnungszeiten: täglich 10–17 Uhr außer Mo.
Die archäologischen Sammlungen des Landesmuseums Darmstadt gehören zu den bedeutendsten in Hessen. Leider kann nur ein geringer Teil der reichen Bestände in der Schausammlung gezeigt werden, was besonders für die röm Epoche gilt. – Das Landesmuseum geht auf die Großherzoglich Hessischen Sammlungen zurück und enthält daher archäologische Funde aus dem Gebiet des ehemaligen Großherzogtums, aber auch manches auswärtige Stück, das zur Vervollständigung hinzuerworben wurde. Insbesondere gelangten vor 1914 jene Funde in das Museum, die aus den Gra-

Abb. 175 Hessisches Landesmuseum Darmstadt. Beschlag mit Sonnengott und Quadriga aus Butzbach. Silber, feuervergoldet

bungen der RLK im Großherzogtum stammen, und die durch die Veröffentlichung im Limeswerk (ORL) bekannt sind. – Auch heute wird die Sammlung des Museums ständig durch Bodenfunde aus Starkenburg und Oberhessen vermehrt, die traditionsgemäß an das Landesmuseum Darmstadt gehen. Seit 1945 sind auf diese Weise wichtige Fundensembles erworben worden, auch einige gute Stücke für die Schausammlung.

Der Saal mit den röm Funden befindet sich im Erdgeschoß. Er wird durch das schöne Mosaik aus → Bad Vilbel beherrscht. Es ist das einzige qualitätsvolle Mosaik aus dem röm Hessen, man kennt von anderen hessischen Fundorten nur sehr geringfügige Reste von Mosaiken. Der Zug des Meeresgottes und seines Gefolges schmückte einst den Fußboden eines Thermenraums. – In den Wandvitrinen sind Terrakotten, Bronzefiguren und -beschläge ausgestellt, darunter der Beschlag aus Butzbach mit dem Sonnengott, der seine Quadriga lenkt. Die größere Vitrine enthält eine Auswahl röm Gläser, Tonlampen, Keramik und Bronze, dabei den Kopf eines jungen Satyrs, der allerdings nicht aus Hessen stammt (Fundort Worms).

In dem Saal findet man ferner einige interessante Steindenkmäler aus dem hessischen Raum, unter anderem die Jupitergigantensäule aus → Dieburg, das kleine, aber wohlerhaltene Butzbacher Weihedenkmal aus Basalt für Vulcanus, Viergöttersteine und einen Votivstein für drei Muttergottheiten aus → Altenstadt. Kulturgeschichtlich interessant ist der Grabstein vom → Gehaborner Hof, der einzige unseres Raums, der von einem Kriminalfall berichtet. – Neben der Treppe zum Untergeschoß sind Skulpturen des Mithraskults aus Friedberg und Oberflorstadt ausgestellt. Dort steht auch eine recht vollständig erhaltene Jupitergigantensäule aus Butzbach. Ba

Abb. 176 Hessisches Landesmuseum Darmstadt. Votivstein mit drei Muttergottheiten (matres) aus Altenstadt

Dieburg DA

Römische Zivilsiedlung MED (. . .), Hauptort der Civitas Auderiensium

Abb 116, 136, 137, 177–181

Die röm Siedlung erstreckt sich zwischen Bahnhof und Minnefelderseestraße im N, Ringstraße im O und S bis etwa zur Steinstraße im W. Der antike Ort war somit beträchtlich größer als die mittelalterliche Stadt, deren Zentrum beim Marktplatz lag. Von den zahlreichen Anschnitten röm Bauten im Stadtgebiet ist bis auf einen restaurierten Mauerzug im Keller des Hauses Frankfurter Straße 1 nichts mehr zu sehen.

Die ersten röm Funde in Dieburg kamen Anfang des 16. Jh zum Vorschein. Im frühen 19. Jh beschrieb J. W. Chr. Steiner die bis dahin bekannten röm Altertümer und wies auf ein ausgedehntes »Trümmerfeld« O der Stadt hin. Noch in den 20er Jahren unseres Jh dienten die in den »Blutäkkern« gelegenen röm Überreste als Steinbruch. Systematische Untersuchungen fanden statt um die Jahrhundertwende in der ehemaligen Vorstadt »Altenstadt«, Beobachtungen in den 20er und 30er Jahren im Zuge der Stadtkanalisation und nach dem 2. Weltkrieg in den von den Neubaugebieten betroffenen Gräberfeldern an den Rändern der antiken Siedlung. Die letzte Grabung erfolgte 1978 auf einem größeren noch unberührten Areal O der Kreuzung der Groß-Umstädter mit der Aschaffenburger Straße.

Sehr früh nahm die örtliche Forschung an, die spätere röm Zivilsiedlung in Dieburg habe sich, analog zu anderen Plätzen, aus dem zu einem Kastell gehörenden Lagerdorf entwickelt. Bis heute hat sich aber noch kein Hinweis auf eine solche Militäranlage gefunden. Daß jemals ein Kastell zum Vorschein kommen wird, ist wohl auszuschließen. Die Siedlung wurde etwa um 125 nChr am Rande eines ausgedehnten, fruchtbaren Lößgebietes (Dieburger Bucht) gegründet, als die Truppen aus dem benachbarten Kastell → Groß-Gerau bereits abgezogen, die Limeslinie am Main und auf den Odenwaldhöhen konsolidiert war. Offenbar sollte sie die in den Limeskastellen stehenden Truppen versorgen. Der Civitas-Hauptort ist möglicherweise aus einer Straßenstation entstanden, die hier an sich kreuzenden Fernstraßen lag. Es ist anzunehmen, daß mit der offensichtlich systematischen Gründung von Dieburg auch die Einrichtung der *Civitas Auderiensium* erfolgte. Auch die in der Umgebung liegenden röm Gutshöfe (*villae rusticae*) scheinen nicht vor 120 nChr angelegt worden zu sein. Die *Civitas Auderiensium* ist aus zwei Inschriften bekannt, von denen die eine zu Beginn des 16. Jh in der St.-Albans-Kirche zu Mainz, die andere in Frankfurt-Heddernheim, dem antiken *Nida* gefunden wurde. Beide nennen Ratsherren (*decuriones*) dieser Civitas. 1924 fand man am S Ortsausgang von Dieburg (10) das 1,50 m hohe Unterteil einer qualitätvollen Jupitergigantensäule aus gelbgrauem Sandstein. Auf dem Viergötterstein, der Säulenbasis, sind Juno, Herkules, Vulkan und Ceres abgebildet, während der siebeneckige Zwischensockel die Wochengötter zeigt, von denen Sol, Luna, Mars und Merkur noch gut erhalten sind. Die beiden unteren Ränder des Wochengöttersteins tragen die Inschrift *Licinius Ob --- D(ecurio) C(ivitatis) A(uderiensium) et Messor(ia) Tetrica Coniu(nx) l(ibentes) l(aeti) m(erito).* Übersetzung: »(Den dargestellten Göttern geweiht) von Licinius Ob . . ., Ratsherr der Civitas Auderiensium, und Messoria Tetrica, seiner Gattin, die für erwiesene Wohltat (ihr Gelübde) gern und freudig (erfüllt haben).« Mit diesem Fund ließ sich nun Dieburg als Hauptort der Civitas Auderiensium zuweisen.

Bereits 1894 war aus einem Steinbrunnen in der Rittergasse (3) ein Altar mit Weihinschrift zutage gekommen. Sie lautet *In ho(norem) D(omus) D(ivinae) Genio Vici V(---) V(---) L(ucius) Martialinius Messor et T(itus) Eudemius Cupitus d(onum) d(ederunt).* Übersetzung: »Zu Ehren des göttlichen Kaiserhauses. Dem Genius des Vicus V(- - -) V(---) haben Lucius Martialinius Messor und Titus Eudemius Cupitus (diesen Altar) zum Geschenk gemacht.« Vici V(---) V(---) wurde zumeist mit Vicus Vetus Ulpius aufgelöst und angenommen, die Siedlung sei unter Kaiser Trajan (98–117 nChr) gegründet worden und habe zu Ehren des Kaisers dessen Familiennamen

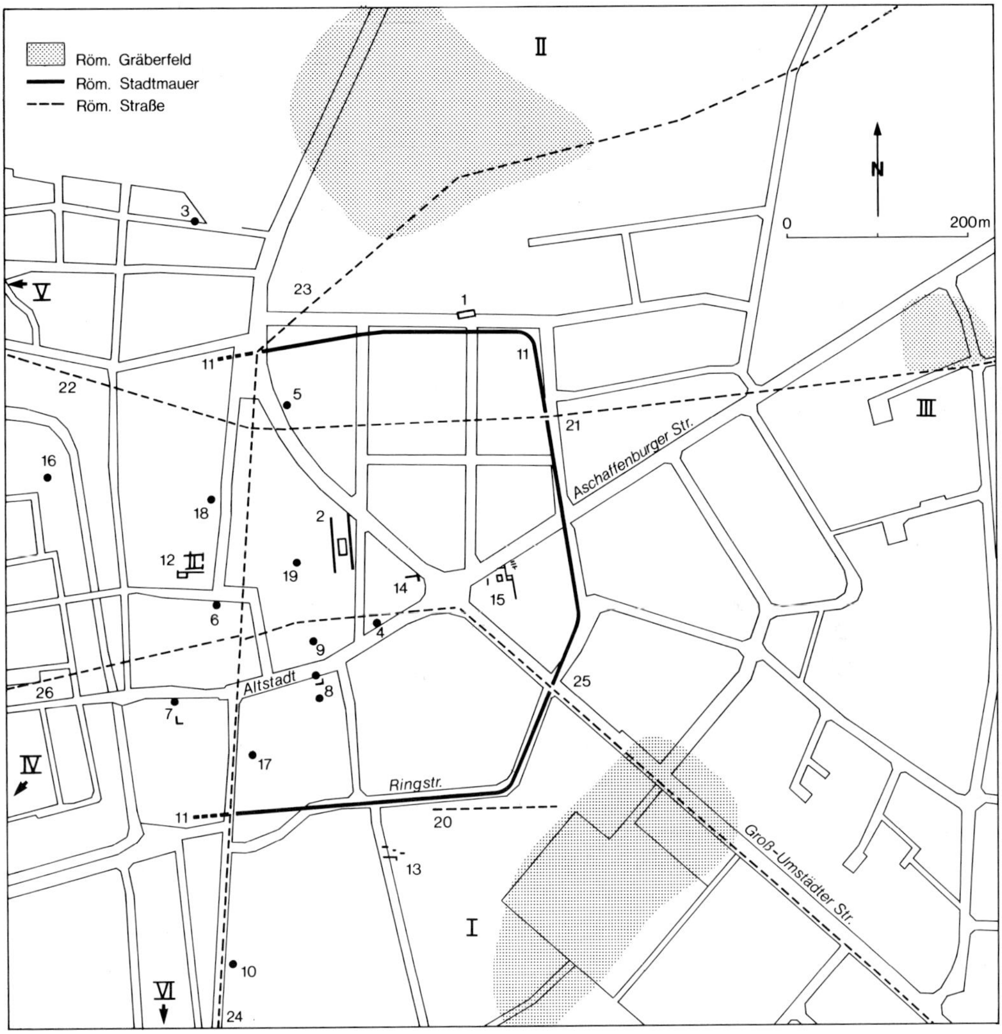

Abb. 177 Dieburg. Antiker Stadtplan: 1 Mithräum. 2, 14 Reste der Marktbasilika. 3, 4, 17, 18 Brunnen. 5–8 Mauerreste langrechteckiger Hausbauten. 9 Steingebäude. 10 Fundstelle der Jupitergigantensäule mit Dekurioneninschrift. 11 Stadtmauer. 12 insulae-artiger Gebäudekomplex (?). 13 Größeres gehöftartiges Gebäude. 15 Kultbezirk. 16 Holzverschalte Keller. 19 Töpferofen. 20–26 Römerstraßen. I–VI Römische Gräberfelder

Abb. 178 Dieburg. Jupitergigantensäule mit Dekurioneninschrift (Hessisches Landesmuseum, Darmstadt)

(*Ulpius*) geführt. Offenbar versteckt sich aber hinter der Bezeichnung in der Inschrift der Name lediglich eines Stadtteiles der größeren Gesamtsiedlung. Der Name der Gesamtsiedlung muß mit dem Buchstaben M begonnen haben, da dieser auf dem Kleestädter Meilenstein erscheint und dort die Abkürzung für den nächstgelegenen Civitas-Hauptort, nämlich Dieburg, angibt. Wahrscheinlich ist der in der bekannten Dendrophoren-Inschrift aus Frankfurt a. M.-Heddernheim mit der Abkürzung *MED (---)* wiedergegebene Ort mit der röm Siedlung in Dieburg zu identifizieren. Eine weitere Vervollständigung des alten Namens ist derzeit nicht möglich. Es ist auch nicht bekannt, welche etymologische Bedeutung sich dahinter verbirgt.

Die zahlreichen Fundpunkte auf dem modernen Stadtplan von Dieburg zeigen, daß die röm Siedlung dicht bebaut gewesen sein muß. Allerdings sind nur in wenigen Fällen eindeutig im Kataster lokalisierbare Gebäudestrukturen vorhanden. So kommt es, daß der jüngst erstellte Siedlungsplan erhebliche Lücken aufweist. Der Verlauf der Stadtmauer (11) wurde in zahlreichen Anschnitten jeweils an der N-, O- und S-Seite nachgewiesen. 1972 konnte das 1,60 m breite Mauerfundament in der S Ringstraße auf 67 m Länge verfolgt werden. An der Einmündung der »Hohen Straße« in die Stadt (21) im O wurden bereits vor 50 Jahren ein Straßenpflaster sowie zahlreiche etwa 0,70 m lange und 0,40 m breite Sandsteinplatten – wohl Zinnensteine – und auch das Profil des Grabens beobachtet. Die Stadtmauer scheint in größter Eile hochgezogen worden zu sein, denn das Mithräum lag außerhalb der Umwehrung. Die aus dem Mithräum geborgene Keramik, welche nur bis in den Beginn des 3. Jh nChr reicht, scheint damit einen Hinweis auf den Zeitpunkt des Mauerbaus zu geben. In der Vorahnung drohender Alamanneneinfälle wurde auch die röm Siedlung von Dieburg zu Beginn des 3. Jh umwehrt.

Das Mithräum (1), 1926 ausgegraben, stellt mit seinen zahlreichen Skulpturen- und Relieffunden, darunter das hervorragend gearbeitete Kultbild, den bisher spektakulärsten Fund auf Dieburger Boden dar. Das Heiligtum war in W-O-Richtung orientiert. Der Grundriß entspricht dem bekannten Schema: Durch eine hölzerne Vorhalle (*pronaos*), die nicht ergraben werden konnte, betraten die Gläubigen den langrechteckigen Kultraum, an dessen Längsseiten sich Liegebänke (Klinen) befanden. In der rechten Ecke

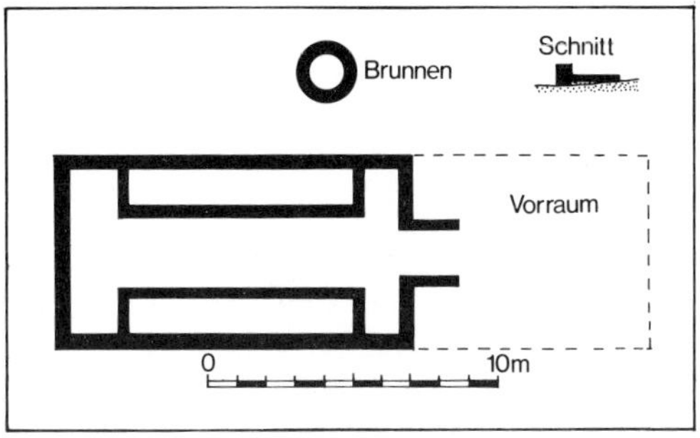

Abb. 179 Dieburg. Plan des Mithräums

der Cella stand ein Mauerklotz, auf dem wohl das drehbare Kultbild montiert war. In der linken Ecke lag die Kultgrube, aus der einige Skulpturen, Keramik und Knochen geborgen werden konnten. N außerhalb des Heiligtums befand sich der Brunnen. Mit Vorhalle war der Bau 20 m lang und 6,40 m breit. Das Mithräum wurde offenbar bei einem der ersten Alamanneneinfälle zerstört. Ein 2. Mithräum ist durch das Bruchstück eines weiteren Kultbildes nachgewiesen. Es zeigt als Randfries die Darstellung der Wochengötter.

Ein weiteres Heiligtum (15) wurde 1977/78 SO der Kreuzung Groß-Umstädter-/Aschaffenburger Straße ausgegraben. Hervorstechendstes Merkmal ist eine abgewinkelte Mauer, die das Gelände im O begrenzt. In einen Mauerknick ist ein nahezu quadratisches Gebäude (14 x 12 m) eingebaut. Darunter liegende Verfärbungen in Form von Mauergruben oder Pfostengräbchen machen eine Zweiperiodigkeit der Anlage wahrscheinlich. Die Fundamente aus unregelmäßigem Sandstein- und Trachytmaterial waren 1,50 m breit. Außerhalb des über 40 m langen Mauerzugs konnten nur noch einzelne Mauerausbruchgruben festgestellt werden, die aber keinen zusammenhängenden Grundriß ergaben. 12 m W der Mauer befand sich ein kleineres quadratisches Gebäude (6,40 x 6,50 m), um das im Abstand von 1,50 m mehrere Pfostengruben lagen. Offenbar handelte es sich um ein Gebäude mit Steincella und außen umlaufender überdachter Veranda wie es als Bautyp von zahlreichen gallo-röm Umgangstempeln her bekannt ist. In unmittelbarer Nähe wurde ein kleiner Münzschatz sowie ein vollständig erhaltenes Kultgeschirr freigelegt. Da der in den Mauerzwickeln eingesetzte Bau im Grundriß dem beschriebenen gleicht, war der ummauerte Bereich wohl ein Kultbezirk mit mehreren kleinen Tempeln, der hier an der Peripherie der antiken Siedlung lag. Welche Gottheiten hier verehrt wurden, läßt sich nicht sicher sagen. Das Kultgeschirr verweist wohl auf einen orientalischen Kult.

Bei einer Ausgrabung 1893 stieß man W der Theobaldstraße auf die Mauerzüge eines größeren Gebäudes (2) im Zentrum der röm Siedlung. Eine Lage regelmäßig behauener Sandsteinquader von 1,20–1,60 m Länge, 0,80–1,20 m Breite und bis zu 0,25 m Stärke wurde in über 50 m Länge in N-S-Richtung hergestellt. Parallel, einige Meter O, kamen ebenfalls noch einzelne Blöcke zutage. Alle Sandsteinquader besaßen Wolfslöcher in der Mitte und waren ehemals durch Eisenklammern miteinander verbunden. Unter den Steinen befand sich eine Rollierungsschicht. Bei den Plattenreihen handelt es sich also um das Fundamentmauerwerk eines größeren Gebäudes, das zudem noch unterteilt war. Zwischen den Mauerzügen wurden nämlich noch die Fundamente einer 17,20 x 9,60 m großen, teilweise hypokaustierten Raumflucht ergraben. Die Dimension des Bauwerks legt es nahe, in ihm ein Gebäude mit offiziellem Charakter zu sehen, vielleicht die Reste der Marktbasilika von Dieburg. Wie weit der Gebäudekomplex in das antike Stadtgebiet reichte, ist ungewiß. Möglicherweise läßt sich der Mauerrest im Keller des Hauses Frankfurter Straße 1 (14) mit den angenommenen Basilika- oder Forumbauten in Verbindung bringen. Obgleich keinerlei gesichertes Fundmaterial aus den Grabungsbefunden des Gebäudes vorliegt, wird der Baubeginn der Basilika wohl mit der Einrichtung der *Civitas Auderiensium* zusammenfallen.

Beim heutigen Finanzamt in der Marienstraße

Abb. 180 Dieburg. Becher des 1978 ausgegrabenen Kultgeschirrs

führte Behn in den 30er Jahren eine Grabung durch. Sie ergab einen größeren Gebäudegrundriß (12), über dessen Funktion man sich noch nicht im klaren ist. Es handelt sich um ein 13,50 x 15,50 m großes Gebäude, dessen Innenfläche durch Zwischenwände unterteilt war. An der S-Seite lehnte nach einem korridorartigen Zwischenraum eine nach W abzweigende Mauer an, an derem hinteren Ende zwei kleine rechtekkige Räume angegliedert waren. Im W Raum fanden sich Hypokaustreste, während der danebcn gelegene Raum mit Estrich versehen war und an seinen Wänden einen rechtwinklig umbiegenden Sickerkanal besaß. Behn sah in dem wie es scheint keineswegs vollständig ergrabenen Gebäuderest eine Markthalle und verglich den Grundriß mit der Markthalle von Bregenz. Möglicherweise gehört der Baukomplex zu einem Wohnquartier (*insula*).

An der Straße »In der Altstadt« wurden noch einige Mauerzüge und Hypokaustreste sowie ein Brunnen beobachtet (4, 7, 8), die wohl zu den typischen Langhäusern einer röm Siedlung gehörten. Ein kleineres rechteckiges Bauwerk (9) wurde an der Wallfahrtskirche ausgegraben, ein Töpferofen im Bereich der Marienschule (19), einzelne Holz- und Steinkeller sowie Brunnen im Stadtbereich (5, 6, 10, 16, 17, 18). Mehrere Gebäudereste (13) S der Stadtmauer gehörten wohl zu einem größeren Komplex.

Von den röm Straßen im Stadtgebiet ist der Straßenzug (25) aus Richtung Groß-Umstadt, der in Höhe des heutigen Amtsgerichts die Straße von Klein-Zimmern (24) kreuzt und in Richtung

Gundernhausen das Stadtgebiet verläßt, gesichert.
Eine weitere Römerstraße kommt von Klein-Zimmern (24) und durchzieht das Stadtgebiet geradlinig bis zur heutigen Minnefelderseestraße und scheint über den Dammweg nach NO weiterzuführen (23). Sie stellt möglicherweise die Verbindung zum Kastell Seligenstadt her.
Bis zur Siedlung ist die von O kommende »Hohe Straße« gesichert. Dann verliert sie sich allerdings. Der weitere Verlauf durch den N Teil der Siedlung ist nur angenommen (22). Sicher ist, daß dieser Straßenzug NW von Dieburg auf die im Wald zwischen Münster und Urberach sehr gut erhaltene, ebenfalls »Hohe Straße« genannte Römerstraße zuführt.
Ein Straßenstück S der Stadtmauer (20) scheint die Verbindung der von Groß-Umstadt kommenden Straße mit der Klein-Zimmerner Straße herzustellen.
Insgesamt ließen sich in Dieburg sechs Gräberfelder (I–VI) feststellen. Sie lagen außerhalb des antiken Mauerberings an den aus der Siedlung herausführenden Straßen. Bisher wurden 211 Gräber geborgen, die ein reichhaltiges Spektrum der am Ort verwendeten Keramik lieferten.
Gräberfeld I an der nach Groß-Umstadt führenden Römerstraße, hinter dem heutigen Friedhof »Im Altstädter See«, war (125 untersuchte Gräber) der größte röm Begräbnisplatz von Dieburg. Alle Gräber der Friedhöfe I–VI waren Brandbestattungen. Die meisten Gräber von Gräberfeld I gehören in die Zeit zwischen 140 und 200 nChr. Im Gräberfeld II, dem zweitgrößten, fand sich das bisher früheste Grab (120–130 nChr).
Die röm. Siedlung von Dieburg erlebte nach Ausweis des Fundmaterials ihre Blütezeit um die Wende des 2. zum 3. Jh nChr. Der Hauptort der *Civitas Auderiensium* fand sein Ende in den Alamannenstürmen der Jahre 259/260 n Chr. Scha

Abb. 181 Dieburg. Quaderlage des Fundaments der Marktbasilika

Ao: Hessisches Landesmuseum, Darmstadt; Kreis- und Stadtmuseum, Dieburg
Lit: MHerchenröder, Die Kunstdenkmäler des Landkreises Dieburg. Vorgeschichtl. Teil von FBehn, 1940, 49 ff – FBehn, Das Mithrasheiligtum zu Dieburg. Röm.-Germ.-Forsch. 1, 1928 – WBoß, Das römische Dieburg. In: Dieburg – Beiträge zur Geschichte einer Stadt, 1977, 32 ff – FMössinger, Die Römer im Odenwald (1954) – ESchallmayer, Das römische Dieburg und seine Gräberfelder. Materialhefte zur hessischen Vor- und Frühgesch. (im Druck) – Ders., Zum römischen Namen von Dieburg. Germania 59/2, 1980, 307 ff.

Kreis- und Stadtmuseum

Abb 136, 137, 180

Schloß Fechenbach. April – Okt. So 10.30–12, 12–17; Di Do 14–16; Mi 17–19 Uhr; Nov.–März So 15–17; Mi 17–19 Uhr.
Der Sammelschwerpunkt des Museums liegt im archäologischen Bereich und hier sind es vor allem die röm Funde, die aufgrund ihrer Bedeutung für die Stadt und das Dieburger Land herausragen. Im Untergeschoß des W Seitenflügels sind in drei Räumen die wichtigsten Fundstücke aus der röm Siedlung ausgestellt. Die Ausstellungen werden zur Zeit neu geordnet.
Unter der zahlreichen Keramik sind besonders zu erwähnen: Zwei Produkte des ostgallischen Töpfers SATTO, der in hadrianischer Zeit (etwa von 115 bis 140 n Chr) getöpfert hat und das Kultgeschirr aus dem Mithräum.
Aus den zahlreichen Funden sind vor allem die Steindenkmäler aus dem Mithräum zu nennen. Beherrschender Mittelpunkt ist das Kultbild. Die Vorderseite teilt sich in elf randliche Einzelbilder, die sich um ein größeres Mittelbild gruppieren. Im Mittelpunkt steht eine Jagdszene mit Mithras. Die Randbilder entwerfen Szenen aus dem Mithrasleben.
Um die unteren Bildränder herum ist die Stifterinschrift eingemeißelt: »Dem unbesiegten Gott Mithras (geweiht) von Silvestrius Silvinus und Silvestrius Perpetus und dem Enkel (der beiden?) (Silvinus) Aurelius, die ihr Gelübde für erwiesene Wohltat gern und freudig erfüllt haben. Perpetus, der Bruder, Schuhmacher, Silvinus, Steinmetz, und (Silvinius) Aurelius haben (dieses Weiherelief) zum Geschenk gemacht.« Die Rückseite des Kultbildes stellt in recht qualitätsvoller Reliefarbeit die Phaëton-Sage dar. Die eingemeißelte Inschrift im Kranz nennt nochmals die Stifter: »Dem unbesiegten Sonnengott Mithras (geweiht) von Silvestrius Silvinus und Silvestrius Perpetus und Silvinius Aurelius«.
Daneben ist eine reichhaltige Auswahl an Keramik, Münzen, Werkzeugen, medizinischen Sonden, Schmuck usw. ausgestellt. Scha

Dietzenbach OF

Heimatmuseum

Darmstädter Str. 11. Öffnungszeiten: So 10–12 Uhr.
Das Heimatmuseum befindet sich in einem Fachwerkhaus (1765 errichtet), das vornehmlich heimatgeschichtliche Sammlungen der neueren Zeit enthält. In einem Raum werden aber auch vorgeschichtliche und röm Fundstücke gezeigt. Es handelt sich dabei um röm Glas und um Keramikfunde, die beim Rathausneubau von Dietzenbach 1975 zutage kamen. Sie gehören in die 1. Hälfte bis Mitte des 2. Jh. Die Natur der Fundstätte hat sich bei den Ausschachtungsarbeiten nicht klären lassen, doch stand hier vermutlich einst ein röm Gutshof. Ba

Lit: AGaubatz, Studien u. Forschungen, Stadt und Kreis Offenbach a. M. Neue Folge Heft 8, 1978, 1 ff.

Dorndiel → Groß-Umstadt-Dorndiel

Dreieich-Dreieichenhain OF

Röm Grabstein

Abb 182

Unmittelbar hinter dem Eingang zur Burgruine, dem ehemaligen Stammsitz der Herren von Hagen in der Dreieich, befindet sich an der rechten Seitenwand ein verschleppter und sekundär vermauerter röm Grabstein mit Inschrift, die in der Übersetzung lautet: »Den Schattengöttern für Quintius Liberalis, der 51 Jahre gelebt hat, und für Proximonia, seine noch lebende Gattin, haben die Kinder, die Liberalinii, Juvenis und Juventina und Maternus und Faustus und Tibernalis dem unvergleichlichen Vater (den Grabstein) zu setzen besorgt.«

Abb. 182 Dreieich-Dreieichenhain. Grabstein in der Burgruine

Unter der Inschrift ist ein Rechteck abgesetzt, in das deutlich die Umrisse eines liegenden Kreuzes eingemeißelt sind. In gleicher Größe ist im oberen Teil des Steins ein Rechteck abgeteilt. Das aus Mainsandstein gehauene Grabdenkmal war bis um 1600 im oberen Teil des viereckigen Burgturms eingemauert. Möglicherweise fand es vor seiner Einmauerung als Altarvorsatzstein (Predella) Verwendung, wobei das Kreuz eingemeißelt wurde. – Dem Schriftcharakter nach gehört die Inschrift in die 1. Hälfte des 2. Jh nChr. Der ursprüngliche Standort des Steines ist unbekannt. Scha

Lit: CIL XIII 6436. – Nahrgang, Landkreis Offenbach a. M. 39 f.

Dreieich-Museum

Fahrgasse 52. Öffnungszeiten: Di–Fr 9–12.30, 14–18, Sa 14–18, So 10.30–12.30, 14–18 Uhr. Mo geschlossen.
Das Museum, das 1910 mit zwei Ausstellungsräumen eröffnet wurde und seit 1956 in einem eigenen Gebäude im Burggarten untergebracht ist, sammelt geologische, archäologische und volkskundliche Gegenstände der Landschaft Dreieich. Die in einem Raum des Untergeschosses ausgestellten röm Objekte stammen aus umliegenden Fundplätzen sowie aus den Beständen des Hessischen Landesmuseums, Darmstadt. Scha

Dreieich-Götzenhain OF

Röm Gutshof mit Kalkbrennofen

Abb 183–185

Etwa 800 m N der Landstraße auf halbem Weg zwischen Götzenhain und Dietzenbach liegt in der Flur »Am Kirchbornweiher« eine größere röm Siedlungsstelle. Bei Ausgrabungen, die 1917 und 1930 hier durchgeführt wurden, kam unweit der Kirchbornquelle ein röm Kalkofen zum Vorschein. Es handelte sich um einen Kuppelofen mit

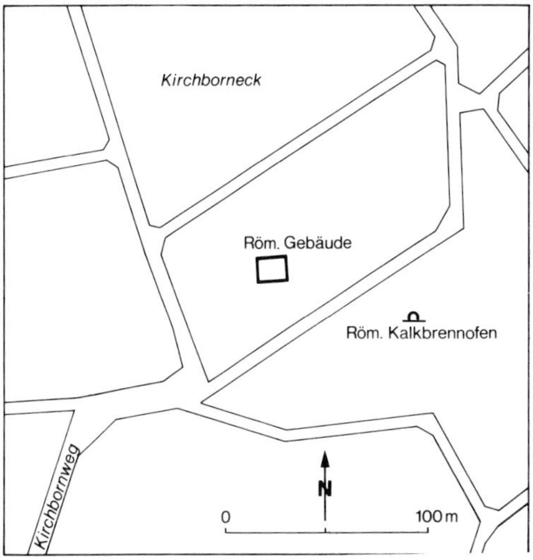

Abb. 183 Dreieich-Götzenhain. Lageplan der römischen Siedlung am Kirchbornweiher

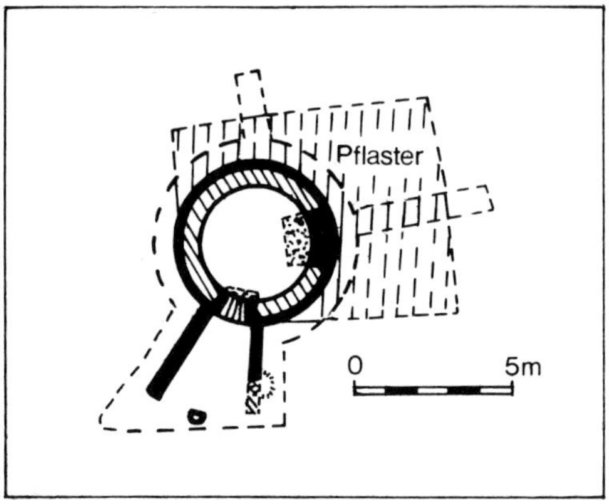

Abb. 184 Dreieich-Götzenhain. Plan des römischen Kalkbrennofens

kreisrundem Brennraum von 5,10 m innerem Durchmesser und 0,70 m Mauerstärke. Der Innenraum war ausgefüllt mit Plattenkalkbruchstücken und verhärteter Kalkmasse. Die Brennraumöffnung (Schnauze) lag nach S und wurde von einem falschen Gewölbe überkragt. Der Schnürraum (Küche) war von zwei 0,45 m breiten Wangenmauern begrenzt. In der Mitte des ummauerten Raumes konnte ein Pfostenloch festgestellt werden, das vermutlich zur Aufnahme eines die Überdachung tragenden Holzpfostens diente. Der Brennraum (Feuerkammer) war in den anstehenden Boden eingetieft. Offenbar in der Höhe der nicht mehr vorhandenen Ofentenne (Himmel) befand sich N und NO des Ofens eine Pflasterlage, die wohl das ursprüngliche Gehniveau anzeigte. Der Aufbau des Götzenhainer Ofens läßt sich mit Kalköfen, die im Rheinland ausgegraben und deren Funktionsweise dort erforscht wurde, vergleichen.
Nur 70 m NW des Kalkofens wurde 1967 das Fundament eines Wohnhauses freigelegt, zu dem vermutlich weitere Gebäude und der Kalkofen gehörte; wahrscheinlich handelte es sich um einen röm Gutshof (*villa rustica*), der seinen zu Bau-

Abb. 185 Dreieich-Götzenhain. Blick auf die Schüröffnung (Schnauze) des römischen Kalkbrennofens

zwecken benötigten Kalk an Ort und Stelle aus dem anstehenden Plattenkalkstein herstellte und darüber hinaus das Kalkbrennen als Nebenerwerb betrieb. Das auf einer leichten Geländekuppe gelegene Gebäude mit einer Größe von 15,40 x 11,60 m hatte in der NW Hausecke einen etwa 2,50 x 2,30 m großen Kellerraum. Einige Pfostengruben und in NS-Richtung verlaufende Pfostengräbchen lassen die Inneneinteilung des Gebäudes erkennen. In der SW und NO Hausecke lag jeweils eine Feuerstelle, die von Kalksteinen kreisrund eingefaßt war. Die Funde, vor allem Keramik, stammen aus der Mitte des 2. Jh nChr bis ins 3. Jh nChr. Es ist anzunehmen, daß die Villa erst mit dem Limesfall um das Jahr 260 nChr verlassen wurde. Wie es scheint, fanden die Besitzer noch Zeit, ihre Habe in Sicherheit zu bringen. Scha

Ao: Dreieich-Museum, Dreieich
Lit: Nahrgang, Landkreis Offenbach a. M. 60 f. mit älterer Lit. – Fundber. Hessen 8, 1968, 94; 11, 1971, 159; 13, 1973, 314; 15, 1975 (1978) 558. – Zum Verfahren des Kalkbrennens: WSölter, Röm Kalkbrenner im Rheinland. Kunst und Altertum am Rhein Nr. 31 (1970).

Dünsberg GI

Keltisches Oppidum; germanische Höhensiedlung der frühröm und der spätröm Kaiserzeit*

Abb 186–188

NW von Gießen ragt der Kegel des Dünsbergs (500 m) weit über das umliegende Hügelland auf. Die ältesten Siedlungen auf dem Berg gehören in die Zeit der jungsteinzeitlichen Michelsberger Kultur und der späten Urnenfelderkultur (nach 1000 vChr). Ob diese Höhensiedlungen befestigt waren, ist ungewiß. Jahrhunderte später wurde der Berg seit der keltischen Frühlatènezeit (nach 400 vChr) stark befestigt. Allmählich entstand ein

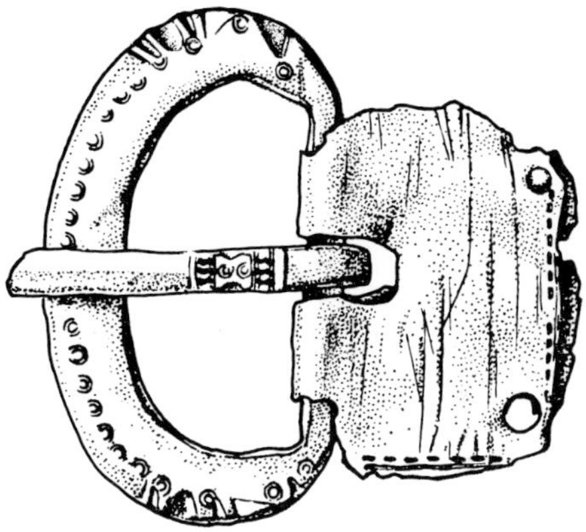

Abb. 186 Dünsberg. Spätröm. Gürtelschnalle (um 400 n. Chr.)

kompliziertes System von Wehrmauern aus Stein, Holz und Erde. Der Plan zeigt einen dreifachen Ring von Wehrbauten. Als stellenweise recht hohe Ruinenwälle sind sie heute noch gut zu sehen. Sie gehören daher zu den bedeutendsten archäologischen Denkmälern Hessens. Ausgrabungen fanden 1906–1909 durch E. Ritterling, 1912 durch E. Brenner und 1974 durch F.-R. Herrmann statt. Sie reichten bisher nicht aus, die Aufeinanderfolge der verschiedenen vorgeschichtlichen Befestigungen hinreichend zu klären, so daß die Geschichte des Dünsbergs nur in unscharfen Konturen dargestellt werden kann. – Von besonderem Interesse ist der untere Ring, der die größte Fläche einschließt. Er ist mit einigen Toren versehen, an denen die Wehrmauer auf beiden Seiten nach innen umbiegt. Solche Tore sind häufig bei spätkeltischen Oppida beobachtet worden. An mehreren Toren setzen eigentümliche »Strahlenwälle« ein, die – ohne sich ringartig zu schließen – den Berg hinunterlaufen. Da die Ausgrabungen auf dem Dünsberg reiche Funde aus der Spätlatènezeit, der Blütezeit der keltischen Oppida, erbrachten, hat man den großen, unteren Befestigungsring als Umfassung eines Oppidum gedeutet. Als Caesar in der Mitte des 1. Jh vChr Gallien eroberte, fand er dort zahlreiche solcher befestigten keltischen Städte vor. – Einige Funde röm Waffen legten die Ansicht nahe, das Oppidum habe bis zum Beginn der röm Feldzüge

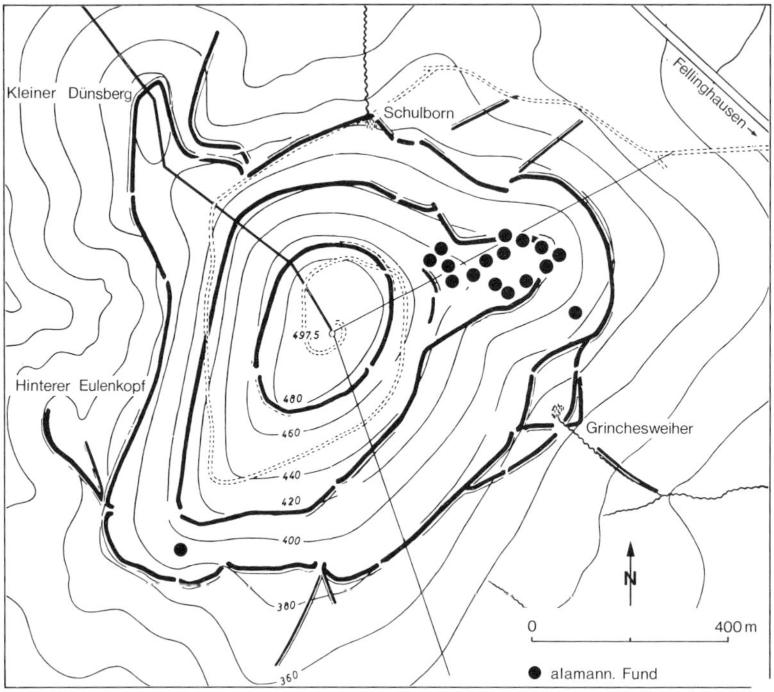

Abb. 187 Dünsberg. Übersichtsplan mit alamannischen Fundstellen

Abb. 188 Dünsberg. Blick von Westen auf die Bergkuppe. Die bogenförmige Linie im Wald rechts von der Spitze des Fernmeldeturms bezeichnet ein Stück des mittleren Ringwalls

unter Drusus 10 vChr bestanden und habe durch röm Eroberung ein gewaltsames Ende genommen. Allerdings spricht die schriftliche Überlieferung aus der Antike von Kämpfen des Drusus gegen Germanen, nicht aber gegen Kelten. Tatsächlich gibt es nach Mildenberger Fundstücke vom Dünsberg, die den Germanen dieser Zeit zugeschrieben werden können. So hatten die Kelten den Berg möglicherweise kurz vor den Feldzügen des Drusus an die Germanen verloren. – Als die Römer am Ende des 1. Jh nChr den Limes S von Gießen anlegten, blieb der Dünsberg außerhalb des Imperiums. Er war in dieser Zeit nicht bewohnt, seine Wehrbauten zerfielen. Um 260 mußten die Römer den Limes aufgeben. Etwa ein Jahrhundert später ist der Berg erneut von Germanen besiedelt worden. Es gibt eine Anzahl germanischer Funde des 4. und 5. Jh nChr, auch spätröm Importstücke dieser Zeit, die die Existenz einer alamannischen Höhensiedlung erweisen. Wahrscheinlich war sie befestigt und stellte die Burg eines alamannischen Stammesfürsten dar, ähnlich wie der → Glauberg. Die germanische Höhensiedlung auf dem Dünsberg scheint Ende des 5. Jh ein gewaltsames Ende genommen zu haben. Der Berg ist seitdem nicht wieder besiedelt worden. Ba

Lit: WDehn, Bonner Jahrb. 158, 1958, 64 ff – GJacobi, Die Metallfunde vom Dünsberg. Materialien z. Vor- u. Frühgesch. von Hessen 2 (1977) – GMildenberger, Die germanische Besiedlung des Dünsberges. Fundber. Hessen 17/18, 1977/78, 157 ff.

Echzell FB

*Limeskastell und Bad**

Abb 40, 138, 139, 172, 189–193, 358

Am NW Ortsrand von Echzell liegen unter Äkkern und Obstgärten die Reste eines Limeskastells, von dem heute an der Oberfläche nichts mehr zu sehen ist. Mit 5,2 ha Fläche war es der größte röm Wehrbau am O Wetteraulimes und eines der größten Kastelle an der gesamten obergermanischen Grenze. Entsprechend ausgedehnt war der zugehörige Vicus. F. Kofler fand als Streckenkommissar der RLK in den 80er Jahren des vorigen Jh auf einer Fläche von 81 ha Spuren röm Besiedlung und entdeckte 1897 die Mauern des Limeskastells. Seitdem ruhte die Forschung, bis 1958 und 1962–1965 Ausgrabungen des Saalburgmuseums im Kastell stattfanden (H. Schön-

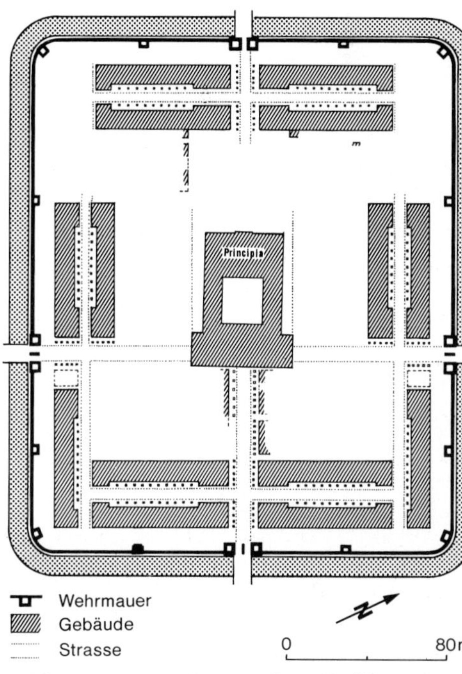

Abb. 189 Echzell. Limeskastell. Übersichtsplan

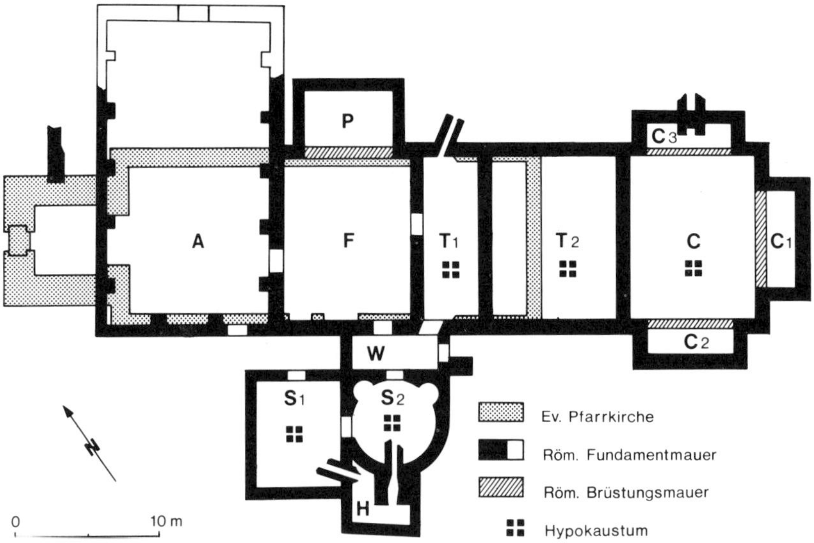

Abb. 190 Echzell. Kastellthermen unter der ev. Pfarrkirche. A Umkleideraum; F Kaltbad; P Kaltbadebecken; T_1, T_2 lauwarme Bäder; C Warmbad mit Warmwasserwannen C_1, C_2, C_3; S_1 und S_2 Schwitzbäder; W Wärmeschleuse zwischen Schwitzbad, Kaltbad und Laubad; H Heizraum

Abb. 191 Echzell. Evangelische Pfarrkirche, davor im Pflaster Grundriß der Schwitzbäder S_1 und S_2

Abb 192 Echzell. Ausgrabung im Limeskastell. In der Grabungsfläche werden die Spuren einer hölzernen Mannschaftsunterkunft herauspräpariert

berger und D. Baatz). Es ergab sich, daß dieses noch in den letzten Regierungsjahren Kaiser Domitians um 90 nChr entstanden ist. Anfangs waren Umwehrung und Innenbauten aus Holz. Unter Kaiser Hadrian erhielt das Kastell eine steinerne Wehrmauer, auch die Kommandantur (*principia*) wurde in Stein ausgebaut. Die Mannschaftsunterkünfte blieben jedoch Fachwerkbauten. Hinweise auf Zerstörungen, die mit Germaneneinfällen zusammenhängen können, gibt es aus den 60er oder 70er Jahren des 2. Jh nChr. Eine spätere Zerstörung dürfte mit dem Alamanneneinfall von 233 zusammenhängen. Das Kastell wurde wieder aufgebaut und bestand bis in die Mitte des 3. Jh.

Im Kastell waren vermutlich eine Ala und eine Kohorte von jeweils 500 Mann stationiert. Eine Steininschrift deutet auf die Anwesenheit der *Ala Indiana Gallorum,* doch sind auch Ziegelstempel der *Ala Moesica felix torquata* gefunden worden. Man hat schließlich *die Ala I Flavia gemina* ebenfalls als Besatzung in Betracht gezogen. Von den obergermanischen Kohorten könnte die *Cohors XXX voluntariorum civium Romanorum* in dem Kastell gelegen haben. Möglicherweise haben die Truppen auch gewechselt.

Bei den Ausgrabungen kam im Bereich der Offizierswohnung an dem Ende einer Mannschaftsbaracke eine überraschend qualitätvolle Wandmalerei mit Szenen aus der griechisch-röm Mythologie zutage, entstanden Mitte des 2. Jh und auf einen Mörtelverputz aufgetragen, der die Fachwerkwand bedeckte. Sie gibt einen Hinweis auf ein gewisses Bildungsniveau, das selbst bei den Truppenoffizieren der Grenzeinheiten vorhanden sein konnte. Schon Kofler hat 1891 N der Kirche unter dem Friedhof ein größeres Gebäude im Vicus ausgegraben mit Heizeinrichtungen (Hypokausten), so daß er meinte, das Kastellbad gefunden zu haben. Wahrscheinlich aber handelte es sich um ein großes Unterkunftshaus (*mansio*). Die Reste des Kastellbades liegen nämlich unter der ev. Pfarrkirche und wurden bei der Renovierung nach einem Brand (1960) entdeckt (W. Jorns, W. Einsingbach). Die Thermen waren etwa 50 m lang und gehörten zu den größten am Limes. Noch heute stehen die Mauern der Kirche

Abb. 193 Echzell. Paradegesichtsmaske eines Reiters während der Konservierung

auf röm Fundamenten, doch war das röm Bad größer als die Kirche. Vor der Kirche sind die beiden Schwitzbäder (*sudatoria*) im Pflaster markiert.

Von dem ausgedehnten Kastellvicus weiß man sonst wenig. Er enthielt unter anderem Gewerbebetriebe, die die Umgebung mit Gütern versorgten. 1964 fand man z. B. etwa 120 m S vom Kastell eine größere Töpferei, die ein gutes und festes, etwas rustikales Gebrauchsgeschirr erzeugte (»Echzeller Ware«).

Das Kastell liegt hochwasserfrei auf einer flachen, lößbedeckten Anhöhe W vom Horlofftal. Der Limes zog 1,3 km entfernt an der anderen Seite des breiten und sumpfigen Tals entlang. Dort liegen unter einem Acker nicht weit vom Waldrand die Spuren des Kleinkastells Haselhecke, von dem aber nichts mehr zu sehen ist. Ein bedeutender Grenzübergang wie etwa bei Kastell Butzbach ist aber hier nicht anzunehmen. Die Limesstrecke bei Echzell war durch die weiten Waldgebiete des Vogelsbergs geschützt, in denen es damals auch kaum Verkehrsverbindungen gab. Um so besser war das große Kastell durch gute Straßen mit der röm Wetterau verbunden. Sie sind heute über viele Kilometer erhalten und dienen noch immer als Landstraßen dem Verkehr. Eine von ihnen verband Echzell mit Friedberg, die andere führte nach NO in die N Wetterau, unter anderem zum Kastell Arnsburg. Dadurch kamen die Echzeller Auxiliartruppen rasch an jeden Punkt des Wetteraulimes. Auch nach N, zum Kastell Inheiden, und nach S gab es, parallel zum Limes, Straßen. Nahe der Straße, die in S Richtung nach Ober-Florstadt ging, lag beim Ortsteil Gettenau ein röm Friedhof. Dort fand man den Grabstein mit der Darstellung eines Totenmahls, der sich heute im Museum Büdingen befindet. Ba

Lit: FKofler, ORL Abt B Band II,3 Kastell Nr. 18 (1903) – DBaatz, Saalburg-Jahrb. 22, 1965, 118 ff – ders., Germania 46, 1968, 40 ff – ders., Wetterauer Geschichtsblätter 18, 1969, 1 ff.

Erbach (Odenwald) ERB

Schloß Erbach

Abb 194

Öffnungszeiten: 8.30–12 u. 13.30–16.30 Uhr. Im Schloß Erbach befinden sich die umfangreichen Sammlungen des Grafen Franz I. zu Erbach-Erbach (1754–1823), der einer der ersten Erforscher des Limes in unserem Raum war. Graf Franz unternahm als Liebhaber des Altertums im späten 18. Jh zwei Reisen nach Italien, um antike Kunstwerke und Ausgrabungsfunde zu erwerben. Diese sind noch ganz im Stil jener Zeit in zwei Räumen des Schlosses Erbach aufgestellt. Die schöne Reihe von Marmorporträts röm Kaiser sei hier besonders erwähnt. Nur einige unscheinbare röm Funde entstammen der Sammel- und Ausgrabungstätigkeit des Grafen im Odenwald und seiner Umgebung. Es sind die zum Teil mit Truppenstempeln versehenen Ziegel, die dekorativ am Fuß eines romantisch nachempfundenen, antiken Altars im ehemaligen Audienzzimmer des Grafen angeordnet sind. Andere röm Fundstücke und Bauwerke hat Graf Franz im → Eulbacher Park (Michelstadt-Eulbach) aufstellen lassen. Ba

Abb. 194 Erbach. Schloß. Ziegelstempel der 22. Legion aus dem Kastell Hainhaus bei Vielbrunn

Erbach-Bullau ERB

*Fortuna-Altar**

Abb 3, 195

In der kleinen Kirche zu Bullau ist die Kopie eines röm Altars eingemauert. Sie stellt zugleich ein bemerkenswertes Beispiel für den Beginn der wissenschaftlichen Denkmalpflege dar. Das Original wurde 1519 von Johannes Marquardt, Hofmeister des Grafen Eberhard von Erbach, in der Bullauer Kirche entdeckt. Mehr als zwei Jahrhunderte später erhielt Kurfürst Karl Theodor von der Pfalz den Altar als Geschenk für sein Antiquarium im Mannheimer Schloß von dem Grafen Georg Ludwig von Erbach-Fürstenau. Im Juli 1764 wurde der Stein nach Mannheim gebracht, in der Kirche aber an seiner Stelle die Kopie eingefügt. Karl Theodor ließ den Altar alsbald von seiner Akademie der Wissenschaften veröffentlichen. Das Original befindet sich noch heute in Mannheim. Die Inschrift lautet: *Fortunae Lucius Favonius Seccianus centurio Legionis VIII Augustae*. Übersetzung: Der (Göttin) Fortuna (hat) Lucius Favonius Seccianus, Centurio der Legio VIII Augusta, (diesen Altar geweiht). Vermutlich stand der Altar ursprünglich im Bad des Kastells Würzberg und ist von dort für den Bau der Kirche

Abb. 195 Erbach-Bullau. Fortuna-Altar. (Original im Reiß-Museum Mannheim)

über die Hochfläche nach Bullau gebracht worden, wo man sonst keine röm Spuren kennt. Falls das zutrifft, war Favonius von seiner Legion, die damals in Straßburg lag, als Kommandeur der kleinen Besatzung (Numerus) des Kastells Würzberg abgeordnet worden. Derartige Fortuna-Weihungen kennt man auch von anderen Kastellbädern. – Die Kopie des Altars in Bullau erhielt auf der linken Seite zusätzlich eine lateinische Inschrift, die von der Übergabe des Steins an die Mannheimer Sammlung berichtet. Ba

Ao: Reißmuseum, Mannheim
Lit: CIL XIII 6516; EGropengießer, Römische Steindenkmäler, Reißmuseum Mannheim (1975) 14.

Erlensee–Rückingen → Rückingen
Eulbach → Michelstadt-Eulbach

Feldberg im Taunus HG

*Numeruskastell**

Abb 196–200

Am Roten Kreuz unweit vom Feldberg liegt der höchste Paß des Taunus (688 m), über den heute die Straße Königstein–Oberreifenberg führt. Als die Römer unter Kaiser Domitian am Ende des 1. Jh nChr den Taunuslimes anlegten, sperrten sie den Paß mit einem hölzernen Wachtturm (Wp 3/45*). Schon damals wird an dieser Stelle ein schmaler Paßweg den Taunus überquert haben. Er lief jedoch sicherlich anders als die heutige

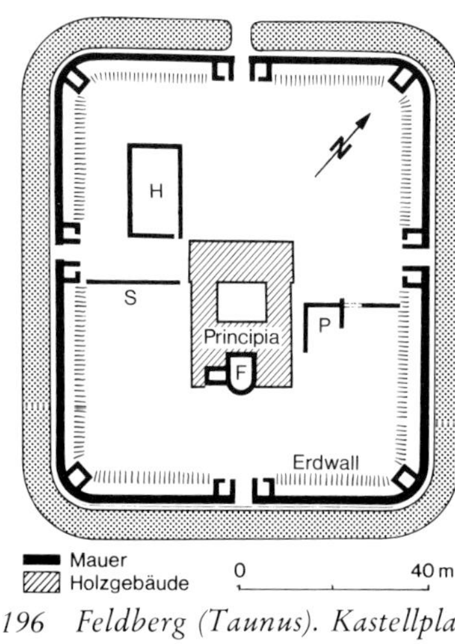

Abb. 196 Feldberg (Taunus). Kastellplan

Abb. 197 Feldberg (Taunus). Das Kastell im Luftbild. Blick von Nordosten

Straße; vermutlich kam er vom Fuchstanz her, umrundete den Kleinen Feldberg im N und zog dann zum Roten Kreuz. Von dort lief er auf der langgestreckten Höhe oberhalb von Reifenberg am Weilsberg vorbei und mag über den Hühnerberg, den Eichelbacher Hof und Hasselbach zum Lahntal bei Weilburg geführt haben. Eine große Bedeutung kann der Paßweg damals nicht besessen haben, sonst hätten ihn die Römer mit einer größeren Befestigung abgesichert. Diese Notwendigkeit ergab sich indessen einige Jahrzehnte später. Offenbar wuchs der Druck germanischer Überfälle auf das röm Provinzgebiet. Daher entstand nach der Mitte des 2. Jh unweit von dem Paß das Numeruskastell am Feldberg. Die Paßhöhe selbst bietet keine Möglichkeit der Wasserversorgung. Aus diesem Grund errichteten die Römer das Kastell in der Mulde zwischen dem Großen und dem Kleinen Feldberg dicht an der Weilquelle. Mit 700 m Höhe ist es das am höchsten gelegene am ganzen röm Limes in Deutschland. – Heute gehört die Kastellruine zu den besonders gut erhaltenen Römerbauten des obergermanischen Limes. Sie ist von den Parkplätzen am Roten Kreuz und vom Parkplatz des Naturparks »Heidenkirche« aus auch für Autofahrer leicht zu erreichen. Die Fundamente der Umwehrung mit den vier Kastelltoren sind deutlich erkennbar. Wie üblich sind die vier Ecken des Kastells abgerundet und mit innen angebauten Ecktürmen versehen. Das Fundament F im Kastellinneren trug das Fahnenheiligtum. Es war nur ein Teil des zentralen Stabsgebäudes (*principia*), dessen übrige Räume aus Fachwerk bestanden und um einen Innenhof gruppiert waren. Sie wurden bei Ausgrabungen festgestellt, sind aber nicht mehr sichtbar. Das Mauerrechteck H rührt von einem Magazin (*horreum*) her. S war wohl nur eine Stützmauer. Wozu die Mauern bei P einst gehörten, ist unsicher; vielleicht stand hier das Haus des Kommandanten. Die Mannschaften lagen wie üblich in langgestreckten, hölzernen Ba-

Abb. 198 Feldberg (Taunus) Limeskastell. Fundament des Fahnenheiligtums

Abb. 199 Feldberg (Taunus). Haupttor des Kastells. Blick von außen

racken, die aber nicht ausgegraben worden sind. Man muß sie sich in den weißen Flächen auf dem Kastellplan vorstellen.

Das Kastell weist mit dem Haupttor auf den Limes, der in ungefähr 100 m Entfernung vorbeiläuft. Der Pfahlgraben ist hier als flacher Damm sichtbar. Man erkennt auch seine zwei Durchgänge, vor denen sich als besonderer Schutz ein kurzes Dammstück entlangzieht. Zwischen Kastell und Limes liegen die Grundmauern des Kastellbades unter einem flachen Ruinenhügel. Es führte einst im Volksmund die Bezeichnung »Heidenkirche«. Sein Grundriß ist durch Ausgrabungen bekannt, heute aber nicht mehr erkennbar. SW und SO vom Kastell standen die Häuser eines kleinen Kastelldorfs, von denen einige ausgegraben worden sind; zu sehen ist auch von ihnen nichts mehr.

Die Besatzung des kleinen Kastells (0,7 ha) war die *Exploratio Halicanensium*, eine leichte, teilweise berittene Aufklärungstruppe, die etwa 150–200 Mann umfaßte. Vielleicht ist sie ursprünglich in dem Ort Halicanum in Pannonien (Ungarn) aufgestellt worden. Ihr Name steht auf einer schweren Basaltbasis, die einst eine Bronzestatue der Kaiserin Julia Mamaea trug und im Fahnenheiligtum aufgestellt war. Die Inschrift lautet: *Iuliae Mameae Augustae matri Severi Alexandri Augusti nostri, castrorum, senatus patriaeque. Exploratio Halicanensium Alexandriana devota numini eius;* übersetzt: »Der Kaiserin Julia Mamaea geweiht, der Mutter unseres Kaisers Severus Alexander, Mutter der Truppenlager, des Senats und des Vaterlandes, von der ihrer Majestät ergebenen Exploratio Halicanensium Alexandriana.« Die Truppe führt hier den Beinamen *Alexandriana* nach dem Namen des Kaisers. Der eigentümliche Titel der Kaiserin als »Mutter der Truppenlager« usw. umschreibt bestimmte Ehrenrechte der Julia Mamaea. Die Kaiserin war in den offiziellen Kaiserkult der Truppen eingeschlossen, und diesem Kult diente die Statue samt dem Sockel.

Ausgrabungen fanden schon Mitte des 19. Jh statt, denn die Ruine war auffällig und wohl schon seit dem Ende des 18. Jh als Römerbau bekannt. Die Grabungen galten zunächst vor allem

Abb. 200 Feldberg (Taunus). Kastell. Statuensockel aus Basalt mit Inschrift der Julia Mamaea

dem Kastellbad (Ausgrabung des Reifenberger Pfarrers Hannappel 1845). Sie wurden seit 1892 im Auftrag der RLK durch L. Jacobi begonnen und später von seinem Sohn, H. Jacobi, mehrere Jahre lang weitergeführt. Die letzten Nachuntersuchungen unternahm H. Jacobi 1926–28 vom Saalburgmuseum aus. Ba

Ao: Saalburgmuseum, Bad Homburg

Lit: LJacobi ORL Abt B Band II,1 Kastell Nr. 10 (1905) – EFabricius ORL Abt A Band II,1 Strecke 3 S. 104 ff – HJacobi, Saalburg-Jahrb. 7, 1930, 79 ff.

Felsberg bei Lautertal-Reichenbach (Odenwald) HP

*Röm Steinbruch**

Abb 201–203

Der Felsberg liegt etwa 7 km NO von Bensheim (Bergstraße). Er gehört zu den höchsten Erhebungen des W Odenwalds (515 m). Das Mittelgebirge besteht hier hauptsächlich aus Granit. Am Felsberg steht ein dunkler Granit an, der als Hornblendegranit oder auch Melaquarzdiorit bezeichnet wird. Dieses Gestein ist in langer Zeit durch Bewegungen der Erde (Tektonik) zerklüftet worden. Es bildeten sich Spaltensysteme unterschiedlicher Richtung, die sich vielfältig durchkreuzen. Die Verwitterung, die den Granit von der Erdoberfläche her angreift, hat ihn oft mehrere Meter tief in lockeren Grus verwandelt. Sie folgt dabei zuerst den Gesteinsspalten und löst auf diese Weise große Gesteinsblöcke aus ihrem ursprünglich festen Verband. Am steilen S-Hang des Felsbergs gibt es einige kleine, schnell fließende Bäche. Sie spülten den Verwitterungsgrus fort und haben dadurch die unverwitterten, schon aus dem Gesteinsverband gelösten Blöcke freigelegt. Diese erhielten durch die Einwirkung von Wasser und Frost abgerundete Formen, wie sie für die Granitverwitterung charakteristisch sind (»Wollsackverwitterung«). So bildeten sich im Zug der kleinen Bergbäche, die man oft nur noch in der Tiefe gluckern hört, gewaltige Blockanhäufungen (»Blockmeere«). Diese Blockmeere haben den Felsberg zu einem vielbesuchten Naturdenkmal gemacht.

Abb. 201 Felsberg im Odenwald. Rekonstruktion des römischen Steinbruchbetriebes

Abb. 202 Felsberg im Odenwald. Römischer Steinbruch. »Altarstein« mit Sägespuren und Keillöchern

Abb. 203 Felsberg im Odenwald. Römischer Steinbruch. »Riesensäule«

Zugleich boten die freigelegten Gesteinsblöcke ein vorzügliches Rohmaterial zur Werksteingewinnung. Schon im 18. Jh wurde man auf die Spuren einer alten Steinbruchtätigkeit aufmerksam. Damals hatte der neuzeitliche Steinbruchbetrieb am Felsberg noch nicht begonnen; er setzte erst in den 80er Jahren des 19. Jh ein. Die antiken Steinbruchspuren lassen sich daher von den neuzeitlichen leicht unterscheiden.

Die Zeugnisse röm Steinbruchtätigkeit bestehen aus einer Anzahl zum Teil sehr großer Werkstükke, die in unterschiedlichen Stadien der Bearbeitung liegengeblieben sind. Sie erhielten mancherlei mitunter fantasievolle Bezeichnungen im Volksmund: »Schiff, »Altarstein«, »Riesensäule«, »Kreisplatte« und andere. Außerdem findet man besonders zwischen der Riesensäule und dem Altarstein, aber auch an einigen anderen Stellen des Felsbergs zahlreiche weggespaltene Abfallblöcke von Werkstücken, die schon vor langer Zeit abtransportiert worden sind.

Die Riesensäule wird in Urkunden des 15. Jh erwähnt, sie muß also älter sein. Die Bearbeitungsspuren auf den Werkstücken und Abfallblöcken ähneln nun außerordentlich denen in einem anderen, berühmten Steinbruchgebiet der röm Kaiserzeit, nämlich den Granitsteinbrüchen von Assuan in Ägypten. Das gab einen ersten Hinweis auf das röm Alter der Steinbruchindustrie am Felsberg. Man fand ferner zwei röm Spitzhauen. Entscheidend für die Datierung war aber die Feststellung, daß mächtige Säulen aus Felsberggranit in dem röm Vorläufer des Trierer Doms verbaut worden sind. Der bekannte Trierer Domstein ist der Rest einer dieser Säulen aus Felsberggranit. Die Säulen für die Trierer Basilika sind in den Jahren 328–337 unter Kaiser Konstantin im Odenwald gebrochen und zu ihrem Aufstellungsort transportiert worden. Die zugehörigen Kapitelle kamen aus den unweit vom Felsberg gelegenen Marmorbrüchen von Auerbach. Das geschah einige Jahrzehnte nach dem Fall des Limes (260 nChr), als der Odenwald schon außerhalb der röm Grenzen lag. Voraussetzung für die röm Steinbruchtätigkeit des 4. Jh im Odenwald war die militärische Überlegenheit, die das Römerreich unter Konstantin an der Rheingrenze wiedergewonnen hatte. – Einige Beobachtungen am Felsberg deuten aber darauf hin, daß die Römer auch schon vor 260 am Felsberg Steine gebrochen haben könnten.

Um einen Stein von vorbestimmter Form abspalten zu können, haben die röm Handwerker längs der gewünschten Spaltlinie eine Reihe von Keilnuten in den Stein eingeschlagen. In diese Keilnuten wurden eiserne Keile eingesetzt und mit einem Hammer solange angezogen, bis sich der Stein spaltete. An zahlreichen Steinen der röm Werkplätze des Felsbergs findet man diese eigentümlichen, rechteckigen Keillöcher. Eine andere Möglichkeit bestand darin, das Werkstück von dem Rohblock abzusägen. Spuren einer großen, röm Steinsäge befinden sich am »Altarstein«. Zum Steinesägen benutzte man ein ungezähntes Sägeblatt aus verhältnismäßig weichem Eisen. Während des Sägens wurde Wasser und Quarzsand beigegeben. Die harten Quarzkörnchen setzten sich im Sägeblatt fest und wirkten wie Sägezähne. – Es mag rätselhaft erscheinen, warum die Römer so große Werkstücke wie die »Riesensäule« oder die »Kreisplatte« liegengelassen haben. Man vermutete zunächst, die röm Handwerker hätten den Steinbruch bei einem Germanenangriff fluchtartig verlassen. Neuere Untersuchungen erwiesen aber, daß die Stücke wegen zu spät erkannter Fehler im Gestein (z. B. Riesensäule) oder auch wegen fehlerhafter Abspaltungen (Kreisplatte) liegengeblieben sind.

Der Abtransport der Werkstücke erfolgte auf schweren Karren oder auf Lastschlitten. Der Weg führte nicht etwa ins Tal nach Reichenbach hinunter, sondern auf der Berghöhe nach W, wo er die Oberrheinebene bei Auerbach-Fürstenlager erreichte. Von dort wurden die Steine an den Rhein gebracht und auf Schiffen weitergeschafft. Ba

Lit: WJorns, Der Felsberg im Odenwald (1959) – ThKempf, Das Haus der heiligen Helena. Neues Trierer Jahrbuch, Beiheft 1978, 10 ff.

Flörsheim MTK

Spätröm Fundstätte

Abb 204

Ungefähr 2 km SW vom Flörsheimer Ortskern hat G. Wolff 1894/95 ein röm Gebäude ausgegraben. Es lag nahe der Mündung des Wickerbaches in den Main, zwischen der Eisenbahnlinie und der Landstraße. Leider ist kein genauer Plan der Ausgrabung überliefert. In dem Keller des Bauwerks fanden sich Dachziegel mit Stempeln der *legio XXII Constantiniana victrix* (»Der siegreichen, konstantinischen 22. Legion«). Sie stammen aus der Zeit Kaiser Konstantins des Großen (306–337), also aus spätröm Zeit. Der Limes war schon gefallen, die Römer besaßen aber jenseits von Mainz einen Brückenkopf. Man nimmt an, daß dort am Wickerbach eine kleine, spätröm Befestigung lag, die den Zugang zu dem Brückenkopf längs der Mainuferstraße sperrte. Ba

Lit: ORL Abt A Band II,1 Strecke 4–5, S. 238.

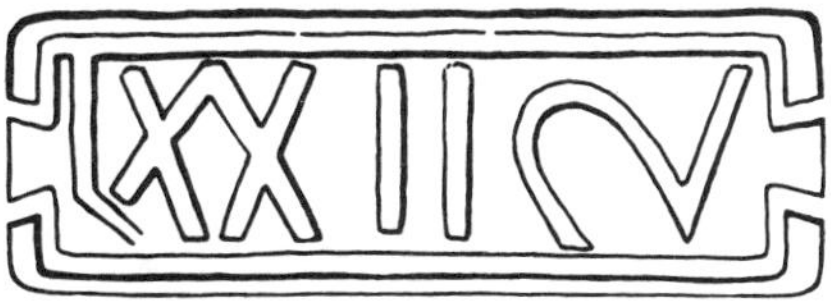

Abb. 204 Flörsheim. Ziegelstempel der legio XXII Constantiniana victrix

Florstadt-Ober-Florstadt FB

Kohortenkastell

Abb 18, 205, 206, 359

Ein wichtiges Kohortenkastell des O Wetteraulimes lag auf der flachen Randhöhe S vom Nidda-Tal. Obgleich obertägige Spuren der Ruinenstätte, die am SO Ortsrand von Ober-Florstadt liegt, schon längst verschwunden sind, wußte man doch seit langem, daß sich dort röm Mauern unter den Äckern verbergen. Aber erst F. Kofler vermochte das Kastell nachzuweisen, das immerhin 2,5 km vom Limes entfernt ist. Die Höhe, auf der es liegt, trägt den Flurnamen »Auf der Warte« wohl daher, daß auf ihr – wahrscheinlich im Mittelalter – zeitweise ein Beobachtungsposten stand. Man überblickt von hier nicht nur das Nidda- und das Horlofftal, sondern konnte eine weite Strecke des Limes einsehen. Das brachte Kofler auf den Gedanken, an dieser Stelle nach dem Kastell zu suchen.

Kofler hat 1886, 1888 und 1893 in Ober-Florstadt gegraben; auf diesen Untersuchungen beruhen die heutigen Kenntnisse. Das von einer steinernen Wehrmauer umfaßte Kastell hatte eine Fläche von 2,8 ha. Außer den Fundamenten der Wehrmauer fand Kofler – wie üblich – die Grundmauern des Stabsgebäudes (*principia*), die sich wegen ihrer Mächtigkeit leicht nachweisen lassen. Zu seiner Überraschung zeigten sich aber auch Steinfundamente von Mannschaftsbaracken. Das ist recht selten am obergermanischen Limes, normalerweise waren die Unterkünfte reine Holzbauten. Ein vor wenigen Jahren entstandenes Luftbild bestätigt die Beobachtung Koflers und gibt einen Eindruck davon, wie dicht das Kastellinnere bebaut war. Besonders im vorderen Teil des Lagers erkennt man deutlich die knapp 60 m (200 Fuß) langen Mannschaftsbaracken.

Als Kastellbesatzung ist die *Cohors XXXII voluntariorum civium Romanorum* bekannt, eine Einheit aus röm Bürgern, die sich freiwillig als Berufssoldaten verpflichtet hatten. Unter Kaiser Domitian gehörte die Truppe zur Besatzung des Kastells Frankfurt a. M.-Heddernheim. Sie ist

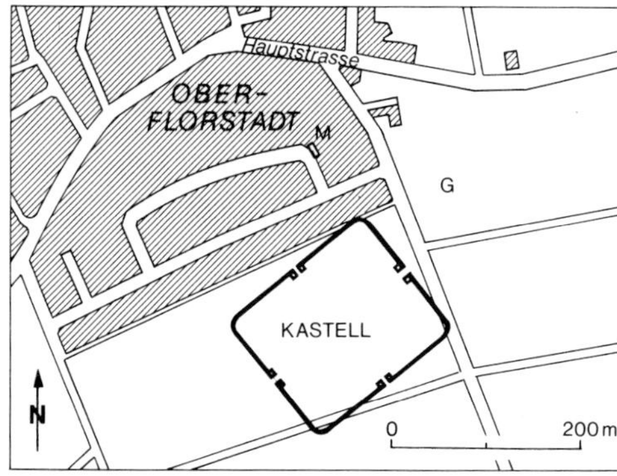

Abb. 205 Florstadt-Ober-Florstadt. Lageplan des Kohortenkastells. M Mithräum. G Lage des Badegebäudes

um 100 nChr nach Ober-Florstadt gekommen, wo sie das Kohortenkastell erbaute. Vermutlich hat es aber an der gleichen Stelle bereits ein älteres, kleineres Kastell aus der Zeit Kaiser Domitians gegeben. Darauf deuten einige Funde hin. Die 32. Freiwilligen-Kohorte dürfte bis zum Ende des Limes in der Mitte des 3. Jh in Ober-Florstadt geblieben sein.

Außerhalb des Kastells befand sich ein ausgedehntes Kastelldorf, das sich in Richtung auf den heutigen Ortskern und nach NO erstreckte. Wie das Luftbild andeutet, war es anscheinend von einem eigenen Verteidigungsgraben eingefaßt, der an das Kastell anschloß und an beiden Seiten zum Niddatal hinunterführte. Kofler untersuchte ein größeres Gebäude darin (G), wohl das Badegebäude des Kastells. – 1887 fand der Bauer W. Stoffel in seinem Acker an der mit M bezeichneten Stelle, die inzwischen überbaut ist, ein wohlerhaltenes Mithras-Heiligtum. Kofler hat es 1888 untersucht. Es war in der Art dieser Heiligtümer höhlenartig in den Erdboden eingetieft und hatte sich daher recht gut erhalten. Man betrat das Heiligtum einst durch eine Tür, die sich in der S Schmalseite befand und gelangte zunächst in den Vorraum N. Dieser war vermutlich durch eine Schranke von der eigentlichen *cella* getrennt. Die dreischiffige *cella* besaß die übliche Einteilung in einen vertieften Mittelgang und zwei seitliche Podien. Auf diesen saßen die Anhänger der Mithraskults während ihrer Gottesdienste. Leider hat man das eigentliche Kultbild, das Relief des stiertötenden Mithras, nicht gefunden; es muß in der Mitte der N Schmalwand gestanden haben. Doch fand man bei 1 die steinerne Skulpur eines Dadophoren mit nach unten gerichteten Fackeln, Symbol der Nacht oder des Todes. Auf der anderen Seite bei 2 stand noch die Basis seines Gegenstücks, des Dadophoren mit erhobener Fackel. Außerdem kamen einige kleine Altäre zutage, Reste von Weihegeschenken sowie über 20 Lampen. Das Mithräum war farbenprächtig ausgemalt: die Podien besaßen einen rötlichen Verputz, die Wände waren mit einer Malerei bedeckt, die im unteren Teil farbige Steineinlegearbeiten imitierte, und sogar von einer Deckenmalerei fanden sich Reste. Ba

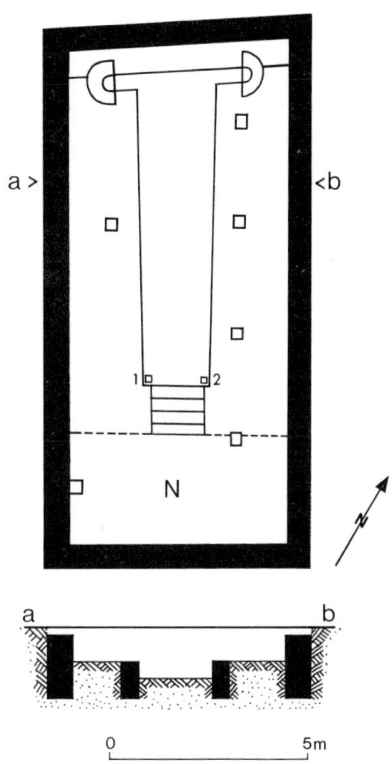

Abb. 206 Florstadt-Ober-Florstadt. Grundriß des Mithräums (unten Schnittbild)

Lit: FKofler ORL Abt B Band II,2 Kastell Nr. 19 (1903) – MJVermaseren, Corpus Inscriptionum et Monumentorum Religionis Mithraicae Bd. 2 (1960) 61 ff. Nr. 1074–1081.

Frankfurt am Main F

Heddernheim, Nordweststadt, Praunheim: Militärlager und Civitas-Hauptort

Abb 7, 39, 50, 60, 92, 94, 95, 97, 100–108, 112–115, 117, 121–125, 127, 128, 130–135, 139, 143, 207–229

Zehn Militärlager in Heddernheim und Praunheim

Im N von Frankfurt, rund 6 km N des Mains, zwischen den Vororten Heddernheim und Praunheim, erstreckt sich das röm Gebiet mit seinen vielfältigen militärischen Lagern, dem später ummauerten *vicus Nida* und den Gräberfeldern. Bei dem Gelände handelt es sich um eine Zunge der Mittelterrasse, die sich N der ehemals windungsreichen Nidda um 10–15 m über dem Fluß erhebt, jedoch keine ebenmäßige Fläche bietet; der höchste Punkt liegt in der Nähe des W-Tores des Alenkastells (A). Die Gesamtlänge des von den Römern in Anspruch genommenen Platzes beträgt in der Richtung SW-NO rund 2,6 km. Heute ist das Gebiet vor allem durch die Nordweststadt nahezu vollkommen überbaut und die Nidda begradigt, so daß man Pläne in der älteren Literatur (Wolff 1915) ansehen muß, um von der antiken Topographie eine Vorstellung zu bekommen.

Mindestens 10 Lager im Areal von Heddernheim und Praunheim bezeugen, daß dieser Platz ein strategisch wichtiger Punkt für die Eroberung der Wetterau war. Die meisten der Lager waren nur kurzfristig belegt und hinterließen kaum Scherbenmaterial, so daß die genaue Aufschlüsselung ihres Neben- und Nacheinanders nicht möglich ist. Die Ausgrabungen der älteren wie der neueren Forscher waren zudem aus verschiedenen Gründen eingeschränkt, und es konnten nur we-

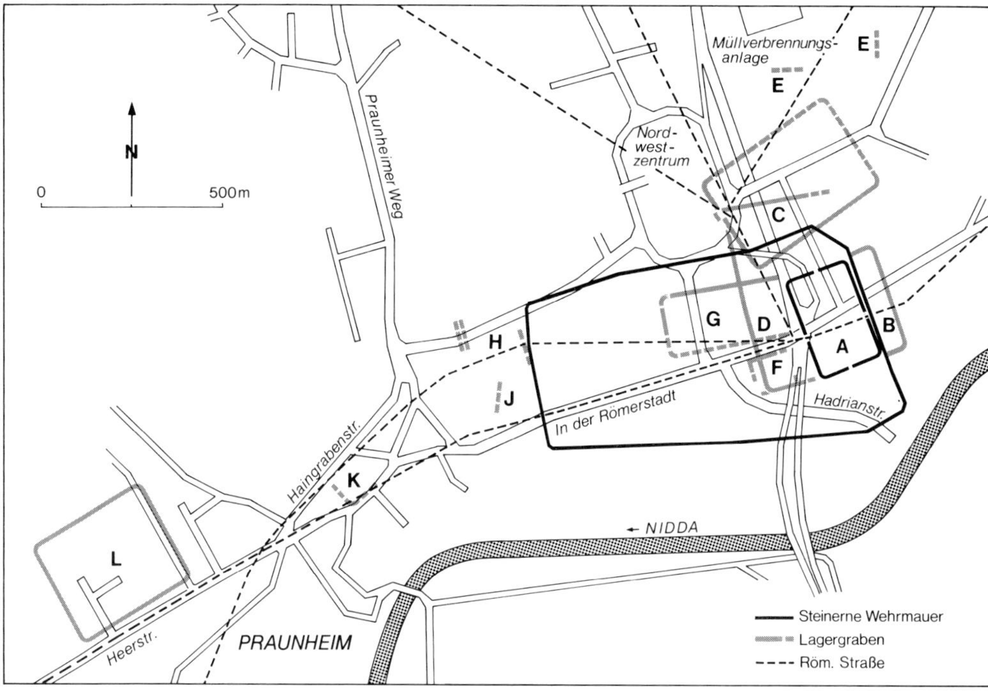

Abb. 207 Frankfurt a. M.-Heddernheim und -Praunheim. Übersichtsplan der röm. Militärlager (Lagergräben B–L) und der steinernen Wehrbauten (Alenkastell A und ummauerter Vicus Nida)

nige Lager ihrem Umfang nach, keines davon in seiner gesamten Fläche untersucht werden. Bis auf das Lager B dürften jedoch alle in die Okkupationszeit gehören und sich auf die Kriegszüge in vespasianischer und domitianischer Zeit beziehen, zumal die meisten ein Areal einnehmen, durch das später röm Straßen liefen. Anhaltspunkte für ein Marschlager aus augusteischer Zeit gibt es nicht. G. Wolff war vor dem 1. Weltkrieg der maßgebende Forscher für die militärischen Bauten in Heddernheim und Praunheim.

Das Lager B wurde 1903–1906 ausgegraben. Es ist ein symmetrischer Annex (Anbau) an der O-Seite des Alenkastells (A). Ein Spitzgraben umschloß ein Areal von 80 x 292 m; beide Grabenenden im N und S knickten beim Einlaufen in den äußeren Kastellgraben des Alenkastells stumpfwinklig ab, so daß ihre Rücksichtnahme auf das bestehende Alenkastell außer Zweifel steht. An der O-Seite, am Ende der Straße, die als Verlängerung der *via principalis* des Alenkastells angelegt war, befand sich das einzige Tor: ein Holzbau mit zwei Durchgängen. Von den Innenbauten wurden im N-Teil mehrere Reihen großer Pfosten festgestellt, die als 45–50 m langer Magazinbau interpretiert werden. Der S-Teil wurde nicht untersucht. Die von Wolff erwähnten Funde zeigen an, daß dieses Lager wahrscheinlich parallel zur letzten Phase des Alenkastells bestanden hat und jedenfalls gleichzeitig mit diesem (nach 103 nChr) aufgegeben wurde. Demnach ist das Lager B das jüngste aller Lager ohne steinerne Umwehrung von Heddernheim-Praunheim.

Untersuchungen von 1901–1908 förderten das Lager C N des Alenkastells (A) zutage. An eine 420 m lange S-Seite schloß sich rechtwinklig die 280 m lange W-Seite mit einem Tor bei 180 m N der SW-Ecke. Die Merkwürdigkeit dieser Anlage besteht darin, daß sich an der Innenseite des W-Tores ein weiterer, kleinerer Spitzgraben anschloß und durch seinen schrägen Verlauf zur SO-Ecke nunmehr ein dreieckiges Lager von etwa 4 ha bildete. Die erfolglose Suche nach dem ursprünglichen Rechteck und die unsymmetrische W-Seite gaben bald zu der Vermutung Anlaß, daß hier ein provisorisches bzw. reduziertes Lager vorliege, in dem eine Truppe nur kurzfristig untergebracht war. Die Befestigung selbst war nicht besonders stark. Das 8,60 m B-Tor im W hatte einen vorgelegten Spitzgraben (*tutulus*) von 16,50 m Länge. Da dieses dreieckige (oder auch ursprünglich rechteckige?) Lager auf die Trassenführung der röm Straßen nach Okarben, zur Saalburg und nach NW noch gar keinen Bezug nimmt, diese vielmehr alle drei durch sein Areal hindurchgeführt hätten, dürfte es in der frühesten Zeit der Okkupation entstanden sein. Seine SW-Ecke wurde denn auch vom Straßenbett der Saalburgstraße und sein W-Tor vom flavisch-trajanischen Gräberfeld an der Feld-

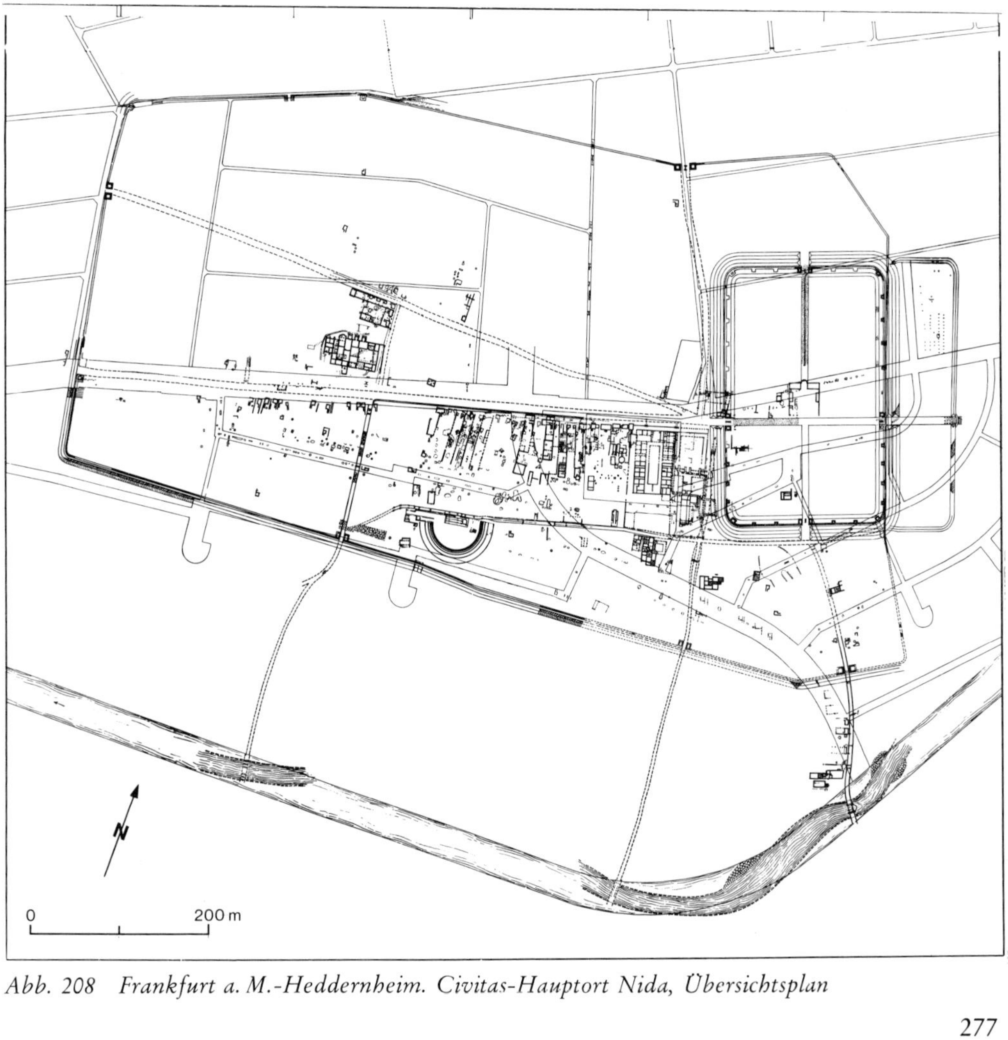

Abb. 208 Frankfurt a. M.-Heddernheim. Civitas-Hauptort Nida, Übersichtsplan

bergstraße überlagert. Der auch in neuerer Zeit mehrfach geschnittene S Spitzgraben enthielt keine Funde.
Das seit 1910 erforschte Lager D zeigte sich infolge seiner Unregelmäßigkeiten nicht weniger problematisch als das soeben besprochene, und wahrscheinlich besteht sogar ein Zusammenhang zwischen beiden. W des Alenkastells (A) wurden vom Lager D die W-Seite, die SW-Ecke und ein Stück der Südseite mit Tor ermittelt. Während der S-Graben (Länge 130 m) dann im äußeren Kastellgraben des Alenkastells verschwand, wurde die W-Seite (Länge fast 500 m) mit Unterbrechungen bis zu ihrer Einmündung in den W Graben der Anlage C verfolgt. Die Unregelmäßigkeiten bestehen in einem richtungsändernden leichten Knick der W-Seite und in der Einmündung in ein anderes Grabensystem. Wolff zog die Schlußfolgerung, daß das Lager D zum Zwecke der Erbauung des Alenkastells und gewissermaßen um dieses herum errichtet war. Jedenfalls muß Lager D einerseits zeitlich vor dem Alenkastell bestanden haben, dessen erster Ausbau schon unter Kaiser Vespasian erfolgte, und andererseits etwas später als Lager C angelegt worden sein, in dessen W-Graben es einmündet. An dieser Stelle ist eine schnelle Abfolge der Lager augenscheinlich. Von Wallpalisade oder Torbau wurden keine Spuren gefunden. Die Toröffnung an der S-Seite war 6,50 m breit.
Im Zusammenhang mit dem Lager C hat Wolff zwei Spitzgrabenprofile erwähnt, die er ein Stück NO von diesem in zwei Ziegeleien beobachtet hatte (E), vielleicht ein weiteres Lager.
Gündel fand 1925–1926 die NW-Ecke des kleinen Lagers F auf dem Gelände des Christlichen Friedhofs in Heddernheim. Nach Gündels Berechnung handelt es sich um eine fast quadratische Umwehrung von 100–110 m Seitenlänge. Die Scherben aus Spitzgraben und Palisadengräbchen wurden bei ihrer Auffindung als domitianisch angesprochen; die Errichtung des Lagers ist jedenfalls in flavische Zeit zu setzen.
Während der Baumaßnahmen in der NW-Stadt in den sechziger Jahren konnte ein WO fluchtender Spitzgraben über 260 m verfolgt werden; wahrscheinlich die N-Seite eines großen Lagers G. Er quert die heutige Ernst-Kahn-Straße in ihrem N Teil und verläuft fast parallel zur späteren N Vicusumwehrung in etwa 80 m Entfernung von dieser. Die W-Begrenzung ist mutmaßlich ein Spitzgraben, der in der Baugrube Ernst-Kahn-Str. 16 beobachtet wurde. Der zugehörige Spitzgraben im S könnte der sein, der 1961 gefunden wurde: In 160 m Entfernung zum N-Graben verläuft er in gleicher WO Richtung durch den N-Teil des Hauses Ernst-Kahn-Str. 118. Die Begrenzung der O-Seite ist unbekannt. Das so umrissene Lager hätte, wenn die Rekonstruktion stimmt, mehr als 4 ha Fläche umfaßt. Es könnte nur in frühflavischer Zeit bestanden haben, nämlich noch ehe das Lagerdorf, die ältere Straße nach Mainz und die Saalburgstraße errichtet wurden. Auch die Überschneidung mit dem Erdlager D spricht für kurzfristiges Bestehen. Toranlagen oder sonstige Spuren der Umwehrung wurden nicht bekannt.
Die Profile von zwei zusammengehörigen Spitzgräben wurden 1929 in einem Wasserleitungsgraben des Grünen Weges (heute Bernadottestr.) gefunden; die Stelle befindet sich etwas O der Straßenflucht Am Alten Schloß und rund 200 m entfernt von der NW-Ecke der Vicusbefestigung (H). Wahrscheinlich dehnte sich das Lager noch N der Bernadottestr. aus. Wir zählen unter Vorbehalt hierzu einen wahrscheinlich in gleicher Richtung (NW–SO) laufenden Graben, der Im Weimel 14 beobachtet wurde; er lag so dicht neben der Vicusbefestigung, daß ein zweiter Spitzgraben in dieser untergegangen wäre. Die Entfernung beider Fluchten beträgt rund 140 m. In beiden Fällen wurden Scherben des 1. Jh nChr notiert.
In der Baugrube der Häuser In der Römerstadt 182–188, 102 m W der Vicusbefestigung, wurde 1963 ein NS verlaufender Spitzgraben über 14 m verfolgt (J).
1929 wurde in der Baugrube des Hauses Alt-Praunheim 53 die S-Ecke eines Spitzgrabens registriert (K), der keinerlei Funde enthielt.
Das Praunheimer Lager L konnte 1905 in Ziegeleigruben N der Heerstraße (früher Elisabethenstr.) – heute der Bereich zwischen Schönberger Weg und Stierstädter Str. und W etwas darüber hinaus – wenigstens in seinen Ausmaßen

(270 x 340 m) vollständig erfaßt werden. Da das Lager dem Straßenzug der röm Straße nach Hofheim und Mainz parallel angelegt war, konnte es nur gleichzeitig mit dieser Straße oder später errichtet worden sein. Wahrscheinlich ist diese wichtige Straße von den Römern schon in flavischer Zeit benutzt worden. Aus dem Praunheimer Lager gibt es keine datierenden Funde.

Alenkastell

Wohl als einziges der röm Militärlager von Heddernheim-Praunheim wurde das Alenkastell A von vornherein als langfristiges Standquartier für eine Truppe erbaut. Wegen seines späteren Ausbaus in Stein wird in den Publikationen allgemein die Bezeichnung »Steinkastell« verwendet. Wolff entdeckte das Kastell 1896 und hat in den folgenden Jahren vor allem seinen Umfang, die Umwehrung und einen Teil des Stabsgebäudes (*principia*) untersucht. Ausgrabungen von Gündel in den zwanziger Jahren betrafen Bauten der späteren Vicuszeit innerhalb des Kastellgeländes. Erst U. Fischer führte 1957–1959 und 1963 im N-Teil des Alenkastells systematische Flächengrabungen durch. Inzwischen ist das gesamte Areal überbaut und im Gelände nicht mehr kenntlich.

Offenbar genauso wie bei dem Steinkastell in Hofheim haben nacheinander drei Kastellbauten bzw. -umbauten an der Stelle des Heddernheimer Alenkastells gestanden. Nach Umfang und Grundriß wahrscheinlich übereinstimmend mit dem späteren Steinkastell hatten die beiden früheren an Toren und Umwehrung Holztürme (ausgegraben quadratische Ecktürme von 7 m Seitenlänge) und eine Mauer aus Rasensoden. Beide Holzerdekastelle waren schon von den zwei Spitzgräben geschützt, die später auch zum Steinkastell gehörten. Der innere der Wallgräben mußte vor den Toren mittels Brücken überquert werden. Das erste der Holzerdekastelle wurde noch unter Kaiser Vespasian (etwa 75–79 nChr) errichtet, das zweite wahrscheinlich zwischen dem Chattenkrieg Domitians (83–85 nChr) und dem Saturninusaufstand (88–89 nChr) und das Steinkastell daran anschließend; dessen Ende hängt mit der Verlegung der Garnison an den Limes zusammen und ist in die Jahre zwischen 103–111 nChr zu setzen. Diese Abfolge war aus den übereinandergelagerten Spuren der Mannschaftsbaracken abzulesen, die klar drei Bauphasen erkennen ließen. Die Baracken des zweiten Kastells sind durch Feuer zugrundegegangen.

Das Steinkastell ist in seinem Grundriß am besten ermittelt worden. Es bildete ein abgerundetes Rechteck (186 x 282 m) mit 30 Türmen und vier von Türmen flankierten Toren, das Ausfallstor (*porta praetoria*) nach S zur Nidda hin orientiert. Das N-Tor hatte nur einen Durchgang, die übrigen waren durch Pfeiler in zwei Durchgänge geteilt. Die Kastellmauer aus Basaltbruchsteinen war nach außen mit Sandsteinquadern verblendet.

Unsere Kenntnis von der Innenbebauung ist unvollständig. In älterer Zeit wurde der W-Teil des Stabsgebäudes (*principia*) ausgegraben, das sich im Zentrum des Kastells N der OW-Achse (*via principalis*) wie üblich um einen Hof gruppierte; auch hier existierte ein Vorgängerbau in Holz. Die Grabungsschnitte von Fischer waren im rückwärtigen Teil des Lagers (*retentura*), zwischen N-Tor und Stabsgebäude, angelegt und erfaßten außer den erwarteten Mannschaftsbaracken hinter der Umwehrung Teile von Werkstätten (wahrscheinlich einer Schmiede) und Teile einer Anlage, die wohl als Barackenhof mit großem Wasserbecken (Tiefe 1,50 m in röm Zeit) zu ergänzen ist. Bronzebeschläge von Pferdegeschirr aus den Schichten des Wasserbeckens deuten auf die Verwendung desselben als Tränke bzw. auf die Reiterbesatzung des Kastells. Der Barackenhof überlagerte N des Stabsgebäudes die Hauptstraße zum N-Tor (*via decumana*) und ist in die letzte Phase des Kastells datiert.

Als Besatzung des rund 5 ha umfassenden Alenkastells kommt in erster Linie die *Ala I Flavia gemina*, also eine Reitereinheit, in Betracht, von der eine Weih- und eine Grabinschrift sowie weitere Fragmente von Reitergrabsteinen gefunden wurden. Ferner sind vor allem durch Grabinschriften die *Cohors IV Vindelicorum* und die *Cohors XXXII voluntariorum civium Romanorum* für Heddernheim belegt. Da die neuere Forschung der Meinung ist, daß die genannte Reitereinheit nicht 1000, sondern 500 Mann umfaßte, werden wohl zwei der Truppenkörper gemeinsam im Kastell untergebracht worden sein. Außerdem kann während der Kastellzeit ein Truppenwechsel stattgefunden haben. Es ist im übrigen nicht erwiesen, daß im O anschließenden Lager B auch Truppen untergebracht waren; möglicherweise diente dieser Annex nur als Schutz für Magazinbauten.

Die Verbindungen der Heddernheimer Garnison zu ihren Nachbarkastellen waren selbstverständlich durch die vom röm Militär angelegten Straßen gewährleistet. In den Richtungen nach Mainz und Okarben gab es hierbei Straßenverlegungen gegenüber den anfangs benutzten Straßen, und allmählich entwickelte sich der Platz unmittelbar vor dem W-Tor des Alenkastells (*porta principalis dextra*) zum wichtigsten Verkehrsknotenpunkt. Von hier aus liefen 1. die Straße nach W über Hofheim und Kastel nach Mainz (wobei es auf Heddernheimer und Praunheimer Boden eine ältere, dem Gelände angepaßte N Straßenführung und eine jüngere, das Gefälle in Kauf nehmende gab) und 2. die Straßen nach N, die – nach und nach entstanden – schließlich eine dreifache Gabelung vor dem N-Tor der späteren Vicusumwehrung bildeten; geradeaus führte eine zum Saalburgkastell, in NO-Richtung eine über Okarben zur Mitte der Wetterau und in NW-Richtung eine, deren Endziel noch unsicher ist. Einen Weg zur Wetterau gab es auch zum O-Tor des Alenkastells bzw. des Lagers B hinaus und einen weiteren zum S-Tor hinaus über die Nidda nach Frankfurt. Daneben wurde sicher die schiffbare Nidda genutzt, allerdings vornehmlich für Warentransporte.

Dem Alenkastell zuzurechnen sind zwei steinerne Kastellbäder, das ältere etwa 100 m W des Kastells und 70 m S der älteren Straße nach Mainz (heute W-Teil des Christlichen Friedhofs), das jüngere 60 m S des Kastells und etwa 30 m O der nach S führenden Kastellstraße (heute die Grundstücke der Häuser An der Ringmauer 108–118). Die Datierung beider Anlagen beruht auf Ziegelstempeln, von denen im W Kastellbad nur solche der 14. Legion, im S solche der 14. und 22. Legion gefunden wurden; danach muß das W-Bad um 90 nChr vom S-Bad abgelöst worden sein. Ursächlich mag dies mit einer Zerstörung während der 2. Chattenkriege 89/90 zusammenhängen, da am W-Bad Brandschutt wie bei den zweiten Mannschaftsbaracken beobachtet wurde. Von beiden Kastellbädern ist die Gesamtanlage nicht mehr zu rekonstruieren.

Nida, Hauptort der Civitas Taunensium

Im heutigen Gelände sind nur noch an zwei Stellen Überreste der röm Siedlung zu sehen:
1. ein Stück des Walles der O-Umwehrung vor dem Haus Am Forum 29
2. zwei Töpferöfen von der Töpfersiedlung vor dem N-Tor, 1972 gefunden und an Ort und Stelle konserviert; das einsehbare Schutzhaus am O Erich-Ollenhauer-Ring, S der Titusstraße (Abb 209). Führungen nur nach Vereinbarung.

Zur Geschichte: W des Alenkastells, entlang den beiden Straßen nach Mainz und der Saalburgstraße, entwickelte sich zunächst ein Lagerdorf. Seine Fachwerkhäuser erstreckten sich nach W über die Grenze der späteren Vicusumwehrung hinaus, an der älteren Straße sogar bis zur Fundstelle der röm Villa in Praunheim – 350 m entfernt von der Stadtmauer – und dem dort beginnenden älteren Praunheimer Gräberfeld. Novus vicus hieß der Teil der Siedlung, der an der späteren, S Straße

Abb. 209 Frankfurt a. M.-Heddernheim. Quadratischer Brennraum eines Töpferofens. Durch die Löcher strömten von unten die Heizgase zum Brennen des Geschirrs

nach Mainz (*platea novi vici*) noch vor dem Abzug des Militärs erbaut wurde. Von der älteren Straße nach W ist der antike Name *platea praetoria* überliefert, der sich allerdings auf das spätere Unterkunftshaus (*praetorium*) der Stadt Nida bezieht. Für die Ausdehnung des Lagerdorfes behielt die ältere Straße ihre Bedeutung, obwohl dort Brandschichten aus der Kastellzeit die Vernichtung auch von Lagerdorfbauten anzeigen. Ein exakter Plan mit allen Bauten des Lagerdorfes wird sich nicht rekonstruieren lassen. Einmal haben die nachfolgenden Bauten des Vicus vielfach die Spuren der älteren zerstört, zum anderen ist die Unvollkommenheit der Berichterstattung – auch für den *Vicus Nida* – hauptsächlich durch die hektische Bebauung des Geländes in den sechziger Jahren (Bau der NW-Stadt) begründet.

Wahrscheinlich recht früh begannen Töpfer ihr Handwerk im Lagerdorf auszuüben; Öfen aus dem letzten Viertel des 1. Jh nChr sind vor allem im S Teil des Vicus festgestellt worden. Besonderes Interesse verdient hierbei die Wetterauer Ware, deren rotüberzogene und rotgefleckte oder marmorierte Gefäße anfangs speziell für das Militär angefertigt wurden. Zur Töpferei von Nida siehe auch unten S. 285 ff.

Mit dem Abzug der Garnison um 110 nChr änderte sich die Situation des Lagerdorfes gravierend. Offenbar Hand in Hand mit der Verlegung der Truppen an den Limes richteten die Römer nun auch die Zivilverwaltung ein. Bei der Aufteilung der nordmainischen Region in zwei Civitates wurde der Vicus von Heddernheim zum Hauptort des O, der *Civitas Taunensium*, bestimmt; Hauptort der W angrenzenden *Civitas Mattiacorum* wurde Wiesbaden (*Aquae Mattiacorum*). Das genaue Jahr für die Erhebung der Hauptorte kennen wir nicht, doch dürfte es in den letzten Regierungsjahren des Kaisers Trajan (vor 117 nChr) oder in den ersten des Kaisers Hadrian (117–120 nChr) gelegen haben. Wahrscheinlich hatte sich zu dieser Zeit auch schon der Ortsname Nida herausgebildet, der sich vom alten Flußnamen der Nidda herleitete. Belegt ist dieser Name auf einem Meilenstein in Friedberg (»10 Leugen von Nida«), auf 2 Weiheinschriften aus Kastel und seit 1961 auch durch eine Bauinschrift am Ort, eine Dendrophoren-Inschrift. Auf dieser werden der *Vicus Nida* und die *Vicani Nidenses* ausdrücklich genannt, außerdem die Dendrophoren des Ortes *MED* . . . (Dieburg), Hauptort der S angrenzenden *Civitas Auderiensium* (s. auch S. 250 ff.).

Die gänzlich neuen Funktionen, die nun dem Vicus Nida zufielen, veränderten ihn vor allem in baulicher Hinsicht; Nida wurde praktisch eine Stadt. Während die Hauptstraßen mit ihrem Treffpunkt vor dem ehemaligen Kastelltor beibehalten wurden und das spitzwinklige Dreieck zwischen den beiden W Straßen als Marktplatz (*forum*) seine Bedeutung erhielt, fügte man nun weitere Straßen hinzu, um der wachsenden Bevölkerung Platz zu bieten, und bemühte sich um die Errichtung der notwendigen öffentlichen Gebäude. Auch das Gelände des Alenkastells wurde allmählich bebaut. Die Straßen waren mit Kies befestigt und haben im Laufe der Zeit eine mehrfache Erneuerung erfahren (bei der *platea praetoria* waren die Kieslagen bis zu 0,70 m und bei der Saalburgstraße bis zu 1,50 m mächtig); begleitende Abflußgräbchen gab es nur innerhalb der Stadt an den Hauptstraßen, die bis zu 10 m Breite hatten, die jüngeren Nebenstraßen waren mit 4 m Breite ohne Abflußgräbchen angelegt.

Als Verwaltungszentrum der Civitas war Nida Sitz der Behörden. Auch hier war die oberste Behörde ein Ratsherrenkollegium (*ordo decurionum*), eine Art »kleiner Senat«, aus dessen Mitte jährlich zwei Bürgermeister (*duoviri*) gewählt wurden. Von Inschriften kennen wir den Namen eines *duumvir* aus Nida, Licinius Tugnatius Publius, und die Namen von 7 Decurionen: Dativius Victor, Caius Paternius Postuminus, Quietius Amandus, Caius Sedatius Stephanus, Stephanius Maximus, Tertinius Catullinus und ein gewisser Firmus. Außerdem wird ein Aedil genannt, der die Gewerbeaufsicht führte: Murius Victor. Leider sind die vorauszusetzenden Verwaltungsgebäude (Rathaus usw.) nicht bekannt. Die N-Seite des dreieckigen Marktplatzes, die auf dem Plan von 1938 noch frei erscheint, ist nach der Mitte des 2. Jh wahrscheinlich nur mit privaten Häusern bebaut gewesen. So kommt eigentlich nur das Gelände des Alenkastells in Frage, um derartige Bauten zu lokalisieren. In der Tat gab es an der Stelle der ehemaligen Principia ein späteres Gebäude, und NW davon wurden beim Straßenbau 1973 Reste von starken Mauern mit Apsiden beobachtet, möglicherweise sind auch einige Gebäude, die F. Gündel 1927 im SW-Teil des Alenkastells ausgegraben und nicht mehr publiziert hat, hier hinzuzurechnen.

Eines der gut ausgegrabenen öffentlichen Gebäude ist das große Unterkunftshaus (*praetorium*), dem im O ein Hof mit Wandelhalle (*palaestra*) und die O-Thermen angeschlossen waren (Abb 210, 211). Die Bedeutung, die diesem Komplex beigemessen wurde, erweist allein schon seine Lage direkt S der zentralen Straßenkreuzung (heute W-Teil des Christlichen Friedhofes und Rosa-Luxemburg-Str.). Hier konnten vor allem Bürger der Civitas oder Soldaten aus den Limeskastellen, die in Nida Geschäfte erledigen oder eines der vielen Heiligtümer besuchen wollten, bequem untergebracht werden. Das Hotel (43 x 70 m) hatte im Erdgeschoß einschließlich Eingangshalle und Flure 62 Räume, die um einen langgestreckten Säulenhof gruppiert waren; es war mutmaßlich zweigeschossig. Im S schloß sich ein großer Hof von trapezförmigem Grundriß an, der der Unterbringung von Wagen und Zugtieren diente (Stall in der SW-Ecke). Zur Straße hin war Praetorium und Palaestra ein einheitlicher überdachter Säulengang (*porticus*) vorgelagert.

Die O-Thermen von Nida (36 m Breite, 64 m Länge) waren großzügig ausgestattet. Schon die Eingangssituation im N fällt durch ihre säulengeschmückte Fassade – gefunden wurde der obere Teil einer 5–6 m langen Rotsandsteinsäule mit einem Schaft von 49 cm Durchmesser – und eine geräumige Vorhalle (6 x 24 m) auf. Quadratische Ziegelplättchen, farbiger Wandverputz, Gesimsfragmente und profilierte Sandsteinstücke zeugen von der ehemaligen Einrichtung. Die üblichen

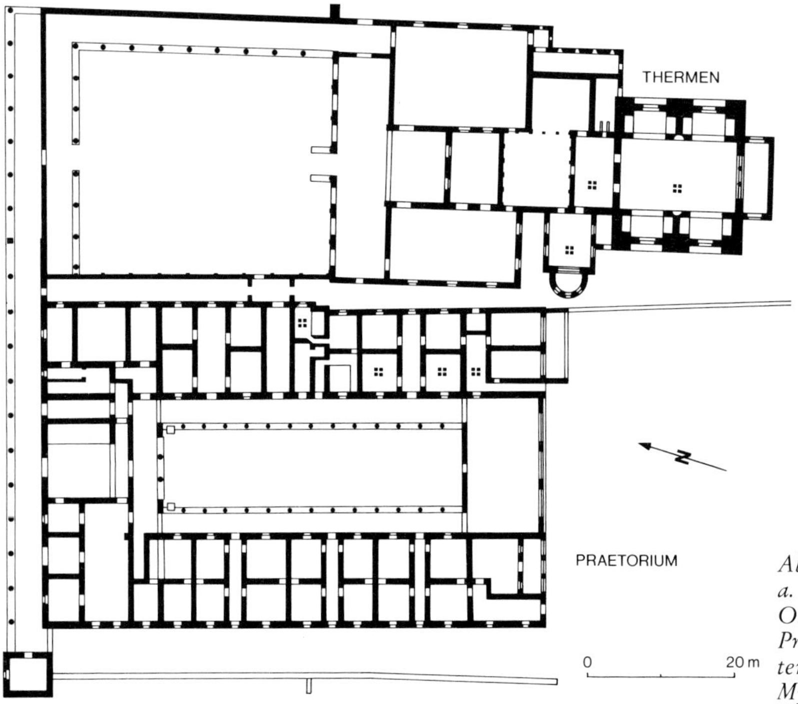

Abb. 210 Frankfurt a. M.-Heddernheim. Ostthermen und Praetorium. Ergänzter Grundriß (nach Mylius)

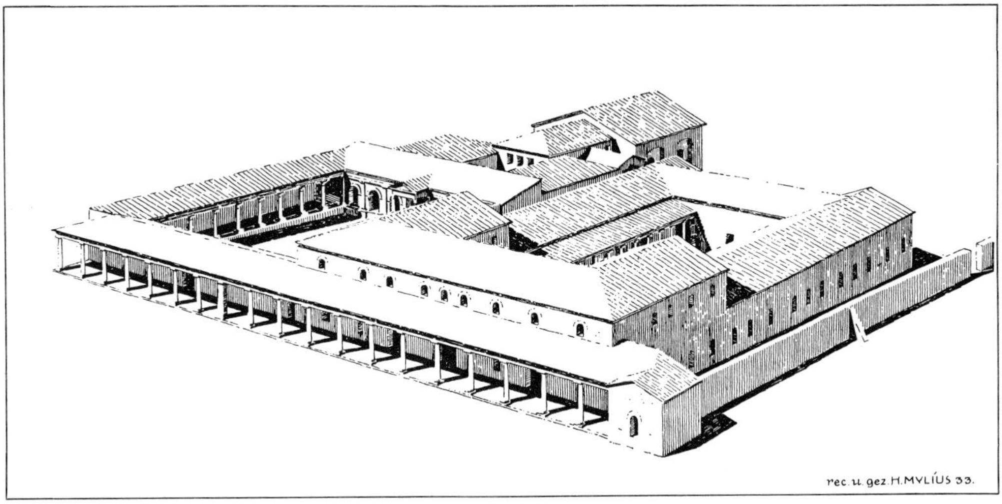

Abb. 211 Frankfurt a. M.-Heddernheim. Ostthermen und Praetorium. Rekonstruktion (nach Mylius)

Baderäume richten sich nach einem streng axial angelegten Mitteltrakt, der nacheinander einen Teil der Eingangshalle, einen Hof, das Kaltbad (*frigidarium*), den Warmluftraum (*tepidarium*) und das Warmbad (*caldarium*) enthält; es schließen sich an den Seiten die Umkleideräume, das Kaltwasserbecken, Latrinen mit Wasserspülung, das Schwitzbad (*sudatorium*) und die Warmwasserbecken an.

Diese Thermen waren allerdings so sehr auf das Praetorium bezogen, daß die Nidenser sich eine zweite und größere Badeanlage unmittelbar an der W-Seite des Marktplatzes erbauten, die W-Thermen. Hier war die Palaestra ein Innenhof (13,6 x 20,4 m), und es gab neben dem Frigidarium jeweils zwei Räume für Tepidarium, Caldarium und Sudatorium. Insgesamt hatte die Anlage eine Ausdehnung von 45 x 68 m und steht daher hinter den Thermen anderer Provinzstädte nicht zurück. Von der einstigen Ausstattung waren nur wenige Einzelheiten erhalten: roter Außenputz – jedenfalls in der Sockelzone – und bemalter Verputz innen, profilierte Verputzleisten, weißtonige Bodenfliesen, Sandsteinsäulen. Der Boden der Palaestra bestand aus weißem Kalkestrich, in einer Ecke des Hofes fand sich der gemauerte Unterbau für einen runden Sockel (Dm 1,35 m) bzw. eine Statue. Verschiedentlich wurde an- und umgebaut, doch bestanden die Thermen bis zum Ende von Nida.

Ein hölzernes Szenentheater im S Areal von Nida ist in seiner Größenordnung das einzige seiner Art, das auf rechtsrheinischem Boden gefunden wurde. Es bot etwa 1000 bis 1500 Personen Platz. Sein gemauerter Zugang lag im W, die 16 m breite, halbrunde Zuschauerrampe (*cavea*) umschloß einen Zuschauerraum (*orchestra*) von 54 m Durchmesser; die hölzerne Bühne, von der noch 5 Schwellenbalken gefunden wurden, hatte eine Ausdehnung von 10 x 26 m und eine Versenkung in ihrem O Teil. Einige Funde aus Heddernheim, wie z. B. Fragmente von tönernen Masken oder die Terrakottafigur eines Soldaten mit Schauspielermaske im Arm, lassen sich leicht mit Aufführungen im Theater verbinden. Die Ausgräber datierten 1929 den Bau pauschal in die Kastellzeit von Nida. Da die Forschung aber heute den Abzug des Militärs früher ansetzt als damals, ist zu erwägen, ob das Holztheater nicht auch in die Frühzeit des neu errichteten Hauptortes der Civitas gehören könnte. Sicher scheint nur, daß es nach der Mitte des 2. Jh nicht mehr bestanden hat. Ob es für die Bewohner der *Civitas Taunensium* in ihrem Hauptort ein Amphitheater gab, ist nach wie vor ungeklärt. Im NW des Vicus, wo dergleichen vermutet wurde, hat sich bei den Beobachtungen der sechziger Jahre kein Hinweis darauf ergeben. Möglicherweise gab es aber eine Arena außerhalb der Stadtmauer, z. B. in Praunheim, wo 1962 nahe dem alten Nidda-Ufer Strukturen gefunden wurden, die damit zusammenhängen könnten.

Die Stadthäuser von Nida waren von unterschiedlicher Form. Woelcke registrierte an der S-Seite der *platea novi vici* mindestens 4 langgestreckte Hausbauten mit der schmalen Front zur Straße, die jedoch keineswegs streng in einer Flucht ausgerichtet waren. Ähnliche Beobachtungen machte Fischer auf der gegenüberliegenden Seite des Marktplatzes, wo die Steinkeller der städtischen Periode N der *platea praetoria* ziemlich dicht gereiht, aber nicht immer exakt parallel zueinander lagen. Vereinzelt gab es recht ansehnliche Hauskomplexe, von denen auf dem Plan von 1938 nur das Peristylhaus S des Praetoriums eingetragen ist. Ähnliche Häuser wurden z. B. am O-Rand der Stadt und im N des Vicus gefunden, von dem N war noch der Steinkeller mit seinem Bogeneingang recht gut erhalten.

Den kompletten Grundriß eines kleineren Hauses (Abb 213) kennen wir seit den Flächengrabungen von Fischer: Es lag N des Alenkastells, erbaut über den ehemaligen Spitzgräben desselben und mit seiner Vorhalle nach N zu einem Kiesweg geöffnet. Außer der wahrscheinlich geteilten Vorhalle besaß es 6 gleichmäßige Räume von je 16 m^2 und einen Steinkeller im hintersten Teil. Der Keller enthielt überwiegend Schutt des 3. Jh, doch dürfte das Haus (9,50 x 17 m) schon im Laufe des 2. Jh. entstanden sein.

Ein sehr interessantes städtisches Anwesen wurde um 1910 ausgegraben; es handelt sich um die Bebauung der Straßenecke S der *platea praetoria* und W der kurzen NS-Straße, die am W-Rand des Forums die beiden Hauptstraßen verbindet. Deutlich sind drei verschiedene Trakte zu unterscheiden: ein schmaler Bauteil (54 m Länge, 8 m Breite) entlang der *platea praetoria* enthielt wahrscheinlich verschiedene Läden, daran schlossen sich nach S ein Haus mit Eingang von der Seitenstraße bzw. mit Blick zum Forum und ein größerer Hof hinter diesem.

Abb. 212 Frankfurt a. M.-Heddernheim. Steinkeller des sog. Wallgrabenhauses

Der Hof (18 x 23 m) enthielt unterkellerte Gebäude und gewerbliche Anlagen (Eisenverarbeitung) und stand wahrscheinlich in Beziehung zu den Läden an der Hauptstraße. Das Wohnhaus an der O-Seite (10 x 20 m) zeichnet sich vor allem durch eine pfeiler- und säulengeschmückte Fassade und eine Toreinfahrt mit zwei verschiedenen Durchgängen (1,4 und 2 m Breite) aus. In einem seiner beiden Keller wurden Massen von Terra-Sigillata-Gefäßen gefunden. Starke Mauern lassen beim Wohnhaus wie beim Ladentrakt auf obere

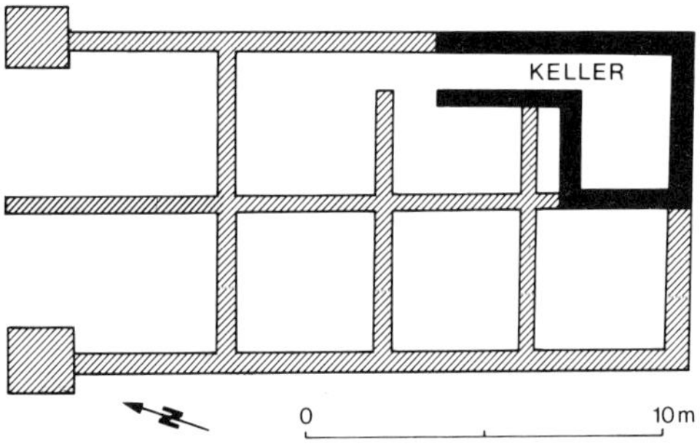

Abb. 213 Frankfurt a. M.-Heddernheim. Haus in Nida mit Keller

Abb. 214 Frankfurt a. M.-Heddernheim. Faltenbecher aus den Töpfereien von Nida. 2.–3. Jh. n. Chr.

Stockwerke schließen; der Zusammenhang aller Bauteile und die exponierte Lage am Forum deuten auf einen vermögenden Besitzer.
Fraglos entwickelte sich Nida auch zum Handels- bzw. Einkaufszentrum der Civitas. Hafenanlagen an der Nidda mit Anlegerampen auf beiden Ufern und mehreren Lagerhallen auf der Stadtseite bezeugen dies ebenso wie Funde der verschiedensten Waren, die entweder durch Handel oder durch Eigenproduktion den Nidensern zum Verdienst verhalfen. Welcher Wirtschaftszweig der Stadt am meisten einbrachte – möglich wäre z. B. Handel mit Getreide, Wein, Öl, Parfümerien, Textilien oder Sklaven – wissen wir nicht. Für den Archäologen drängen sich drei Erwerbszweige durch gehäufte Bodenfunde ins Blickfeld: Töpfereien, Beinschnitzereien und metallverarbeitende Betriebe. Dies ist jedoch eine mehr zufällige Auswahl der einstigen Handelsgüter, da Keramik, Horn und Metalle im Boden am längsten überdauern.
Getöpfert wurde in Nida vom Bestehen des Lagerdorfes bis zum Ende der Stadt; trotz unsystematischer Ausgrabungen sind mehr als 90 Töpferöfen bekannt geworden, schätzungsweise gab es mindestens 150. Ihre Verteilung läßt zwei Zentren erkennen: das frühere lag im S des Vicus, S einer Häuserzeile an der *platea novi vici* (Gebiet der heutigen Mithrasstraße), und das spätere im N zu beiden Seiten der Saalburgstraße, außerhalb der Stadtumwehrung (heute SO des NW-Zentrums und Rosa-Luxemburg-Str.). Daneben gab es vereinzelte Töpferöfen im Stadtgebiet, die zu verschiedenen Zeiten aufgegeben wurden.
Außer den einfachen Gefäßen aller Art sind es vor allem Tafelgeschirre, die in der gesamten Wetterau gekauft wurden: die Wetterauer Ware in der Frühzeit und Firniswaren, besonders variantenreiche Faltenbecher (Abb 214), im 2. und 3. Jh. Die rotbemalte Wetterauer Ware mit ihren vielfältigen Zierelementen – darunter figürliche Bemalung! – wurde seit flavischer Zeit produziert und erreicht in der 1. Hälfte des 2. Jh ihren technischen Höhepunkt. Ihre hierzulande exotischen

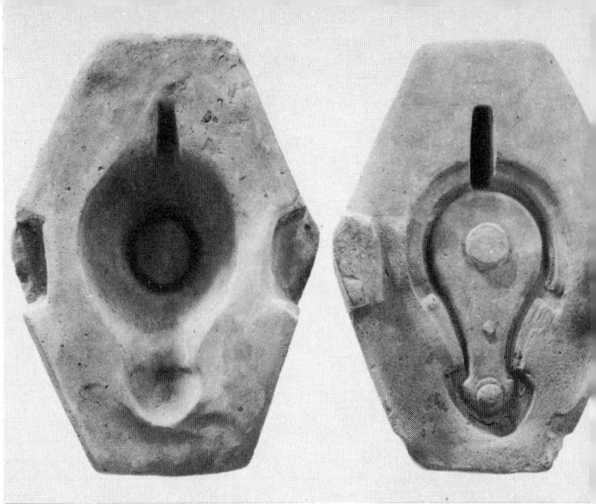

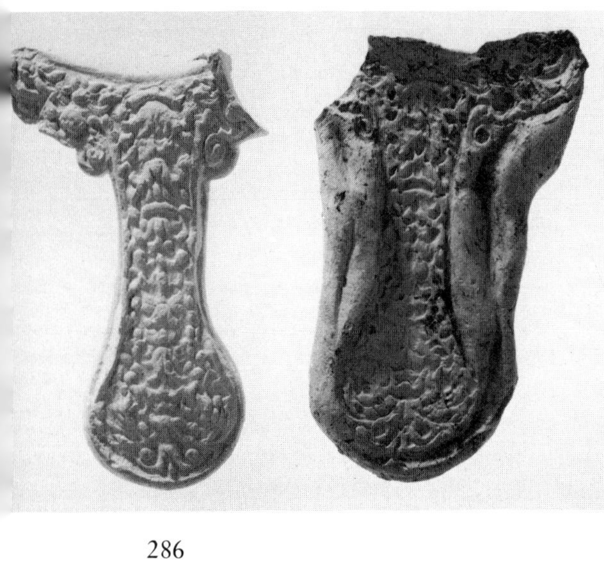

◀ *Frankfurt a. M.-Heddernheim. Aus den Töpfereien von Nida, »Wetterauer Ware«. 2. Viertel 2. Jh. n. Chr.*

Abb. 215 Rotbemalte Lampen (Stierkopf- und Medusalampe)

Abb. 216 Zweiteilige Lampenform

Abb. 217 Näpfchen mit Deckel

Abb. 218 Bacchuskopf als Griffaufsatz einer rotbemalten Weinkanne

Abb. 219 Form und Gipsausformung eines Kasserollengriffs mit Relief (Länge noch 11 cm)

Abb. 220 Kasserolle mit Reliefgriff

Abb. 221 Frankfurt a. M.-Heddernheim. Fragment einer Formschüssel des JANUS aus einem Töpferofen in Praunheim. 2. Jh. n. Chr. ▶

Abb. 222 Frankfurt a. M.-Heddernheim. Schmelztiegel für Bronzeherstellung

Gefäßformen verraten die Herkunft aus Ländern mit griechisch beeinflußter Kultur oder aus Italien selbst. Während jedoch ganz ähnliche Erzeugnisse auch von Fundstellen in anderen Provinzen – überwiegend von solchen, wo röm Militär stationiert war – bekannt wurden, gibt es z. B. die rotbemalten Lampen mit ihren Griffaufsätzen in Form von Weinblättern oder Büsten nur im Rhein-Main-Gebiet. Ein Teil der Wetterauer Ware stammt aus den Töpfereien von Frankfurt a. M.-Nied, doch belegen Fehlbrände und Model, daß sie auch in Nida hergestellt wurde.
Nicht nur Töpfer, auch Bronze- und Silberschmiede haben sich in Nida Konkurrenz gemacht; wahrscheinlich waren die Werkstätten, deren Schmelztiegel, Gußformen und Werkzeuge gefunden wurden, jeweils mit Läden verbunden. Analysen zufolge handelte es sich meistens um Altmetall, das wieder eingeschmolzen wurde. Halbfabrikate und Gußformen belegen bis jetzt nur die Produktion kleinteiliger Bronzen wie Fibeln, Fingerringe, Armreifen u. ä.
Als Mittelpunkt religiöser Kulte hatte Nida mit Sicherheit eine stattliche Reihe von Tempeln aufzuweisen, jedoch sind nur vier der unterirdisch angelegten Mithräen und das Versammlungshaus der Dendrophoren im röm Stadtplan festgelegt. Die Mithräen I und II, entdeckt im Jahre 1826, lagen im NW des Vicus an einer der später erbauten OW-verlaufenden Nebenstraßen. Das Mithräum III lag ebenfalls an einer OW-laufenden Nebenstraße, aber im S des Vicus, W des Hofes des Praetoriums; es wurde vor 1894 ausgegraben. Von allen drei Heiligtümern sind die meisten Funde heute in den Museen von Wiesbaden und Frankfurt. Das Mithräum IV, 1928 leer aufgefunden, hatte seinen Platz SW des ehemaligen Holztheaters, also noch weiter vom Stadtzentrum entfernt, und mußte dann sichtlich wegen des Baues der S Stadtmauer aufgegeben werden. Ein 5. Mithräum ist aufgrund weiterer Funde vorauszusetzen. Ebenso dürfen wir annehmen, daß ein Heiligtum für Jupiter Dolichenus existiert hat; zu den Funden siehe S. 298 ff. Das Versammlungshaus der Kultdiener der großen Göttermutter lag im W des Vicus, wahrscheinlich direkt an der *platea praetoria.* Ob hier auch ein Tempel für den Kult der Göttin Kybele gestanden hat, ist nicht bekannt, es ist aber wahrscheinlich. Gefunden wurde 1961 ein kleiner Keller (1,70 x 2,40 m), von dem nur zwei Seiten gemauert waren. Die Füllung des Kellers enthielt außer der zerbrochenen Inschrifttafel einen einfachen Sandsteinaltar und eine Reihe von Kleinfunden, darunter eine Münze des Kaisers Gallienus mit dem Prägejahr 258 nChr. Die Dendrophoreninschrift lautet in der Übersetzung wie folgt:
»Zum Heil des Kaisers. Die Dendrophoren und Priester des Kaiserkultes mit Sitz in Med . . . und Nida haben das Versammlungshaus aus eigenen Mitteln errichtet. Das Grundstück wurde ihnen von den Bürgern von Nida zugewiesen.«

Abb. 223 Frankfurt a. M.-Heddernheim. Bronzelampe mit Pferdekopfgriff. Ende 1. Jh. n. Chr.

Abb. 224 Frankfurt a. M.-Heddernheim. Altar für Jupiter Olbius. Kalkstein (Niddatal-Assenheim, Schloßmuseum)

Die Dendrophoren von Nida, die zugleich den Kaiserkult betreuten, haben sich also mit ihren Kollegen von Med . . . (Dieburg) zusammengetan, um sich ein Versammlungshaus zu bauen. Die Bürger von Nida jedoch hatten das Recht, die Grundstücke zuzuweisen. So zeigt uns die Bauinschrift mehrere Aspekte des röm Alltags einer kleinen Provinzstadt.
Der Friede in der obergermanischen Provinz war nicht von Dauer. Aus dem Jahr 162 nChr wird ein Überfall der Chatten gemeldet, und zwei Münzschätze von Nida, die um 139 nChr bzw. etwas später enden, mögen hiermit oder mit einem ähnlichen Ereignis aus diesen Jahren in Zusammenhang stehen. Kaiser Marc Aurel (161–180 nChr) hatte übrigens angeordnet, daß Städte, die eine Umwehrung bauen wollten, hierfür um Erlaubnis nachsuchen müßten. Gewiß war dies eine Maßnahme, um während der Markomannenkriege eine Panik in der Bevölkerung zu vermeiden. Nida bekam also erst zu Beginn des 3. Jh, als die Bedrohung durch Germaneneinfälle sehr viel akuter geworden war, eine Stadtbefestigung. Dieser fielen im W, O und S ganze Wohnviertel oder einzelne Bauten zum Opfer; die ursprünglich weitgestreute Besiedlung des Vicus wird hierdurch noch augenfälliger. Nur die Töpfereien vor

Abb. 225 Frankfurt a. M.-Heddernheim. Dendrophoreninschrift. Kalkstein

Abb. 226 Frankfurt a. M.-Heddernheim. Ausgrabung der röm. Stadtmauer. Anstelle des Mauerfundaments fand man nur noch eine schuttgefüllte Ausbruchgrabe (Bildmitte), die 2,10 m breit war

Abb. 227 Frankfurt a. M.-Heddernheim. Paradehelm aus dem Hallenbau in Nida. Bronze und Eisen. 2. Jh. n. Chr.

dem N-Tor blieben außerhalb der Umwehrung bestehen.
Die Befestigung bestand aus einem einheitlichen System:
Von außen nach innen folgten ein Graben (ca. 7 m breit), ein Wallabsatz (1,10 m breit), eine Steinmauer (2 m breit), ein Wall (ca. 7 m Breite) und eine breite Grabenmulde, die als Materialgraben anzusehen ist. Außerdem wissen wir seit den Ausgrabungen von Fischer, daß zumindest an der N-Seite dem Ganzen noch ein breites Annäherungshindernis vorgesetzt war: in einem Streifen, 11–35 m von der Mauer entfernt, ordneten sich große Pfähle in 11 Reihen, abwechselnd längs- und quergestellt. Die Stadtmauer selbst zeigte sich bei Ausgrabungen ausgeplündert von Steinen wie die meisten Bauten von Nida; sie bestand ursprünglich im Kern aus Basaltbruch und hatte nach außen eine Verblendung durch rotverfugte Sandsteinquader. Von ihren mächtigen Zinnendecksteinen wurden einige im Spitzgraben gefunden. Der Umriß der Befestigung war ein unregelmäßiges Vieleck mit mindestens 7 turmbewehrten Toren (fraglich ist ein zweites Tor an der N-Seite), außerdem waren Ecken mit Türmen verstärkt. Die Maße des ummauerten Areals betragen etwa 600 x 900 m. In jedem Fall konnte das befestigte Nida noch Schutzsuchende aus dem Umland aufnehmen.
Im Zusammenhang mit den Maßnahmen zur Sicherung der Stadt steht wahrscheinlich ein Bau des 3. Jh, der den Archäologen noch einige Rätsel aufgibt: der vierschiffige Hallenbau S des Forums. Zwischen fünf ca. 60 m langen Mauern lagen 4 große Hallen (9,50 m bzw. 10,50 m breit), die in ihrem vorderen Teil Holzeinbauten und Holzkeller, in ihrem rückwärtigen Teil wahrscheinlich überwiegend Ställe enthielten. Da viele Funde eindeutig militärischen Charakter haben – u. a. wurden hier drei der berühmten Helme aus Nida-Heddernheim geborgen – ist es naheliegend, hier die Kaserne einer berittenen Truppe zu vermuten. Dem widersprechen allerdings Form und Größe des Gebäudes, das zumindest in seinem vorderen Teil ein Obergeschoß besaß. Möglicherweise wurden aber auch die ursprünglich für andere Zwecke erbauten Hallen in einer Not-

Abb. 228 Frankfurt a. M.-Heddernheim. Bronzehelm vom Typ Weisenau

situation als Truppenunterkunft benutzt. Nida wurde jedenfalls erst 259/260 nChr aufgegeben, dies beweist nicht zuletzt die umfangreiche Reihe der Münzfunde (rund 3500 Stück), die mit 14 ausgegrabenen Münzen des Kaisers Gallienus endet.
Die Gräberfelder von Nida verteilen sich hauptsächlich entlang den 5 Ausfallstraßen im W und im N des Vicus; ein kleineres Gräberfeld ist außerdem N der NW-Ecke der Stadtmauer beobachtet worden. Entsprechend der Reihenfolge im Straßenbau lagen die ältesten Gräber und die Soldatenbestattungen an der älteren Wegführung nach Mainz (älteres Praunheimer Gräberfeld). Aber auch die Belegung des Gräberfeldes an der Straße in NW-Richtung begann schon im 1. Jh. An der röm Straße nach Okarben gab es außer Bestattungen nahe der Straßengabelung ein ummauertes Gräberfeld, das ein Stück entfernt angelegt war (heute Bereich der Tiberiusstr.) und Gräber des 2. und 3. Jh enthielt. Am schlechtesten informiert sind wir über die Gräber entlang der röm Saalburgstraße. An Grabsteinen sind insgesamt

Abb. 229 Frankfurt a. M.-Heddernheim. Beigaben aus dem Grab eines Malers mit zahlreichen Farbtöpfen, die noch Farbspuren zeigen (links) sowie anderer Gebrauchskeramik (Mitte 2. Jh. n. Chr.)

nur zwei Dutzend bekannt geworden, darunter Familiengrabsteine und Teile von Pfeilergrabmälern. Ein besonderer Fund wurde 1965 im Gräberfeld an der Okarbener Straße geborgen: das Grab eines Malers. Neben der üblichen Grabkeramik war hier eine Malerausstattung (großer Doppelhenkelkrug und 29 Farbtöpfe) mitgegeben worden; Analysen der noch erhaltenen Farben (Pigmente) ergaben, daß dem Maler 4 künstliche Grundfarben (Eisenrot, Kupferblau, Bleiweiß und Bleirot) zur Verfügung standen. Hu

Ao: Museum für Vor- und Frühgeschichte
Lit: GWolff, ORL Abt B Band II,3 Nr. 27 (1915) 1 ff – KWoelcke, Der neue Stadtplan von Nida-Heddernheim. Germania 22, 1938, 161 ff – UFischer, Aus Frankfurts Vorgesch. (1971) 144 ff – IHuld-Zetsche, 150 Jahre Forschung in Nida-Heddernheim. Nass. Annalen 90, 1979, 5 ff (mit ausführl. Bibliographie bis 1978).

Domhügel mit Historischem Garten. Röm Baureste*

Abb 230, 231

Das Gebiet zwischen Römer (Rathaus) und Dom im Zentrum der Altstadt Frankfurts bildete die Keimzelle der heutigen Stadt. Wer vor dem Turm des Doms steht, wird unschwer erkennen, daß das Gelände sowohl nach S zum Main als auch nach N zur Braubachstraße hin abfällt. Der Dom steht auf dem Rücken eines flachen Hügels, der im O an der Fahrgasse beginnt und im W ungefähr bis zum Gerechtigkeitsbrunnen vor dem Römer reicht. Im Altertum bildete die Anhöhe eine Insel, die im S vom Main, im N durch einen bis zu 90 m breiten Altarm des Flusses, die Braubach (»Bruchbach«), begrenzt war. Im O, jenseits der Fahrgasse, dehnte sich das sumpfige Fischerfeld aus. Ein schmaler Seitenarm der Braubach zog zwischen Römer und Gerechtigkeitsbrunnen nach S zum Fahrtor und mündete dort in den Main. Er grenzte die kleine Insel im W ab. Die heutige Oberfläche des Römerbergs läßt den Verlauf des ehemaligen Gewässers noch ein wenig erkennen.
Auf der Höhe der »Dominsel« lagen breite Kalkfelsen dicht unter dem Wasserspiegel des Mains. Sie erlaubten das Überschreiten des Flusses und bildeten die Furt, nach der die Stadt im frühen Mittelalter ihren Namen erhielt. Diese Furt und der Schutz, den die Insellage bot, schufen günstige Voraussetzungen für die Besiedlung des Domhügels in mehreren Epochen der vorgeschichtlichen Zeit. Sie haben auch die Römer veranlaßt, hier schon im 1. Jh nChr einen Militärposten zu errichten.
Die ersten Spuren röm Bautätigkeit fand A. Hammeran 1889. Weitere Funde machte Ch.L. Thomas 1895–1897. Sie bildeten die Grundlage für die Annahme eines »Kastells Frankfurt a. M.« und die Veröffentlichung der Ausgrabungen und Funde durch G. Wolff im Limeswerk ORL (1915). Drei Jahrzehnte später wurde die Altstadt durch den furchtbaren Bombenangriff im März 1944 vollständig zerstört. Das aber bot die Möglichkeit neuer archäologischer Ausgrabungen. Sie wurden mit Unterbrechungen in den Jahren 1953–1973 vom Museum für Vor- und Frühgeschichte ausgeführt (H. J. Hundt, U. Fischer, O. Stamm). Diese Untersuchungen waren technisch äußerst schwierig, weil die Menschen der mittelalterlichen und neuzeitlichen Stadt die antiken Baureste und Bodenschichten durch unzählige Eingriffe – Fundamente, Keller, Ver- und Entsorgungsleitungen – gestört, ja geradezu zerfetzt hatten. So brachten die Ergebnisse der neuen Ausgrabungen zwar außerordentliche Fortschritte unserer Kenntnis der Anfänge Frankfurts im frühen Mittelalter durch die Entdeckung der karolingischen Pfalz. Für die röm Epoche blieben indessen manche Fragen offen, sie werden sich vielleicht nie beantworten lassen.
Die kürzlich abgeschlossene, gründliche Bearbeitung der röm Ausgrabungsfunde ergab, daß einige Keramikscherben aus der Spätzeit der Regierung des Kaisers Augustus stammen dürften. Obgleich keine Baureste aus dieser Zeit entdeckt worden sind, könnte der Fund von einem kleinen Militärposten aus der Zeit der ersten röm Okku-

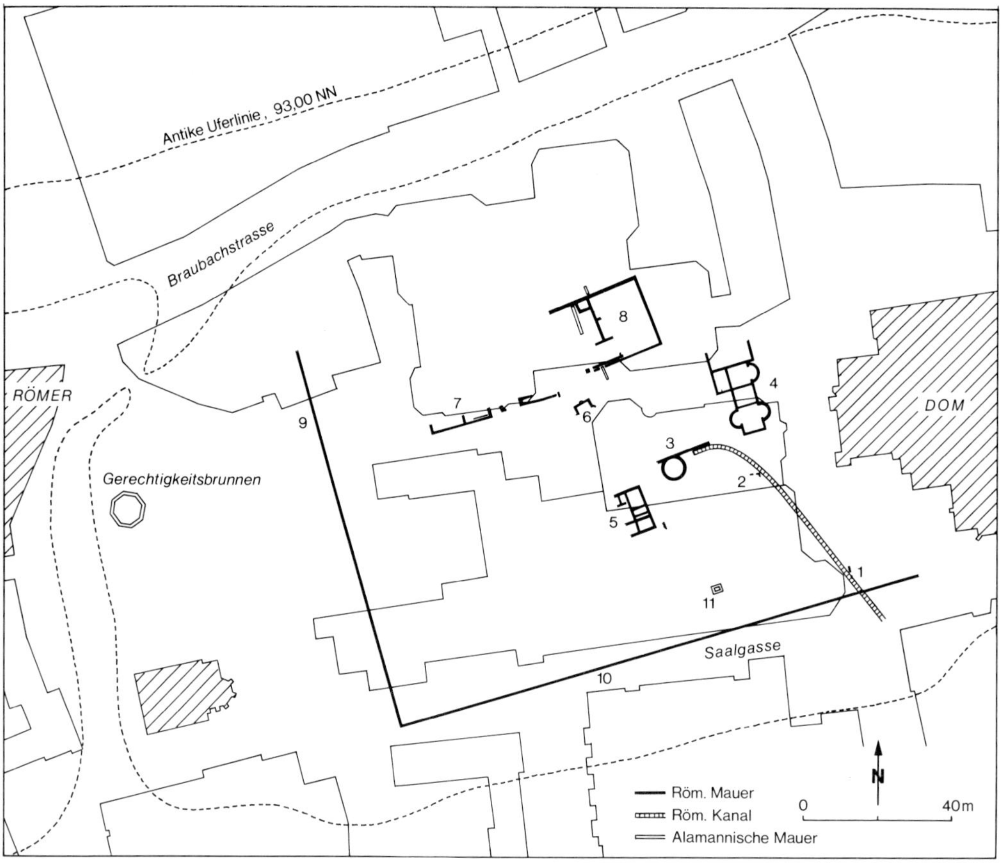

Abb. 230 Frankfurt a. M., Domhügel. Römische und alamannische Bauwerke

pation unter Augustus herrühren. Im Jahre 16 nChr räumten die Römer das Untermaingebiet. Auf dem Domhügel siedelten sich nun Germanen an. Dort kam germanische Keramik des 1. Jh nChr zutage, die dem rhein-wesergermanischen Formenkreis angehört. Man nimmt an, daß sie in den Händen einer chattischen Bevölkerung war.

In den 70er Jahren des 1. Jh nChr kam der Frankfurter Raum während der Regierung Kaiser Vespasians wieder in den röm Machtbereich. Auf dem Domhügel wurde eine röm Truppenabteilung stationiert. Sie errichtete einen kleinen Thermenbau, von dem aber nur der runde Schwitzraum und der Abwasserkanal 2 erhalten blieben. Der Boden des Kanals war mit Ziegeln der 14. Legion ausgelegt. Von den übrigen Bauwerken der Einheit – etwa den Unterkünften – wurde nichts gefunden. Wahrscheinlich ist das Kastell, das man voraussetzen möchte, während des Saturninusaufstandes im Winter 88/89 zerstört worden, ebenso der Thermenbau 3. Jedenfalls entstand bald nach dem Aufstand ein neues Badegebäude 4. Die vielen Ziegel mit Truppenstempeln aus dem Bad zeigen, daß es ein militärisches Bauwerk war. Es hatte ungefähr die gleiche Größe wie die Kastellbäder der kleinen Numeruskastelle im Odenwald. Die Besatzung des Domhügels war daher eine kleine Einheit, deren Stärke wie bei den Numeri am Odenwaldlimes etwa 150 Mann betragen haben wird. Das zugehörige Kastell kann 0,6 ha Fläche besessen haben; es wurde im Bereich des Doms auf der O-Hälfte des Domhügels vermutet, konnte dort aber nicht nachgewiesen werden. Aus der Zeit nach 89 stammt auch Bau 5, der unvollständig erhalten war und daher schwer zu deuten ist. Außerdem wird Bau 6 in die Jahre bald nach 89 datiert. Er wird als Wasserverteilungsbecken gedeutet; solche Bauwerke bildeten die Endpunkte von Wasserleitungen. Oft waren die Verteilungsbecken mit architektonischem Zierat versehen und den Nymphen geweiht, so daß man Bau 6 auch als Nymphäum bezeichnet hat. – Nach der Gründung der *Civitas Taunensium* unter Kaiser Trajan ging der Frankfurter Raum in die Zivilverwaltung der Civitas über. Der Militärstützpunkt auf der Dominsel verlor seine Bedeutung und wurde aufgegeben. Immerhin hatten die röm Militärs den Stützpunkt mehrere Jahrzehnte lang zur Sicherung der Furt und zur Überwachung der germanischen Bevölkerung aufrechterhalten. Die geringe Stärke der Besatzung weist allerdings darauf hin, daß der spätere Stadtkern von Frankfurt damals nicht zu den bedeutenderen Plätzen wie etwa Ffm.-Heddernheim oder Friedberg gezählt wurde.

Auf den Militärstützpunkt folgte eine zivile Besiedlung. Zu ihr gehören die Baureste 7–10. Die Umfassungsmauer 9–10 entspricht den üblichen Hofmauern der röm Gutshöfe. Bau 8 war ein Wohnhaus und kann das Herrenhaus eines röm Gutshofs (*villa rustica*) gewesen sein. Seine Mauern enthielten Abbruchschutt aus den Militärbau-

Abb. 231 Frankfurt a. M., Domhügel. Blick von Norden in den Historischen Garten. Der Rundbau gehörte zu einem römischen Militärbad (Bau 3)

ten, darunter zahlreiche gestempelte Ziegel. Der NO-Teil war als Badetrakt ausgebaut. Die kurzen Mauerstümpfe, die erhalten blieben, geben jedoch kein klares Bild der ursprünglichen Raumaufteilung. Einige Mauerfugen und übereinanderliegende Fußbodenestriche rühren von einem Umbau her, der gegen Ende des 2. Jh stattgefunden haben könnte. Bei dieser Gelegenheit ist die S-Front des Gebäudes zurückgesetzt worden. Bei Bau 7 war der W Teil mit Hypokausten versehen, er war demnach wohl auch ein Wohnhaus. – Die Deutung der Baureste als röm Gutshof ist naheliegend, sie ist wegen der starken Zerstörung aber nicht letztlich beweisbar. Die Nähe des Flusses und der Furt können der Niederlassung besondere Funktionen gebracht haben, etwa als Stapelplatz für die nähere Umgebung.

Der Fall des Limes 259/60 hat der röm Niederlassung auf dem Domhügel ein Ende bereitet. Die Römer zogen sich auf den Rhein zurück. Auf dem Domhügel tritt etwa einige Jahrzehnte nach dem Limesfall handgemachte Keramik alamannischen Charakters auf. Zusammen mit den alamannischen Gefäßscherben kamen Funde röm Herkunft zutage, Scherben von spätröm Terra Sigillata, anderer Keramik und Glasgefäßen, aber auch Münzen, deren späteste unter Constantius II. zwischen 351 und 361 geprägt worden ist. Sie deuten auf wirtschaftliche Beziehungen zwischen den Alamannen und dem nahen Römerreich hin. Wie auf dem → Ebel sind auch auf dem Domhügel die noch aufrechtstehenden röm Ruinen weiterbenutzt worden. In Gebäude 8 beobachtete man nachträglich eingezogene, schmale Grundmauern, die in gleicher Technik wie auf dem Ebel ausgeführt waren. In der ehemaligen Wobelinsgasse wurde eine kleine Grubenhütte ausgegraben (Bau 11), deren Wände aus lehmgebundenen Bruchsteinen bestanden.

Im Gegensatz zu den meisten alamannischen Siedlungsplätzen des Umlandes läßt sich auf dem Frankfurter Domhügel eine kontinuierliche Besiedlung bis in die Zeit der fränkischen Landnahme um 500 nachweisen. Teile der Gebäude 7 und 8 scheinen noch in die baulichen Strukturen des merowingischen Königshofs einbezogen worden zu sein. Dieser war der Vorgänger der karolingischen Pfalz, von der die Entwicklung zur mittelalterlichen Stadt Frankfurt ihren Ausgang nahm.

Unmittelbar vor dem Dom liegen im »Historischen Garten« einige röm Gebäudereste frei und können besichtigt werden. Deutlich erkennbar ist vor allem der runde Schwitzraum des ersten Militärbades Bau 3; vom anderen Thermengebäude 4 sind kurze Mauerstümpfe zu sehen. Die übersichtlichen Erläuterungstafeln erleichtern das Verständnis der zunächst verwirrend anmutenden Mauerreste. Ba

Lit: OStamm, Spätröm und frühmittelalterliche Keramik der Altstadt Frankfurt a. M. (Frankfurt a. M. 1962) – JWahl, Der röm Militärstützpunkt auf dem Frankfurter Domhügel (Frankfurt a. M. 1982).

Röm Gutshof im Ebelfeld

Abb 232

Die zwischen Ludwig-Landmann-Straße und Nidda bis zu 20 m über die Flußniederung aufragende Lößkuppe zählt zu den fundreichsten Plätzen des Frankfurter Stadtgebiets. Im O durch den steilen Prallhang eines Niddamäanders angeschnitten, fällt der Geländerücken nach den anderen Himmelsrichtungen ab, nach S steiler, nach W und N mehr wellenförmig in die Lößhochfläche übergehend. Römerzeitliche Funde reichen zwar bis in die letzten Jahrzehnte des 1. Jh nChr zurück, doch bleiben Art und Umfang dieser frühen Siedlung ebenso unklar, wie der Verlauf eines angeblich über den Ebel geführten röm Straßenzugs. Noch in der 1. Hälfte des 2. Jh dürfte über dem Steilufer der Nidda ein größerer Gutshof entstanden sein. Außer dem mit hypokaustierten Räumen ausgestatteten Hauptgebaude (4), das 1890 der Anlage des alten Bockenheimer Pumpwerks zum Opfer gefallen ist, konnte 1932–1934 S der Ebelfeld-Schule eine Gruppe zugehöriger Wirtschaftsbauten (1–3) aufgedeckt werden. Diese dienten z. T. gewerblichen Zwecken, wie

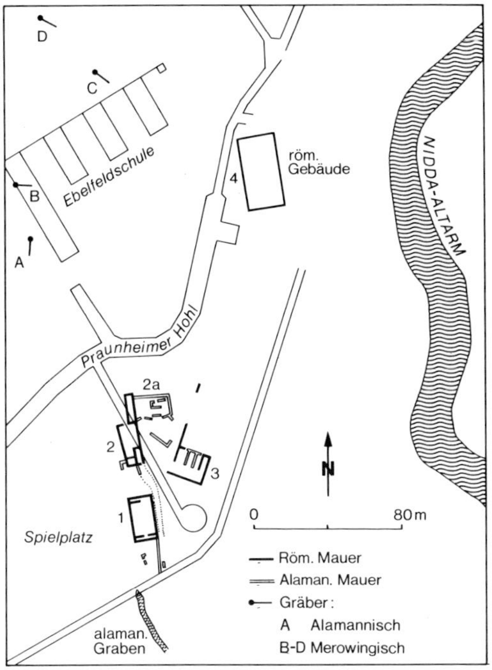

Abb. 232 Frankfurt a. M. Römischer Gutshof im Ebelfeld. 4 Hauptgebäude, 1–3 Wirtschaftsgebäude, A alamannisches Grab, C–D merowingerzeitliche Gräber

Schlackenfunde und Reste eines Eisenschmelzofens bei Gebäude 1 gezeigt haben.

Die eigentliche Bedeutung des Fundplatzes beruht aber darauf, daß diese Gebäude nach dem Fall des Limes von den Alamannen wieder benutzt bzw. instand gesetzt worden sind, möglicherweise schon zu Beginn des 4. Jh. Auf trocken verkeilten Steinfundamenten errichtete Anbauten aus Holz oder Fachwerk und in die röm Ruinen eingezogene Mauerstränge hat schon der Ausgräber K. Woelcke auf die von Ammianus Marcellinus für das untere Maingebiet überlieferten alamannischen *domicilia curatius ritu Romano constructa* bezogen. Die Funktion der Bauwerke ist unsicher. Vielleicht kann man aber den Hallenbau (2) als Wohnhaus, die Gebäude 2a und 3 wegen der boxenartigen Raumaufteilung als Speicher oder Stallungen interpretieren. Überdies deuten die Richtungen einzelner Mauerzüge auf verschiedene Bauphasen. Weiter gehören in diese Periode ein zwischen den Gebäuden 1 und 2 angeschütteter Kiesweg, der vor Gebäude 1 durch eine Pfostenkonstruktion gedeckt war, außerdem Gruben und ein auf knapp 40 m Länge verfolgter Sohlgraben, der den Geländerücken nach SW geschützt hat.

1925 kam beim Abziegeln ca. 90 m NW von Gebäude 2 ein NS orientiertes Kriegergrab aus der 2. Hälfte des 4. Jh zum Vorschein (Grab A). Die überaus reiche Grabausstattung an Waffen (Langschwert, Lanze, Pfeil und Schild), Trachtbestandteilen (Bügelknopffibel, kerbschnittverzierte Gürtelgarnitur aus Bronze), Schmuck (silberner Spiralfingerring), röm Gläsern und Keramik unterstreicht die soziale Stellung eines Grundherrn, der zweifellos dem alamannischen Adel angehört hat. Bis zum S-Rand der May-Siedlung sind weitere Bestattungen aus spätröm Zeit und ein gutes Dutzend merowingerzeitlicher Reihengräber, darunter auch Tierbestattungen, angetroffen worden (Gräber B–D). Letztere dürften mit dem erstmals 804 erwähnten Brumheim-Praunheim in Zusammenhang stehen. Die alamannische Ansiedlung auf dem Ebel hat das 4. Jh offenbar nicht überdauert. Wa

Lit: GMildenberger, Germanische Burgen (1978) 104. – JWahl, Die Besiedlung des Frankfurter Stadtgebiets in spätröm Zeit (in Vorb.).

Röm Gutshof in Bornheim am Günthersburgpark

Abb 233

Von den röm Gutshöfen auf Frankfurter Boden wurde nach heutigen Maßstäben keiner vollständig ausgegraben. Als Beispiel eines verhältnismäßig gut untersuchten Landguts sei jedoch die Villa von Bornheim angeführt, von der das Haupthaus, Wirtschaftsgebäude und die Hofumgrenzung bekannt sind. Sie lag etwa 100 m W des Günthersburgparks, wo heute die Böttgerstraße in die Hartmann-Ibachstraße mündet, und wurde 1884–1905 von Ch. L. Thomas ausgegraben.

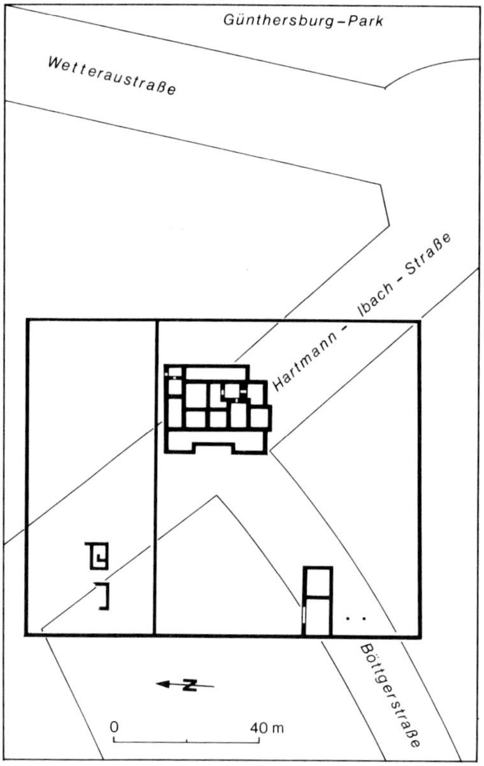

Abb. 233 Frankfurt a. M.-Bornheim. Römischer Gutshof am Günthersburgpark

Der Hof war rechteckig (95 x 110 m) und noch einmal durch eine OW-verlaufende Quermauer unterteilt, so daß etwa ein Drittel des N Areals für Stallungen und Viehhaltung abgetrennt war. Das Hauptgebäude (24 x 30 m) war nach W orientiert und lag im rückwärtigen Teil des großen Hofes, fast genau in der Mitte; die Front bildete eine typische Säulenhalle (*porticus*) mit Eckrisaliten. Auch an der Rückseite gab es eine offene Halle. Blockartig geschlossen lagen dazwischen 9 Räume, von denen 3 durch Hypokausten beheizt wurden; 2 Bedienungsräume für die Heizung kommen hinzu. Die Funktion der Zimmer ist im einzelnen nicht bekannt; nur die Baderäume an der S-Seite, die mit sorgfältig verputzten Abflußkanälen außerhalb des Hauses verbunden waren, sind eindeutig. Das Dach war ziegelgedeckt, die Böden bestanden aus Mörtelestrich auf einer Steinunterlage, farbige Wandputzreste bezeugen ausgemalte Zimmer. Im übrigen war die Villa nicht unterkellert; dies verbot die Lage am unteren SW-Hang des Bornheimer Berges. Der feuchte Untergrund zwang vielmehr zur Isolierung der Grundmauern durch Letten und Putz. Der Eingang in den Hof befand sich in der W Hofmauer, gegenüber vom Hauptgebäude.
Als Wirtschaftsgebäude ist der Hallenbau (8,50 x 18,50 m) ausgewiesen, der sich mit einer Schmalseite an die W Hofmauer anschloß; im Innern durch eine Mauer quergeteilt, hatte er zur N-Seite seinen Eingang und war mit Krügen und Vorratsgefäßen gefüllt. S dieses Hallenbaus wurden Pfeiler beobachtet, die wahrscheinlich die Überdachung eines Schuppens entlang der Hofmauer trugen. Hu

Lit: UFischer, Aus Frankfurts Vorgesch. (1971) 186 ff (mit ält. Lit. 260).

Museum für Vor- und Frühgeschichte – Archäologisches Museum Frankfurt –

Abb 92, 94, 95, 97, 100–107, 114, 115, 117, 121, 123, 124, 135, 143, 214–223, 225, 227–229, 234–237

Öffnungszeiten: Di, Do – So 10–17, Mi 10–20 Uhr. Mo geschlossen.
Das Archäologische Museum Frankfurt kann seine großen Bestände seit langem nicht mehr in seinem Haupthaus, dem Holzhausenschlößchen, unterbringen. Noch in den 80er Jahren wird es seinen Neubau neben der Karmeliterkirche beziehen und dort neu ausstellen (Eingang von der Karmelitergasse). Bis dahin sind die röm Funde in folgenden Ausstellungen zu sehen:
1. Römische Ausstellung »Nida-Heddernheim«. Brückenstraße 3–7 (Deutschordenshaus)
In einer modernen, didaktischen Konzeption werden Funde aus Nida in Verbindung mit einem Informationsstreifen oberhalb der Vitrinen und einigen Informationswänden dargeboten. Behandelt werden u. a. folgende Themen: Ge-

Abb. 234 Frankfurt a. M.-Heddernheim. Weinmischgefäß vom Typ der Hemmoorer Eimer. Bronze

Abb. 235 Frankfurt a. M.-Heddernheim. Schieferscheibe mit dem Anfang des ABC (Durchmesser 9,2 cm)

schichte der Fundstelle, der antike Name, Steindenkmäler, Kastellzeit und Stadtzeit von Nida, Helme und Waffen, Münzwesen, Handel, Religion, Töpferei, Beinschnitzerei, Beleuchtung, Wandmalerei, Magie und Aberglaube, Medizin und Körperpflege, Buntmetallwerkstätten, Bronzegefäße; in einer Vitrine werden wechselnde Funde aus Privatbesitz gezeigt. Hervorzuheben sind die Steindenkmäler, darunter Fragmente von Grabsteinen, Jupitersäulen und der Quader mit dem Liktoren-Relief. Die bekannten Votivgaben für Jupiter Dolichenus sind – teilweise als Nachbildung – zusammengetragen. An Töpfereiprodukten ist besonders die Wetterauer Ware interessant. Innerhalb des gewohnten Bildes röm Funde gibt es auch in Nida immer wieder seltene Einzelstücke; dazu gehören u. a. die qualitätvollen Fragmente von bemaltem Wandverputz und nicht zuletzt 5 Helme.

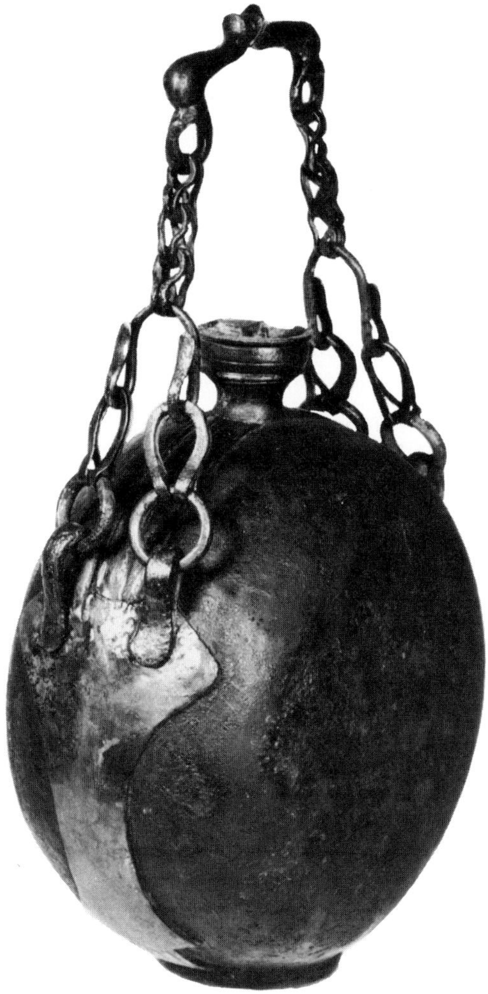

Abb. 236 Frankfurt a. M.-Heddernheim. Eisenflasche mit Bronzebeschlägen, Traggehänge und Verschlußvorrichtung

2. Ausstellung »Altstadtgrabung«, Historisches Museum, Saalgasse 19.
Innerhalb dieser größeren Ausstellung sind die röm Funde in zwei kleinen Räumen untergebracht. Pläne und Texte erläutern die Zusammenhänge. Unter den Kleinfunden ragt die Wetterauer Trinkschale mit dem Innenbild der Diana hervor. Ein großes Stück rotverputzter Wand vom Wasserbecken des Nymphäums ist aufgestellt. Röm Ziegel aller Art und germanische Gefäße runden das Bild ab.
3. Holzhausenschlößchen, Justinianstr. 5
Das Holzhausenschlößchen ist z. Z. Hauptsitz des Archäologischen Museums (Verwaltung und Werkstätten). Hier sind auch noch Magazinbestände der röm Abteilung untergebracht. In der Ausstellung im Erdgeschoß, die 1981 modernisiert wurde, werden nur noch vorgeschichtliche und frühmittelalterliche (alamannische und fränkische) Funde gezeigt. Hu

Abb. 237 Frankfurt a. M.-Heddernheim. Figürlich verzierte Wangenklappe eines Helms. Bronze auf Eisen (Ende 1. Jh. n. Chr.)

Liebighaus – Museum alter Plastik

Abb 238

Schaumainkai 71. Öffnungszeiten: Di–So 10–17, Mi 10–20 Uhr. Mo geschlossen.
Wenn das Liebighaus in diesem Buch erwähnt wird, dann nicht deswegen, weil es einen Überblick über die röm Plastik unseres Raums bieten wollte. Hierfür findet man gute Beispiele im Museum für Vor- und Frühgeschichte. Das Liebighaus besitzt indessen eine Abteilung mit röm Plastik, vorwiegend aus Italien und Griechenland, die die Entwicklung der Bildhauerkunst im Zentrum des Reichs darstellen soll. Daneben kommen aber auch weit entfernte Gegenden des Imperiums zu Wort. So ist es reizvoll, in der Nachbarschaft altägyptischer Bildwerke die beachtliche Sammlung röm-ägyptischer Mumienporträts zu betrachten oder die eigenartigen Grabreliefs aus Palmyra in Syrien, die an der Grenze des röm Reichs geschaffen von der Skulptur des Orients ebenso wie von dem durch Rom bestimmten Stil abhängig sind. Manche dieser Werke aus dem O des Reichs sind zur gleichen Zeit entstanden wie die keineswegs weniger qualitätvollen Skulpturen aus der Römerstadt *Nida* in Frankfurt a. M.-Heddernheim, die im Museum für Vor- und Frühgeschichte ausgestellt sind. So erhält man einen Eindruck von der recht unterschiedlichen Färbung der Kunst in den verschiedenen Provinzen des Römerreichs, hervorgerufen durch die Vielfalt der Völker, die in dem Reich zusammenlebten. Ba

Abb. 238 Frankfurt a. M. Liebighaus – Museum alter Plastik. Röm. Mumienmaske aus Ägypten (2. Jh. n. Chr.)

Lit: PCBol, Liebighaus – Museum alter Plastik. Führer durch die Sammlungen: Antike Kunst (1980).

Frankfurt a. M.-Bergen-Enkheim F

Heimatmuseum

Altes Rathaus, Marktstraße. Öffnungszeiten: So 15–18, Do 20–21.30 Uhr.
Der röm Epoche ist ein Raum im Obergeschoß des alten Berger Rathauses gewidmet. Zwei Dioramen »Villa rustica« und »Kriegsgefahr am Limes« sowie ein Hypokaustmodell ziehen die Augen der Besucher auf sich. Der Limes ist in dem Diorama anschaulich in seiner letzten Phase (4. Bauzustand) dargestellt, doch gehört die mit vielen Zinnfiguren liebevoll aufgebaute Konfrontation zwischen Römern und Germanen eher dem Reich der Fantasie als dem der historischen Wirklichkeit an. – Der röm Gutshof (*villa rustica*) ist nach dem Grundriß eines N von Bergen in der Flur »Auf dem Keller« ausgegrabenen röm Gutshauses rekonstruiert worden. – In einigen Vitrinen sind gestempelte Bauziegel der 22. Legion, Keramik, Glasgefäße, Münzen und andere Kleinfunde ausgestellt, darunter auch Nachbildungen. Die Originalstücke stammen aus Ruinenstätten von *villae rusticae* in und um Bergen-Enkheim. –

Eine Besonderheit stellt der Fund zahlreicher gleichartiger Scherben dar, die aus einer röm Töpferei stammen (im Enkheimer Feld). Die Scherben gehörten zu Tonkrügen aus der 1. Hälfte des 2. Jh nChr, die der Töpfer als Abfall beseitigt hat, weil sie sich beim Brennen verzogen hatten (»Fehlbrände«). Ba

Frankfurt a. M.-Höchst F

Frühkaiserzeitliche Militärlager

Abb 239

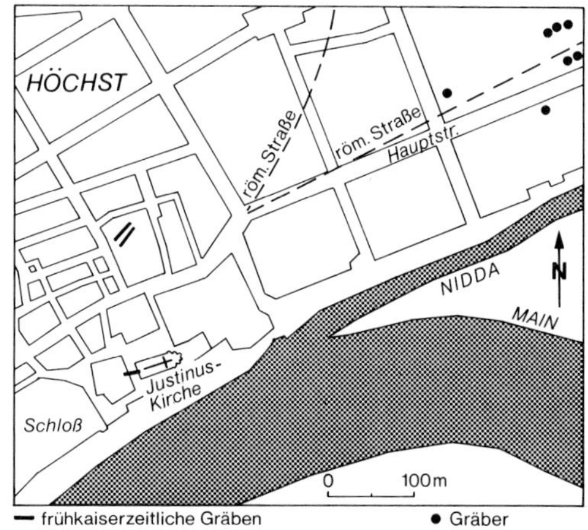

Abb. 239 Frankfurt a. M.-Höchst. Gesamtplan

Bei Grabungen im Bereich der Altstadt in den Jahren 1896 und 1904 konnten auf dem Grundstück Bolongarostr. 152 (ehemals Amtsgasse 3) 2 nicht parallel laufende Spitzgräben beobachtet werden, aus deren Einfüllung frühkaiserzeitliche Keramik geborgen wurde. Weiter wurde, etwa 150 m entfernt, W der Justinus-Kirche ein Verteidigungsgraben festgestellt. Bereits 1893 waren im O-Teil der Stadt im Bereich Bolongarostr. 101 (ehemals Kreishaus) Gruben angeschnitten worden, deren Füllmaterial Keramik der gleichen Zeit enthielt. Auch der größte Teil der Fundmünzen aus der Zeit des Augustus stammt aus dem O-Bereich der Stadt. Die Deutung der Befunde ist nicht klar: Die in der Bolongarostr. 152 geschnittenen Verteidigungsgräben liefen nicht parallel, könnten also zu 2 verschiedenen Wehranlagen gehören; andererseits läßt sich nicht ausschließen, daß der W Graben nur ungleichmäßig ausgehoben wurde. Das Fehlen jeglicher späterer Keramik aus der Einfüllung beider Gräben spricht dafür, daß sie in die augusteisch-frühtiberische Zeit gehören. Richtung und Zeitstellung des Verteidigungsgrabens bei der Justinus-Kirche sind unsicher, jedoch möchte man annehmen, daß hier, an dem verhältnismäßig steil zum Main abfallenden Ufer die S-Front des röm Militärlagers oder eines der beiden Lager verlief. Die Gruben in der Bolongarostr. 101 liegen wahrscheinlich außerhalb des Lagerbereichs; dort könnte sich – unweit der als Anlegeplatz geeigneten Niddamündung – eine Zivilsiedlung entwickelt haben. Wie das Fundmaterial zeigt, gehen die militärischen Anlagen in die augusteische Zeit zurück, unsicher bleibt es freilich, ob sie bereits z. Z. der Offensive des Drusus (12–9 vChr) errichtet wurden. Auch in frühtiberischer Zeit scheint der gleiche Bereich genutzt worden zu sein. Es läßt sich allerdings nicht sagen, ob es sich um eine kontinuierliche Besetzung handelte, oder ob eine erneute Belegung nach einer zeitweiligen Aufgabe im Verlauf der Feldzüge des Germanicus (14–16 nChr) erfolgte.
Wohl mit dem Abbruch dieser Offensive wurde der Stützpunkt endgültig aufgegeben. Si

Lit: ESchmidt, ORL Abt B Band II,3 Nr. 28; RKubon, PSchauer, Fundber. Hessen 9/10, 1969/70, 77 ff; HSchönberger u. H-GSimon, Römerlager Rödgen. Limesforsch. 15 (1976) 243 ff.

Museum für Höchster Geschichte

Schloß. Öffnungszeiten: Täglich 10–16 Uhr. Das bereits seit 1894 bestehende Museum verfügt seit 1976 über eine Schausammlung röm Funde im

2. Geschoß des Schlosses. Sie enthält neben Material aus der Altstadt von Höchst auch eine umfangreiche Übersicht über gestempelte Ziegel aus der Legionsziegelei von Nied und Beispiele der dort produzierten Gefäßkeramik. Si

Legionsziegelei und Töpferei

Abb 240, 241

Wer heute auf der Bolongarostraße von Höchst nach Nied geht, findet kurz vor der Niddabrücke zur Linken die Nebenstraße »Im Ziegelfeld«. Die Straßenbezeichnung rührt von einem alten Flurnamen her. Als die Gegend noch Ackerland war, fielen den Bauern die Ziegelbruchstücke auf, die der Pflug hier immer wieder hochförderte. Im 19. Jh wurde man auf die röm Fundstätte aufmerksam, die damals in der Gemarkung von Nied lag. Einige oberflächliche Nachgrabungen brachten zunächst keine Klärung. Erst G. Wolff fand 1891 mehrere Ziegelbrennöfen, Schlämmgruben für Ton sowie Reste von Schuppen und Werkstätten einer Ziegelei. Sie erstreckten sich auch über den Bereich des heutigen Schwedenpfads. Bei den Öfen und in ihrem Mauerverband fand Wolff Hunderte von gestempelten röm Truppenziegeln, die von 6 verschiedenen Truppenkörpern herrührten: der *Legio I adiutrix, VIII Augusta, XIIII gemina Martia victrix, XXI rapax, XXII primigenia pia fidelis* und der *Cohors I Asturum*. Bei späteren Ausgrabungen (zuletzt 1960/61) ergaben sich außerdem Hinweise auf röm Töpfereibetriebe. In ihnen sind unter anderem rotbemalte Tonlampen und die eigenartig dünnwandige, rotbemalte »Wetterauer Ware« hergestellt worden, die allerdings auch von anderen Töpfereien – etwa in Frankfurt a. M.-Heddernheim – produziert worden ist.

Die Lage der Ziegelei direkt an der Mündung der Nidda in den Main war für den Abtransport der Ziegel auf Schiffen ungemein günstig. Tatsächlich sind zahlreiche röm Kastelle im N der Provinz Obergermanien von hier aus auf dem Wasserweg

Abb. 240 Frankfurt a. M.-Höchst. Ziegelfeld. Ziegelstempel der Legio XXII Primigenia Pia Fidelis, zum Teil mit Namen des Zieglers

mit Baumaterial versorgt worden. Die Tongruben für die Ziegelei lagen in Kelkheim-Münster, ungefähr 8 km von der Ziegelei entfernt. Die Auswertung der Grabung und der Funde durch Wolff ergab, daß seit dem Chattenkrieg Kaiser Domitians (83–85 nChr) die Zentralziegelei der Mainzer Legionen im Ziegelfeld von Nied lag. Noch während des Chattenkrieges ziegelten hier Arbeitskommandos der 1., 14. und 21. Legion. Von der 8. Legion fand Wolff nur einen einzigen gestempelten Ziegel, der aus einer anderen Ziegelei gekommen sein könnte. Die *Cohors I Asturum* dürfte ebenfalls während dieser Zeit in Nied geziegelt haben, sie war vielleicht zeitweise im Stadtgebiet von Höchst stationiert. – Für die Sicherung des gerade erst erworbenen Provinzgebiets mußten am Ende des 1. Jh zahlreiche Kastelle gebaut werden, und daher wurde dringend Baumaterial benötigt. Noch unter Kaiser Domitian ist zuerst die 1. Legion, später die 21. Legion an den Donaulimes versetzt worden; um 92 folgte ihnen die 14. Legion. Ihre Stelle nahm im gleichen Jahr die 22. Legion ein; von dieser Truppe stammen die meisten gestempelten Ziegel. Sie setzte den Ziegeleibetrieb bis etwa 120/125 nChr fort. Bis dahin war der Aufbau des obergermanischen Limes abgeschlossen. Das Ziegelmaterial wurde dort in erster Linie zum Bau der Thermen an den Kastellen verwendet.

Schon von Anfang an ist im Ziegelfeld auch Töpferware hergestellt worden, zuerst sicherlich zur

Abb. 241 Rotbemalter, verzierter Teller aus »Wetterauer Ware«, Anfang 2. Jh. n. Chr. (Historisches Museum Schloß Philippsruhe, Hanau)

Versorgung der Truppen. Nach 120 lief die Töpfereiproduktion weiter, sie lag jetzt wohl in der Hand ziviler Betriebe. Ein kleiner Vicus mag sich an den Töpfereien entwickelt haben. – Mitte des 2. Jh haben die Römer die Odenwald- und Nekkarstrecke des obergermanischen Limes nach O vorverlegt. Für die neue Limesstrecke und ihre Kastelle wurde daher Baumaterial benötigt. So hat die 22. Legion den Ziegeleibetrieb in Nied wieder aufgenommen, allerdings nur von etwa 150–160 nChr. Der spätere Ziegelbedarf für die Bauten des obergermanischen Heeres ist von anderen Ziegeleien gedeckt worden, von denen die Ziegelei der *Cohors IV Vindelicorum* in → Großkrotzenburg, die Ende des 2. Jh arbeitete, die bekannteste ist. Ba

Ao: Museum für Höchster Geschichte, Frankfurt a. M.-Höchst

Lit: GWolff, Archiv f. Frankfurts Geschichte und Kunst 3. Folge 4, 1893, 212 ff – GVetter, Höchster Geschichtshefte 22/23, 1974 – IHuld-Zetsche, Fundberichte aus Hessen 19/20, 1979/80, 745 ff.

Frankfurt a. M.-Schwanheim F

Heimatmuseum

Abb 242

Alt Schwanheim 6. Öffnungszeiten: So 10–12 Uhr, sonst nach Vereinbarung.

Das Schwanheimer Heimatmuseum, das erst 1973 eröffnet worden ist, hat durch die Aktivität des Heimat- und Geschichtsvereins Schwanheim eine kleine, aber sehenswerte Sammlung zur heimischen Vor- und Frühgeschichte erworben. Die Bodenfunde sind in einem eigenen Schauraum aufgestellt. Darin befindet sich auch eine Sammlung röm Stücke aus mehreren Fundstellen, deren schönstes eine Stierfigur aus Vilbeler Sandstein ist. Sie wurde 1973 bei der Ausgrabung des Brunnens eines röm Gutshofs im Schwanheimer Wald gefunden. Ba

Lit: Fundber. Hessen 15, 1975, 612 (Stierfigur).

Abb. 242 Frankfurt a. M.-Schwanheim. Stierfigur aus Sandstein

Friedberg FB

Frühkaiserzeitliches Militärlager

Abb 243, 249

Den ersten Hinweis auf eine frühkaiserzeitliche Wehranlage gab ein 1840/42 am N-Hang des Burgberges gefundener Töpferstempel, der jedoch erst erheblich später richtig gedeutet wurde. In der Folgezeit kamen noch verschiedentlich Einzelfunde gleicher Zeitstellung fast durchweg aus dem Bereich der Burg zutage. Dort wurden 1894 im Auftrag der RLK Ausgrabungen durchgeführt, die in erster Linie der Erforschung des an dieser Stelle gelegenen Kastells der mittleren Kaiserzeit dienten. Das dabei geborgene Fundmaterial der frühen Kaiserzeit bestätigte die Annahme, daß sich hier auch ein frühkaiserzeitliches Lager befunden habe. Bei Grabungen im Jahr 1936 gelang die Aufdeckung dreier Gruben dieser Zeit und einer Pfostenspur, die nach Meinung des Ausgräbers H. Roth in die Spätlatènezeit gehört. Er glaubte, 2 Perioden trennen zu können und brachte eine der Gruben mit einem Lager aus der Zeit der Feldzüge des Germanicus in Zusammenhang; zwei weitere Gruben hielt er für älter, wobei er zunächst annahm, daß es sich hier um die Hinterlassenschaft eines Militärlagers aus der Zeit der Feldzüge des Drusus (12–9 vChr) handele. Später sprach er sich für eine spätaugusteische Zeitstellung aus. – 1963 wurde bei weiteren Untersuchungen auf der Burg die frühkaiserzeitliche Kulturschicht mehrfach nachgewiesen. Einige Gruben und Pfostenlöcher, ein Gräbchen und ein Straßenstück konnten dieser Periode zugewiesen werden. Die Ausgrabung ergab, daß alle Gruben bei größeren Planierungsarbeiten gleichzeitig verfüllt worden waren und im Einfüllmaterial untereinander große Übereinstimmung aufwiesen. Das gleiche gilt auch für zwei der Gruben der Grabung 1936. Die Funde, darunter eine frühestens 10 nChr geschlagene Münze, sprechen eindeutig für eine Datierung in den Beginn der Regierungszeit des Tiberius. Es kann als sicher angesehen werden, daß das älteste Militärlager in Friedberg im Zusammenhang mit den Feldzügen des Germanicus in den Jahren 14–16 nChr entstanden ist. Sehr wahrscheinlich wurde es beim Abbruch der Offensive aufgegeben und durch Brand niedergelegt. Seine Besatzung ist unbekannt; einige Funde, vor allem einige zum Pferdegeschirr gehörende Zieranhänger, sprechen dafür, daß eine berittene Truppe dort stationiert war. Unbekannt ist auch die Größe des Lagers: Zwar bildet der nach W, N und O steil abfallende Burgberg eine natürliche Begrenzung, doch ist die Ausdehnung nach S nicht feststellbar. Ein Verteidigungsgraben, der 120 m S der Burg den Stadthügel an seiner engsten Stelle von W nach O durchschnitt, ist zeitlich bisher nicht einzuordnen.

Abb. 243 Friedberg. Bronzeanhänger mit Inschrift: centuria Longi Secundi »Centurie des Longus Secundus«. (Anfang 1. Jh. n. Chr.) (Hess. Landesmuseum, Darmstadt)

Die öfters vertretene Hypothese, Friedberg sei mit dem bei Tacitus, Ann. 1, 56 erwähnten *castellum in monte Tauno* identisch, das sowohl bei den

Feldzügen des Drusus wie denen des Germanicus als Stützpunkt diente, läßt sich aus den antiken Quellen nicht beweisen und mit dem archäologischen Befund nicht in Einklang bringen. Das Lager auf der Friedberger Burg wurde an dem von Mainz ausgehenden Vormarschweg nach N in dem gleichen Etappenraum errichtet, zu dem auch die benachbarten älteren Lager von Rödgen und Bad Nauheim gehören. Si

Ao: Wetterau-Museum, Friedberg
Lit: ESchmidt, ORL Abt B Band II,3 Nr. 26 (1913) (mit älterer Lit) – HSchönberger u. H-GSimon, Römerlager Rödgen. Limesforsch. 15 (1976) 157 ff.

Limeskastell, Bad und Vicus*

Abb 244, 245

Seit dem Ende der Germanenfeldzüge 16 nChr war Friedberg jahrzehntelang ohne röm Besatzung. Erst zur Zeit Kaiser Vespasians (69–79) ist der Burgberg wieder von einer röm Truppe besetzt worden. Damals wie heute war Friedberg Mittelpunkt der Wetterau und daher ein geeigneter Platz, von dem aus der umliegende Raum unter Kontrolle gehalten werden konnte. Bis zum Chattenkrieg Kaiser Domitians (83–85) blieb das Friedberger Lager auf dem Burgberg der nördlichste Vorposten Roms in der Wetterau. Bis um 89 nChr bildeten die 1. und 4. Aquitanerkohorte die Besatzung des Kastells. Jede der beiden Einheiten war 500 Mann stark und *equitata,* also teilweise beritten, so daß für Patrouillen und Streifzüge über die weiten, offenen Flächen der Wetterau eine beachtliche Anzahl von Reitern zur Verfügung stand (insgesamt rund 240 Mann). – Als nach dem Chattenkrieg der Ausbau des Limes begann, geriet das Kastell Friedberg weit hinter die Grenzlinie. Im Gegensatz zu den übrigen älteren Kastellen wie → Okarben oder → Heddernheim blieb es jedoch bis zum Ende der Römerzeit um 260 nChr mit Militär besetzt. Als Besatzung ist seit etwa 89 die *Cohors I Flavia Damascenorum milliaria equitata sagittariorum* bezeugt, eine 1000 Mann starke, teilweise berittene Truppe aus damaszenischen Bogenschützen. Diese Spezialeinheit von ungewöhnlicher Stärke besaß die gleiche Anzahl von Mannschaften wie die beiden Einheiten, die vorher die Besatzung gebildet hatten. Die neue Truppe benötigte daher genausoviel Platz wie die zwei Vorgängereinheiten zusammen, so daß eine Veränderung der Kastellgröße nicht notwendig war. Leider sind die Reste des röm Kastells durch den Bau der mittelalterlichen Burg zum größten Teil beseitigt worden. Doch dürfte die Kastellmauer ungefähr dort gelegen haben, wo später die Wehrmauer der Burg entstanden ist. Das Kastell hätte dann 4 ha Fläche besessen, was für eine 1000 Mann starke, teilweise berittene Kohorte passend erscheint. Als einziges Bauwerk des Kastells kennt man ein kleines, röm Bad, das im Kellergeschoß des Gymnasiums in der Burg konserviert worden ist und besichtigt werden kann. Es handelt sich wahrscheinlich um einen Teil des Kommandantenhauses (*praetorium*).

Abb. 244 Friedberg. Ziegelstempel der 1. flavischen Damaszenerkohorte

In Friedberg liefen Römerstraßen von allen wichtigen Kastellen der N Wetterau zusammen und mündeten hier in die Straße ein, die über die Römerstadt Nida zur Provinzhauptstadt Mainz führte. Die Friedberger Kohorte konnte daher rasch als Reserve an viele Punkte des Limes geworfen werden, falls das nötig war. Außerdem deckte sie den wichtigen Friedberger Straßenknoten und sperrte so den Zugang von der N Wetterau zur Provinzhauptstadt.
Vor dem Kastell bildete sich im Gebiet der heutigen Altstadt von Friedberg ein ausgedehnter Vicus an der schon erwähnten Römerstraße, die in S Richtung nach Nida führte. Die heutige Kaiserstraße deckt sich ungefähr mit der ehemaligen Hauptstraße des Vicus.

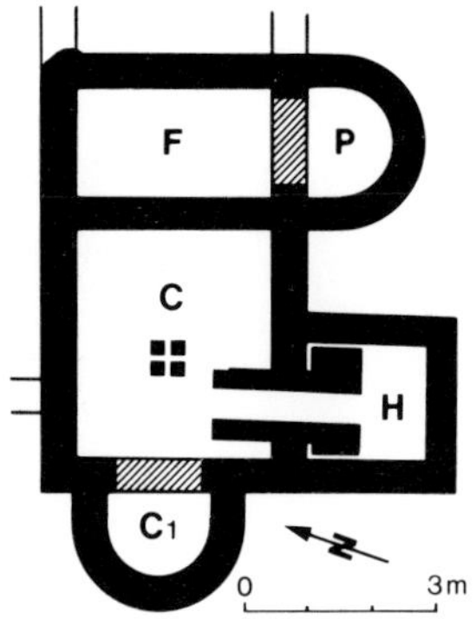

Abb. 245 Friedberg. Badegebäude im Keller des Gymnasiums in der Burg. F Kaltbaderaum (frigidarium) mit Badewanne P; C, C_1 Warmbaderaum (caldarium); H Heizstelle

Der röm Vicus verhielt sich daher ungefähr so zu dem Limeskastell, wie die mittelalterliche Stadt zur Burg. Zwar hat sich der Friedberger Vicus nicht so stark entwickelt wie die Civitashauptorte *Nida* und *Aquae Mattiacorum.* Seine günstige Lage und die hier zusammenlaufenden Straßen haben aber einen Kastellvicus von überdurchschnittlicher Größe entstehen lassen. Aus ihm sind Spuren gewerblicher Tätigkeit bekannt, vor allem mehrere Töpfereien. Neben Nida war Friedberg ein Produktionsort der bemalten »Wetterauer Ware«. Auch das Militär hat Gewerbeanlagen betrieben; mehrere der verschiedenen Kastellbesatzungen haben Ziegel gebrannt. Wie üblich, gab es in dem Vicus auch Heiligtümer. Eine Weihung für Mars und Victoria stammt von einem Soemus Severus aus Syrien, einem Verwaltungsunteroffizier der Damaszenerkohorte (CIL XIII 7395). Sie gehört noch in die Zeit um 100 nChr. In einer späteren Epoche sind Mithrasheiligtümer entstanden, von denen eines in der Großen Klostergasse entdeckt worden ist. Hier hat ein *beneficiarius consularis* zwei Altäre gestiftet (CIL XIII 7399.7400). Daraus geht hervor, daß sich auch an dem wichtigen Friedberger Straßenknoten – wie an solchen Stellen üblich – ein Benefiziarierposten befand. An einer Straßenkreuzung ist ein Weihestein der keltischen *deae Quadruviae* aufgestellt worden, der »Vierwegegöttinnen« (CIL XIII 7398). Ein weiterer Hinweis auf die Verkehrsbedeutung Friedbergs ist der Fund eines Meilensteins, der im Jahre 249 gesetzt worden ist. Er ist der nördlichste röm Meilenstein, den man in der Wetterau kennt; zugleich stellt er die späteste röm Inschrift aus diesem Raum dar. Aus dieser Inschrift geht hervor, daß der Meilenstein von der *civitas Taunensium* gesetzt wurde, und daß die Entfernung von Nida 10 Leugen (22 km) betrug (CIL XIII 9123). Die *civitas Taunensium* umfaßte demnach auch die Gegend um Friedberg, wohl einschließlich des Kastellvicus. Ba

Ao der erwähnten Steindenkmäler: Wetterau-Museum, Friedberg
Lit: ORL Abt B Band II,3 Nr. 26 (1913) – KRübeling, Wetterauer Geschichtsblätter 19, 1970, 11 ff – HSchönberger, Wetterauer Geschichtsblätter 15, 1966, 21 ff; 21, 1972, 1 ff; ders., Germania 51, 1973, 146 ff.

Röm Gutshof Pfingstweide

Abb 246

Der Gutshof liegt in der Flur »Auf der Pfingstweide« am S Ortsrand ca. 500 m O der B 3. Der Fundplatz, bekannt seit dem 19. Jh, wurde 1980/81 im Zuge der Überbauung durch ein Industriegebiet untersucht. Sichtbare Reste sind nicht erhalten. Die Umfassungsmauer schloß ein annähernd rechteckiges Areal von ca. 180 x 190 m ein, das am N-Hang des Straßbachtales liegt. Der Bachlauf selbst sowie eine Quelle liegen ca. 150 m vor der N Umfassungsmauer. Die Bauwerke waren meist bis auf das Fundament abgetragen. Fast alle Gebäude hatten mehrere Bauphasen, vorgestellt werden hier nur die jeweils jüngsten. Eine OW verlaufende Straße teilte das umbaute Areal ca. im Verhältnis 1:2.
Das Hauptgebäude hatte 2 Eckrisaliten mit dazwischenliegender Portikus, Innenhof und rückwärtige Raumzeile. Front und Zugang waren nach N zum Tal hin ausgerichtet. Vor der Gebäu-

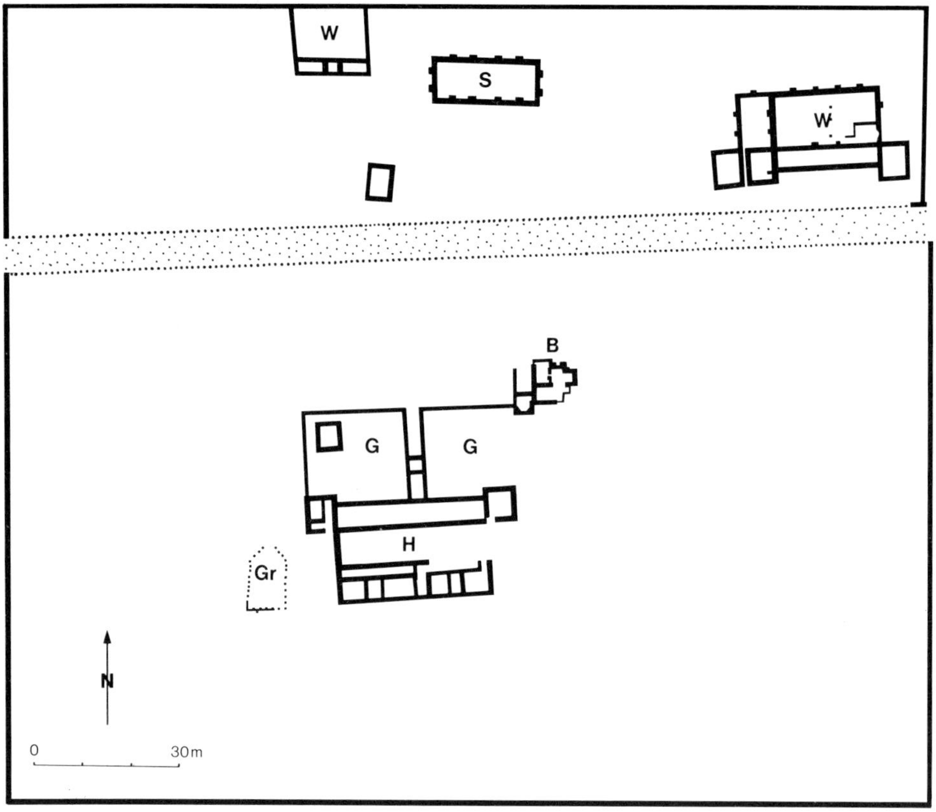

Abb. 246 Friedberg. Pfingstweide. Römischer Gutshof. H Hauptgebäude, G Hof- oder Gartenflächen, W Wirtschaftsgebäude, S Speicher, B Badegebäude, Gr Grubenhaus

defront lagen 2 große Hof- oder Gartenflächen. In der W Hälfte befand sich ein kleiner Rechteckbau, an die O Hälfte war das Badegebäude angeschlossen. Das Bad wurde in röm Zeit einmal von Grund auf neu erbaut. Die wiedergegebene Form zeigt die bekannte Raumfolge mit Vorhof, Auskleideraum mit Waschbecken, Kalt- und Warmbaderaum.

Im O des Hauptgebäudes lag ein großes Grubenhaus. 27 Pfosten bildeten einen langrechteckigen Grundriß mit trapezförmigem Abschluß im N. Der ca. 2 m unter der ehemaligen Oberfläche liegende Innenraum maß 7 x 12 m.

N der Straße lagen 4 weitere Gebäude: In Straßennähe ein weiterer Rechteckbau, N davon ein vermutlich an die Umfassungsmauer angeschlossenes Bauwerk, O davon ein Speichergebäude und am O-Rand ein großes Wirtschaftsgebäude. Der Speicher (*horreum*) entsprach mit Wandverstärkungen und erhöhtem, auf Holzpfosten ruhendem Boden dem geläufigen Typ röm Getreidespeicher.

Der Wirtschaftsbau (W) besaß ursprünglich nur einen Eckrisaliten im W. Bei einer Erweiterung wurde der O-Risalit und ein weiterer W-Risalit hinzugefügt. In dem langgestreckten Raum an der S-Seite des Gebäudes fanden sich 2 Herdstellen. Der verbleibende große Raum nach N war, nach

einer Pfostenreihe zu schließen, überdacht und nahm u. a. einen Keller und eine weitere Herdstelle auf. Insgesamt hat das Gebäude wohl Werkstätten, vielleicht auch eine Küche beherbergt.
Die freien Areale innerhalb der Umfassungsmauer zu beiden Seiten des Hauptgebäudes waren, wie sich durch Bauaufschlüsse ergab, auch in röm Zeit zumindest weitgehend unbebaut; lediglich im Bereich der NW-Ecke könnten durch Neubauten weitere Gebäude unbeobachtet zerstört worden sein.
Nach den Funden ist mit einem Erbauungsdatum am Anfang des 2. Jh nChr zu rechnen. Der Gutshof wurde in der 1. Hälfte des 3. Jh nChr durch einen Brand zerstört. Wg

Lit: PWagner, Die villa rustica »Auf der Pfingstweide« bei Friedberg, Wetteraukreis. Fundber. Hessen (im Druck).

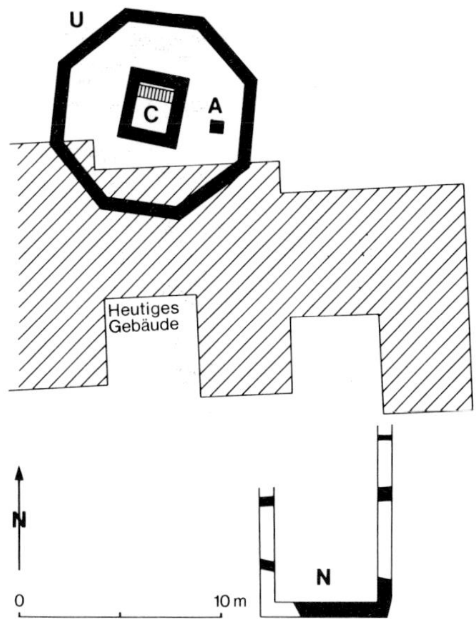

Abb. 247 Friedberg. Gallo-römischer Tempel. C Cella, U Umgang, A Altar, N Nebengebäude

Gallo-röm Tempel

Abb 247, 248

Als 1970 die Straßenmeisterei S von Friedberg an der B 3 errichtet wurde, fand man die Fundamente eines gallo-röm Tempels. Er wurde 1970/71 von L. Süß ausgegraben. Das eigentliche Heiligtum, die Cella C, war ein rechteckiges, turmartiges Bauwerk. Es enthielt die Kultstatue der Gottheit, die hier verehrt wurde. Die Cella wurde von einem achteckigen Umgang umsäumt, der ein niedrigeres Dach besaß als die Cella. Einen solchen Umgang gab es nicht bei den klassischen Tempeln Griechenlands und Italiens. Er ist bezeichnend für die Heiligtümer einheimischer, keltischer Gottheiten in den gallischen Provinzen des Römerreichs und in Britannien. Die eigenartige Bauform entwickelte sich aus keltischen Vorstufen während der röm Kaiserzeit. – In dem Umgang befand sich das Fundament des Altars A. S vom Tempel kam das Fundament eines weiteren Gebäudes N zutage, das wohl auch zum Tempelbezirk gehörte; sein Zweck ist unbekannt. Leider

Abb. 248 Friedberg. Gallo-römischer Tempel. Ausgrabung 1971, Blick von Norden. Im Hintergrund die Fundamente des Wohnblocks der heutigen Straßenmeisterei

befand sich keine Weiheinschrift und kein Götterbild unter den Funden der Ausgrabung. Wir wissen daher nicht, welchem Gott der Tempel geweiht war. In der Nähe gibt es röm Landgüter, und es ist denkbar, daß einer der Gutsbesitzer den

Tempel auf eigenem Grund und Boden errichten ließ. Vielleicht ist er aber auch von den Bewohnern des Kastellvicus in Friedberg erbaut worden. Es könnte sich um ein Quellheiligtum handeln, denn in nur 200 m Entfernung liegt der Pfingstbrunnen, der noch bis in jüngste Zeit bei bestimmten Festen von der Bevölkerung aufgesucht wurde. – Das Heiligtum ist im 2. Jh nChr entstanden. Anfangs besaß es eine kleinere, quadratische Cella, von der die im Plan schraffiert dargestellte Grundmauer stammt. Später wurde die Cella vergrößert. Das Heiligtum war noch bis in die 1. Hälfte des 3. Jh in Benutzung. Spätestens beim Fall des Limes um 260 wurde es zerstört. An der Ruine entstand im 4. Jh ein germanisches Dorf. Ba

Lit: LSüß, Germania 50, 1972, 153 ff.

Wetterau-Museum

Abb 249

Haagstr. 16, Öffnungszeiten: Di–Fr 9–12 u. 14–17, Sa 9–12, So 10–17 Uhr, Mo geschlossen. Das Wetterau-Museum enthält im Erdgeschoß eine sehenswerte Abteilung mit röm Fundstükken. Den Kern der Museumsbestände bilden die Funde aus Friedberg. Sie beginnen mit den Keramikfunden aus der Zeit der röm Feldzüge unter den Kaisern Augustus und Tiberius, die bei Ausgrabungen in der Friedberger Burg gefunden worden sind; solche Funde gehören in Hessen zu den Seltenheiten. Weitere Fundstücke stammen von der späteren röm Garnison, der 1. Damaszenerkohorte, die ihr Kastell ebenfalls auf dem Burgberg hatte, ferner aus dem röm Vicus im Be-

Abb. 249 Friedberg. Wetterau-Museum. Zwei Teller und ein Napf aus italischer Terra Sigillata, rechts ein Parfümfläschchen aus Ton; zwei Bronzeanhänger (Anfang 1. Jh. n. Chr.)

Abb. 250 Friedberg-Bauernheim. Keller eines römischen Gutshofs während der Ausgrabung. Im Vordergrund der Kellerraum, im Hintergrund links die Treppenrampe

reich der heutigen Altstadt. Die Funde sind thematisch nach den verschiedenen Lebensbereichen in Vitrinen geordnet. Die ausgestellten Skulpturen und Weihesteine stammen aus Friedberg, aus einigen röm Gutshöfen (*villae rusticae*) der Umgebung und zum Teil auch vom nahen Limes. Das Museum besitzt interessante Fundbestände vom Limeskastell Kapersburg. Ba

Friedberg-Bauernheim FB

Keller eines röm Gutshofes

Abb 250

Bauernheim liegt ca 3 km O von Friedberg am S-Hang der »Platte«. Die Fundstelle (Taufsteinstraße) befindet sich in einem Neubaugebiet, das O an den alten Ortskern anschließt. Die Mauerreste sind unter den Grundmauern eines Wohnhauses erhalten geblieben, können aber nicht besichtigt werden.

Der Fundplatz wurde 1975 im Zuge von Erdausschachtungen entdeckt. Bei der darauffolgenden Notgrabung konnte ein annähernd quadratischer Kellerraum (4,40 x 4,00 m) mit Zugang im SO freigelegt werden. Das 0,85 m dicke Mauerwerk war aus sorgfältig zugeschlagenen Basalt-Handquadern errichtet worden. Der Kellereingang besitzt beidseitig schräg ansteigende ausgemauerte Wangen und 2 flache Stufen, die in den anstehenden Lehm gestochen und wohl ehemals mit Holzbrettern verkleidet waren.

Vom darüberliegenden Gebäude fanden sich geringe Spuren, die als ausgebrochenes Mauerfundament an die N Kellerfront nach W hin anschlossen. Hüttenlehmreste in der Kellerfüllung zeigten, daß zumindest ein Teil dieses Bauwerkes in Fachwerktechnik errichtet worden war. Das Gebäude ist durch einen Brand in der Mitte des 3. Jh zugrundegegangen. Wg

Friedrichsdorf-Seulberg HG

Röm Gutshof

Abb 251

Das zwischen Seulberg und Friedrichsdorf nach SO in die Wetterau abfallende Feld ist seit der Mitte des 19. Jh als röm Fundstätte bekannt. Knapp 1 km N vom Seulberger Ortskern kamen in der Flur, die »Hunburg« genannt wurde, immer wieder Mauerreste, röm Keramik und Ziegel zutage. L. und H. Jacobi haben 1873, 1905 und 1928 Ausgrabungen unternommen. Dabei fanden sie drei einfache, rechteckige Wirtschaftsgebäude und das ansehnliche Herrenhaus eines röm Gutshofs (*villa rustica*). Zwei der Wirtschaftsgebäude waren gleichgroß (19,5 x 12,5 m), das dritte etwas kleiner (18,34 x 9,75 m) und mit einer inneren Quermauer versehen. Sie lagen unweit vom Herrenhaus, das mit seiner einstmals gewiß prächtigen, 50 m breiten Fassade nach SO auf die Wetterau hinausschaute; es muß eine schöne Aussicht gehabt haben und wird schon von weitem sichtbar gewesen sein. Das Herrenhaus gehörte dem Typus der Eckrisalitvillen mit zentraler Halle und vorgelagerter Portikus an. Es gab in dem Haus, wie üblich, einen Wirtschaftskeller (K). Die kleinen Räume in der W-Ecke werden einen Badetrakt gebildet haben, wofür die hier aufgefundene Frischwasserzuleitung spricht, die das Wasser von N heranführte. Leider war das Gebäude schon so stark zerstört, daß die anzunehmenden Heizeinrichtungen des Bades (Hypokausten) nicht mehr nachweisbar waren. – Wie die Funde lehren, besaß die Villa eine farbige Ausmalung, sie hatte Glasfenster und ein Ziegeldach. Unten in der Schuttfüllung des Kellers fand man den einzelnen Unterkieferknochen einer jungen, knapp dreißigjährigen Frau als möglichen Hinweis auf das Drama, das sich bei der Zerstörung der Villa abgespielt haben mag. Heute ist von dem röm Gutshof nichts mehr zu sehen.

Ba

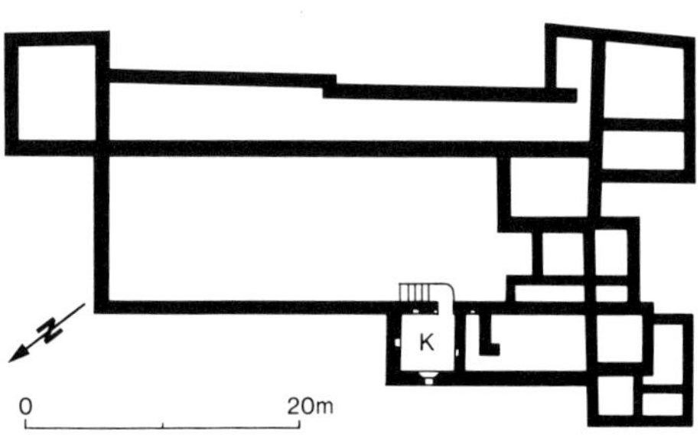

Abb. 251 Friedrichsdorf-Seulberg, Hunburg. Grundriß des Herrenhauses

Lit: LJacobi, Korrbl. Westd. Zeitschr. 24, 1905, 197 ff – HJacobi, Saalburg-Jahrb. 7, 1930, 92 ff.

Fritzlar-Geismar HR

Große germanische Dorfsiedlung im Gebiet der Chatten

Abb 252

Das wegen der Fällung der Donareiche im Jahre 723 durch Bonifatius bekannte Geismar hat einen frühgeschichtlichen Siedlungsvorläufer. Er liegt S des Ortes auf einer Niederterrasse am Elbebach und wurde dank der Aufmerksamkeit von Heimatfreunden 1955 entdeckt. Seit 1973 wird er planmäßig ausgegraben. Die Feldforschungen werden voraussichtlich noch bis in die Mitte der 80er Jahre dauern. Die Auswertung der Befunde und Funde ist angelaufen, wird aber noch Zeit beanspruchen. Vor den endgültigen Veröffentlichungen kann nur ein skizzenhafter Abriß der wichtigsten Fakten mit Vorbehalten gegeben werden. Für die im voraus erteilten Informationen ist dem Leiter des Forschungsvorhabens, Herrn Dr. R. Gensen, Marburg, sehr herzlich zu danken.

Das Dorf entstand um Chr Geburt oder kurz davor, zum Beginn der röm Kaiserzeit. Das Dorf blieb von der Gründung durch die Chatten kontinuierlich bis ins 9. Jh belegt. Dann wurden Teilflächen wüst, andere blieben bis ins 10. Jh besie-

Abb. 252 Fritzlar-Geismar. Handgemachte germanische Keramik aus den Jahrhunderten n. Chr. Geburt

delt. Später verließ man die Niederterrasse und verlegte den Wohnplatz hangaufwärts. Der gegenwärtige Stand der Erforschung läßt den Eindruck entstehen, daß im 2. und 3. Jh ein Bevölkerungszuwachs erfolgte. Die Ausdehnung wird in der Kaiserzeit ca. 8–10 ha betragen haben. Im Vergleich mit dem mittelalterlichen Fritzlar von 12 ha haben wir es mit einer für diese Zeit großen Siedlung zu tun. Die Höfe der Kaiserzeit waren etwa 50 x 50 m groß. Sie zeichneten sich durch Vielhäusigkeit aus. Das Hauptgebäude scheint in der Regel 20 – 25 m lang gewesen zu sein. Ihm zugeordnet in unterschiedlicher Anzahl und Anordnung waren Grubenhäuser verschiedener Typen, Ställe, Scheunen, Schuppen, Hütten, Vorrats- und Abfallgruben. In den Grubenhäusern bzw. Hütten wurde gewebt oder ein Handwerk ausgeübt. Das Dorf hatte etwa 40 Höfe, bei einer wahrscheinlichen Zahl von 10–12 Menschen pro Hof also 400–500 Bewohner. Vom chattischen Kerngebiet sind bisher rund 30 Siedlungsplätze, die in der Kaiserzeit durchgehend belegt waren, bekannt. Nur vier oder fünf waren etwa von gleicher Größe wie diese Siedlung, die übrigen kleiner.

Existenzgrundlage der Dorfbewohner war die Landwirtschaft mit Ackerbau und Viehzucht. Die Viehhaltung bedeutete mehr als nur Fleischversorgung, sie lieferte neben weiteren Lebensmitteln wichtige Rohstoffe zur Weiterverarbeitung. Rinder, Pferde, Schweine, Schafe und Geflügel konnten durch Ausgrabungen nachgewiesen werden. Wie deren einzelne Anteile der Haltung waren, ist noch nicht erarbeitet. Vom angebauten Getreide sind bis jetzt Roggen, Gerste, Hirse und Emmer bekannt. Die Analysen zum Gemüse- und Obstbau stehen noch aus.

Eng mit der Landwirtschaft verbunden ist der sog. Hausfleiß. Dazu gehören das Spinnen und Weben, vermutlich auch die Töpferei. Das Ver- und Bearbeiten von Holz mag bedingt dazu gehören, wie das Flechten von Körben etc. Schon mehr in Richtung auf ein Handwerk geht die Verarbeitung von Knochen und Geweihen. Ob die Handwerke von hauptberuflichen Spezialisten, die sich im Laufe der Zeit immer mehr herausbildeten, ausgeübt wurden oder von der bäuerlichen Bevölkerung in Nebentätigkeit, läßt sich für die einzelnen Zweige noch nicht sagen. Nachgewiesen sind Schmelzöfen mit Schlacken und Halbfabrikaten in Bronze und Eisen. Von Edelmetallbearbeitungen wissen wir bis jetzt nichts. Echter Glasfluß in Gruben weist auf Kenntnis im Umgang mit diesem Werkstoff hin. Neben Geräten fanden sich an Werkzeugen Hämmer, Zangen, Scheren, Sicheln, Messer usw., an Waffen nur Pfeilspitzen. Schmuck ist verhältnismäßig selten angetroffen worden, Fibeln dagegen häufig.

Die handgemachte westgermanische Keramik der Chatten ist zahlreich vertreten, es ist aber bisher hier kein einziger Töpferofen ausgegraben worden.

Selbstverständlich gibt es auch röm Import. An Keramik treten auf: Terra Sigillata, Terra Nigra, Reibschalen, Amphoren (Weinimport!) usw., ferner Glasgefäße und bronzene Fragmente von Gefäßen und Geräten. Aus der Eifel wurde Basalt für Mahlsteine eingeführt. Eine Aufarbeitung der Fibeln wird deren Importanteil zeigen. Die bronzene Statuette des jugendlichen ägyptischen Gottes Harpokrates läßt ahnen, daß Darstellungen fremder Götter mit eigenen Göttervorstellungen verbunden wurden.

Wichtig für die Beurteilung des Wirtschaftslebens der Dorfsiedlung sind die zahlreichen Münzfunde. Röm Münzen, besonders solche aus Edelmetall, waren im Barbaricum wegen ihres Materials, nicht wegen ihres Geldwertes begehrt, denn sie konnten umgeschmolzen werden. Für die Spätstufe der Kaiserzeit liegen ausschließlich Kupfermünzen reichlich vor. Ihre Anzahl berechtigt zu dem Schluß, daß man zu dieser Zeit um den Kaufwert wußte und Ansätze zu einer Geldwirtschaft entstanden.

Friedhöfe werden in der Nähe des Dorfes vermutet, sind aber noch nicht entdeckt. Be

Ao: zZ noch nicht entschieden und M Fritzlar

Lit: RGensen, Die chattische Großsiedlung von Fritzlar-Geismar, Schwalm-Eder-Kreis. Archäologische Denkmäler in Hessen 2, 1978 – Ders., Althessens Frühzeit. Frühgeschichtl. Fundstätten und Funde in Nordhessen. Führer zur Hessischen Vor- und Frühgesch. 1, 1979 – GMildenberger, Römerzeitliche Siedlungen in Nordhessen. Kasseler Beiträge zur Vor- und Frühgesch. 3, 1972.

Gambach → Münzenberg-Gambach
Gehaborner Hof → Weiterstadt
Geismar → Fritzlar

Gernsheim GG

Röm Kastell und Zivilsiedlung

Bereits in den 80er Jahren des 19. Jh kamen zwischen Klein-Rohrheim und dem Altstadtgebiet von Gernsheim auf damals neu gerodetem Ackergelände röm Funde zutage. Das gesamte Areal liegt annähernd hochwasserfrei und erstreckt sich mit unterschiedlicher Funddichte vom heutigen Dornweg und der Ringstraße im O bis zum Rheinufer, durchzogen von dem in neuerer Zeit gefaßten Winkelbach. Schon damals konnten Funde geborgen werden, die auf eine frühflavische Militäranlage schließen ließen. Vor allem handelte es sich um Ziegelstempel der *Legio I adiutrix, XIV gemina, XXII primigenia pia fidelis* und der *Cohors I Asturum.* Die Anwesenheit der beiden erstgenannten Legionen zusammen mit der 1. Asturerkohorte seit flavischer Zeit in Obergermanien ist gesichert. Seither geht die Forschung davon aus, daß Gernsheim ein weiterer früher Kastellplatz gewesen ist, der an der um 75 nChr gebauten rechten Rheintalstraße lag, die von Mainz nach Heidelberg-Neuenheim und weiter in den badischen Raum führte. Trotz zahlreicher Versuche konnten weder Teile der Umwehrung noch der Innenbauten des Kastells gefunden werden. Entweder lag das Kastell am Treffpunkt der auf Gernsheim zuführenden Römerstraßen im Zentrum der Altstadt oder aber es muß von den Fluten des Rheins im Lauf der Zeit weggespült worden sein, falls die Römerstraßen weiter W aufeinander trafen. Nachweislich hat sich nämlich der Flußlauf in den vergangenen Jahrhunderten weiter nach O verlagert. So wird man bei der Beurteilung des Platzes immer wieder auf die S der Stadt gelegenen, heute teilweise überbauten Flächen verwiesen. Die zahlreichen Funde deuten auf ein ausgedehntes Lagerdorf. Ein 1931 hier gefundenes Inschriftenbruchstück mit den 10 cm großen Buchstaben *COH* – – –, das als Teil einer Bauinschrift gedeutet wird, läßt sich möglicherweise mit dem Kastell in Verbindung bringen. Gerade in jüngster Zeit wurden S in einem ausgedehnten Neubaugebiet Siedlungsspuren angeschnitten, die für die Lage des Kastells an dieser Stelle sprechen könnten. Neben einem holzverschalten Keller mit Funden aus dem Ende des 1. Jh nChr wurde ein 7 bis 8 m breiter Straßenkörper freigelegt, der gegen den Rhein zu führte und möglicherweise der Hauptstraße des Lagers (*via praetoria*) entsprochen haben dürfte. Der S dieses Straßenrestes angetroffene Baurest mit einem Säulenstumpf deutet vielleicht auf die Kommandantur (*principia*). Leider konnten die bei Kanalisationsarbeiten gewonnenen Einblicke nicht hinreichend dokumentiert werden, so daß nach wie vor Unsicherheit besteht, ob es sich um die Reste eines Kastells handelte.

Die chronologischen Verhältnisse des Platzes dürften sich in etwa mit denen des Kastells Groß-Gerau und der Militärstation an der Sumpfbrücke bei Bickenbach vergleichen lassen. Die Militärbesatzung wurde wohl um 120 nChr abgezogen, als das Land in zivile Verwaltung überging. Der sich aus dem Lagerdorf entwickelnde Vicus hat, wie die Funde zeigen, weiterbestanden. Der in Gernsheim mit einiger Berechtigung vermutete röm Rheinhafen, von dem sich ebenfalls keine Spuren mehr finden ließen, hat sicher noch im 2. und 3. Jh nChr eine Rolle gespielt. Die Straßenverbindung zwischen Gernsheim und dem Civitas-Hauptort Dieburg wurde bis zum Limesfall benutzt und stellte eine wichtige Versorgungsader für die zivilen und militärischen Plätze im N Starkenburger Raum dar.

Scha

Ao: Heimatmuseum Gernsheim

Lit: GWiesenthal, Gernsheim in der Römerzeit. In: Gernsheim am Rhein 600 Jahre Stadt (1956) 18 ff

– H-GSimon, Die röm Funde aus den Grabungen in Groß-Gerau 1962/63. Saalburg-Jahrb. 22, 1965, 48 f – Fundber. Hessen 3, 1963, 136 f; 4, 1964, 193; 13, 1973, 312 f; 15, 1975 (1977) 558.

Gießen GI

Stadtwald. Germanischer Brandgräberfriedhof im Limesvorfeld

Abb 253

Der nach dem Ende des 1. Jh bis in die Mitte des 3. Jh belegte Friedhof – die Dauer der Belegung entspricht etwa der Zeit des Bestehens des röm Limes im Taunus- und Wetteraubereich – wurde 1899 entdeckt und anschließend bis 1901 in einem damals erfaßbaren Teil von 50 x 20 m ausgegraben. Diese kleine untersuchte Fläche, im Walddistrikt »Sandberg« am Rand der Landstraße nach Rödgen auf einem nach N in das Wiesecktal abfallenden Hang gelegen, erlaubte die Aufdeckung von über 30 Gräbern. In einem Umkreis von mindestens 100 m wurden noch Streufunde beobachtet. Bis 1914 konnten weitere Funde geborgen werden. Heute ist der in seiner ganzen Ausdehnung nicht planmäßig erforschte Friedhof, der 3,5–4 km vom Gießener Marktplatz entfernt lag, völlig überbaut und zerstört. Dies ist zu beklagen, da es sich um einen Bestattungsplatz besonderer Art handelte. Seine vollständige Erforschung – wie die der zugehörigen dorfartigen Siedlung – hätte zur Erhellung der Beziehungen zwischen Römern und Germanen wesentlich beitragen können.

Das röm Militär duldete in der Regel in einer tiefen Zone vor den Limesanlagen keine germanische Besiedlung. Es gibt beim obergermanischen Limes zwei Ausnahmen: Die Gruppen im Gießener Becken und vor dem vorderen Limes zwischen Jagsthausen und Öhringen an Jagst und Kocher. Dort sind bisher 7 Fundplätze bekannt, im Gießener Becken sind es 12 (Wetzlar, Gräber?; Wetzlar-Garbenheim, Gräber; Wetzlar-Naunheim, Gräber; Wetzlar-Dutenhofen, Gräber; Heuchelheim, Kr. Gießen, Siedlung; Gießen-Kleinlinden, Gräber?; Gießen-Lützellinden, Gräber?; Gießen Zollstockwald, Verwahrfund; Linden-Leihgestern, Kr. Gießen, Einzelfund; Linden-Großlinden, Kr. Gießen, Gräber?; Langgöns, Kr. Gießen, unbestimmt und Gießen-Stadtwald). Alle diese Fundplätze sind der Niederschlag einer dichteren germanischen Besiedlung. Mit Sicherheit gibt es weitere Plätze, die noch nicht entdeckt sind. Alle Fundpunkte sind unzureichend untersucht. Neben der Limesnähe ist ihnen ein großer Reichtum an röm Fundgegenständen gemeinsam. Röm Fundobjekte kommen, z. T. sogar gehäuft, im ganzen freien Germanien als »Import« vor. Dieser stellt dort im Gesamtinventar immer eine Ausnahme dar. Selbst die reichen sog. Fürstengräber sind in ihrem Umfeld Sonderfälle. Im Gießener Becken treten röm Gegenstände so massiert auf, daß sie nicht mehr als Sonderbestandteil unter dem Fundinventar angesprochen werden dürfen. Ihr Anteil macht rund ein Fünftel im Gesamtbestand aus. Vielfach handelt es sich dabei um Objekte, die der Fernhandel nicht erfaßt. Zahlreich sind die verschiedenen Arten und Formen der Keramik (Terra Sigillata, besonders aus Rheinzabern, Terra Nigra, einfache Gebrauchsware). Daneben gibt es Bronzegefäße und Geräte (Eimer, Siebe), eiserne Waffen (Helm, Lanzen, Ortband), bronzene Gebrauchs- und Schmuckgegenstände, darunter wieder zahlreich die Fibeln (Bügel- und Scheibenfibeln), Schnallen, Riemenbeschläge, Ringe, Anhänger, Armring, Knopf u. a., Glas (Gefäße, Spielsteine), eiserne Werkzeuge und Geräte (Meißel, Haken, Zwingen, Nägel usw.) Während Bronze und Eisen die gängigen Metalle sind, ist Edelmetall nicht nachgewiesen. Das einzige silberne Fundstück ist ein Denar Vespasians (69–79 nChr). Trotz des hohen Anteiles röm Objekte sind Münzen unter den Bodenfunden selten, obwohl sie während des Bestehens der Gießener Gruppe zahlreich im Umlauf gewesen sein müßten. Waren die Münzen echtes Zahlungsmittel, zumindest für bestimmte Güter, neben einer eingeschränkten Naturalwirtschaft? Ihr Fehlen im Fundgut der Gräber würde dies vermuten lassen.

Abb. 253 Gießen-Stadtwald. Oben: Römische Bilderschüsseln (Terra Sigillata). Unten: Handgemachte germanische Ware der Form II (nach von Uslar)

Die röm Funde sind mit denen im Imperium Romanum wie in der Germania libera vergleichbar, soweit es Fernhandelsobjekte sind. Auf röm Seite haben die verwandten Formen ihren Schwerpunkt im Limesgebiet der Provinz Obergermanien. Im »Barbaricum« geht die Streuung weiter. Die meisten Vergleichsobjekte finden sich bei den Chatten des nordhessischen Raumes, viele in Thüringen und im Elb-Saale-Gebiet, seltener sind sie am Niederrhein festzustellen. Vereinzelt kommen sie im weiteren freien Germanien vor. Der Reichtum an röm Funden erklärt sich nicht nur aus der Nähe des Limes. Der aus dem Imperium kommende, die Wetterau bei Butzbach verlassende und den Limes überschreitende Fernhandelsweg in die Germania libera führte durch das Gießener Becken und verzweigte sich schon hier in verschiedene Richtungen zu größeren und kleineren Absatz- und natürlich auch Einkaufs- bzw. Eintauschgebieten. Das Elb-Saale-Becken und der Anschluß an die Wasserwege der Weser mit ihren Zuflüssen werden die Hauptrichtungen gewesen sein. Von diesem stark in beiden Richtungen frequentierten Fernhandelsweg profitierten die Bewohner des Gießener Beckens in den langen Zeiten des Friedens. Es gibt aber noch politische Faktoren, von denen weiter unten zu reden sein wird, die neben dem Handel den großen Anteil röm Güter erklären. Wir schätzen die Träger dieser Gruppe falsch ein, wenn wir bei ihnen nur eine äußerliche Form der Anpassung durch Benutzung röm Gegenstände annehmen. Nicht nur zivilisatorisch, auch geistig-kulturell wird es einen »Import« bei ihnen gegeben haben. Der Niederschlag an röm Funden ist hier nicht nur Ausdruck eines gewissen Wohlstandes, sondern ebenso einer nicht unbedeutenden Anpassung an Lebensformen von jenseits des Limes. Bei der Frage der Geldwirtschaft hatten wir auf eine mögliche Teilanpassung hingewiesen. Daß es sich bei der Gruppe des Gießener Beckens aber nicht um Römer oder nichtröm Provinzbewohner (*peregrini*), sondern um Germanen gehandelt hat, zeigt der Anteil der germanischen Ware.

Die germanische Keramik, die wir wegen ihrer besonderen Aussagekraft allein heranziehen wollen, erlaubt eine Reihe von Vergleichen. Diese handgemachte und weniger gut gebrannte Ware, die im Scherben einen völlig anderen Charakter als röm Erzeugnisse hat, zeigt oft, daß versucht wurde, zumindest in der Form, Keramik, Glas- und Bronzegefäße aus dem Imperium nachzubilden. Dies gelang ohne die röm Techniken natürlich immer nur auf sehr unvollkommene Weise. Daneben sind die den Germanen eigenen keramischen Formen zahlreich vertreten. Ihre Verknüpfung mit der entsprechenden Ware im freien Germanien zeigt, daß die Träger der Kultur im Gießener Becken zu den Westgermanen zu rechnen sind, und zwar zu den Chatten, zumindest standen sie diesen ethnisch sehr nahe. Die besten Entsprechungen finden sich im chattischen Siedlungsbereich des Raumes Kassel–Fritzlar. In der Sorgfalt der Herstellung der Gefäße, in der Auswahl der Verzierungselemente und deren Qualität finden sich, neben den Nachbildungen röm Formen, die nächsten Entsprechungen bei der germanischen Ware der Limeskastelle → Zugmantel und → Saalburg. Mit Sicherheit, wie erste Funde zeigen, würden wir bei weiteren Kastellen des Taunus- und Wetteraulimes die entsprechende Ware vorfinden, wenn dort der gleichgute Forschungs- und Bearbeitungsstand vorläge. Die Keramik spiegelt die engen Beziehungen zwischen der Bevölkerung des Gießener Beckens und der Lagerdörfer – möglicherweise auch der Kastellbesatzungen – wider. Ob hier nur ein Warenaustausch vorliegt oder Menschen ihren Wohnsitz von einer Seite des Limes auf die andere verlegten bzw. zwischen beiden Seiten pendelten, bleibe dahingestellt.

Die Bevölkerung der Gießener Gruppe der Limeszeit nimmt daher, gleich ob man das eigene oder das fremde Fundgut analysiert, eine Mittelstellung zwischen der röm und germanischen Welt ein. Welcher Art waren nun die Umstände, unter denen diese Bevölkerung vom röm Militär so nahe vor dem Limes als Ausnahmefall geduldet wurde? Mit einem Vorposten der Germanen, der hier wegen des Fernhandelsweges und der damit verbundenen materiellen Vorteile siedelte, dürfen wir nicht rechnen, da dies nicht im Interesse des röm Militärs gelegen hätte. Wir wissen aber, daß von der Provinzverwaltung Föderatenverhältnisse oder ähnliche Verbindungen jenseits des Limes angestrebt wurden. Dies für die Bevölkerung des Gießener Beckens anzunehmen, würde eher der militärischen und politischen Konzeption des Limes entsprechen. Eine Straße, die natürlichen Trassen folgt, ist nicht nur für Kaufleute interessant. Auch für militärische Operationen hat sie Bedeutung. Daß sie von den Römern genutzt wurde, wissen wir von der Stoßrichtung ihrer Feldzüge. Für mögliche Angreifer aus Germanien boten sich diese Trassen ebenfalls an. Der Limesübergang bei Butzbach war, wie der bei Öhringen, nicht nur durch röm Verbände verstärkt abgesichert. Föderaten vor dem Limes, mit der Verpflichtung, feindliche Heere zu beobachten, zu melden und notfalls Waffenhilfe zu leisten, würde dem Sicherheitsbedürfnis der Römer und der Limeskonzeption entsprechen. Wir haben in unserem Falle keine historischen Belege für diese Annahme. Aber das archäologische Fundgut legt eine derartige Interpretation nahe. Nicht alle röm Waren wurden durch Beteiligung am Handel erworben. Vieles kam als Sold oder soldähnliche Gabe und als Geschenk, vieles brachten die Germanen von der anderen Seite des Limes mit. So besteht ein Widerspruch zur üblichen siedlungsleeren Zone vor dem Limes nicht: Die Gießener Gruppe war Bestandteil des Limeskonzeptes. Die nicht auf derartige Weise durch die Römer gebundene, massierte germanische Besiedlung der Chatten lag weitab im N jenseits dieser Schutzzone im Raume Kassel–Fritzlar. Be

Ao: Oberhessisches Museum, Gießen

Lit: R.vUslar, Westgermanische Bodenfunde des ersten bis dritten Jahrhunderts nach Christus aus Mittel- und Westdeutschland. Germanische Denkmäler der Frühzeit, Bd. 3, Berlin 1938, 1978². – Die germanische Keramik in den Kastellen Zugmantel und Saalburg. Saalburg-Jahrb. 8, 1934, 61–96. – Mit Einschränkungen: F. Kiechle, Das Gießener Gräberfeld und die Rolle der regio translimitanis in der römischen Grenzpolitik. Historia 11, 1962, 171–191.

Oberhessisches Museum, Abt Vor- und Frühgeschichte und Gail'sche Sammlungen Gießen

Abb 254

Haus Nebel, Asterweg 9. Öffnungszeiten: Di–So 9–12 Uhr. Mo geschlossen.
Der Oberhessische Geschichtsverein, der aus dem Verein für Lokalgeschichte hervorgegangen ist, hat zum Aufbau der Bestände in starkem Maße beigetragen, von denen im Kriege rund 50% verlorengegangen sind. Seitdem hat es Neuerwerbungen und Zuwachs aus Grabungen, z. B. vom Schiffenberg, gegeben.
Ein wesentlicher Bestandteil sind die Funde aus der röm Kaiserzeit, insbesondere die vom → Gießener Stadtwald. Das Museum verfügt zudem über weiteres Material der germanischen Besiedlung des Gießener Beckens. Darüber hinaus besitzt es zahlreiche Funde vom Limes (Kastelle, Wachttürme), überwiegend von den die Wetterau umschließenden Abschnitten.
Für 1983/84 ist ein Neuaufbau der 1963 entstandenen Ausstellung im Wallenfelshaus geplant.

Be

Lit: FHäring, Die Museen in Gießen, 1982, 108–111.

Glashütten → Feldberg im Taunus

Abb. 254 Gießen. Hähnchen aus gelbem Ton. Unglasiert, römisch, H 12,25 cm. Aus einem Grab des zum Kastell Altenburg bei Arnsburg gehörenden Friedhofs

Glauberg FB

*Germanische Burg der spätröm Kaiserzeit**

Abb 255–257

Etwa 8 km W von Büdingen erhebt sich der Glauberg über dem Niddertal. Unten im Tal liegt das Dorf Glauberg, von dem aus der Berg bequem zu erreichen ist (Fahrweg und Parkplatz auf dem Berg vorhanden). Der Glauberg gehört zu den Ausläufern des Vogelsbergs; er ist aus Basalt aufgebaut und unterscheidet sich von allen Bergen der Umgebung dadurch, daß sich auf seiner Höhe ein langgestrecktes Plateau befindet. Es ist ungefähr 600 m lang und 100 m breit. Auf der Hochfläche tritt in einem Weiher eine kleine Quelle aus, die die Wasserversorgung von Mensch und Tier gewährleistet hat. Diese topographischen Besonderheiten ließen die Menschen im Lauf der Jahrtausende den Glauberg immer wieder aufsuchen und Wehrbauten auf seiner Höhe errichten. Ihre Reste bilden heute eindrucksvolle Ringwälle; sie gehören zu den bedeutendsten archäologischen Geländedenkmälern Hessens. Die ältesten Siedlungsspuren stammen aus der Jungsteinzeit (Michelsberger und Rössener Kultur; um 2000 vChr). Nach Jahrhunderten der Verödung ist der

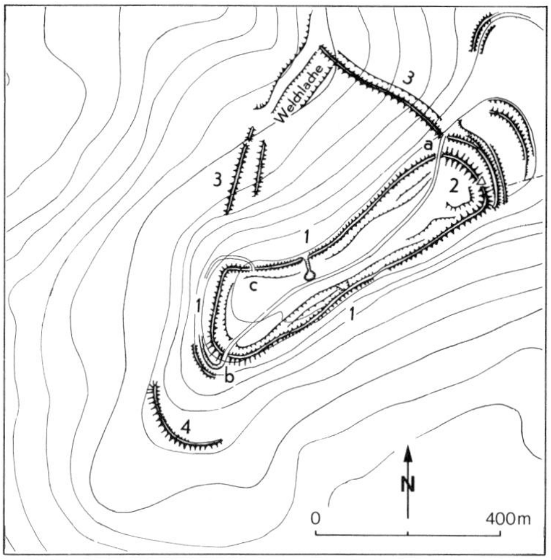

Abb. 255 Glauberg. Übersichtsplan. 1 Ringwall an der Plateaukante, 2 hoher Abschnittswall, 3 Annexwall, 4 südwestlicher Vorwall. Alte Tordurchlässe: a Stockheimer Pforte, b Enzheimer Pforte, c Glauberger Pforte

Berg zur Zeit der späten Urnenfelderkultur (nach 1000 vChr) wieder befestigt worden. Besonders umfangreich waren die Wehrbauten, die seit der Späthallstattzeit – nach 500 vChr –, vor allem aber in der darauf folgenden Frühlatènezeit errichtet worden sind. In dieser Zeit ist der Annexwall entstanden, der an der N-Seite des Berges hinunterläuft und eine Quellfassung mit großem, hölzernem Bassin in die Wehranlage einschloß. Aus den zwei Jahrhunderten unmittelbar vor dem Eindringen der Römer (keltische Spätlatènezeit) sind nur verhältnismäßig wenige Funde vom Glauberg bekannt, so daß es unsicher ist, ob sich auf dem Berg eine jener großen, stadtartigen Befestigungen dieser Zeit, ein Oppidum, entwickelt hat. Nach der röm Eroberung der Wetterau blieb der Glauberg außerhalb des Limes, die Römer haben aber keine Besiedlung des Berges geduldet. Der Pfahlgraben mit dem kleinen Numeruskastell → Altenstadt war nur 5 km entfernt. Nach dem Fall des Limes um 260 mußte das Imperium seine Grenze zum Rhein zurücknehmen. Einige Jahrzehnte später haben die Germanen den Berg besiedelt und wieder befestigt. Ein alamannischer Stammesfürst ließ am Rand des Bergplateaus eine Wehrmauer errichten und hat den Berg so zu einer starken Stammesburg ausgebaut. Diese germanischen Stammesfürsten spielten in den Auseinandersetzungen zwischen Römern und Germanen während des 4. Jh nChr eine große Rolle. Der röm Geschichtsschreiber Ammianus nannte sie »Kleinkönige« (*reguli*). Der Herrschaftsbereich des Fürsten auf der Glauburg reichte sicherlich bis in die O Wetterau. – Bei den Ausgrabungen kamen zusammen mit germanischen Fundstücken überraschend viele röm Altsachen zutage, etwa spätröm Eifelkeramik und Terra Sigillata aus den Argonnen-Töpfereien (»Rädchensigillata«). Auch spätröm Münzen fanden sich. Die röm Fundstücke können durch Handelsverkehr, z. T. auch als Beute in die Hand der Germanen gelangt sein. Manche Alamannenfürsten sind im 4. Jh durch röm Geldzahlungen zum Bündnis (*foedus*), oft auch zu militärischer Hilfe veranlaßt worden. Im Inneren der Befestigung zeigten sich Fundamente von Wohnhäusern. Es kamen auch Reste

Abb. 256 Glauberg. Gürtelschnalle aus Bronze (um 400 n. Chr.)

Abb. 257 Glauberg. Blick von Nordwesten. In der Bildmitte Gipfelplateau, im Vordergrund links Annexwall

von Handwerksbetrieben zutage, dabei fanden sich unter anderem Bronzegußformen für Gürtelschnallen. – Die alamannische Befestigung bestand bis zum Ende des 5. Jh. Aus der darauffolgenden Zeit kennt man fränkische Wehrbauten der Merowingerzeit. Die späteste Befestigung ist eine mittelalterliche Burg, von der es Urkunden aus dem 13. Jh gibt. In der 2. Hälfte des 13. Jh ist sie zerstört worden. Seitdem ist der Berg nicht mehr befestigt worden. Von der Burg des 13. Jh stammen einige Mauerreste an dem hohen O Abschnittswall, ferner die Fundamente einer Häuserzeile hinter der N Plateaukante, nicht weit von dem Weiher. – Umfangreiche Ausgrabungen fanden 1933–39 statt (H. Richter). Sie gerieten allzusehr unter den Einfluß der damaligen Politik, und so stand ihre wissenschaftliche Auswertung unter keinem guten Stern. Fast alle Grabungsaufzeichnungen und Funde sind 1945 bei den letzten Kampfhandlungen des Krieges in dem kleinen Glauburgmuseum auf dem Berg verbrannt, noch bevor sie bearbeitet und veröffentlicht werden konnten. Ba

Lit: HRichter, Der Glauberg; in: Volk und Scholle 12, 1934, 290 ff – ders., in: Der Vogelsberg 1959 Nr. 5 (September) – HKlumbach, Saalburg-Jahrb. 9, 1939, 46 f – JWerner, in: Speculum Historiale, Freiburg u. München 1965, 450 ff – GMildenberger, Germanische Burgen. Veröffentlichungen Altertumskomm. Westfalen 6, 1978, 69 f, 95 f, 132 f.

Groß-Gerau GG

Kastell

Auf der flachen, von 3 Seiten vom Landgraben umflossenen Düne am S-Rand von Groß-Gerau, Flur »Auf Esch«, wurden 1898/99 die Umwehrung eines Steinkastells (129 x 149 m) und geringe Reste der Innenbebauung festgestellt. Das Kastell lag am W-Rand der B 44, es wird z. T. von der Fasanerie überdeckt. Zu sehen ist nichts mehr. – Die Baugeschichte konnte durch Ausgrabungen 1962/63 geklärt werden. Als älteste Anlage erwies sich ein Holzkastell mit zwei Spitzgräben, deren Abstand von Spitze zu Spitze gemessen 10 m betrug; der äußere Graben war 5–7 m, der innere 3–5 m breit. Die NO-Erstreckung dieses Lagers wie die des nachfolgenden ist nicht gesichert. Bei beiden konnten weder die Umwehrung noch Spuren der Innenbebauung nachgewiesen werden. Das folgende Holz-Erde-Kastell besaß nur einen, in den inneren Graben der älteren Periode eingetieften Wehrgraben. In der letzten Periode erfolgte der Ausbau mit einer steinernen Wehrmauer. Der zugehörige Graben, dessen Spitze 9 m von der Mauer entfernt war, ist in den äußeren Graben des ältesten Kastells eingetieft. Die Mauer selbst war weitgehend ausgebrochen worden, doch gelang es noch, die Fundamente des SW Torturmes an der NW-Umwehrung zu beobachten. Falls der 1898/99 festgestellte Verlauf der Mauer im NO richtig ist, ergibt sich ein Flächeninhalt von 1,9 ha.
Das im Kastellbereich geborgene Fundmaterial weist darauf, daß die älteste Anlage in der Frühzeit des Kaisers Vespasian (69–79 nChr) errichtet wurde. Die öfters vertretene Hypothese eines Beginns in claudischer Zeit kann nicht länger aufrechterhalten werden. Die Dauer dieser ältesten Periode ist unsicher, vielleicht reicht sie noch bis in die Zeit des Kaisers Domitian (81–96 nChr), und der Beginn der 2. Periode könnte im Zusammenhang mit dem Chattenkrieg (83–85 nChr) stehen. Der Ausbau mit steinerner Umwehrung erfolgte entweder gegen Ende der Regierung dieses Kaisers oder zu Beginn der Herrschaft Trajans (98–117 nChr). Zwischen 120 und 130 nChr wurde das am Kreuzungspunkt mehrerer röm Straßen gelegene Kastell endgültig geräumt. Bauspuren außerhalb des Kastellbereichs sprechen für die Existenz einer zivilen Lagersiedlung, die wohl annähernd gleichzeitig mit dem ältesten Kastell entstand. Im Verlauf des letzten Drittels des 2. Jh wurde das Kastellareal selbst überbaut.

Si

Lit: WJorns, HLischewski, H-GSimon, Saalburg-Jahrb. 22, 1965, 28 ff.

Röm Zivilsiedlung und Steindenkmäler

Abb 258, 259

Die Aufschlüsse im Bereich der sich über dem einstigen → Kastell in der Flurgewann »Auf Esch« erstreckenden Zivilsiedlung (*vicus*) sind äußerst spärlich. Die gesicherten Beobachtungen beschränken sich nahezu ausschließlich auf die bei den Grabungen im Kastell 1962/63 sowie auf einige bei Kanalarbeiten im Neubaugebiet S des Lagers gewonnene Erkenntnisse. An der SW Ka-

Abb. 258 Groß-Gerau. Weihung an die Straßengötter Biviae, Triviae, Quadruviae

Abb. 259 Groß-Gerau. Gigantenrelief (Hessisches Landesmuseum Darmstadt)

stellmauer wurde eine Kellergrube freigelegt, die mit Brandschutt aus dem 1. Viertel des 3. Jh nChr verfüllt war. Weiter W zog über den Steinkastellgraben sowie über die ausgebrochene Fundamentgrube der Wehrmauer eine ungestörte röm Schicht mit Funden aus dem Ende des 2. oder Anfang des 3. Jh nChr. Ein unregelmäßiger 50 m langer Spitzgraben in der NO-Ecke der Kastellanlage dürfte ebenfalls zur Zivilsiedlung gehören. Die Siedlung zog sich in S Richtung bis fast zum Landgraben und über den Europaring hinaus. Dort wurde 1968 bei Kanalisationsarbeiten eine röm Mauer von 15 m Länge beobachtet, die in WO-Richtung verlief. Die im weiteren Verlauf der Baggerarbeiten in der Tielter und Brignoler Straße angetroffenen Befunde – eine Kellerfüllung, Abfallgruben und Fundschichten – lassen sich ebenfalls zu einem Teil der röm Zivilsiedlung zuweisen. In diesem Bereich lag auch das Gräberfeld, dessen reichhaltige Grabinventare in großer Zahl durch jüngste Ausgrabungen zutage gekommen sind.

Ein Vergleich der Terra Sigillata aus dem Kastellinnern mit der außerhalb gefundenen verdeutlicht, daß zwischen der Auflassung von Kastell und Lagerdorf ca. 120–130 nChr und der wiedereinsetzenden Besiedlung des Areals um 170/180 nChr eine erhebliche Lücke klafft. Hier zeigt sich die Verlagerung des Siedlungsschwerpunktes im N Starkenburgs vom Militärplatz Groß-Gerau zum Zivilplatz → Dieburg. Erst im Zuge einer 2. Besiedlungsphase im letzten Viertel des 2. Jh nChr wurde auch Groß-Gerau wieder aufgesucht. Diese 2. Siedlung endete wohl ebenfalls um die Mitte des 3. Jh nChr.

In der Nähe des Landgrabens in der Flur »Auf Esch« fand sich 1968 ein Sandsteinfragment mit einer Weihinschrift an die Götter der Straßengabelungen, die als weiterer Beleg für die in der Nähe gelegene Kreuzung der wichtigen röm Fernstraßen von Mainz nach Ladenburg und vom Rhein in den vorderen Odenwald (Dieburg) anzusehen ist.

Bereits in den 30er Jahren des 19. Jh wurde in der Flur »Auf Esch« ein reliefiertes Denkmalbruchstück aus grauem Sandstein gefunden. Der 1,30 m breite Stein scheint auf allen Seiten für einen späteren Verwendungszweck zurechtgeschlagen zu sein, wobei die Darstellungen der Schmalseiten gekappt wurden. Die Vorderseite zeigt im Mittelbild einen knienden, schlangenfüßigen Giganten. Zu beiden Seiten des Oberkörpers befinden sich zwei Wörter eingemeißelt: *Xysticus scalpsit* – Xysticus hat das (Bildwerk) gemacht (s. auch S. 175). Durch Stäbe vom Mittelfeld getrennt steht links die geflügelte Victoria, rechts Mars in

Panzerrüstung. Auf den schmalen Seitenflächen sind kleine Eroten zu sehen, die mit Götterattributen spielen. Wahrscheinlich war der Stein ein reliefiertes Postament für ein Götterdenkmal. Die Figur des Giganten kann in ihrer charakteristischen Gestik einem Jupiterdenkmal zugeordnet werden, ebenso die Darstellung von Victoria und Mars sowie die der spielenden Eroten. Alle Elemente tauchen auf Jupitergigantensäulen auf.

Scha

Ao: Hessisches Landesmuseum, Darmstadt
Lit: WJorns, HLischewski, Das Kastell Groß-Gerau nach den Ausgrabungen 1962/63. Saalburg-Jahrb. 22, 1965, 28 ff – HGSimon, Die römischen Funde aus den Grabungen in Groß-Gerau 1962/63. Ebda. 38 ff bes. 43 ff – Fundber. Hessen 9/10, 1969/70, 171. – CIL XIII 6428.

Heimatmuseum des Gerauer Landes

Abb 260–262

Frankfurter Straße 10. Öffnungszeiten So 10–12.30 Uhr, sonst nach Vereinbarung.
Als ältestes Museum des Kreises Groß-Gerau wurde das Heimatmuseum 1929 gegründet. Sammlungsschwerpunkt ist die vor- und frühgeschichtliche Abteilung. Das Museum wird zur Zeit neu eingerichtet. Umfangreiches röm Fundmaterial liegt aus den Grabungen am Kastell S sowie aus dem dazugehörenden Gräberfeld vor. Zur Zeit sind nur ausgewählte Einzelfunde ausgestellt; so eine Öllampe in Traubenform, ein Glaskännchen, mehrere Münzen, eine Terrakotta und diverse Keramikformen.
Bedeutend sind die Funde aus den Grabungen in den Flurgewannen »Schindkaute« und »Sandschließ«, die ein Brandgräberfeld der Oberrheinsweben erfaßten. Das reichhaltige röm Importgut, in den Grabinventaren mit teilweise handgemachter Keramik vergesellschaftet, besteht aus großen Terra-Sigillata- und Terra-Nigra-Tellern sowie Urnen und Töpfen. An Glasfunden werden Fläschchen, Schalen und ein flacher Teller ge-

Abb. 260 Groß-Gerau. Campanischer Bronzeeimer aus dem oberrheinsuebischen Brandgrab 19 in der Flur »Andschließ«

Abb. 261 Groß-Gerau. Attasche des campanischen Bronzeeimers

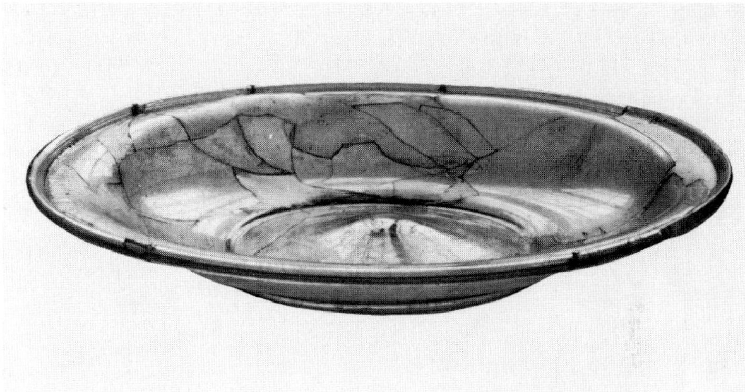

Abb. 262 Groß-Gerau. Röm Glasteller aus einem oberrheinsuebischen Brandgrab in der Flur »Schindkaute«

zeigt. Allein fünf Bronzekessel mit Henkel und Attaschen konnten aus den Gräbern geborgen werden. Ein besonders schönes Exemplar ist ausgestellt. Scha

Großkrotzenburg HU

*Kohortenkastell**

Abb 263–267

Der Ortskern von Großkrotzenburg bildet ein gutes Beispiel für jene Orte, deren Plan durch den Grundriß eines röm Kastells festgelegt worden ist. Die Kirchstraße läuft noch heute über der *via principalis,* welche die beiden Seitentore miteinander verband. Auch die *via praetoria* (Sackgasse) und die *via decumana* (Breite Straße), die von dem vorderen und dem rückwärtigen Tor ausgingen, zeigen deutlich ihren Zusammenhang mit dem röm Wehrbau. Bald nachdem die Römer Mitte des 3. Jh den Limes verlassen hatten, setzte sich eine germanische Bevölkerung in der Ruine fest, deren Mauern noch hoch aufrecht standen und einen gewissen Schutz boten. Im Mittelalter hat man die Umfassungsmauer repariert; sie diente wiederum jahrhundertelang als Wehrmauer. – Es ist denkbar, daß der Name des Ortes, der zuerst im Jahre 1175 in der Fassung »Cruzenburch« überliefert ist, auf die Bezeichnung des röm Kastells zurückgeht. Allerdings läßt sich der antike Ortsname aus der mittelalterlichen Namensform nicht erschließen.

Die Lage des Kastells wurde durch den Limes bestimmt, der in gerader Richtung von N kommt und hier an den Main stößt. Die Römer hatten die Grenze so abgesteckt, daß sie das untere Kinzigtal einbezog. Das Kastell sicherte die Grenze, schützte die röm Mainbrücke und sperrte wohl auch einen anzunehmenden, rechtsmainischen Uferweg. Das Kohortenkastell dürfte etwa 105–110 nChr entstanden sein. Der Limes existierte damals bereits in seiner ersten Phase (Postenweg mit Holztürmen). Da es einige Fundstücke aus Großkrotzenburg gibt, die schon vor der Gründung des Kohortenkastells in den Boden gelangt sein mögen, kann man mit einem kleineren, hölzernen Kastell als Vorgängerbau rechnen. Dieses könnte schon am Ende des 1. Jh erbaut worden sein. Es ist verständlich, daß ein solches kleines Holzkastell in dem dicht bebauten Ortskern noch nicht nachgewiesen werden konnte.

Das Kohortenkastell (2,1 ha) entstand dicht hinter der Kante des Hochufers und war daher vor Überflutungen sicher. Sein Haupttor ist nach O, genau gegen den Pfahlgraben gerichtet, der in der geringen Entfernung von 25 m am Kastell vorbeilief. Wahrscheinlich ist hier nur der Graben, nicht aber der Damm der Grenzsperre ausgeführt worden, als diese zusätzliche Grenzsicherung Ende des 2. oder Anfang des 3. Jh entstand.

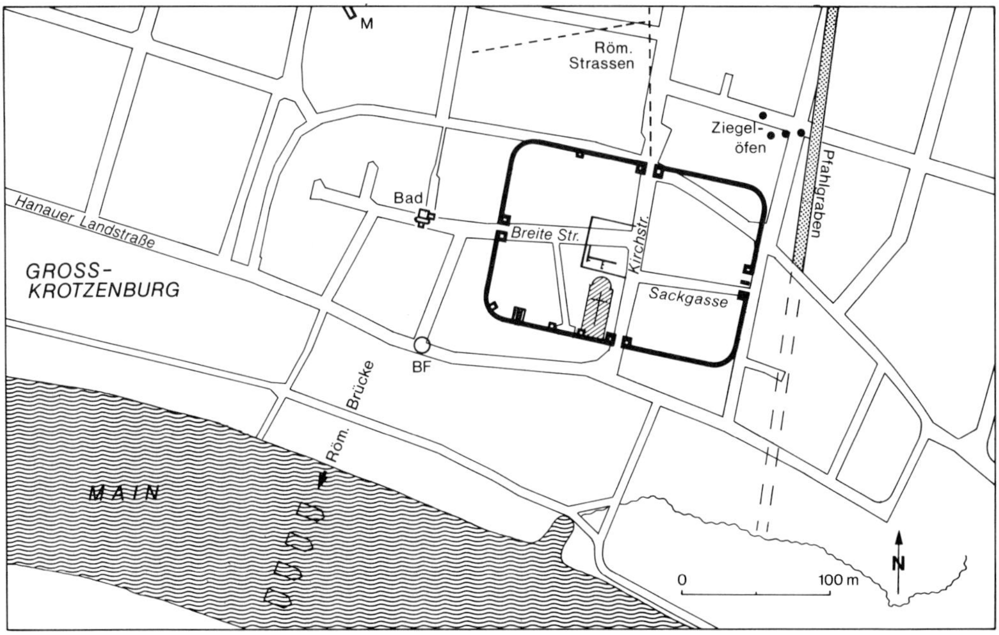

Abb. 263 Großkrotzenburg. Lageplan des Kohortenkastells. BF Fundstelle der Benefiziarier-Weihungen, M Mithräum

Teile der steinernen Umwehrung sind heute noch zu sehen, vor allem SW der Kirche. Hier gibt es einige Stellen, an denen das aufgehende Mauerwerk der röm Wehrmauer noch hoch über dem Boden erhalten ist; man darf es allerdings nicht mit den mittelalterlichen Aufmauerungen verwechseln. Das gilt besonders für den SW Eckturm, der zwar ein röm Fundament besitzt, in seinem Aufgehenden aber mittelalterliches Mauerwerk zeigt. Er hat bis in die Neuzeit als Gefängnis gedient. Von den Innenbauten ist kaum etwas bekannt, da in dem Ortskern natürlich keine großen Ausgrabungsflächen untersucht werden konnten. Immerhin kennt man einige Mauern des Stabsgebäudes (*principia*) das, wie üblich, mitten im Kastell liegt.

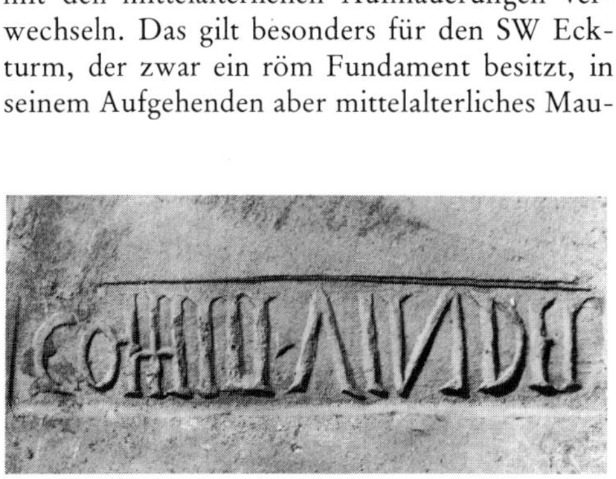

Abb. 264 Großkrotzenburg. Ziegelstempel der Cohors IIII Vindelicorum

Ein wenig mainabwärts vom Kastell und in seinem Schutz haben die Römer eine Mainbrücke gebaut. Die hölzernen Pfahlgründungen der steinernen Brückenpfeiler sind bei Baggerarbeiten 1885 und 1903 gefunden worden. Die Fahrbahn über den Steinpfeilern war vermutlich aus Holz gezimmert. Nach einer dendrochronologischen Zeitbestimmung der Eichenpfähle soll die Brücke etwa um 134 nChr, also gegen Ende der Regierung Kaiser Hadrians entstanden sein (Hollstein 1980; korrigierte Eichenchronologie). Für die Verbindung des Rodgaus mit dem Gebiet an der unteren Kinzig war die Brücke wichtig; vor allem aber ermöglichte sie rasche Truppenbewegungen

Abb. 265 Großkrotzenburg. Luftbild. Der Grundriß des Ortskerns wird durch das Limeskastell bestimmt

längs des Limes. Unweit vom N Brückenkopf entdeckte K. Hofmann 1960 zwei Weihealtäre für Jupiter und Juno, die von Militärpolizisten (*beneficiarii consularis*) gestiftet worden waren. Sie bezeugen das Vorhandensein eines kleinen Polizeipostens an dieser Stelle. Die Benefiziarerstationen sind häufig zur Überwachung des Verkehrs an Brücken oder Straßenkreuzungen errichtet worden.

N, aber vor allem W vom Kastell erstreckte sich ein umfangreiches Dorf (*vicus*), dessen Häuser bis in 400 m Entfernung vom W Kastelltor gefunden wurden. Als besondere Entdeckung mag das Mithräum erwähnt werden, das am Rand des Vicus NW vom Kastell lag. Aus ihm stammen einige bemerkenswerte mithrische Skulpturen, die leider während des 2. Weltkriegs in Hanau zerstört worden sind. – Neben dem Mithräum begann bereits eines der röm Gräberfelder.

Am Ende des 2. Jh nChr hat die *Cohors IV Vindelicorum* einen umfangreichen Ziegeleibetrieb unterhalten. Wegen seiner Feuergefährlichkeit legte man ihn abseits von Vicus und Kastell an, und zwar dicht am Pfahlgraben, NO vom Kastell. Die fertigen Ziegel konnten von Großkrotzenburg aus bequem auf den Wasserweg abtransportiert werden und gelangten in zahlreiche Bauten des röm Heeres von Walldürn in Baden-Württemberg bis in das Neuwieder Becken in Rheinland-Pfalz. Zeitweise muß der Betrieb der 4. Vindelikerkohorte geradezu die Aufgabe einer zentralen, obergermanischen Heeresziegelei erfüllt haben.

Das Kastell Großkrotzenburg ist erst verhältnismäßig spät entdeckt worden. Sein Plan wurde

Abb. 266 Großkrotzenburg. Fundament der abgerundeten Südwestecke der Kastellumwehrung

Abb. 267 Großkrotzenburg. Südwestlicher Eckturm; mittelalterliche Mauern auf römischen Fundamenten

durch die Grabungen des Hanauer Geschichtsvereins 1881 und der RLK 1893 festgestellt; beide Untersuchungen standen unter der Leitung von G. Wolff. Seitdem sind bei Bauarbeiten immer wieder röm Mauern und Fundstücke zutage gekommen, die das Bild dieses röm Grenzpostens ergänzten und bereicherten. Ba

Lit: GWolff ORL Abt B Band II,2 Kastell Nr. 23 (1903) – EFabricius ORL Abt A Band II,1 Strecke 5 (1936) 173 f – Brücke: FGündel, ORL Abt A Band III Strecke 6 (1933) 133 ff; EHollstein, Mitteleuropäische Eichenchronologie (1980) 64 – WSchleiermacher, Germania 39, 1961, 166 ff – KHofmann, Neue Bodenfunde in Großkrotzenburg (1963)

Museum

Breitestr. 20. Öffnungszeiten: Di 19–21 sowie am 2. Sonntag jeden Monats 10–12, 14–16 Uhr. Das Museum steht im Gebiet des ehemaligen Kohortenkastells, und so bilden die röm Funde auch einen Schwerpunkt innerhalb der heimatkundlichen Sammlungen. Ihnen ist ein eigener Ausstellungsraum gewidmet. Man sieht Fundstücke aus dem Kastell und dem Lagerdorf, Pfähle von der röm Mainbrücke mit eisernem Pfahlschuh, Weiheinschriften des Mithraskults und Altäre der Benefiziarerstation. Außerdem sind gestempelte Militärziegel ausgestellt, die z. T. aus der nahegelegenen Ziegelei der 4. Vindelikerkohorte stammen. Die einstigen röm Bauwerke von Großkrotzenburg werden durch mehrere Modelle veranschaulicht. Ba

Groß-Umstadt DA

Röm Gutshof

Abb 268

Die Renovierung der ev. Stadtkirche von Groß-Umstadt brachte 1967 röm Mauerreste und Funde zum Vorschein, die Anlaß für eine systematische archäologische Untersuchung gaben, bei der Teile des Hauptgebäudes eines röm Gutshofes (*villa rustica*) erfaßt wurden.
Die Fassade war nach SO orientiert. Die Reste der beiden Eckrisaliten konnten deutlich erfaßt wer-

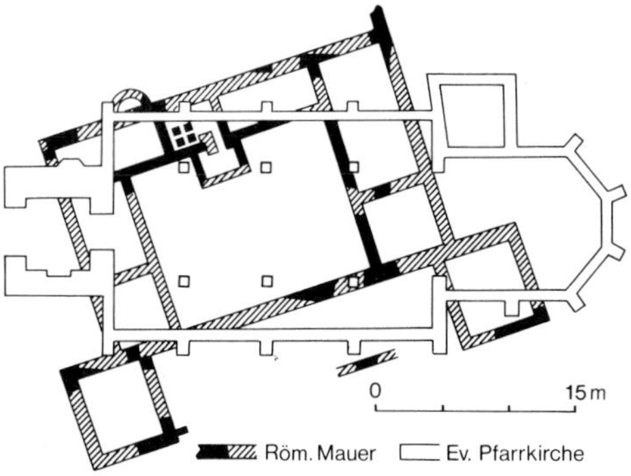

Abb. 268 Groß-Umstadt. Plan der villa rustica unter der ev. Stadtkirche

den, von der dazwischenliegenden Säulenhalle (*porticus*) ließ sich lediglich ein kleines Mauerstück finden. Das in guter Qualität ausgeführte Mauerwerk bestand aus dem in der Umgebung Groß-Umstadts anstehenden Porphyr. Kern des Baus war ein Innenraum (15 x 12 m), dessen Boden befestigt war. Um ihn gruppierten sich an 3 Seiten die Wohnräume. In dem an den Badetrakt angrenzenden Raum fand sich reichlich bemalter Wandverputz, der diesen Raum möglicherweise noch zum Badeteil gehörend erkennen läßt. Das Bad an der NW-Seite bestand aus einem hypokaustierten Raum, vermutlich dem Warmbad. Das Hypokaustum (Unterbodenheizung) war noch teilweise erhalten. Teile der Warmwasserwanne konnten über der Südwestecke des Hypokaustums beobachtet werden. Es folgte der Kaltbaderaum mit der noch sehr gut erhaltenen Kaltwasserwanne in der aus der Gebäudeflucht herausstehenden Apsis. Die Hypokaustanlage wurde durch den innerhalb des großen Innenraums gelegenen Heizraum (*praefurnium*) beheizt. Nach einem weiterführenden Mauerstück zu schließen befand sich offenbar an der N-Ecke des Gebäudes ein weiterer Anbau. Die Villa gehört zum Typ der im Starkenburger Raum allgemein verbreiteten Risalitvillen.
Der Gutshof stand auf einem nach NO gerichteten Geländevorsprung am W-Rand des Pferdsbachtals und überblickte das gesamte Umland, dessen Ackerboden außerordentlich fruchtbar ist. – Aus der wenigen Terra Sigillata läßt sich nur erkennen, daß die Villa vom 2. Viertel des 2. Jh nChr bis kurz vor die Mitte des 3. Jh nChr existiert hat.

Scha

*Reliefsteine von Grabmälern**

Abb 269, 270

Bei den Ausgrabungen in der Stadtkirche wurde 1968 ein mächtiger Sandsteinblock mit reliefierter Vorderseite entdeckt, der im Triumphbogenfundament der frühmittelalterlichen Vorgängerkirche eingemauert war. Der aus rotem Odenwaldsandstein gearbeitete, 0,58 x 0,38 m große Block zeigt die Darstellung eines »Familienmahles«. Rechts aufrecht sitzend ist eine mit langer Tunika bekleidete weibliche Gestalt zu sehen. Hinter ihr ist der breite Saum einer Liege (*kline*) zu erkennen, auf der sich wohl ihr Ehemann zum gemein-

Abb. 269 Groß-Umstadt. Reliefblock mit Darstellung von in Weinlaub sitzenden Vögeln

Abb. 270 Groß-Umstadt Reliefblock mit Darstellung einer Weintraube

ranke mit hängenden Trauben eingepaßt, in deren Ästchen Vögel sitzen. Diesem Block ist ein weiterer Stein anzuschließen, der in der N-Treppe der Kirche als Teil des Treppengeländers eingemauert war und sich nun ebenfalls im Kircheneingang befindet. Er zeigt auf der Vorderseite in einem Rahmen eine einzelne Weintraube. Trotz des sich an der Art der Darstellung auf allen Steinen abzeichnenden rheinischen Einflusses sind die Arbeiten alle einer einheimischen Steinmetzwerkstatt zuzuweisen. Dem Stil der Ausführung nach zu urteilen wird man sie um die Mitte des 2. Jh nChr – im Falle des Familienmahls – und an die Wende des 2. zum 3. Jh zu datieren haben.

Scha

Ao: Kreis- und Stadtmuseum Dieburg (Familienmahl)

Lit: Fundber. Hessen 8, 1968, 97; 9/10, 1969/70, 173 f – W. Boß, Die röm Villa in Groß-Umstadt. In: Evangelische Stadtkirche Groß-Umstadt, Renovierung 1969. – ABüttner, Röm Steindenkmäler – dem Boden der Kirche entstiegen. Ebda. – Dies., Der Traubenstein zu Groß-Umstadt. Der Odenwald 15, 1968, 67 f – E. Meyer, Römische Altertümer in kirchlichen Bauwerken des Odenwaldes. Der Odenwald 16, 1969, 17.

samen Mahl niedergelassen hat. Vor der Kline steht ein Klapptisch, auf dem sich die Speisen sowie Eß- und Trinkgeschirr befinden.

Die Gesamtkomposition reiht den Groß-Umstädter Stein in die Reihe der großen Grabmäler ein, wie sie in Gallien und in der Rheinzone üblich waren. Ein weiterer Sandsteinblock, der sich ebenfalls in der Kirche gefunden hat, zeigt einen Blattfries und dürfte als oberer Abschluß des Grabmonuments gedient haben.

Ein anderes Relief, das zu einem solchen Grabmal gehörte, wurde noch im Sommer 1968 in der NW-Ecke der frühmittelalterlichen Vorgängerkirche im Fundament verbaut angetroffen. Der Stein wurde entfernt und im Kircheneingang aufgestellt. In einem glatten Rahmen ist eine Wein-

Groß-Umstadt-Dorndiel DA

Röm Relief

Abb 271

In der 2. Hälfte des 19. Jh wurde im Wald W von Dorndiel, in der Nähe der Kreuzung zweier alter Höhenwege (Alte Frankfurter Straße/Weinstraße) ein würfelartiger Block aus rotem Sandstein mit den Maßen 0,33 bzw. 0,39 x 0,28 m gefunden. Auf der Vorderseite ist in einem viereckigen Rahmen eine menschliche Gesichtsmaske von grober Ausführung dargestellt. Das vollrunde Gesicht wird beherrscht von den hervorstechen-

Abb. 271 Groß-Umstadt-Dorndiel. Sandsteinblock mit Darstellung eines menschlichen Gesichts

den Augen, der großen Nase und dem weit aufgesperrten Mund. Vergleichbare Steinmonumente als Teile größerer Grabdenkmäler haben sich in dem nahe gelegenen → Groß-Umstadt gefunden.

In der Umgebung der Fundstelle der Dorndieler Gesichtsmaske wurden bereits öfter röm Fundamentreste beobachtet, die auf einen kleinen Siedlungsplatz deuten könnten. Scha

Ao: Hessisches Landesmuseum, Darmstadt
Lit: E. Anthes, Steindenkmäler 222 Nr. 51 mit Taf. 8 Nr. 4. – Espérandieu 127 Nr. 192. – Behn, Steindenkmäler 13 Nr. 33.

Groß-Umstadt-Heubach DA

*Röm Gutshof. Wamboltsches Schlößchen**

Abb 272

An der »Frankfurter Straße« auf dem Odenwaldrücken zwischen Sandbach und Heubach befinden sich etwa 500 m S des »Heidestocks« die ausgedehnten Reste einer Siedlungsstelle, im Volksmund das »Wamboltsche Schlößchen« genannt. In einer Ausgrabung 1878 wurde der röm Ursprung der Baureste festgestellt, als der große, W der Straße gelegene Schutthügel angegraben und

Abb. 272 Groß-Umstadt-Heubach. Wamboltsches Schlößchen. Blick auf die freigelegten Mauern des Gebäudes 1

einige Ziegel- sowie Mörtelbruchstücke neben dem Teil eines Mahlsteins geborgen werden konnten. Deutlich im Waldboden als Wall zu erkennen ist eine scharfwinklige Umfassungsmauer von unregelmäßiger Seitenlänge (SW- etwa 60 m, NW- 75 m, NO- etwa 80 m, SO-Seite 90 m). In einen Mauerwinkel dieser Front ist ein Gebäude eingezogen, das in einer Grabung 1977 teilweise untersucht werden konnte. Dieses Gebäude 1 bestand bereits als die Umfassungsmauer errichtet wurde. Das aufgehende Mauerwerk war zwischen 6 und 10 Steinlagen erhalten. Reste eines Bodens waren nicht mehr vorhanden. In der NW-Ecke des Gebäudes 1 wurde ein turmartiges Fundamentviereck freigelegt, das möglicherweise ebenfalls später hinzugefügt bzw. verbreitert worden ist. Innerhalb des von der Umfassungsmauer beschriebenen Areals zeichnen sich im Waldboden weitere Fundamentreste ab, deren Untersuchung noch aussteht. Das bisher geborgene Fundmaterial ist äußerst dürftig. Wenige Keramikscherben sowie eine stark korrodierte Eisenplatte, die in Gebäude 1 gefunden wurde, lassen es nicht zu, die Anlage exakt zu datieren. Die Frage der Nutzung des Anwesens ist ebenfalls noch ungeklärt. Es dürfte sich aber um einen röm Gutshof (*villa rustica*) gehandelt haben, der hier auf weidewirtschaftlicher Grundlage existierte. Die Anlage wird zur Zeit weiter ausgegraben.

Scha

Lit: HGieß, Schloß Breuberg im Odenwald und die germanischen und römischen Denkmäler in seiner Umgebung[3] (1893) 18. – FMössinger, Die Römer im Odenwald (1954) 35.

Abb. 273 Groß-Umstadt-Kleestadt. Meilenstein

Groß-Umstadt-Kleestadt DA

Röm Meilenstein

Abb 273, 274

Zwischen Kleestadt und Altheim wurde 1831/32 an der »Hohen Straße« von Dieburg nach Stockstadt das Bruchstück eines Meilensteins gefun-

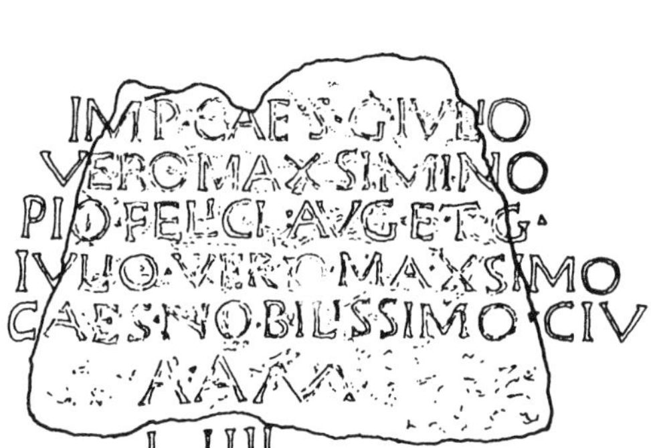

Abb. 274 Groß-Umstadt-Kleestadt. Ergänzte Meilensteininschrift

den. Der Stein trägt eine auf beiden Seiten fragmentierte Inschrift, deren Lesung bis auf die letzte noch vorhandene Zeile keine Schwierigkeiten bietet: *(I)mp(eratori) Caes(ari) G(aio) Iul(io) (V)ero Maxsimin(o) (Pi)o Felici Aug(usto) et G(aio) (I)ulio Vero Maxsi(mo) (C)aes (ari) Nobilissimo A(. . .) A(. . .) M(. . .).* Auf röm Meilensteinen oder auch Leugensteinen (Leuge = 2220 m), wird die Entfernung von dem Stein zur nächsten größeren Stadt oder zum Hauptort der jeweiligen Gebietskörperschaft (*civitas*) gerechnet, hier Dieburg als Hauptort der *Civitas Auderiensium.* Dieser Meilenstein muß also die Entfernung Kleestadt-Dieburg angeben und darüber hinaus auch dessen röm Namen. Die Forschung hat in den drei Buchstaben der jetzt letzten Zeile die Abkürzung dieses Namens gesehen und verschiedene Auflösungen vorgeschlagen. Mir scheint, auch nach der Stellung der drei Buchstaben in der Gesamtschrift folgende Ergänzung der beiden letzten Zeilen sinnvoll: *(Civ) A(uderiensium) a(b) M.*
Eine zweite Inschrift aus Nida, dem Hauptort der benachbarten *Civitas Taunensium,* Frankfurt am M.-Heddernheim läßt möglicherweise eine weitere Ergänzung des Ortsnamen zu. Die bekannte Dendrophoreninschrift (Abb 225) scheint den gleichen Rechtsstatus von Nida und dem ebenfalls in der Inschrift genannten Ort Med (. . .) anzudeuten, so daß in *Med (. . .)* ein Civitas-Hauptort gesehen werden kann. Was liegt näher, als die genannten Wortanfänge beider Inschriften aufeinander zu beziehen und den Namen des röm Dieburg nunmehr mit Med (. . .) anzugeben. Die Entfernungsangabe folgte dann in der nicht mehr vorhandenen Zeile der Inschrift. Die hier ergänzte Leugenzahl orientiert sich an dem möglichen Originalstandort des Steines bei der »Straßenmühle«, einem Anwesen, das exakt 4 Leugen von Dieburg entfernt in Nähe einer Kreuzung zweier Römerstraßen liegt. Scha

Ao: Hessisches Landesmuseum, Darmstadt
Lit: KSchumacher, Heerstraßen 89 f – ESchallmayer, Zum römischen Namen von Dieburg. Germania 59/2, 1981, 307 ff.

Hainburg-Hainstadt OF

Kastell

Abb 275

Vom 0,9 ha großen Kastell (am frühen Mainlimes) ist oberirdisch nichts mehr erhalten. Obwohl seit dem 18. Jh ein – heute verlorener – röm Inschriftenstein aus Hainstadt bekannt ist, ließen erst zufällige Ziegelstempelfunde zu Beginn der 60er Jahre unseres Jh die Vermutung der Anwesenheit röm Militärs aufkommen. 1967 wurde das Kastell nachgewiesen, 1968 und 1969 ausgegraben. Es konnte von ihm nur eine Bauperiode festgestellt werden. Das Kastell liegt auf einer schwachen Geländeerhöhung am W steilen Mainhochufer im Bereich des SSO Ortsrandes. Mit seiner Langseite erstreckt es sich parallel zur schon in röm Zeit bestehenden Mainuferstraße, der heutigen Hauptstraße. Der einfache Spitzgraben der Kastellumwehrung liegt teilweise etwas unter der heutigen Trasse dieser Straße. Die heutige »Kastellstraße«

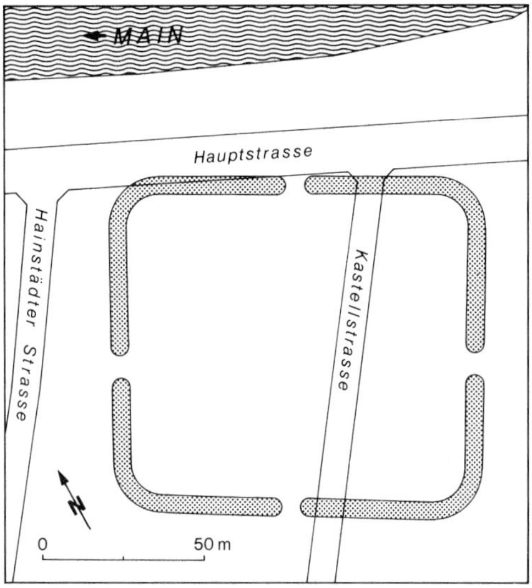

Abb. 275 Hainburg-Hainstadt. Grundriß des Kastells in der heutigen Straßenführung

verläuft etwas O der ehemaligen *via principalis* quer durch das Lagerareal.
Angelegt wurde das Kastell nach den Chattenkriegen, bald nach 90 nChr. Errichtet in der Holz- Erde-Bauweise dieser frühen Zeit, gehört es zu den ältesten Kastellen am Main und sicherte den Übergangspunkt der hier auf den Fluß stoßenden Linie des Wetteraulimes zum Mainlimes. Gleichzeitige Kastelle von gleicher Größe und Bauweise kennen wir von → Hanau-Salisberg und → Stockstadt. Sehr wahrscheinlich gibt es am Mainlimes weitere Kastelle dieser Art, die noch nicht entdeckt sind. Von der Größe des Lagers her ist eine Truppe von 80–120 Mann als Besatzung anzunehmen. Ihr Name und ihr Aufbau ist nicht bekannt. Nach 20–25 Jahren gab das röm Militär diesen Platz zu Beginn des 2. Jh nChr unter Kaiser Trajan auf. Dieser Kaiser ließ auf dem anderen Ufer, etwas mainaufwärts, 2200 m Luftlinie entfernt, ein größeres Kohortenkastell in → Großkrotzenburg errichten, dessen Besatzung die Funktionen der Hainstädter Truppe übernahm. Zu dieser Zeit wurden auch die Garnisonen in Hanau-Salisberg und Stockstadt durch größere Verbände ersetzt.
Eine zum Kastell gehörende Zivilsiedlung (*vicus*) ist nicht bekannt. Ebenso ist die Lage des Soldatenfriedhofes nicht ermittelt. Das mit Sicherheit anzunehmende Badegebäude wurde vermutlich durch die Erosion des früher etwas entfernteren Maines am Steilufer zerstört, da eine planmäßige Suche nach ihm vergeblich blieb.
Das röm Militär wählte für seine Anlage einen hochwassersicheren, altbesiedelten Platz aus. Nach Aufgabe des Lagers durch das Militär entstand zunächst innerhalb der alten Umwehrung ein röm Gutshof (*villa rustica*). Er bestand nicht mehr als nach dem Fall des Limes um 260 nChr sich in Teilen des ehemaligen Kastellbereiches Alamannen oder Angehörige mit ihnen verbundener Volksteile ansiedelten. Diese Siedlung wurde in der 1. Hälfte des 5. Jh wüst. Der heutige Ort Hainstadt geht auf eine spätmerowingische Siedlung des 7. Jh zurück, deren Spuren im Ortsinnern liegen. Be

Lit: BBeckmann, Das römische Kastell Hainstadt am Main (Ldkr. Offenbach). Saalburg-Jahrb. 28, 1971, 29 ff – BuChrBeckmann, Die einheimische Keramik aus dem Bereich des römischen Limeskastells Hainstadt am Main (Ldkr. Offenbach) Bonner Jahrb. 178, 1978, 235 ff.

Hainhaus → Michelstadt-Vielbrunn
Hainstadt → Hainburg-Hainstadt
Hammersbach-Marköbel →Marköbel

Hanau-Kesselstadt HU

*Röm Kastelle Kesselstadt und Salisberg**

Abb 276, 277

Im Stadtgebiet Hanaus befinden sich zwei in Größe und Funktion verschiedene Militärstützpunkte, welche die strategisch außerordentlich wichtige Position des Mainknies an der Nahtstelle zwischen dem Ostwetteraulimes und der nassen Maingrenze unterstreichen. Von besonderer Bedeutung war neben einem Straßenknotenpunkt und der Mainbrücke sicher der Fluß selbst, der als schiffbarer Wasserweg die Versorgung und Unterstützung der in der Wetterau und im Hinterland des Mains operierenden Truppen von der Legionsbasis Mogontiacum-Mainz aus sicherstellte und erheblich beschleunigte. Aufgrund ähnlicher Überlegungen hat man schon um die Mitte des 19. Jh nach Kastellen gesucht.
Kastell Kesselstadt 1886 wurde von G. Wolff das große Kesselstadter Steinkastell O des Schlosses Philippsruhe entdeckt und sein Grundriß 1887 und 1896 im Auftrag der RLK erforscht. Ausgrabungen 1976 ergaben weitere wichtige Anhaltspunkte.
Das 375 m lange Kastell liegt auf der hochwasserfreien Mainterrasse, wobei die Seitenerosion des Prallhanges die SO-Flanke in nachröm Zeit abgerissen hat. Aufgrund der verschobenen Prinzipalachse dürfte die Anlage nach NO zur Kinzig hin orientiert gewesen sein. Unserer heutigen Kennt-

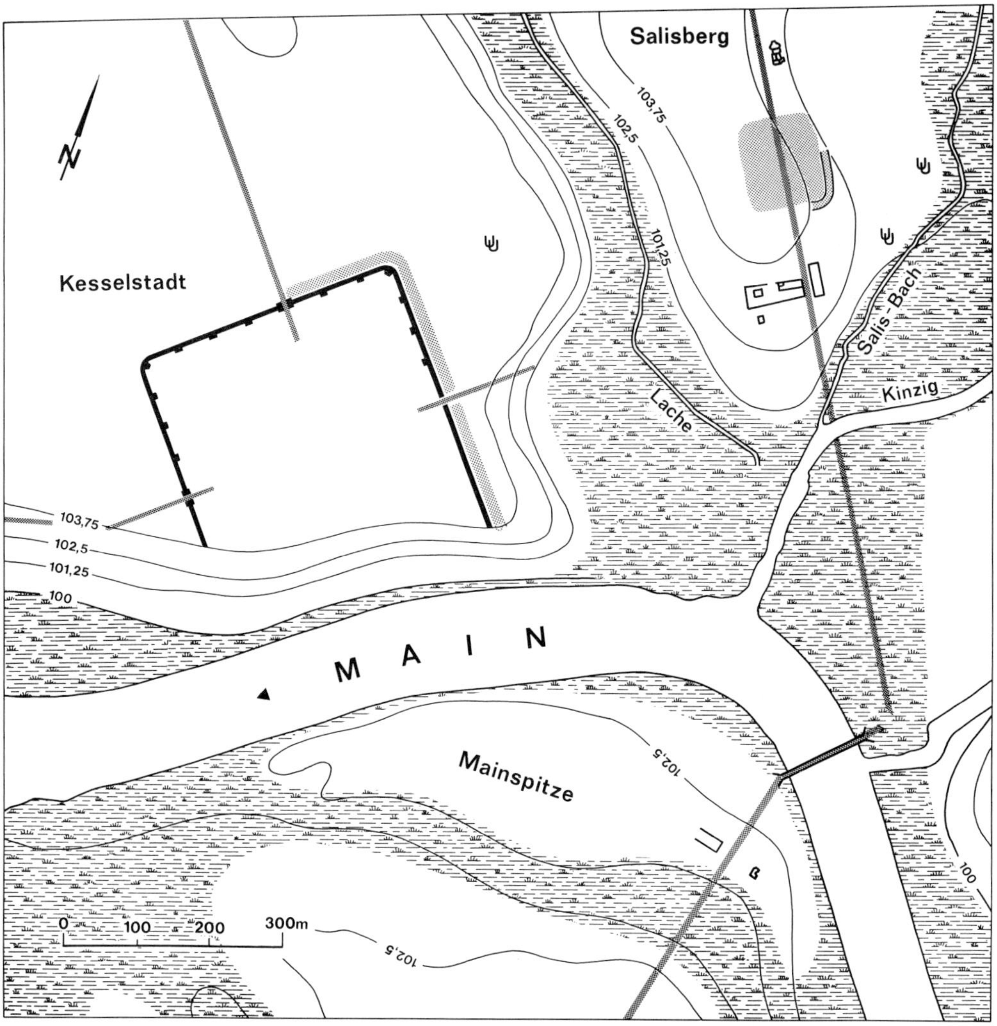

Abb. 276 Hanau-Kesselstadt. Übersichtsplan mit römischen Bauwerken und Straßen; die ehemaligen, feuchten Talauen wurden rekonstruiert

nis nach war das Kastell von Anfang an in Stein errichtet. Die auf einem 2,2 m breiten Fundament ruhende Wehrmauer bestand aus mächtigen Basaltbruchsteinen, die aus den nahegelegenen Wilhelmsbader Steinbrüchen stammen dürften. Das N Kastelltor (*porta principalis sinistra*) mit 2 über die Mauerfront vorspringenden Türmen wurde vollständig freigelegt. Die Torstellen im NO und SW sind durch kleinere Sondagen lokalisiert. Die Kastellmauer war in Abständen von rund 44 m mit Zwischentürmen (3 x 5 m) bestückt; sie sprangen nicht wie die Tortürme über die Wehrmauer vor. Die 6 ausgegrabenen Zwischen- und Ecktürme erlauben – einen regulären Grundriß

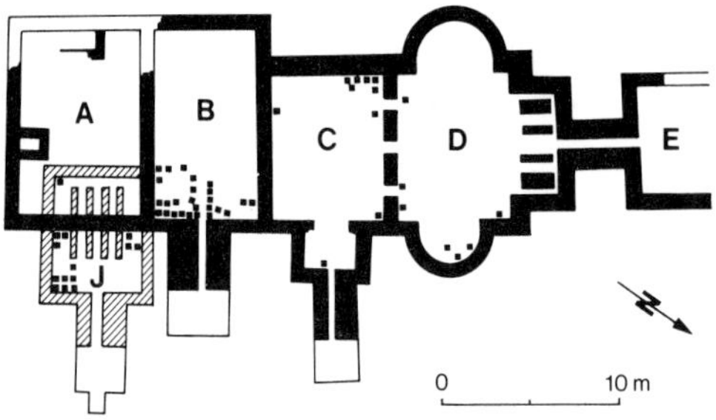

Abb. 277 Hanau-Kesselstadt. Die Kastellthermen auf dem Salisberg. J älteres Bad, A–E jüngeres Bad

vorausgesetzt – eine vollständige Rekonstruktion des Lagers, das danach zusätzlich zu den 4 Toranlagen und 4 Ecktürmen mit 22 Mauertürmen befestigt war. Im Innern des Kastells begleitet eine aufgeschotterte Straße (*via sagularis*) die Wehrmauer; Spuren der zwei Hauptlagerstraßen sind dagegen nicht festgestellt worden. Der Kastellmauer waren zwei parallele Spitzgräben als Annäherungshindernis vorgelagert, die jedoch nicht um das ganze Lager, sondern nur an der Vorderfront und wahrscheinlich auch der O Hälfte der NW-Flanke ausgehoben wurden.
Dieser ungewöhnliche Befund sowie das vollständige Fehlen von Bebauungsspuren und Funden im Lagerinnern haben den schon früher geäußerten Verdacht bestätigt, daß der Platz nie mit regulären Truppen besetzt war, sondern schon während der Bauarbeiten oder zumindest nach Fertigstellung der Kastellmauer aufgegeben wurde. Auch die außergewöhnliche Größe von mindestens 14 ha und das dahinter stehende strategische Ziel verlangen eine besondere Erklärung. Es handelt sich nämlich um das größte Kastell am obergermanischen Limes überhaupt, einzig übertroffen von den Legionslagern am Rhein. Nach seiner ausgewählten Lage am Mainufer möchte man weniger an eine Garnison größerer Truppenkontingente als eher an einen Depot- und Umschlagplatz für Versorgungsgüter denken. In jedem Fall aber konnte nur ein schwerwiegendes Ereignis die röm Heeresleitung bewogen haben, diesen wichtigen Platz aufzugeben: Nach heutiger Forschungsmeinung kommt nur die Zeit nach den Chattenkriegen des Kaiser Domitian in Frage, wobei der Aufstand des Mainzer Legaten L. Antonius Saturninus im Winter 88/89 und der anschließende Strategiewandel in der Sicherung der eroberten Gebiete Anlaß gewesen sein könnten, das praktisch bezugsfertige Kastell zu räumen.
Kastell Salisberg mit Badegebäude Die nach wie vor strategisch wichtige Überwachung am Hanauer Mainknie übernahm anschließend das erheblich kleinere und vergleichsweise schwach befestigte Holzkastell jenseits der ›Lache‹ auf dem Salisberg, einer schmalen, weit in die versumpfte Kinzigniederung hineinragenden Geländezunge. Die aus N Richtung (Heldenbergen) kommende spätdomitianische Grenzstraße überquerte rund 250 m oberhalb der Kinzigmündung den Main, wo anläßlich der Flußregulierung 1886 und beim Bau einer Werft im Jahre 1893 die Pfeilersubstruktionen einer röm Holzbrücke, Pioniergerät und andere Militärfunde sowie über 70 Münzen, die als Opfergaben in den Fluß gelangten, ausgebaggert wurden. Diese Straße bildete gewiß auch eine Achse des Holzkastells auf dem Salisberg, von dem wir infolge der dichten Überbauung nur ein 70 m langes Teilstück der Umwehrung mit einer 7,8 m breiten Torunterbrechung des Spitzgrabens durch Ausgrabungen von 1929 kennen. Ausdehnung und Größe dieses anscheinend nie in Stein ausgebauten Lagers konnten seinerzeit nicht festgestellt werden, wohl aber das zugehörige Kastellbad. Es wurde 1913 auf dem Gelände des alten Kesselstadter Friedhofes am Baumweg angeschnitten und vom Entdecker G. Wolff 1914 und 1919 nahezu vollständig untersucht. Die Grundmauern des Gebäudes wurden konserviert und sind sichtbar. Die Ausgrabungen ergaben die Baureste eines älteren und eines jüngeren Badegebäudes, wobei von dem älteren Bad nur ein 5 x 6 m großer, hypokaustierter Raum (Raum J, *caldarium?*) freigelegt werden konnte. Der Bau des 43 m langen jüngeren Bades dagegen entspricht in Größe und Typus den bekannten Militärbädern am Limes. Man betrat das Gebäude von der Straße her im SW oder S, wo ein hölzerner Anbau mit dem Auskleideraum gelegen haben mag, der allerdings nicht erfaßt wurde. In der S Ecke des Kaltbades (*frigidarium,* A) wurden Bau-

reste eines kleinen Kaltwasserbeckens (*piscina*) gefunden, dessen Abwasser kanalisiert und durch einen Mauerdurchbruch in der SO-Wand ins Freie abfloß. Raum B besaß eine Unterfußbodenheizung, die von einem Schürkanal zu beschicken war. Er mag als zusätzliches Laubad (*tepidarium*) oder »vielleicht als Reserve für den Fall gedient haben, daß das Hauptpräfurnium und die großen Säle C und D nicht in Betrieb waren« (E. Fabricius). Das eigentliche Laubad (*tepidarium,* C) ist durch drei Mauerschlitze mit der Hypokaustheizung des Warmbades (*caldarium,* D) verbunden, konnte aber zusätzlich noch vom Präfurnium beheizt werden, vor allen Dingen wohl um das im Anbau C installierte Wasserbecken zu temperieren. Das *caldarium* (D) gliedert sich in eine zentrale Halle, 2 einander gegenüberliegende, unterschiedlich große Apsiden, in denen die Becken (*labra*) für Waschungen gestanden haben mögen, und einen rechteckigen Raumvorsprung am Kopf des Gebäudes, in dem das Heißwasserbassin lag. Sein Gewicht trugen 4 massive Sockelmauern, zwischen denen der von einem nach NW offenen Schuppen (E) aus bediente Hauptschürkanal in das Hypokaust mündete. Rote, grüne und blaue Wandverputzbruchstücke beweisen, daß zumindest das *caldarium* als zentraler Raum des Bades farbig ausgemalt war.

Über die bauliche Entwicklung und über die Zeitstellung der Badeanlagen geben die mehr als 250 Stempel der 14., 21. und 22. Legion Auskunft, die auf den Ziegeln der Hypokaustpfeiler, der Schürkanäle und verschiedener Reparatureinbauten angebracht waren. Danach muß das ältere Bad unter Raum A – und damit auch das erste Holzkastell auf dem Salisberg – in der Zeit um 92 entstanden sein, bald gefolgt von dem Neubau der 2. Badeanlage (95–100 nChr). Die wenigen Ziegelstempel jüngerer Zeitstellung deuten darauf hin, daß die gesamte Anlage im ersten Jahrzehnt des 2. Jh abgebrochen wurde; Ziegelstempel aus dem Bad fanden sich immer wieder im Bereich der späteren Zivilsiedlung. Aus der bescheidenen Größe des älteren, möglicherweise provisorischen Bades und dem erheblich vergrößerten Thermenneubau hat man auch auf eine Erweiterung des Kastells geschlossen und vermutet, daß zuletzt sogar eine Kohorte bis zur endgültigen Fixierung der äußeren Limeslinie im Salisberg-Kastell stationiert gewesen sein könnte.

Insbesondere S des Lagerareals gibt es Spuren einer wohl gleichzeitig mit dem Kastell entstandenen kleinen Zivilsiedlung, die auch nach Abzug der Truppen bestehen blieb. Zu ihr dürften die Gräbergruppen am Salisbach gehören. Besser bekannt ist ein größerer, schon 1880 und 1887 ausgegrabener Steinbaukomplex mit einem ummauerten Hofbezirk, der als Gutshof (*villa rustica*) angesprochen wurde, aber in Anbetracht seiner Lage zur Römerstraße und Mainbrücke eher als Straßen- und Raststation gedeutet werden könnte, zumal auch der Grundrißtyp keineswegs dem eines ländlichen Gehöfts entspricht. Czy

Ao: Museum Hanau

Lit: GWolff, Das Kastell Kesselstadt. ORL B Nr. 24 (1898) – WCzysz, Ausgrabungen im Kastell Kesselstadt in Hanau, Main-Kinzig-Kreis. Fundber. Hessen 17/18, 1977/78 (1980) 165 ff – GWolff, Das römische Militärbad auf dem Salisberg bei Hanau-Kesselstadt. Ber. RGK 11, 1918/19 (1920), 99 ff – EFabricius, ORL A Str 4–5 (1936) 175 ff – HRicken u. DBaatz, Die gestempelten Ziegel aus dem Bad des Kastells Salisberg (Hanau-Kesselstadt). Saalburg Jahrb. 22, 1965, 101 ff.

*Das Kleinkastell Neuwirtshaus**

Abb 278–280, 364

Das nach einer W an der B 8 gelegenen Gebäudegruppe benannte Kleinkastell befindet sich auf einer im dichten Nadelgehölz nurmehr schwach erkennbaren Sanddüne (Waldabt. 75 »Torfhaus«) rund 87 m (etwa 300 röm Fuß) hinter dem Limes, der in schnurgeradem Lauf die Kohortenkastelle Rückingen an der Kinzig und Großkrotzenburg am Main verbindet. Aufgrund seiner ungewöhnlich guten Erhaltung war es schon seit der Mitte des 19. Jh Ziel verschiedener Ausgrabungen

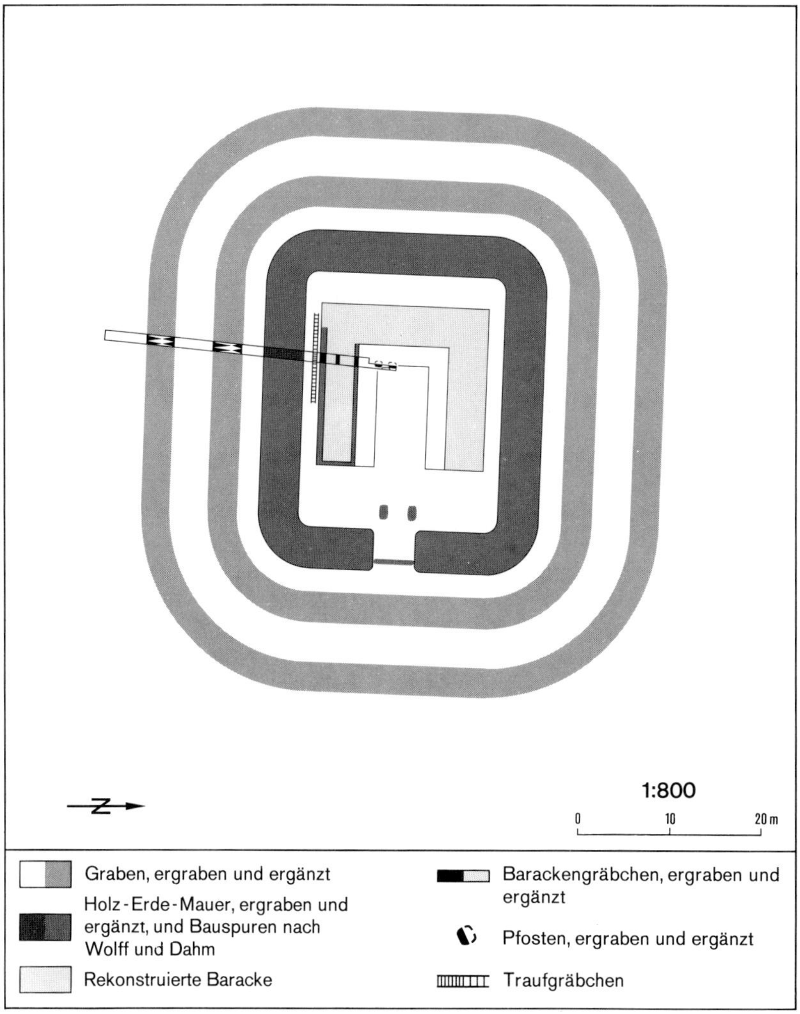

Abb. 278 Hanau. Kleinkastell Neuwirtshaus

(1856, 1862, 1883 und 1913), die jedoch wegen der damals noch wenig entwickelten Grabungsmethoden nur verhältnismäßig unklare Erkenntnisse über die Bauweise der kleinen Befestigung brachten; die Nachuntersuchung 1977 gewann genauere Vorstellungen über das Aussehen und die historische Entwicklung des Kleinkastells.

Die Umwehrung schloß eine rechteckige Fläche von 21 x 25 m ein. Sie war ausgefüllt mit einem hufeisenförmigen Barackenkomplex – eine charakteristische Bauform, wie wir sie auch von anderen, flächenhaft ausgegrabenen Kleinkastellen am Limes kennen. Seine Seitenflügel flankierten einen zum Tor hin offenen, randlich überdachten Innenhof. Während in den ursprünglich sicher in einzelne Räume gegliederten Flügeln die Wachmannschaft untergebracht war, dürfte der Verbindungstrakt dem Kommandanten oder be-

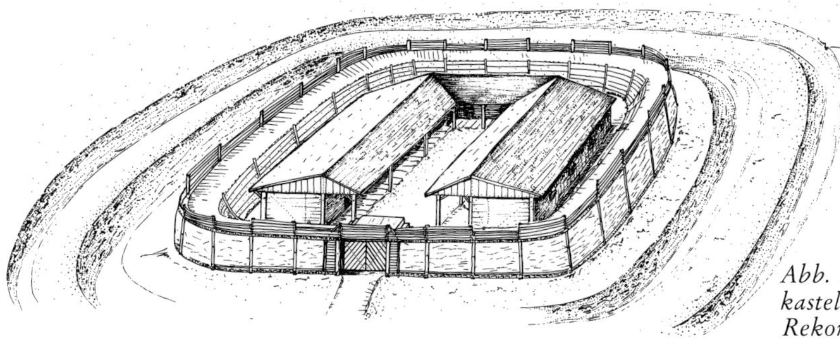

Abb. 279 Hanau. Kleinkastell Neuwirtshaus. Rekonstruktionszeichnung

stimmten Diensträumen vorbehalten gewesen sein. Nach den Baubefunden handelt es sich um ein Holzgebäude, dessen Wände in Fachwerktechnik ausgeführt waren. Das Bruchstück einer Glasscheibe beweist, daß wenigstens einige Fenster verglast waren. Aus dem Fehlen von Dachziegeln muß man auf eine Schindel- oder Strohdeckung schließen.

Die Umwehrung des Kleinkastells bestand aus einem 3,5–4 m breiten, zweiperiodigen Erdwall, dessen Außenschale und wahrscheinlich auch Innenschale mit aufgeschichteten Rasensoden befestigt war. Zusätzlich dürften hölzerne Querstreben und Anker in größeren Abständen den Erdwall versteift haben. An der O-Seite unterbricht eine heute noch deutlich sichtbare Mulde den Wall. An dieser Stelle lag das sich zum Limes hin öffnende Kastelltor. Bei den Ausgrabungen 1883 wurden an den inneren Ecken des Erdwalls 2 Steinfundamente aufgedeckt, die wahrscheinlich mit dem Wehrgang oder einer kleinen Turmplattform über dem rund 2 m breiten Tordurchlaß zusammenhängen.

Als Annäherungshindernis wie zur Entwässerung des Platzes besaß das Kleinkastell ferner 2 umlaufende Spitzgräben, die wahrscheinlich vor dem Tor überbrückt waren. Während der innere Graben sich allmählich durch den Versturz der Erdmauer auffüllte, und heute völlig verschwunden ist, kann man den äußeren mit 2,6 m Höhenunterschied zwischen Wallkrone und Grabensohle noch gut im Gelände erkennen.

Der geradlinige Limesverlauf und die sorgfältige Auswahl der Wachtturmstandorte waren stets ein wesentliches Argument dafür, daß dieser Streckenabschnitt in einem Zuge geplant, abgesteckt und ausgebaut wurde. Das Kleinkastell Neuwirtshaus dürfte dagegen erst zu einem späteren Zeitpunkt in die bestehende Postenkette eingeschoben worden sein, denn es verkürzt den sonst regelmäßigen Abstand zwischen den Wp 13 und 14 erheblich. Auch das Fundmaterial hat diese Vermutung bestätigt, so daß wir mit dem Bau des Kleinkastells erst in der späten Regierungszeit des Kaisers Hadrian rechnen können. Auf die Ursachen hat E. Fabricius im Limeswerk hingewiesen: »Es (das Kleinkastell) nimmt fast genau die Mitte des Limesabschnittes ein, der durch die beiden Sumpfgebiete des Doppelbiers und des Auheimer Torfstichs von den Kohortenkastellen auf beiden Seiten getrennt ist. In der feuchten Jahreszeit mag der Abschnitt mit seinen beiden Wachtposten von diesen nicht selten unerreichbar gewesen sein. Ihn auch nur vorübergehend unbewacht zu lassen, war vielleicht um so bedenklicher, als ganz in der

Abb. 280 Hanau. Kleinkastell Neuwirtshaus. Fingerring aus Silber

Nähe ein vorgeschichtlicher Verkehrsweg, die Birkenhainer Straße, den Limes kreuzt.«
Diese Fernstraße traf knapp 300 m S des Kastells auf den Limes.
Wie lange das Kastell besetzt war, läßt sich vorläufig nicht genau bestimmen; Anzeichen einer gewaltsamen Zerstörung fehlen. Czy

Lit: WCzysz, Archäologische Nachuntersuchung am Kleinkastell Neuwirtshaus bei Hanau. Neues Magazin f. Hanauische Gesch. (Mitt Hanauer Geschver) 6, Nr. 5, 1977, 121 ff – Ders., Der römische Limes zwischen Kinzig und Main. Arch Denkm Hessen 3 (1979).

Historisches Museum

Abb 241, 281

Schloß Philippsruhe. Öffnungszeiten: Di–So 10–12 Uhr. Fr–So 14–17 Uhr.
Von den zahlreichen und wertvollen Bodenfunden der Museumssammlung ist zur Zeit leider nur ein verschwindend geringer Bruchteil in einem kleinen Raum ausgestellt. Glanzstück der Schausammlung ist das zweiseitige, einstmals drehbar angebrachte Mithras-Kultrelief aus Rückingen (Erlensee). Die Vorderseite des Reliefs zeigt die übliche Tötung des Stiers durch Mithras. Bemerkenswert ist die Rückseite. Sie bildet unten den Sonnengott (*Sol*) und Mithras ab. Beide ruhen wie zu einem Gastmahl auf einem Speisesofa (*kline*); der Tisch vor ihnen ist mit der abgezogenen Haut des Stieres bedeckt. Rechts und links stehen Diener, die kleiner dargestellt sind. Der obere Teil des Reliefs vermittelt den Eindruck einer felsigen Landschaft, in der Mithras als reitender Jäger dahersprengt. – Die reichen Magazinbestände des Historischen Museums gehen im wesentlichen auf die Tätigkeit des 1844 gegründeten Hanauer Geschichtsvereins zurück. Sie mußten zwar durch Bombenangriffe im 2. Weltkrieg Verluste hinnehmen, werden jetzt aber durch Neuerwerbungen und Grabungstätigkeit ständig ergänzt.

Abb. 281 Hanau. Historisches Museum Schloß Philippsruhe. Mithrasrelief aus Rückingen

Sie umfassen alle wichtigen röm Fundplätze aus dem Main-Kinzig-Kreis, vor allem die Limeskastelle von Marköbel bis Großkrotzenburg, ferner Heldenbergen (Nidderau) und die Fundstätten Kesselstadt, Salisberg und Steinheim in Hanau. Die Eröffnung eines Regionalmuseums für Vor- und Frühgeschichte im Stadtteil Hanau-Steinheim, das diese Bestände zeigen soll, ist vorgesehen. Ba

Lit: FKutsch, Hanau. Kataloge West- und Süddeutscher Altertumssammlungen 5 (1926) – laufende Veröffentlichungen in: Hanauer Geschichtsblätter (seit 1911).

Hanau-Steinheim HU

Röm Siedlungsreste auf der Mainspitze

Abb 276, 282–284

Etwa 1 km NW von Steinheim liegt gegenüber der Kinzigmündung die Mainspitze, ein weitgehend hochwasserfrei gelegener Siedlungsplatz, der bereits in vorgeschichtlicher Zeit aufgesucht wurde. Die ersten Römerspuren wurden 1845 entdeckt. 1875 grub der Hanauer Geschichtsverein zwei in OW Richtung verlaufende Mauerstücke aus. Schließlich grub E. Anthes im Auftrag der RLK 1894, wobei er ein rechteckiges Gebäude feststellte, das er als Teil einer militärischen Anlage deutete.
Bei Ausgrabungen 1961/62 und 1965, bei denen sich der ehrenamtliche Heimatpfleger K. Kirstein besondere Verdienste erwarb, wurde der Gesamtgrundriß des langrechteckigen Gebäudes (45,50 x 18,60 m) aufgenommen. Eine Innenraumeinteilung war nicht mehr zu ermitteln. Aufgrund der Breitenmaße kann aber mit Dachträgern gerechnet werden, die die Anlage vielleicht zwei- oder gar dreischiffig gestalteten. In dem aus Basaltmauerwerk errichteten Gebäude ist vermutlich ein Nebengebäude eines röm Gutshofes (*villa rustica*) zu sehen, vielleicht aber auch das Hauptgebäude, das dann dem sog »Hallenhaustyp« zuzuordnen wäre.
Etwa 50 m O dieses Gebäudegrundrisses wurde das zugehörige Badegebäude aufgedeckt, das sich über einen holzverschalten Keller erstreckte, der vermutlich zu einem früheren Holzgebäude gehörte. Unter verbranntem Lehmfachwerk, das in den Keller gestürzt war, lagen 8 Amphoren, mehrere Fibeln sowie ein Denar des Kaisers Severus Alexander. Danach ist die Kellerfüllung in die Zeit der Alamanneneinfälle der 1. Hälfte des 3. Jh nChr zu datieren. Nach dieser Brandkatastrophe wurde über dem Keller ein Badegebäude aus Stein errichtet. Es zeigt einen einfachen Grundriß. Der Eingang hat im S gelegen. Dort befand sich das Kaltbad (*frigidarium*) F mit der Kaltwasserwanne (*piscina*) P. Es schloß sich das Heißbad (*caldarium*) C an. Von der Hypokaustheizung war ledig-

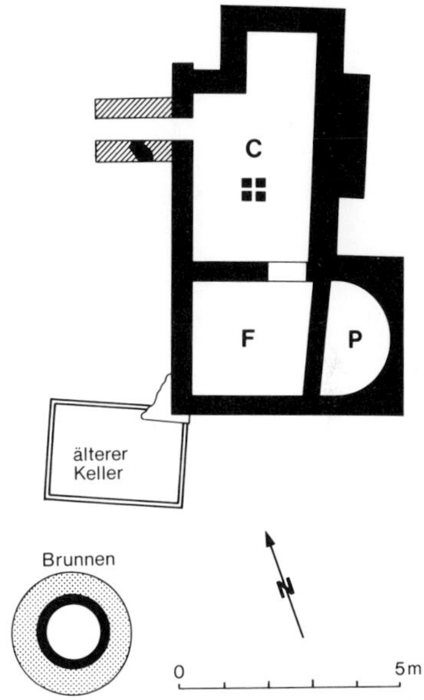

Abb. 283 Hanau-Steinheim. Grundrißplan des Badegebäudes. F Frigidarium (Kaltbad mit Kaltwasserwanne P); C Caldarium (Warm- und Heißbad)

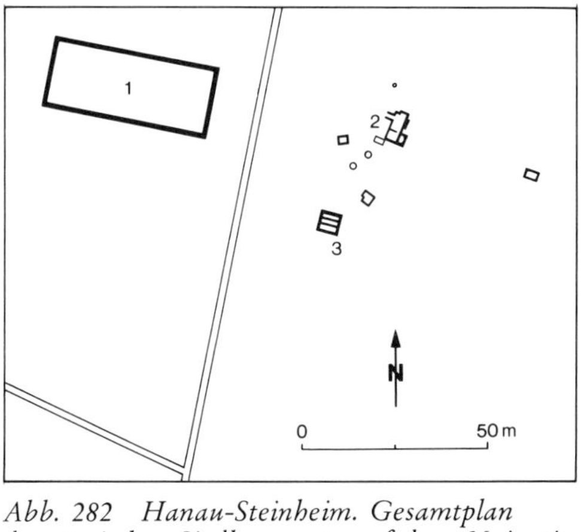

Abb. 282 Hanau-Steinheim. Gesamtplan der römischen Siedlungsreste auf der »Mainspitze«. 1 Großes Gebäude; 2 Bad; 3 Horreum?

Abb. 284 Hanau-Steinheim. Bronzebeschlagteil mit Darstellung der Dea Virtus

lich der Unterboden erhalten. Die Befeuerung erfolgte durch das Präfurnium an der W Gebäudeseite. Das Badegebäude war innen verputzt und besaß Glasfenster. Drei eiserne Verbindungsringe für Holzröhren (Deuchelringe), von der O-Seite des Gebäudes gehörten zur Wasserzuleitung. Nur 10 m W der SW-Ecke des Bades wurden 1965 die Reste einer rechteckigen holzverschalten Grube festgestellt, einer Kalkgrube. Das Einfüllmaterial gehört in den Beginn des 3. Jh. Aus zwei weiteren Kellern S und O des Bades kamen ein eiserner Schildbuckel, ein Eisenschwert, ein Schmelztiegel sowie eine große Amphore mit der Besitzerinschrift *Catulinus* zum Vorschein. Das Gebäude (3), etwa 18 m S des Bades, war vielleicht ein Getreidespeicher (*horreum*). Zahlreiche Bronzefragmente, u. a. eine Wangenklappe eines Helmes sowie ein Beschlagteil mit der Darstellung der Göttin der Tapferkeit (*dea virtus*), neben Resten eines eisernen Kettenhemdes stammen wohl als Altmaterial aus dem militärischen Bereich. Vielleicht befand sich ein Handwerksbetrieb auf der Mainspitze, der Metall-Altmaterial wieder aufarbeitete.

Das zu der Siedlung gehörende Gräberfeld befand sich etwa 40 m SO des Rechteckbaus. Es wurde 1883, 1889/90 und 1926–28 ergraben. Es bestand ausschließlich um Brandbestattungen. Nach dem Fundmaterial (im 2. Weltkrieg verlorengegangen) zu urteilen, setzte das Gräberfeld unter Kaiser Trajan oder Kaiser Hadrian ein und dürfte bis zum Limesfall im Jahr 260 nChr belegt worden sein. Scha

Ao: Museum Hanau-Steinheim

Lit: KKirstein, Die röm. Bauten auf der Mainspitze bei Steinheim a. M. Stadt- und Landkreis Offenbach a. M. Stud. u. Forsch. 8, 1962, 212 ff – Ders. mit einem Beitrag von DBaatz, Die röm. Bauten auf der Mainspitze bei Steinheim a. M. Ebda. 10, 1964, 271 ff – KNahrgang, Ausgrabungen Steinheim, Mainspitze 1965. Ebda. 12, 1965, 353 ff – Ders., Landkreis Offenbach. Inv. d. Bodendenkmäler 3 (1967) 223 ff – KKirstein, Die röm Niederlassung am Mainknie bei Klein-Steinheim. In: LImgram, Geschichte der Stadt Steinheim am Main 1. Teil (ohne Jahrgang) 12 ff – Fundber. Hessen 9/10, 1969/70, 180 f – 11, 1971, 161.

Museum

Schloß. Öffnungszeiten: März–Okt. Di, Do, Fr 9–12; So 14–16 Uhr.

Das Museum ist im Hauptbau des Kurmainzer Schlosses eingerichtet. Es befindet sich seit geraumer Zeit im Umbau. Die gegenwärtig gezeigten röm Funde stammen von der Mainspitze bei Steinheim. In den Vitrinen befinden sich die Reste der Beigaben des Brandgräberfeldes, eine Auswahl von Einhenkelkrügen, Bronzeschmelzproben, Schmelztiegel, Eisenbeschläge und kleine Eisenwerkzeuge sowie spanische Ölamphoren mit eingeritzten Buchstaben und Zahlenzeichen, ein eisernes Kettenhemd und Münzen. Hervorzuheben ist die Wangenklappe eines Paradehelms mit Darstellung der Göttin der Tapferkeit (*dea virtus*) aus der Siedlung. Eine Auswahl verzierter Terra-Sigillata-Scherben zeigt den chronologischen Rahmen der gesamten Siedlung auf der Mainspitze. Die frühesten der ausgestellten Stücke gehören in trajanisch-hadrianische Zeit. Mittelpunkt des Raumes ist das aus Kork verfertigte Modell des Badegebäudes. Scha

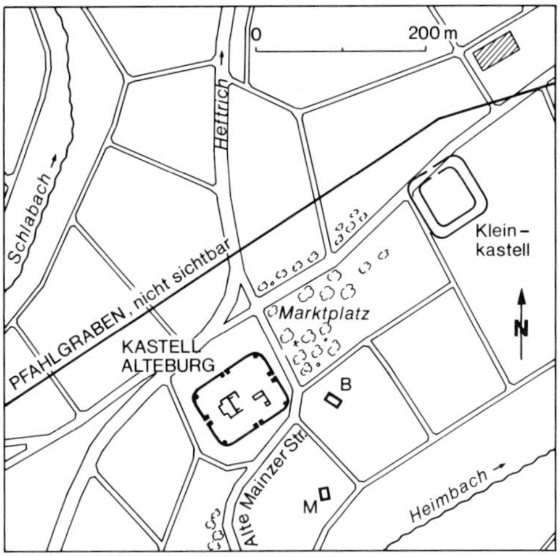

Abb. 285 Alteburg bei Heftrich. Lageplan

Heftrich RÜD

Numeruskastell

Abb 285–288

Unter einer weithin sichtbaren Gruppe schöner, alter Linden findet seit »undenklichen Zeiten« dreimal im Jahr der Alteburger Markt statt. Der wichtigste Markttag war früher »am Donnerstag nach Jakobi, . . . der Jakobspferdemarkt, an dem im Mittelalter in der alten Kapelle eine Predigt gehalten wurde. Bei dieser Gelegenheit wurden Marktkreuzer unter die Kinder verteilt.« Der Platz befindet sich mitten in den Feldern 1,5 km S von Heftrich. Unter dem Acker unmittelbar W vom baumbestandenen Marktplatz liegen die Grundmauern des Numeruskastells Alteburg, von dem heute an der Oberfläche nichts mehr zu sehen ist. Das kleine Steinkastell (0,7 ha) wendet sein Haupttor nach O, nicht gegen den Limes, der in gut 100 m Entfernung N vom Kastell vorbeizog, sondern gegen den Marktplatz. Das ist bestimmt kein Zufall. Die ältere Forschung hatte daher sogar angenommen, der Alteburger Markt ginge auf einen röm Markttag (*nundinae*) neben dem Kastell zurück. Doch das ist unwahrscheinlich. 1178 richtete nämlich der Eremit Walther in der Kastellruine dem hl. Kilian zu Ehren eine Klause ein und erbaute unweit davon eine Kapelle. Hier wird sich aus kirchlichen Festtagen der Markt entwickelt haben. Am Anfang des 18. Jh stand die Kapelle noch als Ruine aufrecht, wahrscheinlich bei M. Dort fand L. Jacobi bei Ausgrabungen mittelalterliche Mauerreste über den Fundamenten eines röm Bauwerks. Daneben lagen nachröm Bestattungen, wohl der Friedhof der Klause.

Seit dem Mittelalter sind immer wieder Steine aus der Alteburg gebrochen worden und zum Bau der Klause und ihrer Kapelle, später für die Kirche und für Häuser im Ort Heftrich verwendet worden. 1852 sah A. von Cohausen die letzten Mauerstücke des Kastells noch zwei Fuß aufrecht stehen. Bald verschwanden auch diese, bei den Ausgrabungen der RLK durch L. Jacobi im Herbst 1893 waren oft nur noch die Ausbruchgruben der Mauern vorhanden. In der Kastellmitte deckte Jacobi das übliche Stabsgebäude (*principia*) auf, dessen Grundriß indessen einige Eigentümlichkeiten aufweist, die von mittelalterlichen Umbau-

Abb. 286 Markt vor dem Tor eines Limeskastells: Altenburger Markt bei Heftrich im Spätsommer 1980, von Norden gesehen. Unter dem Acker rechts vom Markt liegen die Mauern der Alteburg

Abb. 287 Alteburg bei Heftrich. Ziegelstempel des Numerus Cattharensium

ten herrühren können. Außerhalb der Alteburg fanden sich Reste des Kastelldorfs. Das Gebäude unter der mittelalterlichen Kapelle bei M sah Jacobi als Mithrasheiligtum an, doch diese Deutung ist wegen der starken Zerstörung der Mauern und der geringen Funde recht unsicher. Weitere Baureste befanden sich SO vom Kastell, darunter das Kastellbad (B).

Das Steinkastell Alteburg ist erst nach der Mitte des 2. Jh entstanden, gleichzeitig mit den Numeruskastellen Feldberg und Kemel. Als Besatzung kennen wir den *Numerus Cattharensium.* Von ihm zeugen die hier und an den Nachbarkastellen gefundenen, gestempelten Backsteine, die wohl nahe der Alteburg gebrannt worden sind. Der Name der Einheit könnte mit dem Volksnamen der Chatten zusammenhängen. Wenn das zutrifft, dann wäre die Besatzung der Alteburg ähnlich wie die der Kapersburg aus Einheimischen ausgehoben worden. Tatsächlich hat *Finitius Fidelis*, ein Soldat des Numerus, 225 einen Weihealtar für Jupiter und Juno auf eigenem Grund und Boden in Mainz-Kastel (*Castellum Mattiacorum*) aufstellen lassen.

Das Kastell Alteburg war bis zum Fall des Limes in der Mitte des 3. Jh besetzt. Als Vorgänger des Kastells kennt man – ähnlich wie in Kemel – eine kleine, hölzerne Schanze, die etwa 230 m NO von der Alteburg lag und erst 1980 durch archäologische Luftbildprospektion erkannt wurde. Sie hat bis über die Mitte des 2. Jh für den Grenzschutz ausgereicht, wurde dann aber durch das stärkere Steinkastell Alteburg ersetzt. Vor dem kleinen Holzkastell befindet sich eine stumpfe, ausspringende Ecke des Pfahlgrabens. – Die Lage der Kastelle bei Heftrich wurde dadurch bestimmt, daß hier ein alter Weg den Limes kreuzte. Im Mittelalter als Alte Mainzer Straße bekannt, zog er von S über die flache Paßhöhe des Taunus. Er lief zwischen Alteburg und Marktplatz vorbei, überschritt dann den Limes und führte in N Richtung durch den Goldenen Grund nach Limburg. Ba

Abb. 288 Alteburg bei Heftrich. Bronzeköpfchen einer Bacchantin, Bekrönung einer Dreifußstrebe

Ao: Saalburgmuseum, Bad Homburg

Lit: LJacobi ORL Abt B Band II,1 Kastell Nr. 9 (1904) – Zu Finitius Fidelis: CIL XIII 7268.

Heidekringen RÜD

*Kastell**

Abb 289

Ungefähr 1 km SO von Taunusstein-Wehen findet man die noch gut sichtbaren Reste des kleinen Kastells Heidekringen (0,4 ha). Sie liegen im Wald am N-Hang des Taunus. Ausgrabungen fanden 1897 und 1949 statt (E. Ritterling und H. Schoppa). Die Umwehrung war vorne durch eine senkrechte Bohlenwand versteift. Der Erddamm der Umwehrung und der Verteidigungsgraben davor sind noch rundum sichtbar. Das Kastell besaß zwei Tore, die sich in den Langseiten befanden. Es lag an der röm Straße, die von dem Civitashauptort *Aquae Mattiacorum* (Wiesbaden) zum Kastell Zugmantel am Limes führte; die Entfernung von Heidekringen zum Limes beträgt 5 km. So war das Kastell wohl ein kleiner, militärischer Straßenposten zur zusätzlichen Sicherung des röm Wiesbaden. Es war nur relativ kurze Zeit Anfang des 2. Jh besetzt. Da es für eine vollständige Hilfstruppe zu klein ist, war die Besatzung wahrscheinlich eine zeitweise abkommandierte Abteilung einer Auxiliareinheit, die in einem anderen Kastell stationiert war. – Im Kastellinneren verband eine Straße, die der via principalis größerer Militärlager entsprach, die beiden Tore miteinander. Die hölzernen Mannschaftsunterkünfte, die man voraussetzen muß, sind nicht ausgegraben worden. Außerhalb des Wehrbaus lag vor dem N-Tor ein kleines Badegebäude, dessen Umriß noch schwach sichtbar ist. Außerdem fand man ein ehemals holzverschaltes Bassin (B), vielleicht eine Pferdetränke. Die röm Straße unmittelbar N davon ist bei den Ausgrabungen festgestellt worden. Ba

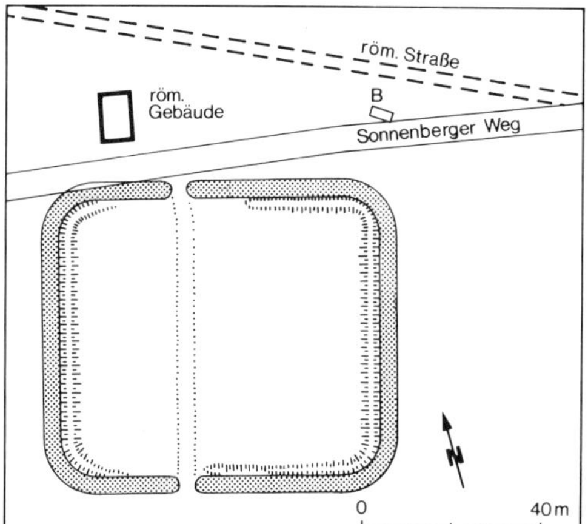

Abb. 289 Heidekringen. Kastell. B Bassin

Lit: EFabricius, ORL Abt A Strecke 3–5 (1936) 279 ff – HSchoppa, Nassauische Heimatblätter 41, 1951, 3 ff.

Heidenstock → Limes (Hochtaunusstrecke)
Heldenbergen → Nidderau-Heldenbergen

Heppenheim HP

*Röm Gutshof und Straßenstück**

Abb 290

Der röm Gutshof (*villa rustica*) liegt am SW-Rand des »Hemsberges«, dessen Kuppe sich zwischen Bensheim und Heppenheim erhebt. Auf halber Höhe gelegen hatte das Gebäude den ganzen Tag Sonne. Die Wasserversorgung wurde durch den in nur 30 m Entfernung vorbeifließenden Klingenbach gewährleistet. Bereits 1898 untersuchten am Hemsberg H. Gieß und E. Anthes die röm Mauern und legten das Hauptgebäude des Gutshofs, in dessen Innern damals nur zwei »für sich abgeschlossene Einbauten« gefunden und als Keller bzw. Feuerungsanlage gedeutet wurden, frei. Nach Angabe der Ausgräber lagen im Keller ausgedehnte Brandschuttschichten. 1962 untersuchte das Landesamt für Denkmalpflege in Hessen den Bau und ermittelte den Grundriß einer Risalitvilla (26,8 x 21,25 m), deren Hauptfront zum Rheintal hin ausgerichtet war. Die Innenraumeinteilung war nicht in allen Teilen befriedi-

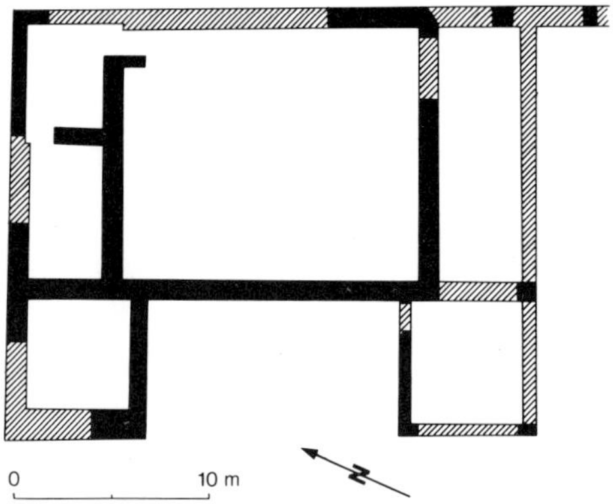

Abb. 290 Heppenheim. Grundrißplan des Hauptgebäudes der villa rustica »Am Hemsberg«

gend zu klären. In der SO-Ecke eines 15 x 12,50 m großen Innenhofes wurde die bereits von Gieß festgestellte Feuerungsanlage wieder aufgefunden. Die drei Räume der N-Front des Baus waren teilweise unterkellert, W schloß sich ein kleiner langrechteckiger Raum an, vor dem der NW Eckrisalit lag. Die Raumeinteilung an der S-Front des Baus konnte aufgrund des schlechten Erhaltungszustandes der Mauern nicht mehr festgestellt werden. Durch Suchschnitte ließen sich aber die Fortsetzung der O Gebäudeabschlußmauer sowie die Reste des Eckrisalitfundaments feststellen. Die schwächere Fundamentierung dieses Teils deutet auf einen späteren Anbau. Zwischen den Eckrisaliten der Hauptfront lag wohl eine an wenigen Mauerstücken erkennbare Vorhalle (*porticus*). Das aus dem Bereich der Villa geborgene Fundmaterial gehört in die 2. Hälfte des 2. und in das beginnende 3. Jh nChr. Viele Scherben zeigen Brandspuren, die das Ende der Villa durch eine Feuerbrunst anzeigen.
Die röm Bergstraße wurde im Frühling 1955 in der Darmstädter Straße aufgedeckt. Es ließen sich drei übereinander liegende alte Straßenkörper feststellen, von denen der unterste 1,40 m unter der heutigen Oberfläche lag. Das Straßenpflaster bestand aus großen unregelmäßigen Steinen, zumeist Granit und Quarzit aus Odenwälder Steinbrüchen. Ein größeres Stück dieses Straßenpflasters wurde herausgenommen und in einer Anlage am Feuerbachplatz originalgetreu verlegt, wo es zu besichtigen ist. Scha

Ao: Hessisches Landesmuseum, Darmstadt
Lit: EAnthes, Röm Niederlassung am Hemsberg, Gemarkung Heppenheim, Quartalbl. Hist. Ver. Ghzgtm. Hessen NF 2, 1896–1900, 626 ff – WJorns, Die röm Villa am Hemsberg. 1200 Jahre Mark Heppenheim. Veröffentl. z. Gesch. d. Stadt Heppenheim 3, 1973, 187 ff.

Abb. 291 Heppenheim. Apollo mit Leier

Apollo-Relief

Abb 291

Ende des 19. Jh traf man beim Ausräumen des Löwenbrunnens im Erbacher Tal zwischen 4 Holzschwellen auf ein Sandsteinrelief, das eine männliche Gestalt mit einem Musikinstrument darstellt. Das Relief gelangte in das Hessische Landesmuseum nach Darmstadt, wo es derzeit im Magazin aufgewahrt wird. Das an 3 Seiten abgeschlagene Bildwerk stellt Apollo als nackten Jüngling dar, der in seiner Linken die Leier (*kithara*) hält. Die einfache Arbeit stammt aus einer einheimischen Werkstatt. Scha

Lit: WMeier-Arendt, Inventar der ur- und frühgeschichtlichen Geländedenkmäler und Funde des Kreises Bergstraße. Inv. d. Bodendenkmäler 4, 1968, 68 Nr. 240 mit gesammelter Literatur.

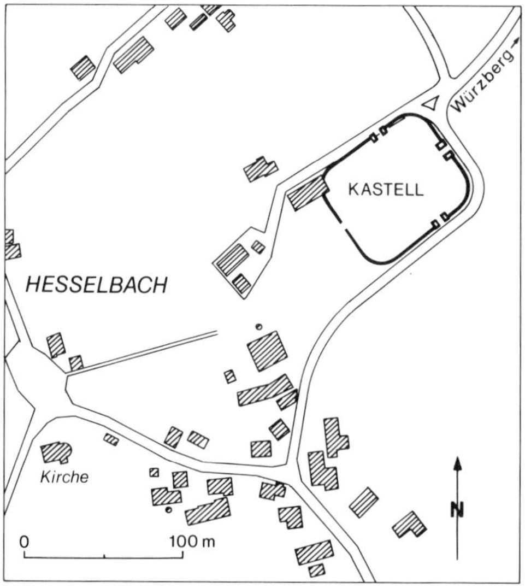

Abb. 292 Hesselbach. Lageplan des Numeruskastells

Hesseneck-Hesselbach ERB

*Numeruskastell**

Abb 68, 292, 293

Das südlichste Limeskastell Hessens liegt auf einer schmalen Hochfläche (500 m NN) des Buntsandstein-Odenwaldes am NO Ortsrand von Hesselbach, am Weg nach Würzberg. Es ist schon seit der Frühzeit der Limesforschung bekannt. Ch. E. Hansselmann schrieb 1768 über Hesselbach: »Daselbsten findet man . . . rudera eines alten römischen Schlosses« und vermutete, daß es an einer Limeslinie lag. Zwar sind heute keine Mauern mehr zu sehen, doch bilden die Reste der Umwehrung einen deutlich erkennbaren, flachen Erddamm, den man rundum in der Wiese und am Wegrand wahrnehmen kann. Als das Waldhufendorf Hesselbach im hohen Mittelalter gegründet wurde, stand das Mauerwerk der Ruine noch aufrecht, und daher mußte der Weg nach Würzberg außen um die Mauer geführt werden. Aus diesem Grund zeichnet das heutige Wegenetz den Umriß des Kastells so deutlich nach. – Das Haupttor wendet sich nach NO, gegen die Limeslinie, die in etwa 145 m Entfernung vorbeizog. Sie ist hier wie überall im Odenwald nicht sichtbar, weil der Limes schon vor dem Bau von Wall und Graben verlegt worden ist. Doch fand man im Boden bei Ausgrabungen die Spur der hölzernen Palisade.

Das Kastell gehörte zu der Kette recht gleichartiger Numeruskastelle des Odenwaldlimes. Es hatte lediglich die Aufgabe, die Wachtmannschaften für die angrenzende Limesstrecke zu beherbergen. Die steil abfallenden Ränder der schmalen Hochfläche behindern jeglichen Verkehr in O-W-Richtung, so daß für dieses Kastell die Gefahr germanischer Überfälle besonders gering war. Vermutlich ist es an dem sanft nach SW in Richtung auf den Dorfkern geneigten Hang deswegen entstanden, weil dort eine Quelle zutagetritt. Im Mittelalter lag sie neben der Kirche; sie führte den Namen »Ottilienquelle« und galt als heilkräftig bei Augenleiden. – Das kleine Kastell (0,6 ha) war vermutlich für einen *Numerus Brit-*

tonum bestimmt. Es entstand um 100 nChr zunächst als reines Holzkastell, bei dem auch die Umwehrung aus Holz gebaut war. Unter Kaiser Hadrian erhielt es eine einfache, steinerne Umwehrung ohne Mörtelbindung (»Trockenmauer«), die in den 40er Jahren des 2. Jh durch eine richtige Mörtelmauer ersetzt worden ist. Ihre Reste liegen dicht unter der Grasnarbe der Wiese. Die Außenfronten waren mit schönen Hausteinen ausgeführt, die Torbauten mit steinernen Bögen versehen und mit Gesimsen und Profilen geschmückt. Hinter der Steinmauer befand sich ein Erddamm, dessen Reste man noch sieht. Der röm Wehrbau wurde wie die übrigen Militärbauten der Odenwaldlinie in der Mitte des 2. Jh aufgegeben. Darauf hat für eine kurze Zeit ein röm Handwerksbetrieb innerhalb der verlassenen Mauern Eisen verhüttet. Als er seine Tätigkeit bald nach der Mitte des 2. Jh einstellte, fiel die Ruine für mehr als ein Jahrtausend der Vergessenheit anheim und wurde vom Wald überwuchert. Erst bei den Rodungen für das Waldhufendorf im hohen Mittelalter wurde sie wieder freigelegt.

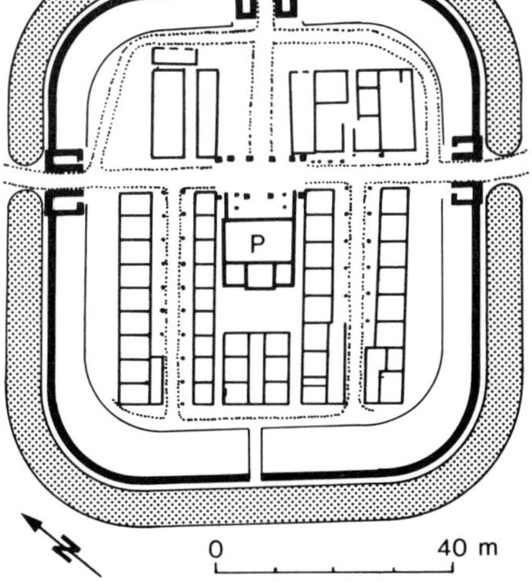

Abb. 293 Hesseneck-Hesselbach. Kastellplan, letzter Bauzustand. P Principia

Das Kastell gehört zu den wenigen Truppenlagern am Limes, deren Innenbauten vollständig untersucht worden sind. Diese bestanden in allen Bauphasen aus Fachwerk. Sie sind in den ungefähr 60 Jahren, in denen das Kastell besetzt war, zwar einmal grundlegend erneuert worden, wurden dabei aber nicht prinzipiell verändert. Der Plan zeigt den späteren Zustand. In der Mitte befand sich, wie üblich, das Stabsgebäude (*principia*), das hier recht klein war und nur die allernotwendigsten Räume enthielt. Seitlich wurde es von je zwei Unterkunftsbaracken flankiert, in denen die rund 150 Mann starke Besatzung wohnte. Unter den übrigen Innenbauten befand sich die Wohnung des Kommandeurs des Numerus, eines dafür abgestellten Legionscenturio, ferner gab es Magazine und Ställe. Obgleich Kastell Hesselbach nur ein recht kleiner, abgelegener Wehrbau war, ist er doch nach den strikten Normen des röm Heeres gebaut worden.

Die ersten Ausgrabungen unternahm F. Kofler im Mai 1895 im Auftrag der RLK. Er stellte den Verlauf der Umwehrung fest und veröffentlichte die Ergebnisse im Limeswerk. Umfangreichere Untersuchungen hat das Saalburgmuseum 1964–66 ausgeführt; sie wurden von der Deutschen Forschungsgemeinschaft unterstützt. Ihr Ziel war es, die Innenbauten genauer zu untersuchen und die Geschichte des kleinen Wehrbaus zu klären. Nach Abschluß der Ausgrabungen wurde der alte Zustand sorgfältig wiederhergestellt. Ba

Lit: FKofler ORL Abt B Band V, 1 Kastell Nr. 50 (1896) – DBaatz, Kastell Hesselbach. Limesforschungen 12 (1973).

Hesselbach → Hesseneck
Heubach → Groß-Umstadt-Heubach
Höchst a. M. → Frankfurt a. M.-Höchst
Höchst i. Odw.-Hummetroth → Hummetroth

Abb. 294 Höchst i. Odenwald-Mümling-Grunbach. Matronenstein

Höchst i. Odw.-Mümling-Grumbach ERB

*Matronenstein**

Abb 294

In der N Längswand der Friedhofskapelle von Mümling-Grumbach ist ein 1,15 m hohes und 1,25 m breites Sandstein-Relief eingemauert, das drei in einer muschelförmigen Nische sitzende Frauengestalten zeigt. Sie tragen eine lange, in Falten bis zu den Füßen herunterhängende Tunika, die von einem Mantel bedeckt wird. Die beiden seitlich sitzenden Gestalten tragen eine den Kopf scheibenförmig umgebende Haube, während die mittlere offenbar einen Schleier über der Lockenfrisur trägt. Sie sitzt auf einem Podest. Alle drei halten einen Früchtekorb auf dem Schoß. Es handelt sich um die zumeist in der Dreierzahl dargestellten Muttergottheiten (*matres* oder *matronae*), die ihren fruchtbarkeitsspendenden Charakter durch Fruchtkörbe, Füllhörner, Trauben oder Blüten symbolisieren. Aus zahlreichen Inschriften ist bekannt, daß ihnen oft ein Stammes- oder Gebietsname beigegeben war, der den einheimisch-keltischen Ursprung der Gottheiten verdeutlicht. Das Relief aus Mümling-Grumbach dürfte um die Wende des 2. zum 3. Jh nChr entstanden sein. Die relativ sorgfältige Arbeit deutet auf einen geschulten einheimischen Meister. Scha

Lit: EAnthes, Steindenkmäler 218 Nr. 40. – Espérandieu 154 Nr. 233. – ABüttner, Der Matronenstein zu Mümling-Grumbach im Odenwald. Die Heimat. Beilage der Odenwälder Heimatzeitung Nr. 5, 52. Jg. 1977.

Hofheim am Taunus MTK

Militärische Anlagen und Zivilniederlassungen

Abb 14, 295–298

Das heutige Stadtgebiet und die unmittelbare Umgebung Hofheims, dessen antiker Name nicht überliefert ist, haben aus der Zeit ihrer vierhundertjährigen Zugehörigkeit zum Imperium Romanum verschiedenartige Zeugnisse bewahrt, von denen obertägig kaum etwas erhalten geblieben ist. Die archäologischen Spuren finden sich – abgesehen von einzelnen abgelegenen Fundorten – schwerpunktmäßig auf einer Anhöhe S des alten Stadtkerns, dem »Hochfeld«, sowie den N davon gelegenen Talhängen des Schwarzbaches; an beiden Stellen erstrecken sich die röm Hinterlassenschaften auch auf die benachbarte Gemarkung Kriftel.

Als Rom unter Caesar (58–51 vChr) seinen Machtbereich bis zum Rhein ausdehnte, siedelte auf dem Hochfeld eine keltische Bevölkerung; von ihr zeugen gut ausgestattete Brandgräber. Während der augusteisch-tiberischen Feldzüge gegen das rechtsrheinische Germanien (11v–16 nChr) gehörte die Gegend um Hofheim zum Durchzugsgebiet; sichere archäologische Hinweise besitzen wir noch nicht. Spitzgräben im Vorfeld und unter dem Steinkastell (Abb 296, 1) sind sicher vorflavisch, lassen sich jedoch zeitlich nicht enger eingrenzen. In tiberischer Zeit (14–37 nChr) sind germanische Volksteile (Mattiaker?)

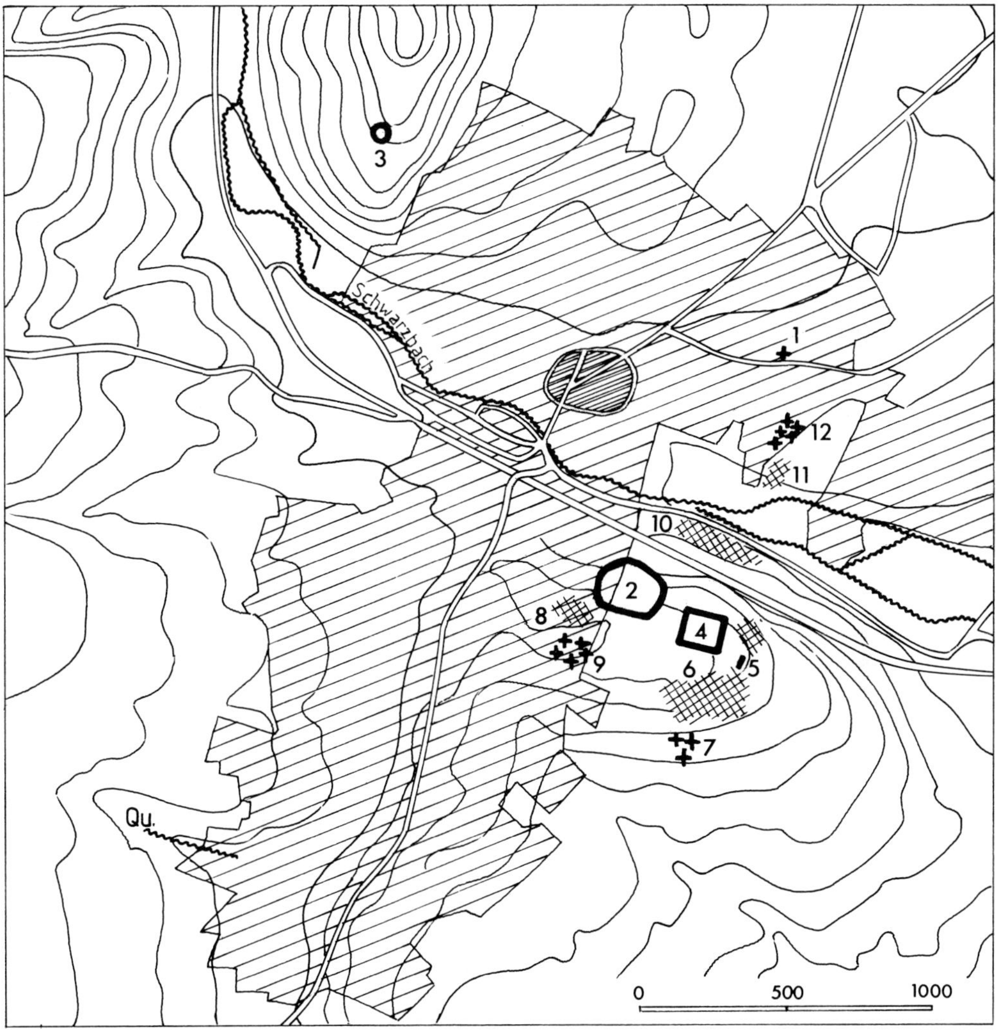

Abb. 295 Hofheim. Gesamtübersicht. 1 Brandgrab 1955, 2 Erdlager, 3 Wachtturm, 4 Steinkastell, 5 Bad, 6 S-Vicus, 7 S-Gräberfeld, 8 W-Vicus, 9 Gräberfeld Gotenstr., 10 N-Vicus, 11 Vicus Kriftel, 12 Gräberfeld Kriftel

um Hofheim nachweisbar, die unter röm Einfluß standen. Unter dem Erdlager fand man Spuren einer Siedlung; ein 1955 an der Zeilsheimer Straße entdecktes Brandgrab (Abb 295, 1) gehört in dieselbe Zeit und Milieu. Soweit wir heute wissen, erfolgte die endgültige Inbesitznahme und unmittelbare Kontrolle des Hofheimer Gebietes spätestens um 40 nChr mit der Gründung des Erdlagers (Abb 295, 2). Bis 69/70 n Chr bildete Hofheim den östlichsten Vorposten des Mainzer Legionslagers, unter Vespasian (69–79 nChr) wurde es Etappenstation an der neugebauten Straße in

die Wetterau. Die militärische Besatzungsperiode endete um 110 nChr, als das Steinkastell (Abb 295, 4) aufgegeben wurde. Daran schloß sich für die Dauer von 150 Jahren ein Abschnitt ziviler Selbstverwaltung an, die eine administrative Teilung des Gebietes mit sich brachte. Die dörflichen Siedlungen auf dem Hochfeld (Abb 295, 6, 8) und auf dem W Talhang (Abb 295, 10) des Schwarzbaches gehörten wahrscheinlich zur Civitas Mattiacorum (Hauptort *Aquae Mattiacorum* – Wiesbaden), die O des Baches gelegene Teile (Abb 295, 11) zur *Civitas Taunensium* (Hauptort Nida-Heddernheim). Für beide Siedlungen stellte die wichtige Fernstraße Mainz–Wetterau eine Existenzgrundlage dar. Nach der Aufgabe des Limes und der rechtsrheinischen Territorien um 260 nChr siedelten um Hofheim wieder Germanen (Alamannen), die bis zum Ende der Reichsverwaltung am Rhein in mehr oder weniger engem Kontakt zu Rom verblieben, wie Münzfunde des 4. Jh nahelegen. Mit dem Übergang in fränkische Oberhoheit endet der erste historische Zeitabschnitt dieser Gegend.
Die wissenschaftliche Erfassung der röm Überreste setzte im Jahr 1841 mit den Ausgrabungen von F. G. Habel ein, die auf dem Hochfeld zur Entdeckung des Steinkastells (Abb 295, 4) führten. 1894 untersuchte G. Wolff im Auftrag der RLK erneut das Steinkastell, 1896 erschien aus seiner Feder die erste vollständige Zusammenfassung zum röm Hofheim. Im Zuge seiner Feldforschung entdeckte Wolff das Erdlager (Abb 295, 2), welches E. Ritterling von 1902 bis 1910 fast vollständig ausgrub. Seine 1912 abgeschlossene Veröffentlichung sicherte Hofheim einen unverrückbaren Platz in der wissenschaftlichen Welt. – Planmäßige Grabungen fanden dann erst wieder von 1955 bis 1967 unter H. Schoppa im S Teil des Lagerdorfes (Abb 295, 6) statt; seit 1969 wird das Steinkastell großflächig untersucht. Zufällige Bodenaufschlüsse führten zu zahlreichen Erkenntnissen u. a. 1964 zur Aufdeckung von Gebäuden und Gräbern im Talgrund (Abb 295, 11) und 1974 zur Lokalisierung eines röm Gutshofs (*villa rustica*).

Erdlager mit Wachtturm* auf dem Kapellenberg

Die heutige Römerstraße durchschneidet das Erdlager in Querrichtung. Sein W-Teil liegt bereits unter moderner Bebauung. An den Spitzen des äußeren Grabens gemessen beträgt die Ausdehnung von N nach S 225 m bzw von O nach W 222 m. Das ca 1,9 ha bedeckende Lagerareal mit altertümlichem, unregelmäßigem Umriß wird von einem Doppelspitzgraben (Breite ca. 9 m; Tiefe 1,8 m) und einem 18 bis 20 m davor verlaufenden, einfachen Spitzgraben (Breite 3,6 m; Tiefe 2,0 m) umzogen. Tortürme auf vier Holzpfosten wurden innerhalb des Doppelgrabens festgestellt; am W-(2) und N-Tor (1) lagen sie an den gegeneinander versetzt endenden Grabenköpfen; am S-Tor (3) zogen die Grabenwände etwas ein, die Lage des O-Tores (4) ist nicht völlig gesichert. Die Umwehrung, von der sich keine Spur gefunden hat, ist in Form einer Rasensodenmauer mit hölzerner Brustwehr zu denken. Die gekiesten Lagerwege (*via praetoria, via principalis*) teilen das Gesamtareal in unregelmäßige Quartiere und laufen in der Mitte, vor dem Stabsgebäude (*principia*) (5) zusammen.
Dieses am klarsten gegliederte Bauwerk öffnete sich zur Straße durch Pfostenstellungen. Sie setzten sich rechtwinklig zu überdachten Gängen fort, welche einen gekiesten Innenhof mit Zisterne seitlich begrenzten. Rückwärtig reihten sich fünf Räume, deren mittlerer das Lagerheiligtum (*aedes*) war, an. In einer zweiten Bauperiode fand eine Erweiterung nach S und O statt, wobei der Mittelraum eine architektonische Heraushebung erfuhr. O der Principia lag das Haus mit den Amtsräumen und Wohnung des Kommandanten (*praetorium*) (6), dessen Ausgestaltung mit offenem Innenhof das Vorbild des italischen Atriumhauses verrät. Die Bauten (7) und (8), beiderseits der *via praetoria*, waren langgestreckte Vorratshäuser (*horrea*). Eine Anzahl von Zisternen und Kellergruben dienten der weiteren Vorratshaltung. Im Bereich von (9) sah Ritterling das Handwerkerviertel (*fabricae*). Die Bauten (10) bis (14) geben sich als Mannschaftsunterkünfte zu erkennen, zu denen der Ausgräber auch die Ge-

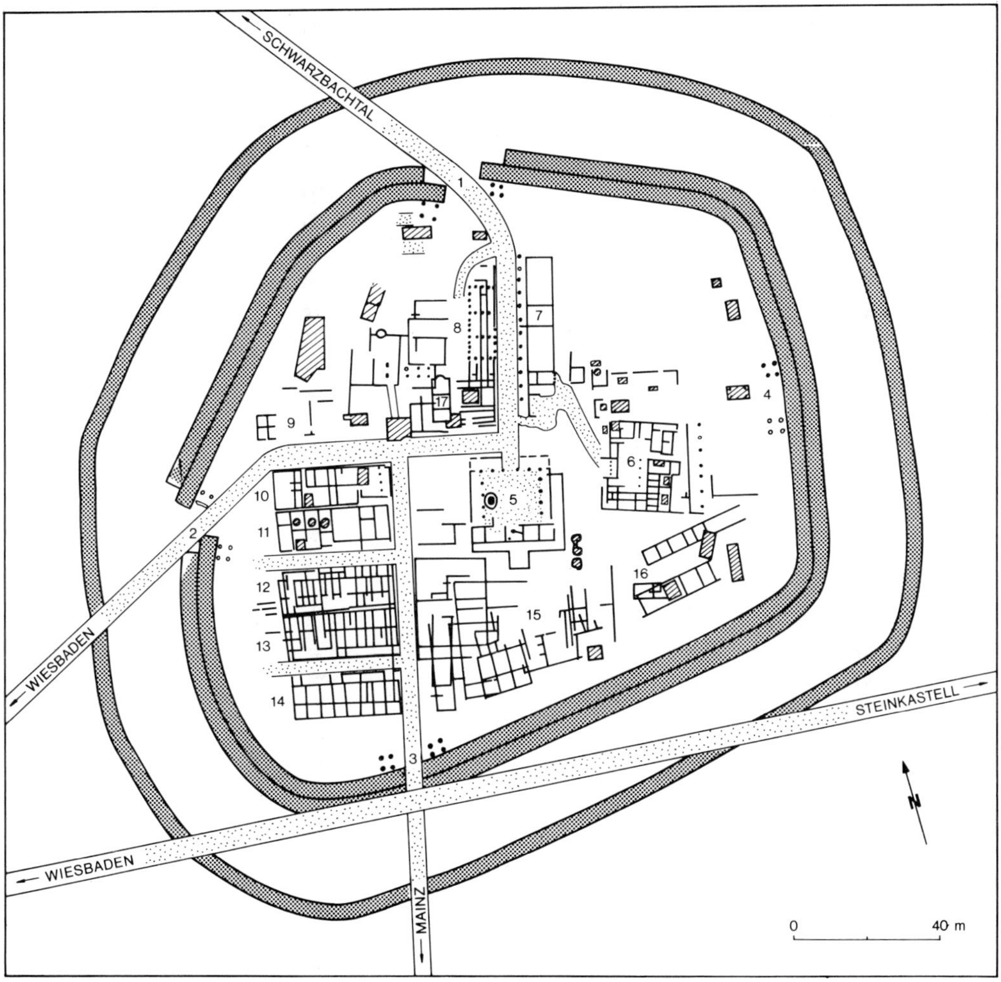

Abb. 296 Hofheim. Erdlager Periode I und II. 1 Hauptor, 2 linkes Seitentor, 3 rückwärtiges Lagertor, 4 rechtes Seitentor, 5 Stabsgebäude, 6 Kommandantenhaus, 7, 8 Speicherbauten, 9 Werkstatt-Bereich, 10–16 Mannschaftsunterkünfte, 17 Steingebäude (Bad?)

bäudereste (15) und (16) rechnete. Mit Ausnahme eines Steinbaues (17), möglicherweise ein Bad, das in die Spätzeit des Lagers fällt, waren alle Gebäude aus Holzfachwerk errichtet. Da keine tiefreichenden Brunnen angetroffen worden sind, ist mit einer Frischwasserzuführung auf das Hochfeld aus dem Taunus zu rechnen (vgl Abb 295 Qu).

Die hier stationierten, teilweise berittenen Truppen sind namentlich nicht bekannt, doch rechnet man wegen zahlreicher Besitzervermerke auf Keramikgefäßen, die illyrisches Namensgut verraten, mit einem Kontingent Soldaten aus dem Donauraum. – Die Gründung des Lagers fällt nach Aussage der Münzen und der Keramik in die Zeit um 40 nChr. Im Laufe seines Bestehens wurde das Lager einmal zerstört und wieder aufgebaut. Dieses Ergebnis brachte man früher mit einem überlieferten Chatteneinfall der Jahre 50/51 nChr in Verbindung; heute datiert man aufgrund neuerer Erkenntnisse die Zerstörung des Erdlagers in das Jahr 69 nChr. Danach wurde das Lager wieder instand gesetzt und kurzfristig besetzt. Das neu errichtete Steinkastell löste die alte Anlage ab; seine W Ausfallstraße führte über die verfüllten Gräben des Erdlagers hinweg.

Gleichzeitig und in direkter Sichtverbindung zum Erdlager erhob sich auf dem Kapellenberg (Abb 295, 3) ein hölzerner Wachtturm, der von einem Doppelringgraben umgeben war, von dem noch Spuren zu sehen sind. Von hier hatte man einen weiten Ausblick in das Maintal und zugleich ließ sich der Ausgang des Lorsbacher Tales überwachen, das die Verbindung zum Lahntal und damit zu den Wohnsitzen der Chatten vermittelte.

Steinkastell mit Kastellbad

Das Steinkastell liegt ca. 90 m O des Erdlagers. Im Gegensatz zu diesem war es nicht gegen das Tal orientiert, sondern um ca. 90 Grad gedreht nach SO. Gemäß dem späteren röm Lagerschema umschloß seine Umwehrungsmauer ein regelmäßiges Rechteck von 135,6 m auf 158,4 m und 2,15 ha Fläche. Vor dem Lager verliefen zwei Spitzgräben; der innere ist 8,0 m breit und 3,7 m tief, der äußere 9,2 m bzw. 4,5 m; sie sind vor den Toren unterbrochen. Das Kastell (Abb 298) besitzt vorn und an den beiden Seiten Doppeltore (2–4); rückwärtig lag ein einfacher Durchgang (5). Die Lagerhauptstraße (*via praetoria* und *decumana*) teilen es genau in der Länge, die rechtwinklig abzweigende, etwas nach vorn versetzte *via principalis* im Verhältnis 2:3. Nach außen stoßen sie, ebenso wie die kleineren Querwege zwischen den Mannschaftsunterkünften, auf die Lagerringstraße (*via sagularis*). Die Innenbauten weisen zwei Bauperioden auf, die Umwehrung drei; die beiden ersten sind gleichzeitig.

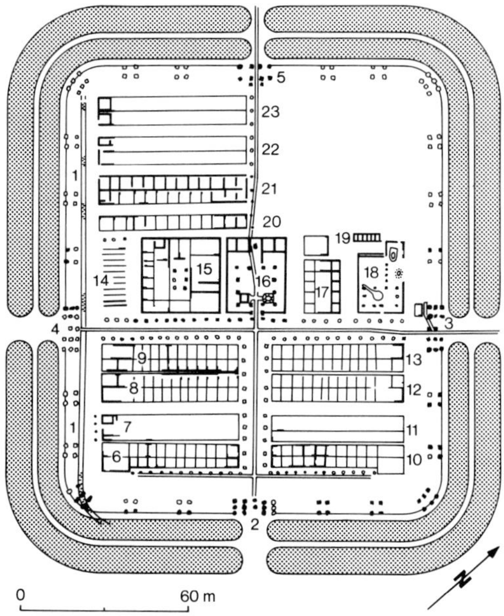

Abb. 297 Hofheim. Steinkastell Periode I (Stand 1980). 1 Früher Spitzgraben, 2 Haupttor, 3 linkes Seitentor, 4 rechtes Seitentor, 5 rückwärtiges Lagertor, 6, 8–10, 12, 13 Mannschaftsunterkünfte, 7, 11 Ställe, 14 Speicherbau, 15 Kommandantenhaus, 16 Stabsgebäude, 17 Lazarett, 18 Werkstatt (?), 19 Speicherbau, 20–23 Mannschaftsunterkünfte

In der ersten Bauperiode ist als Umwehrung eine Rasensodenmauer anzunehmen. Die Doppeltore wurden von je zwei Türmen auf sechs Pfosten flankiert, die Torbrücke stützten zwei Mittelpfeiler. Auch die Ecktürme erhoben sich auf sechs Pfosten, wogegen die 18 Zwischen- und die hinteren Tortürme über vier Ständern konstruiert waren.

Im Vorderlager (*praetentura*) standen acht langgestreckte Holzfachwerkhäuser (6–13), die als Unterkünfte anzusprechen sind. Im Mittelteil erkennt man einen Speicherbau (*horreum*) (14), neben dem Gebäude des Kommandanten (*praetorium*) (15), das Stabsgebäude (*principia*) (16), einen kleineren Bau (17), der ein Lazarett (*valetudinarium*) sein könnte, sowie einen Gebäudetrakt (18) mit technischen Einrichtungen (*fabrica?*). Im rückwärtigen Lagerareal (*retentura*) standen

Abb. 298 Hofheim am Taunus. Ausgrabung im Steinkastell 1980

wiederum langgestreckte Baracken, von denen (21) bis (23) Mannschaftsunterkünfte, (20) möglicherweise ein Vorratsbau ist. – Der Wasserver- und -entsorgung dienten zahlreiche Kanäle unter den Straßen, sowie Zisternen in Innenhöfen und Kastellecken.

Dieses Lager ist nach Ausweis der Funde (Münzen, Keramik) um 75 nChr gegründet und im Saturninus-Aufstand (89 nChr) teilweise abgebrannt und zerstört worden.

Auch während der zweiten Bauperiode blieb die Rasensodenmauer bestehen, O- und S-Tor, die Ecktürme sowie alle Zwischentürme wurden erneuert; die Zahl der Zwischentürme auf zehn reduziert. Im Vorderlager fand ein Wiederaufbau der Fachwerkhäuser statt. In der Mittelzeile renovierte man den Speicher, das Kommandantenhaus und das Lazarett nach altem Grundriß, der Werkstattbau wurde erneuert. Das Stabsgebäude wurde vergrößert und auf eine leichte Steinmauer gegründet. Die Unterkünfte im rückwärtigen Lagerteil erfuhren eine erhebliche Verkleinerung. – Als die Erdumwehrung nicht mehr standhielt, begann man an verschiedenen Stellen mit einer frontseitigen Bohlenversteifung, die indessen nie fertiggestellt wurde (Bauperiode 2a).

In der dritten Bauperiode wurde – wahrscheinlich noch in spätdomitianischer Zeit – die gesamte Umwehrung mit Unterstützung der Mainzer Legionen (XIIII und XXI) in Stein ausgebaut. Anstelle der Holzkonstruktionen traten solche aus Mauerwerk; Sandsteinquaderverblendung mit Kern aus heiß gemörteltem Kalksteinbruch. Dem Erdwall wurde eine im Fundament 1,5 m breite Wehrmauer vorgeblendet. – Im Lagerinnern waren kleinere Reparaturen und Umbauten festzustellen.

Das Ende der dritten Lagerperiode fiel in die Zeit um 110 nChr und ist durch einen Abbruch der Gebäude, Schleifung der Außenmauer und Verfüllung der Gräben gekennzeichnet. Von einer späteren, zivilen Besiedlung blieb das Kastellareal vollkommen frei.

Während der gesamten Nutzungsdauer des Steinkastells ist mit verschiedenen Besatzungen zu rechnen. Der Lagergrundriß zeigt, daß hier in der ersten Periode zwei Truppenteile lagen, zu denen im Vorderlager sicher Reiter gehörten. In der zweiten Periode ist die Anzahl der Soldaten verringert worden. Die Namen der Einheiten sind bisher nicht bekannt, wohl aber die einiger Soldaten, die z. T. röm Bürger waren, so z.B. ein Val(erius) Nivalis aus der Centurie des Sabinus. Britannische Fibeln könnten auf Zuzug aus England deuten.

Das Kastellbad, 75 m von der S-Ecke des Lagers entfernt, wurde bereits 1841 entdeckt, 1894 erneut aufgefunden und 1979/80 beim Bau eines Wasserbehälters der Gemeinde Kriftel endgültig zerstört. Der Steintrakt der verhältnismäßig kleinen Anlage (Länge 34,8 m; Breite 18,0 m) umfaßte alle notwendigen Einrichtungen wie Umkleideraum (*apodyterium*), Kaltbad (*frigidarium*), Laubad (*tepidarium*) und Heißbad (*caldarium*). Nach Ausweis der Beschreibung und des Planes von 1896 sind mindestens drei Bauphasen zu erkennen, eine letzte in trajanischer Zeit mit spätem gestempeltem Ziegelmaterial der 22. Legion.

Zivilsiedlungen (*vici*) und Gräberfelder

In welchem Umfang zur Zeit des Erdlagers ein Lagerdorf (*vicus*) existierte, entzieht sich unserer Kenntnis. Sichere Spuren stammen aus der Umgebung des Steinkastells. In einem Abstand von 50 m vor dem S-Tor (Abb 295, 6) beiderseits der von Mainz heranführenden Straße erbrachten Plangrabungen die typischen langrechteckigen Vicushäuser. Die Fachwerkbauten orientieren sich mit ihren Schmalseiten zur Straße hin. Neben reinen Wohnquartieren stieß man auch auf technische Einrichtungen wie Öfen für Metallguß und Schmiedewerkstätten. Eine Ausnahme bildete das dem Kastell nächste Haus, das breitseitig zur Straße lag und als Herberge (*mansio*) gedeutet wurde. Die ersten Holzfachwerkbauten fielen im Jahre 89 nChr dem Saturninus-Aufstand zum Opfer. Aus der Folgezeit sind eine Reihe von Steinbauten aufgedeckt worden, die z.T. recht gut ausgestattet waren (farbiger Wandputz, Hypokaustheizungen). Auch ein Badegebäude gehörte zu diesem Handwerkerquartier. Aufgrund

von Münzfunden aus dem Vicusbereich hat das Lagerdorf auch nach Abzug der Truppe bis ins 3. Jh fortbestanden. – Ein zugehöriges Gräberfeld lag 200 m weiter S an derselben Straße (Abb 295, 7).
Ein anderes, gleichzeitiges Gräberfeld an der Gotenstraße (Abb 295, 9) gehörte offenbar zu einem Siedlungsbereich S des Erdlagers (Abb 295, 8) an der Ausfallstraße nach Wiesbaden. – Auch vor dem N-Tor des Steinkastells, hangabwärts bis zum Übergang über den Schwarzbach dehnte sich ein größeres Siedlungsfeld aus, in welchem gleichfalls Steinbauten und ein Abwasserkanal nachgewiesen sind (Abb 295, 10). Jenseits des Baches, z. T. bereits auf der Gemarkung Kriftel, wurden bei Anlage eines Sportplatzes am Schmelzweg, Reste röm Gebäude sowie technischer Einrichtungen (Schmiedeöfen) aufgedeckt und als Straßenstation gedeutet (Abb 295, 11). N davon kennt man das zugehörige Gräberfeld (Abb 295, 12). Die Funde datieren gleichfalls vom 1. bis ins 3. Jh.
Konkrete Hinweise auf die Organisation und Bevölkerungszusammensetzung der Hofheimer Vici fehlen weitgehend. Sicher spielte anfangs das Militär eine entscheidende Rolle. Hinzu kamen germanische Elemente, die bereits im 1. Jh hier siedelten und anhand ihrer Keramik bis ins 2. Jh nachweisbar sind. Eine Inschrift auf einer Gefäßscherbe nennt offenbar eine Gruppe von Griechen. Die überregionale Bedeutung der röm Hinterlassenschaften von Hofheim liegt in ihrer historischen Aussagekraft. Dank der örtlichen Nähe zur Hauptstadt Mainz, der frühzeitig erfolgten und fortwährenden Einbeziehung in den direkten Machtbereich Roms, dem daraus erwachsenen Interesse, welches die hessische Altertumsforschung gerade diesem Platz entgegengebracht hat, vermittelt Hofheim wie kaum ein anderer rechtsrheinischer Ort einen überaus wichtigen Beitrag zur Geschichte der röm Provinzen Germaniens. Nu

Ao: Museum Wiesbaden
Lit: GWolff, ORL B 29 Hofheim 1896 – ERitterling, Das frühröm Lager bei Hofheim i. T. Nass. Ann. 40, 1912 – HSchoppa, Die Funde aus dem Vicus des Steinkastells Hofheim, Main-Taunus-Kreis 1961 – DBaatz, Bayer. Vorgeschbl. 28, 1963, 187 ff – HSchoppa, Fundber. Hessen 4, 1964, 98 ff – HSchoppa, Roman Frontier Studies 1969, 131 ff – HUNuber, Fundber. Hessen 14, 1974, 227 ff – GRühl, Fundber. Hessen 15, 1975, 560.

Holzhausen an der Haide EMS

*Kohortenkastell**

Abb 299

Das Kohortenkastell Holzhausen liegt in einem schönen Buchenhochwald am N-Hang des Grauen Kopfes. Es gehört zu den am besten erhaltenen Wehrbauten des obergermanischen Limes. Seine Reste liegen etwa 2,5 km O von Holzhausen. Es ist nur für Wanderer zu erreichen. Man kann von dem Parkplatz an der B 260 (Bäderstraße 1 km SO von Holzhausen am Waldrand) ausgehen.
In dem einsamen Wald fernab von den Dörfern blieb die Kastellruine jahrhundertelang unbehelligt, da abergläubische Furcht die Umwohner davon abhielt, in der Ruine nach Schätzen oder Steinen zu wühlen. Erst als die Bäderstraße am Anfang des 19. Jh einen festen Straßenkörper erhielt, holte man Steine aus dem alten Gemäuer, doch blieb der größte Teil der Umwehrung verschont.
Die ersten Untersuchungen unternahm A. von Cohausen 1874 und 1882 von Wiesbaden aus. Umfangreichere Grabungen fanden 1898 und 1899 im Auftrag der RLK statt. Sie wurden von L. Pallat geleitet, der auch 1903 eine Nachuntersuchung in den Principia ausführte. Die letzte Ausgrabung führte K. Naß im Jahre 1932 aus; damals wurde das Gebiet zwischen Principia und Nordmauer mit den Bauresten A und B untersucht.
Das Kastell Holzhausen ist in einer späten Ausbauphase des Limes entstanden. Mit 1,4 ha Fläche war es das kleinste Kohortenkastell am obergermanischen Limes. Es wurde erst am Ende des 2. Jh unter Kaiser Commodus errichtet, als der Limes schon ungefähr ein Jahrhundert lang existier-

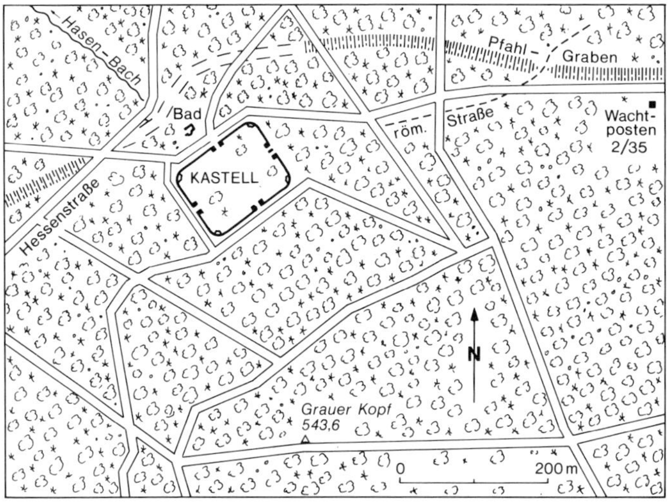

Abb. 299 Holzhausen a. d. Haide. Lageplan des Kohortenkastells

te. Gleichzeitig ist das weit größere Kastell Niederbieber im Neuwieder Becken erbaut worden. Offensichtlich hatte sich der Druck der Germanen auf den Grenzabschnitt so verstärkt, daß zusätzliche Stützpunkte notwendig wurden. Das Kastell blieb bis zum Fall des Limes um 260 nChr bestehen. Seine Besatzung war die *Cohors II Treverorum,* die vielleicht wie die Schwestereinheit im Zugmantelkastell aus einem *Numerus Treverorum* hervorgegangen ist. Der Name der Einheit ist durch mehrere Inschriften überliefert, die bei den Ausgrabungen gefunden worden sind. Bemerkenswert ist eine große, rechteckige Kalksteinplatte, deren Bruchstücke am linken Seitentor zutage kamen, über dem sie einst angebracht war. Auf ihr sind zahlreiche vergoldete Bronzebuchstaben befestigt. Sie bilden eine Inschrift zu Ehren Kaiser Caracallas (211–217), die – ergänzt und übersetzt – lautet: »Dem Kaiser Marcus Aurelius Antoninus Pius, dem Glücklichen, dem größten Sieger über Parther, Briten und Germanen, dem höchsten Priester, dem Prokonsul, Vater des Vaterlandes und völlig unbesiegten Herrscher, im 16. Jahr seiner tribunizischen Amtsgewalt, nachdem er dreimal zum Imperator ausgerufen worden ist und viermal das Konsulat innegehabt hat, von der Cohors II Antoniniana Treverorum geweiht, die seiner Majestät tief ergeben

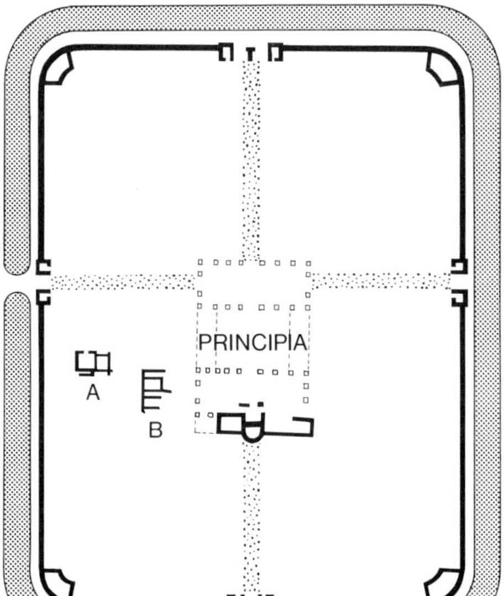

Abb. 300 Holzhausen a. d. Haide. Grundriß des Kohortenkastells. Die Baureste A und B sind nicht mehr sichtbar; sie gehörten wohl zu Mannschaftsbaracken

Abb. 301 Holzhausen a. d. Haide. Inschrift zu Ehren Kaiser Caracallas

ist.« Die Inschrift stammt aus dem Jahr 213, dem Jahr des Germanensieges Caracallas. Die bombastischen Übertreibungen der Kaisertitel klingen schon etwas hohl und lassen die Krise ahnen, in die das Römerreich bald hineinsteuerte. Nur etwa 70 Jahre lang bestand das Kastell, dann ging es in der beginnenden germanischen Völkerwanderung unter.

Die gesamte Umwehrung mit den vier Toren ist gut zu erkennen. Hinter dem Stumpf der steinernen Wehrmauer erblickt man den Erddamm, der einst den Wehrgang trug. Das Kastell richtete sein Haupttor nach NO, nicht direkt gegen den Limes, der in nur rund 70 m Entfernung N am Kastell vorbeilief, wo er allerdings heute nicht mehr sichtbar ist. Der Grund für die Orientierung des Kastells nach NO ist darin zu sehen, daß in dieser Richtung etwa 350 m entfernt ein Limesübergang bestand, zu dem eine Straße vom Haupttor des Kastells hinführte. Ein weiterer alter Weg, die Hessenstraße, zieht W am Kastell vorbei. Es ist ungewiß, ob dieser Weg schon in röm Zeit vorhanden war und ob sich N vom Kastell etwa ein weiterer Limesdurchgang befand. Jedenfalls ist die Lage des Kastells durch die Kreuzungsstelle alter Verkehrsverbindungen mit dem Limes bestimmt worden, außerdem durch die sichere Was-

Abb. 302 Holzhausen a. d. Haide. Blick vom Kastellinneren auf das Haupttor

serversorgung, die die nahegelegene Quelle des Hasenbachs bot.
Mitten im Kastell erblickt man die Fundamente eines Raums mit Rundapsis, es ist das Fahnenheiligtum. Daneben liegen die Grundmauern zweier rechteckiger Räume, die einst der Verwaltung der Truppe dienten. Die sichtbaren Fundamente bezeichnen nur einen Teil des Stabsgebäudes (*principia*), das im übrigen aus Holz bestand. Die Innenfläche des Kastells war mit Unterkünften und Versorgungsbauten dicht gefüllt, die aber alle aus Fachwerk waren und daher an der Oberfläche keine Spuren hinterließen. – Rund um das Kastell entwickelte sich ein Dorf, dessen Gebäude an einigen Stellen als flache Ruinenhügel im Wald sichtbar werden. Zwischen Kastell und Pfahlgraben – der hier nicht sichtbar ist – befand sich das Kastellbad nahe der Quelle des Hasenbachs.
Das Kastell liegt heute wenige Meter jenseits der hessischen Landesgrenze in Rheinland-Pfalz. Früher gehörte es zu Hessen-Nassau, und so sind die archäologischen Untersuchungen stets von Wiesbaden aus organisiert worden. Ba

Ao: Museum Wiesbaden, Sammlung Nassauischer Altertümer
Lit: LPallat ORL Abt B Band I Kastell Nr. 6 (1904) – KNaß, NassAnnalen 54, 1934, 233 ff – B Pferdehirt, Die Keramik des Kastells Holzhausen. Limesforsch Band 16 (1976).

Hummetroth ERB

*Röm Gutshof Haselburg**

Abb 303

SW von Höchst im Odenwald lag auf der Hochfläche des Mittelgebirges ein röm Gutshof (*villa rustica*) beachtlichen Umfangs. Man findet die freigelegten Grundmauern des Herrenhauses O von Hummetroth. Die Haselburg gehörte im Odenwald zu den größten Gutsbetrieben der Römerzeit. – Anfang des 19. Jh war noch viel von den Ruinen der Villa zu sehen. J. F. Knapp besuchte damals die Fundstätte und beschrieb die Umfassungsmauer, deren Ruinenwall noch »3 bis 4 Schuh« hoch war und eine Fläche von 285 x 252 Schritt einfaßte (etwa 215 x 190 m).
Auf drei Seiten der Mauerruine wuchsen Haselbüsche; davon erhielt die Fundstätte ihren Namen. Innerhalb der Umfassungsmauer erblickte Knapp die Ruinenhügel mehrerer Gebäude. In den Jahrzehnten nach Knapps Besuch haben die Einwohner der umliegenden Dörfer die Mauern ausgebrochen, so daß die Spuren des Gutshofs langsam von der Oberfläche verschwanden. Systematische Ausgrabungen haben nie stattgefunden. – Der neuerdings freigelegte Teil des Herrenhauses enthielt in der Mitte einen festlichen Speisesaal (*triclinium* oder *oecus*), der im N mit einer Apsis versehen war. In dieser standen das Speisesofa (*kline*) und die Tafel zur Bewirtung der Gäste. Außerdem enthielt der freigelegte Bautrakt einige Wohnräume. Im S öffnete sich der Speisesaal auf einen kleinen Gartenhof, der mit einem Säulengang eingefaßt war (Peristyl). Das Herrenhaus der Haselburg gehörte demnach nicht dem verbreiteten Bautyp der Eckrisalitvilla mit zentraler Halle an. Es ging vielmehr auf den aufwendigeren Typus des Peristylhauses zurück, den die Römer aus dem hellenistischen O des Mittelmeerraums übernommen hatten. Auf der bisweilen rauhen Höhe des Odenwaldes wird der prächtige Bau einstmals wie ein exotischer Fremdling gewirkt haben. – Zu den Funden aus der Haselburg gehören Mosaikreste, es wird auch von Bädern mit Hypokaustheizung berichtet. In einem Hypokaust fand man einen gebrannten Ziegel mit einer bemerkenswerten Ritzinschrift: *stratura tertia laterculi capitulares numerus CCCLXXV* »in der dritten Lage 375 Stück Kapitellziegel«. Es handelt sich um die Abrechnung der Tagesproduktion einer Gruppe von Ziegelstreichern. Aus der Inschrift geht aber keineswegs hervor, daß die Ziegelei – wie mitunter angenommen – in oder bei der Haselburg lag. Ba

Lit: JFKnapp, Röm Denkmale des Odenwaldes (1813) 94 f – FKofler, Archiv f. hess. Gesch. u. Altertumskunde Neue Folge 1, 1890, 97 – FBehn, Urgeschichte von Starkenburg[2] (1936) 35.

Abb. 303 Hummetroth. Haselburg. Blick von Norden auf das Herrenhaus des römischen Gutshofs während der Freilegungs- und Konservierungsarbeiten 1981

Hungen-Bellersheim GI

*Röm Gutshof**

Abb 304

Der röm Gutshof liegt im Bellersheimer Markwald (Distr. »Streubel«), S der Straße Bellersheim–Trais Münzenberg. Man erreicht ihn von Bellersheim kommend, der 2. Schneise links folgend, etwa 50 m hinter einer Kreuzung. Der Gutshof, im Volksmund »Altenburg« genannt, liegt in einem überwiegend mit Buchen bestandenen Hochwald in kaum merklicher NO Hanglage. Er ist im Gelände gut zu sehen. 1867 wurden hier Steine zum Bau der Straße Bellersheim–Trais Münzenberg ausgebrochen und dabei die Ruine erheblich zerstört. Noch im gleichen Jahre unternahm K. Kraft hier einige Sondierungen und publizierte seine Beobachtungen zusammen mit einem Plan. Das Anwesen wird von einer Hofmauer (ca. 172 x 105 m) umschlossen, die als flacher Schuttwall noch gut im Gelände zu erkennen ist. Das Tor, von dem ein geschotterter und offenbar unregelmäßig verlaufender Weg ins Innere führte, befand sich im N. Die Funktionen der einzelnen Hofgebäude aber blieben weitgehend unbekannt. Die räumlich gegliederten Häuser D und E könnten Wohnzwecken gedient haben und Haus E seiner Lage wegen sogar das Hauptgebäude dieser Hofanlage gewesen sein. Die Bauten A, B, C, F, G und H hingegen müssen als Wirtschaftsgebäude angesprochen werden, von denen F seiner stärkeren Mauern wegen vielleicht ein Turmspeicher war. Das Fundmaterial der Grabung Kraft wurde im Rathaus von Bellersheim aufbewahrt und ist inzwischen dort verschollen. Ein Sandsteinbruchstück mit einer möglichen Merkurdarstellung verschwand im Aufschotterungsmaterial der Straße. Li

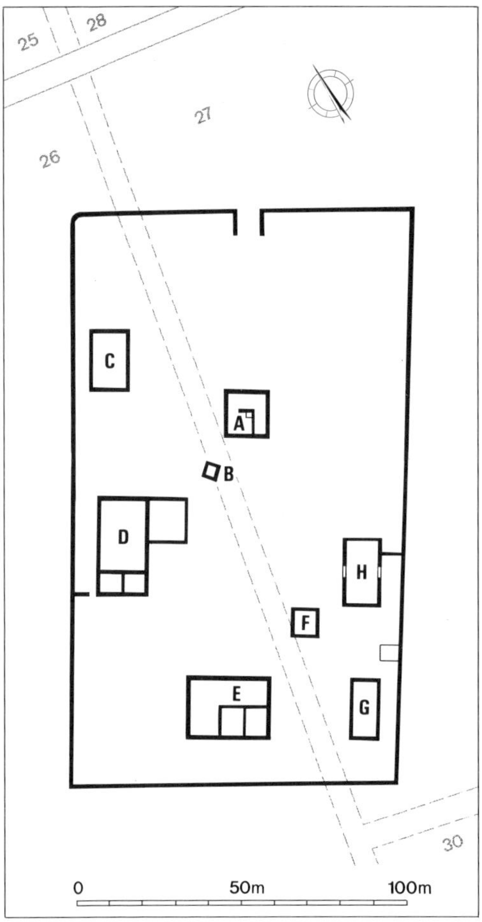

Abb. 304 Hungen-Bellersheim. Röm. Gutshof. Gesamtplan. A, B, C, G, H Wirtschaftsgebäude, F Turmspeicher (?), D Wohngebäude, E Herrenhaus (?)

Lit: KKraft Arch. f. Hess. Gesch. 11, 1867, 157 ff; GSchell, Nassauische Annalen 75, 1964, 63 u. 93.

Hungen-Inheiden GI

Numeruskastell

Abb 17, 305, 357

S von Hungen springt ein Winkel des Wetteraulimes nach NO vor. Der Limes biegt hier nach S um und folgt dann der O-Seite des Horlofftals. In

Abb. 305 Hungen-Inheiden. Die unterschiedliche Färbung der Getreidepflanzen in den Äckern macht das Kastell sichtbar (links im Bild). In der rechten Bildhälfte: einige Vicushäuser (Blick von Westen)

dem vorspringenden Winkel des Limes befand sich etwa 1,5 km O von Hungen-Inheiden ein kleines Numeruskastell, dessen Spuren inzwischen von der Oberfläche verschwunden sind. Seine Reste liegen jenseits (O) der Eisenbahnlinie unter den Äckern einer flachen Anhöhe, die in einem großen Bogen von der Horloff umflossen wird. Die röm Ruinenstätte ist zwar schon seit dem 18. Jh bekannt, wurde jedoch noch nie richtig untersucht. Die einzige größere Kastellgrabung unternahm F. Kofler schon 1885, in einer Zeit, in der er erst über wenig Ausgrabungserfahrung verfügte. In den letzten Jahren zeigte die Auswertung archäologischer Luftbildaufnahmen, daß die im Limeswerk ORL veröffentlichten Grundrisse unzuverlässig sind. Offensichtlich durchlief das Kastell mehrere Ausbauphasen, deren zeitliche Aufeinanderfolge und Größe denen des Numeruskastells → Altenstadt sehr ähnlich waren. Die anfängliche Größe des Kastells Inheiden lag bei 0,6 ha (Holzkastell); später besaß es eine in Stein ausgebaute Umwehrung, die etwas mehr als 1 ha Fläche einschloß. Das Kastell dürfte unter Kaiser Trajan bereits bestanden haben und bis zum Ende des Limes besetzt gewesen sein. Seine Besatzung ist unbekannt. Von dem Kastell ging eine Straße in SW Richtung zum Kastell → Echzell. An ihr entstand ein kleiner Vicus mit z.T. überraschend großen Häusern, von denen eines vor einigen Jahren ausgegraben worden ist.

Ba

Lit: EAnthes, ORL, Abt B Band II, 2 Kastell Nr. 17 (1911).

Idstein-Heftrich → Heftrich
Inheiden → Hungen-Inheiden
Kaichen → Niddatal-Kaichen

Kapersburg (Taunus) FB

*Numeruskastell**

Abb 306–311

Dicht am Pfahlgraben in den Tauuswäldern gelegen, ist die Kapersburg nur für Wanderer erreichbar, die etwa Pfaffenwiesbach oder Ober-Rosbach als Ausgangsort nehmen können. – Nachdem die Römer den Limes in der Mitte des 3. Jh aufgegeben hatten, zerfiel das Kastell, blieb aber stets sichtbar und gehört heute zu den am besten erhaltenen Limeskastellen in Hessen. Schon früh lebte es als Ruine einer alten Befestigung im Bewußtsein der Bevölkerung. Bereits in einer Urkunde aus dem Jahre 1482 wird die » Karpesserburgk« am Pfahlgraben erwähnt. Es ist allerdings bis heute nicht gelungen, die Bedeutung dieses Namens zu erklären. – Erste wissenschaftliche Ausgrabungen führte 1878–79 G. Dieffenbach aus. Umfangreicher waren die Untersuchungen, die 1896–97, 1901 und 1905 vom Saalburgmuseum durch L. Jacobi unternommen worden sind. Sie bildeten die Grundlage für die Veröffentlichung im Limeswerk (ORL). 1906–1914 sind unter der Leitung von P. Helmke aus Friedberg die Mauern des Kastells und des Kastellbades weiter freigelegt und konserviert worden, wobei zusätzliche Erkenntnisse gewonnen wurden.

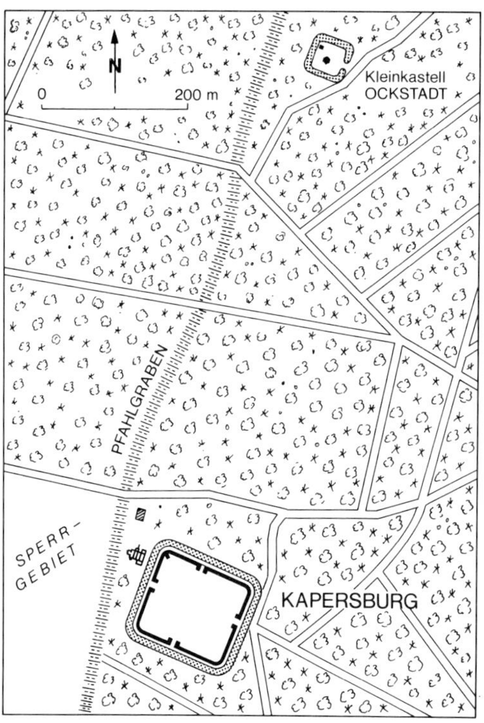

Abb. 306 Kapersburg. Lageplan

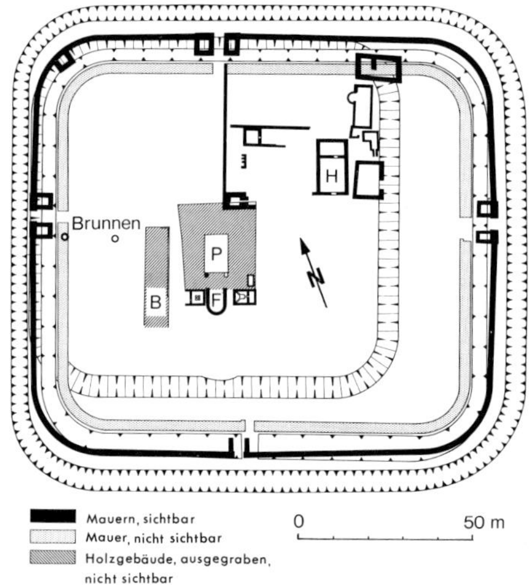

Abb. 307 Kapersburg. Die drei Bauzustände des Numeruskastells. P Principia mit F Fahnenheiligtum, H Horreum, B Mannschaftsbaracke

Es zeigte sich, daß das Kastell drei Ausbauzustände besaß: (1) Zuerst entstand am Ende des 1. Jh nChr ein Holzkastell von 0,8 ha Fläche. (2) Dieses wurde in der 1. Hälfte oder Mitte des 2. Jh durch das erste Steinkastell von 1,3 ha Fläche ersetzt. Das Kastell besaß eine eigenartige, steinerne Umwehrung, die ohne Mörtelbindung aufgesetzt worden war. (3) Wohl gegen Ende des 2. Jh ist das Kastell noch einmal vergrößert worden und erhielt nunmehr eine mörtelgebundene, steinerne Wehrmauer, die 1,6 ha einschloß (2.

Abb. 308 Kapersburg. Ruine der Kastellmauer mit Verteidigungsgraben

Steinkastell). – Die heute sichtbaren Mauern gehören alle zum zweiten Steinkastell. Dem Besucher werden vor allem die beiden konservierten Torbauten in der O- und in der W-Umwehrung auffallen. Sie wurden durch die *via principalis* verbunden, die Querstraße des Kastells, die durch die heute nicht mehr sichtbare Vorhalle der Kommandantur (*principia*) hindurchführte. Von diesem Gebäude sieht man aber noch das Fahnenheiligtum (*aedes*) F, einen Raum mit Apsis, in dem auch der abgebildete Genius gefunden worden ist. Neben dem Fahnenheiligtum erblickt man die Grundmauern zweier rechteckiger Räume, einstiger Schreibstuben für die Verwaltung der Truppe, die durch Hypokausten geheizt waren. Nur diese Räume waren im letzten Bauzustand des Kastells aus Stein; die übrigen Teile der Principia waren Fachwerkbauten, die um einen Innenhof gruppiert waren. Sie sind nicht mehr sichtbar, wurden aber bei den Ausgrabungen nachgewiesen, genauso wie die Mannschaftsbaracke B daneben. Die anderen Unterkünfte der Truppe sind nicht ausgegraben worden; man muß sich das Kastell dicht mit solchen langgestreckten Unterkunftsbaracken bebaut vorstellen. – Die mit H bezeichneten Fundamente sind die des Getreidespeichers (*horreum*). Der Bau trug eine Inschrift aus dem Jahr 208 oder 209, aus der hervorgeht, daß der damalige Statthalter Obergermaniens, Q. Aiacius Modestus, den Bau des Horreums veranlaßt hat. Die O davon sichtbaren Mauerreste dürften zum Haus des Kommandanten gehört haben.

Schon das erste Kastell, das kleine Holzkastell, war nach N orientiert, also nicht gegen den Limes gerichtet, wie das bei anderen Kastellen oft der

Abb. 309 Kapersburg. Geniusstatue aus Basalt, gefunden im Fahnenheiligtum des Kastells

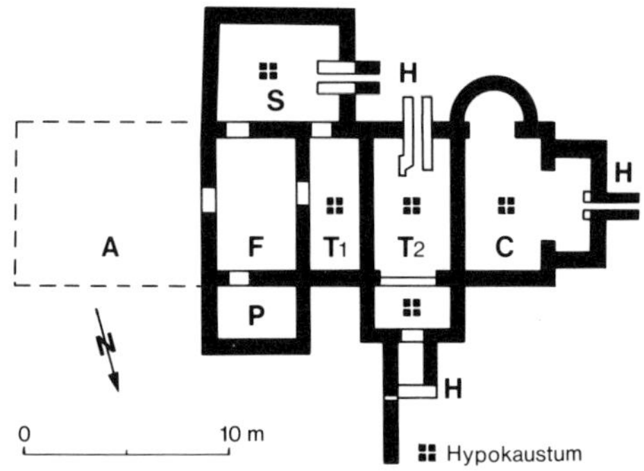

Abb. 310 Kapersburg. Plan des Kastellbades. A Umkleideraum (apodyterium), F Kaltbad (frigidarium) mit P Kaltwasserwanne (piscina), S Schwitzbad (sudatorium), T_1 und T_2 lauwarme Bäder (tepidarium), C Warmbad (caldarium), H Heizstellen

Fall war. Diese Orientierung und auch die Lage der Principia innerhalb des Kastells sind bei den späteren Kastellerweiterungen beibehalten worden, wodurch die beiden Steinkastelle einen etwas unregelmäßigen Grundriß erhielten. Stets blieb die Verbindung zwischen O- und W-Tor die *via principalis*, und das N-Tor war auch später das Haupttor des Kastells. Zwischen Kastell und Pfahlgraben, der nur etwa 60 m entfernt liegt und gut erhalten ist, liegen die konservierten Grundmauern des Thermengebäudes neben einer Quelle, die auch heute fließt. Das Gebäude hat einen typischen Grundriß, der in aller Klarheit die üblichen Räume eines röm Bades erkennen läßt. Nicht sichtbar ist lediglich der Umkleideraum (*apodyterium*), der als hölzerne Halle O an den Steinbau anschloß. Von ihm fanden die Ausgräber nur den Fußbodenbelag. – Spuren eines Kastelldorfes hat man vor allem O vom Kastell am Hang des Saukopfes gefunden; die Häuser standen an einer Straße, die vom O-Tor des Kastells ausging.

Als Besatzung ist der *Numerus Nidensium* inschriftlich bezeugt. Ihm gehörte eine Abteilung Reiter (*veredarii*) an, von der auch eine Weihung

Abb. 311 Kapersburg. Kastellbad, Luftbild

an die keltische Pferdegöttin Epona stammt. Der Name der Einheit hängt gewiß mit *Nida*, dem Hauptort der *civitas Taunensium* zusammen (heute: Frankfurt a. M.-Römerstadt). Die Hilfstruppe in der Kapersburg bestand also aus Einheimischen, die hier an der Grenze ihre Heimat schützten.

Von der Kapersburg aus lohnt sich ein Ausflug in N Richtung an dem gut sichtbaren Pfahlgraben entlang zum Kleinkastell im Ockstädter Wald. Dieses einst hölzerne Kleinkastell (etwa 0,2 ha) ist wahrscheinlich die älteste röm Befestigung an diesem Grenzabschnitt und könnte schon unter Kaiser Domitian als Vorgänger der Kapersburg erbaut worden sein. Es ist jedenfalls schon in einer frühen Phase des Limesausbaus aufgegeben worden, denn es gibt dort kaum Wasser. Das neue Kastell ist wohl wegen des Wasserreichtums, der für die Versorgung der Menschen und Reittiere sehr wichtig war, nach S an die Stelle der Kapersburg verlegt worden. Ba

Ao: Wetteraumuseum Friedberg

Lit: HJacobi ORL Abt B Band II,2 Kastell Nr. 12 (1906) – EFabricius ORL Abt A Band II, 1 Strecke 4 (1936) 59 ff – PHelmke Germania 8, 1924, 39 ff.

Karben-Okarben FB

Alenkastell

Abb 312

Bei der Besetzung der Wetterau erbauten die Römer hier eines ihrer größten Kastelle. Für die Wahl des Platzes war offensichtlich die verkehrsgünstige Lage maßgebend. Denn hier liefen einige wichtige Straßen zusammen, die z.T. wohl schon auf ein vorröm Wegenetz zurückgehen. Von den ganz frühen Militärstationen aus der Zeit der Kaiser Augustus und Tiberius (Rödgen, Bad Nauheim, Friedberg) abgesehen, gehört Okarben auch zu den ältesten Römerkastellen im Wetteraugebiet: Es wurde schon unter Kaiser Vespasian (69–79 nChr) gegründet.

Die ersten Grabungen fanden 1889 auf Kosten des seinerzeit in Gießen bestehenden Oberhessischen Vereins für Lokalgeschichte statt. 1894 und 1895 führte die RLK weitere Sondagen durch. Das Kastellareal war bereits damals in seinem O- und Mittelteil mit Häusern und Höfen stark überbaut. Das setzte sich dann besondes nach dem 2. Weltkrieg auch im W Bereich fort. 1959–1969 konnten aber bei Ausschachtungen und Kanalisationsarbeiten einige weiterführende Beobachtungen gemacht werden. Auf einem der wenigen noch unbebauten Grundstücke untersuchte dann die Römisch-Germanische Kommission in Zusammenarbeit mit dem Landesamt für Denkmalpflege Hessen im Herbst 1976 eine kleine Fläche im Zentrum. Der Plan des Kastells bleibt in jedem Fall höchst unvollkommen, die Baugeschichte ließ sich aber einigermaßen klären.

Von der Umwehrung der ältesten Befestigung, der aus der Zeit Vespasians, sind lediglich auf der N-Seite einige wenige Gruben und Gräbchen beobachtet worden, die von einer in Holz errichteten Toranlage herrühren dürften (C). Der Umfang dieses ältesten Kastells ist uns leider unbekannt. Auch von der Innenbebauung kennen wir nur einen geringen Teil, nämlich den, der 1976 aufgedeckt wurde (B). Hier stand ein ausgedehnter hölzerner Wirtschaftsbau, dessen Räume um einen 21 x 15 m großen Innenhof gruppiert waren. N eines 3,7 m breiten Wegs fanden sich möglicherweise Spuren einer Mannschaftsbaracke. Doch weiß man nicht, was für eine Truppe im Kastell stationiert war.

Mit dem Beginn des Chattenkriegs (83–85 nChr) setzte unter Kaiser Domitian wieder eine rege Bautätigkeit ein, wie vor allem zahlreiche mit Stempeln versehene Ziegel der an ihm beteiligten 5 Legionen zeigen. Der Wehrgraben wurde nun auf etwa 8 m verbreitert und dahinter eine neue Holz-Erde-Mauer errichtet. Von deren einen Innenwand zur anderen gemessen war das Kastell vermutlich etwa 257 x 167 m, also 4,3 ha groß. Die Besatzung könnte jetzt eine 500 Mann starke Reitereinheit gewesen sein, die *Ala II Flavia gemina*. Doch ist das mangels entsprechender

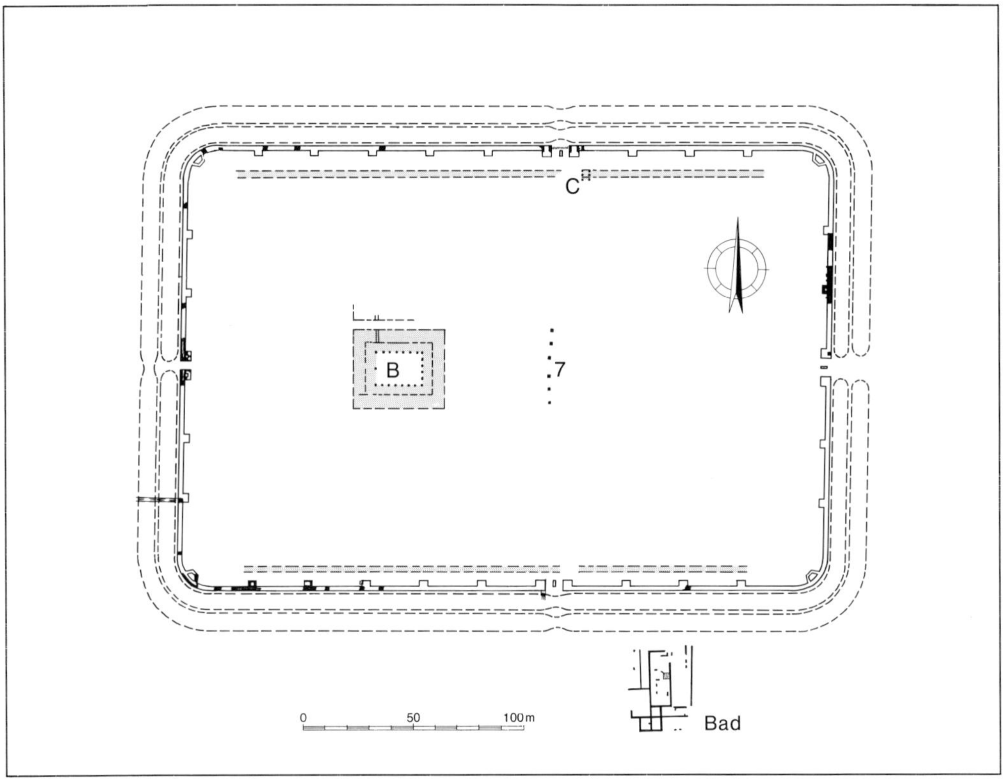

Abb. 312 Karben-Okarben. Alenkastell. C Holz-Erde-Mauer mit Toranlage, B Wirtschaftsbau der 70er Jahre. Kastell mit steinerner Wehrmauer nach 88/89 n. Chr.

schriftlicher Zeugnisse nicht zu beweisen. In diesen Jahren ist wohl auch ein Stabsgebäude (*principia*) mit steinernen Fundamenten entstanden, wie man aufgrund von 6 mächtigen Steinpfeilern annehmen möchte, die seinen O Abschluß bildeten (7) und 1965 entdeckt wurden. In den frühen Regierungsjahren Domitians wird auch das S vom Kastell liegende Bad erbaut worden sein, denn aus ihm stammen hauptsächlich Ziegel der am Chattenkrieg beteiligten Legionen.

Die Anlagen der frühdomitianischen Zeit scheinen 88/89 nChr im Zusammenhang mit dem Aufstand des Mainzer Statthalters L. Antonius Saturninus in einer großen Brandkatastrophe zugrunde gegangen zu sein. Mit dem Schutt füllte man einige Zeit später den Wehrgraben zu und errichtete davor die steinerne Mauer eines nachfolgenden Kastells. Dieses war 291 x 193 m, also rund 5,6 ha groß. Es besaß zwei umlaufende Wehrgräben und wie üblich vier über Kreuz liegende Tore, Türme in den Ecken und zwischen beiden insgesamt 24 kleine Zwischentürme, von denen sich allerdings infolge späterer Zerstörungen nur wenige wirklich sicher feststellen ließen. Im Innern stand etwa an der Stelle des früheren Wirtschaftsbaues ein 41,5 m langes und 13,5 m breites Bauwerk, vermutlich ein Magazin (auf der Abb 312 nicht dargestellt). Einen Teil der Besatzung

könnte die *Ala Moesica* gebildet haben, eine 500 Mann starke Reitereinheit. Doch ist auch das nicht ganz sicher.
Wie vor allem die Münzen zeigen, dürfte das Kastell gegen Ende der Regierung des Kaisers Trajan (98–117 nChr) aufgelassen worden sein. Doch wurden die Anlagen auch noch später in irgendeiner Form weiterbenutzt. Die jüngste Münze aus dem Kastellbereich ist jedenfalls zwischen 222 und 231 nChr geprägt worden. Aus dem starken Rückgang der Terra Sigillata gegen Mitte des 2. Jh muß man allerdings schließen, daß der Platz schon früher sehr an Bedeutung verlor. Schö

Lit: GWolff, ORL B II Nr. 25a (1902) – HSchönberger u. H-GSimon, Limesforschungen 19 (1980).

Kastel WI

Kastell und Vicus Castellum Mattiacorum

Abb 110, 126, 142, 149, 151, 313–315

Kastel ist der einzige Ort in Hessen, von dem mit Sicherheit feststeht, daß er noch heute seinen röm Namen trägt. Stets war das röm *Castellum Mattiacorum* auf den Rheinübergang bei Mainz bezogen. Dieser geht auf die Zeit des Kaisers Augustus zurück. Als Drusus 10 vChr in unserem Raum die Feldzüge zur Eroberung Germaniens eröffnete, bauten die Mainzer Legionen eine Schiffsbrücke, und zwar ungefähr an der Stelle der späteren röm Steinbrücke. Dieser rechtsrheinische Brückenkopf ist gewiß nicht ohne militärischen Schutz

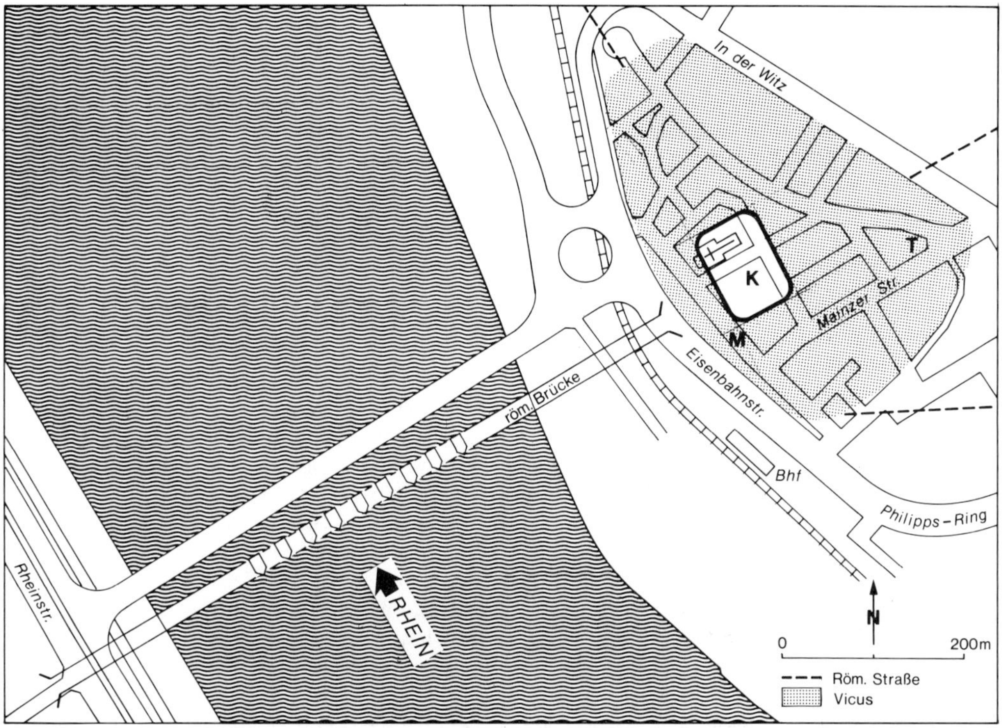

Abb. 313 Kastel und römische Rheinbrücke. K Steinkastell, M Fundstelle der rheinseitigen Vicusmauer, T Thermen

geblieben; das älteste *castellum* dürfte aus dieser Zeit stammen. Es muß ein Holzbau gewesen sein, von dem aber bisher keine Spuren beobachtet worden sind. Nur wenige Münz- und Keramikfunde deuten auf seine Existenz hin. Sicherlich ist das Brückenkopfkastell während des 1. Jh nChr aufrechterhalten und mehrmals umgebaut worden, es wurde wohl auch im Vierkaiserjahr 69 zerstört. Dank der Ausgrabung von J. Grimm 1881 kennt man ein kleines Steinkastell von 71 x 98 m (0,7 ha). Es ist wohl gleichzeitig mit der röm Steinbrücke um 71 nChr entstanden. Seine Besatzung ist unbekannt; sie hatte die Stärke der kleinen Numeri am Limes. Das Kastell liegt genau in der Brückenachse. Auch setzt die wichtigste röm Verkehrsverbindung nach NO in die Wetterau, die Steinerne Straße oder Elisabethenstraße, die Brücken- und Kastellachse noch über 2 km fort. Neben dem Steinkastell entstand sogleich ein Lagerdorf (*vicus*), und zwar unmittelbar NO an der Steinernen Straße. Dieser Ortsteil erhielt später, als der Vicus größer geworden war, die Bezeichnung *vicus vetus* (Altstadt). Aus seinem Bereich kennt man Handwerksbetriebe (Töpferöfen). Da der Vicus an einer sehr verkehrsgünstigen Stelle lag, wuchs er während der friedlichen Jahrzehnte des 2. Jh weit über seine ursprünglichen Grenzen. Er bekam einen prächtigen, großen Thermenbau, der an den Aquaedukt des Vicus angeschlossen war. Dieser führte das Wasser von N her, von der Gegend des Ochsenbrunnens am Hang des Petersbergs, in den Vicus. – NW vom Kastell entstand in Richtung Wiesbaden ein neuer Ortsteil, der nach einer rührigen, dort ansässigen Kaufmannsfamilie, den *Melonii*, als *vicus novus Meloniorum* bezeichnet wurde; eine Stifterinschrift dieser Familie ist erhalten.

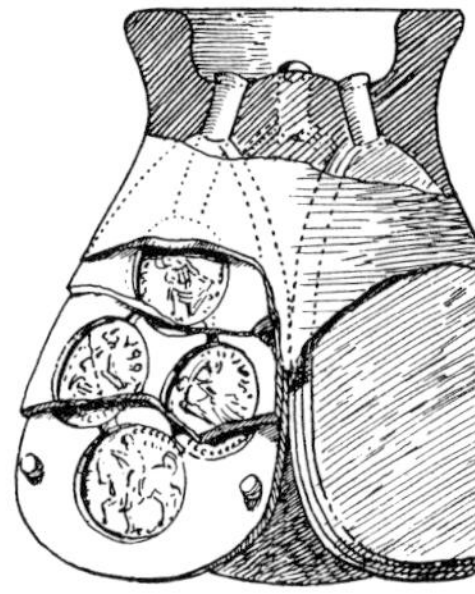

Abb. 315 Kastel. Birnenförmige Gußform der Falschmünzer zum Herstellen von zwölf Münzen pro Guß. Rekonstruktionszeichnung

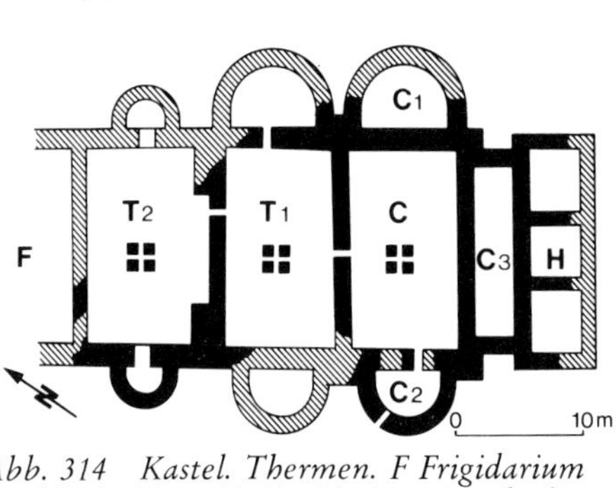

Abb. 314 Kastel. Thermen. F Frigidarium (Kaltbad), T_1 u. T_2 Tepidarium (Laubad), C Caldarium (Warmbad) mit den Warmwasserwannen C_1, C_2 u. C_3, H Heizräume

Wie lange das kleine Steinkastell bestehen blieb, ist ungewiß. Vielleicht ist es schon Anfang des 2. Jh aufgegeben worden, als die *Civitas Mattiacorum* entstand, in deren Gebiet der Vicus lag. Der während des 2. Jh unbefestigte Vicus ist wohl zu Beginn des 3. Jh ummauert worden. Kurze Stücke der Wehrmauer sind beobachtet worden, eines davon im Zuge der heutigen Rathausstraße. Aus der 1. Hälfte des 3. Jh stammen einige eigentümliche Funde. An zwei Stellen des Vicus fand man zahlreiche Gußformen zum Fälschen von Denaren (Silbermünzen). Sie sind ein Zeugnis der schweren Krise des Römerreichs in dieser Zeit. – Aus dem Vicus gibt es einige bemerkenswerte Inschriften. Eine von ihnen bezieht sich auf einen Tempel, der an der »rechten Straße nach Nida« (*platea dextra euntibus Nidam*) lag. Aus einem Heiligtum der Mater Magna, das *Mons Vaticanus* genannt wird, kennt man zwei Inschriften von Anhängern dieses orientalischen Kults, die sich als *hastiferi sive pastores* (Lanzenträger oder auch Hirten) bezeichnen und wohl bestimmte Aufgaben im Kult wahrnahmen. – Schließlich seien zwei Meilensteine erwähnt, die 1896 bei Kanalisationsarbeiten vor dem Haus Gr. Kirchstraße 4

noch aufrecht stehend neben der röm Straße gefunden worden sind. Sie geben die Entfernung nach Wiesbaden mit 6 Meilen (9 km) an.
Wie alle rechtsrheinischen Römerorte, so ist auch Kastel Mitte des 3. Jh von den Germanen zerstört worden. Um 300 nChr erhielt *Castellum Mattiacorum* aber noch einmal seine alte Bedeutung als Brückenkopfbefestigung. Die → röm Rheinbrücke ist damals wiederhergestellt worden und benötigte am rechten Rheinufer eine militärische Sicherung. Das Bleimedaillon von Lyon (um 300 nChr) zeigt jedenfalls einen röm Wehrbau mit der Inschrift *CASTEL*. Er ist vielleicht mit der schon erwähnten Vicusmauer identisch, die in dieser Zeit erneuert und verstärkt worden sein mag. Das weitere Schicksal der Brückenkopffestung ist unbekannt. Aus ihrem Bereich stammt ein Schatzfund aus dem Anfang des 5. Jh, der späteste Römerfund Hessens. Ba

Lit: ESchmidt, ORL Abt B Band II,3 Nr. 30 (1912) – HSchoppa, Aquae Mattiacae (1974) 65 ff. 102 ff.

Die röm Rheinbrücke

Abb 313, 316, 317

Die Rheinbrücke zwischen Mainz und Kastel gehörte zu den größten Leistungen der röm Ingenieurtechnik unseres Raumes. Sie lief rund 30 m oberhalb der heutigen Brücke über den Strom. Im 19. Jh waren die Stümpfe der meisten Steinpfeiler noch vorhanden. Seit 1853 wurden sie nach und nach beseitigt, weil sie die Schiffahrt gefährdeten; dabei kamen zahlreiche röm Fundstücke zutage. Als 1880–82 die Fahrrinnne gründlich bereinigt wurde, verschwanden auch die letzten noch vorhandenen Pfeiler. Allerdings hat man sie dabei recht genau aufgemessen und untersucht. Die Brücke war rund 600 m lang und besaß mindestens 21 Steinpfeiler, von denen die 9 inmitten des Stroms gelegenen am besten erhalten waren. Von 5 weiteren Pfeilern hat man Spuren beobachtet. Es zeigte sich, daß die Abstände der Pfeiler nicht gleichmäßig waren. Der größte Abstand (über 34 m, von Achse zu Achse gemessen) befand sich in der Strommitte. Zum Ufer hin nahmen die Abstände ab, bis zu 21–24 m. Die Pfeiler waren im Grundriß fünfeckig, 18 m lang und 7 m breit. Der rechteckige Teil des Pfeilers, der die Fahrbahn trug, war 12 m lang. Als Fundament für die Pfeiler diente ein Rost aus mächtigen, eingerammten Eichenpfählen zusammen mit einem Kastenwerk aus horizontalen Balken, das mit Steinen und Ton vollgestampft war. Über diesem Fundament erhob sich das Quaderwerk der Steinpfeiler. Vom Oberbau der Brücke fand man nichts. Wegen der erheblichen freien Spannweiten (in der Brückenmitte bis 27 m) ist mit einer Holzkonstruktion zu rechnen. Sie wird ähnlich ausgesehen haben wie bei der berühmten Donaubrücke, die der Architekt Apollodor von Damaskus auf Anordnung Kaiser Trajans erbaute. Von dieser Brücke besitzen wir ein antikes Relief auf der Trajanssäule in Rom. Die Mainzer Brücke ist in stark abgekürz-

Abb. 316 Kastel. Römische Rheinbrücke nach Mainz. Rekonstruktion eines Pfeilerfundaments (nach Cüppers)

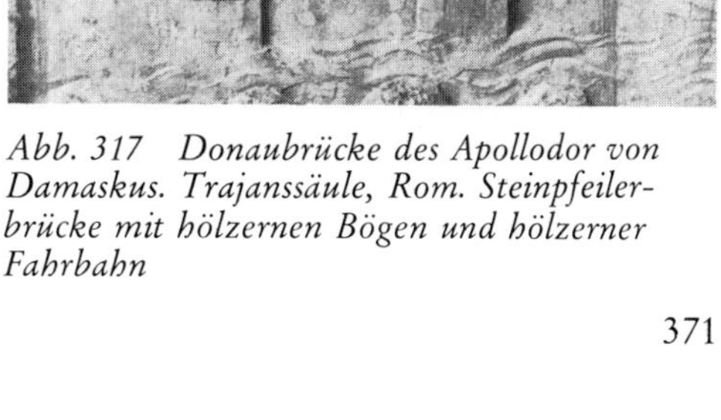

Abb. 317 Donaubrücke des Apollodor von Damaskus. Trajanssäule, Rom. Steinpfeilerbrücke mit hölzernen Bögen und hölzerner Fahrbahn

ter Form auf einem Bleimedaillon abgebildet, das bei Lyon gefunden worden ist. Auch hier ist nicht eine Steinbogenbrücke dargestellt, man erkennt vielmehr eine hölzerne Fahrbahn über Steinpfeilern.
Der Bau der Mainzer Brücke wird durch Inschriften der *Legio XIV gemina Martia victrix*, die an den Arbeiten beteiligt war, und aufgrund der Jahrringanalyse der Pfahlgründungen in die Zeit Kaiser Vespasians datiert. Er erfolgte wohl schon um 71 nChr; sicherlich steht er im Zusammenhang mit der erheblichen Vergrößerung des rechtsrheinischen Machtbereichs der Römer unter diesem Kaiser. – Der festen Brücke ging zweifellos eine röm Schiffsbrücke voran, die seit der Zeit des Kaisers Augustus bestanden haben wird. Es gibt einige Funde aus der Umgebung der späteren Brücke, die sich auf die ältere Schiffsbrücke beziehen lassen.
Die Abmessungen der Pfeiler lassen auf eine Fahrbahnbreite von rund 12 m schließen. Damit war die Brücke für den damaligen Verkehr vierspurig ausgebaut. Sie erlaubte den raschen Übergang der zwei Legionen – rund 12 000 Mann –, die unter Kaiser Vespasian im Mainzer Legionslager stationiert waren, zusammen mit allem fahrbaren Gerät. In den später folgenden Jahrzehnten des Friedens verband sie die rechtsrheinischen Besitzungen Roms mit der Provinzhauptstadt und erleichterte so den Verkehr und die Wirtschaft in diesem Teil der Provinz.
Mehr als einmal mußte die Brücke in der langen Spanne ihres Bestehens repariert werden. Darauf deuten die nachträglich in die Pfahlgründungen eingeschlagenen Pfähle sowie spätere Inschriften hin. Winterlicher Eisgang, aber auch kriegerische Ereignisse der späteren Zeit werden die Reparaturen nötig gemacht haben. So wird die hölzerne Fahrbahn beim Fall des Limes um 260 zerstört worden sein, doch war sie um 300 nChr wieder intakt, wie das in dieser Zeit gefertigte Medaillon von Lyon zeigt. – Noch um 406 nChr scheint die Brücke benutzbar gewesen zu sein, nachdem sie Mitte des 4. Jh wieder zerstört worden war. Im Jahre 406 stürmten Vandalen, Alanen und Sueben über die *pons ingeniosa*, jedenfalls berichtet das die Chronik des Fredegar (II 60). Bald darauf wird sie zerstört worden sein oder wegen Vernachlässigung und aus Mangel an technischen Kenntnissen verfallen sein.
Unter Karl dem Großen erlebte sie eine kurze Wiederherstellung. Die steinernen Pfeiler müssen damals noch gut instand gewesen sein. Als nach zehnjähriger Bauzeit die Pfeiler und die hölzerne Fahrbahn wiederhergerichtet waren, vernichtete im Mai 813 ein gewaltiger Brand in wenigen Stunden das Werk. Es wird der Verdacht überliefert, die brotlos gewordenen Fährleute hätten Feuer gelegt. Mehr als 1000 Jahre dauerte es, bis bei Mainz wieder eine feste Rheinbrücke entstand

Ba

Lit: KDecker u. WSelzer in: HTemporini (Herausg.), Aufstieg u. Niedergang d. Röm Welt B II 5,1 (1976) 490 f (m. älterer Lit) – HCüppers, Die Trierer Römerbrücken (1969) 185 ff – EHollstein, Mitteleuropäische Eichenchronologie (1980) 87 f.

Kemel RÜD

Numeruskastell und zwei Kleinkastelle

Abb 318, 319

Ungefähr 5 km NW von Bad Schwalbach befand sich an der Stelle des kleinen Ortes Kemel ein Numeruskastell. Der heutige Ortskern ist genau über dem Kastell entstanden. Die ev. Pfarrkirche liegt in der vorderen Hälfte des Wehrbaus, die dem Limes zugewandt war. Weder von dem kleinen Steinkastell (0,7 ha) noch vom Limes, der 200 m NO vor dem Kastell vorbeilief, sind heute Spuren zu sehen. Das Kastell verdankt seine Lage genauso wie das im Mittelalter gegründete Dorf Kemel dem Aulbachtal, das hier beginnt und dann nach S zieht. Das Tal bot Schutz gegen die oftmals recht rauhen Winde, die hier in rund 500 m Höhe auf dem Taunus wehen können; aber auch die sichere Wasserversorgung am Ursprung des Bachs wird wichtig gewesen sein.
Ausgrabungen fanden 1898 und 1899 unter Lei-

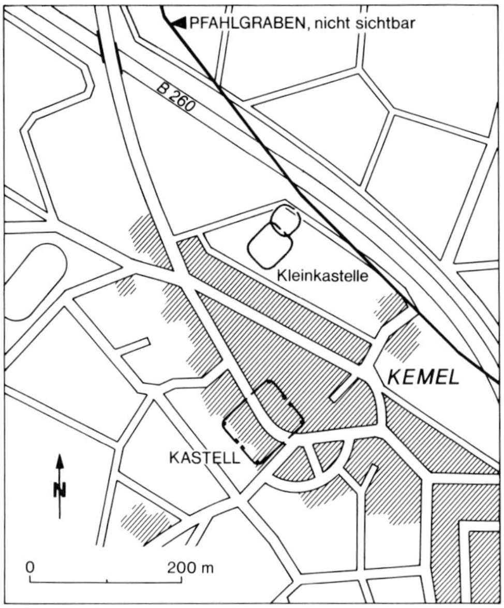

Abb. 318 Kemel. Das Numeruskastell, die zwei Kleinkastelle auf dem Pohl und der Pfahlgraben

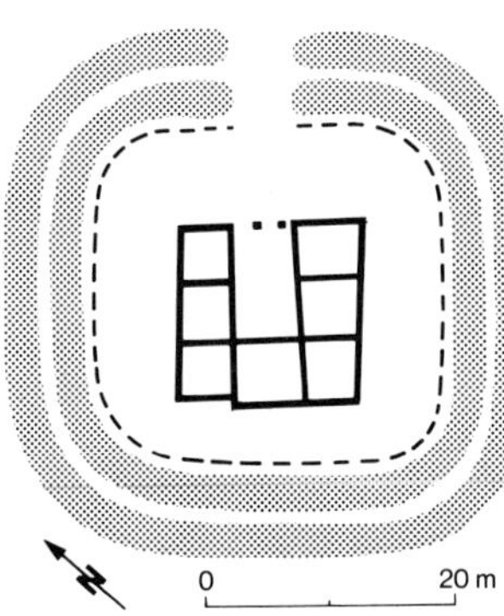

Abb. 319 Kemel. Plan der älteren, kleineren Schanze auf dem Pohl bei Kemel

tung von H. Lehner statt. Lehner war Direktor des Rheinischen Landesmuseums in Bonn und gehörte damals zu den begabtesten Archäologen im Rheinland. Für die Zeit vor 1900 war es eine beachtliche Leistung, daß er nicht nur den Grundriß des Numeruskastells mitten im Ortskern feststellte, sondern auch N vom Ort auf dem Hügel »Pohl« dicht am Limes zwei ehemals hölzerne Kleinkastelle entdeckte. Der Pohl erhielt seinen Namen vom Pfahlgraben, der von NW nach SO über die Höhe zog. Der Pohl bildet eine Wasserscheide und erlaubt einen weiten Blick über eine längere Strecke des Limes. Daher wählten die Römer die Höhe zur Anlage einer kleinen, hölzernen Schanze. Lehner vermochte im Boden die Spuren des hölzernen Unterkunftsgebäudes feststellen, eines im Grundriß U-förmigen Bauwerks, in dem vielleicht eine halbe Centurie (ca. 40 Mann) untergebracht war. Die Schanze ist noch am Ende des 1. Jh zusammen mit dem Limes entstanden; sie wendete ihr einziges Tor der Limeslinie zu, die anfangs lediglich ein Postenweg war. Nach einiger Zeit wurde die erste Schanze baufällig. Man ersetzte sie durch ein etwas größeres, wiederum hölzernes Kleinkastell (0,13 ha), das einer ganzen Centurie Platz bot. Nach der Mitte des 2. Jh nChr haben die Römer den hölzernen Wehrbau aufgegeben und in geringer Entfernung an der Aulbachquelle das steinerne Numeruskastell gebaut. Der Name seiner Besatzung, eines Numerus von ungefähr 150 Mann Stärke, ist unbekannt. Das Kastell hat bis zum Ende des Limes in der Mitte des 3. Jh seine Aufgabe erfüllt. Dann zogen sich die Römer auf die Rheingrenze zurück, und das Kastell zerfiel. Knapp ein Jahrtausend später entstand in der Ruine das Dorf Kemel. Die Hauptstraße des Orts mußte durch die damals noch vorhandenen Mauerreste der beiden seitlichen Tordurchlässe geführt werden und hat diese Lage bis heute beibehalten, obgleich inzwischen von dem Kastell nichts mehr zu sehen ist. Ba

Lit: HLehner ORL Abt B Band I Kastell Nr. 7 (1901) – EFabricius ORL Abt B Band I Strecke 2 S. 78 ff.

Kesselstadt → Hanau-Kesselstadt
Kleestadt → Groß-Umstadt-Kleestadt

Königstein im Taunus HG

Stadtmuseum

Altes Rathaus. Öffnungszeiten: Sa 15–18, So 10–12, 15–18 Uhr.
In dem Stadtmuseum wird vornehmlich die Entwicklung der Burg und Festung Königstein dargestellt. Doch werden auch vor- und frühgeschichtliche Objekte gezeigt sowie zwei Vitrinen mit röm Funden (Keramik, Metallsachen und gestempelte Militärziegel). Sie stammen zwar nicht aus Königstein, sind aber im Rhein-Maingebiet gesammelt worden. Ba

Langenhain → Obermörlen-Langenhain
Lautertal → Felsberg
Lich → Arnsburg

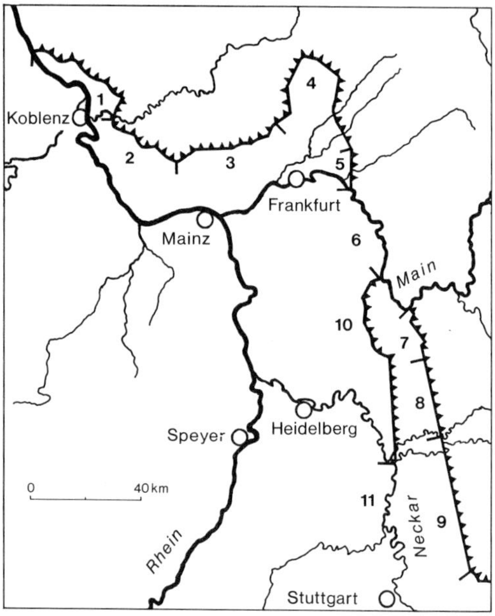

Abb. 320 Der obergermanische Limes. Übersicht über die numerierten Streckenabschnitte nach ORL

Limes

Abb 320–383

Zur Geschichte, Organisation und zu den Bauten des Limes: siehe S. 134 ff.
Die Beschreibung des Limes ist in folgende Abschnitte gegliedert:
Westliche Taunusstrecke (Rheingau-Taunus-Kreis) S. 375 ff.
Hochtaunusstrecke (Hochtaunuskreis) S. 385 ff.
Westliche Wetteraustrecke (Wetteraukreis) S. 395 ff.
Nördliche Wetteraustrecke (Landkreis Gießen) S. 403 ff.
Östliche Wetteraustrecke, Nordteil (Wetteraukreis) S. 407 ff.
Östliche Wetteraustrecke, Südteil (Main-Kinzig-Kreis) S. 411 ff.
Mainlimes (Landkreise Offenbach, Aschaffenburg und Miltenberg; die beiden letzten in Bayern) S. 414 f.
Odenwaldstrecke (Odenwaldkreis) S. 415 ff.

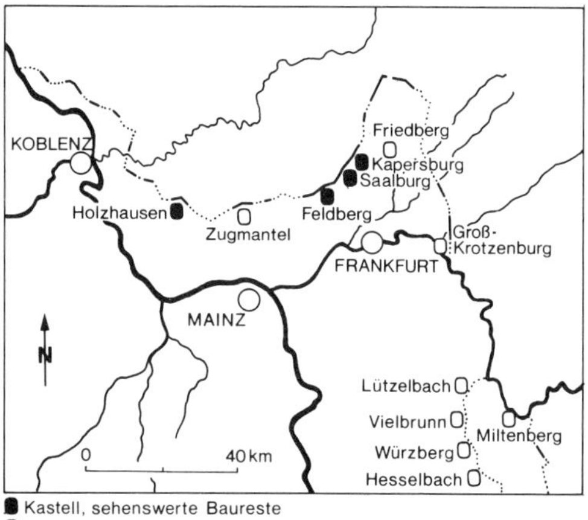

Abb. 321 Der Limes in Hessen. Erhaltungszustand der Strecken und sichtbaren Kastellbauten

Als Grundlage der Beschreibung dienen die Streckenbände des umfangreichen Limeswerks (ORL). Ihnen ist die Einteilung der römischen Grenze in numerierte Streckenabschnitte entnommen, ferner die Zählung der einzelnen Wachtposten. Diese Zählungen gehen nicht auf die Antike zurück, sie sind ein Hilfsmittel der heutigen Forschung. Die Limesstrecken 2–6 und 10 liegen ganz oder teilweise im Bundesland Hessen. – Wp heißt »Wachtposten«; damit werden diejenigen Stellen am Limes bezeichnet, an denen man einen oder mehrere zeitlich aufeinanderfolgende Wachttürme gefunden hat. Die nach der Abkürzung »Wp« folgenden Zahlen geben zuerst die Limesstrecke nach ORL, sodann die Wachtpostennummer an. Wp 3/63 ist demnach der 63. Wachtposten der Limesstrecke 3.

Wer einen Limesabschnitt abwandern möchte oder auch nur ein bestimmtes Bauwerk aufzusuchen wünscht, wird die beigefügten Streckenskizzen benutzen können. Alle sichtbaren Limesstrecken sind dort mit fetten Linien eingezeichnet —, die nicht sichtbaren (aber durch Ausgrabungen nachgewiesenen) mit einer dünnen Linie markiert — . Die sichtbaren Wachtposten (Wp) haben das Zeichen ■, die nicht sichtbaren □. Alle Wp sind mit ihren Nummern nach ORL in den Streckenskizzen eingetragen. Einige besonders beschriebene und sichtbare Punkte sind im Text und auf der Karte durch Pfeile ▶ gekennzeichnet. Als zusätzliche Orientierungshilfe sind die amtlichen Topografischen Karten 1:50000 und 1:25000 des Hessischen Landesvermessungsamtes, Wiesbaden, sehr zu empfehlen. Der Limes ist dort zuverlässig eingetragen. Es fehlen lediglich die Wachtpostennummern, die aber leicht aus den hier abgedruckten Streckenskizzen übertragen werden können. – Die Wandervereine unseres Raumes haben über weite Strecken einen Limeswanderweg markiert. Das Markierungszeichen ist nebenstehend abgebildet. Für Wanderer, die den Limes verfolgen möchten, stellt die Wegebezeichnung eine angenehme Hilfe dar. Ba

Abb. 322 Markierungszeichen »Limeswanderweg«

Westliche Taunusstrecke (Rheingau-Taunus-Kreis)

Abb 323–332

Strecke 2, Wp 35–55 und Strecke 3, Wp 1–35

Übersicht. N vom Hauptkamm des Taunus erstreckt sich eine hügelige Mittelgebirgslandschaft, die durch viele kleine Bäche und Flüsse gegliedert ist. Der Limes durchzieht das Hügelland, wobei er mehrmals die Wasserläufe kreuzen muß, und nähert sich langsam dem Taunuskamm. Durch die Rodungen des Mittelalters ist der Wald an vielen Stellen offenem Ackerland gewichen, was für die Erhaltung des Pfahlgrabens nicht günstig war. Wohlerhaltene Limesstrecken findet man an der W Taunusstrecke daher nur dort, wo sie immer im Wald geschützt lagen.

Die Besatzung der W Taunusstrecke war in den Kastellen → Holzhausen, → Kemel, → Zugmantel und → Heftrich stationiert. Besonders zu empfehlen ist es, das Kastell Holzhausen aufzusuchen, von dem noch viel zu sehen ist; aber auch der Besuch des Zugmantel-Kastells ist lohnend. Hier gibt es einen *archäologischen Rundwanderweg.* Zusammenhängende, sichtbare Reste des Pfahlgrabens und der Wachttürme sind in der Nähe des Kastells Holzhausen, vor allem aber in der Umgebung des Kastells Zugmantel zu finden, wo man sogar einen rekonstruierten Limeswacht-

turm besteigen kann. Außerdem gibt es einige kürzere, sichtbare Stücke des Pfahlgrabens, von denen das am Triangel zwischen Dasbach und Heftrich Erwähnung verdient (Wp 3/29–3/31). – Der hier beschriebene Grenzabschnitt ist 34 km lang; er wird auf ganzer Länge durch den Limeswanderweg des Taunusklubs erschlossen.
Die W Taunuslinie gehört zusammen mit der Hochtaunus- und der W Wetteraulinie zu den ältesten Strecken des obergermanischen Limes. Sie wird schon am Ende des Chattenkriegs Kaiser Domitians (83–85 nChr) entstanden sein. Ihr Zweck war es, den Rheingau mit *Aquae Mattiacorum* (Wiesbaden) zu schützen; auch bot die überwachte Grenzstrecke einen Flankenschutz für den überaus wichtigen, röm Rheinübergang bei Mainz. Das nächste, germanische Siedlungsgebiet vor dem Limes lag im Limburger Becken. Von dort her drohte die Gefahr, die der Grenzabschnitt abzuwehren hatte. Übermäßig volkreich wird die Germanengruppe in dieser kleinen Siedlungskammer allerdings nicht gewesen sein. Es ist auch zu bedenken, daß es im Altertum weitaus weniger gerodete Flächen im Mittelgebirge gab als heute, so daß sich zwischen dem Limes und dem erwähnten, germanischen Wohngebiet ausgedehnte Wälder erstreckten, die alleine schon einen Schutz für die röm Provinz boten und ein Hindernis für germanische Überfälle darstellten. Daher war die Besatzung dieser Grenzstrecke verhältnismäßig gering. Bis in die Mitte des 2. Jh war an der gesamten W Taunuslinie nur das Kastell Zugmantel mit einer kleinen, regulären Einheit in Numerusstärke besetzt (etwa 150–200 Mann). Hier kreuzte nämlich ein alter Weg, die Hühnerstraße, die röm Grenze. Er führte direkt von Wiesbaden in das Limburger Becken (heute B 417). Etwa auf halbem Weg zwischen Wiesbaden und dem Kastell Zugmantel befand sich an der röm Verbindungsstraße das kleine Kastell → Heidekringen, das in der 1. Hälfte des 2. Jh bestand und als zusätzliche, rückwärtige Sicherung und wohl auch als Straßenstation diente. Sonst gab es in der Frühzeit der Limesstrecke außer den hölzernen Wachttürmen nur einige winzige Holzkastelle, in denen die Grenztruppen untergebracht waren: Auf dem Dörsterberg, in Kemel, am Eichelgarten und S Heftrich; wahrscheinlich kennen wir aber noch nicht alle dieser Kleinkastelle. So ist die kleine Schanze nahe der Alteburg S Heftrich erst 1980 bei einem archäologischen Luftbildflug gefunden worden.
Die röm Grenze hat bis um 260 nChr bestanden. Die Limesbauten haben in dieser Zeit alle Bauzustände 1–4 durchlaufen (siehe S. 146 f.). An einigen Stellen haben die Römer die Grenzlinie nachträglich geringfügig verlegt. Gerade diese Stellen waren es, die es der Forschung ermöglichten, die Abfolge der Bauzustände zu erkennen. Ursprünglich ist die Grenzlinie mehr nach der Geländeform abgesteckt worden und schmiegte sich daher in vielen Biegungen der Landschaft an. Die nachträglich veränderten Strecken sind dagegen möglichst geradlinig gezogen worden. Die Römer haben dabei oftmals auf Höhen gelegene, weithin sichtbare Richtpunkte benutzt, mit deren Hilfe die geraden Limesstrecken eingefluchtet worden sind. Diese Grenzverlegungen fanden in der Mitte des 2. Jh statt. In der gleichen Zeit sind die Holztürme durch Steintürme ersetzt worden, wobei an manchen Stellen zusätzliche Türme eingefügt worden sind. Die Grenze ließ sich nun besser überwachen. Das Kastell Zugmantel wurde wesentlich vergrößert, neu entstanden die Numeruskastelle Kemel und Heftrich. Die Verstärkung der Grenzwehr in der Mitte des 2. Jh ist sicherlich die röm Antwort auf eine gestiegene germanische Bedrohung der Provinz. Eine weitere Verstärkung erhielt der Grenzabschnitt am Ende des 2. Jh, als das Kohortenkastell Holzhausen hinzukam. Spätestens am Anfang des 3. Jh wurde die Truppe im Zugmantelkastell auf Kohortenstärke gebracht. Mit der verstärkten Besatzung (2 Kohorten, 2 Numeri) vermochten die Römer den Grenzabschnitt noch ein weiteres halbes Jahrhundert zu halten. Dann überrannten die Germanen den Limes und nahmen Teile der röm Provinz bis an den Rhein in Besitz.

Streckenbeschreibung. In einem weiten Bogen umrundet der Pfahlgraben O von Holzhausen an der Haide den Grauen Kopf, die höchste Erhebung in der Gegend (543 m). Der Pfahlgraben ist im Wald W vom Kastell → Holzhausen wohl-

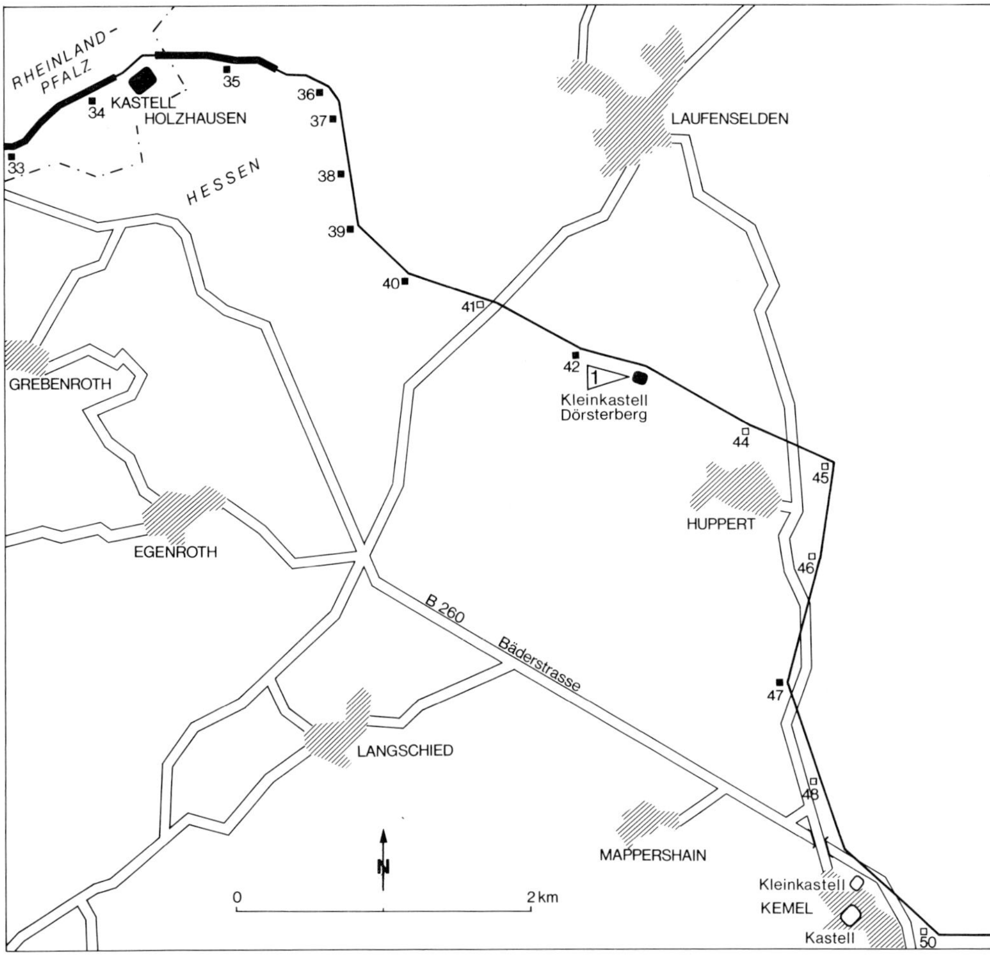

Abb. 323 Limes. Strecke 2, Wp 33–50

erhalten, er ist lediglich vor dem Kastell in nachröm Zeit eingeebnet worden. Das Kastell liegt noch im Bundesland Rheinland-Pfalz. Gut 100 m O von dem Wehrbau läuft die hessische Grenze. Ungefähr dort wird auch der Pfahlgraben wieder sichtbar und ist von hier aus etwa 900 m weit nach O zu verfolgen. Dann verschwindet zunächst der Grenzwall und nach weiteren 30 m auch der Graben. Noch bevor der Pfahlgraben aufhört, erblickt man den ersten Steinturmhügel auf hessischem Gebiet.

■ Wp 2/35 am Laufenselder Weg

Der Wp liegt etwa 500 m O vom Kastell Holzhausen, direkt S vom Weg.

Der Pfahlgraben setzte hier bereits im Altertum aus, und zwar auf 6,4 km, bis zum Wp 2/47. Ab

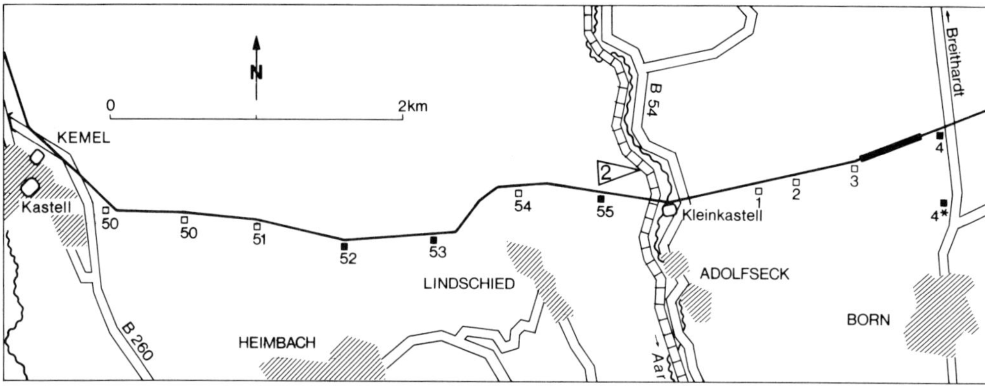

Abb. 324 Limes. Strecke 2, Wp 50–55 und Strecke 3, Wp 1–4

Bauzustand 2 des Limes wurde dieser Abschnitt zwar durch eine hölzerne Palisade geschützt, Wall und Graben (4. Bauzustand) sind aber nie ausgeführt worden. Das ist einmalig am W Taunuslimes. Ein topografischer Grund dafür läßt sich heute nicht erkennen. Vermutlich lagen im Altertum einsame und undurchdringliche Wälder vor diesem Stück der Grenze, so daß es unnötig erschien, Wall und Graben auszuführen. Die Kette der Wp riß indessen nicht ab, und ihre Reste sind noch heute zu erkennen. Da sie aber nicht an einem sichtbaren Pfahlgrabenstück liegen, ist es schwierig, sie im Wald W von Laufenselden zu finden.

■ Wp 2/36–2/40: 5 mehr oder weniger gut sichtbare Ruinenhügel von Steintürmen.

Unweit von Wp 2/40 tritt die Limeslinie aus dem Wald in offenes Gelände. Sie zieht in SO Richtung nach Huppert und kreuzt bald die Landstraße von Laufenselden nach Zorn. Nach weiteren 700 m zieht sie durch ein Waldstück oberhalb vom Dörsbach. Hier liegt

■ Wp 2/42 der Fuchshohl, der Schutthügel eines Steinturms.

Die Grenzlinie überschreitet den Dörsbach und klettert den jenseitigen Hang hinauf. Dort befinden sich auf dem breiten, SW Vorsprung des Dörsterberges die Spuren eines Kleinkastells.

(1) ▶ Kleinkastell auf dem Dörsterberg. Der kleine Wehrbau hatte mehrere Bauphasen. Anfangs gab es ein Holz-, später ein Steinkastell von je 550 m^2 Fläche. In der letzten Bauphase wurde das Kastell verkleinert; der späteste Steinbau besaß nur 270 m^2 Fläche. Anscheinend war das Kleinkastell während der gesamten Dauer des Limes besetzt.

Die Grenzlinie zieht sodann N an Huppert vorbei und biegt dort scharf nach S um. Die eigentümliche Linienführung wurde offensichtlich von dem Wunsch bestimmt, den Wasserläufen nach Möglichkeit auszuweichen und die Linie auf den Höhen entlang zu führen. S von Huppert tritt der Limes wieder in ein Waldstück ein. Hier findet man etwa 500 m NO vom Erlenhof den

■ Wp 2/47, eine flache Steinturmruine.

An dieser Stelle setzte im Altertum der Pfahlgraben wieder ein. Sein Anfang wurde durch Ausgrabungen etwa 50 m NO von Wp 2/47 festgestellt. In nachröm Zeit ist der Pfahlgraben allerdings von hier bis zur Aar durch Ackerbau vollständig eingeebnet worden, so daß man heute nichts mehr von ihm sieht. Der Grenzwall bog jetzt langsam nach O um. Er führte an → Kemel vorbei, wo sich in der Frühphase des Limes zunächst eine kleine Holzschanze dicht an der Grenzlinie selbst befand, die dann nach der Mitte des 2. Jh durch das Numeruskastell ersetzt wurde. Dieses lag an der Aulbachquelle im Bereich des heutigen Ortskerns. Von hier bis zur Aar sind Reste von drei Wp sichtbar:

Abb. 325 Limes. Strecke 2. Inschrift des Ianuarius Iustinus auf einem Felsen an der Aar

■ Wp 2/52 Galgenhof (Walddistrikt 15): Steinturmhügel
■ Wp 2/53 auf dem Silberberg oberhalb von Lindschied: Steinturmhügel
■ Wp 2/55 am Seifenberg im Wald über dem Aartal: geringe Spuren, durch den heutigen Weg gestört. – Der Limes zog steil hinunter zur Aar. Dort endet zugleich die Strecke 2 des Limes.
(2) ▶ Unten im Tal befindet sich in Augenhöhe an einem Felsen neben der Eisenbahnlinie die Inschrift des *Ianuarius Iustinus*. Hier hat sich ein röm Soldat etwa 200 m außerhalb des Limes verewigt. Die Stelle ist nicht leicht zugänglich.
Man kann die Aar auf einer Brücke am N-Rand von Adolfseck überschreiten. In der Römerzeit gab es ungefähr 50 m hinter dem Limes eine hölzerne Brücke, über die der Postenweg lief. Von ihr sind einige Pfähle mit den typischen, eisernen Schuhen gefunden worden. Der Brückenübergang wurde durch das Kleinkastell Adolfseck geschützt. Der kleine, steinerne Wehrbau (360 m^2 Fläche) ist wohl erst in der Mitte des 2. Jh entstanden. Er lag dicht hinter dem Limes zwischen Aar und B 54; zu sehen ist heute nichts mehr.

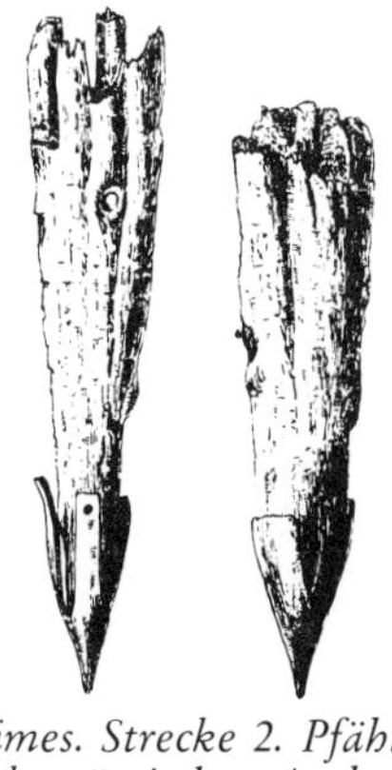

Abb. 326 Limes. Strecke 2. Pfähle mit Eisenschuhen von der römischen Aarbrücke bei Adolfseck. M 1:25

Die bis hier beschriebene Limesstrecke von Kastell Holzhausen bis zur Aar ist nie verlegt worden. Sie folgte in allen vier Bauzuständen der ursprünglichen, dem Gelände angepaßten und daher vielfach gebogenen Linienführung.
O von der Aar beginnt Strecke 3 des obergermanischen Limes. Hier ist die ursprüngliche (ältere) Linie in der Mitte des 2. Jh aufgegeben und durch eine neue Grenzlinie ersetzt worden. Sie hatte bis dahin erst den 2. Bauzustand erreicht (Postenweg, Palisade und Holztürme). Infolgedessen ist von ihr außer den Spuren der hölzernen Wp nichts mehr zu sehen. Die Wp an der älteren Linie haben im wissenschaftlichen Schrifttum ein Sternchen hinter der Nummer erhalten, damit man sie von ihren Nachfolgern an der jüngeren Linie unterscheiden kann (z. B. Wp 3/4*). Die Römer haben den Limes fast immer vorverlegt, und so liegen die älteren Türme in der Regel hinter der jüngeren Linie.
Die jüngere Linie ist in der Mitte des 2. Jh gleich im Bauzustand 3 errichtet worden (Postenweg, Palisade und Steintürme). Sie erhielt am Ende des 2. oder am Anfang des 3. Jh, wie üblich, als zusätzliches Hindernis Wall und Graben und gelangte damit in den Bauzustand 4. Der jüngeren Linie fehlen daher die Reste von Holztürmen, soweit sie nicht stellenweise mit der älteren Linie zusammenfällt. Das dürfte bis zum Kastell Zugmantel allerdings erst ab Wp 3/14 der Fall sein. Kennzeichen der jüngeren Linie ist die oft kilometerlange, schnurgerade Linienführung. Das war sicherlich günstiger für das Überwachen der Grenze und zum Weitergeben von Signalen. Oft kann man beobachten, daß die Knickpunkte, an denen zwei gerade Strecken zusammenstoßen, auf markanten, weit sichtbaren Höhen liegen. Von ihnen ging offensichtlich die Vermessung der geraden Teilstrecken aus. – Weil die jüngere Linie mit Wall und Graben versehen war, ist sie heute noch überall dort sichtbar, wo dieses Annäherungshindernis erhalten geblieben ist.
Die jüngere Linie zog vom Kleinkastell Adolfseck in O Richtung durch offenes Gelände den Hang hoch, sie ist aber nicht erhalten. Das erste sicht-

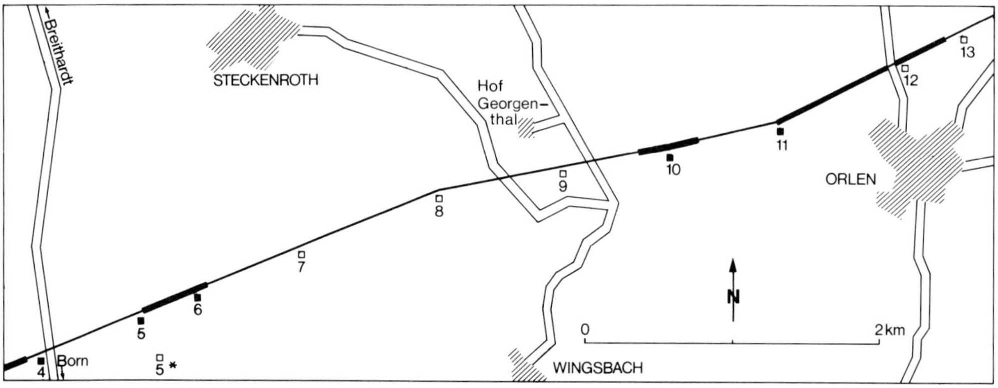

Abb. 327 Limes. Strecke 3, Wp 4–13

bare Stück des Pfahlgrabens liegt im Wald, 1,4 km von der Aar entfernt; es ist nur eine leichte Bodenwelle, die man nicht leicht findet. Bald nach ihrem Ende liegt auf der Höhe eine Wegekreuzung. Dort findet man die Reste eines Wp:

■ Wp 3/4 am sechsarmigen Stock, ein niedriger Steinturmrest.

500 m S davon liegt sein Vorgänger an der (nicht sichtbaren) älteren Linie.

■ Wp 3/4* am Noll. Die Turmstelle befindet sich am Rande des Waldes O vom Sportplatz von Born. Sie ist verwühlt und daher undeutlich.

Die jüngere Linie zieht von Wp 3/4 – weiterhin nicht sichtbar – den Hang hinunter, läuft durch ein kleines Wiesental und steigt auf die nächste Höhe. Dort liegt im Wald

■ Wp 3/5 auf dem Sangerts, ein hoher Steinturmhügel.

Auch sein Vorgänger an der älteren Linie ist erhalten. Er liegt 300 m S:

■ Wp 3/5* auf dem Sangerts. Man findet dort zwei Holzturmstellen. Die ältere besaß einen doppelten, kreisrunden Ringgraben, der vom Waldweg überschnitten wird. Eine Grabungsbeobachtung deutet darauf hin, daß diese Turmstelle zwei Bauphasen besaß, d. h., daß der ursprüngliche Turm einmal erneuert werden mußte. Als dieser auch baufällig geworden war, baute man daneben einen 3. Holzturm, der einen im Grundriß quadratischen Ringgraben erhielt. Reste dieses Ringgrabens sind im Wald neben dem Weg zu sehen. Aus diesen Beobachtungen ergibt sich, daß der ältere Wp 3/5* verhältnismäßig lange bestanden haben muß, was ja auch gut zu der Auffassung paßt, daß die ältere Limesstrecke von der Zeit Kaiser Domitians am Ende des 1. Jh bis in die Mitte des 2. Jh in Benutzung war. – Von hier bis zum Wp 3/14 nahe dem Zugmantel sind von der älteren Linie keine weiteren Spuren bekannt.

An der jüngeren Linie setzt gleich nach Wp 3/5 der Pfahlgraben sichtbar ein, er ist allerdings flach. Die Linie kreuzt ein bewaldetes Tal und steigt zur nächsten Höhe, auf der wieder ein Wp liegt.

■ Wp 3/6 auf dem Eberhahn ist ein Steinturmhügel, der unmittelbar W von der Schneise liegt, die auf dem Bergrücken läuft. Der Pfahlgraben verschwindet hier und ist auf einer Länge von 3 km nicht erhalten. Erst O vom Hof Georgenthal ist wieder eine Strecke im Wald sichtbar. Daran liegt

■ Wp 3/10 am Ritterweg, ein hoher Steinturmhügel. Bei der Ausgrabung fand man die Grundmauern von zwei Steintürmen nebeneinander, von denen sicherlich der eine den anderen abgelöst hat. – 200 m O von der Turmstelle verliert sich der Pfahlgraben. Er verschwindet unter einem Waldweg, der ungefähr seine Richtung aufnimmt. 700 m von Wp 3/10 entfernt findet man im Wald

■ Wp 3/11 Fladenheiligenstock, einen hohen

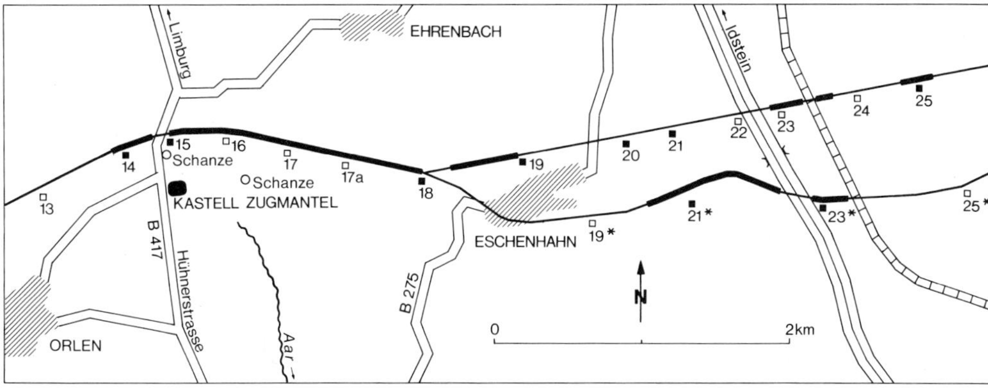

Abb. 328 Limes. Strecke 3, Wp 13–25

Steinturmhügel, der ähnlich wie Wp 3/10 die Reste zweier Türme bedeckt.

Der Pfahlgraben wird nach Wp 3/11 schwach sichtbar als Böschung und als Waldgrenze. Er tritt dann in offenes Gelände ein, wo er sich verliert. Er zieht weiter durch den Wiesengrund N von Orlen und steigt dann im Wald zum Zugmantel hoch. Hier wird der Limes durch einen Waldweg bezeichnet. Der Pfahlgraben selbst erscheint erst kurz vor

■ Wp 3/14 an der Zugmantelschneise, ein deutlicher, breiter Schutthügel unmittelbar am Pfahlgraben, der die Reste zweier Steintürme und eines Holzturms überdeckt. Von Wp 3/14 bis Wp 3/18 ist die ursprüngliche Limeslinie nicht verlegt worden, hier sind also ältere und jüngere Linie nicht getrennt. Man erkennt es auch an dem gebogenen Zug, mit dem der Pfahlgraben am Kastell Zugmantel vorüberläuft und sich der Landschaft anpaßt. – Nun kreuzt der Pfahlgraben die alte Hühnerstraße, heute B 417. Die Straße bestand schon in röm Zeit, sicherlich gab es an dieser Stelle vor dem Kastell Zugmantel einen Limesdurchgang. Hier stand

■ Wp 3/15 am Zugmantel. Das Fundament des Steinturms wurde 1966 kurz vor der Zerstörung durch den Straßenbau von H. Schoppa untersucht. Dicht daneben entstand 1971/72 ein rekonstruierter Limesturm, den man besteigen kann.

Abb. 329 Limes. Strecke 3. Rekonstruierter Wachtturm Wp 15 bei Kastell Zugmantel

Abb. 330 Limes. Strecke 3. Rekonstruierte Limespalisade bei Kastell Zugmantel. Im Vordergrund links Graben des Limes

Wer ihn aufsuchen möchte, kann den Parkplatz des Naturparks benutzen, der 250 m S vom Turm an der Bundesstraße liegt. Von dort führt ein archäologischer Wanderweg hinüber zu dem Turm, und man kann auf dem Weg auch eine der beiden Rundschanzen des Zugmantel sehen, die eine Besonderheit am Taunuslimes darstellen. Vermutlich handelte es sich um ein kleines Amphitheater, das möglicherweise unter anderem militärischen Übungen gedient hat. – Der rekonstruierte Turm gibt einen zutreffenden allgemeinen Eindruck eines Limeswachtturms, doch weist er einige Mängel auf: leider ist er nicht verputzt worden; sämtliche antiken Steintürme des Taunuslimes trugen einen hellen Verputz, in dem eingerissene und rot eingefärbte Linien Quader nachahmten. Auch waren die röm Limestürme sicherlich etwas höher. Es gab bei ihnen keinen ebenerdigen Eingang. – Vor dem Turm ist ein Stück des Pfahlgrabens mit Palisade hergerichtet worden. Der Limeswall war allerdings im Altertum oben nicht abgeflacht. – Das Kastell → Zugmantel liegt 300 m hinter dem Pfahlgraben. Der archäologische Wanderweg führt zu den Spuren des Kastells.

Der Pfahlgraben ist O von Wp 3/15 im Wald gut zu verfolgen. Nach 1,7 km gelangt man zu dem nächsten, sichtbaren Wp.

■ Wp 3/18 Alte Schanz. Der Steinturmhügel liegt als flache Erhöhung unter einem Waldweg. Von den zwei Holzturmstellen, die ausgegraben worden sind, sieht man kaum etwas. Ähnlich wie bei Wp 3/5* fand man einen Holzturmrest mit doppeltem, kreisrundem Ringgraben und einen zweiten mit einem im Grundriß quadratischen Ringgraben. – Wp 3/18 lag an einer beherrschenden Stelle, die während aller Bauphasen des Limes beibehalten worden ist. Nach O hat man einen weiten Blick in Richtung auf die Idsteiner Senke, die den Taunus in N-S-Richtung durchzieht und heute mit Autobahn, Eisenbahnlinie und Bundesstraße eine wichtige Verkehrsachse durch den Taunus ist. Offenbar haben sich im Altertum wegen dieser geografischen Gegebenheiten einige Schwierigkeiten bei der Grenzüberwachung ergeben. Der Limes trennt sich bei Wp 3/18 in eine ältere und eine jüngere Linie; die letztere läuft schnurgerade in 6,1 km Länge über die Idsteiner Senke und trifft erst wieder bei Wp 3/29 mit der älteren Linie zusammen. Die gerade Strecke war besser zu überwachen und ist wohl aus diesem Grund in der Mitte des 2. Jh angelegt worden. Nur kurze Stücke des Pfahlgrabens sind im Zug der jüngeren Linie erhalten. Das erste, sichtbare Stück folgt O auf Wp 3/18 in offenem Gelände. Anfangs ist nur eine Böschung zu sehen, dann werden Wall und Graben deutlich, die mit einer Hecke bewachsen sind. Hier liegt

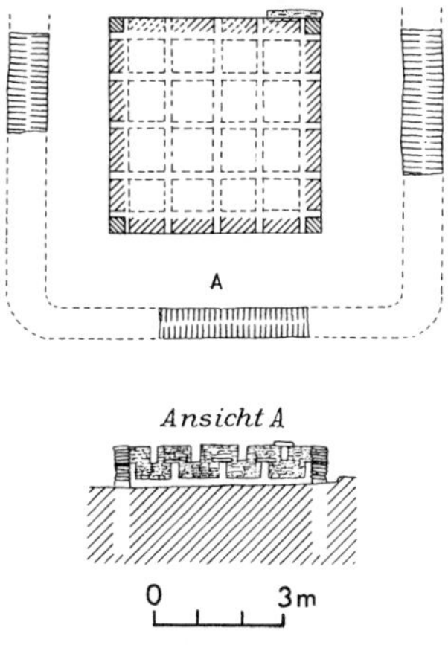

Abb. 331 Limes. Strecke 3. Fundamente des Holzturms Wp 21. Oben: Grundriß. Unten: Seitenansicht. Das Fundament besteht aus horizontalen Holzrosten (gestrichelte Linien), die in der Höhe gegeneinander versetzt sind. Die Außenseiten waren mit Steinfronten versehen. In den Ecken befanden sich mächtige, senkrechte Holzpfosten*

■ Wp 3/19 auf der Birk, ein Steinturmrest, der sich in einem umzäunten Grundstück hinter einem kleinen Felsen befindet.

Der Pfahlgraben verschwindet nun. Die Grenzlinie zieht hinab in ein Tal, in dem heute die B 275 läuft, und steigt auf der anderen Talseite im Wald wieder auf, ist dort aber nicht wahrnehmbar. Am Hang liegt

■ Wp 3/20 im Scharbachwald. Der Grundriß eines Steinturms ist schwach erkennbar. Oben auf der Höhe legten die Römer einen Wp mit guter Sicht an:

■ Wp 3/21 an der Siebenkippelstraße. Die durchwühlte Steinturmruine liegt unmittelbar O von der Siebenkippelstraße.

Ein verflachtes Pfahlgrabenstück befindet sich im Wald zwischen Autobahn und Eisenbahn, ein weiteres in dem Wäldchen Gerlohe etwa 700 m O von der Eisenbahn. Darin liegt

■ Wp 3/25 Gerlohe, ein Steinturmhügel, der halb im Limeswall steckt. Vom O Waldrand ab ist der Pfahlgraben über eine Länge von 2 km verschwunden; er taucht erst jenseits der Idsteiner Senke am Triangel wieder auf.

Von ungewöhnlicher Bauweise ist die ältere Linie zwischen Wp 3/18 und 3/25. Sie läuft kurvig durch die Landschaft und überquert die Senke ziemlich genau in Höhe der Wasserscheide zwischen Lahn und Main. An den Wp fand man nur Holztürme, doch ist die Linie im Gegensatz zu allen anderen älteren Limeslinien im Taunus mit Wall und Graben versehen worden. Das geschah an dieser Stelle offenbar schon vor der Mitte des 2. Jh, also ein halbes Jahrhundert bevor dieses Annäherungshindernis allgemein am obergermanischen Limes eingeführt wurde. Möglicherweise hängt die frühzeitige Verstärkung der älteren Linie mit der Verkehrsbedeutung der Idsteiner Senke zusammen, durch die der Limes stärker gefährdet sein mochte. Sichtbare Strecken der älteren Linie findet man im Wald O von Eschenhahn, wo auch der zerfallene Rest der Holzturmstelle

■ Wp 3/21* an der Siebenkippelstraße auf einer Felsrippe liegt. Bei der Ausgrabung zeigte sich ein Turmfundament, das in einer ähnlichen Holz-Stein-Bauweise errichtet worden ist wie die Holztürme des Odenwaldlimes.

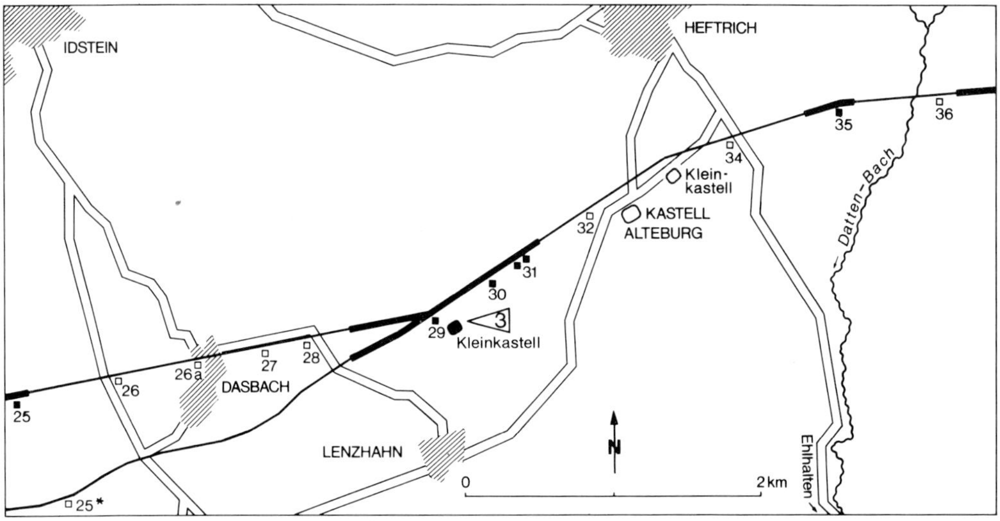

Abb. 332 Limes. Strecke 3, Wp 25–36

Zwischen Autobahn und Eisenbahnlinie ist ein weiteres Stück des älteren Pfahlgrabens sichtbar. Daran liegt

■ Wp 3/23*, der nur schwach wahrnehmbare Rest einer Holzturmstelle.

Auf über 3,5 km Länge sind alle weiteren Reste der älteren Linie verschwunden. Sie treten erst O von Dasbach am Triangel auf. Hier werden die beiden Linien im Wald sichtbar, sie laufen langsam zusammen und vereinigen sich. Deutlich erkennt man, daß die S der beiden Linien die ältere sein muß, denn sie läuft an der Vereinigungsstelle Triangel gerade weiter, während die jüngere (vordere) Linie nachträglich unter einem spitzen Winkel angesetzt worden ist. – 50 m O von der Vereinigungsstelle findet man

■ Wp 3/29 Triangel. Der Steinturmhügel ist durch Grabungen zerwühlt. Unmittelbar O davon liegen die schwer erkennbaren und ebenfalls zerwühlten Reste eines Holzturms. Der Holzturm von Wp 3/29 gehört zum Typ mit rechteckigem Ringgraben, den man als den jüngeren Typ der Holztürme unserer Strecke ansieht. Die älteren Holztürme besaßen kreisrunde Ringgräben; ein solcher ist bei Wp 3/29 nicht gefunden worden. Stattdessen gibt es hier 150 m hinter dem Pfahlgraben die schwachen Spuren von

(3) ▶ Kleinkastell Eichelgarten. Die kleine Holzschanze (0,25 ha Fläche) nahm einen beherrschenden Platz auf der flachen Anhöhe ein und kann statt eines Holzturms in der Frühphase des Limes bestanden haben. Leider sind keine Funde aus der Schanze bekannt, so daß die Datierung ungewiß bleibt.

Vom Triangel bis zum Kastell Alteburg bei → Heftrich sind am Pfahlgraben nur Steintürme gefunden worden, und die Karte zeigt deutlich den geraden Verlauf der Grenzlinie. So ist damit zu rechnen, daß sich O vom Triangel ältere und jüngere Linie wieder getrennt haben, doch ist der Verlauf der älteren Linie völlig unbekannt. Vor dem neuentdeckten Kleinkastell neben der Alteburg bei Heftrich müssen beide Linien wieder vereinigt gewesen sein.

O von Wp 3/29 Triangel sind Wall und Graben des Limes auf einer Strecke von 900 m im Wald gut erhalten. Nach 450 m stößt man auf

■ Wp 3/30 Gerheck, einen flachen Steinturmhügel.

Nach weiteren 300 m folgt ein Ruinenhügel, der

die Reste eines rechteckigen Bauwerks von 7,2 x 6 m überdeckt; es hatte dünnere Außenmauern als die Türme. 60 m O von diesem »Wachthaus« liegt

■ Wp 3/31 Unzeitigstück, ein Steinturmhügel. Der Pfahlgraben kann noch 100 m weiter verfolgt werden, dann verschwindet er. Die Grenzlinie zieht geradlinig hinunter zur offenen Feldmark von Heftrich, in der alle Spuren vom Ackerbau ausgelöscht worden sind. Sie läuft vor dem Numeruskastell Alteburg S von → Heftrich vorbei. Hier hat – ähnlich wie in Kemel – zuerst nur eine kleine Holzschanze auf einer flachen Anhöhe gestanden, die die nähere Umgebung beherrschte. Nach der Mitte des 2. Jh wurde sie durch das Numeruskastell Alteburg ersetzt, das man wegen der Wasserversorgung näher an eine Quelle rückte. – Auch O von der Alteburg ist der Pfahlgraben in den Äckern verschwunden. Er zieht geradlinig zum Totenberg. Auf seinem Rücken ist ein kurzes Stück des Pfahlgrabens im Wald zu sehen. Dort liegt

■ Wp 3/35 auf dem Totenberg, ein flacher Steinturmhügel. Über seine W-Hälfte läuft der Waldweg, welcher dem Bergrücken folgt. Der Pfahlgraben verschwindet am O-Hang des Totenbergs. Er läuft hinunter zum Dattenbach, an dem die Hochtaunuslinie beginnt. Das Fehlen eines Holzturms bei Wp 3/35 sowie die geradlinige Führung der Grenzlinie sprechen dafür, daß auch hier wieder ältere und jüngere Linie getrennt laufen; die ältere Linie ist indessen unbekannt. Ba

Hochtaunusstrecke (Hochtaunuskreis)

Abb 75, 333–344

Strecke 3, Wp 36–69, Strecke 4, Wp 1–2

Übersicht. Im O der Strecke beginnt der Pfahlgraben, zum Hauptkamm des Taunus hinaufzusteigen. Er durchquert das tief eingeschnittene Emsbachtal und klettert dann zum N-Hang des Feldbergs hoch. Hier erreicht der Limes bei Wp 3/49* mit über 800 m seine größte Höhe in Deutschland. Ab Wp 3/50 folgt der Pfahlgraben ungefähr dem Taunuskamm. Er schließt den Saalburgpaß ein und überquert das Erlenbachtal bei der Lochmühle. – Die Bergwälder des Hochtaunus eigneten sich nie für die Landwirtschaft, und so hat die mittelalterliche Rodungstätigkeit vor ihnen Halt gemacht. Daher ist der Pfahlgraben nahezu auf der ganzen Strecke vorhanden; an manchen Stellen hat er fast noch sein antikes Profil. Die beiden Limeskastelle – das Numeruskastell am → Feldberg und das Kohortenkastell → Saalburg – sowie die vier Kleinkastelle sind alle sichtbar, ebenso die meisten Wp. Aus diesem Grund hatte die Taunusstrecke bei der Erforschung des Limes stets eine besondere Bedeutung. Als die besterhaltene Limesstrecke nicht nur Hessens, sondern des gesamten obergermanischen Limes ist sie ein attraktives Wanderziel. Auf ganzer Länge (19,5 km) ist sie durch den Wanderweg des Taunusklubs bezeichnet. Der Besuch der Saalburg (rekonstruiertes Kohortenkastell und Museum) und der Ruine des Numeruskastells am Feldberg sind besonders zu empfehlen.

Die Hochtaunusstrecke gehört wie ihre Nachbarstrecken zu den ältesten Limeslinien in Hessen. Sie geht auf den Chattenkrieg Kaiser Domitians zurück (83–85 nChr). Damals hatte sie die Aufgabe, die Vormarschstraße des röm Heeres in der Ebene vor dem Taunus von der Flanke her zu sichern. Später schützte sie die zahlreichen Landgüter und die Dörfer (*vici*) der *civitas Taunensium*, deren Hauptstadt *Nida* war (heute Frankfurt a. M.-Römerstadt). Ähnlich wie bei der W Taunusstrecke drohte die Gefahr germanischer Überfälle aus den Siedlungsgebieten der Germanen an der Lahn (Schwerpunkte um Limburg und Wetzlar-Gießen). Bis heute ist nicht sicher, ob es auch im Usinger Becken jenseits des Taunus eine germanische Besiedlung gab; sie kann allerdings – wenn vorhanden – nur gering gewesen sein. Immerhin ist das wichtigste Kastell der Hochtaunusstrecke, die Saalburg, an dem Paß entstanden, über den ein Weg vom Rhein-Main-Gebiet in das Usinger Becken führte. Heute hat die stark befahrene B 456 seine Aufgabe übernommen. Die Wälder des Hoch- und Hintertaunus muß man sich in der Zeit vor der mittelalterlichen Rodung viel zusammenhängender und undurchdringlicher vorstellen, als sie heute erscheinen. Sie stellten eine natürliche, viele Kilometer breite Schutzzone vor dem röm Grenzabschnitt dar, an dem es nirgends eine direkte Konfrontation mit einem germanischen Siedlungsgebiet gab.

Die Besetzung der Hochtaunusstrecke mit röm Truppen war daher anfangs sehr gering. Nur auf dem Saalburgpaß gab es ein kleines, hölzernes Kastell (0,7 ha), das lediglich eine Einheit von Numerusstärke (etwa 150 Mann) beherbergen konnte. Die hölzernen Wp standen in großen Abständen an einem ungeschützten Postenweg. – Einige Jahrzehnte später, gegen Ende der Regierung Kaiser Hadrians (117–138), wurde eine Kohorte von 500 Mann Stärke auf dem Saalburgpaß stationiert. Zuvor war die Grenze durch eine Palisade abgesichert worden. Bald darauf, in der Mitte des 2. Jh sind die baufälligen Holztürme durch Steintürme ersetzt worden. Gleichzeitig ist die Strecke stellenweise geringfügig verlegt worden mit dem Ziel, die ursprüngliche, gewundene Linienführung zu begradigen. Außerdem entstanden viele zusätzliche Steintürme, so daß die Grenze weit besser überwacht werden konnte. Ungefähr in dieser Zeit ist auch ein neues Limeskastell hinzugekommen, das Numeruskastell am Feldberg. Wahrscheinlich gehen die vier steinernen Kleinkastelle der Strecke ebenfalls in die Mitte des 2. Jh zurück. Die beachtliche Verstärkung des Taunuslimes war zweifellos die Folge erhöhten germanischen Drucks auf die röm Grenze. Dieser ging kaum von den verhältnismäßig kleinen, germanischen Siedlungsgebieten aus, die oben erwähnt worden sind. Man wird vielmehr annehmen müssen, daß der Kernstamm der Chatten wieder eine romfeindliche Haltung eingenommen hatte. – Mit der Besatzung und Organisationsform, die in der Mitte des 2. Jh festgelegt worden sind, hat die Hochtaunusstrecke noch ein volles Jahrhundert die röm Provinz schützen können. Am Ende des 2. oder am Anfang des 3. Jh wurden Wall und Graben angelegt, die den Taunuslimes bis heute über weite Strecken bezeichnen. Sie stellten die letzte Verstärkung der Grenzlinie dar.

Streckenbeschreibung. Vom Dattenbach steigt der Limes den Berghang in Richtung auf Glashütten hoch. Er wird durch den Waldrand markiert,

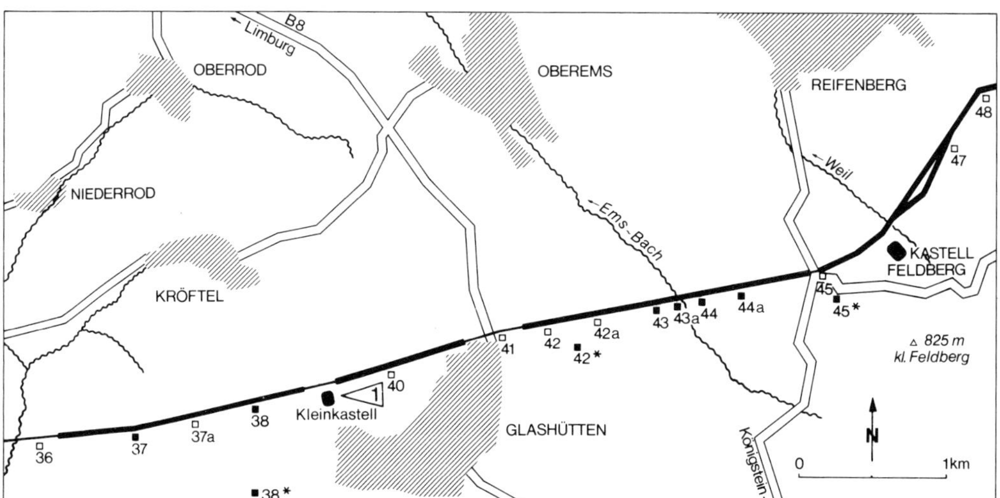

Abb. 333 Limes. Strecke 3, Wp 36–48

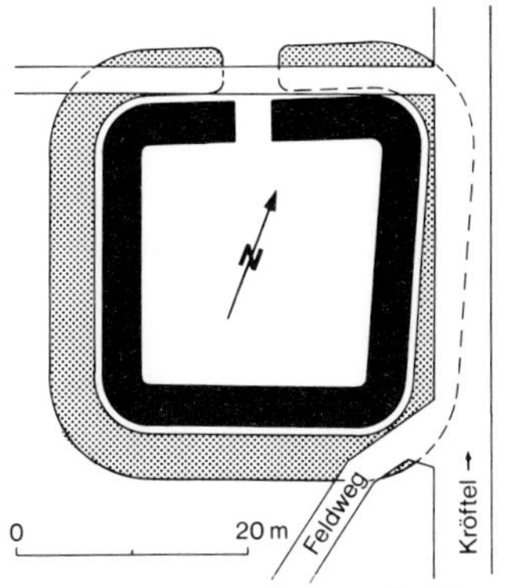

Abb. 334 Limes. Strecke 3. Kleinkastell Maisel

an dem man Spuren des Pfahlgrabens wahrnimmt. Auf der Höhe liegt

■ Wp 3/37 am Schloßborner Feld, ein flacher Steinturmhügel. Eine Steinturmstelle fehlt hier, weil die Grenzlinie an diesem Abschnitt in der Mitte des 2. Jh verlegt worden ist. Der Pfahlgraben bezeichnet die jüngere Linie, den Verlauf der älteren Linie kennt man nicht. Sie wird in einem geringen Abstand S von der jüngeren gelaufen sein. – Der Pfahlgraben tritt bei Wp 3/37 in den Wald ein und überquert darin zwei kleine Wasserläufe. 200 m O von der Straße Schloßborn-Kröftel findet man

■ Wp 3/38 am Maisel, einen deutlichen Steinturmhügel. Ziemlich genau 600 m S davon lag sein Vorgänger:

■ Wp 3/38* am Maisel. Sichtbar sind nur Spuren des flachen, etwas zerwühlten Ringgrabens. Der Wp ist schwer zu finden, weil die ältere Linie, zu der er gehört, nur den Bauzustand 2 (ohne Wall und Graben) erreicht hatte, als sie aufgegeben wurde. Sie kann daher im Gegensatz zu der jüngeren Linie, an der die Steintürme liegen, nicht im Gelände verfolgt werden.

Die jüngere Linie (Pfahlgraben) durchzieht O von Wp 3/38 ein kleines Bachtal. Der Pfahlgraben wird langsam flacher, tritt in offenes Gelände ein und läuft zum

(1) ▶ Kleinkastell Maisel. Der kleine Wehrbau (etwa 650 m^2) ist in der Mitte des 2. Jh zusammen mit der jüngeren Linie entstanden. Eine Gruppe von alten Laubbäumen steht in seinen zerfallenen Mauern, und so ist er schon von weitem zu sehen. Das einzige Tor war nach N auf den Limes gerichtet; der Pfahlgraben ist hier aber nicht erhalten. – Bis zum N Ortsrand von Glashütten wird die Grenzlinie durch den Waldrand markiert; der Pfahlgraben wird bald wieder sichtbar. Er ist verflacht und mehrmals unterbrochen. Wir haben es hier lediglich mit der jüngeren Linie zu tun; die ältere muß weiter S durch Glashütten gezogen sein. Einen Hinweis auf ihren Verlauf findet man O von Glashütten am Fuß des Glaskopfs. Dort liegt – 200 m S vom Pfahlgraben –

■ Wp 3/42* am Glaskopf. Man findet zerwühlte Reste von zwei Holzturmstellen. Der O (ältere) Holzturm besaß einen kreisförmigen, der W (jüngere) einen quadratischen Ringgraben. Ähnliches kommt auch an der W Taunusstrecke vor. Die ältere Limeslinie hat etwa 6 Jahrzehnte bestanden, und in dieser Zeit mußte der ältere durch den jüngeren Steinturm ersetzt werden.

Am N-Ausgang von Glashütten liegt ein Parkplatz an der B 8, direkt vor der jüngeren Limeslinie. Ein Waldweg folgt der Grenzlinie nach O, der als Limeswanderweg beschildert ist. Der Weg ist über dem zugefüllten Graben der Grenzwehr angelegt worden. Der Limeswall ist anfangs ebenfalls nicht sichtbar. Die jüngere Linie zieht schnurgerade nach O in Richtung auf das Rote Kreuz. Bald tauchen Spuren des Limeswalls als Böschung am S Wegrand auf. Das Gelände beginnt, zum Emsbach abzufallen. 200 m W vom Embach liegt

■Wp 3/43 Emsbachschlucht, ein flacher Steinturmhügel. Der Pfahlgraben läuft vollends zum Emsbach hinunter, wo die Ruine eines etwas größeren Bauwerks steht:

■ Wp 3/43a Pfeilerbau am Emsbach. Das rechteckige Bauwerk (10 x 8,2 m) ist größer als die üblichen Wp. Es hatte kräftige Außenmauern und Strebepfeiler an der N- und an der O-Seite. Es wird mehrstöckig gewesen sein und könnte in einer späten Bauphase die beiden dicht benachbarten Steintürme 3/43 und 3/44 ersetzt haben. O vom Emsbach steigt der Pfahlgraben steil zum Feldberg hoch und überwindet auf kurzer Strecke einen Höhenunterschied von 185 m. Anfangs nur durch eine Schneise markiert, wird er bald deutlicher. Ein wenig zurückgesetzt vom Pfahlgraben und daher im Wald nicht ganz leicht zu finden sind die beiden Wp an diesem Berghang:

■ Wp 3/44, ein deutlicher Steinturmhügel, etwa 125 m O vom Emsbach; und

■ Wp 3/44a, ein flacher Steinturmhügel, der schwierig zu finden ist.

Der Pfahlgraben zielt genau auf das Rote Kreuz, den höchsten Paß des Taunus. Der Schutthügel des Steinturms Wp 3/45 war vor wenigen Jahren noch unmittelbar N von der Einmündung des Feldbergzubringers in die Paßstraße Königstein-Reifenberg zu sehen. Inzwischen ist er durch Straßenbauarbeiten nahezu völlig zerstört worden. Dieser Turm hatte im Altertum sicherlich einen Saumpfad zu überwachen, der hier den Taunus gekreuzt haben wird. Sein Vorgänger an der älteren Linie ist aber vorhanden; er liegt 150 m SO im Wald.

■ Wp 3/45* beim Roten Kreuz. Nach der Ausgrabung durch L. Jacobi 1896 hat man die beiden Holzturmstellen konserviert. Ihre Ringgräben sind vorzüglich sichtbar und geben einen Eindruck von den Abmessungen dieser Gräben, die übrigens lediglich der Drainage des Holzturmfundaments dienten. Wie bei Wp 3/42* gibt es eine ältere (O) Turmstelle mit Kreisgraben und eine jüngere (W) mit quadratischem Ringgraben. Das alte Grabungsfoto zeigt, wo man im zentralen Hügel der Turmstellen jeweils die Spuren der vier großen Eckpfosten der Türme fand. Bei dem jüngeren Turm war ein Rest des Turmfundaments erhalten, das in der gleichen Holz-Stein-Bauweise erbaut war wie bei den Holztürmen des Odenwaldlimes. Vor den Turmstellen zeigte sich bei der Ausgrabung die Spur der Palisade, ein Zeichen dafür, daß die ältere Linie den Bauzustand 2 errreicht hat.

Das Rote Kreuz eignet sich gut als Ausgangspunkt für Limeswanderungen; die Strecken sind vorzüglich erhalten und gut zugänglich und man findet am Roten Kreuz Parkplätze. – Der Pfahlgraben ist am Roten Kreuz deutlich sichtbar. Man folgt ihm nach NO und gelangt nach gut 500 m vor das Kastell am → Feldberg. Hier hat sich die ältere Linie, die von Wp 3/45* kam, wieder für ein kurzes Stück mit der jüngeren vereinigt. – Unmittelbar vor dem Feldbergkastell verdoppelt sich der Limeswall auf einer Strecke von etwa 160 m Länge. Der vorgelagerte Wall diente wohl

Abb. 335 Limes. Strecke 3. Ausgrabung des Holzturms Wp 45 am Roten Kreuz im Jahre 1896. Die durch Erdverfärbungen erkannten Turmpfosten wurden durch neue Holzpfosten markiert*

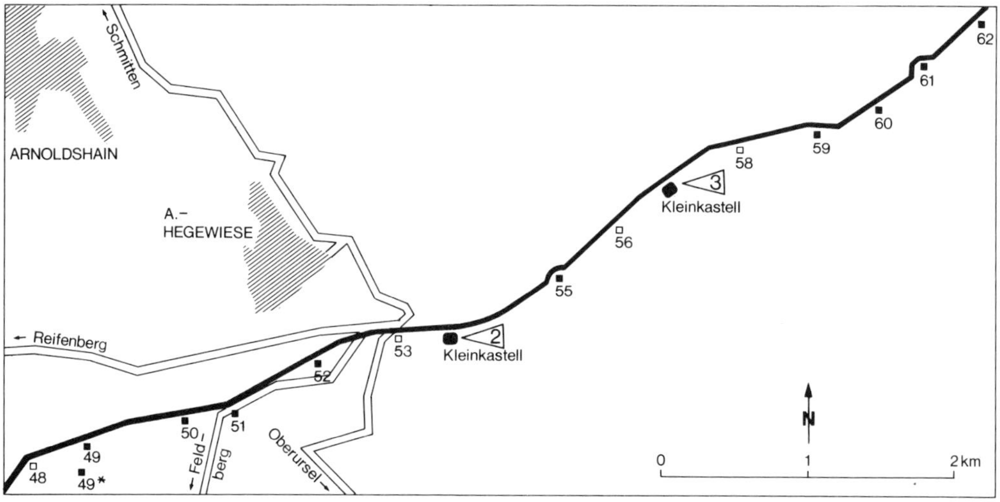

Abb. 336 Limes. Strecke 3, Wp 48–62

nur dem Schutz des Limesdurchgangs vor dem Kastell. – Der Pfahlgraben durchquert nun das sumpfige Quellgebiet der Weil. Danach verdoppelt sich der Pfahlgraben wiederum, diesmal auf 600 m. Ausgrabungen haben gezeigt, daß die S, gebogene Strecke zuerst gebaut worden ist; man hat sie später durch das N, gerade Stück ersetzt. Die Limesverlegung erfolgte an dieser Stelle ausnahmsweise erst nachdem der Limes bereits den Bauzustand 4 erreicht hatte, frühestens am Ende des 2. Jh . Alle übrigen Limesverlegungen an der Hochtaunusstrecke fanden, wie schon dargelegt, in der Mitte des 2. Jh statt. Bei der Ausgrabung zeigte sich nicht nur an dem älteren, sondern auch an dem jüngeren Pfahlgrabenstück die Spur der Palisade im Boden, und zwar vor dem Graben. So ergab sich hier der Beweis dafür, daß während des Bauzustands 4, der durch Wall und Graben gekennzeichnet ist, »die Palisade noch einen notwendigen Bestandteil des Limesabschlusses bildete« (E. Fabricius). Das war eine wissenschaftlich interessante und für das Verständnis der letzten Ausbauphase der Grenzwehr wichtige Erkenntnis. Die Limesverdoppelung ist im Hochwald vorzüglich zu erkennen. – Der nächste Steinturm Wp 3/49 folgt erst in 1,5 km Entfernung vom Feldbergkastell. Dazwischen werden zwei bisher nicht entdeckte Wp 3/47 und 3/48 vermutet; der letztere müßte an dem scharfen Limesknick am N-Hang des Feldbergs gestanden haben.

Abb. 337 Limes. Strecke 3. Pfahlgraben bei Wp 49

■ Wp 3/49 Teufelsquartier (unten): ein gut sichtbares, konserviertes Steinturmfundament. Man findet den Wp trotzdem nicht auf Anhieb, weil er 75 m hinter dem Pfahlgraben am aufsteigenden Hang des Feldbergs liegt. Ein so hoher Abstand von der Grenzlinie kommt sonst am Limes nur selten vor. Er könnte vielleicht damit erklärt werden, daß der N-Hang des Feldbergs im Altertum nicht mit Hochwald, sondern mit niederem Buschwald oder Heide bedeckt war, so daß der in 75 m Abstand über die Grenzlinie gesetzte Turm Vorteile bei der Überwachung bot. – Der Vorgänger des Steinturms liegt noch höher am Hang:

■ Wp 3/49* Teufelsquartier (oben). Der an sich recht deutliche Kreisgraben der Holzturmstelle ist schwer zu finden. Er liegt 200 m S vom Pfahlgraben. Seine Existenz an dieser Stelle erweist, daß die ältere Limeslinie NO vom Feldbergkastell anders verlief als die jüngere, die durch den Pfahlgraben gekennzeichnet ist. Mit rund 820 m über NN ist Wp 3/49* der höchste Limeswachtturm am gesamten obergermanisch-raetischen Limes. Erst bei Wp 3/52, 1,7 km weiter NO, fand man Holz- und Steinturm nebeneinander; von dort ab bis zum Ende der Hochtaunusstrecke ist die Grenzlinie dann nicht mehr verlegt worden.

An der jüngeren Linie ist der Pfahlgraben vortrefflich erhalten, stellenweise hat er – von der germanischen Seite her gesehen – fast noch sein antikes Profil. Wer genau hinschaut, kann bisweilen etwa 1 m jenseits des Grabenrandes eine ganz flache, schmale Einsenkung wahrnehmen. Hier stand die Palisade. Die Einsenkung ist dadurch entstanden, daß die Erde nach dem Verfaulen der Palisadenstümpfe ein wenig eingesackt ist. – 700 m nach Wp 3/49 folgt

■ Wp 3/50 am Steinkopf. Man findet ihn genau oberhalb vom Ehrenmal des Taunusklubs, 70 m hinter dem Pfahlgraben. Auf dem Steinkopf steht das wohlerhaltene, konservierte Fundament eines Steinturms. Mit diesem Turm hat die Grenzlinie den Taunuskamm erreicht und folgt ihm nun nach NO. Die Kammlinie des Mittelgebirges senkt sich ab in Richtung auf den Paß am Sandplacken. Der Pfahlgraben stößt bald nach Wp 3/50 auf die Straße Sandplacken–Feldberg. Unmittelbar S von der Straße, dicht an der Kurve, erblickt man die zwei Schutthügel von

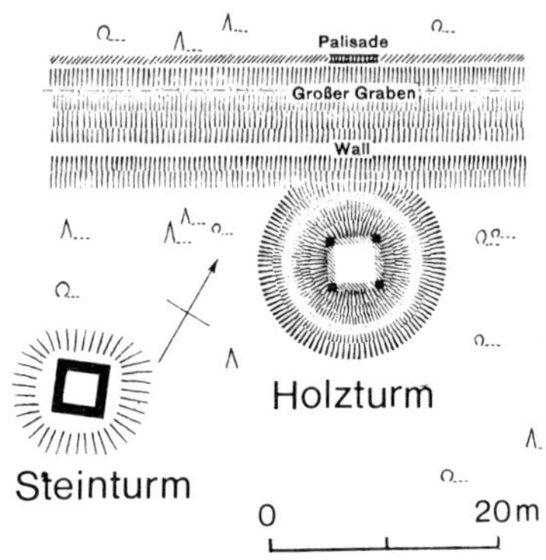

Abb. 338 Limes. Strecke 3. Wp 51 Stockborn

■ Wp 3/51 Stockborn. In den Schutthügeln, die von der Straße angeschnitten werden, stecken die Fundamente zweier Steintürme. Der Pfahlgraben läuft dicht an der anderen (N) Seite der Straße; der Fundamentrest, den man dort erblickt, rührt von einer neuzeitlichen Ruhehütte her, die längst abgerissen worden ist. – Der Pfahl zieht in geringem Abstand von der Straße weiter in Richtung Sandplacken. Etwa auf halbem Weg liegt

■ Wp 3/52 auf dem Mittelberg. Der Schutthügel des Steinturms, 15 m hinter dem Limes, ist hoch erhalten. Unmittelbar am Pfahlgraben, vom Limeswall überschnitten, findet man die Holzturmstelle. Sie ist heute durch ein großes Grabungsloch kenntlich. Es handelt sich hier um eine jener Beobachtungen, die es erlaubten, die vier Bauzustände des Limes zu erkennen und auseinanderzuhalten. Der Pfahlgraben kann erst entstanden sein, als der Holzturm schon längst aufgegeben worden war. – Der Pfahlgraben nähert sich nunmehr dem Sandplacken, dem nächsten Paß, der über den Taunus führt. Hier hat Wp 3/53 gestanden, der aber längst verschwunden ist. Der Sandplacken eignet sich als Ausgangsort für Limeswanderungen (Bushaltestelle und Parkplätze, Gasthäuser). – Man überschreitet die heutige Paßstraße Oberursel–Schmitten und gelangt an dem Pfahlgraben entlang zum

(2) ▶ Kleinkastell Altes Jagdhaus (630 m²). Die zerfallene Wehrmauer ist deutlich sichtbar. Das einzige Tor des kleinen Wehrbaus ist gegen den Pfahlgraben gerichtet, der 10 m entfernt vorbeiläuft. Das Kastell ist sicherlich erst während der Ausbauphase des Limes in der Mitte des 2. Jh entstanden. Seinen Namen erhielt es von einem kleinen Bauwerk, dessen Fundamente man bei Grabungen im Innenraum fand, einem Jagdhaus aus dem 16. Jh, das vermutlich dem Waldboten (»Forstdirektor«) der Fürsten von Hessen zur Verfügung stand. Das Jagdhaus ist völlig verschwunden. Der Pfahlgraben zieht gut sichtbar nach NO. Bald beginnt er etwas anzusteigen; man gelangt an den Fuß des Klingenkopfs. Hier steht ein außerordentlich harter Quarzit an, in den die Römer den Limesgraben nicht eintiefen mochten. Sie haben daher zu Beginn des Bauzustandes 4 nicht Wall und Graben angelegt, sondern stattdessen aus Quarzitsteinen, die man am Hang auflesen kann, eine Mauer gebaut. Solche Mauerstücke kommen am Hochtaunuslimes bis zur Saalburg noch dreimal über harten Quarzitbänken vor. – Auf der Höhe stand

■ Wp 3/55 auf dem Klingenkopf. Hier befand sich ein Holz- und ein Steinturm. Beide waren vor wenigen Jahren noch gut sichtbar, sind inzwischen aber stark beschädigt worden.

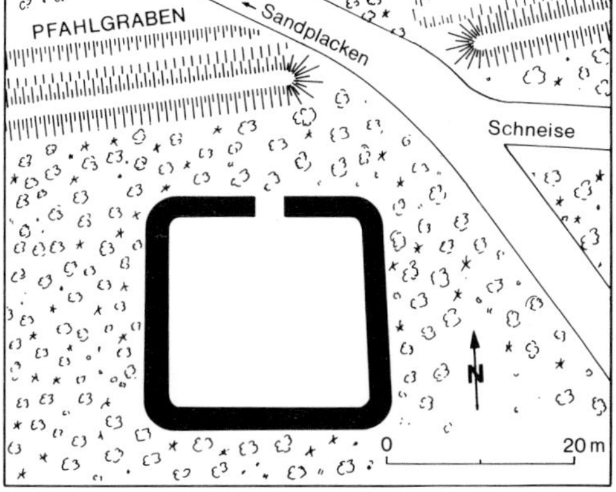

Abb. 339 Limes. Strecke 3. Kleinkastell Altes Jagdhaus

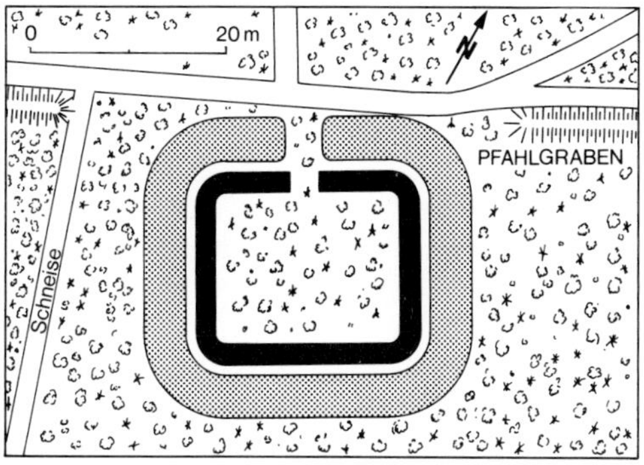

Abb. 340 Limes. Strecke 3. Kleinkastell Heidenstock

Die Limesmauer läuft – als flacher Schuttwall kenntlich – den Hang des Klingenkopfs nach O hinunter. Am Fuß der Bergkuppe setzen Wall und Graben wieder ein. Nach 1 km gelangt man zum

(3) ▶ Kleinkastell Heidenstock (440 m²). Ein Teil der steinernen Umwehrung ist konserviert, der Rest als Schuttwall kenntlich. Das einzige Tor richtete sich nach N gegen den Zug des Pfahlgrabens, der indessen wenigstens heute an dieser Stelle aussetzt. Das Kleinkastell dürfte genauso wie das Alte Jagdhaus in der Mitte des 2. Jh zur nachträglichen Verstärkung der Grenzlinie erbaut worden sein. – Der Pfahlgraben läuft wohlerhalten in Richtung auf den Roßkopf weiter. Am Fuß der Bergkuppe werden Wall und Graben wieder durch eine Steinmauer ersetzt, die man als Schuttwall mehr oder weniger deutlich über den Roßkopf verfolgen kann. Oben auf der Höhe liegt

■ Wp 3/59 Roßkopf. Bei den Ausgrabungen fand man zwei Holzturmstellen nebeneinander; eine von ihnen wird von der Grenzmauer überschnitten. Außerdem sind zwei deutlich erkennbare Steinturmhügel vorhanden. Bei Wp 3/59 haben sich demnach im Lauf der Zeit vier Wachttürme abgelöst. – 80 m O vom Wp hört die Mauer auf, und Wall und Graben setzen wieder ein, jedoch nur für eine Strecke von etwa 250 m; dann haben es die Römer wiederum aufgegeben, in dem harten Quarzit einen Graben zu ziehen und haben

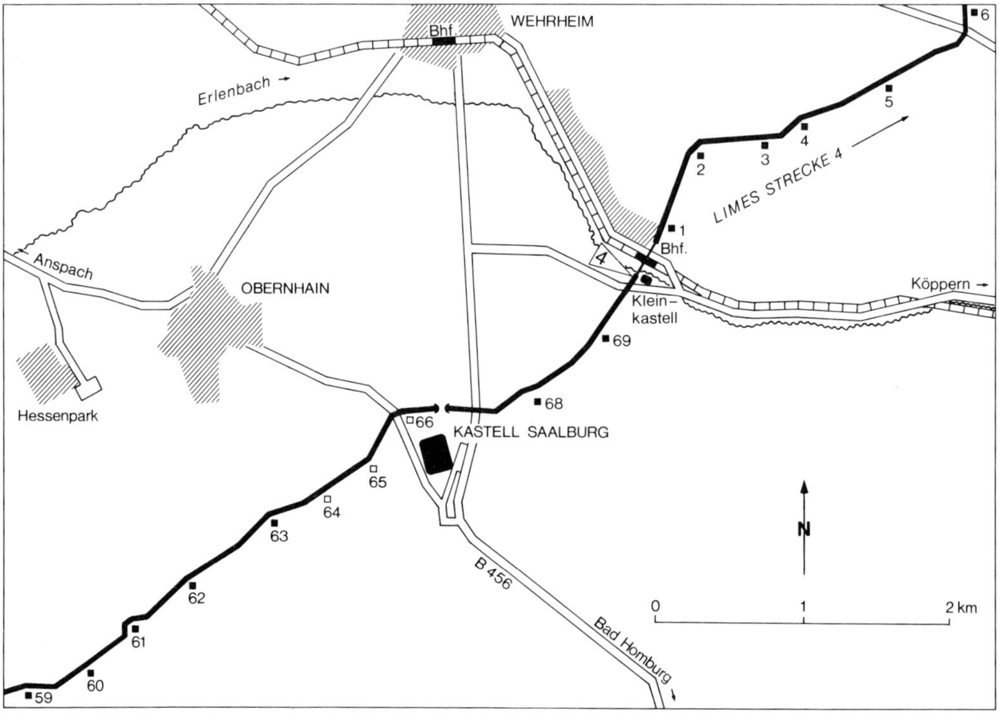

Abb. 341 Limes. Strecke 3, Wp 59–69 und Strecke 4, Wp 1–6

lieber eine Mauer gebaut. Man folgt dem Schuttwall der Mauer und gelangt nach knapp 500 m zum

■ Wp 3/60 Einsiedel. Hier war nur ein Steinturm, der in der Mitte des 2. Jh nachträglich zwischen die Wp 3/59 und 3/61 eingefügt worden ist. Man sieht unmittelbar hinter dem Pfahlgraben den Schutthügel des Turms mit einigen zerfallenen Fundamentmauern. Wenige Meter W davon bemerkt man eine Grube, die wohl den Rest einer Zisterne darstellt. Sie war für die Wasserversorgung der Wachtmannschaft bestimmt und wurde bei den Grabungen der RLK freigelegt. – Bei Wp 3/60 steigt der Berghang vor der Grenzlinie steil an. Das ist bemerkenswert und zeigt, daß der Limes keineswegs die Funktion einer Wehranlage in der Art antiker Stadtmauern besessen hat. An einer so ungünstigen Stelle hätte man nie eine Wehranlage errichtet; der Angreifer kommt von oben und hat alle Vorteile auf seiner Seite. Tatsächlich war der Limes weiter nichts als eine überwachte Grenzlinie, die erst seit dem Bauzustand zusätzliche Annäherungshindernisse erhielt. Sie wurden nicht direkt verteidigt, sondern nur von den Türmen aus beobachtet und überwacht. An dieser Stelle haben die Römer die geschützte Lage unterhalb des Bergkamms vorgezogen; auf der Höhe kann ein sehr rauher Wind wehen. Die schwierigen klimatischen Bedingungen bewirkten es wohl, daß genauso wie bei Wp 3/59 am nächsten

■ Wp 3/61 auf dem Kieshübel zwei Holzturmstellen und zwei Steinturmfundamente vorgefunden wurden. Diese Wp lagen auf der Höhe, waren sehr dem Wetter ausgesetzt und mußten daher mehrmals erneuert werden. Heute sieht man die konservierten Grundmauern der beiden Steintürme und auch Reste der Holzturmstellen W von

Abb. 342 Limes. Strecke 3. Wp 61 Kieshübel. Grundmauern des südwestlichen Steinturms

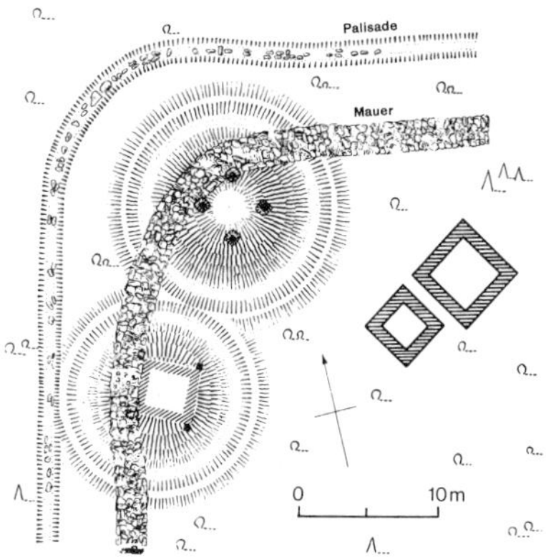

Abb. 343 Limes. Strecke 3. Wp 61 Kieshübel

ihnen. Die Holzturmreste werden von der (hier kaum sichtbaren) Limesmauer überschnitten. Diese läuft – oft schwer erkennbar – als Schuttwall noch 700 m weiter. Erst zwischen Hollerkopf und Weißestein befindet sich wieder ein Abschnitt mit Wall und Graben. Ungefähr 500 m von Wp 3/61 liegt hinter der Mauer

■ Wp 3/62 am Hollerkopf, ein undeutlicher Steinturmrest. Man fand hier keinen Holzturm, und so wird der Steinturm ähnlich wie Wp 3/60 nachträglich in der Mitte des 2. Jh eingefügt worden sein. – Am Fuß des Hollerkopfs setzen, wie schon erwähnt, Wall und Graben wieder ein, jedoch nur für 200 m. Dann kommt noch ein Abschnitt mit Mauer. Hier beginnt zugleich die Quarzitrippe des Weißestein, eine natürliche Felsrippe, die ungefähr in Richtung des Limes läuft. Die Römer haben sie nicht in die Grenzwehr einbezogen, sondern die Mauer in ungefähr 15 m Entfernung SO vorübergeführt, wo man heute allerdings nur noch ganz schwache Spuren wahrnehmen kann. Auch diese Linienführung des Limes entspricht nicht den taktischen Forderungen, die in der Antike an Wehranlagen gestellt wurden; es konnte ja ohne weiteres eine Gruppe von Feinden hinter der Felsrippe Deckung nehmen. So erweist sich auch am Weißestein, daß die Grenzlinie keine Wehranlage war. – Etwa 150 m nach dem Ende der Felsrippe erblickt man

■ Wp 3/63 Weißestein, einen Steinturmhügel mit konserviertem Turmfundament. Dicht daneben fand man bei Grabungen den Rest eines zweiten Turms, von dem aber nichts mehr zu sehen ist. 25 m vor dem Steinturm lief die hier nicht klar erkennbare Steinmauer. Sie überschneidet zwei Holzturmstellen, über die der heutige Waldweg hinwegläuft. Wer die Bodenoberfläche aufmerksam beobachtet, kann die flachen Ringgräben erkennen, die allerdings durch die Ausgrabungen der RLK gestört worden sind. – 70 m N von Wp 3/63 hört die Mauer auf, und Wall und Graben beginnen wieder. In vorzüglicher Erhaltung zieht der Pfahlgraben hinunter zur → Saalburg. Sobald er den Saalburgpaß erreicht hat, biegt er nach N aus und läuft in einem Bogen in etwa 200 m Abstand an der Saalburg vorbei. Vor der Saalburg befand sich im Altertum ein Limesdurchgang, den man auch jetzt noch gut erkennen kann. Hier verließ der röm Paßweg, der aus der Rhein-Main-Ebene kam, das Römerreich. Bei den Ausgrabungen fand man neben dem Durchgang die Spuren eines hölzernen Wachthauses. Heute ist neben dem alten Grenzübergang ein Stück des Pfahlgrabens rekonstruiert und mit der Palisade versehen worden. – Der Pfahlgraben zieht nach O weiter und wird bald von der B 456 gekreuzt, der heutigen Paßstraße (gefährlicher, schneller Verkehr; zum Überschreiten der Straße verwende man die Fußgängerbrücke an der Saalburg). Neben dem rekonstruierten Kohortenkastell Saalburg gibt es Parkplätze und Bushaltestellen, so daß man von hier aus gut zu einer Limeswanderung aufbrechen kann.

Jenseits der B 456 zieht der Pfahlgraben wohlerhalten in Richtung auf die Lochmühle. Nach etwa 400 m bemerkt man einen steilen Berghang hinter dem Limes. Ein Stück hangaufwärts, 75 m hinter dem Grenzwall, liegt

■ Wp 3/68 am Fröhlichemannskopf. Zwei Holzturmstellen und ein Steinturm sind hier ausgegraben worden. Das Steinturmfundament ist zu sehen, ebenso – O davon – eine der Holzturmstellen.

Der Pfahlgraben zieht nun immer steiler in das Erlenbachtal hinab. Auf halbem Weg bemerkt man

■ Wp 3/69 am Bennerpfad mit seinem konservierten Steinturmfundament. Ein Holzturm fand sich hier nicht, und daher gehört der Wp wohl zu denen, die erst in der Mitte des 2. Jh entstanden sind. – Kurz vor dem Talgrund kreuzt die Straße Köppern–Wehrheim den Limes (gefährlicher Verkehr!). Jenseits der Straße ist noch ein kurzes

Abb. 344 Limes. Strecke 3. Kleinkastell Lochmühle

Stück des Pfahlgrabens sichtbar. Etwa in Höhe des Gasthauses Lochmühle (das schon jenseits der röm Grenze liegt) befindet sich 37 m hinter dem Pfahlgraben im Wald das

(4) ▶ Kleinkastell Lochmühle (400 m²). Der flache Schuttwall der steinernen Umwehrung ist sichtbar. Der kleine Wehrbau besaß nur ein Tor, das dem Limes zugewandt war. Das Kastell dürfte genauso wie die übrigen Kleinkastelle der Hochtaunuslinie nachträglich in der Mitte des 2. Jh entstanden sein. Vielleicht ging ihm ein hölzerner Wachtturm voran.

Am Erlenbach endet die Limesstrecke 3, jenseits davon beginnt Strecke 4. Das schluchtartige Erlenbachtal ist in der Römerzeit schwer gangbar gewesen. Erst durch den Eisenbahnbau wurde es dem Verkehr erschlossen. Hätte es im Altertum eine Verkehrsbedeutung besessen, so wäre die Saalburg nicht oben an dem Mittelgebirgspaß, sondern hier an der Lochmühle entstanden. Aber noch heute läuft der bedeutendere Verkehr oben über den Paß.

N vom Erlenbach wird der Pfahlgraben im Wald sogleich sichtbar. Gut 200 m von der Eisenbahnlinie entfernt, 30 m hinter dem Grenzwall, liegt

■ Wp 4/1, ein deutlicher Steinturmhügel. – Wieder 500 m weiter biegt der hier vorzüglich erhaltene Grenzwall nach O um. Hinter der Biegung sieht man

■ Wp 4/2 am Grauen Berg, einen Steinturmhügel. Der an dieser Stelle vermutete Holzturm wurde bisher nicht gefunden. Wenige Meter O vom Wp verläuft die heutige Grenze zwischen Hochtaunus- und Wetteraukreis. Sie zieht noch eine Strecke weit am Limes entlang; man erblickt von Zeit zu Zeit einen der schönen, alten Grenzsteine, die meist aus dem Anfang des 19. Jh stam-

men. Als deutliche Markierung in den weiten Waldgebieten ist der Pfahlgraben auch in nachröm Zeit oft als Grenze verwendet worden.
Der Hochtaunuslimes schließt mehrere vorgeschichtliche Befestigungen (Ringwälle) ein, beispielsweise die eindrucksvollen Ringwälle auf dem Altkönig oder das umfangreiche, keltische Oppidum über dem Heidetränktal bei Oberursel. Die Forschung hat lange die Frage diskutiert, ob diese alten Wehrbauten bei den Kämpfen zwischen Römern und Germanen zur Zeit des Kaisers Augustus oder während der Chattenkriege Kaiser Domitians noch eine Rolle gespielt haben. Inzwischen weiß man, daß die vorgeschichtlichen Befestigungen des Hochtaunus aus verschiedenen Phasen der vorgeschichtlichen Zeit stammen, die zum Teil Jahrhunderte auseinanderliegen. Als die Römer kamen, waren sie bereits zerfallen und hatten keine Bedeutung mehr. Ba

Lit: Führer zu vor- und frühgeschichtlichen Denkmälern Bd. 21. Hochtaunus (Mainz 1981).

Westliche Wetteraustrecke (Wetteraukreis)

Abb 77, 345–353

Strecke 4, Wp 3–44

Übersicht. Im NO Taunus löst sich der röm Grenzwall vom Taunuskamm und biegt nach N ab, um die Wetterau einzuschließen. Dabei läuft er über den Fuß des Hausbergs bei Butzbach, biegt dann nach NO ein und zieht schnurgerade über den Landrücken, die natürliche Schwelle zwischen Wetterau und Gießener Becken. Zwischen Taunus und Hausberg und auch bei Butzbach hat der nachröm Ackerbau längere Strecken des Pfahlgrabens zerstört, so daß die W Wetteraulinie nicht so gut erhalten ist wie die Hochtaunusstrecke. Dennoch findet man mehrere wohlerhaltene Abschnitte des Pfahlgrabens, und zwar im NO Taunus bei der Kapersburg, am Fuß des Hausbergs und NO von Butzbach am Rand des Griedeler Markwaldes. Die insgesamt 25,5 km lange W Wetteraustrecke wird an den wichtigsten Abschnitten durch den markierten Limeswanderweg erschlossen. Unter den Limeskastellen der Strecke ist die → Kapersburg besonders gut erhalten und besuchenswert.
Die W Wetteraustrecke hat die gleiche Geschichte wie ihre Nachbarstrecke im Hochtaunus; ihr erster Bauzustand geht auf den Chattenkrieg Kaiser Domitians zurück (83–85 nChr). Allerdings war der Grenzabschnitt von Anfang an wichtiger als die Hochtaunusstrecke. Über ihn lief die bedeutendste Fernverbindung der röm Provinz nach N in Richtung Gießen und von dort längs der Hessischen Senke über Kassel in den mitteldeutschen Raum. Noch heute ziehen die verkehrsreiche B 3, eine Fernlinie der Bundesbahn und die Autobahn Frankfurt–Kassel durch Butzbach oder dicht an dem Ort vorbei und betonen die geografisch bedingte Verkehrsbedeutung dieses Raums. So ist es verständlich, daß das Kohortenkastell → Butzbach bereits unter Kaiser Domitian entstanden ist; es gehört zu den ältesten Limeskastellen an der Grenzlinie selbst. Nur wenig später, unter Kaiser Trajan, ist das Numeruskastell Kapersburg errichtet worden. Etwa in die gleiche Zeit gehört das Kohortenkastell Langenhain, dem ein kleiner, älterer Wehrbau vorangegangen sein kann. So ist die W Wetteraustrecke schon von Beginn an weit stärker mit Truppen besetzt worden als die Hochtaunusstrecke, die im Schutz der ausgedehnten Mittelgebirgswälder weniger gefährdet war. Die W Wetteraustrecke hatte die Aufgabe, die fruchtbare Wetterau mit ihren zahlreichen, wohlhabenden Landgütern zu schützen; das Gebiet gehörte damals zur Civitas Taunensium. Wie sicher die röm Bewohner der Wetterau im Schutz des Grenzwalls lebten, mag man daran erkennen, daß bis dicht an den Limes Gutshöfe erbaut worden sind, etwa in → Gambach (nur knapp 4 km vom Pfahlgraben entfernt).
Die germanischen Nachbarn des Grenzabschnitts wohnten im Lahntal, vor allem im Gießener Bekken. Diese Germanengruppe ist durch Funde im → Gießener Stadtwald bekannt. Sie ist eine der wenigen, deren Wohngebiete direkt an den obergermanischen Limes angrenzten. Die Funde ent-

halten röm Importstücke und bezeugen damit ein enges Verhältnis zum Römerreich. Man kann daher in der Gießener Germanengruppe Verbündete (*foederati*) des Römerreichs erblicken. Die Gefahr für den Limes ging kaum von ihnen aus, sondern von den Chatten in N-Hessen. Seit Anfang des 3. Jh gefährdeten dann die Alamannen die röm Grenze aus noch größerer Entfernung. Die W Wetteraustrecke hat alle vier Bauzustände durchlaufen. Am Anfang ist die Grenzlinie überall dem Gelände angepaßt worden, so daß sich ein vielfach gewundener Verlauf ergab. Da die Strecke ganz besonders gefährdet war, ist hier ausnahmsweise schon frühzeitig ein Grenzhindernis entstanden, und zwar ein Holzzaun, der stellenweise als Vorgänger der Palisade in Phase 1 des Limes festgestellt wurde. In der Mitte des 2. Jh wurde die Linie streckenweise verlegt und dadurch begradigt, und zwar vor allem in dem gefährdeten Abschnitt N und S von Butzbach: Von Wp 4/3 bis 4/33 sowie von Wp 4/33 bis 4/49 sind schnurgerade Grenzstrecken entstanden, die sich besser überwachen ließen. Man findet daher gelegentlich in wechselnder Entfernung von den geraden Abschnitten die Reste der älteren Holztürme, die an der ursprünglichen, gewunden angelegten Linie standen. Ihre Nummern sind mit einem Sternchen gekennzeichnet. – In der Mitte des 2. Jh (Anfang von Phase 3 des Limes) ist außerdem die Anzahl der Wp erhöht worden, so daß die Wachtturmabstände sich verringerten.

Streckenbeschreibung. Der Pfahlgraben läuft gut sichtbar im Wald am Nordwesthang des Grauen Berges im Wald. 500 m entfernt von dem schon beschriebenen Knick im Limes bei Wp 4/2 erblickt man

■ Wp 4/3 im Rodheimer Wald, einen Steinturmhügel in geringem Abstand vom Pfahlgraben. Nur 350 m weiter folgt

■ Wp 4/4, ein Schutthügel, welcher die Ruine eines Steinbaus von 7,7 x 6,1 m Außenmaßen birgt; es handelt sich also nicht um einen der normalen Steintürme.

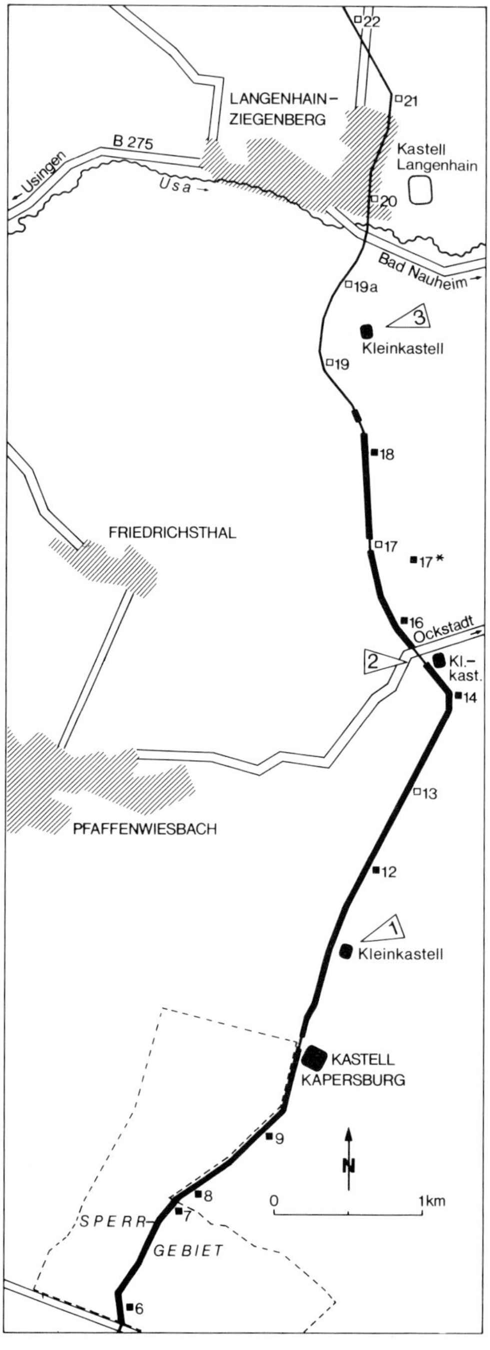

Abb. 345 Limes. Strecke 4, Wp 6–22

Abb. 346 Limes. Strecke 4. Links Ruinen des Wp 4, rechts Limeswall

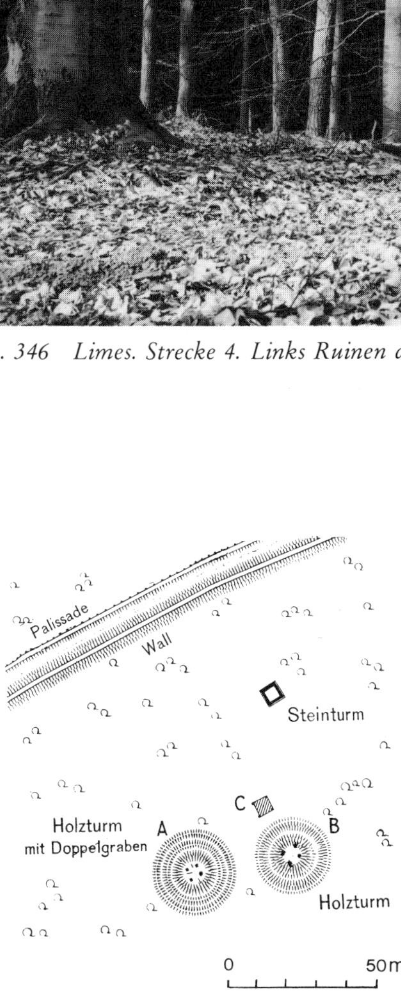

Abb. 347 Limes. Strecke 4. Wp 5 am Grauen Berg, A und B Holztürme, C Nebengebäude

■ Wp 4/5 an der N-Seite des Grauen Berges ist der nächste Wp mit Holzturmresten. Vom Pfahlgraben aus erblickt man in 35 m Entfernung zunächst den zerwühlten, aber deutlichen Steinturmhügel. 50 m SW von dort liegen zwei Holzturmstellen mit Ringgräben. Der W Turm besaß zwei Ringgräben, der O einen. An der N-Seite der O Holzturmstelle befindet sich ein flacher Schutthügel. In ihm steckte ein kleines Bauwerk mit ähnlichem Grundriß wie ein Wachtturm. Es war aus Trockenmauerwerk und Holz gebaut und wurde als Nebengebäude gedeutet. – Der Pfahlgraben biegt einige hundert Meter weiter in die N-Richtung ein und wird dann von einem breiten Fahrweg gekreuzt. Jenseits von dem Fahrweg erstreckt sich ein eingezäuntes, unzugängliches Sperrgebiet. Es wird empfohlen, den Limeswanderweg zu benutzen, der das Sperrgebiet umgeht und zur Kapersburg führt. – Innerhalb des Sperrgebiets ist der Limes gut erhalten; dort liegen die unzugänglichen Steinturmhügel

■ Wp 4/6 und 4/7 am Käspfad.

Von der Kapersburg aus kann man in S Richtung am Pfahlgraben entlang den

■ Wp 4/8 Rittergräber aufsuchen, der schon N vom Sperrgebiet liegt und zugänglich ist. Er ist nach Wp 4/5 der nächste Wp mit Holzturmresten. Ähnlich wie dort gibt es bei Wp 4/8 zwei gut sichtbare Holzturmstellen mit Ringgräben; zwischen ihnen befindet sich ein ähnliches Nebengebäude wie bei Wp 4/5. Der zugehörige Steinturm, der den späteren der beiden Holztürme ablöste, befindet sich allerdings 160 m weiter SW am Käspfad (Wp 4/7). Bei den Rittergräbern gab es also keinen Steinturm. – Unmittelbar NW von Wp 4/8 lag ein kaum noch sichtbares Kleinkastell mit unregelmäßigem Grundriß. Es muß in die Frühzeit des Limes gehören, da es teilweise vom Pfahlgraben überschnitten wird. – Der gut erhaltene Pfahlgraben zieht in Richtung Kapersburg weiter zum

■ Wp 4/9 am Wellenberg, einem wohlerhaltenen Steinturmhügel.

500 m NO von hier befinden sich die gut sichtbaren Ruinen des Limeskastells → Kapersburg und des zugehörigen Kastellbades. – Die Kapersburg eignet sich als Ausgangsort für Limeswanderungen in N Richtung. Man folgt dem gut erhaltenen Pfahlgraben und gelangt nach 700 m zu dem

(1) ▶ Kleinkastell und Wp 4/11 Ockstädter Wald. Das Holzkastell (0,2 ha) liegt etwa 60 m hinter dem Pfahlgraben auf einer kleinen Anhöhe. Die Umwehrung ist als flacher Erddamm

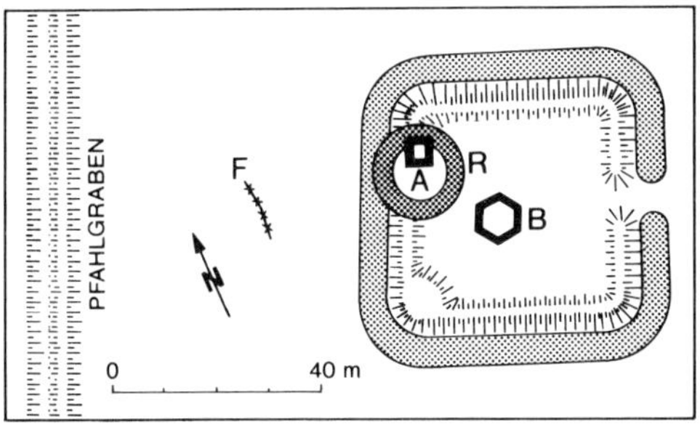

Abb. 348 Limes. Strecke 4. Kleinkastell und Wp 11 Ockstädter Wald. R Ringgraben des Holzturms, A Steinturm, B Steinturm mit sechseckigem Grundriß, F Spur des Flechtwerkzauns

sichtbar, das einzige Tor war nach SO gerichtet, vom Limes abgekehrt. Das Holzkastell war das älteste Bauwerk an dieser Stelle; vielleicht war es der Vorgänger der Kapersburg. Es dürfte gleichzeitig mit den älteren Holztürmen von Wp 4/5, 4/8 und 4/14 bestanden haben. Nach einiger Zeit wurde es aufgegeben und von einem Holzturm abgelöst, der in der N-Ecke des aufgegebenen Holzkastells entstand. Man erblickt dort einen Schutthügel, der die Umwehrung überschneidet. Er enthält auch die Reste eines Steinturms, der den Holzturm ablöste. Ein zweites, sechseckiges Mauerfundament wurde inmitten des Kastells ausgegraben, wo man aber nur noch eine ganz flache Erhöhung sieht. Es könnte sich um einen der am Limes seltenen, sechseckigen Wachttürme handeln. – Zwischen dem Kleinkastell und dem Pfahlgraben fand man die Spur des Flechtwerkzauns, der hier der Palisade voranging. – 500 m N vom Kleinkastell befindet sich

■ Wp 4/12 Unkenkippel, ein flacher Steinturmhügel. – Von hier bis zum nächsten sichtbaren Wp ist die Entfernung so groß, daß man einen weiteren Wp 4/13 angenommen hat, der aber nicht gefunden worden ist.

■ Wp 4/14 im Friedberger Burgwald Winterstein befindet sich an einer einspringenden Biegung des Pfahlgrabens. Hier liegen drei Wachtturmreste: ein hoher, zerwühlter Steinturmhügel direkt hinter der Biegung des Limes und S davon zwei sehr gut erhaltene Holzturmstellen mit Ringgräben. Bei der Ausgrabung des Steinturms fand man eine Inschrift des *Numerus Nidensium*. Grabungen an der Grenzlinie selbst ergaben, daß diese anfänglich einen etwas anderen Verlauf nahm als der heute noch sichtbare Pfahlgraben. – Nach 250 m stößt man auf die Reste vom

(2) ▶ Kleinkastell Kaisergrube. Es liegt neben einem neuzeitlichen, aufgegebenen Bergwerk gleichen Namens, dessen Halden den Pfahlgraben zum Teil überdecken. Auch das Kastell wurde durch den Bergbau beschädigt, doch ist seine S-Seite als hoher Wall mit vorgelagertem Graben gut zu erkennen. Einem älteren Holzkastell folgte ein etwa quadratisches Steinkastell von 730 m^2 Fläche.

N von dem Fahrweg, der an der Kaisergrube vor-

Abb. 349 Limes. Strecke 4. Rekonstruierter Wp 16 auf dem Gaulskopf

beiführt, setzt der Pfahlgraben wieder sichtbar ein. Er steigt auf eine kleine Höhe, auf der man ein ungewöhnlich großes und kräftiges Turmfundament mit Strebepfeilern fand:

■ Wp 4/16 auf dem Gaulskopf. Hier hat ein besonders hoher Signalturm gestanden, der vielleicht mit dem Signalturm auf dem → Johannisberg in Bad Nauheim Verbindung hatte. 1926 ist neben der Ruine des Turms eine Rekonstruktion errichtet worden, die als eine der besten Wachtturmrekonstruktionen am Limes gelten kann. Allerdings war der antike Turm verputzt und dürfte noch etwas höher gewesen sein. Ein Holzturm befand sich nicht auf dem Gaulskopf, weil die ältere Limeslinie weiter O lief. – Vom Gaulskopf steigt der Pfahlgraben in eine Schlucht hinab, das Schwarzloch. Ungefähr dort, wo er ihren Rand erreicht, wird Wp 4/17 vermutet, von dem aber nichts zu sehen ist. Noch immer kenntlich, folgt der Pfahlgraben der Sohle der Schlucht. Er wird von der Schlucht im W stark überhöht. Eine Wehranlage hätte man im Altertum niemals in solcher Lage gebaut. So ergibt sich aus der Wahl der Linienführung an dieser Stelle recht deutlich, daß der Limes keine Wehranlage war. – Der Pfahlgraben ist von hier ab weniger gut erhalten und schwierig zu begehen. Es gibt aber einen Waldweg unweit vom Limes, der in das Vogeltal führt. – Der Grenzwall klettert nun über einen kleinen Bergvorsprung, um eine Biegung des Bachs abzuschneiden. Dort liegt

■ Wp 4/18 am Vogeltal. Der Steinturmhügel wird von einem heutigen Waldweg angeschnitten. Bei der Ausgrabung fand man das Mundstück eines bronzenen Blasinstruments, das zu Signalzwecken gedient hat. – Von hier aus läuft der Pfahlgraben in das Vogeltal hinab, wo er auf der Talsohle undeutlich wird und bald verschwindet. Wahrscheinlich zog er an der O-Seite des Tals weiter in Richtung auf das → Limeskastell Langenhain. – Die ältere Grenzlinie lief O vom Vogeltal auf der Höhe, wo man die zwei Holztürme von Wp 4/17* und das

(3) ▶ Kleinkastell am Eichkopf fand. Das kleine Holzkastell (0,25 ha) liegt ungefähr 50 m N von einem neuzeitlichen Bunker im Wald. Es ist nur schwach sichtbar und ist auch von einem kleinen Steinbruch beschädigt worden.

Der Limes kreuzte das Usatal, ist dort aber nicht mehr erhalten. N von der Usa lief er am O-Rand von Langenhain vor dem Limeskastell vorbei, das aber nicht mehr zu sehen ist. Dann zog er über eine wellige Hochfläche. Hier hat der Ackerbau des Mittelalters und der Neuzeit den Pfahlgraben auf über 5 km Länge völlig beseitigt. Erst N von Hochweisel wird der Grenzwall am Waldrand wieder sichtbar. 250 m N vom Waldrand liegen die

(4) ▶ Kleinkastelle Hunnenkirchhof. Das ältere der beiden Kastelle war ein Holzbau. Es ist entstanden bevor es den Limeswall gab, denn dieser überschneidet das Kastell. Wohl in der Mitte des 2. Jh ist es durch das ungefähr doppelt so große (0,12 ha) Steinkastell ersetzt worden, das ein wenig weiter vom Pfahlgraben entfernt liegt. Seine Umwehrung ist deutlich zu erkennen. – Außerhalb des Limes erhebt sich der Hausberg, dessen Gipfel von einem mehrfachen, vorgeschichtlichen Ringwall aus der älteren Latènezeit umschlossen wird. Als die Römer den Limes bauten, war er schon seit Jahrhunderten verlassen.

Vom Hunnenkirchhof zieht der Grenzwall durch

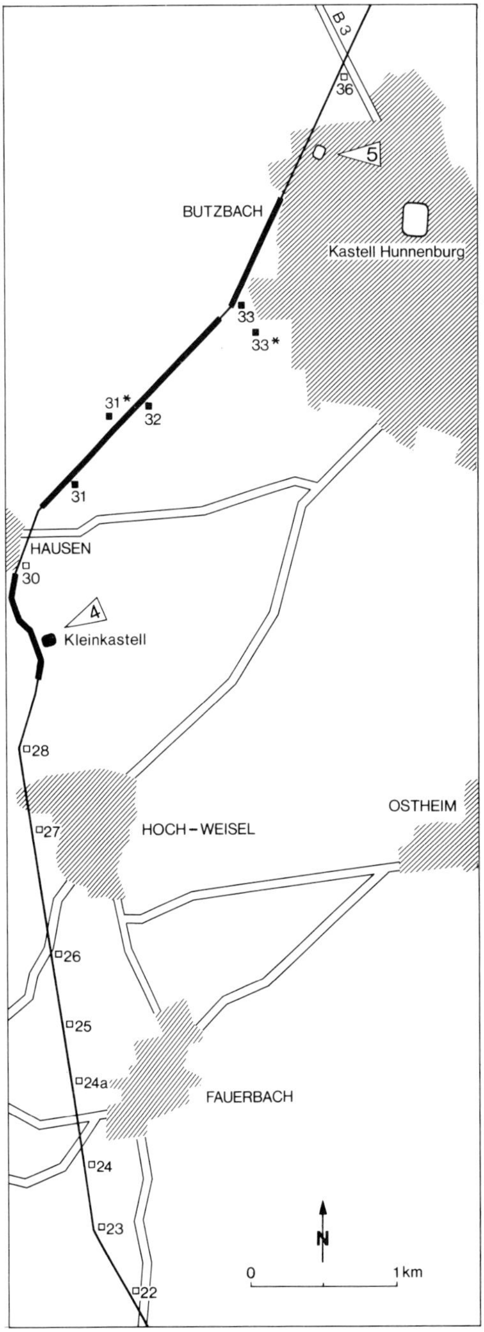

◀ *Abb. 350 Limes. Strecke 4. Wp 22–36*

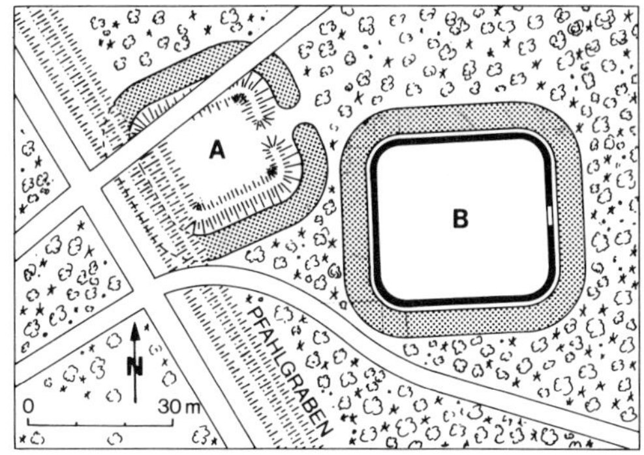

Abb. 351 Limes. Strecke 4. Kleinkastelle Hunnenkirchhof. A Holzkastell, B Steinkastell

den Wald hinab ins Hausener Tal. In dem offenen Talgrund O von Hausen ist er durch den Ackerbau zerstört worden. N vom Tal wird er aber gleich am Waldrand wieder sichtbar. Hier setzt eine der geraden, nachträglich gezogenen Limesstrecken ein. Sie läuft – überall sichtbar – bis Wp 4/33. Der Pfahlgraben steigt vom Hausener Tal verhältnismäßig steil den Hang hoch, er ist gut erhalten. 240 m vom Waldrand liegt auf der Höhe

■ Wp 4/31 am Sommerbergweg. Sichtbar ist eine flache Holzturmstelle mit Ringgraben und SW davon der Schutthügel des Steinturms. 750 m weiter NO liegt

■ Wp 4/32 im Suterwald, ein flacher Steinturmhügel. – Die ältere Grenzlinie lief in mancherlei Kurven stärker dem Gelände angeschmiegt von Wp 4/31 nach

■ Wp 4/31* am Kugelfangweg, einer gut sichtbaren Holzturmstelle mit Ringgraben. Sie befindet sich wenige Meter außerhalb (W) vom Pfahlgraben; hier haben die Römer die Grenzlinie zurückgesteckt, was eine Ausnahme darstellt. Die ältere Linie zog weiter nach

■ Wp 4/33*, der wieder hinter dem Pfahlgraben liegt. Der Holzturm hatte zwei Ringgräben, die man nach der Ausgrabung offenließ, so daß sie heute gut zu erkennen sind. An den äußeren

Ringgraben schloß sich eine kleine, polygonale Verschanzung an.

■ Wp 4/33 auf dem Schrenzer ist durch einen fehlerhaft rekonstruierten, hölzernen Wachtturm kenntlich, der über der Fundstelle eines röm Holzturms errichtet wurde. Dieser Holzturm hat wahrscheinlich den älteren Holzturm Wp 4/33* in der 1. Hälfte des 2. Jh ersetzt. In der Mitte des 2. Jh entstand dann der Steinturm von Wp 4/33 NO vom Holzturm. Seine Grundmauern sind konserviert und gut sichtbar. Davor ist ein Stück der Palisade rekonstruiert worden. Der Wp auf dem Schrenzer liegt verhältnismäßig hoch und hatte eine vortreffliche Sicht. Er diente als Richtpunkt zum Abstecken der beiden geraden Grenzabschnitte, die hier zusammenstoßen. Der Pfahlgraben kann vom Schrenzer noch ungefähr 500 m weit im Wald nach NO verfolgt werden. Er verliert sich hier am Ortsrand von Butzbach. Erst jenseits der Butzbacher Senke wird er am Rand des Griedeler Markwalds wieder sichtbar. Im Butzbacher Raum kreuzten damals wie heute wichtige Verkehrsverbindungen den Limes. Sie wurden vom Limeskastell → Butzbach gesichert, das aber nicht mehr sichtbar ist. Es lag einige hundert Meter vom Limes entfernt am Ortsrand von Butzbach; heute wird es von der B 3 durchschnitten. Die große Reithalle befindet sich innerhalb des Kastells. – Direkt am Pfahlgraben, der hier längst verschwunden ist, war der eigentliche Grenzübergang. Dort befand sich das

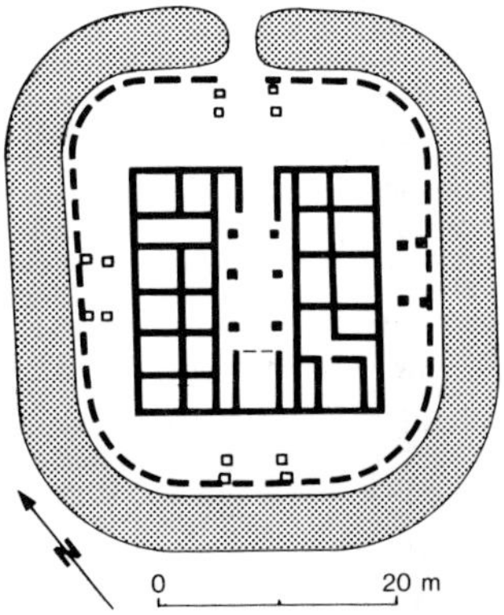

Abb. 352 Limes. Strecke 4. Kleinkastell Degerfeld bei Butzbach (Holzkastell)

(5) ▶ Kleinkastell Degerfeld neben dem südlichsten der drei weithin sichtbaren Hochhäuser. Zunächst entstand um 100 nChr ein kleines Holzkastell, dessen Innenbau durch Ausgrabungen bekannt ist. Die kleine Kaserne besaß einen U-förmigen Grundriß, der sich um einen Innenhof legte. Auf ihn öffneten sich die Wohnräume der Wachtmannschaft. Nach der Mitte des 2. Jh entstand nach dem Brand des Holzkastells ein etwas größeres Steinkastell (0,3 ha) an der gleichen Stelle. Es blieb bis Anfang des 3. Jh besetzt.

Von der B 3 zieht ein Feldweg ungefähr in Richtung der Grenzlinie durch die Äcker hinauf zum Griedeler Markwald, den man auf der Höhe sieht. Der Pfahlgraben wird am Waldrand sichtbar. Allerdings ist er durch die Solmser Landwehr im Mittelalter verändert worden, besonders am Beginn der wieder sichtbaren Strecke. Auf der Höhe am Waldrand vermutet man Wp 4/37. Von hier aus hat man eine vorzügliche Aussicht über die Butzbacher Senke; auf der Höhe im SW erblickt man den Wp 4/33 auf dem Schrenzer. – Der Pfahlgraben läuft nun in völlig gerader Richtung am Waldrand. Er folgt ungefähr der Wasserscheide zwischen Lahn und Wetter. Die gerade Linie ist erst in der Mitte des 2. Jh abgesteckt worden; an ihr standen nur Steintürme. Ihr ging eine kurvig dem Gelände angepaßte Grenzlinie voran, die mit Holztürmen besetzt war. – Der Limeswall ist streckenweise überraschend hoch, was zum Teil darauf beruht, daß er in die mittelalterliche Landwehr einbezogen war. Etwa 600 m vom Beginn des Pfahlgrabens entfernt erblickt man im Wald

■ Wp 4/38, einen hohen Steinturmhügel, der 22 m hinter der Wallkrone liegt. 700 m weiter folgt

■ Wp 4/39 im Gambacher Wald, ein recht flacher Steinturmhügel unmittelbar N von einem Waldweg, der den Limes kreuzt. Der Wp ist nicht ganz leicht zu finden. Etwa 80 m SW von ihm sieht man einen hohen Hügel, der auf dem Limeswall sitzt. Es handelt sich nicht um die Ruine eines Wp, sondern um den Rest eines nachröm Kalkofens. Nach 200 m stößt man auf eine stark

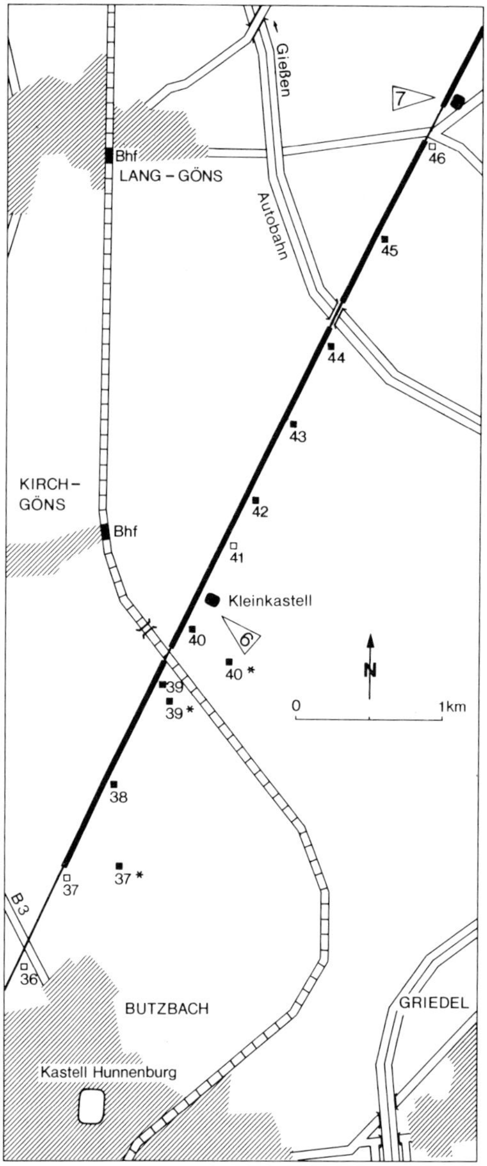

Abb. 353 Limes. Strecke 4, Wp 36–46

befahrene Eisenbahnlinie, die in einem Einschnitt läuft und den Limes durchschneidet. Es ist gefährlich, die Bahnlinie hier zu überschreiten; man kann die Brücke benutzen, die NW in etwa 400 m Entfernung über die Bahn führt. – Vorher jedoch kann man die Spuren der älteren Grenzlinie aufsuchen. Sie wird allerdings nur durch einige Holzturmstellen markiert. Die ältere Linie hatte erst die Bauphase 2 erreicht, als sie durch die gerade Linie ersetzt wurde. Wall und Graben waren an der älteren Linie nicht vorhanden. Daher ist die Linie selbst nicht zu sehen, man findet nur die Reste der Holztürme. Die hölzernen Wp liegen O vom Pfahlgraben im Wald; sie sind schwer zu finden:

■ Wp 4/37* besteht aus einem Holzturmhügel in 300 m Entfernung vom Pfahlgraben.

■ Wp 4/39* »Reitschule«; hier fand man einen Holzturmhügel und einen kleinen, barackenartigen Holzbau, beide von Ringgräben umgeben. Der Wp liegt 100 m hinter dem Pfahlgraben und ist stark durchwühlt. – N von der Eisenbahnlinie befindet sich

■ Wp 4/40* mit zwei Holzturmstellen, von denen eine durch einen asphaltierten Forstweg angeschnitten wird. Auf der anderen (SW) Seite des Forstwegs erkennt man außerdem die schwachen Reste eines winzigen Kleinkastells; es war ein Holzbau. Dieser Wp der älteren Linie liegt 400 m hinter dem Pfahlgraben.

Wir kehren zum Pfahlgraben zurück, wo er N von der Bahnlinie am Waldrand weiterläuft. 200 m N von der Bahnlinie liegt

■ Wp 4/40, ein wohlerhaltener Steinturmhügel. 250 m N davon erblickt man mit einiger Mühe die schwachen Reste des

(6) ▶ Kleinkastells Dicker Wald. Die Grundmauern des kleinen, rechteckigen Steingebäudes von 17 x 19 m Außenmaßen stecken unter flachen Erdböschungen. Sie werden von dem Weg überquert, der dem Grenzwall im Wald parallel läuft. Der kleine Wehrbau hatte scharfe, nicht abgerundete Ecken. Der nächste sichtbare Steinturm folgt 750 m weiter NO:

■ Wp 4/42. Der flache Schutthügel des Steinturms liegt unter dem Waldweg, der hinter dem Pfahlgraben läuft. Der benachbarte

■ Wp 4/43 befindet sich ungefähr dort, wo der Pfahlgraben ganz in den Wald eintritt. Er ist gut zu erkennen.

■ Wp 4/44 findet man ungefähr 150 m S von der Autobahn. Der Steinturmhügel wird von dem Waldweg hinter dem Pfahlgraben überquert. Auch er ist gut erhalten.

Genau im Zuge des Pfahlgrabens überspannt eine Brücke die Autobahn Frankfurt–Gießen. Man überschreitet sie, um den nächsten Abschnitt des Grenzwalls kennenzulernen, der sich im Landkreis Gießen befindet. – Wer sich mit den Limesbauten der hier beschriebenen Strecke eingehend beschäftigt und auch die Holzturmstellen der älteren Linie aufzufinden sucht, wird gelegentlich im Wald auf vorgeschichtliche Grabhügel stoßen. Man kann sie leicht mit den röm Turmstellen verwechseln. Ba

Nördliche Wetteraustrecke (Landkreis Gießen)

Abb 354–357

Strecke 4, Wp 45–77

Übersicht. Die N Wetteraustrecke folgt ungefähr der geografischen N-Grenze der fruchtbaren Ebene. Sie schließt die röm Wetterau gegen die Hessische Senke ab. Diese lief in N Richtung über das Gießener Becken bis in den Kasseler Raum. Hier befanden sich die Wohnsitze der Chatten. Daher gehörte vor allem die W-Hälfte der N Wetteraustrecke zu den stark gefährdeten Abschnitten der obergermanischen Grenze. Aus diesem Grund ist das Kohortenkastell Arnsburg, das etwa 1,5 km hinter der Grenzlinie lag und den N der Wetterau sicherte, schon frühzeitig erbaut worden, noch unter Kaiser Domitian. – Der Limesabschnitt im Landkreis Gießen ist 23 km lang. Er beginnt im W mit dem langen, geraden Zug des Pfahlgrabens, dessen Beginn im vorangehenden Kapitel beschrieben wurde. Ab Wp 4/49 folgt die Grenzlinie bis zur Wetter in sanften Biegungen dem Gelände; hier ist sie nicht nachträglich begradigt worden. Das schluchtartig eingetiefte Wettertal wird bei Arnsburg überschritten. O davon haben die Römer den Limes von Anfang an in mehr oder weniger langen, geraden Teilstrecken gezogen. Auffallend sind hier auch die größeren Wachtturmabstände. Offensichtlich haben die Römer die Gefahr im O Abschnitt geringer eingeschätzt. NO und O von der Wetterau erstreckt sich nämlich vor dem Limes das umfangreiche, siedlungs- und verkehrsfeindliche Vogelsbergmassiv, aus dem kaum germanische Überfälle zu erwarten waren. Wahrscheinlich ist dieser O Abschnitt der N Wetteraustrecke auch etwas später entstanden als der W. Darauf deutet die Beobachtung hin, daß O von der Wetter nie zwei Holzturmstellen an einem Wp gefunden worden sind. Die Dauer der Phase 1 des Limes war an dem O Abschnitt also kürzer, was für eine etwas geringfügig spätere Entstehung der Grenzlinie spricht. Um 100 nChr muß die Linie aber auch hier schon bestanden haben.

Die N Wetteraustrecke weist vor allem im W Abschnitt von Wp 4/45–4/49 und unweit von Arnsburg zwischen Wp 4/52 und 4/57 gut erhaltene und sehenswerte Limesabschnitte auf. Auch das Limeskastell → Arnsburg mit der Römerstraße lohnt einen Besuch. Der O Abschnitt der Limesstrecke ist größtenteils vom nachröm Ackerbau beseitigt worden, so daß man nur wenige Spuren vorfindet.

Streckenbeschreibung. Die Beschreibung der Strecke beginnt dort, wo der Pfahlgraben N der Brücke über die Autobahn Frankfurt–Gießen im Wald weiterläuft. Das Gelände steigt leicht an. Man folgt dem wohlerhaltenen Pfahlgraben, der auch hier durch die mittelalterliche Landwehr leicht verändert worden ist; man erblickt beispielsweise stellenweise einen Graben an der Innenseite (O-Seite) des Limeswalls. Dieser Graben ist nachröm. Nach 550 m gelangt man zum

■ Wp 4/45. Der Wp ist ebenfalls durch die Einbeziehung des Grenzwalls in die mittelalterliche Landwehr verändert worden. Leider wurde er nur ungenügend untersucht. In einem der Hügel befindet sich das Fundament eines mittelalterlichen Wartturms; er liegt am weitesten hinter dem Pfahlgraben. Ein anderer (der südlichste) erbrachte röm Funde. Weitere Hügel können auch vorgeschichtliche Grabhügel sein. Die bewaldete

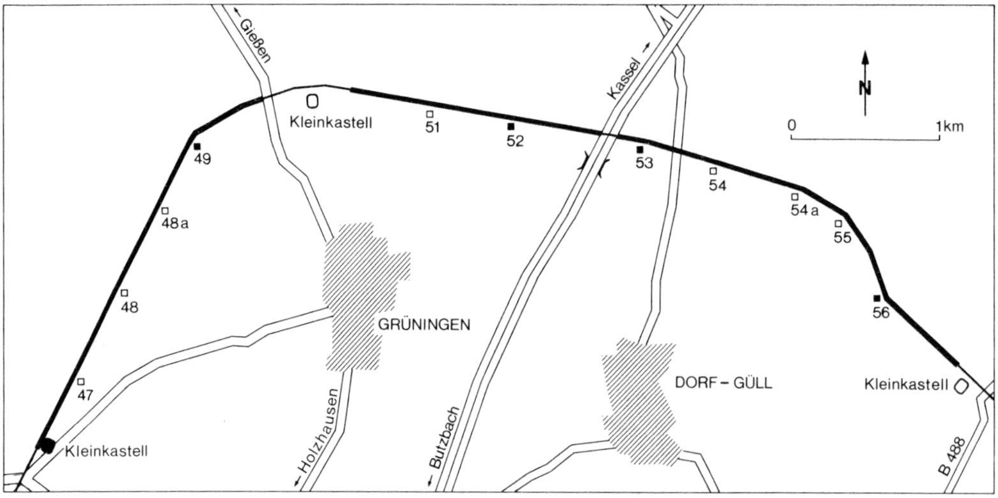

Abb. 354 Limes. Strecke 4, Wp 47–56

Höhe, auf der der Wp steht, wirkt zwar unscheinbar, sie muß aber von den Türmen aus einen ausgezeichneten und weiten Blick ermöglicht haben. Neben Wp 4/33, 4/37 und 4/49 gehörte Wp 4/45 daher zu den wichtigsten Richtpunkten zum Abstecken der langen, geraden Grenzstrecke, die von Wp 4/33–4/49 läuft. – Der Pfahlgraben zieht durch den Wald nach N weiter. Nach 800 m überquert die Landstraße Langgöns–Grüningen den Limes. 200 m N davon liegt

(1) ▶ Kleinkastell Holzheimer Unterwald. Es war ein kleiner, nahezu quadratischer Steinbau (17 x 19 m). Sehr ähnlich war das Kleinkastell Dicker Wald, das 3,5 km entfernt an der gleichen Strecke im S liegt. Man erkennt schwache Erhöhungen als Spuren des Bauwerks zwischen Pfahlgraben und Straße. – Noch 500 m weiter ist der Pfahlgraben im Wald gut erhalten, dann tritt er in offenes Ackerland ein. Hier erkennt man ihn als flachen Wall oder auch als Böschung. Er macht den Eindruck eines locker mit Büschen bewachsenen Feldrains. Die Spuren der Wp 4/47–4/48a sind durch den Ackerbau verschwunden.

■ Wp 4/49 auf dem Sandberg bezeichnet das Ende der geraden Limesstrecke, die im S bei Butzbach anfängt. Hier wurde ein Steinturm rekonstruiert, der schon von weitem zu sehen ist. Die Reste des röm Steinturms liegen nahe der NO-Ecke des rekonstruierten Turms. Die Turmrekonstruktion hat einige Fehler: sie ist zu niedrig, es fehlt ein Stockwerk. Ferner besitzt der Turm ein unröm Ziegeldach. Die Wachttürme des obergermanischen Limes hatten ohnehin nie

Abb. 355 Limes. Strecke 4. Wp 49 auf dem Sandberg. Pfahlgraben und rekonstruierter Steinturm

Ziegeldächer. Ferner waren die röm Türme verputzt. – Man kann den Turm besteigen und hat von der Galerie aus eine schöne Aussicht auf die Limesstrecke. Diese knickt N vom Turm in O Richtung ab. Der Pfahlgraben, der vor Wp 4/49 gut erhalten war, geht als Feldrain weiter und zieht hinab zur Landstraße Grüningen–Gießen. Jenseits der Straße wird er nur durch einen Feldweg markiert. Nahe dem Aussiedlerhof O der Straße liegt der nördlichste Punkt des Wetteraulimes. Dort fand man das Kleinkastell → Hainhaus bei Grüningen, ein Steinkastell von 0,3 ha Fläche. Es ist nicht mehr sichtbar.
Erst 1,5 km O der Straße wird der Pfahlgraben im Wald wieder deutlich. Hier ist wieder ein Wp erhalten, etwa 150 m O vom Waldrand.

■ Wp 4/52 Markwald W. Man sieht drei durch alte Ausgrabungen zerwühlte Turmstellen. Zwei gehörten zu Holztürmen (im W und in der Mitte). Der Steinturmhügel liegt im O. Der W Holzturm hatte einen Ringgraben, der andere zwei. Ähnliche Beobachtungen gibt es auch von einigen Wp des N Taunuslimes (z. B. Wp 4/5). – Der Pfahlgraben zieht gut erhalten weiter bis zur Autobahn Frankfurt–Kassel. Die Autobahn überquert man am besten durch die Unterführung, die sich 200 m entfernt in S Richtung befindet. Man geht jenseits der Autobahn wieder zum Pfahlgraben, der weiterhin in guter Erhaltung durch den Wald zieht. 200 m von der Autobahn entfernt stößt man auf

■ Wp 4/53 Markwald O. Bei den Ausgrabungen der RLK kamen die Reste von vier Holztürmen und einem Steinturm zutage. Der Wp ist durch die aufgehäuften Erdmassen der Grabung kenntlich. – Jenseits der Landstraße Dorf–Güll–Garbenteich, die den Limes kreuzt, sind vom Grenzwall nur geringe Spuren am Waldrand erhalten. Dieser läuft ungefähr in Richtung des Limes. Nach 700 m tritt der Pfahlgraben ganz in den Wald ein. Hier ist er zwar besser erhalten, doch zunächst schwierig zu begehen. Der einzige, besser erhaltene Wp liegt an einer einspringenden Ecke des Pfahlgrabens:

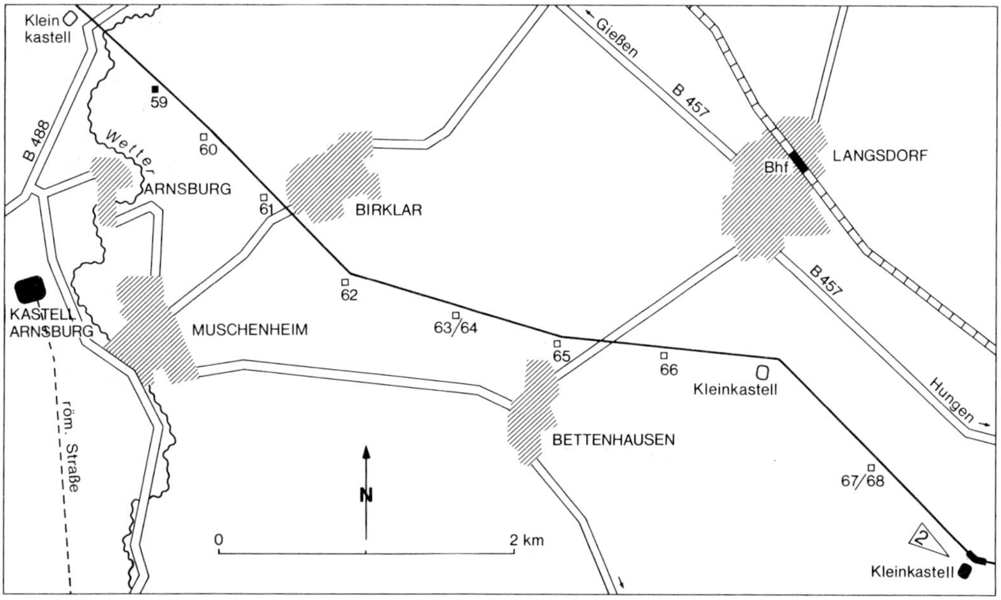

Abb. 356 Limes. Strecke 4, Wp 59–67/68

■ Wp 4/56 am Kolnhäuser Kopf. Das Fundament des Steinturms ist sichtbar. Der Holzturmhügel liegt N davon in 30 m Entfernung. – Der Pfahlgraben zieht nun etwa 300 m weit unmittelbar am NO-Rand des Waldwegs weiter. Dann biegt der Weg ab, während der Pfahlgraben in gerader Richtung durch den Wald ins Wettertal hinabzieht. Er wird langsam undeutlicher und verschwindet schon vor dem Talgrund. Vielleicht ist er durch mittelalterlichen Ackerbau des nahegelegenen Klosters Arnsburg zerstört worden. An dieser Stelle vermutet man ein Kleinkastell. Das Limeskastell → Arnsburg ist von hier nämlich nur 1,8 km entfernt. Das vermutete Kleinkastell dürfte ungefähr so zu dem Kohortenkastell Arnsburg gelegen haben wie das Kleinkastell Degerfeld zu dem Kohortenkastell Butzbach.
Auch jenseits der Wetter ist der Pfahlgraben an dem steilen, bewaldeten SO-Hang des Flußtals zunächst nicht erhalten. Nur weiter oben am Hang findet man geringe Spuren des Grenzwalls. Dort liegt
■ Wp 4/59 in der Hardt, ein deutlicher Steinturmhügel. – Der Limes tritt nun in offenes Akkerland ein, wo er über mehrere Kilometer bis auf ganz geringe Reste verschwunden ist. Sein Verlauf konnte aber durch Ausgrabungen festgestellt werden. Hier beginnt die eingangs erwähnte Streckenführung, die aus kurzen, geraden Abschnitten besteht, die in stumpfen Winkeln aneinanderstoßen. Erst nach einiger Entfernung ist SW von Hungen ein Bauwerk des Limes sichtbar:
(2) ▶ Kleinkastell Feldheimer Wald. Das Kleinkastell (0,1 ha) hatte abgerundete Ecken. Seine Umwehrung ist als niedriger Damm im Wald erkennbar; dieser bedeckt das Fundament der steinernen Wehrmauer. Vor dem Wehrbau ist ein kurzes Stück des Pfahlgrabens mit einer einspringenden Ecke am Waldrand zu sehen. Er hört nach einer kurzen Strecke wieder auf. Von hier bis zur Horloff ist der Grenzwall völlig vom Ackerbau beseitigt worden. Er überschritt die Horloff S von Hungen. O vom Fluß lief er – weiterhin nicht sichtbar – ein Stück die Höhe hinauf. Hier befanden sich Wp 4/72 und 4/73. S von Wp 4/73 lag

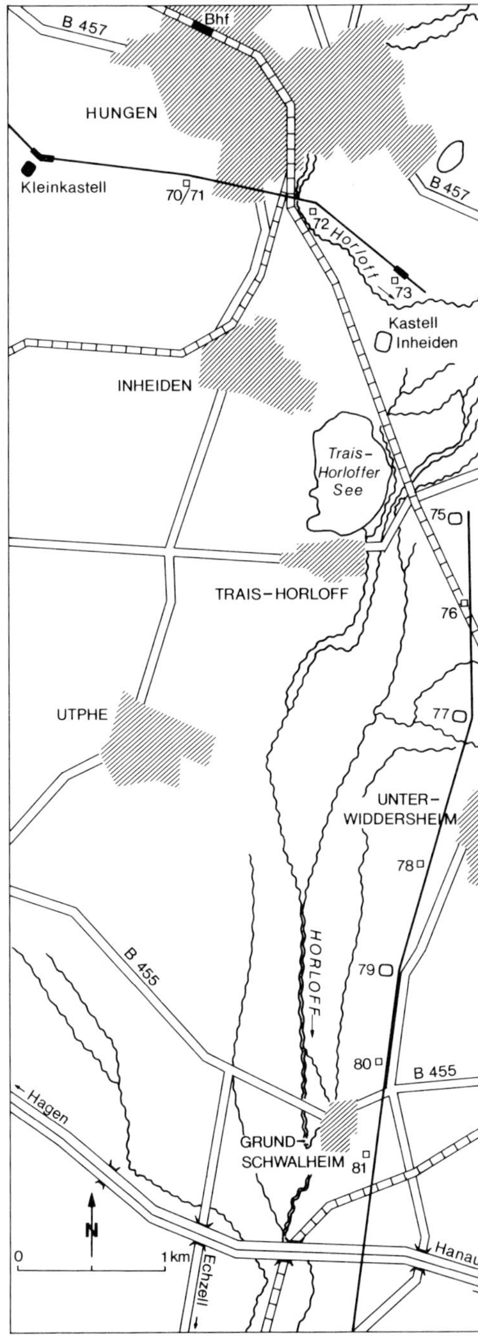

Abb. 357 Limes. Strecke 4, Wp 70/71–81

jenseits der Horloff das Numeruskastell → Inheiden in einer alten Horloff-Schleife. Es liegt unter Äckern und ist völlig verschwunden. Der Pfahlgraben bog unweit Wp 4/73 nach S und überquerte das Sumpfgebiet O von Inheiden; sein Verlauf ist hier nicht genau bekannt. Erst S davon fand man auf der Höhe des Wingertsberges Reste eines Kleinkastells, das als Wp 4/75 gezählt wird. Der Pfahlgraben folgte nun über eine längere Strecke dem O-Ufer der Horloff. 1,3 km S von dem Kleinkastell auf dem Wingertsberg befand sich auf der nächsten Basaltkuppe, dem Massohl, wieder ein Kleinkastell (Wp 4/77). Die beiden kleinen Basaltkuppen am Fuß des Vogelsbergs dienten als Richtpunkte eines geraden Limesabschnitts. Sichtbar ist keines der Kleinkastelle, auch der Pfahlgraben ist verschwunden. Ba

Östliche Wetteraustrecke, Nordteil (Wetteraukreis)

Abb 358–362

Strecke 4, Wp 78–107

Übersicht. Der N-Teil der O Wetteraustrecke schloß das röm Gebiet gegen den Vogelsberg ab. Dieses ausgedehnte Waldgebirge war verkehrsfeindlich und fast unbewohnt. Erst S vom Vogelsberg, im Raume von Büdingen und im Kinzigtal, ist mit einer lockeren Besiedlung vor dem Limes zu rechnen. Nicht weit von Büdingen liegt auch die → Glauburg, eine der bedeutendsten vorgeschichtlichen Befestigungen Hessens. Während der Zeit des Limes waren die Ringwälle auf dem Glauberg aber verlassen. Sie spielten damals historisch keine Rolle. Erst im 4. Jh haben die Alamannen dort eine ihrer Burgen errichtet. – Die Bedrohung der röm Wetterau aus dem O war am N-Abschnitt also gering. Aus diesem Grund ist die Limesstrecke im O etwas später angelegt worden als an der W-Grenze der Wetterau. Um 100 nChr dürfte die Strecke aber schon bestanden haben. Die Grenze folgt im N in geringem Abstand dem O-Ufer der Horloff und zieht nach S. Dann schwenkt sie nach SO ein und überschreitet die Nidda bei Staden. Bei Altenstadt kreuzt sie das nächste Flüßchen, das aus dem Vogelsberg kommt, die Nidder. Von hier läuft sie weiter in gleicher Richtung durch das Ronneburger Hügelland nach Marköbel; dieser Ort liegt bereits im Main-Kinzig-Kreis und wird im nächsten Kapitel behandelt. Die Länge des hier behandelten Limesabschnitts beträgt 24,5 km. – Die beiden größeren Limeskastelle der Strecke, Echzell und Ober-Florstadt, liegen bemerkenswert weit hinter dem Limes. Nur das kleinere Numeruskastell Altenstadt ist dicht an der Grenzlinie entstanden. Das mit 5,2 ha Fläche ungewöhnlich große Kastell Echzell ist schon um 90 gebaut worden, noch unter Kaiser Domitian, wahrscheinlich ein Jahrzehnt vor der Grenzlinie. Gute Straßen, die großenteils noch heute vorhanden sind, verbanden es mit anderen Punkten des Limes, so daß die Besatzung rasch als Reserve an gefährdeten Stellen eingesetzt werden konnte. Die beiden anderen Kastelle Ober-Florstadt und Altenstadt dürften um 100 zusammen mit der Grenzlinie errichtet worden sein. Diese ist von vornherein in geradlinigen Teilstücken abgesteckt worden; sie wurde nicht nachträglich verlegt. Im N der Strecke dienten kleine Basaltkuppen als Richtpunkte zum Abstecken. Auf ihnen lagen Kleinkastelle. Die O Wetteraustrecke hat alle vier Bauphasen des Limes durchlaufen und blieb bis um 260 in Benutzung.

Der hier besprochene Limesabschnitt ist nicht gut erhalten. Abgesehen von einigen unbedeutenden Spuren im N der Strecke gibt es nur einen erwähnenswerten, erhaltenen Abschnitt des Pfahlgrabens. Er liegt im Windecker Forst S von Altenstadt. Auch von den Limeskastellen der Strecke ist so gut wie nichts zu sehen.

Streckenbeschreibung. Im Raume Trais–Horloff bis Echzell lief der Pfahlgraben O der Horloffniederung. Er ist völlig verschwunden. Er zog über eine kleine Bergkuppe zwischen Unter-Widdersheim und Grund-Schwalheim (»Die Burg«). Hier stand ein Kleinkastell (Wp 4/79); man hat von dort eine vorzügliche Aussicht. Das nächste Kleinkastell »Haselheck« lag O von Ech-

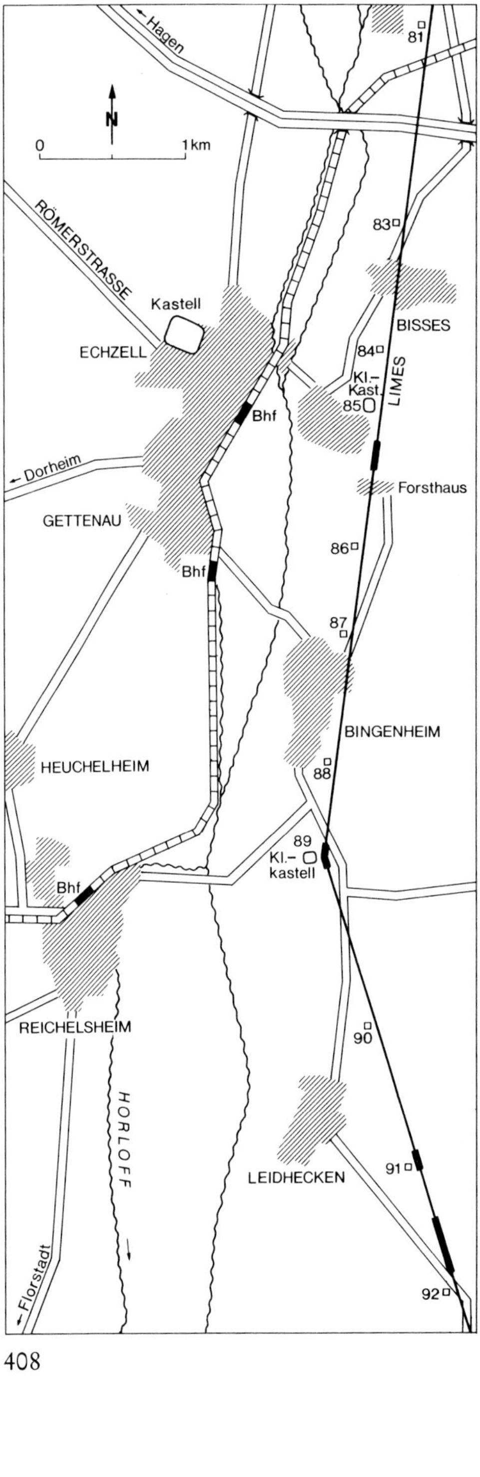

Abb. 358 Limes. Strecke 4, Wp 81–92

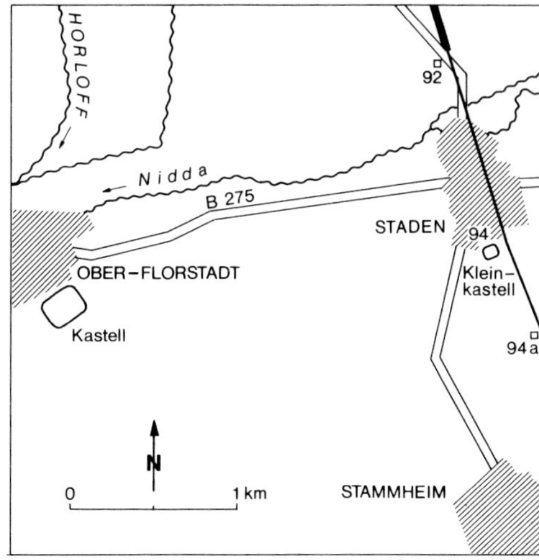

Abb. 359 Limes. Strecke 4, Wp 92–94a

zell in einem Acker unweit vom Waldrand (Wp 4/85; Steinkastell von 0,4 ha Fläche). Es war größer als die benachbarten Kleinkastelle und besaß sogar ein eigenes Badegebäude. Das Limeskastell →Echzell lag 1,3 km W jenseits der Horloff. So war das Kleinkastell Haselheck der zugehörige, vorgelagerte Grenzposten. Weder das Kleinkastell noch der Grenzwall sind sichtbar. Ein wenig weiter S ist aber eine kurze Strecke des Pfahlgrabens am Waldrand unmittelbar N vom Forsthaus erhalten. Der Limes durchschneidet hier ein vorgeschichtliches Grabhügelfeld. S vom Forsthaus sind alle Spuren des Pfahlgrabens in den Äckern verschwunden. Die Grenze lief in gerader Richtung zum Lochberg S Bingenheim. Auf der Höhe befand sich ein Kleinkastell (Wp 4/89; Steinbau von etwa 400 m^2). Die Höhe diente als Richtpunkt zum Abstecken der Grenzlinie. Hier befand sich ein einspringender Knick der Linie, die sich nun nach SO wandte. Geringe Spuren des Pfahlgrabens sind für das geübte Auge auf der Höhe des Lochbergs W der Landstraße Bingenheim–Leidhecken zu sehen.

In Staden überquerte der Grenzwall die Nidda. S vom Ort liegt ein Aussiedlerhof. Etwa 100 m NW

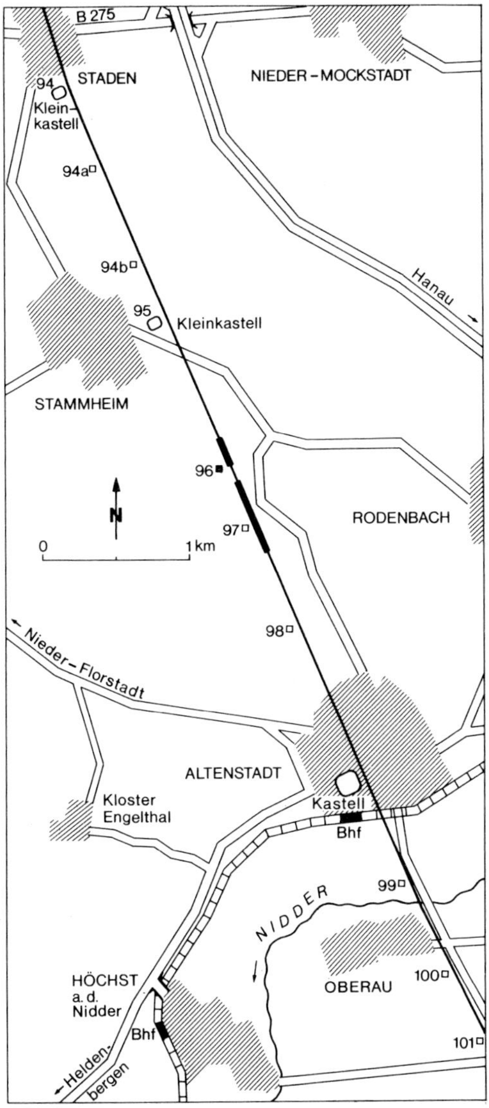

Abb. 360 Limes. Strecke 4, Wp 94–101

davon befand sich ein Kleinkastell (Wp 4/94, Steinkastell von 0,4 ha). Ähnlich wie das Kleinkastell Haselheck in Echzell war es etwas größer als die benachbarten Kleinkastelle. Es war dem Limeskastell → Ober-Florstadt als Grenzposten vorgelagert. Das Kohortenkastell ist 2,5 km vom Limes entfernt. Auch das nächste Kleinkastell, das O von Stammheim lag (Wp 4/95, Steinbau von 360 m^2 Fläche) ist nicht sichtbar. Man kann aber ein kurzes Stück des Pfahlgrabens im Wald auf dem Winterberg sehen. Auf seiner Höhe liegt ■ Wp 4/96 im Stammheimer Wald, dicht an einem alten Steinbruch. Man stellte bei den Ausgrabungen einen Steinturm und einen Holzturm fest. Der Steinturmhügel ist durch den Steinbruch fast völlig zerstört worden; der flache Holzturmhügel wird eher durch die Grabungsspuren deutlich. Wp 4/96 nahm den höchsten Punkt der O Wetteraulinie ein. Er diente zweifellos als Richtpunkt zum Abstecken der Grenzlinie. – Der Pfahlgraben ist noch ein kurzes Stück in S Richtung erhalten. Dann verschwindet er. Die Grenzlinie zog nun durch offenes Gelände hinab zum Niddertal, an dessen N-Rand dicht am Limes das Kastell → Altenstadt lag. Von ihm ist nichts zu sehen. Der Limes überquerte das breite Niddertal ungefähr im Zuge der Landstraße von Altenstadt nach Rommelhausen. Er lief S des Tals durch die Äcker dicht W neben der Straße, wo er aber nicht erhalten ist. Erst 1,2 km S der Nidder wird er im Wald sichtbar; durch alten Ackerbau ist er hier zu einem breiten, flachen Damm auseinandergezogen worden. Mit einer kurzen Unterbrechung durch eine Wiese läuft er im Wald zur Höhe des Buchkopfs hinauf. Der Pfahlgraben wird immer deutlicher. Auf der Höhe befindet sich

(1) ▶das Kleinkastell auf dem Buchkopf Wp 4/102, ein Steinbau von 125 m^2 Fläche mit abgerundeten Ecken. Man kann das Bauwerk als winziges Kleinkastell ansehen. Ein hoher Schutthügel ist sichtbar. – In vorzüglicher Erhaltung läuft der Pfahlgraben durch den Wald zur Landstraße Ostheim–Rommelhausen. S von der Straße ist er weniger gut erhalten; ein Forstweg läuft über dem ehemaligen Limesgraben. 400 m S der Straße liegt ■ Wp 4/103 im Eckartshäuser Unterwald. Hier liegen die Reste eines Holz- und eines Steinturms. Zwei Turmhügel sind sichtbar. Das Steinturmfundament wird von dem NW Hügel bedeckt. Vor den Türmen fand man die Spur eines Flechtwerkzauns, eines Vorgängers der Limespalisade; er lief am inneren Fuß des Limeswalls, der erst

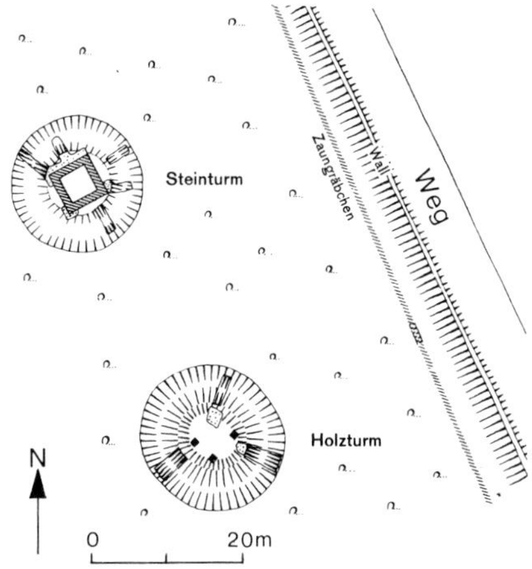

Abb. 362 Limes. Strecke 4. Wp 103 im Eckartshäuser Unterwald

sehr viel später aufgeschüttet worden ist. – Der folgende Wp 4/104 ist nicht sichtbar. Jedoch findet man 180 m S der Drususeiche, die auf dem Limeswall steht, den

■ Wp 4/105. Hier befanden sich drei aufeinanderfolgende Bauwerke: ein Holzturm, eine kleine, hölzerne Baracke mit einem unregelmäßigen Ringgraben und ein Steinturm. Die Grabungslöcher und Erdaufwürfe der Ausgrabung um 1900 fallen am meisten ins Auge. Der Steinturm lag etwa 15 m hinter dem Limeswall. Auch hier fand man die Spur des Flechtwerkzauns. Der Pfahlgraben hört S von Wp 4/105 am Waldrand auf. In den Feldern ist er nicht mehr erhalten. Man findet jedoch in 250 m Entfernung vom Wald in Richtung des Limes in den Äckern einen

(2) ▶ Denkstein aus Granit mit der Inschrift »Pfahlgraben 1912«. Bis zu dieser Stelle war der Pfahlgraben 1912 noch erhalten, dann wurde er eingeebnet. – Der Limes zog geradlinig nach Marköbel weiter, er ist nicht mehr zu sehen. Er überschritt dabei den Mühlberg, auf dessen beherrschender Höhe Wp 4/107 lag. Hier wurde ein Steinturmfundament ausgegraben; es ist nicht mehr sichtbar. Die Höhe mit dem Wp war ein Richtpunkt der Grenzlinie. Ba

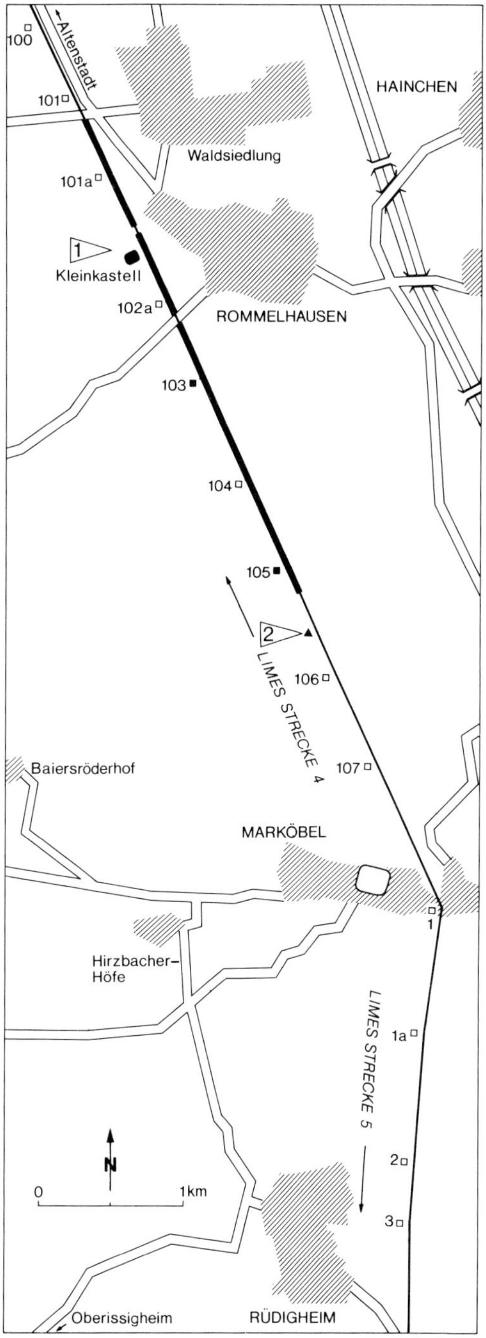

Abb. 361 Limes. Strecke 4, Wp 100–107 und
◀ *Strecke 4, Wp 1–3*

Östliche Wetteraustrecke, Südteil (Main-Kinzig-Kreis)

Abb 363–366

Strecke 5, Wp 1–16

Übersicht. Der Abschnitt der O Wetteraustrecke, der im Main-Kinzig-Kreis liegt, ist 16,5 km lang. Der Limes kommt von NW: Bei Marköbel ändert er in einem stumpfen Winkel seine Richtung und biegt nach S um. Nahezu geradlinig läuft er bis Großkrotzenburg am Main. Die Aufgabe der Strecke war es, den Wetteraulimes mit der Maingrenze zu verbinden. Die Grenzlinie geht durch zwei recht verschiedene Landschaften. Bis zur Kinzig bei Rückingen zog der Limes durch das offene, Ronneburger Hügelland, in dem es seit vorgeschichtlicher Zeit eine lockere Besiedlung gab. Alte Verkehrsverbindungen kreuzten hier den Limes. Sie führten zu der Siedlungskammer um Fulda. Der nachröm Ackerbau hat in dem Hügelland alle Spuren des Grenzwalls beseitigt. Zwischen Kinzig und Main erstreckt sich ein ebenes, bisweilen sumpfiges Waldgebiet. Es war im Altertum genausowenig bewohnt wie das Waldgebirge des N-Spessart, das ihm im O vorgelagert ist. Die Limesbauten sind hier besser erhalten. Leider sind sie vor wenigen Jahren durch umfangreiche Verkehrsbauten O von Hanau zerschnitten worden. Gut zu begehen ist die Strecke von Wp 5/13 S der Autobahn Hanau–Aschaffenburg bis Großkrotzenburg. Von dem Kohortenkastell → Marköbel sieht man nichts. In → Rückingen sind die Grundmauern des Kastellbads erhalten, und in → Großkrotzenburg findet man sogar Reste der Wehrmauer des Kastells der *Cohors IV Vindelicorum.*

Der Limesabschnitt Marköbel-Großkrotzenburg dürfte um 100 nChr abgesteckt worden sein, etwas später also als die W Wetteraulinie. Die Römer haben die Gefahr germanischer Überfälle in diesem Abschnitt für geringer gehalten. Um 100 ist das Kohortenkastell Marköbel entstanden, und gleichzeitig wurde auch eine Kohorte hinter dem Limes in → Hanau-Salisberg stationiert. Dort hatte es schon seit 90 ein kleineres Kastell gegeben. Zwischen 110 und 120 wurde das Kohortenkastell in Hanau-Salisberg aufgegeben und durch das unmittelbar am Limes erbaute Kohortenkastell Rückingen ersetzt. Der Endpunkt des Limes am Main wurde um 100 nChr durch das kleine Kastell → Hainstadt geschützt. Es lag 2 km mainabwärts von Großkrotzenburg auf der linken Mainseite und dürfte bis zum Bau des Kohortenkastells in Großkrotzenburg bestanden haben. Um 100 kann es am Ort des späteren Kohortenkastells Großkrotzenburg schon einen kleineren Wehrbau gegeben haben. Das Kohortenkastell ist wahrscheinlich erst um 110 entstanden. – Die Limesstrecke ist an diesem Abschnitt nie verlegt worden; sie hat alle vier Bauphasen durchlaufen und war bis um 260 in Benutzung.

Streckenbeschreibung. Zwischen Marköbel und Rückingen werden 8 Wp angenommen, die zum Teil durch Ausgrabungen nachgewiesen worden sind. Wp 5/3 an der Gelnhäuser Hohle O von Rüdigheim dürfte als Richtpunkt der geraden Strecke bis Rückingen gedient haben; man hat von hier aus eine vorzügliche Sicht nach S. Indessen ist von dem Abschnitt bis Rückingen nichts mehr erhalten. Auch das Kleinkastell in Langendiebach, ein Steinbau (0,4 ha), ist völlig verschwunden. Das kleine Kastell lag dort, wo sich heute der Friedhof am O-Rand des Ortes befindet. Bei dem Kleinkastell kreuzte eine alte Verkehrsverbindung den Limes, die aus dem Frankfurter Raum über Hochstadt, Mittelbuchen und Bruchköbel kam und über den Limes nach O zog. Es ist bemerkenswert, daß die Römer trotz der Nähe des Kohortenkastells Rückingen einen besonderen Schutz dieses Punktes der Grenze für nötig hielten.

Der Grenzwall lief dicht vor dem Kohortenkastell → Rückingen über die Kinzig; unmittelbar hinter der Linie gab es eine röm Holzbrücke über den Fluß. S von Rückingen sind in dem Wald zwischen der Kinzig und der Autobahn nach Gießen geringe Spuren des Pfahlgrabens sichtbar. Es lohnt aber kaum, sie aufzusuchen.

Interessanter ist der Abschnitt des Limes O von Hanau-Wolfgang, der durch den Doppelbiersumpf führt. Leider muß man wegen der Autobahn, die nach S zum Seligenstädter Kreuz führt,

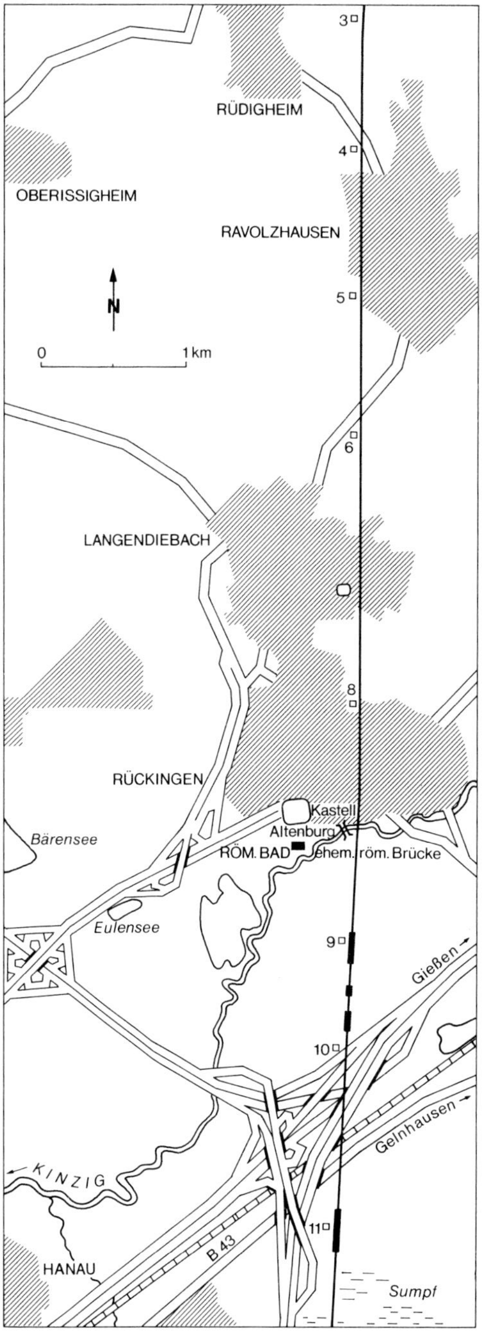

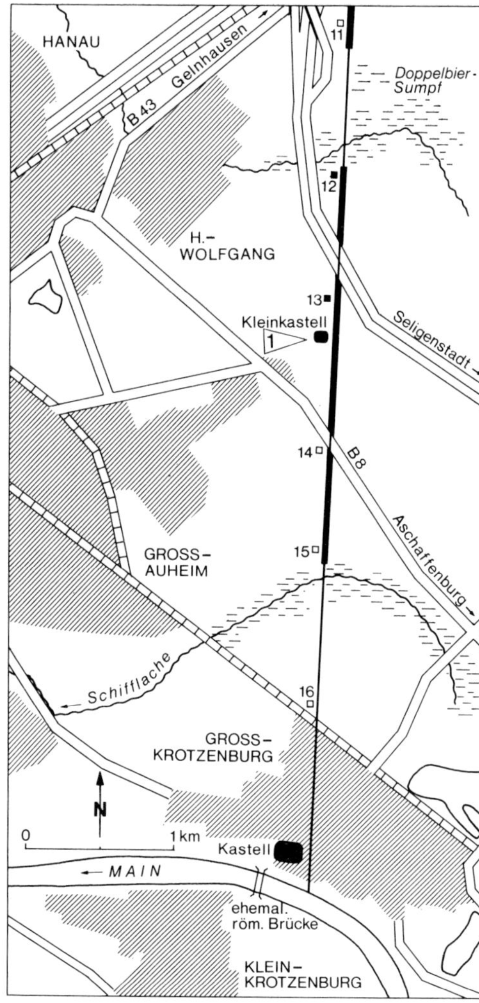

Abb. 364 Limes. Strecke 5, Wp 11–16

einen Umweg in Kauf nehmen, um die eigenartige Stelle zu erreichen. Der Doppelbiersumpf breitet sich zwischen Wp 5/11 und 5/12 aus. Er war in röm Zeit wohl noch unzugänglicher als heute.

◄ *Abb. 363 Limes. Strecke 5, Wp 3–11*

Die Römer legten hier einen Knüppelweg an, der in gerader Richtung den Postenweg des Limes fortsetzte. Vor dem Knüppelweg entstand – wahrscheinlich in Phase 2 des Limes – ein hölzerner Zaun, der der Palisade entspricht. Sowohl am N als auch am S Rand des Sumpfes zieht der Limeswall jeweils nach innen (nach W) ein, um an den Zaun anzuschließen. Von Wp 5/11 gibt es nur ganz geringfügige Spuren. Besser zu erkennen ist ■ Wp 5/12 am Doppelbiersumpf. Der flache Hügel des Steinturms liegt dicht an der Stelle, wo der Pfahlgraben S vom Sumpf wieder einsetzt. Er befindet sich dicht W neben dem Waldweg, der dem wohlerhaltenen Pfahlgraben auf der Innenseite folgt. Der Holzturm wird S vom Steinturm vermutet. Etwa 400 m weiter wird der Pfahlgraben von der Autobahn unterbrochen.

Die Limesstrecke S der Autobahn erreicht man am besten über die B 8 Hanau–Aschaffenburg. Der Pfahlgraben ist auch S der Autobahn erhalten, doch ist er hier flacher und breiter. Nicht weit von der Autobahn liegt

■ Wp 5/13 Torfhaus. Hier stand zuerst ein Holz-, dann ein Steinturm. Die beiden Turmhügel sind sichtbar; der N Hügel enthält das Steinturmfundament. – Etwa 350 m S von Wp 5/13 liegen hinter dem Pfahlgraben die Reste des

(1) ▶ Kleinkastells → Neuwirtshaus. Es sicherte möglicherweise den Übergang eines alten Weges, der aber nur von untergeordneter Bedeutung gewesen sein kann. Das Bauwerk ist erst in der Mitte des 2. Jh nachträglich als zusätzliche Grenzsicherung entstanden. – Der Pfahlgraben zieht als flacher Wall weiter zur B 8; der heutige Weg verläuft auf der Wallkrone. Wp 5/14 ist der Bundesstraße zum Opfer gefallen. Auch S der Straße ist der Grenzwall noch auf etwa 750 m Länge im Wald sichtbar. Er endet am Groß-Auheimer Torfbruch, einem alten Mainarm, der heute mit Wiesen bedeckt ist. Wahrscheinlich hat der Limes ihn ähnlich überschritten wie den Doppelbiersumpf. S vom Bruch nimmt eine Forststraße die Richtung des Grenzwalls auf, der nun bis zum Kastell → Großkrotzenburg am Main nicht mehr zu sehen ist. Ba

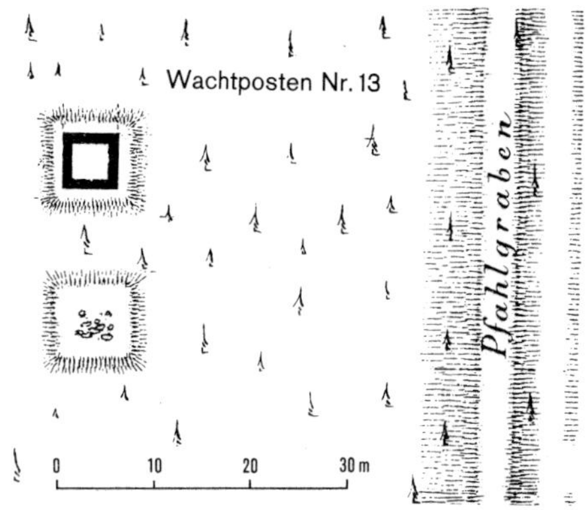

Abb. 366 Limes. Strecke 5. Wp 13 Torfhaus

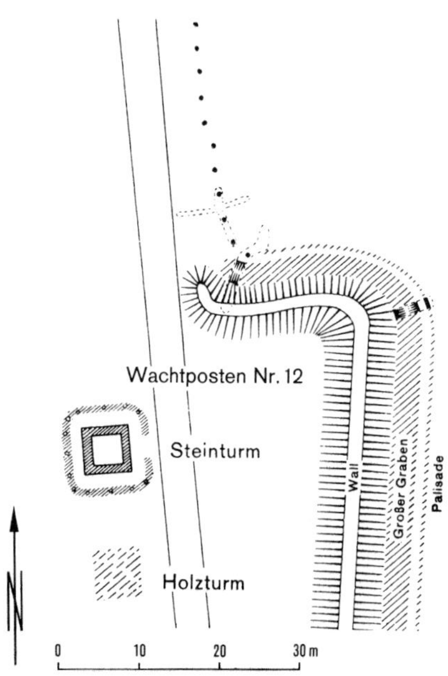

Abb. 365 Limes. Strecke 5, Wp 12 am Doppelbiersumpf

Mainlimes (Landkreise Offenbach, Aschaffenburg und Miltenberg)

Strecke 6

Der ältere Mainlimes

Der ältere Mainlimes begann gegenüber vom Kastell Großkrotzenburg am Main und erstreckte sich bis zum Kastell Wörth. Die Römer haben die ersten Grenzposten an dieser Strecke um 90 angelegt, noch in den letzten Regierungsjahren Kaiser Domitians. Bei Wörth verließ die Grenzlinie den Main und zog durch den Odenwald nach S. Einige Jahrzehnte später, in der Mitte des 2. Jh, ist die Mainlinie nach S bis Miltenberg verlängert worden (jüngerer Mainlimes). Gleichzeitig haben die Römer den Odenwaldlimes aufgegeben und ungefähr 20 km ostwärts eine neue Grenzlinie abgesteckt, die von Miltenberg über Walldürn und Osterburken nach S lief.

Der ältere Mainlimes ist anfangs nur mit kleinen Holzkastellen besetzt worden. Solche kleinen Kastelle kennt man von → Hainstadt (0,9 ha) und → Stockstadt (Kastell A: 0,3 ha). Ähnliche hölzerne Wehrbauten kann es auch als Vorgänger der Kohortenkastelle → Seligenstadt, → Niedernberg und → Obernburg gegeben haben. Etwa seit 100 nChr ist die Maingrenze nach und nach mit stärkeren Auxiliartruppen besetzt worden. Wir wissen beispielsweise, daß um 100 eine Kohorte nach Stockstadt gekommen ist, während das Kohortenkastell in Niedernberg noch etwas später, zwischen 110 und 120 errichtet wurde. Auch nach Seligenstadt und Obernburg können die Kohorten um 100 gekommen sein, doch ist das weniger genau bekannt. Ebenso ist die Gründungszeit des kleinen Numeruskastells → Wörth unsicher. – Jenseits des Mains dehnt sich das Waldgebirge des Spessart aus. Es war damals unbesiedelt und stellte eine natürliche Barriere vor der röm Grenze dar. Der Grenzabschnitt war daher nur wenig gefährdet. Aus diesem Grund ist er verhältnismäßig spät mit stärkeren Auxiliareinheiten besetzt worden. – Der Main war nicht nur Grenze, sondern zugleich eine wichtige Verkehrslinie. In Stockstadt wurde eine Schiffsanlegestelle gefunden; auch andere Kastelle der Mainlinie werden eine solche besessen haben. Ebenso deuten die Benefiziarierstationen neben den Kastellen Großkrotzenburg, Obernburg, Stockstadt und wohl auch Seligenstadt auf die Verkehrsbedeutung des Flusses hin. – Die üblichen Annäherungshindernisse des obergermanischen Limes (Palisade, Wall und Graben) waren am Main unnötig und fehlen daher. Auf der gesamten Strecke hat man lediglich die Ruinen von zwei Wp gefunden, die zwischen Obernburg und Wörth standen. Ihre Reste sind heute kaum zu sehen und schwer zu finden. Immerhin ergibt sich aus diesen Beobachtungen, daß das Flußufer zwischen den Kastellen sicherlich durchgehend mit Wp besetzt war. Sie sind fast alle durch Überschwemmungen und durch das Mäandrieren des Flusses verschwunden. So hat die Maingrenze ähnlich ausgesehen wie die röm Donaugrenze in der Provinz Moesia, die am Beginn des Reliefbandes der Trajanssäule mit ihren Türmen abgebildet ist. – Der ältere Mainlimes schützte die *Civitas Auderiensium* (Hauptort Dieburg). Er bestand bis um 260 nChr.

Der jüngere Mainlimes

Als in der Mitte des 2. Jh der Odenwald- und der Neckarlimes nach O vorverlegt wurden, haben die Römer gleichzeitig den Mainlimes um den Abschnitt von Wörth–Miltenberg nach S verlängert. Dabei errichteten sie das Numeruskastell in → Trennfurt und in → Miltenberg ein Kohortenkastell und ein Numeruskastell. Nunmehr bildeten die beiden Miltenberger Kastelle den S Eckpfeiler des Mainlimes. Von Miltenberg aus zog die neue Grenzlinie über Walldürn und Osterburken hinunter nach Lorch an der Rems. – Im Bereich der jüngeren Linie läuft das Maintal durch ausgedehnte Mittelgebirgswälder. Die Bedrohung der Grenze war daher gering. Der Holzreichtum der Gegend war wichtig für die Römer, besonders wegen der guten Transportmöglichkeit dieses Rohstoffs auf dem Fluß. Man fand in Trennfurt, aber auch in Obernburg und Stockstadt Inschriften von Holzfällerkommandos (*vexillationes agentium in lignariis*) der 22. Legion. –

Der jüngere Mainlimes ist ebenfalls bis um 260 nChr aufrechterhalten worden. Ba

Odenwaldstrecke (Odenwaldkreis)

Abb 5, 71, 72, 367–383

Strecke 10, Wp 1–32

Übersicht. Zwischen Obernburg und Wörth steigt ein bewaldeter Höhenrücken aus Buntsandstein vom Main auf. Von steilen Tälern eingefaßt, zieht er nach S. Erst nach über 30 km läuft er bei Schlossau in ein leicht bewegtes Plateau aus Muschelkalk aus. Der Höhenrücken bildet eine lange, schmale Hochfläche, die nur geringe Höhenunterschiede aufweist und manchmal zu einem schmalen Sattel zusammenläuft (bei Kastell Windlücke). Der Odenwaldlimes folgt dem Höhenrücken und paßt sich seinem Verlauf an.
Die Odenwaldstrecke gehört zu den landschaftlich schönsten Abschnitten des obergermanischen Limes. Kaum eine andere hat so viele gut erhaltene Baureste aufzuweisen. Eines allerdings unterscheidet sie von allen anderen Strecken des Limes in Obergermanien: hier gibt es keinen Pfahlgraben. Die Strecke wurde von den Römern verlegt, noch bevor sie die Bauphase 4 (mit Wall und Graben) erreichte. Man kann die Grenzlinie daher im Odenwald nicht unmittelbar verfolgen, sondern muß die Reste der Kastelle und Wachttürme einzeln aufsuchen. Dazu hilft streckenweise ein Wanderweg mit besonderem Wegzeichen. Die Länge des hier besprochenen Abschnitts beträgt 30 km.

Abb. 367 Limes. Strecke 10 (Odenwaldlimes). Wanderwegmarkierung

Um 100 nChr haben die Römer die Odenwaldstrecke angelegt. Sie verband die Main- mit der Neckarlinie, die wohl schon kurz vorher besetzt worden waren. Dadurch wurde die Provinz nach außen vollständig abgeschlossen und gesichert. Allerdings war der hohe Odenwald im Altertum völlig unbewohnt. Der Limes zog durch unabsehbare Wälder, in denen es höchstens schmale Saumpfade gab; er war kaum gefährdet. Aus diesem Grund haben die Römer nur eine geringe Besatzung vorgesehen, die aus den kleinsten Einheiten der Hilfstruppen, den Numeri, bestand. Die Odenwaldstrecke ist daher durch eine Kette gleichartiger, kleiner Numeruskastelle gekennzeichnet. Soweit wir wissen, sind die Numeri in Britannien ausgehoben worden. – Die geringe Gefährdung des Abschnitts wird auch durch die verhältnismäßig großen Abstände der Wp deutlich.
Die Odenwaldstrecke hat die Bauphasen 1–3 durchlaufen: um 100 nChr wurde eine Schneise in die Wälder geschlagen, der Postenweg angelegt und Holztürme gebaut (Phase 1); unter Kaiser Hadrian entstand vor dem Postenweg die Palisade (Phase 2). Die Spur der Palisade wurde oft im Boden bei Ausgrabungen gefunden, sie ist aber an der Oberfläche nicht zu sehen. – Unter Kaiser Antoninus Pius, 145–146, sind die Holztürme der Strecke durch Steintürme ersetzt worden, wie wir aus einigen Turminschriften wissen (Phase 3). Nur wenige Jahre später, zwischen 148 und 161, wahrscheinlich in der Mitte der 50er Jahre des 2. Jh, haben die Römer den Odenwaldlimes aufgegeben und ungefähr 20 km weiter O eine neue Grenzlinie gezogen.
Wegen der guten Erhaltung der Limesbauten setzte die Erforschung des Odenwaldlimes früh ein. Schon am Anfang des 19. Jh hat Graf Franz zu Erbach-Erbach Ausgrabungen unternommen und in dem reizvollen → Eulbacher Park ein für die damalige Zeit einmaliges, archäologisches »Freilichtmuseum« geschaffen, dessen Besuch auch heute noch lohnt. Sichtbare Reste findet man von allen Kastellen der Odenwaldlinie mit Ausnahme der beiden nördlichsten (Wörth und Seckmauern). Besonders empfehlenswert ist der Besuch des Kastells → Würzberg, wo das Bade-

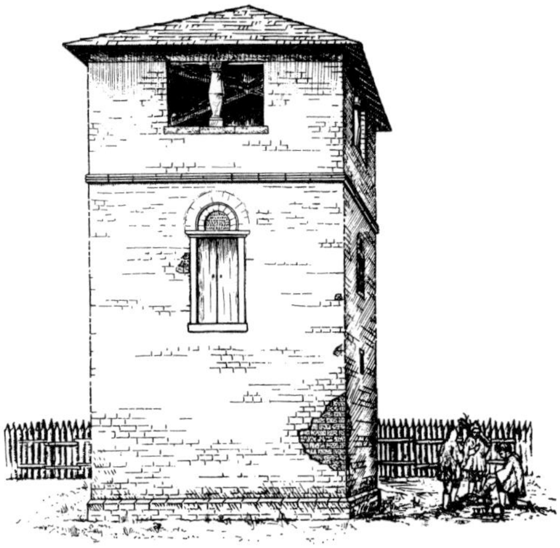

Abb. 368 Limes. Strecke 10. Steinturm des Odenwaldlimes. Rekonstruktionszeichnung

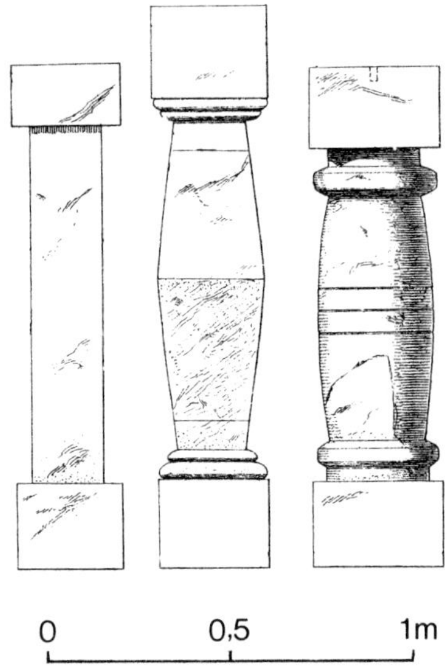

Abb. 369 Limes. Strecke 10. Zwergsäulen von Steintürmen des Odenwaldlimes

gebäude ebenfalls freigelegt worden ist. Aber auch Reste vieler Wp sind sichtbar. Man muß sie allerdings mitunter im Wald suchen, wobei die amtlichen Topographischen Karten 1:25000 in Verbindung mit den hier abgedruckten Streckenkarten gute Dienste leisten. – An zahlreichen Wachtposten erblickt man die Spuren der Holztürme. Sie werden durch Ringgräben gekennzeichnet, die um den flachen Turmhügel laufen. In diesem steckt das Turmfundament aus holzdurchschossenem Trockenmauerwerk. Die Steintürme des Odenwaldlimes besaßen keine hölzerne Außengalerie, wie man sie von den Reliefs der Trajanssäule kennt. Bei den Ausgrabungen kamen so viele Bausteine der Türme zutage, daß zeichnerische Rekonstruktionen möglich waren. Im obersten Stockwerk besaßen die Türme große Aussichtsfenster, die durch eigenartige Zwergsäulen unterteilt waren. Solche Säulen stehen neben dem Obelisken im Eulbacher Park. – Obgleich die Türme aus gleichmäßigen Buntsandsteinquadern aufgemauert waren, sind sie doch verputzt worden. In den weißen Verputz sind Quaderfugen eingerissen und diese rot ausgemalt worden. Die Türme trugen ein Schindeldach.

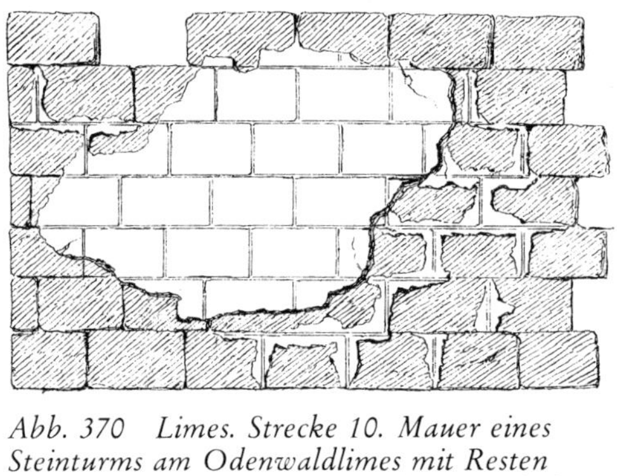

Abb. 370 Limes. Strecke 10. Mauer eines Steinturms am Odenwaldlimes mit Resten des Verputzes, der rot eingefärbte Quaderlinien trug (Wp 22)

Streckenbeschreibung. Man nimmt an, daß der Odenwaldlimes am Main vor dem Kastell → Wörth begann. Allerdings ist es bis heute nicht gelungen festzustellen, wo die Grenzlinie (Palisade) auf den Höhenrücken stieg. Der Verlauf der Grenzlinie ist bis Wp 10/7 hypothetisch. – Oben auf der Höhe fand man in 2 km Entfernung von Wörth das Kastell → Seckmauern. Es ist um 100 nChr erbaut worden, hat aber im Gegensatz zu

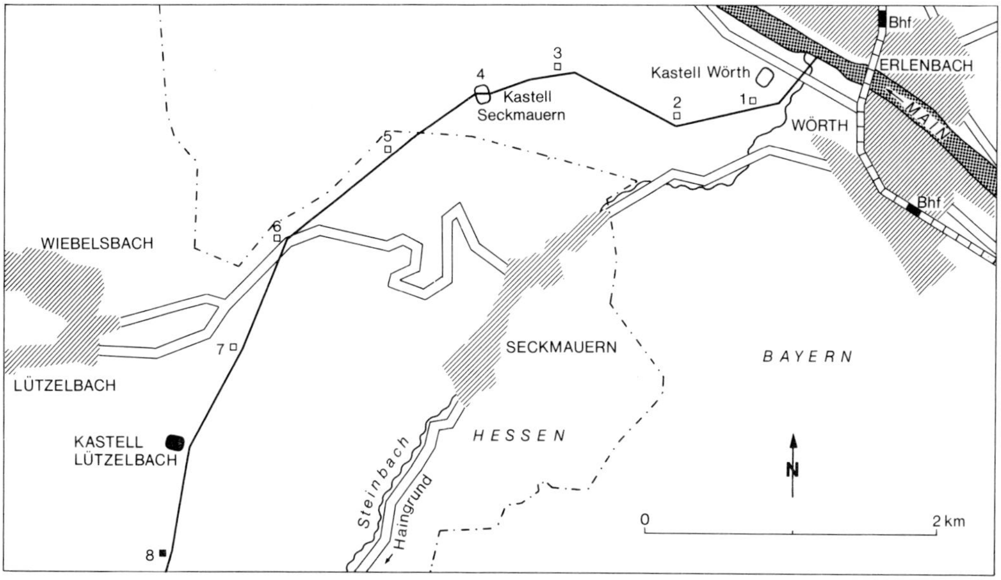

Abb. 371 Limes. Strecke 10, WP 1–8

den anderen Numeruskastellen des Odenwaldlimes nicht lange bestanden und ist nie in Stein ausgebaut worden. Es ist nicht mehr sichtbar. – Die erste, erhaltene Ruine ist die des Kastells → Lützelbach. Von hier ab beginnt der Limes, nach S einzuschwenken. Etwa 750 m S vom Kastell liegt

■ Wp 10/8 im Lützelbacher Bannholz. Hier befinden sich drei Turmruinen: außer dem Steinturmhügel (O Hügel, weniger gut erhalten) sind ausnahmsweise zwei Holzturmstellen mit Ringgräben vorhanden. – Jenseits einer flachen Erhebung liegt der nächste

■ Wp 10/9 im Breitenbrunner Bannholz. Stein- und Holzturmstelle sind erhalten. Da zwischen Wp 10/8 und 10/9 über die Erhebung hinweg eine Sichtverbindung bestehen mußte, konnte man hier einmal die Mindesthöhe berechnen, welche die Aussichtsfenster im Obergeschoß der Türme besessen haben müssen. Sie betrug 7,6 m. Die wirkliche Höhe wird darüber gelegen haben, da man ja auch noch über Unkraut und Gestrüpp hinüberschauen mußte. – Die Hochfläche, auf der die Grenze läuft, zieht sich nun zu einem Sattel zusammen, über den die heutige »Paßstraße« von Breitenbrunn nach Haingrund führt. Schon im Altertum dürfte ein Saumpfad die Höhe gekreuzt haben, denn die Römer legten hier das Kleinkastell Windlücke an, von dem aber nichts mehr zu sehen ist. Es befand sich im Wald unmittelbar W vom Sportplatz. Das Tor des kleinen Wehrbaus (175 m^2) wies nach O auf die Palisade.

Vom Kleinkastell Windlücke zieht eine asphaltierte Landstraße auf dem Höhenrücken entlang nach S bis zum Eulbacher Park. Dieser erst im Mittelalter entstandene Weg geht ungefähr in Richtung des Limes, ist aber nicht mit ihm identisch. Er verläuft manchmal O und manchmal W von der Linie der röm Grenzpalisade. Diese ist freilich nirgends zu sehen. Man folgt der Landstraße, um die noch sichtbaren Wp aufzusuchen. Kurz vor der ersten Kurve S der Straßenkreuzung bei Windlücke befindet sich W neben der Straße

■ Wp 10/10 in der Klinge. Zwei Holzturmstellen und ein Steinturmhügel sind sichtbar; die S Holzturmstelle, vermutlich die jüngere, ist besser erhalten.

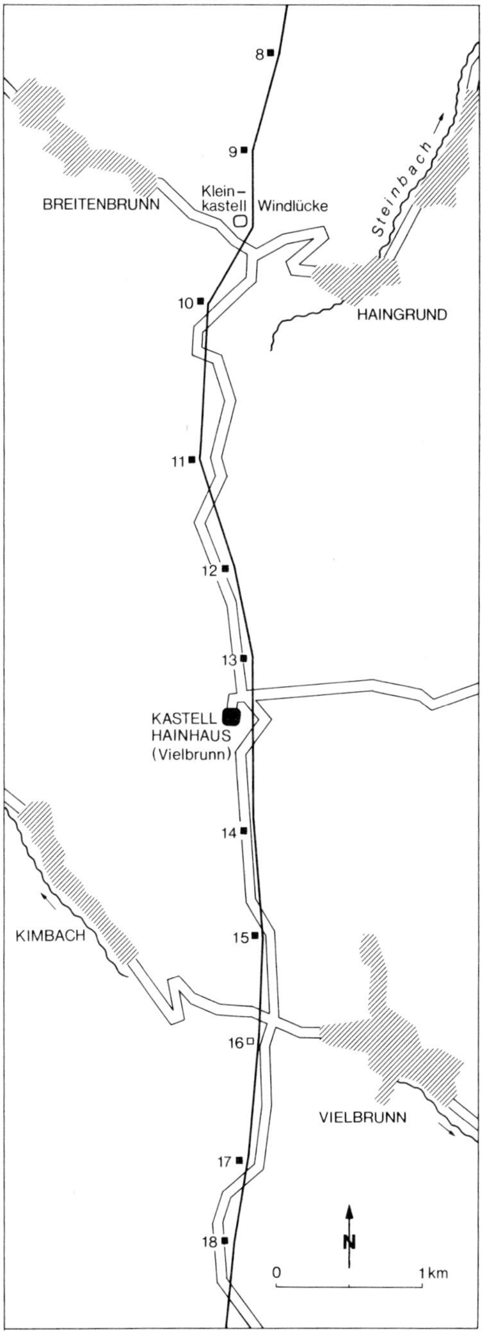

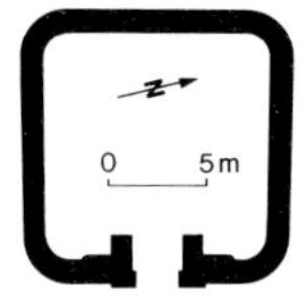

Abb. 373 Limes. Strecke 10. Kleinkastell Windlücke

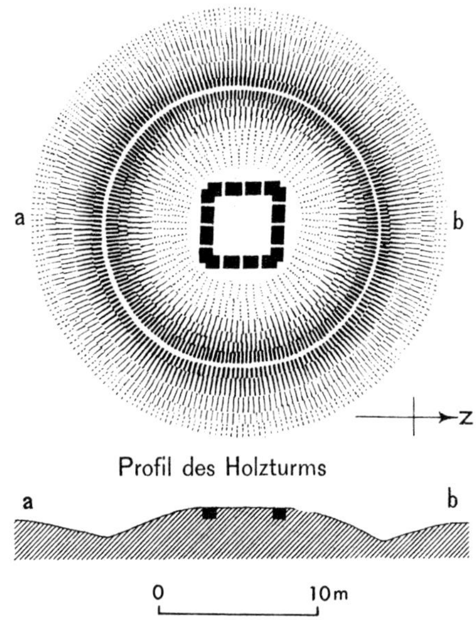

Abb. 374 Limes. Strecke 10. Südlicher Holzturmhügel Wp 10

■ Wp 10/11 auf der Sellenplatte: das Steinturmfundament und ein Holzturmhügel sind vorhanden, sie liegen etwas weiter von der Straße entfernt.

■ Wp 10/12 in den Dickhecken: ein weniger gut erhaltener Steinturmrest und eine Holzturmstelle sind sichtbar.

■ Wp 10/13 in den Erlen liegt 360 m NO vom Kastell → Hainhaus (dort Plarkplatz und Gaststätte). Von dem Wp ist ein flacher Turmhügel erkennbar. Das Kastell Hainhaus, dessen Umwehrung stellenweise noch gut zu sehen ist, lag etwa 100 m hinter der Linie der (nicht sichtbaren)

◀*Abb. 372 Limes. Strecke 10, Wp 8–18*

Abb. 375 Limes. Strecke 10. Ecke des Steinturmsockels Wp 11

Grenzpalisade. – 700 m S vom Kastell liegt dicht an der Landstraße

■ Wp 10/14 an der Döllchenschneise. Die Steinturmruine ist völlig verschwunden, doch ist die Holzturmstelle gut erhalten. – Bald tritt die Straße aus dem Wald in offenes Gelände ein. Dicht am W Straßenrand liegt unter einer Baum- und Gebüschgruppe

■ Wp 10/15 im oberen Haspel. Nur die Holzturmstelle ist sichtbar (mit einem neuzeitlichen Fundament für eine Ruhebank). – Der nächste Wp 10/16 lag im Acker S der Straße Kimbach–Vielbrunn; er ist völlig verschwunden. Die Straße zieht dort wieder in den Wald hinein. 400 m S vom Waldrand entfernt liegt

■ Wp 10/17 in den Heumatten. Hier ist eine gut erhaltene Holzturmstelle zu sehen.

■ Wp 10/18 im Strichherrenwald befindet sich unweit vom O Straßenrand. Auch hier ist nur die Holzturmstelle erhalten.

Von den beiden nächsten Wp 10/19 und 10/20 sind zwar sichtbare Spuren vorhanden. Sie liegen aber innerhalb des Eulbacher Wildparks und sind nicht öffentlich zugänglich. Am Wp 10/19 Lichte Platte kam bei den Ausgrabungen die Bauinschrift des Steinturms zutage. Sie lautet: *Imperatori Caesari divi Hadriani filio Tito Aelio Hadriano Antonino Augusto Pio pontifici maximo tribuniciae potestatis VIII consuli patri patriae*

Abb. 376 Limes. Strecke 10. Holzturmhügel Wp 17 mit Ringgraben

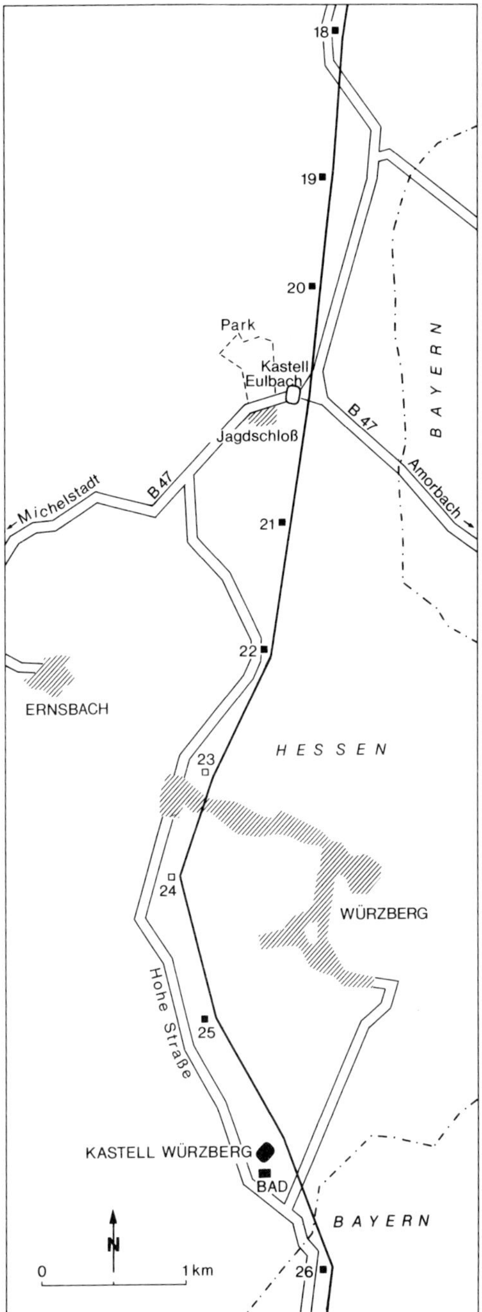

◀ *Abb. 377 Limes. Strecke 10, Wp 18–26*

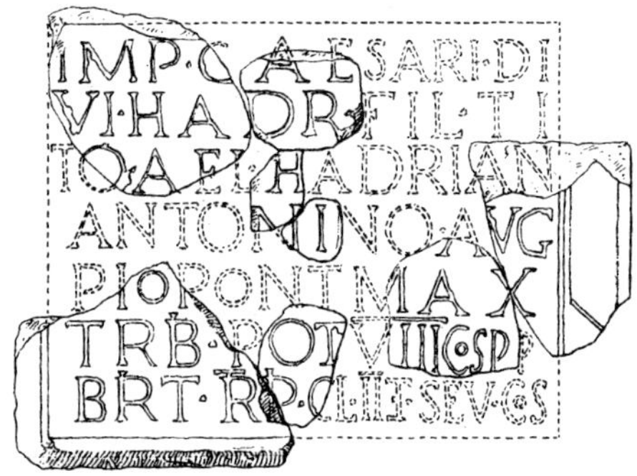

Abb. 378 Limes. Strecke 10. Bauinschrift des Steinturms Wp 19

Brittones Triputienses Claro II et Severo consulibus; übersetzt: Dem Kaiser Titus Aelius Hadrianus Antoninus Pius, Sohn des vergöttlichten Hadrian, dem höchsten Priester, haben im achten Jahr seiner tribunizischen Amtsgewalt die Brittones Triputienses (diese Bauinschrift geweiht), als Clarus das zweitemal und Severus Konsuln waren (146 nChr). Die *Brittones Triputienses* bildeten einen Numerus, der in dem Kastell Schlossau stationiert war. – Man gelangt nun zum Eulbacher Park (→ Michelstadt-Eulbach) mit seinen sehenswerten Bauresten vom Odenwaldlimes (Parkplatz und Gaststätte).

Von Eulbach zieht der Limes weiter nach S. Der nächste Wp 10/21 in der Heumatte ist zwar in geringen Spuren sichtbar. Sie befinden sich jedoch im Eulbacher Wildpark und sind nicht zugänglich. – Etwa 150 m O von der Straße nach Würzburg liegt in einem Waldstück

■ Wp 10/22 am Vogelherdschlag. Das Steinturmfundament wurde am Anfang des 19. Jh von Graf Franz zu Erbach-Erbach ausgegraben und in den Eulbacher Park versetzt. Daher ist der Steinturmhügel heute so niedrig. Bei der Grabung fand man eine Bauinschrift. Sie besagt, daß der Turm im Jahre 145 unter Kaiser Antoninus Pius von dem *Numerus Brittonum Triputiensium* errichtet worden ist (siehe auch Wp 10/19). Die Inschrift wurde in den Turmsockel im Eulbacher Park eingelassen. – Die Holzturmstelle ist besser erhalten

Abb. 379 Limes. Strecke 10. Bauinschrift des Steinturms Wp 22

als der Steinturmhügel. – Die Wp 10/23 und 10/24 lagen in der offenen Gemarkung von Würzberg und sind verschwunden. – Auf der Hohen Straße geht man am W-Rand von Würzberg vorbei. Die Hohe Straße läuft ungefähr in Richtung des Limes; sie ist erst im Mittelalter angelegt worden und führt nach Hesselbach. Gut erhalten ist der nächste

■ Wp 10/25 auf dem roten Buckel. Der Wp befindet sich am Waldrand, 100 m O der Hohen Straße. Das Steinturmfundament wurde kürzlich freigelegt und konserviert. Vom Holzturm, der NW davon lag, sind am Waldrand nur geringe Spuren vorhanden. – In 1 km Entfernung gelangt man auf der Hohen Straße zu den sehenswerten Resten des Kastells → Würzberg und des zugehörigen Badegebäudes.

Von hier aus folgt man der Hohen Straße weiter nach S. Am Wildgatter überquert man die hessisch-bayerische Landesgrenze. In dem Wildpark, der zugänglich ist, können Wildschweine

Abb. 380 Limes. Strecke 10. Steinturm Wp 25 auf dem roten Buckel

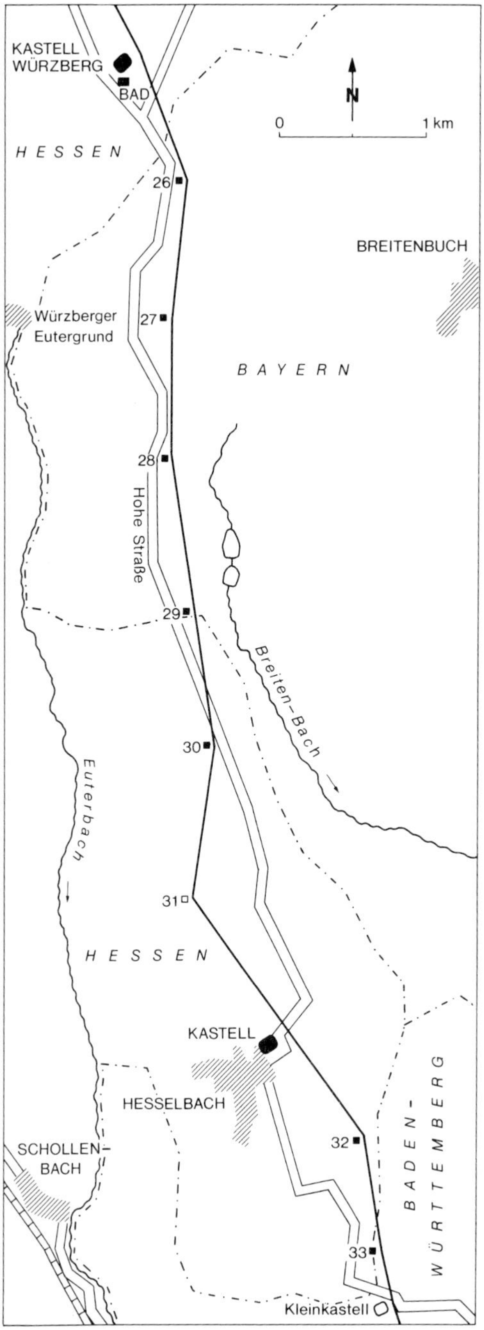

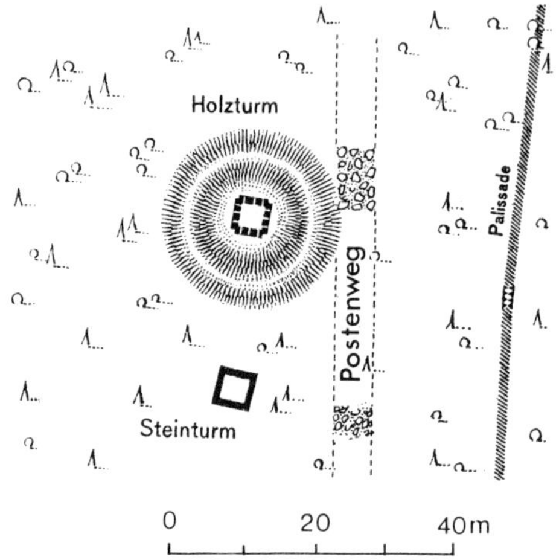

Abb. 382 Limes. Strecke 10. Wp 27 im Gescheid

auftauchen! Hier liegt O neben der Hohen Straße, 200 m SO vom Eingang zum Wildpark

■ Wp 10/26 im Sack. Holz- und Steinturmhügel sind vorhanden. Dicht an dem Wp ziehen die Gräben einer mittelalterlichen Landwehr vorbei. Sie haben mit dem Limes nichts zu tun. Sie laufen noch einige Kilometer nach S ungefähr parallel zur Hohen Straße.

■ Wp 10/27 im Gescheid liegt 200 m O der Hohen Straße. Ein Holz- und ein Steinturmhügel sind sichtbar.

■ Wp 10/28 im oberen Seeschlag. Man sieht die Reste des Holz- und des Steinturms.

■ Wp 10/29 im unteren Seeschlag mit Holz- und Steinturmhügel. Am Steinturm kam ein Bruchstück der Bauinschrift von 145 nChr zutage. Der Wp liegt dicht an der bayerisch-hessischen Landesgrenze, noch auf bayerischem Gebiet. Die nächsten Limesbauten befinden sich wieder in Hessen:

■ Wp 10/30 in den Vogelbaumhecken. Das Steinturmfundament ist gut erhalten und konserviert.(150 m W von der Hohen Straße). Unmittel-

◀ *Abb. 381 Limes. Strecke 10, Wp 26–33*

Abb. 383 Limes. Strecke 10. Ecke des Steinturmsockels Wp 30

bar S daneben erkennt man die Holzturmstelle. – Wp 10/31 ist völlig verschwunden. Man gelangt auf der Hohen Straße nach → Hesselbach und stößt gleich am NW Ortsrand auf die Spuren des Numeruskastells. Die Limespalisade zog in 145 m Entfernung am Kastell vorbei.
SO von Hesselbach liegt am Hang im Wald der südlichste Wp des hessischen Odenwaldlimes:
■ Wp 10/32 Höhenbuckel. Die Steinturmruine ist durch Ausgrabungen beeinträchtigt, doch ist die Holzturmstelle besser zu erkennen. – Oben auf der Höhe läuft die Landesgrenze. Der nächste Wp 10/33 befindet sich dort und liegt bereits in Baden-Württemberg. Er ist konserviert und sehenswert. Weitere Reste des Limes findet man in den Wäldern bis Schlossau; besonders interessant ist Wp 10/37 in der Schneidershecke. Ba

Lorsch HP

Röm Reliefs und Weihestein

Abb 384–386

In einer Hofraite bei Lorsch war bis gegen Ende des 19. Jh ein stark beschädigter Viergötterstein eingemauert. Auf 3 Seiten sind Juno, Merkur und Herkules gerade noch zu erahnen. Die vierte, gut erhaltene zeigt in einer überdurchschnittlichen Arbeit, die auf einen geschulten Künstler schließen läßt, Minerva.
Bis zum Jahr 1877 stand im Lorscher Wald der Abts- oder Kindlesstein, der dort als Grenzstein das Gebiet des Lorscher Abtes markierte. Der Stein zeigt auf 3 Seiten in jeweils zwei übereinan-

Abb. 384 Lorsch. Viergötterstein. Minerva

Abb. 385 Lorsch. Altarbruchstück mit Weihung an die Straßengötter

der angeordneten Bildern die Taten des Herkules. Auf der vierten Seite befindet sich ein pflanzliches Ornament, wohl eine nachröm Überarbeitung. Der Lorscher Stein, der von anderer Stelle verschleppt worden ist, zeigt eine einfache Darstellung.

In den Ruinen des Klosters fand sich ein rechteckig zurechtgeschlagener, offenbar in zweiter Verwendung verbauter Altarstein aus Marmor, der den Rest einer Inschrift trug: » . . . und den Göttern der Kreuzwege und des Zufalls . . . zum Heil unserer Herren (Kaiser) . . .« Es handelt sich also um eine Weihung an die Straßengottheiten und an die Götter der glücklichen Zufälle (*boni casus*), die hier als sehr eng verbunden angesehen werden. Möglicherweise war der Stein in der Nähe der Kreuzung der linken Rheinuferstraße und einer vom Rhein über Lorsch in den Odenwald führenden Straße aufgestellt. Der ursprüngliche Standort läßt sich aber nicht mehr exakt bestimmen. In der karolingischen Torhalle des Klosters ist im Saal des Obergeschosses an der O-Wand ein röm Relief eingemauert, das einen muskulösen, erhobenen Armteil neben dem Laubwerk eines Baumes zeigt. Man sieht in der Darstellung einen Teil eines Reliefs, das Herkules am Baum der Hesperiden wiedergibt. Das Bruchstück aus gelbgrauem Sandstein wurde zurechtgeschlagen und als Spolie vermauert. Der ursprüngliche Standort des Bildwerks ist unbekannt. – In dem gleichen Saal ist oberhalb eines Rundbogenfensters ein weiteres, kleines Reliefteil eingemauert, das einen röm Schuh zeigt. Scha

Ao: Hessisches Landesmuseum, Darmstadt (Viergötterstein, Herkulesbildpfeiler)

Lit: WMeier-Arendt, Inventar der ur- und frühgeschichtlichen Geländedenkmäler und Funde des Kreises Bergstraße. Inv. d. Bodendenkmäler 4, 1968, 91 Nr. 395, 90 Nr. 387, 87 Nr. 384a, 89 Nr. 384 h jeweils mit gesamter Literatur.

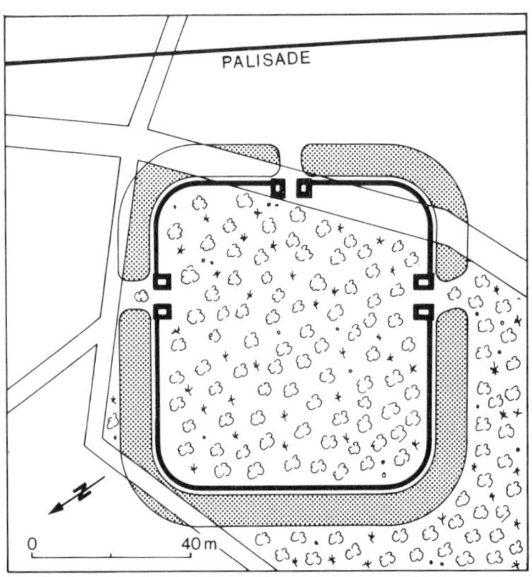

Abb. 386 Lützelbach, Kastellplan mit Verlauf der Palisade

Lützelbach ERB

*Numeruskastell**

Abb 109, 387

Kastell Lützelbach ist das nördlichste der kleinen Numeruskastelle des Odenwaldlimes. Seine Entfernung zu Kastell → Wörth, dem nächsten Stützpunkt der Mainlinie, beträgt in der Luftlinie

Abb. 387 Lorsch. Herkulesrelief, eingemauert in der karolingischen Torhalle

knapp 5 km, und fast den gleichen Abstand hat es von dem S Nachbarkastell im Odenwald, dem → Hainhaus bei Vielbrunn. Kastell Lützelbach liegt auf der Buntsandsteinhochfläche im Wald, etwa 1 km SO von Lützel-Wiebelsbach. Der kleine Wehrbau (0,6 ha), der im Volksmund »Lützelbacher Schlößchen« genannt wurde, war am Anfang des 19. Jh noch vorzüglich erhalten, wie wir aus der Beschreibung J. F. Knapps (1813) wissen: »Es hatte . . . eine innen und außen mit sauber behauenen großen Steinen verkleidete Mauer, welche noch jetzt hier und da über den gewiß 4 Schuh hohen Schutt ebenso hoch hervorragt.« Leider ist die Ruine im 19. Jh gerade wegen der schönen Hausteine stark zerstört worden, so daß bei der Ausgrabung, die F. Kofler 1895 im Auftrag der RLK unternahm, oft nur noch die Ausbruchgrube der Wehrmauer beobachtet werden konnte. Trotzdem sind die Reste des kleinen Kastells, das heute in einem Wäldchen liegt, noch gut zu erkennen; ein stellenweise recht hoher Wall kennzeichnet die Umwehrung vor allem an der N-Ecke, während die SO-Seite durch neuere Wegebauten stark beschädigt ist. – Das Kastell ist um 100 nChr nach dem gleichen Plan entstanden wie die übrigen Numeruskastelle der Odenwaldlinie; es sei hier auf das Kastell → Hesselbach verwiesen, dessen Grundriß und baugeschichtliche Entwicklung besser bekannt ist. Kastell Lützelbach hatte 3 Tore; es war nach SO orientiert, auf den Limes hin, der in geringem Abstand (etwa 30 m) an dem Wehrbau vorbeiführte. Das SO-Tor war das Haupttor, und hier kam die eigenartige, halbkreisförmige Türsturzlünette mit dem Relief der Siegesgöttin Victoria zutage, die seit 1875 im Besitz des Landesmuseums Wiesbaden ist. Bei den Ausgrabungen fand sich die Standspur der Limespalisade. Zwischen Kastell und Palisade lief der Grenzweg hindurch, von dem ebenfalls Spuren nachgewiesen wurden. Ungefähr 40 m N von der N-Ecke des Kastells entfernt ist in der Wiese der Schutthügel des Kastellbades sichtbar. – Die Besatzung des Kastells war ein uns unbekannter Numerus. Als der Limes in der Mitte des 2. Jh nach O vorverlegt wurde, verließ die Truppe das Kastell, das dann wohl anfing zu zerfallen. Eine röm Hausgruppe, die etwa 100 m S vom Kastell liegt, ist wahrscheinlich erst nach dem Abmarsch der Truppe erbaut worden, denn dort sind offenbar Steine aus dem Kastell vermauert worden. Diese Hausgruppe steht im Zusammenhang mit der land- und forstwirtschaftlichen Nutzung des N Odenwaldrandes durch die Römer. Ba

Lit: FKofler ORL Abt B Band V,1 Kastell Nr. 46 (1904).

Mainz MZ

Mogontiacum, röm Legionslager und Provinzhauptstadt von Obergermanien

Abb 21, 22, 27, 30, 31, 38, 146, 147, 388–390

Die röm Geschichte Hessens ist ohne Mainz nicht zu verstehen. Von hier ging die röm Okkupation aus, und hier befand sich der Sitz der Provinzverwaltung Obergermaniens. – Als in spätröm

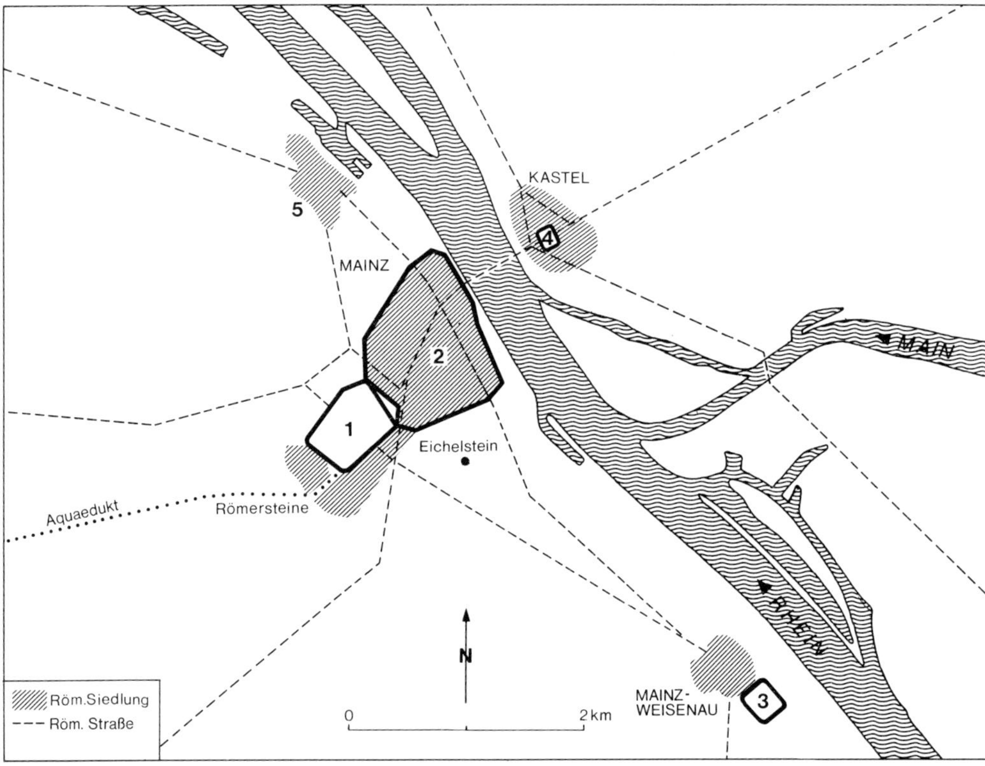

Abb. 388 Mainz. Übersichtsplan. 1 Legionslager, 2 Zivilstadt, 3 Lager Weisenau, 4 Kastel (Castellum Mattiacorum), 5 Römische Hafensiedlung am Dimesser Ost

Zeit, im 4. Jh nChr, das Land jenseits des Rheins für das Römerreich schon wieder verloren war, gingen für den hessischen Raum von Mainz noch immer entscheidende Impulse aus.

Die Gegend um Mainz geriet durch den gallischen Krieg Caesars (58–51 vChr) in den Machtbereich Roms, der seit der Eroberung Galliens bis an den Rhein reichte. Die Legionen blieben jedoch vorerst im Inneren Galliens. Erst als Kaiser Augustus sich entschloß, Germanien zu erobern, ist die Rheingrenze militärisch besetzt worden. Zwischen 15 und 10 vChr erbauten die Römer auf der Hochfläche über dem heutigen Stadtkern im Gebiet der Universitätskliniken ein ausgedehntes Lager für zwei Legionen mit rund 36 ha Fläche. Von 10 vChr–16 nChr sind von hier aus Feldzüge zur Eroberung Germaniens geführt worden, die stets durch das Gebiet des heutigen Hessen führten. Neben *Vetera* bei Xanten am Niederrhein war *Mogontiacum* die bedeutendste Militärbasis für die Germanenkriege dieser Zeit. Schon damals bildete sich im Gebiet des heutigen Stadtkerns eine Zivilsiedlung im Schutz des Legionslagers; eine zweite entstand auf der Hochfläche direkt neben dem Legionslager. Vorübergehend belegte Militärlager gab es bei Weisenau; auch dort wuchs eine zivile Siedlung auf. Als weitere militärische Anlage ist der Rheinhafen am Dimesser Ort zu nennen, der sich ein wenig rheinabwärts von der Innenstadt in der Gegend des heutigen Rheinhafens befand.

Nach dem Ende der Germanenkriege (16 nChr)

Abb. 389 Mainz. Römersteine im Zahlbachtal

blieben zwei Legionen im Mainzer Lager, die 14. und die 16. Legion. Im Lauf des 1. Jh nChr wurden die Legionen gelegentlich aus politischen oder militärischen Gründen abgelöst. Außer von den schon erwähnten beiden Legionen gibt es inschriftliche Zeugnisse der *Legio I adiutrix*, der *Legio IV Macedonica*, der *Legio XXI rapax* und der *Legio XXII primigenia*. Seit dem mißglückten Aufstand des obergermanischen Statthalters L. Antonius Saturnius (88/89) verblieb nur eine Legion im Mainzer Lager, nämlich die *Legio XIV gemina Martia victrix*. Um 92 nahm die *Legio XXII primigenia pia fidelis* ihren Platz ein. Sie stand lange in Mainz und bildete bis zu ihrem Untergang in der Mitte des 4. Jh die Besatzung des Lagers. Diese Legion begegnet auch auf zahlreichen röm Inschriften Hessens, weil der gesamte obergermanische Limes von Mainz aus verwaltet und beaufsichtigt wurde. Mit ihrem Ende hörte auch das Legionslager auf zu bestehen. Die Zivilstadt *Mogontiacum* im Gebiet des heutigen Stadtkerns lebte indessen weiter. Schon im 3. Jh hatte sie einen eigenen Mauerring erhalten, der an den des Legionslagers anschloß. Nach dem Ende des Legionslagers wurde das letzte Stück des städtischen Mauerrings oben auf dem Kästrich gebaut. Die spätröm Stadt war zugleich Grenzfestung. Als Besatzung kennen wir seit der Mitte des 4. Jh eine Grenztruppe, die *Milites Armigeri*.

In dieser Zeit hatte das Christentum längst in Mainz Fuß gefaßt; *Mogontiacum* war Bischofssitz geworden. Als Anfang des 5. Jh die Römerherrschaft am Rhein zusammenbrach, lebte die christliche Kirche in der Stadt weiter. Sie hat es bewirkt, daß Mainz die unruhige Zeit der Völkerwanderung überdauerte.

Von dem Legionslager auf der Höhe des Kästrich, das sich bis in den Bereich der Universitätskliniken erstreckte, ist heute nichts mehr zu sehen. Von seiner einstigen Bedeutung kündet nur der unter Kaiser Vespasian erbaute steinerne Aquaedukt für die Wasserversorgung des Lagers. Er brachte frisches Quellwasser aus der Gegend von Finthen (W Mainz) auf die Höhe des Militärlagers. Von dem Aquaedukt ist eine Reihe steinerner, verwitterter Pfeiler im Zahlbachtal zu sehen (»Römersteine«). Die steinerne Wasserrinne des Aquaedukts muß einst rund 30 m über der Sohle des Zahlbachtals über den Pfeilern auf Steinbögen geruht haben. – Von den röm Zivilsiedlungen sind nur noch Reste der spätröm Stadtmauer auf dem Kästrich erhalten. Diese Wehrmauer ist im Mittelalter weiterbenutzt und teilweise verändert worden; sie steht aber noch immer – soweit vorhanden – auf den röm Fundamenten. – Von den ausgedehnten Gräberfeldern der antiken Stadt und des Legionslagers ist lediglich ein großer Grabbau zu sehen. Es ist der Eichelstein an der S-Spitze der heutigen Zitadelle, das größte noch erhaltene röm Grabmal Deutschlands. Es hat die Form eines runden Grabturms, der auf einem vierseitigen Steinsockel ruht. Das Bauwerk ist immer wieder fälschlich mit Drusus, dem Stiefsohn des Kaisers Augustus, in Verbindung gebracht worden. Drusus ist 9 vChr auf einem Feldzug in Germanien gestorben. Aus röm Schriftquellen erfahren wir, daß damals für ihn ein Kenotaph (leeres Ehrengrab) in Mainz erbaut worden ist. Bautechnische Beobachtungen am Eichelstein weisen diesen aber in eine weit spätere Zeit der Römerherrschaft. Mainz ist außerordentlich

Abb. 390 Mainz. Eichelstein in der Zitadelle

reich an röm Funden. Viele von ihnen sieht man im Mittelrheinischen Landesmuseum in Mainz, dessen Besuch daher sehr zu empfehlen ist. Ba

Lit: DBaatz, Mogontiacum. Limesforschungen Bd 4 (1962) – Führer zu vor- u. frühgeschichtlichen Denkmälern Bd 11 Mainz (1969) – KDecker u. WSelzer in: Aufstieg und Niedergang der röm Welt II Bd. 5,1 (1976) 457 ff.

Römisch-Germanisches Zentralmuseum

Kurfürstliches Schloß. Öffnungszeiten: täglich 10–18 Uhr. Mo geschlossen.

Das Römisch-Germanische Zentralmuseum ist ein Museum und ein archäologisches Forschungsinstitut besonderer Art. Gegründet schon 1852, hat es sich die Aufgabe gestellt, die vorgeschichtlichen, röm und frühmittelalterlichen Epochen Zentraleuropas mit ihren weitreichenden Wechselbeziehungen zu fremden Kulturen darzustellen (auch mit Hilfe von Abgüssen).
Im Falle der 1977 wiedereröffneten röm Ausstellung des RGZM geschieht dies durch eine bewußte Präsentation des röm Reiches in seiner Gesamtheit. Die Ausstellung bietet Informationen und Objekte, die auf das gesamte Römerreich, also auch auf die Provinzen des Südens und des Orients, Bezug nehmen. Der Besucher findet deshalb im Zentralmuseum röm Objekte, die er als Ergänzung zu den Ausstellungen der Landes-

museen und ihrer lokalen Funde ansehen kann: Skulpturen und gewerbliche Erzeugnisse (Schmuck, Keramiken, Gläser, Metallarbeiten) aus Italien, Nordafrika, Griechenland und dem Orient sowie Frankreich, den Beneluxländern und dem Rheinland.
Überblicke: Militär und Bewaffnung, Handel und Verkehr, Wissenschaft und Technik, Religion.
Die Ausstellung enthält zahlreiche Karten und figürliche Rekonstruktionen. Als Informationsmaterial gibt es Kurzführer in Faltblattform sowie Diapositive und Postkarten. Kü

Mittelrheinisches Landesmuseum

Abb 79, 80, 82–84, 86, 87, 110, 125

Große Bleiche 49. Öffnungszeiten: Di – So 10–17 Uhr, Mo geschlossen.
Das Mittelrheinische Landesmuseum in Mainz enthält die umfangreichste Sammlung röm Funde im Rhein-Main-Gebiet. Ein Besuch dieses Museums ist unerläßlich, wenn man sich über die röm Epoche Hessens ein Bild machen möchte, denn ein großer Teil der materiellen Güter, die damals in den hessischen Raum gelangten, haben ihren Weg über Mainz genommen. – Die röm Abteilung befindet sich im Erdgeschoß des Museums. In zwei Räumen sind Waffen und Geräte aus Eisen, Bronze und Bein, eine Fülle von Keramik und Gläsern ausgestellt. Von einzigartiger Bedeutung ist der große Steinsaal mit Hunderten von Reliefs, Plastiken und Inschriftsteinen, darunter die große Mainzer Jupitersäule und der Dativius-Victor-Bogen. Man findet zahlreiche Grabreliefs, die minutiös die Ausrüstung der Legions- und Auxiliarsoldaten des 1. Jh wiedergeben, die aber auch die Ziviltrachten von Frauen und Männern jener Zeit zeigen. Der Besuch des Steinsaals ist daher ganz besonders zu empfehlen. Die Ausstellung wird durch eine gute Beschriftung und durch Grafiken und Karten erläutert. Ba

Maisel → Limes (Westliche Taunusstrecke)

Marköbel HU

Kohortenkastell

Abb 391–393

Auf dem flachen Höhenrücken in der Schleife des Krebsbachtals, auf dem Marköbel liegt, bauten die Römer ein Grenzkastell. Es muß ihnen notwendig erschienen sein, diese Stelle zu überwachen. Denn vom Fuldagebiet, in dem es damals eine germanische Siedlungskammer gab, führten Verbindungen hinüber zur Wetterau, die über die Randhöhen des Vogelsberges zogen. Eine von ihnen mündete bei Marköbel in einen alten Höhenweg, die Hohe Straße, die S an Ostheim und Windecken vorbei in Richtung auf Frankfurt a. M.-Bergen ging. Es ist auffällig, daß die langen, geraden Limesstrecken genau vor Marköbel in einem stumpfen Winkel aufeinanderstoßen. Daraus folgt, daß sich hier bereits ein Stützpunkt befand, bevor die Limesstrecken abgesteckt worden sind. Das Kohortenkastell, das inmitten des heutigen Ortes liegt, dürfte um 100 nChr entstanden sein; ihm ging vielleicht ein kleineres Holzkastell aus der Zeit Kaiser Domitians voran. Das Kohortenkastell (3,3 ha), anfangs wahrscheinlich ein reiner Holzbau, erhielt später seine steinerne Umwehrung. An Größe stand es am O-Abschnitt des Wetteraulimes nur dem Kastell

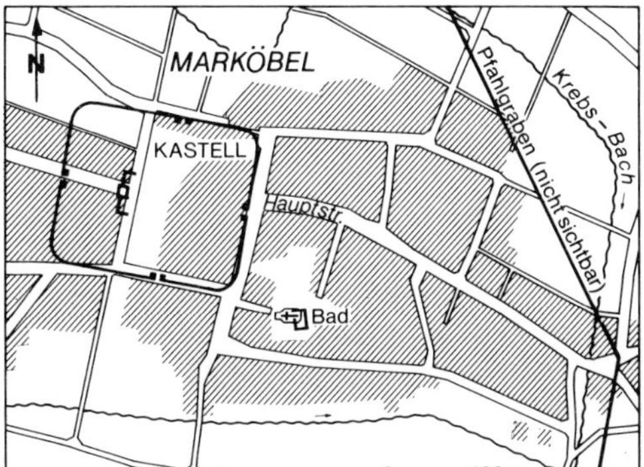

Abb. 391 Marköbel. Lageplan des Kastells und des Pfahlgrabens

Echzell nach. Es bildete einen Eckpfeiler für die Sicherung der O Wetterau.
Obgleich in Marköbel weder vom Limes, noch vom Kastell oder vom Kastellvicus etwas zu sehen ist, führten röm Funde doch schon im 19. Jh zu der Erkenntnis, daß hier ein Limeskastell gestanden haben müsse. 1884 wurde es von G. Wolff entdeckt, 1892 noch einmal gründlicher untersucht. Dabei stellte Wolff nicht nur den Grundriß der steinernen Umwehrung fest, sondern er fand auch im Inneren des Kastells den W-Flügel der Kommandantur (*principia*) mit dem Fahnenheiligtum. Es zeigte sich, daß das Kastell die Lage einer Straße in Marköbel bestimmt hat: die Obergasse folgt ungefähr der S-Front des Kastells, während die Mittelgasse genau vor der O-Seite des Wehrbaus entlangführt, in der sich auch das Haupttor befand; denn das Kastell war nach O, auf den Limes hin orientiert. Auch die Straße, die vom Haupttor zum Limes hinauslief, und zwar gerade an die Stelle, wo sich der Limesknick befindet, ist noch vorhanden, es ist die Hauptstraße von Marköbel. Wo diese Straße den Limes schneidet, gab es im Altertum sicherlich einen Übergang über den Limes, und auch noch heute wird die Verkehrsbedeutung der Stelle durch eine Straßenkreuzung unterstrichen.
Außerhalb des Kastells, und zwar im O, im S und im W zeigten sich Reste eines ausgedehnten Kastelldorfs. Die Existenz eines Badegebäudes wurde schon von Wolff vorausgesetzt. Dieses hat

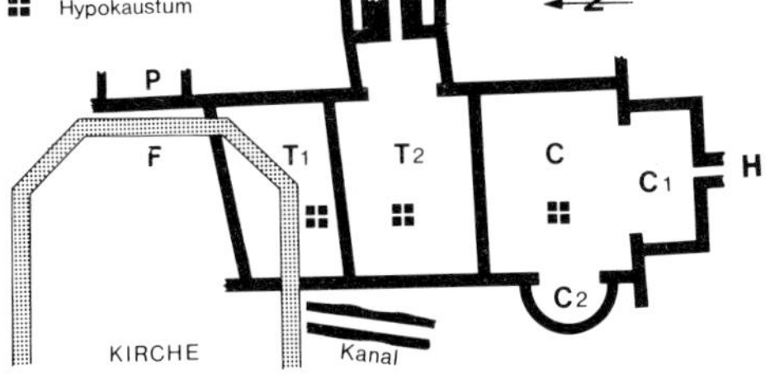

Abb. 392 Marköbel. Kastellbad. F Kaltbad (frigidarium) mit Kaltwasserwanne P; T_1, T_2 Laubad (tepidarium); C Warmbad (caldarium) mit den Warmwasserwannen in den Apsiden C_1 und C_2; H Heizräume

H. Birkner im Jahre 1951 beim Einbau einer Heizung in die ev. Kirche tatsächlich gefunden. Er stellte fest, daß Teile des Bades unter dem Chor der Kirche liegen. Einen nahezu vollständigen Plan der Thermen konnte einige Jahre später K. Dielmann während seiner Grabungen 1963–65 gewinnen. Dabei gelang es, durch reiche Funde an gestempelten Militärziegeln die Zeit der Erbauung des Bades und seiner späteren Reparaturen genauer zu bestimmen. Das Bad besitzt den typischen Grundriß der Kastellthermen des obergermanischen Limes. Nachgewiesen wurden vor allem die beheizten Baderäume. Das Kaltbad (*frigidarium*) F lag unter dem heutigen Kirchenchor; von ihm sind nur geringe Reste bekannt. N vom Kirchenchor muß sich im Anschluß an das frigidarium noch der Umkleideraum (*apodyterium*) befunden haben, er ist aber nicht ausgegraben worden. Für die Wasserversorgung des Bades diente vielleicht eine Wasserleitung aus Tonrohren, die Wolff 1887 fand und 1892 weiterverfolgte. Sie ist deswegen erwähnenswert, weil die Brunnenkammer, aus der das Wasser kam, etwa 2 km außerhalb des Limes am W-Hang des Steinkopfs lag. Auch andere Grabungsbeobachtungen deuten darauf hin, daß der Limes hier keineswegs zwei selbständige Hoheitsgebiete voneinander schied, wie wir es von unseren neuzeitlichen Staatsgrenzen her gewohnt sind. Zum Bau des Kastells ist nämlich außer Basalt auch Buntsandstein verwendet worden, der jenseits des Limes im Büdinger oder Gelnhäuser Raum gewonnen worden ist. Das Rohmaterial für die Töpferei- und Zieglerbetriebe, die Wolff am W Rand des Kastellvicus entdeckte, sind nach seiner Ansicht ebenfalls außerhalb des Limes am Hattenberg abgebaut worden. Offensichtlich kontrollierten die Römer die Zone unmittelbar vor dem Limes und beuteten dort auch die Bodenschätze aus.
Die Besatzung des Kastells ist unbekannt. Seine Größe wäre für eine *cohors* oder *ala quingenaria* ausreichend, also für eine 500 Mann starke Infanterie- oder Kavallerieeinheit. Unter den inschriftlich bezeugten Truppenteilen Obergermaniens, deren Standort nicht bekannt ist, käme etwa die *Cohors XXX voluntariorum civium Romanorum* als Besatzung in Betracht. Doch muß man auf den

Abb. 393 Marköbel. Ausgrabung des Kastellbades. Blick von Süden in die rechteckige Ostapsis von T_2. Im Hintergrund erkennt man noch ein Stück des einstigen Ziegelfußbodens, der von Hypokaustpfeilern getragen wurde.

glücklichen Fund einer röm Inschrift in Marköbel hoffen, die vielleicht den Namen der Truppe nennt und in dieser Frage Gewißheit schafft.

Ba

Lit: GWolff, ORL Abt B Band II,2 Kastell Nr. 21 (1896) – EFabricius ORL Abt A Band II,1 Strekken 4 und 5 (1936) 153 f – KDielmann u. DBaatz, Das römische Kastellbad von Marköbel. Hanauer Geschbl 20, 1965, 9 ff.

Michelstadt ERB

Merkurrelief

In dem zur mittelalterlichen Stadtbefestigung gehörenden Diebsturm ist in einer Höhe von etwa 10 m ein Merkurrelief (Kopie) eingemauert. Die Figur des Gottes ist aus einem Sandsteinblock in Halbplastik herausgearbeitet. Die stark untersetzte und disproportionierte Figur steht frontal zum Betrachter. Die plumpe Gesamtform läßt auf einen wenig geschulten, einheimischen Steinmetzen schließen.

Scha

Ao: Odenwaldmuseum Michelstadt
Lit: Behn, Steindenkmäler 13 Nr. 29.

Michelstadt-Eulbach ERB

Numeruskastell

Abb 394

Das Kastell Eulbach liegt 145 m O vom gleichnamigen Jagdschloß genau unter der B 47, die nur wenig W von dieser Stelle ihre Paßhöhe zwischen Mümling und Mudtal erreicht. Von dem kleinen Wehrbau ist an dieser Stelle außer geringen Erdböschungen nichts mehr zu sehen. In röm Zeit mag ein schmaler Saumpfad, den das Kastell zu überwachen hatte, Vorgänger der Bundesstraße gewesen sein.
1806 stieß der Pächter der um das Jagdschloß liegenden Grundstücke beim Pflügen auf einen zugehauenen Sandstein. Darauf ließ Graf Franz zu Erbach die Stelle untersuchen und stellte röm Mauerwerk fest. Weitere Grabungen, an denen sich der erbachische Regierungsrat J. F. Knapp beteiligte, führte zur Aufdeckung des Kastells. Damals befand sich der englische Garten nördlich vom Jagdschloß gerade im Aufbau. Graf Franz beschloß, das O-Tor (Haupttor) des Kastells, das genau unter der Straße liegt und daher ohnehin unzugänglich bleiben mußte, in den Park zu versetzen und dort als künstliche Ruine aufzubauen; das entsprach dem Stil der Zeit und der Sammelleidenschaft des Grafen. Die Rekonstruktion des Tors steht noch heute in dem sehr besuchenswerten → Eulbacher Park. Nur die beiden unteren Steinschichten sind 1806 genau nach dem Grabungsbefund numeriert und dem Plan entsprechend wieder aufgesetzt worden. Die höheren Teile der rekonstruierten Mauer bestehen zwar auch aus röm Baumaterial – einschließlich des eigenartigen Gesimses – doch ist ihre Anordnung nicht durch Grabungsbeobachtungen gesichert. Auch dürfte das Tor genauso wie die besser untersuchten Torbauten der Numeruskastelle Hesselbach und Schlossau von zwei Tortürmen eingefaßt gewesen sein.
Eine Nachuntersuchung der RLK im Jahre 1895 unter der Leitung von F. Kofler stellte noch einmal die Abmessungen des Kastells sicher, fand dieses aber durch die alten Grabungen und den Ackerbau stark zerstört. Es war ein typisches Numeruskastell der Odenwaldlinie (0,6 ha). Sein Haupttor wies nach O in Richtung auf den Limes, der in etwa 70–80 m Entfernung O vom Kastell vorbeizog. Der Name der Besatzung von etwa 150 Mann Stärke ist unbekannt. Wie die übrigen Kastelle des Odenwaldlimes wird es um 100 nChr zunächst als Holzbau errichtet worden sein. Später erhielt es eine steinerne Umwehrung. Das Ba-

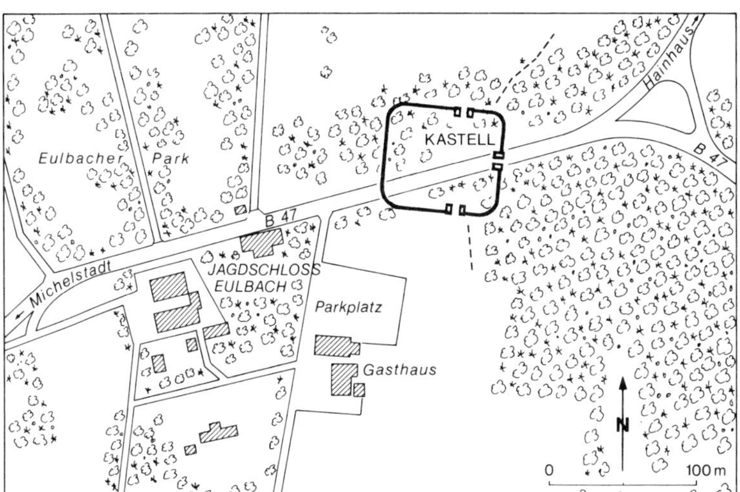

Abb. 394 Michelstadt-Eulbach. Lage des Numeruskastells Eulbach

Abb. 395 Michelstadt-Eulbach. Eulbacher Park. Rekonstruiertes Tor des Kastells Eulbach

degebäude, das ähnlich dem zu Würzberg ausgesehen haben wird, dürfte unter einem der Nebengebäude der heutigen Försterei und Gastwirtschaft zu suchen sein. Bei der Vorverlegung des Limes in der Mitte des 2. Jh wurde das Kastell von den Römern aufgegeben. – Schon im frühen Mittelalter ist ein Dorf in der röm Ruine nachzuweisen, das in einer Lorscher Urkunde aus dem Jahr 819 unter dem Namen »Vullineburch« erwähnt wird, in einer etwas späteren Urkunde aus dem 11. Jh dann »Vullonoburg« heißt. Wir wissen nicht, ob sich etwa der antike Name des Kastells in der frühen Ortsbezeichnung verbirgt, aus der später »Eulbach« wurde. Das Dorf ist im Dreißigjährigen Krieg untergegangen. Ba

Lit: FKofler ORL Abt B Band V,1 Kastell Nr. 48 (1896) – EFabricius ORL Abt A Band V Strecke 10 S. 51 f.

*Eulbacher Park: Englischer Garten und archäologischer Park des frühen 19. Jh**

Abb 395–398

Im Jahre 1770 entstand ein kleines Jagdschloß an der Stelle, wo einst das Dorf Eulbach gestanden hatte, das im Dreißigjährigen Krieg untergegangen war. Graf Franz I. zu Erbach-Erbach ließ das Schloß 1802 vergrößern. Zugleich legte er davor einen englischen Landschaftsgarten im damals neuesten Stil nach Plänen L. v. Sckells an. Ganz im Geist der Romantik ließ er eine kleine, künstliche Burgruine einfügen, die Eberhardsburg, die großenteils aus zusammengetragenen Bausteinen historischer Gebäude besteht.

Seit der Entdeckung des → Limeskastells Eulbach im Jahre 1806 ließ der Graf eine Anzahl röm Bauwerke und Einzeldenkmäler in den Park übertragen. Baum- und Buschgruppen umgeben sie in lockerer Anordnung und passen sie geschickt in den Landschaftsgarten ein. So geben die wechselnden Durchblicke des Englischen Gartens bisweilen unvermittelt den Blick auf eine antike Ruine frei. – Die Mittelallee, die die Achse

Abb. 396 Michelstadt-Eulbach. Eulbacher Park. Obelisk aus Steinen des Kastells Würzberg

des Schlosses fortsetzt, läuft auf einen Obelisken zu. Er besteht aus Steinen des Kastells → Würzberg. Das geht aus der lateinischen Inschrift hervor, die Graf Franz auf der antiken, unbeschriftet aufgefundenen Inschriftplatte aus dem Kastell Würzberg hat anbringen lassen. Neben dem Obelisken stehen einige Zwergsäulen und Steinpfeiler unterschiedlicher Form. Sie waren in steinernen Wp der Odenwaldstrecke eingebaut und dienten dem Zweck, die Aussichtsfenster im Obergeschoß der Türme zu unterteilen. Sie wurden bei Ausgrabungen des Grafen Franz in mehreren Wp der Odenwaldlinie gefunden und in den Eulbacher Park gebracht. Man hielt sie damals für die Grabsteine von Soldaten. – Der Weg führt nun durch die rekonstruierten Torbauten der Limeskastelle Eulbach und Würzberg, die von ihrem ursprünglichen Ort hierher übertragen worden sind. Einschließlich der Gesimse und Zinnendecksteine sind sie aus röm Originalsteinen gebaut worden. Die beiden Rekonstruktionen zeigen, wie man sich röm Kastelltore um 1800 vorstellte. Man hatte seinerzeit nur die Fundamente und wenige Quaderschichten des aufgehenden Mauerwerks gefunden. Das damals ergänzte, hochgezogene Mauerwerk entspricht nicht dem heutigen Forschungsstand. Dennoch sind die beiden Rekonstruktionen ein liebenswertes Zeugnis einer frühen denkmalpflegerischen Bemühung. Die schräg nach hinten geneigte Front der Wehrmauern entspringt den festungstechnischen Vorstellungen der Zeit um 1800; wirkliche röm Kastellmauern hatten senkrechte Fronten. Auch waren die Tore mit seitlichen Tortürmen versehen. – Ein weiteres Baudenkmal ist der Sockel des Steinturms Wp 10/22, der gleichfalls von

Abb. 397 Michelstadt-Eulbach. Eulbacher Park. Rekonstruiertes Tor und Wehrmauer, aus Steinen des Kastells Würzberg aufgebaut

Abb. 398 Michelstadt-Eulbach. Eulbacher Park. Zwergsäule und Pfeiler von Steintürmen des Odenwaldlimes (Strecke 10)

seinem ursprünglichen Standort hierher versetzt worden ist. In sein Mauerwerk sind zwei röm Inschriften eingelassen, und zwar in der Mitte die zerbrochene Bauinschrift von Wp 10/22. Sie besagt, daß der Turm 145 nChr von den *Brittones Triputienses* errichtet worden ist. Rechts daneben befindet sich ein unscheinbarer Quader mit einer Inschrift der *Cohors I Sequanorum et Rauracorum* von Wp 10/34 (Inschrift: COHI; steht auf dem Kopf). – Im Park sind weitere Inschriftsteine aufgestellt: der Fortuna-Altar des T. Manius Magnus aus Sinope in der heutigen Türkei, Centurio der 22. Legion und Chef der *Brittones Triputienses* im Kastell Schlossau (CIL XIII 6502); ein Altar für Jupiter und den Genius des Orts aus Osterburken, gestiftet von dem Benefiziarier Calvinius Titus (CIL XIII 6570) und schließlich ein Altar für das Heil (die Salus) der beiden regierenden Kaiser, für Mars und Viktoria, aufgestellt von einem C. Cominius. Der Altar ist am Marsbach bei Walldürn gefunden worden und gab dem Bach den Namen. Diese Inschrift spielt seit dem 18. Jh in der wissenschaftlichen Literatur eine Rolle (CIL XIII 6593). Ein stark verwitterter Viergötterstein mit Juno, Merkur, Herkules und Minerva ist in Bullau im Odenwald gefunden worden, stammt aber vielleicht aus Würzberg. – Mit seiner Sammlung röm Bauwerke und Denkmäler in einem reizvollen englischen Landschaftsgarten hat Graf Franz zugleich den ältesten archäologischen Park Deutschlands geschaffen.

Ba

Lit: JFKnapp, Röm Denkmale des Odenwaldes (1813) – Handbuch der historischen Stätten Deutschlands Bd. 4^2 (1967) 116.

Michelstadt-Steinbach ERB

Diana-Inschrift und Merkurkopf

Abb 399

Oberhalb Steinbachs wurde 1881 in der Waldgewann »Gebrannter Wald« ein Altarstein mit Weihinschrift gefunden. Der scharfkantige Buntsandsteinblock zeigt profilierte Oberkante und Sockel und auf der Oberseite zwischen Volutensimsen eine Opferschale. »Der Diana erfüllt Vitalis das Gelübde für sich und die Seinen. Er hat das Gelübde gern und freudig erfüllt.« Der Charakter

Abb. 399 Michelstadt-Steinbach. Diana-Altar

der Inschrift datiert die Weihung in das 3. Jh nChr.

Bei den Ausgrabungen an der Einhards-Basilika wurde in den 20er Jahren im Fundamentbereich der Stirnwand für die in die Krypta führende N Treppenanlage der Sandsteinkopf einer Merkurstatue gefunden. Er war unvermörtelt in das Fundament gelegt. Es handelt sich um die Arbeit einer einheimischen Werkstatt. Scha

Ao: Schloß Fürstenau, Steinbach

Lit: EAnthes, Steindenkmäler 216 f Nr. 34 – CIL XIII 6520 – FBehn, Neue Ausgrabungen und Untersuchungen an der Einhards-Basilika zu Steinbach im Odenwald. Mainzer Zeitschrift 27, 1932, 3 Anm. 1; 4 Abb 7.

Michelstadt-Vielbrunn ERB

*Numeruskastell**

Abb 194, 400, 401

Das Numeruskastell Hainhaus befindet sich ungefähr 2,5 km NNW von Vielbrunn im Wald auf dem Sandstein-Hochplateau des Odenwaldes. Es ist für Autofahrer und Wanderer leicht zugänglich (Parkplatz vor dem Kastell, Gasthaus im Kastell). – Das kleine Kastell (0,6 ha) war in nachröm Zeit immer als Ruine sichtbar. In einer Urkunde aus dem Jahr 1342 hieß es »Bentzenburg«. Später nannte es die Bevölkerung Hainhaus. In die Ruine wurde im 18. Jh ein Jagdhaus der Fürsten von Löwenstein-Wertheim-Rosenberg hineingebaut, das ebenfalls den Namen »Hainhaus« erhielt. Eines der Gebäude dient heute als Gasthaus. 1809 hat die fürstliche Familie sechs eigentümliche, steinerne Sessel auf dem Kastellwall nahe dem Haupttor (O-Tor) aufstellen lassen, die jetzt noch vorhanden sind.

Als Graf Franz von Erbach seine Untersuchungen am Odenwaldlimes im Jahre 1806 auch auf das Kastell Hainhaus ausdehnte, unterließ er Grabungen im Kastell selbst, da er fürchtete, dieses habe durch den Bau des Jagdhauses zu sehr ge-

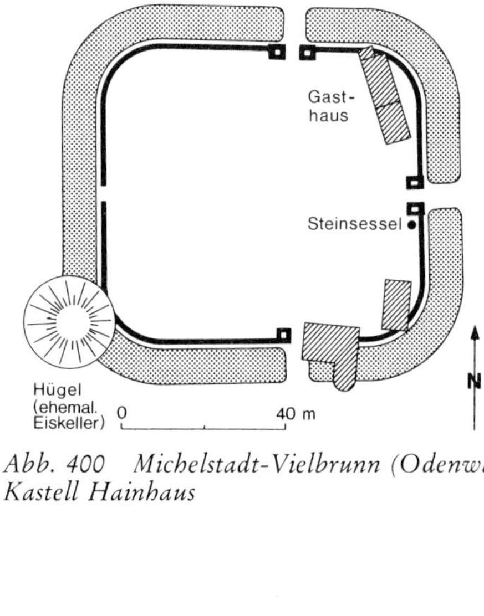

Abb. 400 Michelstadt-Vielbrunn (Odenwald). Kastell Hainhaus

Abb. 401 Michelstadt-Vielbrunn. Kastell Hainhaus. Gruppe von Steinsesseln auf dem Kastellwall

litten. Er ließ aber das Kastellbad durch den Regierungsrat J. F. Knapp ausgraben. Das Bad lag etwa 200 m NW vom Kastell; heute sind nur noch geringe Spuren sichtbar. – 1895 fand die bisher einzige Ausgrabung im Kastell durch F. Kofler statt. Kofler konnte die Umwehrung an allen vier Seiten des Kastells feststellen, er hat auch das Bad ein zweites Mal untersucht. Der Ruinenwall der Umwehrung ist stellenweise jetzt noch gut zu erkennen, besonders an der O-Seite, wo die schon erwähnten Steinsessel stehen. Man sieht dort auch den Kastellgraben. Der Erdhügel an der SW-Ecke des Kastells stammt von einem neuzeitlichen Eiskeller des Jagdhauses. – Das kleine Kastell, dessen Besatzung ein unbekannter Numerus von etwa 150 Mann Stärke war, ist wohl wie die anderen Odenwaldkastelle um 100 nChr entstanden und blieb bis um 150 in Benutzung; die Besatzung ist damals an die neue, vordere Limeslinie gezogen worden. Das Kastell richtete seine Hauptfront nach O, gegen den Limes, der in etwa 80 m Entfernung vorbeigeführt haben muß. Seine Lage wurde wohl durch eine nahegelegene Quelle bestimmt (heute Brunnen am Parkplatz). Außerdem können schon damals alte Höhenwege, die aus dem Mittelalter bekannt sind, als Saumpfade den Limes in O-W-Richtung gekreuzt haben. Ihre Überwachung hätte dann zu den Aufgaben der Besatzung gehört. Ba

Lit: FKofler ORL Abt B Band V Kastell Nr. 47 (1897).

Miltenberg MIL

*Kohortenkastell »Altstadtkastell«**

Abb 402–404

Den antiken Namen des am Übergang vom Main zum vorderen Limes gelegenen Kastells kennen wir nicht. Die Bezeichnung »Altstadtkastell« trägt es, weil im Mittelalter die Reste seiner Umwehrung unter einigen Veränderungen wieder hergerichtet wurden, um den im 13. Jh abgegangenen Ort »Walehusen« (Wallhausen) zu befestigen. Die Flur, in der das Militärlager W der Engstelle des Maindurchbruchs zwischen Odenwald und Spessart am S-Ende des Fürstlich-Löwensteinschen Parkes liegt, heißt heute noch »In der Altstadt«. Vom Ortskern Miltenberg beträgt die Entfernung flußabwärts ca. 1700 m.

Die Lage ist zur Überwachung und Verteidigung hier sich treffender wichtiger Land- und Wasserwege besonders geeignet.

Die mittelalterlichen Ruinen haben das Erkennen des röm Ursprungs bis 1842 verhindert. Erst mit dem Bau der Eisenbahnlinie Aschaffenburg–Miltenberg 1875 begannen Ausgrabungen im Bereich des Bahndammes, der den W Teil des Kastells durchschneidet und Teile des Kastellbades überdeckt. Bis 1878 schlossen sich planmäßige Untersuchungen weiterer Teile durch W. Conrady an, die er 1882 und 1886 ergänzte. Von der RLK wurden 1892 und 1910 Nachuntersuchungen und Vermessungen durchgeführt. Planmäßige Ausgrabungen wurden erneut von 1970 bis 1976 vorgenommen.

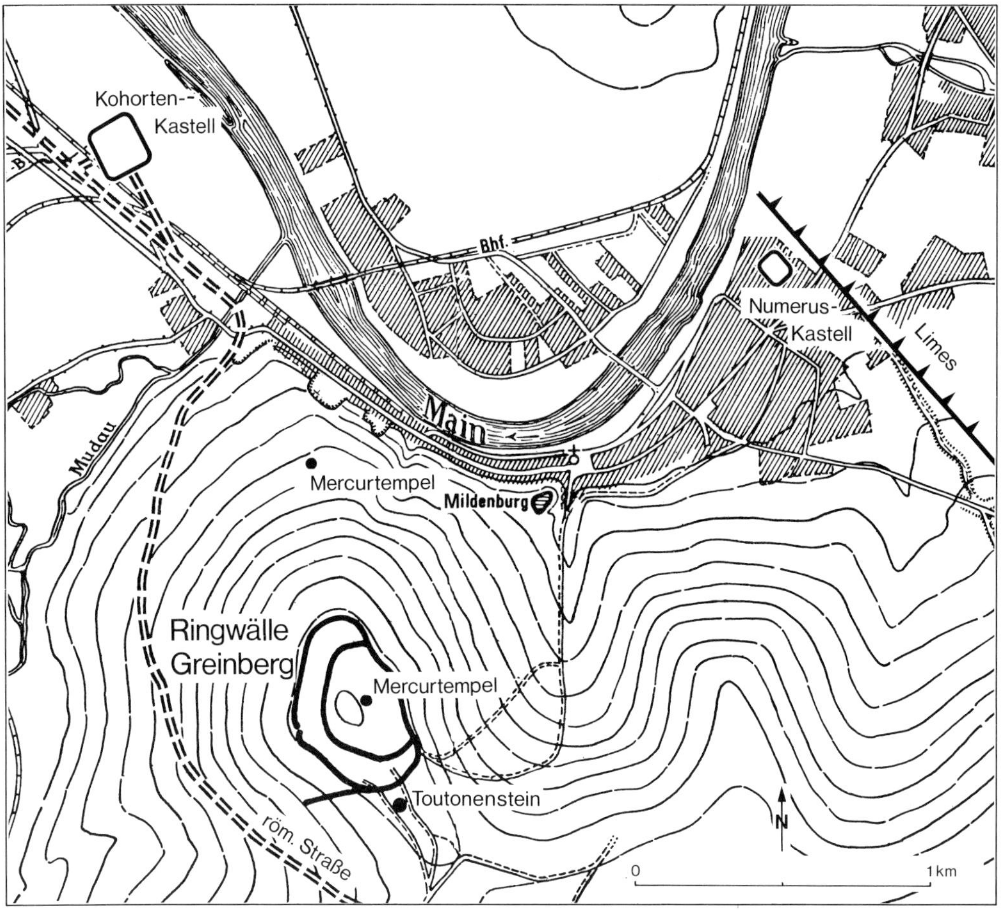

Abb. 402 Miltenberg. Lage der archäologischen Denkmäler

Bald nach 150 nChr wurde das 2,7 ha große Kastell von der *Cohors I Sequanorum et Rauracorum equitata* errichtet. Diese Truppe blieb bis zur Aufgabe des Limes in der Mitte des 3. Jh in diesem Lager. Die berittene Kohorte kam von Oberscheidental und hatte hier zunächst ein Lager in Holz-Erde-Bauweise errichtet, das dann, ohne Veränderung der Lage und Ausmaße bald in eine steinerne Anlage umgebaut wurde.

Neben dem aus dem → Miltenberger O-Kastell bekannten Numerus ist noch ein dritter Truppenkörper aus diesem Raum inschriftlich überliefert: die *Exploratio Triputiensis*. Sie lag vermutlich ebenfalls im Altstadtkastell in Garnison. Ein ihr gehöriges drittes Militärlager ist jedenfals bisher nicht bekannt geworden.

Sichtbar ist das Kastell in seinem ganzen Ausmaß mehr oder weniger deutlich für den geübten Blick als eine ausgedehnte nicht natürliche Bodenerhebung, unter der sich die Ruinen des Kastells und Walehusens verbergen. Die auf der Mainseite, der Vorderfront des Kastells, sichtbaren Mauern, die einen Unterschied der Geländehöhen von mehr als einem Meter abfangen, sind Reste der mittelal-

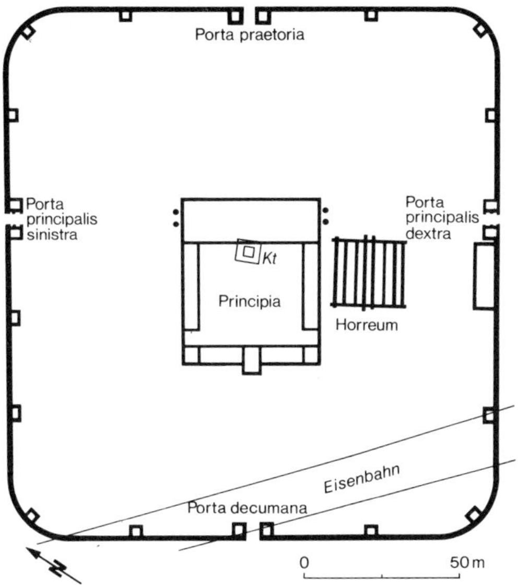

Abb. 403 Miltenberg. Altstadt. Kastellplan nach den neueren Untersuchungen. Kt Kirchturmruine

Abb. 404 Miltenberg. Altstadt. Horreum (Speicher) von Süden, Front an der Hauptlagerstraße (via principalis)

terlichen Stadtmauer, die auf röm Fundamenten stehen. Auch die Baufuge mit dem abgerundeten Einzug am N-Ende der Mauer ist nicht röm. Vom Kastell sind Mauern nicht sichtbar. Der steinerne Turmstumpf (Kt) am Altstadtweg ist der Rest einer zu Walehusen gehörigen Kirche, die in der röm Kommandantur (*principia*) lag. Sie war weitgehend aus röm Steinmaterial errichtet.

Außerhalb des Kastellareals sind vor dem Kastell linkerhand – von Miltenberg her gesehen – am Bahndamm Teile des konservierten Badegebäudes sichtbar. Aus diesem stammen u. a. eine Darstellung der Fortuna mit zwei Eroten und ein der Fortuna geweihter Altar.

Aufgegeben wurde das Kastell in der Mitte des 3. Jh. Daß es im Alamannensturm von 233 nChr Schaden genommen hatte, legt die Victoria-Säule nahe, die der Präfekt der Kohorte, Gaius Sempronius Martialis, zwischen 231 und 234 gestiftet hat und vor dem rechten Lagertor (*porta principalis dextra*) errichten ließ. Vom Präfekten wurde auch die Fortunagruppe im Badegebäude wohl zur selben Zeit aufgestellt. Be

Ao: Museum der Stadt Miltenberg

Lit: FLeonhard, Das Kastell Altstadt bei Miltenberg, ORL Abt B Nr. 38 (1910) – BBeckmann ua, Neuere Ausgrabungen im röm Limeskastell Miltenberg-Altstadt und im mittelalterlichen Walehusen, Jahresberichte der bayerischen Bodendenkmalpflege 17/18, 1976/77, 62–131. – HCastritius, MClauss, LHefner, Die römischen Steininschriften des Odenwaldes (RSO), Beiträge zur Erforschung des Odenwaldes und seiner Randlandschaften II 1977, 237 ff.

Numeruskastell Miltenberg-Ost

Abb 405

Vom 0,6 ha großen, mit Wohnhäusern überbauten Kastell am Nordende der vorderen Limesstrecke ist oberirdisch nichts mehr erhalten. Es wurde in ca. 2300 m Luftlinienentfernung vom →Altstadtkastell erbaut. Zwischen beiden Ka-

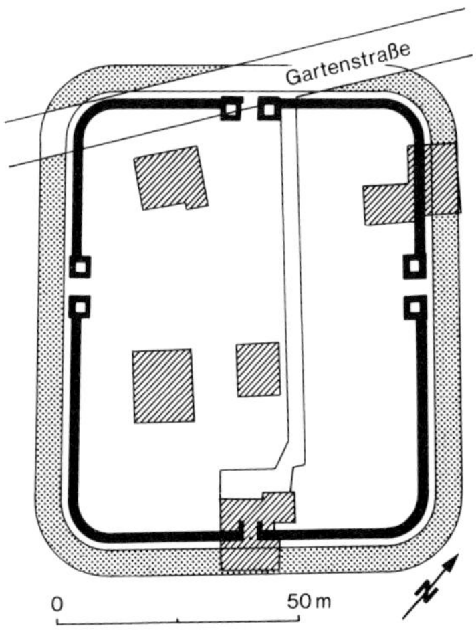

Abb. 405 Miltenberg-Ost. Lage des Kastells unter der Bebauung

stellen durchbricht der Main die Gebirge Odenwald und Spessart. Das O-Kastell liegt auf der Gemarkungsgrenze gegen Bürgstadt zwischen der Gartenstraße und der Bürgstädter Straße. Der Stichweg zur Gartenstraße 22 A führt in das Innere. Belegt war es mit dem etwa 120 Mann starken *Numerus Exploratorum Seiopensium*, einer Einheit, die wir auch aus einer Inschrift vom Merkurtempel auf dem Plateau des → Greinberges kennen.
1912 wurde das Kastell von O. Winterhelt »Im Bürglin« entdeckt und ausgegraben. Die Untersuchungen erstreckten sich zur Hauptsache auf die mit einem einfachen Spitzgraben umgebene, 1,60 m mächtige, steinerne Umwehrung mit ihren vier Toren. Die Porta praetoria ist auf den Main gerichtet.
Die Aufgabe der hier liegenden Truppe, die dem Präfekten des Altstadtkastells unterstand, war es, den Abgang der vorderen Limeslinie vom Main zu decken und die ersten Wachttürme des die Wenschdorfer Steige hinaufziehenden Limes mit Mannschaften zu versehen.
1979 wurden ergänzende Beobachtungen und Nachuntersuchungen durchgeführt, die Einblicke in die Innenbebauung ermöglichten. Vermutlich wurden die Kommandantur (*principia*), aber auch Teile eines kleinen Bades erfaßt. Nach dem fünfzeiligen Fragment einer steinernen Bauinschrift wurden die Mauern und Tore der Umwehrung zwischen 198 und 211 nChr in Stein errichtet. Wenn das Numeruskastell, analog zum benachbarten Kohortenkastell, bald nach 150 nChr erstmals errichtet wurde, müßte es auch hier einen Vorgängerbau gegeben haben, der aber bisher nicht nachgewiesen werden konnte. – Die Beobachtungen von 1979 ergaben möglicherweise erste Andeutungen eines Lagerdorfes.
In der Mitte des 3. Jh endet die Belegung des Platzes durch das röm Militär. Jüngere Funde weisen aus, daß es in den Ruinen – wie im Altstadtkastell – im 13. Jh eine Besiedlung gegeben hat. Be

Ao: Museum der Stadt Miltenberg, Mainfränkisches Museum Würzburg
Lit: EFabricius, Das Kastell Miltenberg-Ost, ORL Abt B Nr. 38a (1929) – FDrexel, Inschriften zwischen Miltenberg und Bürgstadt, ORL Abt B Nr. 38 (1910) 51–52 – LWamser, Ausgrabungen und Funde in Unterfranken 1979, Frankenland, Zeitschr. f. Fränkische Landeskunde und Kulturpflege, NF 32, 1980, 149–152 (BBeckmann) – BOverbeck, Röm Inschrift aus dem Ostkastell. Chiron 12, 1982, 445–447.

*Greinberg. Berg mit vorgeschichtlichen Ringwällen und zwei röm Tempeln**

Abb 406, 407

Der das Miltenberger Mainknie einengende, 452 m hohe Berg weist Funde von der frühen Bronzezeit bis zum Mittelalter auf. Die mächtigen Ringwälle von 600 x 370 m Ausdehnung auf seiner ovalen Kuppe sind Reste von Verteidigungsanlagen, die vermutlich in der Urnenfelderzeit ihren Ursprung haben und in der Frühlatènezeit ihre letzte Ausgestaltung erfuhren.
Als der vordere Limes bestand, trug der Berg zwei Heiligtümer, in denen mit Merkur verbundene nichtröm Gottheiten verehrt wurden. In-

Abb. 406 Miltenberg-Greinberg. Inschriftfragment einer Weihung für Mercurius Cimbrianus

nerhalb der damals bereits völlig verfallenen prähistorischen Verteidigungsanlagen stand etwas NO der höchsten Stelle des Plateaus ein stattlicher Merkurtempel. Er muß damals weithin sichtbar gewesen sein. Die steinernen von Ph. Madler 1845 ergrabenen Fundamente sind heute stark zerstört. Die etwa 16 x 20 m große Grabungsfläche ist noch kenntlich, besonders an den umherliegenden Steinen.
Steinerne Inschriften mit Weihungen an Mercurius Cimbrianus, in denen die *Cohors I Sequanorum et Rauricorum* (→ Miltenberg-Altstadt) und der *Numerus* der *Exploratores Seiopensium* (→ Miltenberg-Ost) genannt werden, sowie an Mercurius Avernoricus (Avernus) wurden bei den Ausgrabungen gefunden. Mercurius Cimbrianus ist z. B. vom Heiligenberg bei Heidelberg, Mercurius Avernus vom Niederrhein bekannt.
Ein weiterer Merkurtempel, offenbar von bescheidenerem Aussehen (3,90 x 3,70 m) stand am N Steilhang des Berges in ca 250 m Höhe. Bei den Ausgrabungen 1881 durch W. Conrady wurden eine ganze Reihe von Inschriftenfragmenten geborgen, die auf Merkur hinweisen, ohne daß eine nähere Zuordnung möglich wäre.
Der → Toutonenstein hat mit den Heiligtümern nichts zu tun. Be

Ao: Museum der Stadt Miltenberg
Lit: ChPescheck, Der Ringwall (Greinberg), in JRöder, Toutonenstein und Heunesäulen bei Miltenberg. Materialhefte zur bayerischen Vorgeschichte, Bd. 15, Kallmünz 1960, 20–22 – Ders., Greinberg, Führer zu vor- und frühgeschichtlichen Denkmälern 8, Mainz 1967, 94–98 – B-UAbels, Geländedenkmäler Unterfrankens. Materialhefte zur bayerischen Vorgeschichte, Bd. 6, 1979 Reihe B, Textband 137–138. – HCastritius, MClauss, LHefner, Die röm Steininschriften des Odenwaldes (RSO), Beiträge zur Erforschung des Odenwaldes und seiner Randlandschaften II, 1977, 237 ff.

Abb. 407 Miltenberg-Greinberg. Altar für Mercurius Avernoricus

*Toutonenstein. Röm Grenzstein**

Abb 408, 409

Etwa 160 m S des äußeren Ringwalls auf dem → Greinberg, nahe am Weg nach Monbrunn, wurde 1878 von W. Conrady in der Nähe der Stelle, an der er vermutlich vom Fels abgesprengt worden war, der in 2 Teile zerbrochene, liegende Stein aufgefunden. Noch im selben Jahr gab ihn der Finder mit Beschreibung der Fundumstände der Fachwelt bekannt. Da der Stein halbfertig verworfen wurde, ist die Fundstelle nur der Ort seiner Bearbeitung, nicht aber der für ihn ursprünglich bestimmte Platz der Aufstellung. Die von Conrady am W-Ende der Fundstelle im anstehenden Fels angebrachte Inschrift »Hier stand der röm-deutsche Grenzstein Der Teutonenstein«, ist daher unzutreffend, erleichtert uns jedoch diese aufzufinden.

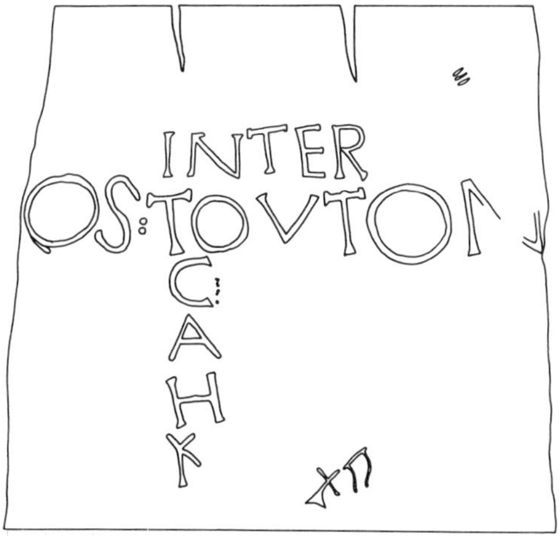

Abb. 409 Miltenberg. Abrollung der Inschrift des Toutonensteins (nach J. Röder)

Abb. 408 Miltenberg. Toutonenstein im Hof der Mildenburg

Der 4,75 m lange, am oberen Ende unregelmäßige, nadelförmig zugespitzte Stein hat eine vierseitige Basis von mehr als 0,50 m Breite. Es gibt unter allen bekannten Funden keine vergleichbaren Exemplare. Bald nach seiner Auffindung wurde er in den Hof der Mildenburg gebracht und dort so aufgestellt, daß er 3,60 m hoch aufragte. Vor mehr als einem Jahrzehnt versetzte das Bayerische Landesamt für Denkmalpflege ihn innerhalb des Burghofes.

Der Text, der wohl im Sinne einer röm Monumentalinschrift konzipiert war, sollte sechszeilig werden. Nur die erste (*INTER*) und zweite Zeile (*TOVTONOS*) sind ausgeschrieben. Von den nächsten drei Zeilen sind nur die Anfangsbuchstaben (C, A, H) vorhanden. Der Anfang der sechsten Zeile ist nicht eindeutig lesbar (F oder I). Seit der Entdeckung hat es schon mehr als 50 Versuche gegeben, die Inschrift zu ergänzen und zu interpretieren. Dazu fehlt es aber an den notwendigen Voraussetzungen. Vielen Deutungen ist gemeinsam, daß Toutonen mit Teutonen gleichgesetzt und der von den Weihinschriften aus dem Tempel auf dem Plateau des Greinberges bekannte cimbrianische Merkur mit den Cimbern in

Zusammenhang gebracht wird. Durch diese nicht beweisbare Interpretation einheimischer keltischer Namen wird der Miltenberger Raum zu Unrecht mit den germanischen Stämmen der Cimbern und Teutonen verbunden.
Zur Deutung des Steines kann lediglich gesagt werden: Es sollte wohl ein Grenzstein hergestellt werden. Schriftcharakter und Buchstabenformen erlauben keine genauere Datierung als die in die Zeit des Bestehens des vorderen Limes. Be

Lit: FRöder, Toutonenstein und Heunesäulen bei Miltenberg. Materialhefte zur bayerischen Vorgeschichte Bd. 15, 1960, mit Beitrag von HNesselhauf: Zur Deutung des Toutonensteins, 85–86.

Abb. 410 Miltenberg. Stadtmuseum. Büste der Minerva als Paradeschildbuckel. Bronze, versilbert (Durchmesser 22,4 cm)

Museum der Stadt Miltenberg

Abb 410

Ehemalige Amtskellerei, Marktplatz, Hauptstraße 171.
Öffnungszeiten: April bis Oktober, Di–So 10–12, 14–16 Uhr.
Das ursprüngliche Adelshaus am im Volksmund »Schnatterloch« genannten Marktplatz gehört zu einem Ensemble alter Häuser. Es geht in Teilen auf das 14. Jh zurück und präsentiert sich als spätgotischer Fachwerkbau mit Renaissanceerker.
Die archäologischen Funde machen nur einen Teil der ungewöhnlich reichen Bestände aus. Sie gehen auf die Sammlungen der Ausgräber W. Conrady und O. Winterhelt zurück, aber auch auf andere Schenkungen.
Die Ausstellung der röm Funde wird z. Z. neu aufgebaut. Im Lapidarium sind die zahlreichen Kastellinschriften und die Altäre vom Greinberg bereits zugänglich. Sie geben in ihrer Geschlossenheit einen guten Überblick über die Römerzeit am Mainknie. Auf die Victoria-Säule, ein in seiner Form seltenes Objekt, und die Fortuna-Gruppe des Präfekten Gaius Sempronius Martialis sei, neben den Resten einer Jupitergigantensäule, besonders hingewiesen.
Unter den teilweise ausgestellten Kleinfunden ist der versilberte bronzene Paradeschildbuckel aus dem Altstadtkastell, der als Nachbildung zu sehen ist, ein herausragendes Objekt. Die ihn zierende, getriebene Büste der Minerva mit korinthischem Helm ist reich ausgestaltet. Am linken Rand findet sich die eingepunzte Inschrift MAXIMI/IVSTINI. Be

Lit: Ausstellungsführer in Vorbereitung.

Miltenberg → Ohrenbacher Schanze
Mosbach → Schaafheim-Mosbach
Mümling-Grumbach → Höchst i. Odw.-Mümling-Grumbach

Münzenberg FB

*Römerstraßen**

Abb 411, 412

Ungefähr 2 km SO von Münzenberg findet man die einzige noch gut erhaltene röm Straßengabelung der Wetterau. Aus S Richtung kommt von Friedberg her die Hohe Straße, eine Römerstraße, die W an Wölfersheim vorbei viele Kilometer schnurgerade auf der Höhe läuft. Die Hohe Straße verband das Kastell Friedberg mit dem Kastell Arnsburg. An der Straßengabelung bei Münzenberg mündet von SO her eine weitere Römerstraße, die vom Kastell Echzell am O Wetteraulimes kommt. Auch sie ist völlig gerade geführt.

Abb. 412 Römische Straßengabelung südöstlich Münzenberg. Blick von Nordwesten. Der Feldweg im Vordergrund rechts ist nicht römischen Ursprungs

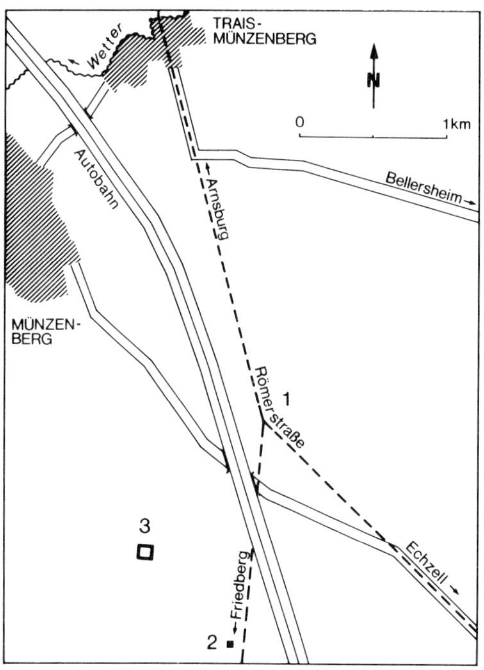

Abb. 411 Römerstraßen bei Münzenberg. 1 Straßengabelung, 2 Straßenturm und 3 römischer Gutshof (Wölfersheim-Wohnbach)

Das mittlere Stück dieser Verbindung nach Echzell ist heute verschwunden. – Die Römerstraße von der Gabelung zum Kastell Arnsburg ist dagegen vollständig erhalten, wenngleich der röm Straßenkörper inzwischen fast überall durch neuzeitliche Straßenbeläge (Beton oder Asphalt) verdeckt ist. Die Straße läuft mitten durch Trais-Münzenberg und überschreitet dort die Wetter. An dieser Stelle knickt sie leicht nach N ein und zieht dann als Feldweg zum rechten Seitentor des Kastells Arnsburg. Vom Turm der Burg Münzenberg aus hat man einen prächtigen Überblick und kann die alte Römerstraße über eine weite Strecke verfolgen. – Röm »Straßendreiecke« wie das bei Münzenberg gab es auch an anderen Stellen der Wetterau. Sie gehörten zu den Eigenheiten des militärischen Straßennetzes, das die Römer im letzten Viertel des 1. Jh nChr bei der Eroberung und Sicherung der Wetterau anlegten. Ba

Lit: ORL Abt B Band II,1 Strecken 4–5 (1936) 263 ff Nr. 11.

Münzenberg-Gambach FB

Röm Gutshof

Abb 413

»Im Sommer 1950 stießen Neusiedler beim Ausschachten ihrer Baugruben zunächst auf den Südostrisalit und die Ostmauer« der bald darauf im gleichen Jahr von W. Jorns ausgegrabenen Villa rustica. Die Fundstelle befand sich 650 m SSW von der Gambacher Kirche. Der röm Gutshof lag demnach an der N-Seite der Wetterniederung, und zwar auf einer flachen Höhe oberhalb des Tals. Diese wird seitlich durch zwei kleine Bäche eingefaßt, die in die Wetter münden. Das ist eine der bezeichnenden Lagen röm Villen: oberhalb vom feuchten Talgrund an der sonnigen Talseite errichtet, hatte sie eine gesunde Lage und beherrschte die Umgebung. Ein wenig wetteraufwärts, in etwa 700 m Entfernung, befand sich an der gleichen Talseite der nächste Gutshof, und man wird wohl eine ganze Kette solcher Gutshöfe längs der Wetter annehmen dürfen. Ihr Abstand zueinander gibt einen gewissen Anhaltspunkt für die Größe des Grundstücks, die nach heutigen Maßstäben durchaus beachtlich war. – Der Kernbau des Herrenhauses ist nach Ansicht des Ausgräbers schon bald nach der röm Okkupation während der Regierungszeit Kaiser Trajans (98–117) entstanden. Es war anfangs ein langgestreckter, rechteckiger Bau (etwa 12 x 27 m). Innen war er durch eine lange Firstmauer gegliedert, die zwei Fluchten von Wohnräumen abtrennte. Es handelt sich um einen besonderen Bautyp, der sich deutlich von dem der Herrenhäuser mit zentraler Halle absetzt. Mitte des 2. Jh erhielt der Kernbau die beiden korridorartigen Anbauten im N und S, bei denen es sich um Fundamente für offene Säulenhallen handeln kann. Schon damals mögen die beiden großen Eckrisalite der S-Seite entstanden sein, die ja die Schauseite war, so daß das Gebäude mit nunmehr über 40 m Breite vom Tal her einen imposanten Anblick bot. Die beiden anderen turmartigen Risalite der N-Seite dürften Ende des 2. Jh hinzugekommen sein. Wie üblich, enthielt das Bauwerk einen Keller. Die Deutung der Innenräume ist im einzelnen unsicher, weil das Gebäude stark zerstört war. Einige Beobachtungen deuten darauf hin, daß ein Teil der Räume durch Hypokausten geheizt werden konnte. Es fanden sich Reste farbiger Wandmalerei. Der Kernbau besaß einen hellen Außenverputz, in dem durch eingefärbte Ritzlinien Quader vorgetäuscht wurden. Das Dach war mit Ziegeln und mit Schiefer gedeckt. Die sicher vorauszusetzenden Wirtschaftsgebäude wie auch der Umfang des gewiß nicht unbeträchtlichen Wirtschaftshofes konnten nicht untersucht werden. – Die Villa liegt im N der Wetterau, nur knapp 4 km vom Limes entfernt. Trotzdem hat ein Gutsbesitzer das Kapital eingesetzt, um den Betrieb aufzubauen. Mehr als 100 Jahre lang hat der Gutsbetrieb floriert, offensichtlich warf er Geld ab, denn das Herrenhaus konnte vergrößert werden. Das zeigt, wie hoch die röm Bevölkerung der Wetterau den Schutz durch den Limes einschätzte. Ba

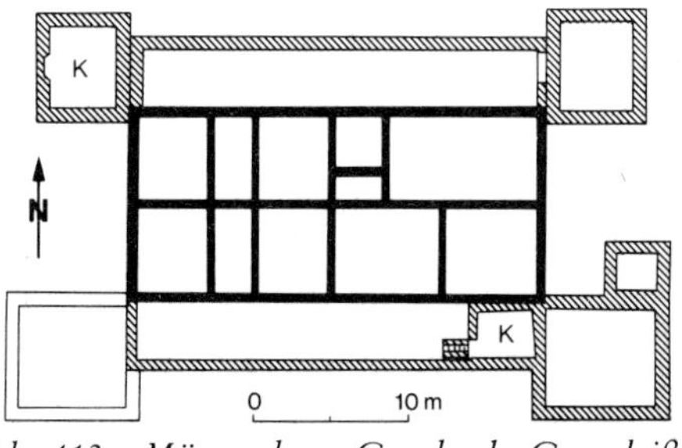

Abb. 413 Münzenberg-Gambach. Grundriß der Villa. K Keller

Lit: WJorns, Germania 29, 1951, 150 ff.

Münzenberg, Ortsteil Trais-Münzenberg FB

Röm Gutshof

Abb 414

1 km SO Münzenberg, nahe der Straße nach Wohnbach, liegt am O Ausläufer des Buchberges in der Flur »Die lange Gewann« ein röm Gutshof. Dieser wurde beim Bau der Autobahn Gießen–Hanau angeschnitten und im Frühjahr 1977 vom Landesamt f. Denkmalpflege Hessen – unter Mithilfe der Arbeitsgemeinschaft Vor- u. Frühgeschichte Wetteraukreis – ausgegraben. Inzwischen ist der Hof von der Autobahn überbaut und im Gelände nicht mehr sichtbar. Von der mehrperiodigen Anlage war ein größeres, in 2 ungleiche Räume unterteiltes Wohngebäude (31 x 11 m) vollständig erhalten. Der Keller lag außerhalb man erreichte ihn über eine Rampe von S her. Die Zweckbestimmung der nach W verlängerten Zwischenmauer dieses Gebäudes konnte ebensowenig geklärt werden, wie die der beiden parallelen Mauern im O. Die schräg verlaufenden Mauerreste dagegen gehören zu jüngeren, nach W ausgerichteten Bauten, die, da sie höher lagen, weitgehend dem Autobahnbau zum Opfer fielen. Der ca. 56 x 45 m große Hof war von einer Mauer umschlossen, die bereits stark ausgebrochen war. Eine Toranlage konnte nicht festgestellt werden. Wegen der Kürze der für die Grabung zur Verfügung stehenden Zeit waren Flächenabdeckungen zur Klärung der Innenbebauung nicht möglich. Dieser Gutshof dürfte in der 2. Hälfte des 2. Jh nChr erbaut worden sein und bis ins 1. Viertel des 3. Jh nChr bestanden haben. Li

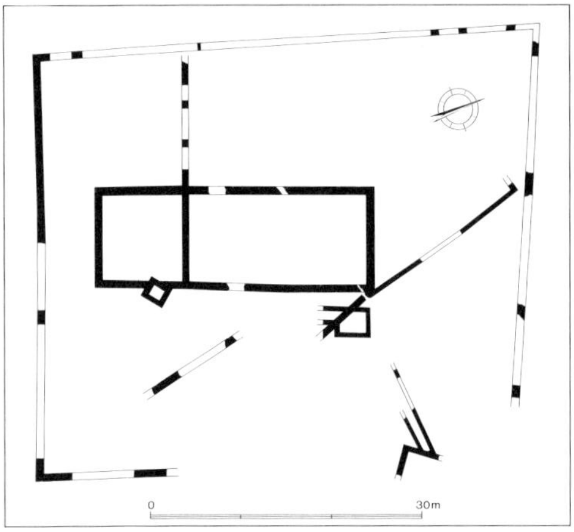

Abb. 414 Münzenberg, Ortsteil Trais-Münzenberg. Römischer Gutshof. Übersichtsplan

Neuwirtshaus → Hanau

Niddatal-Assenheim FB

Schloßmuseum

Abb 224, 415

Schloß. Öffnungszeit: Sa 9–12 Uhr.
Der Reiz des Schloßmuseums in Assenheim liegt in den kürzlich renovierten und zum Teil mit dem ursprünglichen Mobiliar des 18. Jh eingerichteten Räumen des kleinen Barockschlosses, das noch heute der gräflichen Familie zu Solms-Rödelheim gehört. Im Erdgeschoß befindet sich ein Zimmer mit einer archäologischen Sammlung, darunter röm Keramik und gestempelte Militärziegel aus dem Rhein-Main-Gebiet. Das bedeutendste Stück ist eine Votivhand aus Bronze, die dem Jupiter Dolichenus von C. Julius Marinus, Centurio der *Brittones Curvedenses*, geweiht worden ist (CIL XIII 7343). Der Fund stammt aus Frankfurt a. M.-Heddernheim. Außerdem werden drei bemerkenswerte Inschriftsteine gezeigt. Ein Grabstein ist dem Andenken eines im Kriege vermißten Rittmeisters (*decurio*) der *Ala firma catafractaria* gewidmet. Dieser Offizier der schweren Panzerreiter stammte aus Mesopotamien und trug den semitischen Namen Biribam. Wahrscheinlich ist er im Germanenkrieg des Maximinus Thrax 235 nChr gefallen. Ferner sind zwei Altäre zu sehen, von denen der eine dem Jupiter Dolichenus von Atilius Tertius gesetzt wurde, ei-

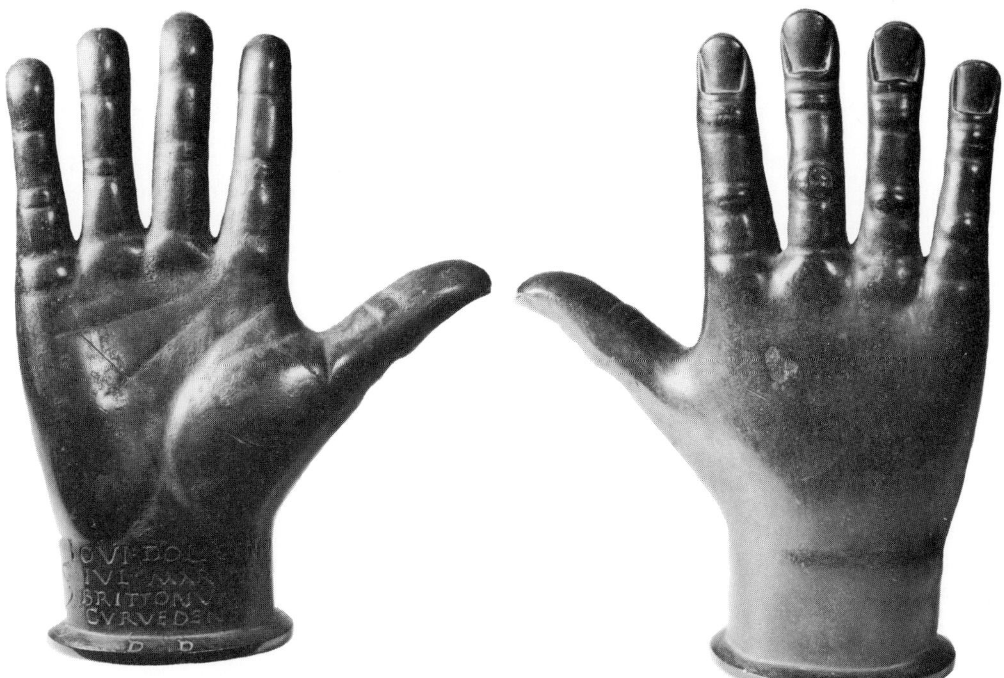

Abb. 415 Niddatal-Assenheim, Schloßmuseum. Votivhand für Jupiter Dolichenus aus Frankfurt a. M.-Heddernheim

nem Soldaten der Butzbacher *Cohors II Augusta Cyrenaica*. Der andere ist ein Geschenk für den hier ganz ungewöhnlichen Gott Jupiter Olbius, den Stadtgott von Olbia am Schwarzen Meer (Südrußland), geweiht von Seleucus und Diogenes, zwei Männern mit griechischen Namen, die vielleicht aus Olbia stammten (CIL XIII 7323, 7342 u. 7346, wohl alle aus Frankfurt a. M.-Heddernheim). Die drei Steindenkmäler werfen ein Schlaglicht auf die Weite des Römerreichs und auf die Einflüsse, die aus entfernten Provinzen auf das germanische Grenzland des Imperiums wirkten. Ba

Niddatal-Bönstadt FB

Röm Gebäude »Raubschloß« *

Abb 416

Die unscheinbare Ruine des Raubschlosses liegt 2,5 km O von Bönstadt im Wald, etwa 150 m SO von der Landstraße Bönstadt-Stammheim. Sie ist in der amtlichen Top. Karte verzeichnet. Man sieht nur noch den flachen Schutthügel des kleinen Bauwerks. G. Wolff stellte seinen röm Ursprung 1897 bei einer Ausgrabung fest; er barg Fundstücke aus der 1. Hälfte des 2. Jh nChr. Das Raubschloß besteht aus einem kleinen, festen Haus (15 x 8,5 m), dessen beide Räume durch einen Korridor voneinander getrennt waren. Um das Haus lief eine schmale Hofmauer, die nicht verteidigungsfähig war, sondern nur einen Schutz

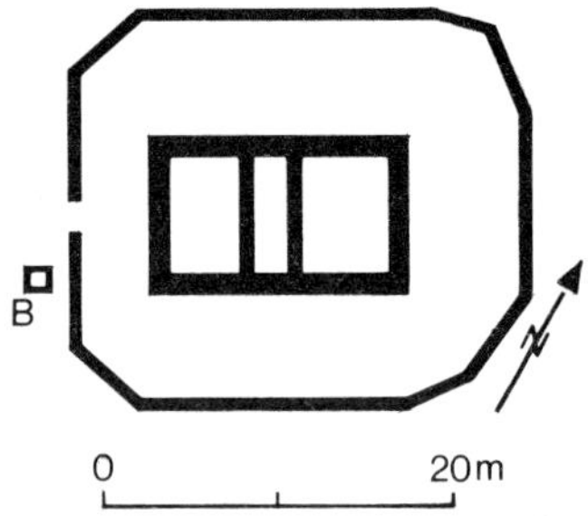

Abb. 416 Niddatal-Bönstadt. »Raubschloß«. Römisches Gebäude mit Hofmauer; B Brunnen

vor Raubtieren bot. Vor dem Tor, das nach W wies, befand sich ein Brunnen. Eine röm Straße Heldenbergen–Oberflorstadt, an der das Haus als Straßenstation gelegen haben soll, ist von Wolff vermutet worden, sie kann aber nicht als zweifelsfrei nachgewiesen gelten. Falls die Straße existiert hat, war sie von untergeordneter Bedeutung, so daß hier mit einer Straßenstation kaum zu rechnen ist. Dazu kommt, daß nur 600 m NW davon eine weitere röm Ruine nahe der vermuteten Straßenverbindung liegt, das Steinerne Haus. Man fand dort zwei recht ähnliche Steinbauten, die nicht auch wieder als Straßenstation gedeutet werden können. So war das kleine Anwesen eher das Vorwerk eines röm Gutshofs für die Weidenutzung des hier für den Ackerbau weniger geeigneten Bodens. Ba

Lit: GWolff, Nassauische Annalen 32, 1902, 22 f.

Röm Gebäude »Steinernes Haus« *

Das Steinerne Haus wurde im Sommer 1897 von E. Anthes ausgegraben. Es liegt 2,5 km NO von Bönstadt im Walddistrikt »Steinerne Wand« am NO-Hang des Dachsbergs. Man sieht nur noch geringe Spuren der röm Bauwerke. Anthes fand die Grundmauern zweier rechteckiger Steinbauten (23,30 x 14,25 m und 19,30 x 7 m), die dicht nebeneinander standen, sowie Spuren eines weiteren, der aber stark zerstört war. Außer röm Keramik fand Anthes eine eiserne Kuhschelle, die in dem kleineren Haus lag. So dürfte das Steinerne Haus entweder ein kleiner, selbständiger Landwirtschaftsbetrieb oder das Vorwerk eines größeren Gutshofs gewesen sein, das ähnlich wie das Raubschloß der Weidewirtschaft diente. Ba

Lit: EAnthes, Westdeutsche Zeitschrift 16, 1897 Limesblatt Sp. 702; 17, 1898, Limesblatt Sp 738 f.

Niddatal-Kaichen FB

Röm Gutshof *

Abb 417, 418

Die Römerstraße Karben-Heldenbergen dient heute noch als Landstraße dem Verkehr. Ungefähr 2,5 im W von Heldenbergen erreicht sie ihren höchsten Punkt auf dieser Strecke. Dort erblickt man N der Straße in einiger Entfernung einen Brunnen, der einsam in den Äckern auf der flachen Höhe steht und von einem kleinen Dach geschützt wird. Er liegt auf der Gemarkung von Kaichen, ungefähr 1,5 km SSW vom Ortskern, und bezeichnet die Lage eines röm Gutshofs. Schon lange war die Ruinenstätte auf der Höhe über Kaichen bekannt; der Flurname »Auf der Steinrutsch« weist auf das alte Mauerwerk hin, das den Bauern das Pflügen erschwerte. 1902 fanden Ausgrabungen statt, die B. Müller vom Großherzoglichen Museum (heute Landesmuseum) Darmstadt leitete. Gefunden wurden Grundmauern des Herrenhauses, das mit einem Keller versehen war, außerdem jener Brunnen, der heute noch vorhanden ist. Man hat ihn damals konserviert und das Brunnendach auf zwei Säulen tuskischer Ordnung gesetzt, die wohl einst die Fassade des Herrenhauses schmückten. Eine Inschrift am Brunnenrand weist auf die Ausgrabung von 1902 hin. Leider hat Müller keinen Plan des freigelegten Mauerwerks veröffentlicht, das nach der Grabung wieder zugeschüttet worden ist. Auf einigen neueren Luftbildern zeigt sich aber unweit von dem Brunnen die Spur eines größeren

Abb. 417 Niddatal-Kaichen. Auf dem Steinrutsch. Luftbild im Infrarotlicht, Blick von Nordosten

Abb. 418 Niddatal-Kaichen. Auf dem Steinrutsch. Brunnen eines römischen Gutshofs

Gebäudes, wohl des Herrenhauses; in geringer Entfernung sieht man Spuren eines zweiten, kleineren Wirtschaftsgebäudes. Von der Höhe des Steinrutsch aus bietet sich ein prächtiger Blick in die sanft bewegte Landschaft der O Wetterau. Dieser mag mit ein Grund für die Wahl des Platzes gewesen sein, der an sich wegen des Fehlens jeglichen Oberflächenwassers weder für die vorgeschichtliche noch für die frühmittelalterliche Besiedlung in Betracht gekommen wäre. Die überlegene Wassertechnik der Römer, von denen der erhaltene Brunnen zeugt, ermöglichte ihnen eine größere Freiheit in der Wahl des Siedlungsplatzes. – Bezeichnend ist die Lage zur Römerstraße: diese läuft unweit an der Villa vorbei und ist leicht zu erreichen, doch genügt die Entfernung von etwa 600 m, um den Belästigungen durch den Straßenverkehr aus dem Weg zu gehen. Viele Villae rusticae der Wetterau liegen ähnlich zu den antiken Straßen. Ba

Lit: GWolff, Die südliche Wetterau (1913) 158.

Nidderau-Heldenbergen HU

Röm Militärlager und Vicus in Heldenbergen

Abb 419–423

Die röm Baureste am heute völlig überbauten S-Rand des alten Ortskernes von Heldenbergen befanden sich auf einer sanft nach NO ansteigenden Lößtafel, die mit ca 10 m Höhenunterschied ins Tal der Nidder abbricht. Auf der Suche nach Römerstraßen stieß G. Wolff 1896 auf Spuren einer bis dahin unbekannten röm Ansiedlung; Sondagen führten anschließend zur Entdeckung der Militärlager 1 und 3. Weitere Untersuchungen im Auftrag der RLK 1897 vervollständigten die Lagergrundrisse und erbrachten Anhaltspunkte über Lage und Ausdehnung der Zivilsiedlung, zu der ein Brandgräberfriedhof an der Straße nach Okarben gehört, der 1904/1905 mit ca. 230 Bestattungen von P. Helmke untersucht wurde. Die in den frühen siebziger Jahren rasch umgreifende Ortserweiterung machte eine erste Rettungsgrabung 1973 (G. Rupprecht) erforderlich; 1975 bis 1979 schlossen sich umfangreiche Ausgrabungen an, die mit Mitteln der Deutschen Forschungsgemeinschaft durchgeführt wurden.

Lager 1: Das von Wolff als »Polygonallager« beschriebene Lager 1 bildet abweichend von seinen Grabungsergebnissen ein aus geraden Teilstücken gebildetes offenes Trapez, dessen unbefestigte NO-Front allein durch den Niddersteilhang geschützt war. Der Spitzgraben der NW Umwehrung verlor sich in dem bereits dicht überbauten Gelände der Saalburgstraße, wo in Höhe des Hauses Nr. 14 ein Tordurchlaß festgestellt wurde. Außerdem wurde ein zweiter Durchlaß festgestellt. Form und Größe (mindestens 8,5 ha), die leichte Befestigung und das Fehlen von Bebauungsspuren im Lagerinnern begründen den Verdacht, daß es sich um ein Marschlager handelte.

Lager 2: Ähnlich ist auch das 1973 entdeckte Lager 2 zu deuten. Sein scharf eingeschnittener Spitzgraben umschließt eine nahezu quadratische Fläche von 125 m Seitenlänge (1,5 ha). Auch hier sprechen alle Anzeichen für ein kurzfristig be-

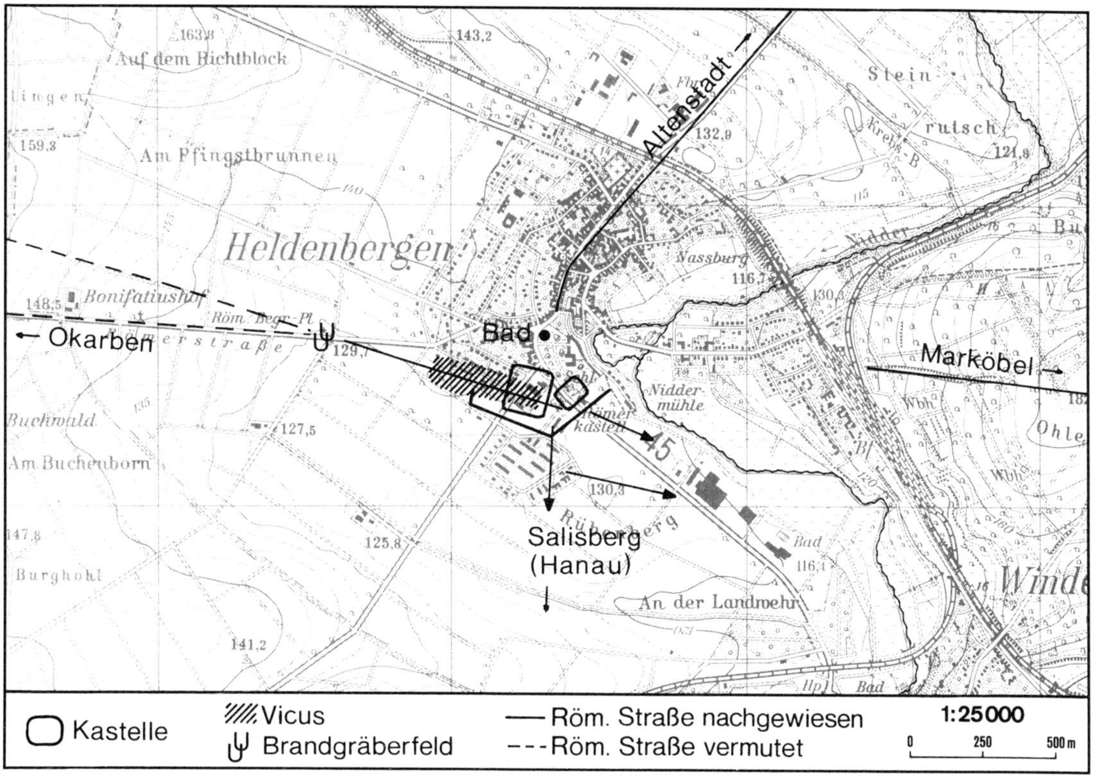

Abb. 419 Nidderau-Heldenbergen. Römisches Militärlager und Vicus, Übersichtsplan

setztes Lager, das wie Lager 1 bald nach den Chattenkriegen entstanden sein dürfte. Die Funde aus der Verfüllung des Lagergrabens deuten darauf hin, daß der zeitliche Abstand zum Holzkastell 3 nur sehr kurz gewesen ein kann. Holzkastell 3: Um 90 oder wenige Jahre danach entstand an der höchsten bereits zum Nidderabbruch hin abgedachten Stelle der Terrasse ein kleines, rechteckiges Holzkastell von 90 x 95 m Größe (0,8 ha). Seine Umwehrung bestand aus einem umlaufenden Spitzgraben und einem Erdwall, der aus aufgeschichteten Rasensoden bestanden haben dürfte. Seine Innenfläche war nicht wie erwartet dicht, sondern nur locker mit Holzgebäuden bebaut. Die hier stationierte Truppe ist unbekannt. Mit dem Ausbau des Limes und der Kastelle Altenstadt, Marköbel, Rückingen und Großkrotzenburg in frühtrajanischer Zeit verlor der Heldenbergener Stützpunkt seine Bedeutung. Doch schon bevor die Truppe ihre Stellung verließ, hatte sich entlang der Hauptstraße vor dem SW-Tor eine kleine Zivilsiedlung gebildet, die sich rasch nach W ausbreitete und schon um die Mitte des 2. Jh ihre größte Ausdehnung bis in Höhe der Saalburgstraße 19 und 24 erreichte.
Zivilsiedlung (*vicus*): Leitlinie der Ansiedlung blieb die Straße nach Okarben, die in trajanischer Zeit aufgeschottert und mit Straßengräbchen versehen wurde. Das Ortsbild prägten jene für das dörfliche Siedlungsmilieu charakteristischen Langhäuser, die, mit der Schmalseite zur Straße stehend, sich in geringen Abständen aneinander-

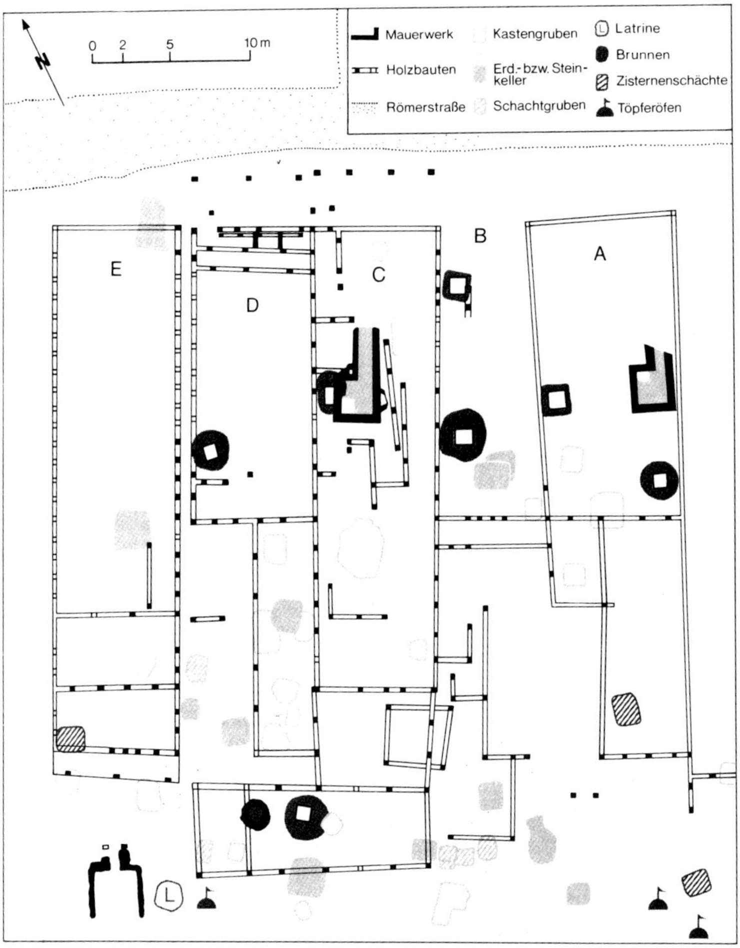

Abb. 420 Nidderau-Heldenbergen. Planausschnitt aus dem Vicus mit römischer Straße (im N) und daran liegenden Langhäusern

reihten. Nach den Beobachtungen, die im Rahmen der heutigen Bebauung möglich waren, hat es nur wenige steinerne oder steinfundamentierte Gebäude gegeben; die Verwendung des nicht wetterfesten Windecker Arkosesandsteines beschränkte sich auf Kellereinbauten und Brunnen. Die übrigen Gebäude waren in Fachwerkbauweise ausgeführt. Bei den fünf z.T. vollständig, z.T. in Ausschnitten untersuchten Vicushäusern W der Domitianstr. handelt es sich ausschließlich um Holzständerbauten, für die die Konstruktion der langen dachtragenden Wände charakteristisch ist: Ihre Pfosten bestanden aus unten gerade abgeschnittenen und in rechteckige Gruben oder Fundamentgräben eingelassene Balken, die durch Rahmenfachwerk miteinander verstrebt waren. Trotz andauernder Umbauten und Ausbesserungsmaßnahmen hat sich der Grundrißtyp seit der Gründerzeit der Siedlung bis an den Beginn des 3. Jh nur wenig verändert. Besonderen Wert legten die Hausbesitzer auf ein stets ordentliches Aussehen der Fassade, die immer wieder repariert und umgestaltet wurde, wie beispielsweise deutlich bei der Front von Bau D zu erkennen ist.

Aufgrund der baugeschichtlichen Entwicklung dürften die Häuser C und D mit der gemeinsamen Zwischenwand eine Besitzeinheit darstellen. Der Boden bestand aus gestampftem Lehm-Estrich, doch wird man gerade in den stark unterkellerten Räumen mit Holzdielen rechnen müssen. Das Rahmenfachwerk war mit vertikalen Ruten verspannt, um dem mit Häcksel gebundenen Lehmbewurf Halt zu geben. Der Staklehm zwischen den freiliegenden Balken war in feuchtem Zustand flächig mit Hilfe geometrischer Holzstempel verziert und mit weißer Kalkfarbe getüncht. Die wenigen Glasbruchstücke deuten an, daß einige Fenster verglast waren. Die schwer nutzbaren, engen Raumfluchten z.B. beiderseits und hinter dem Steinkeller in Bau C könnten mit Treppenaufgängen zusammenhängen; auch wegen der ausgesprochen ungünstigen Lichtverhältnisse im Innern der dicht gedrängten Langhäuser dürften einige zweistöckig gewesen sein oder zumindest die Nachbartraufe überragt haben. Neben den Steinkellern, Erdkellern, Gruben und Schächten, die in erster Linie mit der Vorratshaltung zusammenhängen, besaß jedes Haus im Innern einen eigenen Brunnen, der in der Regel bis auf eine wasserführende Schotterschicht in rund 7 m Tiefe abgeteuft war. In der Grundwasserzone haben sich mehrfach die Eichenbohlen der Holzverschalung wie auch andere Holzteile (Bauholz, Brennholz) und organische Reste erhalten.

Einen Gutteil ihrer Wirtschaftskraft verdankt die Heldenbergener Siedlung den örtlich anstehenden Lößverwitterungslehmen und Tonen, die als Grundlage eines florierenden Töpferhandwerkes seit dem späten 1. Jh genutzt wurden. Von den 6 Töpferöfen befinden sich 3 hinter den Holzhäusern A und D, wo auch andere technische Einrichtungen (Wasserbassin, Trockenraum) untersucht werden konnten. Die Heldenbergener Keramik zeigt das weite Spektrum gängiger Geschirrformen von der Öllampe bis zur meterhohen Amphore; außer der derben tongrundigen Ware wurde – vor allem in der Frühzeit – auch feines Geschirr hergestellt. Mit der allgemeinen Rezession nach der Mitte des 2. Jh und der Konkurrenz linksrheinischer Manufakturen ging die Heldenberger Handwerkstradition ihrem Ende

Abb. 421 Nidderau-Heldenbergen. Ausgrabung eines Töpferofens im Vicus

Abb. 422 Nidderau-Heldenbergen. Silberner Zierbeschlag eines Schwertgurtes, gefunden in der Zerstörungsschicht aus der 1. Hälfte des 3. Jh. n. Chr.

entgegen. Eine gewisse Rolle hat ferner die Verhüttung der Brauneisenstein- und Rasenerzvorkommen der Umgebung gespielt, wie ein Brennofen und große Mengen von Hüttenschlacken beweisen. Hinzu kommt eine bescheidene Bronzegießerei, in der Altbronzen zu Kleingeräten wie Löffeln, Nadeln u. a. verarbeitet wurden. Nicht zu unterschätzen ist schließlich die intensive landwirtschaftliche Nutzung des Umlandes, das wir aufgrund von Tierknochenfunden und botanischen Resten skizzenhaft rekonstruieren können: Die Umgebung Heldenbergens muß in röm Zeit weitgehend gerodet und in Feldfluren umgewandelt gewesen sein, durchsetzt von kleinen Buschgruppen und Gehölzen, von denen Hasel, Birne, Ahorn und Hartriegel nachgewiesen sind. Unter den Feldfrüchten sind Zwergweizen, Saatgerste und Rispenhirse, an Gemüsepflanzen die Feldbohne, Erbse und Linse belegt, unter den gängigen heimischen Obstarten Süßkirsche, Pflaume, Echte Zwetsche, Apfel und Birne; importiert wurden Feige und Zuckermelone. Im Fundbild der im Brunnenschlamm und in den Latrinen erhaltenen Pflanzenreste wird außerdem die Niederungslandschaft des Niddertales mit ihren Galeriewäldern überaus deutlich: Hier standen Erle, Birke, Weide, Eiche, Buche und der Wilde Wein. Knochenfunde von Amphibien, Fischen, Vögeln und Säugetieren erinnern an eine

Abb. 423 Nidderau-Heldenbergen. Minerva; Terrakotta. Das Original trägt Spuren der ursprünglichen, farbigen Bemalung

sehr artenreiche Wildtierfauna, die heute weitgehend ausgerottet ist, allen voran der Biber, dem das versumpfte Niddertal einmal gute Lebensmöglichkeiten geboten hat.
Die Zerstörungen zwischen 213 und 233 nChr legten weite Teile der Siedlung in Schutt und Asche. Die Hilflosigkeit der Opfer dokumentiert sich in mehr als einem Dutzend bei dem Überfall getöteter Männer, deren Skelettreste durchwegs tödliche Hieb- und Stichwunden aufwiesen. Ihre Leichen blieben unbestattet in den niedergebrannten Häusern liegen. Der Vicus wurde aufgegeben, obwohl man das nahegelegene Limeskastell Altenstadt, das im übrigen von dieser Katastrophe nicht verschont blieb, wiederbesetzt hat, wie wir aus einer Inschrift des Jahres 242 wissen. Erst 100 Jahre später ließen sich Angehörige jener Alamannenstämme, die einst die Römer über den Rhein zurückgedrängt hatten, im Bereich des längst nicht mehr sichtbaren Holzkastells 3 nieder und begründeten damit das Dorf, aus dem später Heldenbergen hervorging. Czy

Lit: GWolff, ORL Abt B II,3 Nr 25 (1900) – GRupprecht, Fundber. Hessen 13, 1973 (1975) 181 ff – WCzysz, Heldenbergen, Gde. Nidderau, Main-Kinzig-Kreis. Ausgrabungen in einem Kastell in der östlichen Wetterau 1973–1979. Arch. Denk. Hessen 13 (1980).

Niedernberg MIL

Kohortenkastell

Abb 155, 424

Sichtbar ist von dem Steinkastell der älteren Mainlinie, dessen Prätorialfront zum Main hin lag, und dessen Umwehrung 2,2 ha einschloß, nichts mehr. Die Reste des mit einem einfachen Spitzgraben umgebenen Kastells liegen unter dem S Teil des alten Ortskerns. Die Hauptstraße ist mit der *via principalis* deckungsgleich. Die Kirchgasse führt über die *porta praetoria* an den

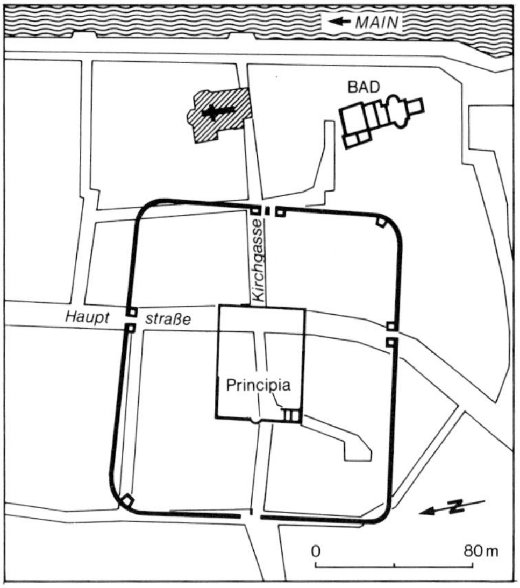

Abb. 424 Niedernberg. Lage des Kastells im Straßennetz, mit Bad

Main. Die Fundamente des Tores liegen unter der Kreuzung mit dem schmalen Seitengäßchen vor der Pfarrkirche. Die Schulgasse läuft durch die Kommandantur (*principia*) in Richtung auf die *porta decumana.* Die rückwärtige Front deckt sich mit der ehemaligen mittelalterlichen Umwehrung.
Ab 1883 begann W. Conrady mit Grabungen und konnte dabei die Lage des Kastells ermitteln. Eine intensivere Erforschung begann 1894 als Maßnahme der RLK. Aus dem Innern kennen wir nur rückwärtige Teile der Kommandantur (*principia*). Der Vorgängerbau, in Holz-Erde errichtet, der postuliert werden muß, ist nicht bekannt. Das O des Kastells, vor der S Vorderfront, nahe am Main gelegene Kastellbad wurde schon 1884 ausgegraben. Es ist nicht sichtbar. Das Lagerdorf umgab hufeisenförmig die N, W und S Seiten des Kastells.
Conradys Tätigkeit erbrachte nur sehr wenige Funde, zumal zu seiner Zeit die Lage des Friedhofs unbekannt war. Inschriften wurden damals nicht geborgen.

1963 gelang es, den Friedhof zu lokalisieren und einen Grabstein zu bergen. Bereits 1909 hatte man – allerdings in Fulda – zwei Altäre entdeckt, die zwischen 1728 und 1737 von Niedernberg nach dort gelangt waren. Die Zahl der Funde hat sich seit 1963 vergrößert, darunter ist ein bronzener Silenskopf, der eine Brunnenmaske war. Be

Ao: Dommuseum Fulda; Museum Aschaffenburg
Lit: WConrady, Das Kastell Niedernberg, ORL Abt B Nr. 34 (1896) – LHefner, Neufunde aus dem Mainkastell Niedernberg, Wissenschaftl. Beilage zum Jahresber. 1964/65 des Humanistischen Gymnasiums Aschaffenburg, 1 ff.

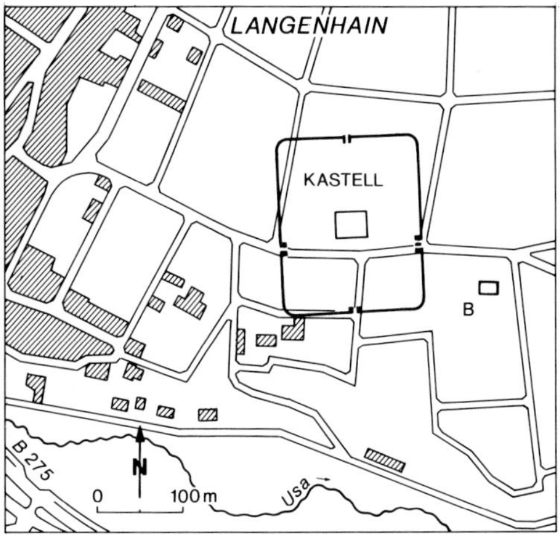

Abb. 425 Obermörlen-Langenhain. Lageplan des Kastells. B römisches Gebäude

Ober-Florstadt → Florstadt-Ober-Florstadt
Ober-Klingen → Otzberg-Ober-Klingen

Obermörlen-Langenhain FB

Kohortenkastell

Abb 425, 426

Unter den Äckern unmittelbar O von Langenhain liegen die Reste eines 3,2 ha großen Kohortenkastells, von dem heute nichts mehr zu sehen ist. Schon »seit Menschengedenken« fanden die Bewohner von Langenhain hier Mauerreste, röm Gefäße und Münzen. Die Ruine diente seit dem hohen Mittelalter als bequemer Steinbruch; für den Bau der gotischen Dorfkirche hat man Bausteine aus dem Kastell geholt, sogar ein Stein mit Inschrift der 22. Legion ist unten an der SO-Ecke der Kirche verbaut worden. Daher fand Friedrich Kofler bei seinen Ausgrabungen 1892 nur noch stark zerstörte Mauern vor. Von der Baugeschichte des Kastells ist aus diesem Grund verhältnismäßig wenig bekannt. Immerhin konnte Kofler die Abmessungen der Umwehrung bestimmen, die auffälligerweise mit den des Kohortenkastells → Stockstadt am Main identisch sind. Dieses ist unter Kaiser Trajan erbaut worden, und so könnte Kastell Langenhain auch in dieser Zeit entstanden sein. Die Besatzung ist durch den Fund einer kleinen, bronzenen Besitzermarke bekannt, die bei der Grabung Koflers zutage kam: es war die *Cohors I Biturigum Aquitanorum equitata*, eine 500 Mann starke, teilweise berittene Kohorte. Die Truppe ist ursprünglich im W Galliens ausgehoben worden, in Aquitanien, und zwar aus dem keltischen Stamm der Bituriger, der um Avaricum (heute Bourges südlich der Loire) wohnte. In der Zeit der flavischen Kaiser gehörte die Truppe zur Besatzung von Rottweil (Baden-Württemberg); sie ist vielleicht, wie schon dargelegt, unter Kaiser Trajan nach Langenhain gekommen. Das Kastell hat sicherlich bis zum Ende des Limes um 260 nChr bestanden. In seiner Umgebung, besonders im O, muß es wie üblich ein Kastelldorf gegeben haben, von dem aber nur ein Bauwerk (B) bekannt ist. – Der Limes lief von S her aus dem Taunus am O-Rand des idyllischen Vogeltals auf Langenhain zu, ist aber dort nicht mehr erhalten. Er kreuzte das Usatal und zog etwa 200 m W am Kastell vorbei nach N weiter, und zwar am O-Rand des Ortskerns von Langenhain entlang; auch hier ist keine Spur des Li-

Abb. 426 Obermörlen-Langenhain. Kastell. Metallschildchen mit eingepunzter Inschrift des Besitzers: »Soldat Masclionius Primus aus der Centurie des Primitivus in der Cohors I Biturigum, unter Kaiser Commodus«; lateinisch: (Imp(eratore) Com(modo) Aug(usto)/ coh(ors) I Bit(urigum) c(enturia) Prim/itivi Masclioni(us)/Primus

mes mehr zu sehen. Der heutige Ortskern liegt schon außerhalb des Limes. Auf beherrschender Höhe über dem Usatal gelegen, bildete das Kastell den SO Eckpfeiler des Wetteraulimes. Hier durchbricht die Usa in einem steil eingeschnittenen Tal den Taunus. Alte Wege über das Usinger Becken zum Lahntal hinüber in den Raum um Weilburg und in das Limburger Becken mögen schon in röm Zeit vorhanden gewesen sein und die Gründung eines der bedeutenderen Kastelle der Wetteraulinie an dieser Stelle erforderlich gemacht haben. Ba

Lit: FKofler, Das Kastell Langenhain, ORL Abt B II,2 Nr. 13 (1897).

Obernburg MIL

Kohortenkastell

Abb 427, 428

Seit 1741 weiß man von einem röm Militärlager der älteren Mainlinie in Obernburg. Das Steinkastell der *Cohors IIII Aquitanorum equitata civium Romanorum* – sie war wohl nicht der erste Truppenverband an diesem Platz – ist 3 ha groß. Umgeben ist das mainwärts orientierte Kastell, das völlig überbaut, mitten im Ortskern liegt und nicht sichtbar ist, mit einem einfachen Spitzgraben. Diese Kenntnisse verdanken wir W. Conrady, der hier 1882 mit Grabungen begann und 1884 das Kastell nachweisen konnte. Noch in den 90er Jahren war er in Obernburg tätig. Die enge Bebauung erlaubt immer nur kleine Einblicke, deren Ergebnisse mosaikartig zusammengesetzt werden müssen. In den letzten Jahrzehnten sind wichtige Ergänzungen zu Conradys Beobachtungen von L. Hefner gemacht worden.

Die Straßen im heutigen Ortskern nehmen Bezug auf die ehemaligen Lagerstraßen. Die Hauptstraße (B 469) entspricht der *via principalis*. Die *via praetoria* deckt sich etwa mit der Badgasse. Nur die *via decumana* ist, bedingt durch die mittelalterliche Umwehrung, die anders als die Decumanfront liegt, ohne eine alte Straßenverbindung. Die Schmiedgasse verläuft etwa noch in ihrer Richtung. Aus dem Innern sind fast nur die Kommandantur (*principia*) in größeren Teilen bekannt.

Beim Beginn des älteren Mainlimes um 90 nChr müßte es ein Holz-Erde-Kastell als Vorgängerbau, wenn nicht sogar noch ein kleineres Lager

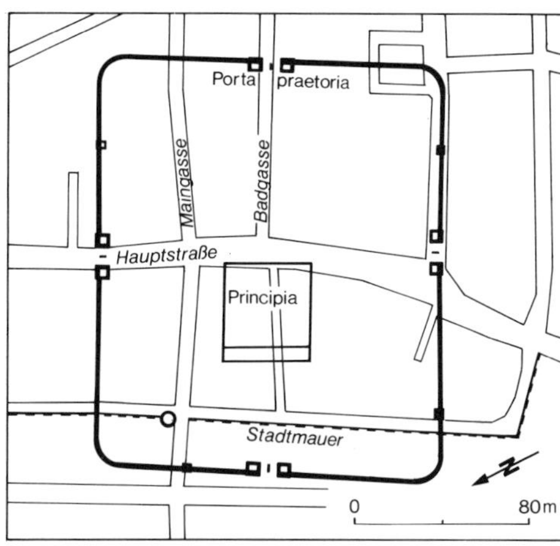

Abb. 427 Obernburg. Lage des Kastells im Straßennetz

gegeben haben. Diese sind aber nicht nachgewiesen. Auch die Lage des Kastellbades ist unbekannt. Das Lagerdorf hatte eine große Ausdehnung. Die Zahl der Bestattungen ist entsprechend groß.
Eine Benefiziarierstation wurde 1954 S des Kastells entdeckt. Ein Numeruskastell für den *Numerus Brittonum Nemaningensium* wird S des Kohortenkastells im Bereich des heutigen Friedhofs vermutet. Nach der Benennung dieser Truppe wird von der Lokalforschung angenommen, daß Obernburg in der Römerzeit »Nemaninga« hieß. Be

Ao: Römerhaus Obernburg
Lit: WConrady, Das Kastell Obernburg, ORL Abt B Nr. 35 (1903) – LHefner, Obernburg, Führer zu vor- und frühgeschichtlichen Denkmälern 8, 1967, 149 ff – Ders., Das Mainkastell Obernburg im Spiegel seiner Inschriften, Festschrift des

Abb. 428 Obernburg. Altar in einer Hauswand in der Römerstraße, gestiftet vom Präfekten der Kohorte Lucius Petronius Florentinus, der aus Saldae in Nordafrika stammte

Abb. 429 Obernburg. Römerhaus. Modell des Kohortenkastells mit Lagerdorf, vom Main her gesehen

Kronberg-Gymnasiums Aschaffenburg 1968, 71 ff – Ders., Neues aus dem Mainkastell Obernburg/Main, Beiträge zur Erforschung des Odenwaldes und seiner Randgebiete, 1972, 213 ff.

Römerhaus Obernburg

Abb 96, 98, 429, 430

Ehemaliges Benefiziatenhaus, Hauptstraße. Öffnungszeiten Mo–Do 8–12, 13–17, Fr 8–12 Uhr und nach Vereinbarung.
Das 1953 eröffnete Museum dient, wie sein Name sagt, ausschließlich der Ausstellung röm Funde, die aus Obernburg stammen. Kern der Sammlung ist das Lapidarium mit der Bauinschrift, den Altären der Benefiziarier u.a. sowie Grabsteinen. Erwähnenswert sind ferner die Reste von Gigantenreitern (Jupitergigantensäulen), die zusammen in der Verfüllung eines Brunnens gefunden worden sind. Die Darstellung des einen Reiters zeigt einheimische religiöse Vorstellungen: er trägt das dreispeichige Rad des keltischen Gewittergottes Taranis (Taranucnus). Daneben werden Glas, Keramik und Geräte des täglichen Gebrauchs neben einem Modell des Kohortenkastells gezeigt. Be

Lit: LHefner, Das Römerhaus, Führer zu vor- und frühgeschichtl. Denkmälern 8, Mainz 1967, 155–159.

Abb. 430 Obernburg. Römerhaus. Fragment eines Gigantenreiters. Jupiter mit dem Attribut (Rad) des keltischen Gewittergottes Taranis (Taranucnus)

Ober-Ramstadt DA

Röm Gutshof und Brandgrab

Abb 431, 432

1968 wurden bei einer Ausgrabung vor dem Bau einer Fabrikhalle in der Flurgewann »Ober der Pfingstweide« die Reste eines röm Gutshofes (*villa rustica*) entdeckt. Der Gutshof steht auf der unteren Kante einer etwa 200 m breiten flach nach SO abfallenden Terrasse. Drei kleinere Wasserläufe vereinigten sich etwa 50 m NO und sicherten die Wasserversorgung. Bei der Grabung wurde das Hauptgebäude mit der Risalitfront erfaßt. Die Innenraumeinteilung konnte aufgrund der Fundamentmauern erkannt werden, doch ließ sich an keiner Stelle das antike Gehniveau feststellen. Das Gebäude war ursprünglich nur ein einfacher Rechteckbau mit 14,5 m langer, nach SW ausgerichteter Stirnseite und 21,5 m langer Rückseite. Er wurde beim Umbau als Kern eingegliedert. Um diesen Kernbau herum gruppierten sich dann korridorartige Räume, die das Haus auf 24,8 x 17,8 m erweiterten. Die mit Porticus versehene Risalitfront war 30,6 m lang. Hinter dem

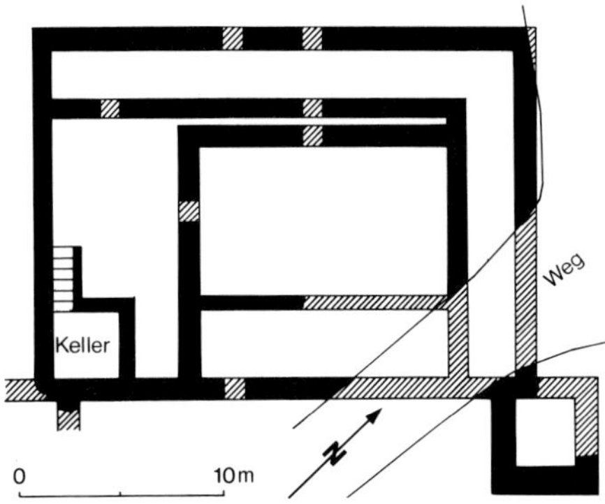

Abb. 431 Ober-Ramstadt. Grundrißplan des römischen Herrenhauses Gutshofes »Ober der Pfingstweide«

S-Risalit lag S ein nahezu quadratischer Keller. Der vorhandene Kernbau wurde im Zuge des Umbaus durch Zwischenmauern unterteilt, wobei seine ehemalige NW Außenmauer abgetragen wurde. Auf den aus verschiedenen Natursteinen errichteten Fundamenten erhob sich teilweise eine Fachwerkkonstruktion. Aufgrund des Fundmaterials, vor allem der Terra Sigillata, kann der Gutshof zwischen 160 und 260 nChr datiert werden.

Im Jahr 1959 wurde beim Ausheben einer Baugrube in der Heyerstraße 8 ein röm Brandgrab erfaßt, das als Urnengrab zu erkennen war. Neben der den Leichenbrand bergenden Urne waren als Beigaben zwei Einhenkelkrüge, zwei Teller und ein bei einer späteren Nachuntersuchung entdeckter Dreihenkelkrug beigegeben. Um diese Gefäße herum lag der Scheiterhaufenstückstand als kreisrunde Verfärbung kenntlich ausgestreut. Die Leichenbranduntersuchung ergab, daß in der Urne die Knochen eines jüngeren erwachsenen Menschen ausgelesen worden waren. Im Scheiterhaufenrückstand wurden Reste eines Spanferkels und eines Huhnes festgestellt – die dem Toten für seine Überfahrt ins Jenseits mitgegebene Speiseration. Eine verbrannte, aber vollständig restaurierte Terra-Sigillata-Bilderschüssel aus der

Abb. 432 Ober-Ramstadt. Inventar des römischen Brandgrabes von der Heyerstraße 8

Töpferei von Blickweiler deutet auf einen Bestattungszeitpunkt im 2. Viertel des 2. Jh nChr.
Scha

Ao: Heimatmuseum Ober-Ramstadt; Hessisches Landesmuseum, Darmstadt
Lit: RHSchmidt, Die Villae Rusticae »Ober der Pfingstweide« in Ober-Ramstadt, Kreis Darmstadt und »Am Zahl« in Roßdorf, Kreis Darmstadt. Ober-Ramstädter Hefte 2, 1971, 1 ff – Zum Grab Heyerstraße 8 ebda. 138 ff.

Museum

Altes Rathaus, Grafengasse. Öffnungszeiten: Do 19–20 sowie am 1. und 3. Sonntag im Monat 10–12, 14.30–17.30 Uhr.
Das Museum in Ober-Ramstadt zeigt eine interessante Sammlung zur lokalen Technikgeschichte der Neuzeit, ferner die Georg-Christoph-Lichtenberg-Ausstellung zum Andenken an den bekannten Physiker des 18. Jh (1742–1799), der in Ober-Ramstadt geboren ist. Einen weiteren Schwerpunkt des Museums bildet die Ausstellung zur Vor- und Frühgeschichte der Umgebung, der ein eigener Raum zugedacht ist. Die Römerzeit nimmt hier verhältnismäßig viel Platz ein, weil der Verein für Heimatgeschichte Ober-Ramstadt in den letzten Jahren mehrere röm Fundstätten untersucht hat. Eine Anzahl von Funden stammt aus dem röm Gräberfeld bei Roßdorf. Andere sind bei der Ausgrabung der röm Gutshöfe »Ober der Pfingstweide« in Ober-Ramstadt und »Im Orgelzipfen« in Roßdorf gewonnen worden. Es handelt sich vor allem um Keramik, Metallfunde und Baumaterial.
Ba

Lit: RHSchmidt in: Ober-Ramstädter Hefte 1 (1970), 2 (1971), 3 (1977), 6 (1978).

Oberursel HG

Vortaunusmuseum

Schulstr. 22a. Öffnungszeiten: Sa 15–17, So 10–12 Uhr.
Der vor- und frühgeschichtlichen Epoche ist in dem stadtgeschichtlich orientierten Vortaunusmuseum ein eigener Raum gewidmet. Außer bemerkenswerten Fundstücken aus den vorgeschichtlichen Ringwällen des Taunus werden in zwei Vitrinen röm Objekte gezeigt. Die eine Vitrine enthält Funde aus dem Civitas-Hauptort *Nida* (Frankfurt a. M.-Heddernheim), in der anderen sind Lesefunde aus der Oberurseler Gemarkung ausgestellt, die von röm Gutshöfen stammen dürften. Die Sammlung enthält Keramik, Metallsachen und Baureste (bemalter Verputz).
Ba

Offenbach OF

Bronzene Merkurstatuette

Abb 433

Bei der Anlage eines Brunnens wurde in einem Gartengrundstück nur 8 m vom Buchrainweiher entfernt im Jahr 1979 eine bronzene Merkurstatuette gefunden, die dort in 1 m Tiefe in einer Schwemmsandschicht lag. Die massiv gegossene Figur ist 11 cm hoch. Die Gußnähte an den Seiten des Stückes sind abgearbeitet. Noch deutlich erkennbar ist ein Gußmetallrückstand zwischen rechtem Oberarm und Oberkörper.
Scha

Ao: Stadtmuseum Offenbach

Stadtmuseum

Parkstraße 60. Öffnungszeiten: Mo, Di, Do , Fr 14–18, Mi 14–20, Sa, So 10–13 Uhr.
Das Stadtmuseum wurde 1971 in neuen Räumen eröffnet. Die röm Abteilung befindet sich in ei-

Abb. 433 Offenbach. Stadtmuseum. Bronzene Merkurstatuette

nem Raum des Untergeschosses. Hier sind einige Grabfunde von den röm Gräberfeldern am ehemaligen Judenfriedhof und an der Rheinstraße ausgestellt. Die übrigen Funde stammen aus dem Stadtbereich. Scha

Lit: Nahrgang, Landkreis Offenbach a. M. 138 ff.

Ohrenbacher Schanze MIL

Erdschanze *

Abb 434

Ungefähr 8 km W von Miltenberg und noch auf der Gemarkung der Stadt befindet sich ein eigenartiges Geländedenkmal, die Ohrenbacher Schanze, die im Volksmund auch als Heune- oder Haineschüssel bezeichnet wurde. Die kleine Erdschanze (0,3 ha) liegt in 430 m Höhe auf einem bewaldeten Bergrücken des Odenwalds. Dieser Bergrücken vermittelte den Übergang von der Hochfläche bei Mainbullau zu der W vorbeiziehenden Hochfläche bei Vielbrunn, auf der der Odenwaldlimes läuft. Der Bergrücken trug daher einen alten Höhenweg, der in Richtung Miltenberg führte; wahrscheinlich war es die Aufgabe der Schanze, ihn zu überwachen oder auch zu sperren. – Wall und Graben des kleinen Erdwerks sind vorzüglich erhalten; das einzige Tor wies nach O. Im Inneren ist ein bis zu 1 m tiefer Graben zu sehen, der hufeisenförmig nach W umbiegt und die W-Hälfte des Innenraumes einschließt. Die Ausgrabungen, die G. Hock 1912 und 1913 unternahm, förderten röm Fundstücke zutage. Über mögliche Innenbauten oder die Konstruktion der Umwehrung erbrachten die kleinräumigen Ausgrabungen aber keine sicheren Aussagen. Weil die Schanze abseits der röm Limites liegt, hat man sie auch als mittelalterlichen Wehrbau deuten wollen. Nur eine neue, eingehendere Untersuchung der Schanze wird ihre Zeitstellung und Aufgabe klären können. Ba

Lit: KStade, ORL Abt A Band III Strecke 6 S. 23 ff Taf. 7 – HBingemer, Saalburg-Jahrbuch 10, 1951, 29 ff – KSchwarz in: Führer zu vor- und frühgeschichtlichen Denkmälern Band 8, Miltenberg (1967) 137 ff.

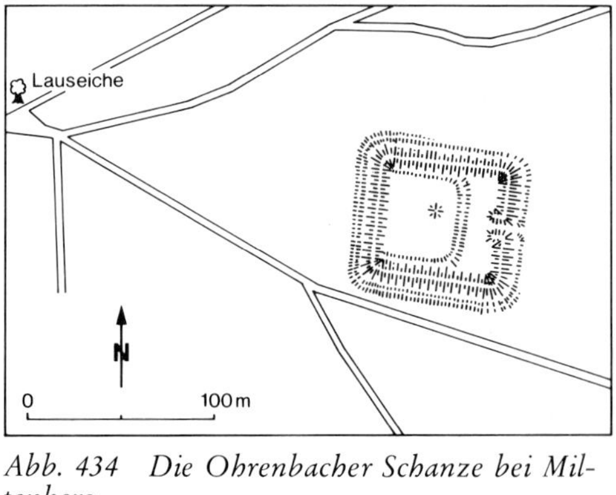

Abb. 434 Die Ohrenbacher Schanze bei Miltenberg

Okarben → Karben-Okarben

Otzberg-Ober-Klingen DA

Altar

Abb 435

In einem Steinbruch neben der Kirche von Ober-Klingen wurde vor der Mitte des 19. Jh ein behauener Sandsteinblock mit der Inschrift »Den Zufallsgöttern haben Macelus und Faustinus ihr Gelübde erfüllt . . .« gefunden. Weihung an die *Boni Casus* treten im obergermanischen Limesgebiet öfter auf, wobei es sich aber nicht um Weihungen an die keltischen Gottheiten der *Di Casses* handelt. Boni Casus ist vielmehr im Sinne von *bonus eventus* = glücklicher Ausgang (einer heiklen Situation) zu deuten. Offenbar hat dies auch die beiden Stifter der Ober-Klingener Inschrift bewogen, einen Altar zu setzen. Scha

Abb. 435 Otzberg-Ober-Klingen. Altarstein mit Weihung an die Zufallsgötter

Ao: Hessisches Landesmuseum, Darmstadt
Lit: Anthes, Steindenkmäler 221 Nr. 46. – Westdt. Zeitschrift 16, 1897, 221 f – RWiegels, Ein römisches Inschriftenhäuschen aus dem Kleinkastell Hönehaus (Odenwald). Germania 51/2, 1973, 543 ff.

Pfungstadt DA

Städtisches Museum

Borngasse 7. Öffnungszeiten: So 10–12, Do 16–20 Uhr.
Das Städtische Museum wurde 1973 eingerichtet. Es beherbergt eine Sammlung vor- und frühgeschichtlicher Gegenstände, die vorwiegend aus der Umgebung stammen. Die ausgestellten röm Funde kamen bei den Ausgrabungen auf dem Gelände des röm Gutshofs »An der Steinmauer« zutage. Die frühesten Stücke sind zwei Ziegelstempel der 8. Legion, einige spätsüdgallische Sigillata-Bruchstücke sowie zwei Einhenkelkrüge. Von dem zu der Villa gehörenden Gräberfeld werden ein Urnengrab sowie ein Brandschüttungsgrab gezeigt. Im Magazin des Museums lagert ein Großteil der röm Funde von der Sumpfbrücke bei → Bickenbach. Scha

Radheim → Schaafheim-Radheim

Reinheim-Georgenhausen DA

Viergötterstein

Abb 436

In der um 1794 errichteten Kirche von Georgenhausen war bis 1918 ein Viergötterstein eingemauert, der heute im Magazin des Hessischen Landesmuseums in Darmstadt aufbewahrt wird. Der 0,59 m hohe, 0,48 m breite und 0,29 m tiefe Sandsteinblock zeigt auf 3 Seiten die Darstellungen der Gottheiten Merkur, Herkules und Minerva. Die vierte Seite ist zerstört worden, als man den Stein bei der Auffindung baugerecht zurichtete. Die Unterseite ist abgeschrägt, wodurch den seitlich dargestellten Göttern Merkur und Minerva die Beine abgeschlagen wurden, während die fragmentierten Längsseiten der Figurenkörper stark verstümmelt sind. Die Arbeit dürfte zu Beginn des 3. Jh nChr entstanden sein. Scha

Lit: Espérandieu 148 Nr. 226. – Behn, Steindenkmäler 14 Nr. 71. – EMeyer, Römische Altertümer in kirchlichen Bauwerken des Odenwaldes. Der Odenwald 16, 1969, 17.

Abb. 436 Reinheim-Georgenhausen. Viergötterstein. Herkules

Riedstadt-Goddelau GG

Röm Brücken

Abb 437, 438

Im alten Neckarbett, Flur »Auf der Nachtweide«, 1 km O des Ortes wurden im Frühjahr des Jahres 1976 hölzerne Brückenpfähle entdeckt. Ausgrabungen 1976 und 1977 ergaben Reste mehrerer Holzbrücken. Das Fundmaterial reicht vom

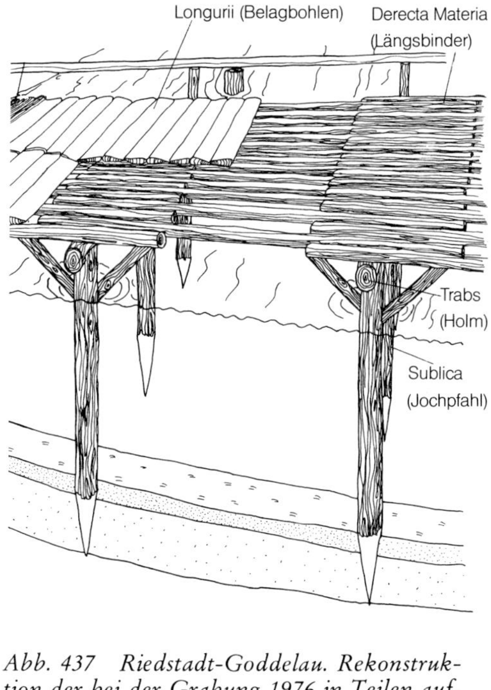

Abb. 437 Riedstadt-Goddelau. Rekonstruktion der bei der Grabung 1976 in Teilen aufgedeckten römischen Brücke (Pfostensystem 1)

Neolithikum bis in die spätröm Kaiserzeit. Sichtbare Reste sind nicht erhalten.
Das alte Neckarbett bildete bis in historische Zeit ein Verkehrshindernis für alle OW-Straßenverbindungen in der S-hessischen Rheinebene. In röm Zeit existierte in dem ca. 300 m breiten, verlandeten Neckarbett, in dem Niedermoortorfe eine Mächtigkeit von mehreren Metern erreichen, noch ein Wasserlauf von 10–15 m Breite, der durch Zuflüsse aus dem Odenwald gespeist wurde. Dieser Wasserlauf wurde im Zuge einer bislang unbekannten röm Straßenverbindung von einer Holzbrücke überspannt, die mehrfach neu errichtet worden ist. Die Ausgrabungen ergaben 4 Pfostensysteme, von denen 3 sicher auf Brükkenbauten zurückgehen.
Ein Steg von ca. 2 m Breite, in Jochbauweise errichtet, gehört vermutlich in prähistorische Zeit. An gleicher Stelle wurde später eine breitere Holzbrücke errichtet. Nach dendrochronologischen Untersuchungen wurde diese Brücke 142 nChr begonnen. Bei einer Reparatur im Jahre 203 nChr wurden an verschiedenen Stellen des Bauwerks neue Brückenpfähle eingerammt und Ausbesserungen an der Fahrbahn vorgenommen. Wie lange die Brücke im 3. Jh noch weiterbestand, konnte nicht exakt ermittelt werden.
Alle Brückenpfähle waren senkrecht eingerammt und bilden mit jeweils 3–7 Pfählen Reihenjoche, die im Abstand von 2,7 m aufeinander folgen. Auf den Pfahlreihen lagen Holmbalken auf. Die Fahrbahn bestand aus längs verlegten Rundhölzern, auf denen Spaltbohlen und vermutlich Strauchwerk mit einer Lage Kies aufgebracht waren.
Im Bereich der Brücke und flußabwärts daran anschließend kamen wenige neolithische Funde (2 Geweihäxte) sowie latènezeitliche und röm Keramik zutage, ferner eine große Zahl von Tierknochen. Die neolithischen und latènezeitlichen Funde bilden eigene, tiefer gelegene Fundschichten und sind vielleicht mit einer jeweils zeitgleichen Nutzung der Übergangsstelle zu verbinden. Die kaiserzeitlichen Fundstücke bestehen aus intakten oder vollständig zusammensetzbaren Gefäßen aus Terra Sigillata und Gebrauchskeramik, die in mehreren Fällen einzelne Tierknochen oder

Abb. 438 Riedstadt-Goddelau. Reste römischer Holzbrücken im alten Neckarbett, Ausgrabung 1976

Brandüberreste enthielten. Ein Terrakotta-Fragment mit Darstellung einer sitzenden weiblichen Gottheit trägt auf der Rückseite eine datierte Herstellerinschrift: »Servandus hat dies an den Iden des September in Köln gemacht, als Orfitus und Pudeus Konsuln waren« (13. Sept. 165 nChr). Münzen fehlen im Fundmaterial vollständig. Die Knochen stammen von mindestens 26 Tieren, die entweder vollständig oder in großen Teilen in den Boden gelangten. An Tierarten sind in der Reihenfolge ihrer Häufigkeit Rind, Schwein, Schaf oder Ziege, Hund und Pferd vertreten. Die auffällige Fundzusammensetzung läßt an Überreste eines Kultbrauchtums in Form von Opferniederlegungen denken. Mit einer Zeitstellung von der 1. Hälfte des 2. Jh bis zum 1. Viertel des 3. Jh deckt sich die Datierung der Keramik mit den dendrochronologisch aus den Brückenhölzern gewonnenen Daten.

80 m flußabwärts von dieser Fundstelle liegt eine weitere Brückenstelle. Von 2 dort festgestellten Pfostensystemen läßt sich nur eines als Holzbrücke ansprechen. Die Konstruktion gleicht der schon erwähnten Holzbrücke, aber die Tragepfähle innerhalb der Joche sind teilweise zu Gruppen von 3–4 Pfählen zusammengefaßt. Eine Datierung dieser Brücke ist bislang nur aufgrund eines C^{14}-Datums von 60 ± 60 nChr möglich. Damit kommt das Bauwerk als Vorläufer der zuerst genannten Brücke in Frage. Weitere Pfosten aus Weichholz mit ca. 10 cm Durchmesser stehen in anderem, bislang unbekanntem Zusammenhang und gehören nach C^{14}-Datierungen mit Werten von 720 ± 50 vChr und 5560 ± 90 vChr in prähistorische Zeit.
Die Fundstelle hat relativ umfangreiches neolithisches Material geliefert, zu dem noch bronze- und latènezeitliche Reste kommen. Wenige röm Scherben, die hier gefunden wurden, sind wahrscheinlich von der erstgenannten Fundstelle hierher verschwemmt worden. Das Fundspektrum wird durch eine Anzahl spätröm Funde ergänzt, zu denen Keramik (Mayener Ware), Eisenäxte und Bernsteinperlen sowie Fragmente von zwei menschlichen Schädeln gehören.
Lage und Konstruktion der Brücken setzen einen Wasserlauf im alten Neckarbett voraus, der mit einem, anhand der Zuflüsse aus dem Odenwald geschätzten, Durchfluß von 5 cbm/sec bei mittlerem Normalwasser 10–15 m Breite, 1,60–1,80 m Tiefe erreicht und damit ein für kleinere Fahrzeuge nutzbarer Wasserweg war. Botanische Untersuchungen an den Fundstellen haben diese Feststellung bekräftigt. Der Wasserlauf bestand vermutlich zumindest während der Eisenzeit und muß zwischen dem 3. und 4. Jh nChr schnell verlandet sein. Da der Odenwaldfluß Weschnitz, der etwa 50% des Wasserhaushaltes des im alten Neckarbett fließenden und in röm Zeit überbrückten Gewässers bestreitet, heute einen Lauf besitzt, der erst in antiker oder mittelalterlicher Zeit durch künstliche Ableitung zustande kam, kann diese Maßnahme vielleicht mit der raschen Verlandung des Wasserweges im alten Neckarbett in Verbindung gebracht werden.
Der Straßenzug, der durch die Goddelauer Brücken bezeugt wird, war vermutlich eine Verbindung zwischen der Rheinuferstraße von Groß-Gerau nach Ladenburg und der röm Bergstraße und auch der Straße vom Civitas-Hauptort Dieburg nach Gernsheim. Wg

Ao: Hessisches Landesmuseum, Darmstadt
Lit: Mainzer Zeitschr. 23, 1928, 27 ff – PWagner, Die Holzbrücken von Riedstadt-Goddelau, Kreis Groß-Gerau. Mit Beitr. von GGroße-Brauckmann, IKöhler, GMalchow, BSchmidt und BStreitz. Mat. Vor- u. Frühgesch. Hessen 5 (1982).

Rödgen → Bad Nauheim-Rödgen

Rückingen HU

*Kohortenkastell und Badegebäude**

Abb 281, 439–442

Wer auf der B 40 von Hanau nach NO fährt, bemerkt am Ortseingang von Rückingen eine schwache Biegung der Bundesstraße. Schon ihre Vorgängerin, die »Alte Leipziger Straße«, wich der NW-Ecke des Kohortenkastells aus. Sicherlich geht die Ausbiegung der Straße auf eine Zeit zurück, in der die Ruinenmauern der Kastellumwehrung noch aufrecht standen und man ihnen beim Straßenbau ausweichen mußte. Heute stellt die schwache Kurve der Schnellstraße die letzte Spur des röm Wehrbaus im Gelände dar. Auf seinem Platz steht unmittelbar S der Straße eine Hochhausgruppe, wo noch vor wenigen Jahren Äcker an die Kinzigaue grenzten. – Die röm Fundstätte ist schon lange bekannt und gehört zu den am frühesten untersuchten unseres Raums. Fürst Karl von Isenburg-Birstein ließ 1802–1804 das Kastellbad ausgraben. Seine Grundmauern sind seitdem schon mehrmals zerfallen, aber stets wieder konserviert worden und sind immer noch zu sehen. Schon bei der ersten Ausgrabung deu-

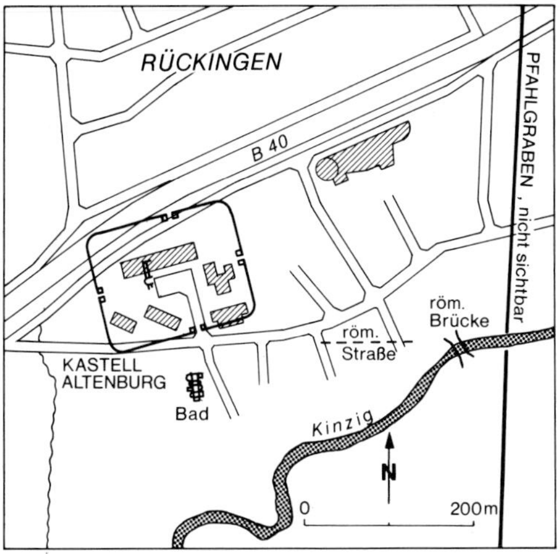

Abb. 439 Rückingen. Kohortenkastell. Lageplan

tete man das Bauwerk völlig richtig als »Römerbad«. Die wichtigsten Grabungen und Entdekkungen erfolgten später durch den Hanauer Geschichtsverein. 1872 untersuchte dieser das Gräberfeld des Kastells (A. Duncker, R. Suchier). Es erstreckte sich etwa 300–400 m SW vom Kastell an beiden Seiten der heutigen Bundesstraße. In der Römerzeit legte man die Gräber gerne an den Straßen an. So ist es sehr wahrscheinlich, daß

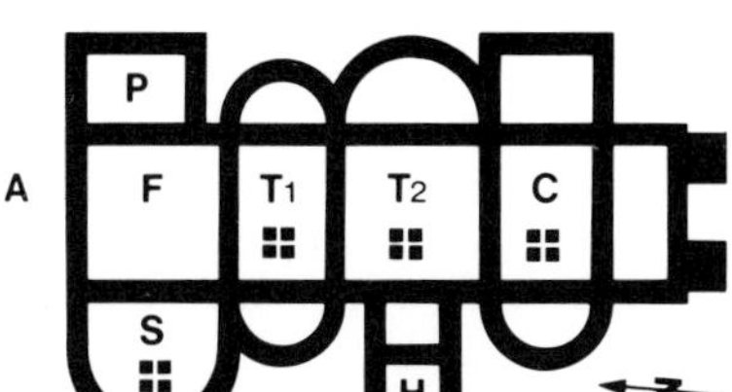

Abb. 440 Rückingen. Kastellbad. F Frigidarium (Kaltbad) mit P Piscina (Kaltwasserwanne); S Sudatorium (Schwitzbad); T_1 und T_2 Tepidarium (lauwarme Bäder); C Caldarium (Warmbad) mit Warmwasserwannen in den runden und rechteckigen, angebauten Apsiden; H Heizraum; A Lage des vermuteten Apodyteriums (Auskleidehalle)

diese Strecke der Bundesstraße, die auch ungefähr auf das W Kastelltor hinzielt, auf eine röm Straße zurückgeht. Schon damals vermutete man wegen der Funde ein Limeskastell in Rückingen. Aber erst bei den Grabungen des Jahres 1883 durch den Hanauer Geschichtsverein unter O. Dahm und G. Wolff wurde die steinerne Umwehrung des Kastells entdeckt. Mit 2,5 ha Fläche bot es Platz für eine 500 Mann starke Kohorte. Sein Haupttor ist nach NO gerichtet, gegen den Pfahlgraben, der in etwa 300 m Entfernung O vom Kastell vorbeizog, mitten durch das heutige Rückingen, wo er indessen nicht mehr zu sehen ist. Bei den Tortürmen des Kastells fand Wolff zahlreiche zerbrochene Ziegel der Dachdeckung. Viele von ihnen trugen Stempel der Besatzung, der *Cohors III Dalmatarum pia fidelis*. Diese Einheit, die einst

Abb. 441 Rückingen. Ziegelstempel der Cohors III Dalmatarum

aus Bewohnern Dalmatiens (im heutigen Jugoslawien) aufgestellt worden war, kam um 90 nChr aus der Provinz Niedergermanien in den Verband des obergermanischen Heeres. Sie durchlief zunächst eine rasch wechselnde Folge von Garnisonsorten (Wiesbaden, Rottweil, Oberscheidental), bis sie schließlich nach Rückingen kam, wo sie bis zum Fall des Limes in der Mitte des 3. Jh blieb. – Von den Innenbauten des Kastells ist wenig bekannt, weil die Ausgrabungstechnik im Jahre 1883 noch nicht so weit entwickelt war, daß man Holzbauten sicher erkennen konnte. Die meisten Gebäude innerhalb des Kastells müssen nämlich Fachwerkbauten gewesen sein. Doch fand man den W-Flügel des Stabsgebäudes (*principia*) in der Mitte des Kastells, der massiv aus

Abb. 442 Rückingen. Zierbeschlag aus Bronze, 20 cm lang

Stein gebaut war. Das Fahnenheiligtum lag in seiner Mitte; es war durch seine Rundapsis bemerkenswert. Das Kohortenkastell ist erst etwa zwischen 110 und 125 nChr entstanden, als der Limes bereits existierte. Einige ältere Keramikfunde aus Rückingen deuten aber darauf hin, daß an der gleichen Stelle wohl schon vorher ein kleinerer, hölzerner Wehrbau gestanden haben mag, der den Limesübergang über die Kinzig deckte. Die verhältnismäßig späte Stationierung einer Kohorte in Rückingen hängt sicherlich damit zusammen, daß bereits seit dem Ende des 1. Jh nChr unweit der Kinzigmündung das Kastell Hanau-Salisberg bestand. Obgleich es etwa 6 km von der Grenzlinie entfernt lag, wird es auch für ihren Schutz angelegt worden sein. Das Kastell Salisberg wurde offenbar zu der gleichen Zeit aufgegeben, in der das Kohortenkastell in Rückingen entstand. Nunmehr schützte das neue Kastell den unteren Kinziglauf und die Grenzstrecke. Die Kinzig hatte eine gewisse Bedeutung als Verkehrsweg, denn sie war für kleinere, flache Transportkähne der Römerzeit schiffbar. Sicherlich besaß das Kastell daher eine Anlegestelle am Kinzigufer, und seine Lage am Fluß ist durch die günstige Versorgungsmöglichkeit auf dem Wasserweg mitbestimmt worden. O vom Kastell gab es eine hölzerne Brücke über die Kinzig, deren eichene Pfahlstümpfe 1883 entdeckt worden sind. Ihr Zweck war es, den Begleitweg des Limes über die Kinzig zu führen und damit die rasche Bewegung von Patrouillen längs der Grenzlinie zu ermöglichen.

Rund um das Kastell entwickelte sich ein ausgedehntes Dorf, in dem auch das Badegebäude stand. Dieses hatte die typische Größe der Bäder von Kohortenkastellen und einen recht klaren Grundriß mit der üblichen Abfolge der Baderäume. Nicht gefunden wurde bei den alten Ausgrabungen lediglich der Raum A (*apodyterium;* Auskleidehalle). Vermutlich handelte es sich um eine hölzerne Halle, die man seinerzeit nicht feststellen konnte. Heute sind übrigens nicht mehr alle Fundamentmauern zu sehen, die im vorigen Jh ausgegraben worden sind. – Außerdem befand sich in dem Kastelldorf die Ziegelei, in der die oben erwähnten Ziegel der 3. Dalmaterkohorte hergestellt worden sind. Wolff vermutete sie NW vom Kastell. In dieser Richtung, etwa 200 m von der NW-Ecke des Wehrbaus, kam 1950 auch ein hochinteressantes Mithraskultbild zutage. Ba

Ao: Museum Schloß Philippsruhe, Hanau-Kesselstadt

Lit: GWolff ORL Abt B Band II,2 Kastell Nr. 22 (1913) – EFabricius ORL Abt A Band II,1 Strekken 4–5 (1936) 159 ff – HBirkner, Denkmäler des Mithraskultes vom Kastell Rückingen. Germania 30, 1952, 349 ff – KDielmann, Römische Kultkeramik von Rückingen. Hanauer Geschbl 18, 1962, 7 ff.

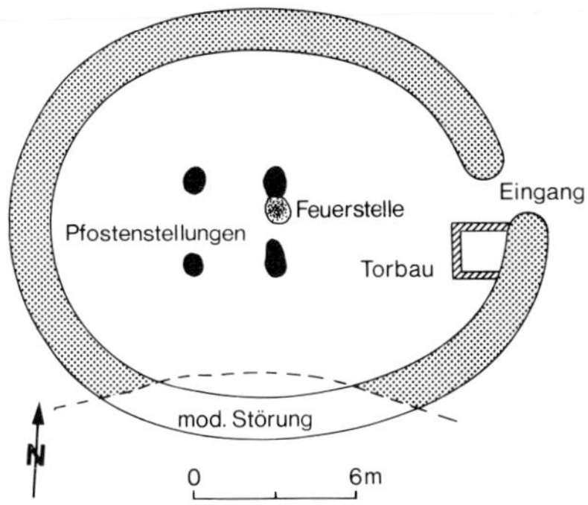

Abb. 443 Rüsselsheim. Straßenturm

Rüsselsheim GG

Röm Straßenturm und Altar

Abb 443

Einer der wenigen bisher entdeckten röm Straßentürme, die der Überwachung der Fernstraßen dienten, wurde SO von Rüsselsheim in der Flurgewann »Haßlocher Tanne« ausgegraben. Freigelegt wurde ein 1,20–1,80 m breiter und bis zu 0,80 m tiefer Spitzgraben, der eine ovale Fläche umschloß, in deren Zentrum sich die Standspuren von vier 0,34–0,45 m starken Holzpfosten befanden. Diese dürften ohne Zweifel zu einem turmartigen Bauwerk gehört haben, von dem sich – mit Ausnahme einer Feuerstelle neben dem NO Eckpfosten – keine weiteren Spuren mehr erkennen ließen. Die O-Seite des Grabenovals war unterbrochen, die Grabenenden an dieser Stelle gegeneinander versetzt. Hier lag der Eingang. Unmittelbar hinter dem S Grabenende zeigten sich die Spuren von 2 m langen und 0,20 x 0,40 m starken Balken. Sie dürften zu einem Nebengebäude gehört haben. Bei dem aus dem Graben geborgenen Fundmaterial fehlen die charakteristischen Formen der 2. Hälfte des 2. Jh nChr. Die frühesten Stücke reichen aber in das 1. Jh nChr hinein. Der Turm stand in der Nähe der bereits früher als geeigneter Standplatz für eine Straßensicherung angenommenen Kreuzungsstelle zweier Römerstraßen, die von Hofheim nach Groß-Gerau bzw. von Rüsselsheim nach Seligenstadt führten.

1802 wurde W von Rüsselsheim, nahe am Mainufer gegenüber von Hochheim ein Altar mit Weihinschrift gefunden. »Den Wegegottheiten hat Aelius Demetrius, Centurio der 22. Legion sein Gelübde gern und freudig erfüllt.« Auf den Seiten des Altars ist jeweils ein Baum ausgearbeitet. Der Stein markiert einen bereits in domitianischer Zeit bei Rüsselsheim bestehenden Straßenknotenpunkt, der dort lag, wo sich die S Mainuferstraße mit der nach SO gegen Haßloch ziehenden Römerstraße kreuzte. Scha

Ao: Mittelrheinisches Landesmuseum, Mainz (Altar)
Lit: Fundber. Hessen 3, 1963, 139 – SRoth, Der röm Wachtturm bei Rüsselsheim, Kr. Groß-Gerau, in der Flur Haßlocher Tanne. Fundber. Hessen 5/6, 1965/66, 89 ff – CIL XIII 6429a – Westdt. Zeitschr. 21, 1902, 200 – Schumacher, Heerstraßen 73.

Saalburg (Taunus) HG

Kohortenkastell und Museum*

Abb 13, 41, 53, 56, 57, 65, 85, 111, 444–447

Die Saalburg liegt unweit von Bad Homburg in den Wäldern auf der Höhe des Taunus. Der Limes folgt hier dem Taunuskamm. Der Bergkamm hat bei der Saalburg eine Einsattelung. Schon immer zogen Wege von der Rhein-Main-Ebene über den Saalburgpaß in das Usinger Becken. Heute führt die B 456 Bad Homburg–Usingen an der Saalburg vorbei (großer Parkplatz) über den Taunus.

Als die Römer nach dem Chattenkrieg Kaiser Domitians (83–85 nChr) den Limes anlegten, sperrten sie den Paß anfangs mit den kleinen Schanzen A und B. Sie dürften die ältesten röm Bauwerke an der Stelle der Saalburg sein. Wenig

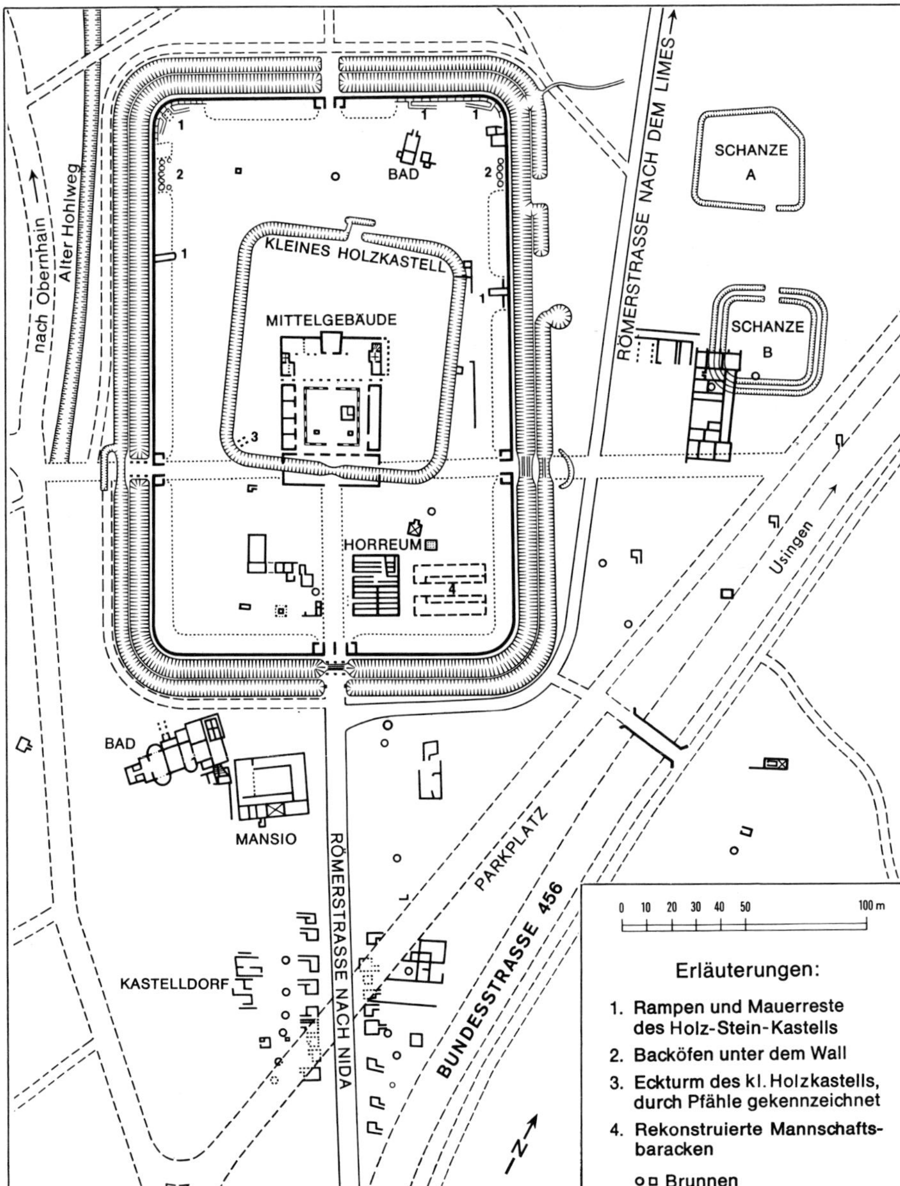

Abb. 444 Saalburg im Taunus. Kohortenkastell. Lageplan

Abb. 445 Saalburg im Taunus. Rekonstruiertes Limeskastell ▶

später, wohl um 90 nChr, ist das kleine Holzkastell entstanden (0,7 ha). Seine Spuren zeigten sich bei den Ausgrabungen inmitten des späteren Kohortenkastells. Die Besatzung des kleinen Holzkastells ist nicht bekannt; sie hatte die Stärke eines Numerus (etwa 150–200 Mann). Einige Funde deuten darauf hin, daß die kleine Hilfstruppe aus Britannien kam.
Etwa 4 Jahrzehnte später, um 135 nChr, erbaute die *Cohors II Raetorum civium Romanorum equitata* ein 3,2 ha großes Lager. Es erhielt zunächst eine Umwehrung aus Stein und Holz. In der zweiten Hälfte des 2. Jh ist sie durch eine Mörtelmauer mit angeschütteter Erdrampe ersetzt worden. Das Kastell bestand bis zum Ende des Limes um 260 nChr. Der Name der Kastellbesatzung ist auf mehreren Steininschriften überliefert. Dort werden auch Kommandeure der Truppe erwähnt, beispielsweise auf einem Fortuna-Altar aus den Kastellthermen: *Fortunae C. Mogillonius Priscianus praefectus Cohortis II Raetorum civium Romanorum votum solvit laetus libens merito;* Übersetzung: »Der Fortuna hat C. Mogillonius Priscianus, Präfekt der 2. Räterkohorte römischer Bürger, sein Gelübde (einen Altar zu stiften) gerne, freudig und nach Gebühr erfüllt.« Die Räterkohorte ist anfangs aus dem Alpenstamm der Räter ausgehoben worden. Später kam die Ersatzmannschaft aus unserem

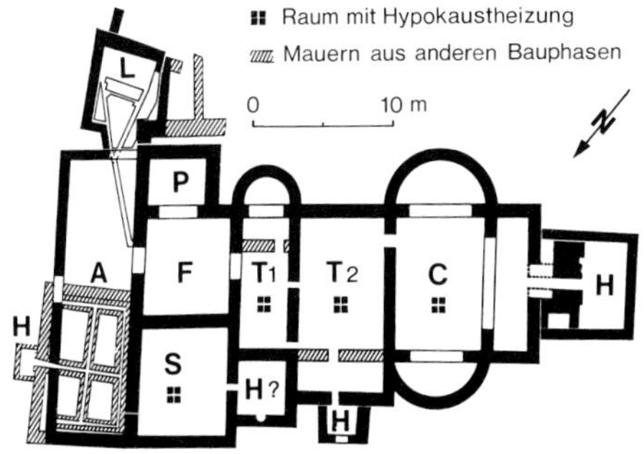

Abb. 446 Saalburg im Taunus. Kastellbad. A Auskleideraum (apodyterium) F Kaltbad (frigidarium) mit Kaltwanne P, S Schwitzbad (sudatorium), T_1, T_2 Warmbad (tepidarium). C Warmbad (caldarium), H Heizraum

Raum. Als Auszeichnung im Krieg ist den beteiligten Soldaten der Kohorte das röm Bürgerrecht verliehen worden, das sie als Provinzeinwohner zunächst nicht besaßen.
Im Lauf des friedlichen 2. Jh entstand neben der Saalburg ein ausgedehntes Kastelldorf mit Thermen, Unterkunftshaus (*mansio*) und Heiligtümern. Der Kern des Dorfes (*vicus*) lag vor dem Kastell an den beiden Seiten der Römerstraße, die vom Haupttor der Saalburg schnurgerade zum N-Tor des Civitas-Hauptortes *Nida* (Frankfurt a. M.-Heddernheim) führte. Die langgestreckten, rechteckigen Häuser des Dorfs waren nur teilweise unterkellert. Oft waren sie über 30 m lang. Sie wendeten ihre unterkellerte Schmalseite stets der Straße zu. In den meisten Häusern gab es einen Brunnen.
Die Bedeutung der Saalburg beruht auf den jahrzehntelangen Ausgrabungen, die vor allem L. und H. Jacobi unternommen haben. Sie setzten schon im vorigen Jh ein und waren zu Beginn des 1. Weltkriegs im wesentlichen abgeschlossen. Sie brachten eine außerordentliche Fülle von Funden zutage und führten zu baugeschichtlichen Erkenntnissen, die für andere archäologische Untersuchungen am Limes beispielhaft wurden. Damals kam auch der Gedanke auf, die gut erhaltene Kastellruine durch einen Wiederaufbau als Museum zu nutzen. Er ließ sich dadurch verwirklichen, daß der Museumsgründer Prof. L. Jacobi Kaiser Wilhelm II. dafür zu gewinnen verstand. 1898–1907 sind die wiederaufgebauten Teile der Saalburg entstanden. Seitdem können die reichen Ausgrabungsfunde der Saalburg und anderer röm Fundstätten im Kastell selbst gezeigt werden. Zugleich ist die Saalburg das einzige Limeskastell, das in seinen wichtigsten Teilen rekonstruiert wurde und daher den Besuchern einen Eindruck einer röm Grenzfeste vermittelt. Bei den Grabungen sind auch die Grundmauern der Vicusbauten freigelegt und konserviert worden. Es gibt keinen anderen Kastellvicus am obergermanischen und am raetischen Limes, von dem noch so viel zu sehen ist.
Man betritt das Kastell durch das Haupttor (*porta praetoria*). Hier kann der Besucher auch weitere Informationsschriften zur Saalburg und zum Li-

Abb. 447 Saalburg im Taunus. Haupttor des Kohortenkastells

mes erwerben. – Das rekonstruierte Tor gehört zu der spätesten Kastellumwehrung, der Mörtelmauer aus der zweiten Hälfte des 2. Jh, die ebenfalls wieder aufgebaut worden ist. In der Mitte des Kastells steht der große Kommandanturbau (*principia*). Er ist mit einer Vorhalle versehen, die sich über der Kreuzung der zwei wichtigsten Kastellstraßen erhebt. Die Halle diente einst als Antrete- und Apellhalle der Besatzung. In der einstigen Kommandantur, deren Räume um einen Innenhof gruppiert sind, befinden sich heute Museumsräume. Zwischen Principia und Haupttor läuft die *via praetoria*, an der sich auf der O-Seite der große Getreidespeicher (*horreum*) befindet. Er enthält zwei Ausstellungssäle. Ihm gegenüber steht das nur teilweise aufgebaute einstige Haus des Kommandanten (*praetorium*). In der Römerzeit war das Kastell mit Mannschaftsunterkünf-

ten, Ställen, Werkstätten und Magazinen dicht vollgebaut, die um 1900 nicht alle wiedererrichtet worden sind. Nur hinter dem Horreum findet man zwei Beispiele rekonstruierter Mannschaftsbaracken.
Mit Ausnahme einer kleinen Sammlung italischer Skulpturen aus der Römerzeit und der Wandmalerei aus dem Kastell Echzell zeigt das Museum kaum Kunstwerke. Man sieht vielmehr eine Fülle von Werkzeugen und Geräten verschiedenster Art, besseres und einfacheres Küchengeschirr, Schmuck, Kleidungsreste, Waffen und Münzen. Handwerkliche und bautechnische Vorgänge werden an Funden, an Modellen und durch Zeichnungen erklärt. Das Museum pflegt also eine ausgesprochen kulturgeschichtliche Ausstellung, die einen umfassenden Eindruck von dem einstigen Leben an diesem äußersten Vorposten der antiken Welt zu geben vermag. Ba

Lit: LJacobi, Das Römerkastell Saalburg bei Homburg vor der Höhe (1897) – HJacobi, ORL Abt B Band II,1 Kastell Nr. 11 Saalburg (1937) – EFabricius, ORL Abt A Band II,1 Strecke 3 (1936) 126 ff – DBaatz, Die Saalburg, ein Führer durch das röm Kastell und seine Geschichte[7] (1981).

Schaafheim-Mosbach DA

Viergötterstein

Abb 448

Beim Erweiterungsbau der kath. Kirche von Mosbach kam 1906 ein Viergötterstein aus rötlichem Sandstein, auf der Vorderseite mit einer fragmentierten Inschrift, zum Vorschein. Auf den übrigen Seiten sind Fortuna, Minerva und Herkules zu sehen. Die Figuren sind alle in ihrer unteren Partie abgeschlagen.
Ebenfalls beim Abbruch der alten Kirche kam der Rest eines Altars aus rötlichem Sandstein zutage, der auf der Vorderseite das Wort *Mercurio* trägt. Scha

Abb. 448 Schaafheim-Mosbach. Viergötterstein. Minerva

Ao: Hessisches Landesmuseum, Darmstadt
Lit: EAnthes, Archäologische Notizen. 1. Sockel einer Jupitersäule aus Mosbach mit Inschrift und drei Götterdarstellungen. Quartalbl. Hist. Ver. Ghzgtm. Hessen NF 4, 1910, 93 ff – CIL XIII 11744. 11745. – Espérandieu 146 f Nr. 223.

Schaafheim-Radheim DA

Viergötterstein und Merkurrelief

Abb 449

Bis zur Mitte des 19. Jh befand sich im Rathaus von Radheim der Viergötterstein einer Jupitergigantensäule. Der aus rotbraunem Odenwaldsandstein gearbeitete, etwa 1 m hohe Block zeigt relativ qualitätsvolle Darstellungen. Die Gottheiten Herkules, Minerva, Juno und Merkur stehen frontal dem Betrachter zugekehrt in einer Nische.

Bei der 1972 vorgenommenen Restaurierung der kath. Kirche von Radheim wurde hinter der barocken Holzverkleidung des linken Seitenaltars ein Sandsteinrelief wiederentdeckt, das heute frei zugänglich ist. Der auf drei Seiten zurechtgeschlagene Steinblock zeigt die Darstellung einer nackten männlichen Gestalt, die mit dem linken Arm eine neben ihr stehende Stele, umfaßt. Nach den Attributen zu urteilen, handelt es sich um den Gott Merkur. In der durch den großen Haarkranz möglicherweise als weibliche Gestalt zu deutenden Stele ist wohl die in obergermanischen Merkurdarstellungen des öfteren auftretende Begleiterin des Gottes, Rosmerta, zu sehen. Scha

Abb. 449 Schaafheim-Radheim. Viergötterstein. Juno

Ao: Hessisches Landesmuseum, Darmstadt
Lit: EAnthes, Steindenkmäler 222 Nr. 52.53. – Behn, Steindenkmäler 15 Nr. 80.81. – Espérandieu 128 Nr. 194. – Fundber. Hessen 13, 1973, 324.

Schwalbach am Taunus MTK

*Viergötterstein**

Abb 450

Im Jahre 1839 kam ungefähr 1 km NW von Alt-Schwalbach ein Viergötterstein zutage, der in das Museum Wiesbaden gelangte. Der Viergötterstein diente, wie üblich, als Sockel einer Jupiter-

Abb. 450 Schwalbach am Taunus. Kopie des Viergöttersteins: Herkules mit dem Fell des nemeischen Löwen

gigantensäule, die aber nicht gefunden wurde. Bei späteren Ausgrabungen im Jahre 1906 untersuchte H. Jacobi nahe der Fundstelle des Viergöttersteins die bereits stark zerstörten Reste eines röm Gutshofs. – Kürzlich ist eine Kopie des Viergöttersteins vor der O-Ecke des Waldfriedhofs nahe der Limesstadt in einer kleinen Anlage aufgestellt worden; die Fundstelle des Originals liegt etwa 1 km SO davon. Auf den vier Seiten des Steins sind die Götter Juno, Merkur, Herkules und Minerva dargestellt. Ba

Lit: Bauchhenß u. Noelke, Die Jupitersäulen in den germanischen Provinzen (1981) 217 Nr. 462 – GWolff, Die südl. Wetterau in vor- u. frühgeschichtl. Zeit (1913) 145.

Schwanheim → Frankfurt a. M.-Schwanheim

Seckmauern ERB (MIL)

*Limeskastell und villa rustica**

Abb 451

Der Ort Seckmauern erstreckt sich längs der Straße unten im Steinbachtal. Er liegt in einem vorspringenden Zipfel hessischen Gebiets, der in den bayerischen Landkreis Miltenberg hineinragt. Die bayerische Landesgrenze läuft knapp 1 km N vom Ortskern oben auf der Höhe. Etwa 300 m jenseits der Grenze lag ein kleines Limeskastell im Wald, und zwar auf der Anhöhe 283, gerade am Beginn des N-Hangs. Es befindet sich also im Landkreis Miltenberg. Der Platz war gut gewählt: da der Berg im Altertum wegen des Kastells unbewaldet war, muß man damals einen vorzüglichen Blick von oben in das Maintal gehabt haben, insbesondere bestand Sichtverbindung zu dem größeren Kastell Obernburg. Heute ist vom Kastell Seckmauern nichts mehr zu sehen. Mit 0,6 ha Fläche gehörte es in die gleiche Größenklasse wie die kleinen Numeruskastelle der

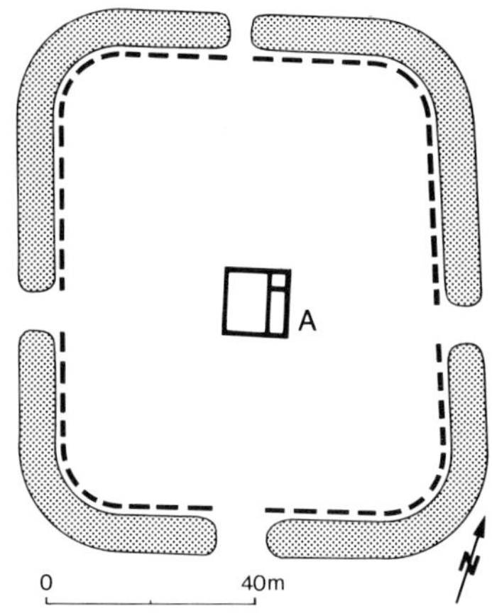

Abb. 451 Seckmauern. Kastellplan. A Nebengebäude der Villa rustica

Odenwaldlinie, doch ist es im Gegensatz zu diesen nie in Stein ausgebaut worden. Auch besaß es vier Tordurchlässe, während die Numeruskastelle im Odenwald nur drei Tore aufweisen. Die Besatzung ist unbekannt; vielleicht war ein Numerus in dem Kastell stationiert, der später in eines der Nachbarkastelle versetzt worden sein könnte. Nach den Grabungsergebnissen der RLK (E. Anthes 1901) wurde das Kastell Seckmauern nämlich von der Limespalisade durchschnitten. Daher muß der hölzerne Wehrbau zur Zeit der Errichtung der Palisade unter Kaiser Hadrian (117–138) bereits verlassen gewesen sein. Auch sprechen einige Funde dafür, daß das Kastell in der Frühzeit der röm Okkupation angelegt worden ist, wohl noch unter Kaiser Domitian. Hölzerne Kastelle von ähnlicher Größe sind zu dieser Zeit auch an der Mainlinie erbaut worden, unter anderem in Hainstadt und Stockstadt. Diese Kastelle waren ebenfalls nur während einer kurzen Übergangszeit zu Beginn der röm Okkupation besetzt.
Nach der Verlegung des Limes in der Mitte des 2. Jh entstand im Bereich des aufgegebenen Kastells ein kleines, ländliches Anwesen (*villa rustica*). Etwa 100 m W vom Kastell sind zwei Terrassen mit Mauerschutt im Wald sichtbar, die »Feuchte Mauer«, während sich in etwa der gleichen Entfernung O vom Kastell am oberen Be-

ginn einer tief eingeschnittenen Erosionsrinne einige Mauerspuren zeigen, die von dem zugehörigen Badegebäude herrühren. Auch innerhalb der Fläche des verlassenen Kastells entstand ein Nebengebäude der Villa. Ba

Lit: EAnthes ORL Abt B Band V,1 Kastell Nr. 46b (1903) – DBaatz, Kastell Hesselbach. Limesforschungen 12 (1973) 127 f.

Seligenstadt OF

Kohortenkastell und Lagerdorf am Mainlimes

Abb 452, 453

Das Kastell liegt im Bereich der Altstadt auf dem Hochufer des Mains. Es erstreckt sich von dem Gelände der staufischen Pfalz über den Marktplatz in WO-Richtung und von der Kleinen Maingasse bis zur Mohrmühlgasse in NS-Richtung.

Ausgangspunkt für die röm Forschung am Ort war das in den Jahren 1819 und 1840/41 ergrabene Kastellbad, das unterhalb der Hans-Memling-Schule in unmittelbarer Nähe des heutigen Anlegeplatzes der Mainfähre lag. Die Versuche, das zugehörige Kastell zu finden, blieben bis ins 20. Jh erfolglos. Erst 1914 vermutete E. Fabricius, die röm Befestigungsanlage müsse auf dem Altstadtplateau liegen. Durch dort durchgeführte umfangreiche Kanalisationsarbeiten im Jahr 1937 konnten Kastellmauer und -graben an mehreren Stellen beobachtet und die Größe des Kastells (160 x 190 m = 3 ha) festgestellt werden. Der ermittelte Flächeninhalt des Steinkastells, der nach jetzt erfolgter genauer Einmessung sogar 3,11 ha betragen hat, stimmt sehr gut überein mit der Kastellgröße, die für die inschriftlich belegte Besatzungstruppe Seligenstadts, die *Cohors I civium Romanorum equitata* erforderlich war. Diese Truppe wird auf einem Inschriftenfragment, das oberhalb der Kanzel in der Einhards-

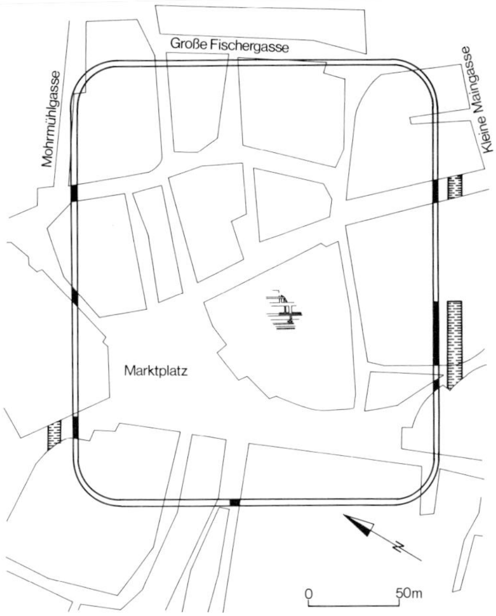

Abb. 452 Seligenstadt. Kastellplan

Basilika vermauert ist, genannt. 1975 und 1976 führte Verf. schließlich auf dem Gelände hinter dem heutigen Rathaus die ersten systematischen Grabungen innerhalb des Kastellareals durch. Zunächst konnten die Reste der Steinphase freigelegt werden. Erkennbar war die Vorderfront eines Steingebäudes, von dessen Fundament nur noch die letzte Steinlage erhalten war. Davor lag ein Pfostengräbchen, auf dessen Pfosten ein Vordach (*porticus*) ruhte und parallel dazu ein zweiperiodiges Trauf- oder Abwassergräbchen. Weitere zum Teil ausgebrochene Mauerzüge ließen im Innern des Gebäudes zwei Räume von etwa 3 x 3 m Größe erkennen. Im hinteren Raum waren noch Estrichreste vorhanden. Unter der Vorderfront zeigte sich das Pfostengräbchen mit Pfosten eines älteren Holzgebäudes, vor dem sich ebenfalls ein Vordach befand, das auf großen Pfosten auflag. Zu den Holzresten gehörte die ältere Einfüllzone des Traufgräbchens. Die Datierung der beiden Bauperioden ergab sich aus dem vor allem in der Taufgräbchenfüllung eingelagerten

Fundmaterial. Einige Funde sprechen für einen Beginn des Holzkastells spätestens in trajanischer Zeit. Möglicherweise ist das Kastell auch etwas älter. Der Steinausbau des Kastells erfolgte um die Mitte des 2. Jh nChr. Mit den bei dieser Grabung angeschnittenen Bauresten dürfte ein Teil der Stabsgebäude (*principia*) freigelegt worden sein. Allerdings läßt sich dies nicht ganz sicher sagen, da ähnliche Raumgrößen sowohl bei Stabsgebäuden als auch bei Mannschaftsbaracken vorkommen können.

Ebenfalls 1976 konnte in der Freihofstraße ein Graben auf über 50 m Länge freigelegt werden, der möglicherweise zu einem kleineren, dem späteren Steinkastell vorausgehenden Holz-Erde-Kastell gehört.

Das SO des Kastells unmittelbar am Main gelegene Kastellbad wurde im 19. Jh nur zu einem Teil ausgegraben. Nach der vorhandenen Zeichnung handelt es sich um ein Bad des Reihentyps, bei dem die unterschiedlich temperierten Baderäume hintereinander begangen wurden. Die aufgedeckten Reste waren zum überwiegenden Teil hypokaustiert, so daß wohl der Warm- und Heißbadetrakt der Therme angeschnitten worden war. Die Wasserzuleitung erfolgte von SW. Die aus dem Bad stammenden Ziegelstempel nennen die Kastellbesatzung, die *Cohors I civium Romanorum equitata.* Die teilweise berittene Einheit in der Stärke von 500 Mann war noch um die Wende des 1. zum 2. Jh nChr in Niedergermanien stationiert, wurde aber bald danach versetzt, da sie bereits 116 nChr in Obergermanien bezeugt ist. Schon zu dieser Zeit dürfte sie in Seligenstadt gestanden haben, wo sie bis zum Limesfall um 260 nChr verblieb. Offenbar hat die Truppe am Ort Ziegel über den eigenen Bedarf hinaus zum Versand produziert, da sich auch an anderen Kastellplätzen Ziegelstempel dieser Kohorte gefunden haben.

In Seligenstadt existierte ein ausgedehntes Lagerdorf, dessen Spuren sich an allen drei Landseiten des Kastells gefunden haben. Nach der Fundstreuung zu urteilen, bestand es bereits seit der Zeit des älteren Holzkastells. Aus einer 1953 auf dem Marktplatz gefundenen Terra-Sigillata-Scherbe mit Graffito . . . *ogabi Nundinensium*

Abb. 453 Seligenstadt. Diana-Altar des Legionscenturio Lucius Gellius Celerianus (Landschaftsmuseum Seligenstadt)

(Name einer Marktgottheit?) hat man auf einen Markt in röm Zeit beim Kastell Seligenstadt geschlossen.

Jeweils an den aus den Kasteltoren herausführenden Straßen lagen die Friedhöfe. Ein großes Gräberfeld befand sich im Bereich des heutigen Steinheimer Tores. Die Funde datieren die geborgenen Gräber, allesamt Brandgräber, in den Beginn des 3. Jh nChr. Weitere Gräberfelder lagen im Bereich der ev. Kirche und an der Froschhäuser Straße. Möglicherweise zu einem röm Gutshof gehört das Gräberfeld am Fürgebrüchsweg.

Die Grabung 1975 hinter dem Rathaus lieferte bedeutsame Hinweise auf die Weiterbesiedlung des Kastellareals in der frühen Völkerwanderungszeit. Unmittelbar über den röm Strukturen lagen an 2 Stellen Gruben mit zahlreichem Keramik- und Knochenmaterial. Die Keramik setzt sich zusammen aus einigen Randstücken der spätrömischen Terra-Nigra-Ware sowie den Fragmenten ihrer handgemachten germanischen Nachahmung, die an Ort und Stelle gebrannt wurden. Ein beinernes Dreilagenkammbruchstück, das mit in der Siedlungsgrube lag, verweist auf den elbgermanischen Zusammenhang. Die Funde sind absolut datiert durch eine röm Münze, geprägt im Rom 341–346 nChr. Damit lassen sie sich in die Mitte bis 2. Hälfte des 4. Jh datieren. Eine ebenfalls bei der Grabung gefundene rädchenverzierte Sigillata-Scherbe des 4. Jh unterstützt diesen zeitlichen Ansatz in willkommener Weise. Scha

Landschaftsmuseum Seligenstadt

Klosterhof 1. März–Okt. Führungen: Di–So 10–12, 13–16 Uhr. Nov.–Febr. Führungen: Di–So 10–12, 13–15 Uhr.
Das Museum ist in den Räumen der ehemaligen Benediktiner-Abtei untergebracht. Schwerpunkte sind die röm, die Kloster- und Stadtgeschichte sowie die Volkskunde. Das Museum befindet sich in der Neuplanung.
Im Untergeschoß der Prälatur wird nur eine Auswahl röm Gegenstände gezeigt. Links neben dem Eingang findet der Besucher einen Weihestein, der 1840/41 beim Abbruch des Maintorturms freigelegt wurde. Die Inschrift lautet: »Der Diana Augusta und zum Wohl unserer Herren, der Kaiser Severus und Antoninus (Caracalla) und des Caesaren Geta sowie des gesamten vergöttlichten Kaiserhauses hat Lucius Gellius Celerianus, der Sohn des Lucius aus der Tribus Flavia ein Nemeter, Centurio der 22. Legion primigenia pia fidelis, den Altar und eine Tafel (Bildwerk?) für sich und die Seinen gestiftet unter dem Konsulat des Cilo und des Libo (204 nChr).« Auf der rechten Schmalseite des Steins ist ein nach links springender Hirsch dargestellt, auf der linken eine Hirschkuh, die ihr Kalb säugt. In einigen Vitrinen sind Gefäße aus den Grabungen im Stadtbereich ausgestellt. Der überwiegende Teil des röm Materials wird im Magazin des Museums gelagert. Scha

Lit: KNahrgang, Die Bodenfunde der Ur- und Frühgeschichte im Stadt- und Landkreis Offenbach am Main (1967) 187 ff, mit weiteren Literaturhinweisen und zahlreichen Abbildungen auch zur Topographie – ESchallmayer, Das röm Seligenstadt, Kreis Offenbach. Führungsblatt zum Kastell und zur Zivilsiedlung. Arch. Denkmäler in Hessen 9 (1979) – Ders., Ausgrabungen in Seligenstadt – Zur röm und mittelalterlichen Topographie des Ortes. In Vorbereitung für Fundber. Hessen 21, 1981.

Steinbach → Michelstadt-Steinbach
Steinheim → Hanau-Steinheim

Stockstadt am Main AB

Kohortenkastell

Abb 99, 157, 158, 454–456

Am S Ortsausgang von Stockstadt überquert die Landstraße nach Aschaffenburg eine Eisenbahnlinie. Unmittelbar S davon dehnt sich der umfangreiche Baukomplex der Papierfabrik PWA aus. Die Fabrik steht auf dem Gelände des ehemaligen Kastells und des Vicus; von den röm Bauten ist daher in Stockstadt nichts mehr zu sehen. Der Bau der Fabrik (seit 1897) hat jedoch jahrelange Ausgrabungen im Kastell und seiner Umgebung bewirkt. Schon vorher hatte W. Conrady Untersuchungen in der längst bekannten röm Fundstätte unternommen und das Kastell entdeckt (seit 1885). Die Ausgrabungen beim Bau der Fabrik begannen 1898 und zogen sich bis 1907 hin; sie wurden von dem Fabrikingenieur C. Wirth beaufsichtigt. In den folgenden Jahren hat der Aschaffenburger Geschichtsverein noch einige Nachuntersuchungen angestellt. Wegen der großflächigen, intensiven Ausgrabungen sind die röm Wehrbauten und der Vicus von Stockstadt die am besten bekannten des älteren Mainlimes.

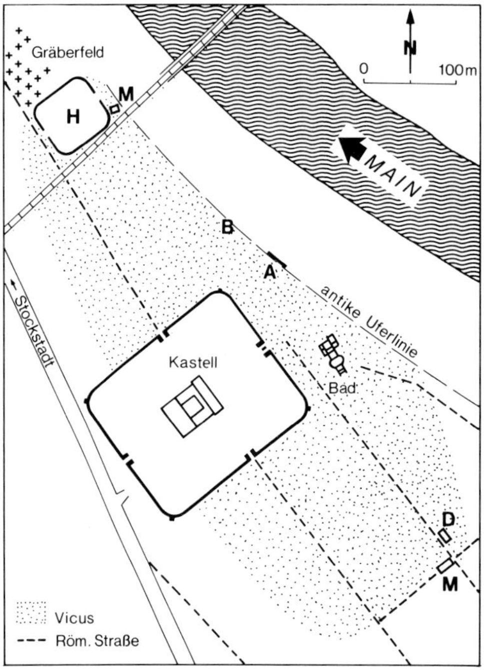

Abb. 454 Stockstadt. Übersichtsplan. H Holzkastell, A Anlegestelle, B Benefiziarierstation, M Mithräum, D Dolichenum

Folgende röm Wehranlagen sind festgestellt worden: 1. Kleinkastell aus Holz von 0,3 ha Fläche (H), das unmittelbar N von der heutigen Eisenbahnlinie lag; 2. Holzkastell unbekannter Größe, von dem man nur etwa 50 m der NW Umwehrung fand, und zwar neben der Eisenbahnlinie, dicht am vorhergenannten Holzkastell; 3. das Kohortenkastell (3,2 ha), das zunächst eine hölzerne Umwehrung besaß, die später durch eine Steinmauer ersetzt wurde.

Wahrscheinlich ist das kleine Holzkastell der älteste Wehrbau der Römer in Stockstadt. Es dürfte um 90 nChr errichtet worden sein. Das 2. Holzkastell ist wohl etwas später entstanden und könnte größer gewesen sein. Vielleicht war es nur ein vorübergehendes Baulager für die *Cohors III Aquitanorum equitata civium Romanorum*, die um 100 nChr S davon das Kohortenkastell baute. Noch in der ersten Hälfte des 2. Jh ist die 3. Aquitanerkohorte in das Kastell Neckarburken versetzt worden. An ihre Stelle trat in Stockstadt die *Cohors II Hispanorum equitata pia fidelis*, die in Wimpfen gewesen war. Doch schon in der Mitte des 2. Jh wurde sie nach Neuwied-Heddesdorf kommandiert. Nun wurde die *Cohors I Aquitanorum veterana equitata*, die aus dem Kastell Arnsburg am Wetteraulimes kam, zur Besatzung des Kastells Stockstadt. Die Abfolge der verschiedenen Wehrbauten und der Besatzungstruppen scheint verwickelter gewesen zu sein als bei anderen Limeskastellen. Das ist aber wohl nur eine Folge der intensiveren Untersuchungen in Stockstadt, durch die sehr viele Einzelheiten zur Baugeschichte bekannt wurden. Andere Limeskastelle, die nur flüchtig untersucht werden konnten, mögen eine ähnlich komplizierte Baugeschichte haben, von der wir nur nichts wissen. Die Truppenbewegungen können zum Teil mit fernen Ereignissen im Römerreich zusammenhängen, etwa mit dem jüdischen Aufstand unter

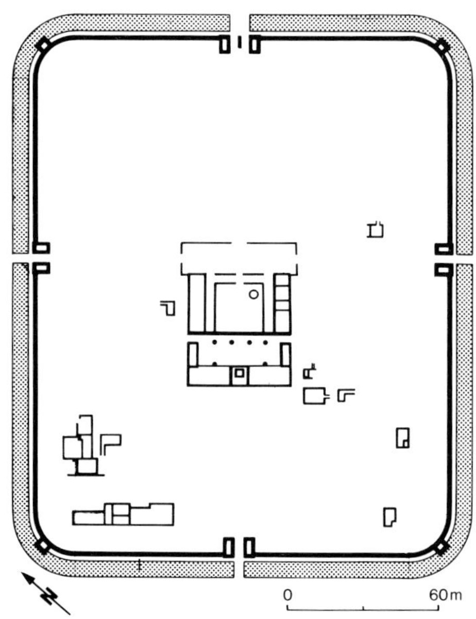

Abb. 455 Stockstadt. Kohortenkastell

Kaiser Hadrian, zu dem auch Hilfstruppen aus den nördlichen Provinzen des Reichs nach Palästina abgezogen worden sind.
In der 2. Hälfte des 2. Jh hat anscheinend ein Germaneneinfall das Kastell und den Vicus betroffen. 1962 förderte nämlich ein Bagger bei Umbauarbeiten in der Papierfabrik einen umfangreichen Münzschatz zutage. Er umfaßte 1316 Denare und 6 Goldstücke. Er ist um 170 nChr im Inneren des Kastells in einem Tonkrug vergraben worden. Sein Besitzer hat ihn nicht wieder herausholen können. Vermutlich ist es damals zu Zerstörungen im Kastell gekommen. Sie sind aber bald beseitigt worden. Der Wehrbau bestand weiter und hat seine Aufgabe bis in die Mitte des 3. Jh erfüllt.
Das Kastell richtete seine Hauptfront gegen den Main, der hier die wichtigste Verkehrsader war. Die Ecktürme der Umwehrung springen ungewöhnlich weit vor, sie sind wahrscheinlich erst während einer späteren Bauphase angefügt worden. In der Mitte des Kastells fand man den sehr klaren Grundriß der Kommandantur (*principia*), eines Steingebäudes. Leider haben die Ausgräber mit den Grabungsmethoden der Jahrhundertwende die zahlreichen Holzbauten im Inneren des Kastells nicht sicher erfassen können. Mit Ausnahme der *principia* waren alle übrigen, damals aufgedeckten Steinbauten ausnahmslos Teile einstmals größerer Bauwerke aus Fachwerk, deren Gesamtgrundrisse unbekannt geblieben sind. Der Vicus dehnte sich längs des Mains aus. Vor dem Kastell fand man an der röm Uferlinie den Anlegekai für Schiffe. Nicht weit davon lag eine Benefiziarierstation zur Überwachung des Verkehrs. Auch das Kastellbad ist vor dem Kastell aufgedeckt worden (1898). Nach der Ausgrabung hat es 70 Jahre lang sichtbar freigelegen, mußte dann aber einem Fabrikgebäude weichen. Die Ruine wurde nach → Aschaffenburg-Nilkheim versetzt und dort im Park wieder aufgebaut. – Aus dem Vicus gibt es Zeugnisse eines regen, religiösen Lebens. Zwei Mithrastempel und ein Heiligtum des Jupiter Dolichenus waren östlichen Gottheiten geweiht. Außerdem fand man Hinweise auf einen Fortunatempel und ein Quellheiligtum der Nymphen. Bei den Heiligtümern sind

Abb. 456 Stockstadt. Altar von der Benefiziarierstation. Der Altar wurde im Jahre 167 von dem Benefiziarier Lucius Flavius Paternus wegen eines Gelübdes geweiht, das er den Göttern Jupiter, Juno, Merkur und dem Genius des Ortes abgelegt hatte (Saalburgmuseum, Bad Homburg)

zahlreiche Altäre, Steininschriften und Skulpturen gefunden worden. Ba

Ao: Stiftsmuseum Aschaffenburg, Saalburgmuseum, Bad Homburg
Lit: FDrexel, ORL Abt B Band III Kastell Nr. 33 (1910) – KStade, ORL Abt A Strecke 6 (1933) 29 ff – HJKellner, Germania 41, 1963, 119 ff – DBaatz, Bayerische Vorgeschichtsblätter 34, 1969, 63 ff.

Taunusstein-Wehen → Heidekringen
Taunusstein-Orlen → Zugmantel im Taunus
Trais-Münzenberg → Münzenberg

Trebur GG

*Röm Weihinschrift**

Abb 457

Im Jahr 1912 kam an der SW-Ecke des Kirchturms der Treburer Kirche 2,90 m über dem Boden eine leicht beschädigte Basaltsteinplatte mit einer röm Inschrift zum Vorschein. »Zu Ehren des göttlichen Kaiserhauses und der Göttin Virodacthi haben der Ort der Nidenser und die Einwohner des *vicus August(anus)* aus öffentlichen Mitteln (das Bauwerk? oder die Weihung?) errichten lassen.«

Abb. 457 Trebur. Römische Inschrift im Kirchturm vermauert

Die Einwohner des Ortes *Nida* erbauten zusammen mit denen des *vicus Augustanus* ein Bauwerk oder stellten ein Weihegeschenk für die Göttin Virodacthi auf, die wohl zu den Muttergottheiten zu zählen ist. Die Lokalisierung des vicus Augustanus ist bisher nicht gelungen. Möglicherweise handelt es sich um einen Ortsteil von *Nida*.

Scha

Lit: EAnthes, Trebur, Inschrift der Virodacthis. Röm.-Germ.-Korresbl. 6, 1913, 93 f mit Abb 36. – CIL XIII 11944. – UFischer u. WSchleiermacher, Eine Dendrophoreninschrift aus Heddernheim. Germania 40, 1962, 84.

Trennfurt MIL

Numeruskastell und Weihestein der Holzfäller*

Abb 458, 459

Von dem 0,6 ha großen Steinkastell der jüngeren Mainlinie, dessen Besatzung wir namentlich nicht kennen, ist nichts sichtbar. Seine unterirdischen Reste liegen zwischen der Hauptstraße (B 469) und dem Bahnkörper, der die O Kastellfront noch anschneidet, am N Rand des alten Ortskerns.
W. Conrady entdeckte die Anlage bei planmäßigen Nachforschungen 1883 und stellte seine Lage und Größe durch stichprobenartiges Angraben der Umwehrung fest, die danach ca. 88 x 63 m groß ist. An dem ungewöhnlich langgestreckten, viertorigen Kastell fällt auf, daß die Seitentore sehr weit hinten liegen, wenn die Vorderfront mainwärts gerichtet ist. Trotz einer Reihe von Suchschnitten wurden damals im Innern keine Gebäude festgestellt. Nur an der rechten Flanke war ein einfacher Spitzgraben nachweisbar, an der rückwärtigen Front hat es mit Sicherheit keinen gegeben. – Es gelang weder dem Entdecker, noch war es bis heute möglich, Spuren des Kastellbades oder des Lagerdorfes aufzufinden. Die

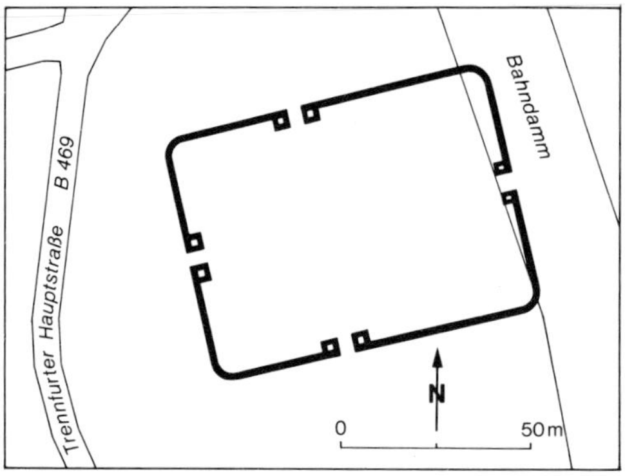

Abb. 458 Trennfurt. Lage des Kastells zwischen Straße und Bahndamm

Abb. 459 Trennfurt. Weihung eines Holzfällerkommandos der 22. Legion an Jupiter, Silvanus Conservator und Diana Augusta

Zahl der von Conrady geborgenen Funde ist äußerst klein. Er berichtet von »einem Amphorenfragment, 2–3 Terra-Sigillata-Scherben, einer Patera von geringer dunkler Tonmasse, wenigen Resten von einem schwärzlichen Näpfchen und einem Faltenbecher sowie einem Stück Dachziegel«, deren Verbleib unbekannt ist.
Wohl aber kennen wir seit 1751 einen Altar, heute im Eingang der Trennfurter Kirche eingemauert, auf dem sich eine Vexillation der 22. Legion aus Mainz nennt. Sie war zur Holzbeschaffung nach Trennfurt abkommandiert und wohl im Kastell einquartiert worden. Der von ihr 212 nChr gestiftete Altar ist dem Jupiter, dem Silvanus Conservator und der Diana Augusta geweiht. Bis heute ist dies die einzige uns bekannte Inschrift aus Trennfurt geblieben. Holzfällerkommandos kennen wir vom waldreichen Untermaingebiet ferner aus → Obernburg und → Stockstadt. Be

Lit: W. Conrady, Das Kastell Trennfurt, ORL Abt B Nr. 37 (1900). – HCastritius, MClauss, LHefner, Die röm Steininschriften des Odenwaldes (RSO), Beiträge zur Erforschung des Odenwaldes und seiner Randlandschaften II 1977, 266 Nr. 37.

Vielbrunn → Michelstadt-Vielbrunn

Viernheim HP

Heimatmuseum

Berliner Ring 28. Öffnungszeiten: So 10–12 Uhr u. nach Vereinbarung.
Zu den reichen Sammlungsbeständen des Heimatmuseums der Stadt Viernheim gehören auch Funde aus mehreren röm Gutshöfen der Viernheimer Gemarkung. Diese Fundstücke und einige Modelle füllen einen eigenen Ausstellungsraum. Sie illustrieren am Beispiel dieser Gemarkung die ländliche röm Besiedlung des Oberrheingrabens, die sich auf wenige, fruchtbare Siedlungskammern konzentrierte. Die Römer bevorzugten die Böden im S und O von Viernheim, die auch heute

dem Ackerbau dienen. Doch gab es auch eine *villa rustica* im Viernheimer Staatswald zwischen dem Lampertheimer Weg und der Römerstraße nach Gernsheim, NW vom Viernheimer Autobahndreieck (»Sandhügel«, auch Römerhügel genannt). Ba

Wamboltsches Schlößchen → Groß-Umstadt

Weiterstadt DA

Gehaborner Hof. Grabstein eines Ermordeten

Abb 460

Im Jahre 1868 kam im Wald beim Eisenbahnbau »einige hundert Schritt südlich vom Hof Gehaborn« ein röm Grabstein des 2. Jh nChr zutage. Leider war sein oberer Teil abgebrochen. Die Inschrift war in Gedichtform gefaßt und lautet ergänzt: [*Dis Manibus . . . Clodius Perigenes . . .*] *. . . hic interfecere latrones, quem genuit Teano Sidicino ex Campania. Altera contexit tellus, dedit altera nasci. Perigenes habet titulum, Secundus officium. P. Clodius Secundus fratri pientissimo.*« »[Den Totengeistern . . . Clodius Perigenes . . .]. Hier erschlugen Räuber einen Sohn der Stadt Teanum Sidicinum in Campanien. Das eine Land deckt ihn mit Erde, das andere gab ihm das Leben. Perigenes hat nun seine Grabschrift, Secundus hat seine brüderliche Pflicht erfüllt. Seinem geliebten Bruder ließ Publius Clodius Secundus (den Grabstein) setzen.«

Abb. 460 Weiterstadt. Gehaborner Hof bei Darmstadt. Grabstein eines Ermordeten

Offensichtlich führte S vom Gehaborner Hof in röm Zeit eine Straße vorbei, die vielleicht von Groß-Gerau über den Darmstädter Raum nach Dieburg lief. Sie ist im übrigen nicht sicher bekannt. Der Erschlagene stammte aus Italien; das Städtchen Teano existiert noch heute, es liegt nördlich von Neapel. Er und sein Bruder hielten sich wohl geschäftlich in der Provinz auf. Obgleich sie gewiß nicht zu den reichen Leuten zu zählen waren, spricht der Grabstein mit seiner metrischen Inschrift doch wenigstens nach den Maßstäben der Provinz für einen gewissen Grad von Wohlstand und Bildung. Das Geschehen deutet auf Sicherheitsprobleme hin, die es offensichtlich auch in der Provinz Obergermanien gab, ohne daß man aus dieser einen Grabinschrift irgendwelche weitgreifenden Schlüsse ziehen dürfte. Ba

Ao: Hessisches Landesmuseum, Darmstadt
Lit: CIL XIII 6429.

*Röm Grabsteinbruchstück**

Abb 461

Bei der Erneuerung des Außenputzes der ev. Kirche wurde an der gotischen Sakristei im Gewände des N-Fensters das Fragment eines röm Grabsteins freigelegt. Die Inschrift ist um 90° verdreht und mit der rechten Seite als Bruchkante nach unten gestellt. Erhalten sind jeweils die Anfänge der

Abb. 461 Weiterstadt. Grabsteinbruchstück, eingemauert in der Kirche

ersten drei Zeilen: »Den Totengöttern, für Julia Mai (. . .) Papiria . . .« Die Inschrift dürfte an das Ende des 1. oder den Beginn des 2. Jh nChr zu setzen sein. Scha

Lit: HCastritius, JSommer, Röm Inschriften aus dem Odenwald und seinen Randgebieten. Der Odenwald 21, 1974, 17 Nr. 1.

Wiesbaden WI

Kastelle und Civitas-Hauptort Aquae Mattiacorum

Abb 46, 462–466

Die Erforschung des röm Wiesbaden geht bis in den Beginn des 19. Jh zurück. Die entscheidenden Erkenntnisse aber werden E. Ritterling verdankt, der von 1899–1911 und von 1914–1923 Direktor des Wiesbadener Museums war. Seine Arbeiten wurden in den folgenden Jahrzehnten von F. Kutsch und H. Schoppa erfolgreich weitergeführt.

Die Kastelle Bei Bauarbeiten im Bereich der Mauritiusstraße, Hochstätte, oberen Kirchgasse und des Mauritiusplatzes konnte 1895 und 1896 ein größerer Aufschluß untersucht werden. Dabei kamen in einer Moorschicht, deren Fundgut mit dem Zerstörungshorizont der Jahre 69/70 abschließt, keramische Funde zutage, die bis in die Zeit des Kaisers Augustus zurückreichen. Da kein Anlaß besteht, hier eine Ansiedlung einheimischer Bevölkerung anzunehmen, ist die Deutung als Importgut nicht möglich. Aber auch die Existenz einer röm Zivilsiedlung rechts des Rheins ohne militärischen Schutz ist in dieser Zeit nicht denkbar, so daß man eine erste militärische Anlage in Wiesbaden in augusteischer Zeit voraussetzen muß. Es ist nicht zu entscheiden, ob es sich bei den ältesten Funden aus der Moorschicht um die Hinterlassenschaft des zu postulierenden Militärpostens handelt oder ob hier im Schutz eines Lagers etwa auf dem Heidenberg eine Lagersiedlung bestand. Die dürftigen Grabungsbefunde lassen keine Schlüsse zu, die militärischen Ausrüstungsgegenstände, die man zunächst als Hinweis auf ein Lager werten möchte, reichen allein nicht für einen Beweis aus. Andererseits läßt sich kein Nachweis für ein Kastell augusteischer Zeit auf dem Heidenberg erbringen. Dort konnte E. Ritterling, gestützt auf ältere Beobachtungen, bei Ausgrabungen 1904/05 drei zu verschiedenen Wehranlagen gehörende Lagergräben nachweisen, die alle dem Steinkastell vorausgingen. Zwar gelang es nicht, den Umfang eines dieser Lager festzustellen, doch konnte durch Überschneidungen deren relative Chronologie geklärt werden. Von dem ältesten Lager (A) wurde ein Grabenstück mit einer Toranlage mit vorgelagertem Schutzgraben (*tutulus*) erfaßt. Das zeitlich folgende Lager (B) ist mit Sicherheit in die vorflavische Zeit zu datieren, für das Lager C fehlen nähere zeitliche Anhaltspunkte. Die Funde vom Heidenberg zeigen eindeutig, daß dort spätestens seit claudischer Zeit Kastelle bestanden. Daß das älteste in augusteischer Zeit errichtet wurde, ist möglich und aufgrund der Lage nicht unwahrscheinlich, ein sicherer Beweis läßt sich jedoch nicht führen. Die im gesamten Bereich Raetiens, Ober- und Niedergermaniens erkennbaren schweren Zerstörungen in den Wirren 69/70 hinterließen auch in Wiesbaden deutliche Spuren:

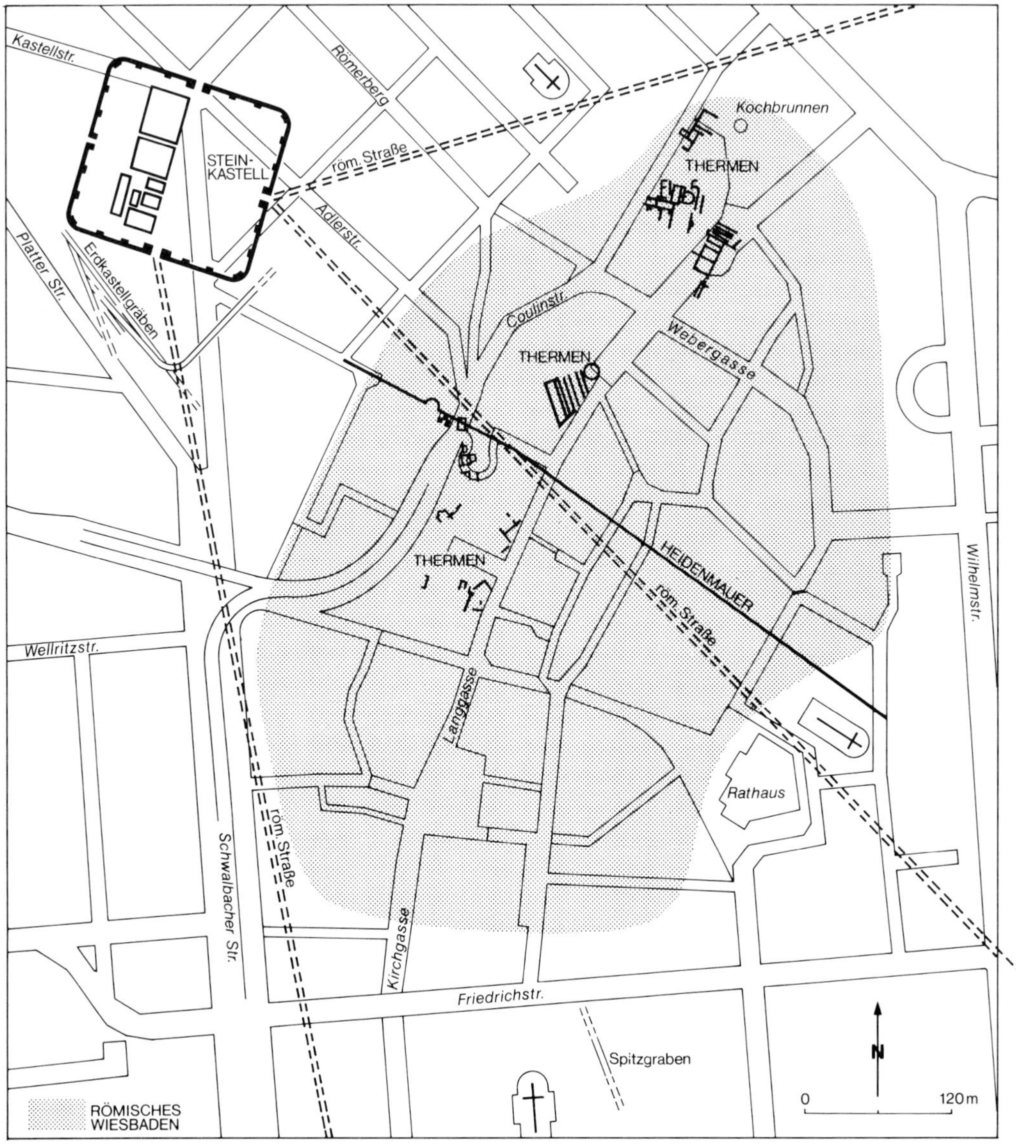

Abb. 462 Wiesbaden. Gesamtplan

Die Lagersiedlung wurde, wie ein Zerstörungshorizont zeigt, im Verlauf der Kämpfe vernichtet. Die Funde lassen darauf schließen, daß Wiesbaden seit der Zeit des Augustus militärisch besetzt war; falls es Unterbrechungen gab, können sie nur so kurzfristig gewesen sein, daß sie sich im Fundmaterial nicht widerspiegeln.

Es ist anzunehmen, daß im Laufe der Reorganisa-

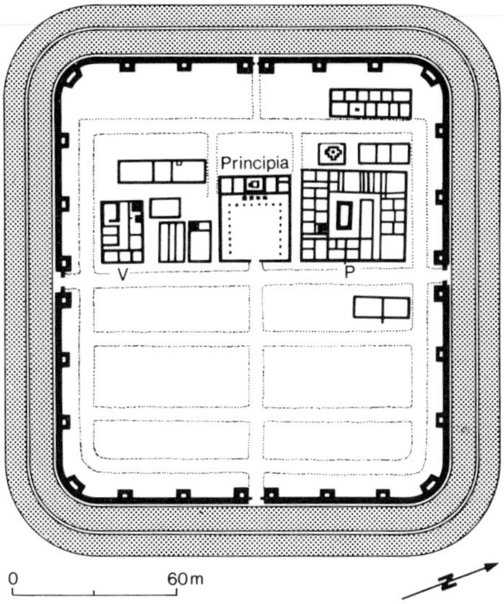

Abb. 463 Wiesbaden. Steinkastell. P Praetorium (Kommandantenhaus), V Valetudinarium (Lazarett)

tionsmaßnahmen des Kaisers Vespasian auch hier wieder ein Kastell errichtet wurde; vielleicht ist es mit dem zeitlich nicht näher einzuordnenden Lager C identisch. Als letztes Kastell in Wiesbaden wurde in den 80er Jahren wohl im Anschluß an den Chattenkrieg Domitians auf dem Heidenberg ein von Gräben umwehrtes Steinkastell von 2,2 ha Fläche errichtet. Durch Grabungen, die sich allerdings auf die Hauptgebäude konzentrierten, konnte ein großer Teil der Innenbebauung untersucht werden, so vor allem das Stabsgebäude (*principia*), das Kommandantenhaus (*praetorium*), das Lazarett (*valetudinarium*) und 2 Speicher (*horrea*). In spättrajanischer oder frühhadrianischer Zeit – spätestens 122 nChr – wurde das Kastell im Zuge der Vorverlegung der Auxiliartruppen an den Limes geräumt, das Areal aber nicht in die Zivilsiedlung einbezogen. Man kann vermuten, daß es auch weiter der militärischen Verwaltung unterstellt blieb, da das Kommandantenhaus zu einem allerdings nicht bekannten Zeitpunkt in eine Truppenwerkstatt (*fabrica*) umgebaut wurde.

Die Kastelle waren jedoch nicht auf den Heidenberg beschränkt. In der Friedrichstraße konnte ein N-S verlaufender Spitzgraben festgestellt werden, der zu einem Lager gehörte, das sich wahrscheinlich in W Richtung erstreckte. Weiter vermutete Ritterling ein Lager im Bereich der Dotzheimer Straße, da dort zahlreiches Fundmaterial der frühen Kaiserzeit, darunter militärische Ausrüstungsgegenstände, zutage gekommen war, eine Annahme, die sich bisher jedoch nicht hat erhärten lassen.

Einige Grabsteine vorflavischer Zeit, die ältesten rechts des Rheins, geben Hinweise auf die in den Erdkastellen stationierten Einheiten. Die Inschriften nennen die Namen dreier während des aktiven Dienstes gestorbener Auxiliarsoldaten. Sie gehörten der *Cohors V Delmatarum* (CIL XIII 7581), der *Cohors I Pannoniorum* (CIL XIII 7582) und der *Cohors IIII Thracum* (CIL XIII 7585) an. In welcher Reihenfolge und für welche Zeitdauer diese Verbände hier lagen, ist ungeklärt. Die erste Besatzung des Steinkastells war wohl die *Cohors II Raetorum*. Dafür sprechen die Grabsteine zweier Angehöriger dieser Truppe, die während ihrer Dienstzeit verstarben (CIL XIII 7583. 7584; Abb 464). Für einen weiteren Soldaten dieser Einheit wurde ein aus dem Jahr 116 nChr datiertes Militärdiplom ausgestellt (CIL XVI 62), das im Bereich des Steinkastells gefunden wurde. Als die 2. Raeterkohorte etwa um 90 nChr nach Butzbach verlegt wurde, folgte ihr die *Cohors III Dalmatarum*, wie Ziegel, die Stempel dieser Truppe tragen, zeigen. Diese Einheit blieb hier wahrscheinlich nur für kurze Zeit in Garnison.

Die Thermen Für die frühe militärische Besetzung Wiesbadens war wohl nicht allein die Überwachung der Taunusübergänge und der Schutz des Mainzer Brückenkopfes ausschlaggebend, auch die Nutzung der Thermalquellen dürfte von Bedeutung gewesen sein. Wie sich aus frühen Ziegelstempeln der 22. Legion erschließen läßt, existierten in Stein erbaute Badegebäude bereits um die Mitte des 1. Jh nChr. Plinius spricht in seiner Naturalis historia (31,20), die im Jahr 77 nChr vollendet wurde, von den heißen Quellen. Der Dichter Martial (Ep. 14,27) erwähnt die

Abb. 464 Wiesbaden. Grabstein des Quintus Vibius Agiustus, eines Soldaten der 2. Raeterkohorte. Ende des 1. Jh. n. Chr. (Museum Wiesbaden)

Verwendung des Wiesbadener Quellsinters als Haarfärbemittel. Von den 3 bekannten Thermenkomplexen ist das Bad am Kranzplatz, welches das Wasser des Kochbrunnens nutzte, am besten erforscht. Beim Bau wurden Ziegel mit Stempeln der Legionen I, XIV und XXI aus domitianischer Zeit verwendet. Charakteristisch für dieses Gebäude sind die beiden großen Becken, die ähnlich auch bei anderen Heilthermen begegnen, und von denen eines an den Seitenwänden Einzelzellen mit Wannen aufweist. Im Zusammenhang mit diesen Thermen steht wohl auch ein mehrräumiger großer Bau in unmittelbarer Nachbarschaft, der als Herberge (*mansio*) gedeutet wird. Auch die Adlerquelle zwischen Langgasse und Coulinstraße wurde genutzt. In ihrer Nachbarschaft wurden die Fundamente eines Rundbaus von etwa 14 m Durchmesser ausgegraben, dessen Innenraum einen auf 5 parallelen Mauerzügen ruhenden Estrich aufwies. Möglicherweise handelt es sich um ein Schwitzbad (*laconicum*). 3 anschließende langgestreckte rechteckige Gebäude und ein kleiner Bau mit einer Apsis dürften zu dem gleichen Baukomplex gehören. Nur sehr wenig ist über die Thermen im Bereich der Schützenhofstraße bekannt. Eine bleierne Rohrleitung mit Stempeln der *Legio XIV Gemina Martia Victrix* führte das Wasser aus einer gefaßten Quelle zu dem Badegebäude, über das nur spärliche Angaben vorliegen, die lediglich erkennen lassen, daß es sich nicht um ein Kastellbad des üblichen Schemas gehandelt haben kann. Diese Thermenanlagen waren vom Heer für den Gebrauch der Truppe errichtet worden; Wiesbaden wurde das Kurbad der Mainzer Legionen und der ihr unterstellten Verbände. Grabsteine von Soldaten, deren Einheiten niemals in Wiesbaden stationiert waren, so der Reiter der *Ala Scubulorum* und der *Ala I Flavia* (CIL XIII 7580. 7579) zeigen dies. Das eindrucksvollste Zeugnis des Kurbetriebes aber ist eine Inschrift, in der die Gemahlin des Mainzer Legionslegaten T. Porcius Rufianus als Dank für die Heilung ihrer Tochter der Diana Mattiaca eine Statue widmete (CIL XIII 7565).

Die Zivilsiedlung Im Schutz der Kastelle entwickelte sich eine Zivilsiedlung, deren Umfang sich aus zahlreichen Aufschlüssen in der heutigen Stadt in groben Umrissen erschließen läßt. Die Bebauungsgrenze verlief etwa längs der Schwalbacher Straße, beginnend in Höhe der Faulbrunnenstraße, des Schulbergs und Hirschgrabens bis zum Kochbrunnen; die Grenze zog von dort nach SO bis zur Mühlgasse; der S Abschluß verlief S der Maurergasse. Die Siedlung hatte keinen Be-

zug auf die vom Kastell ausgehenden Straßen, vielmehr scheint die Hauptachse etwa auf der Linie Mauritiusplatz–Langgasse verlaufen zu sein. Entscheidende Grundlage für die Entwicklung des Ortes waren die Thermen, denen der Platz seinen Namen, *Aquae Mattiacae* oder *Aquae Mattiacorum*, verdankte. Vor 122 nChr, dem Datum eines in Kastel gefundenen Meilensteins, dessen Entfernungsangabe sich auf Wiesbaden bezieht (CIL XIII 9124, vgl. 9125), wurde die Ansiedlung Vorort der *civitas Mattiacorum*. Wie eine Weiheinschrift aus dem Jahr 194 nChr erkennen läßt, auf der die *vicani Aquenses* erwähnt werden (CIL XIII 7566a), hatte der Ort selbst die Rechtsstellung eines vicus. Über den Verwaltungsbereich, die *civitas* s. S. 84 f.
Die Gräberfelder, die wenig erforscht wurden, liegen am Rande der Siedlung im Bereich der vom Steinkastell nach S, O und SO ausgehenden Fernstraßen.
Abgesehen von der Bedeutung, die Wiesbaden als Kurort und Verwaltungszentrum zukam, gibt es kaum Hinweise auf das wirtschaftliche Leben. Erwähnt wird auf einer Inschrift von 212 nChr eine *schola* der *negotiatores civitatis Mattiacorum*, ein Versammlungshaus der Kaufmannschaft (CIL XIII 7587). Eine weitere Inschrift nennt einen *negotiator artis cretariae*, einen Händler mit keramischen Erzeugnissen (CIL XIII 7588).
Einziger durch Grabungen nachgewiesener Kultbau ist ein Mithräum, das 1902 am O-Hang des Schulbergs in der Coulinstraße freigelegt wurde. Das teilweise in den Hang gebaute Heiligtum besaß eine dem Kultraum vorgelagerte Halle, von der 7 Stufen zu dem höhlenartigen Kultraum (*spelaeum*) mit vertieftem Mittelgang, der seitlich von Bänken begleitet wurde, führte. Eine Grube im Mittelgang war zur Aufnahme des Opferblutes bestimmt. Eine seitlich von Nischen begleitete Bank trug das Kultbild, von dem jedoch nichts erhalten ist. Außergewöhnlich ist ein kleiner, von außen zugänglicher Raum hinter dem Kultbild. Das auf einem Privatgrundstück zu Beginn des 3. Jh erbaute Heiligtum wurde um 360 beim Bau der Heidenmauer abgerissen. Auch Jupiter Dolichenus besaß ein Heiligtum, das, wie eine Inschrift lehrt (CIL XIII 7566a), im Jahr 194 von

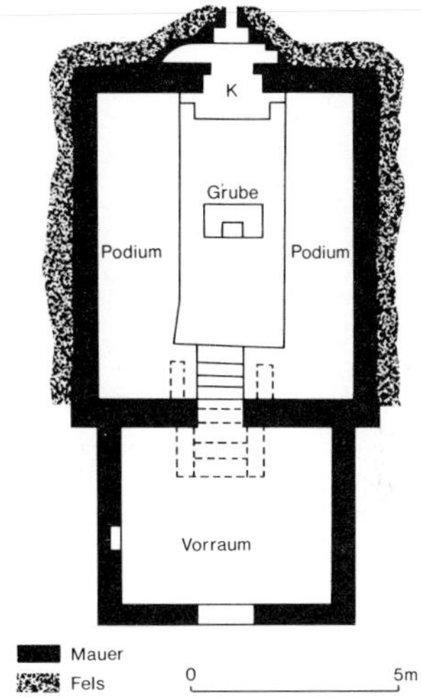

Abb. 465 Wiesbaden. Mithräum. K Aufstellungsplatz des Kultbilds

den *vicani Aquenses*, den Bürgern Wiesbadens, wieder instand gesetzt wurde. Ebenfalls inschriftlich erschließen läßt sich ein Tempel der keltischen Göttin Sirona (CIL XIII 7570). Auf einen Kultbau weisen auch Kapitelle mit Götterdarstellungen, die in der Langgasse und als Spolien in der Heidenmauer gefunden wurden. Auf Weiheinschriften ist die Verehrung des Apollo Toutiorix (CIL XIII 7564) und der Diana Mattiaca (CIL XIII 7565) bezeugt. Der Kaiserkult, der für den Vorort einer Civitas zu erwarten ist, wird durch eine aus Kastel stammende Inschrift eines *sevir Augustalis* belegt (CIL XIII 7271).
Die Entwicklung der Siedlung hatte, wie ein Zerstörungshorizont zeigt, bei den Wirren 69/70 einen erheblichen Rückschlag erlitten. Schwere Zerstörungen trafen den Vicus auch im Verlauf jener Kämpfe, die um das Jahr 260 zum endgültigen Fall des Limes führten: Starke Brandschichten dieser Zeit wurden an mehreren Stellen der Stadt angetroffen. Das Ende bedeutete es jedoch noch nicht, wenn auch zunächst vielleicht eine Unterbrechung eintrat, die bis etwa 280/290 gedauert haben könnte. Münzfunde, darunter ei-

Abb. 466 Wiesbaden. Heidenmauer

nige Horte, beweisen ein Fortleben der Siedlung bis in das beginnende 4. Jh, die sich nun allerdings auf den S Teil des früheren Vicus zwischen Friedrichstraße und Mauritiusplatz beschränkte.

*Die Heidenmauer** Das einzige heute noch sichtbare röm Monument ist die Heidenmauer. Sie verläuft, auf etwa 520 m Länge nachweisbar, vom Hang des Heidenberges nach SO, knickt in Höhe der Kirchgasse schwach ab und zieht von dort bis zur Marienkirche weiter, wo sie in einem mittelalterlichen Turm endet. Ihr etwa 3 m breites, schwach eingetieftes Fundament ruht auf einem Rost von Holzpfählen von durchschnittlich 0,15 m Durchmesser und 0,8 m Länge. Auf dem durch Abtreppungen sich dem abfallenden Gelände anpassenden Fundamentsockel erhebt sich das etwa 2,5–2,6 m breite aufgehende Gußmauerwerk. Die Mauer besaß ursprünglich mindestens 4 Türme, von denen noch einer erhalten ist. Er springt halbkreisförmig mit einem Innenradius von 2,17 m vor die mit ihm im Verband stehende Mauer vor. In unmittelbarer Nähe und in der Mauer selbst wurden Ziegel mit Stempeln der *Martenses*, *Vindices*, *Secundani* und *Portissenses* gefunden, Einheiten des spätantiken Heeres, die zum Kommandobezirk von Mainz gehörten. Sehr wahrscheinlich steht die Heidenmauer in Zusammenhang mit der Erweiterung des Brükkenkopfes von Mainz unter Kaiser Valentinian (364–375). Die Deutung der Heidenmauer ist umstritten: Die Wehrmauer zeigt keine erkennbaren Ecken oder Abschlüsse, und sonst konnte nirgends eine Fortsetzung der Befestigung nachgewiesen werden. E. Ritterling vermutete daher, daß es sich um eine Sperrmauer (*clausura*) gehandelt habe. Da die Geländeverhältnisse jedoch eine Umgehung unschwer erlaubt hätten, neigt man in der neueren Forschung zu der Auffassung, daß die Heidenmauer Teil eines großen Befestigungswerkes war, das nicht mehr vollständig ausgeführt werden konnte. Si

Lit: HSchoppa, Aquae Mattiacae. Wiesbadens röm und alamannisch-merowingische Vergangenheit (1974) (mit vollständigem Verzeichnis der älteren Literatur) – HSchönberger u. H-GSimon, Römerlager Rödgen. Limesforsch. 15 (1976) 236 ff – HSchönberger, Germania 57, 1979, 135 ff.

Museum Wiesbaden

Abb 24, 28, 88–91, 93, 108, 109, 113, 118–120, 122, 126, 127, 130–134, 141, 142, 150, 467

Friedrich-Ebert-Allee 2. Öffnungszeiten: Di–So 10–16, Di auch 17–21 Uhr.
Traditionsreichster Teil des in drei Abteilungen gegliederten Museums ist die »Sammlung Nassauischer Altertümer«. Bereits 1825 konnte das Museum eröffnet werden, das auf Initiative des seit 1812 bestehenden »Vereins für Nassauische Altertumskunde« gegründet wurde. In den folgenden Jahrzehnten nahm die Sammlung beträchtlich an Umfang zu, teils durch Ausgrabungen in Wiesbaden und seiner weiteren Umgebung, teils durch Ankäufe. Auf diesen Wegen gelangten zahlreiche Fundstücke aus Frankfurt a. M.-Heddernheim und Mainz hierher. Im letzten Drittel des 19. und im 1. Viertel dieses Jahrhunderts leiteten zwei bedeutende Gelehrte das Museum, deren Namen untrennbar mit der röm Archäologie unseres Raumes verbunden sind: Karl August von Cohausen und Emil Ritterling. Nach dem 2. Weltkrieg waren die Ausstellungsräume über lange Zeit nicht verfügbar und erst seit 1955 gelang es dem damaligen Direktor, H. Schoppa, in Zusammenarbeit mit dem jetzigen Leiter, H.-E. Mandera, die Schausammlung in der nun bestehenden übersichtlichen Form erneut aufzu-

Abb. 467 Wiesbaden. Museum. Römischer Schwertscheidenbeschlag, 2. Hälfte 1. Jh. n. Chr.

bauen. 1973 übernahm das Land Hessen das Museum von der Stadt Wiesbaden.
Der Rundgang durch die Sammlung führt zunächst zu einer Nachbildung eines Mithräums, in dem ein in Frankfurt a. M.-Heddernheim gefundenes Kultbild aufgestellt ist, dessen Zentralmotiv die Tötung des Stieres durch Mithras darstellt. Nach Qualität und Erhaltung gehört es zu den besten Stücken dieses Themenkreises aus der Germania Romana. Unter den weiteren aus Heddernheim und Wiesbaden stammenden Zeugnissen dieses Kultes verdient der Weihestein für Sol Invictus hervorgehoben zu werden, der von Veteranen der 22. Legion gestiftet wurde (Nr. 10). Die historisch wie kunstgeschichtlich wichtigste Gruppe im Steinsaal stellen die zahlreichen Soldatengrabsteine, von denen einige zu den ältesten rechts des Rheins gehören: Das Grabrelief des Licaius, eines Soldaten der *Cohors I Pannoniorum* (Nr. 4), des Dolanus, eines Reiters der 4. Thrakerkohorte (Nr. 5) und des Agiustus, eines Soldaten der 2. Raeterkohorte (Nr. 13). Auch die übrigen Soldatengrabsteine, meist aus dem ausgehenden 1. und beginnenden 2. Jh verdienen Beachtung (Nr. 7–12), insbesondere das Grabrelief des C. Valerius Crispus (Nr. 6), eines Angehörigen der 8. Legion, der in voller Bewaffnung dargestellt ist. Unter den sonstigen Denkmälern sei noch auf einige herausragende Beispiele röm Plastik verwiesen: Die Statuengruppe eines in Niederingelheim gefundenen Grabmonuments aus der Mitte des 1. Jh (Nr. 1–3), die 221 von einem Reiter der 22. Legion errichtete Jupitergigantensäule aus Wiesbaden-Schierstein (Nr. 19), den qualitätvollen Viergötterstein vom Jahr 170 aus Kastel (Nr. 21) und die aus Frankfurt a M.-Heddernheim stammende Statue eines Genius (Nr. 33), die im Jahr 230 von einem Angehörigen der 22. Legion und seinen Brüdern, die sich ausdrücklich als röm und taunensische Bürger bezeichnen, geweiht wurde.
Die Schausammlung im 1. Obergeschoß ist nach Sachthemen geordnet. Eine Abteilung veranschaulicht die röm Grenzverteidigung des Gebietes und gibt eine breite Übersicht über Bewaffnung und Ausrüstung des Heeres. Besonderes Interesse verdienen ein reich verzierter Schwertscheidenbeschlag (Nr. 22), das Fragment eines Militärdiploms (Nr. 38), das einzige erhaltene Original eines Benefiziarierabzeichens (Nr. 60), ein Feldzeichenaufsatz in Form eines Steinbocks (Nr. 61) und ein aus Mainz stammender Soldatengrabstein (Nr. 63a) mit der Darstellung der Ehrenzeichen eines Angehörigen der 14. Legion. In einer weiteren Abteilung sind die Funde zusammengestellt, die mit den Thermen in Bezug stehen, darunter die beim Bau der Wasserleitungen verwendete Bleirohre mit Stempeln der 14. Legion (Nr. 82) und ein Weihestein für Diana Mattiaca, gestiftet von der Gemahlin eines Mainzer Legionslegaten für die Genesung ihrer Tochter (Nr. 104). Eine Übersicht über das kulturelle und wirtschaftliche Leben schließt sich an. Die Bauinschrift eines Versammlungshauses der Kaufleute vom Jahr 212 (Nr. 187a) und die Inschrift eines Keramikhändlers (Nr. 187b) werfen ein Licht auf die Wirtschaft Wiesbadens in der röm Kaiserzeit. Unter den figürlichen Bronzen zeichnet sich die Statuette eines Wagenlenkers (Nr. 106) durch ihre außergewöhnliche Qualität aus. Beim Themenbereich der Religion verfügt das Museum mit dem in Heddernheim gefundenen Weihrelief für Jupiter Dolichenus (Nr. 224), dessen Kult in Wiesbaden durch eine Tempelbauinschrift vom Jahr 194 (Nr. 239) belegt ist, über ein Stück von erstrangiger Bedeutung. Den Abschluß bildet eine knappe Übersicht über Funde aus den Wiesbaden benachbarten Kastellen Marienfels, Holzhausen, Zugmantel und Hofheim. Die Ausstellung im 2. Obergeschoß dokumentiert den Übergang von der Spätantike zum frühen Mittelalter. Von besonderer Bedeutung ist hier ein aus Münzen und Schmuck bestehender Hortfund aus Kastel (Nr. 35).
Im Magazin werden, neben den zahlreichen Bodenfunden aus Wiesbaden selbst, u. a. das für die frühe Kaiserzeit wichtige Material aus Hofheim und Funde aus den Kastellen Marienfels, Holzhausen und Zugmantel aufbewahrt. Si

Lit: HSchoppa, Das Mithraeum. Schriften des Städtischen Museums Wiesbaden 2 (1959) – Ders., Der röm Steinsaal. Ebd. 3^2 (1965) – Ders., Die röm Kaiserzeit. Ebd 6^2 (1967).

*Straßenstation und Heiligtum auf der Rentmauer**

Abb 468

Die B 417, die heute von Wiesbaden aus den Taunus überquert, erreicht bei dem ehemaligen Jagdschloß Platte den Bergkamm. In der Römerzeit befand sich die Paßhöhe ungefähr 1 km SW davon in einer Einsattelung des Taunuskamms, die sogar noch 10–15 m tiefer liegt als das Jagdschloß Platte. Der Walddistrikt trägt an dieser Stelle den Namen Rentmauer. Hier wird schon in vorröm Zeit ein alter Weg den Taunus überschritten haben. In röm Zeit kam von S her eine Straße von Wiesbaden und eine zweite aus dem Rheingau; sie trafen sich auf dem Bergkamm. Nach N zog eine etwas wichtigere Straße zum Kastell Zugmantel und zu dem Grenzübergang vor dem Kastell, der in das damals germanisch besiedelte Limburger Becken führte. Eine zweite Straße ging zum Kastell Heftrich. 1899 wurde Emil Ritterling auf röm Ruinen im Distrikt Rentmauer aufmerksam. Er organisierte sogleich Ausgrabungen, die im Jahr darauf abgeschlossen wurden, und entdeckte dabei mehrere Gebäude. Der kleine, quadratische Bau A, dessen Eingang auf die Straße wies, war ein Merkurheiligtum; man fand dort die Reste einer Merkurstatue aus Stein. Es erscheint verständlich, daß der Gott des Handels und Verkehrs an dieser Stelle verehrt wurde. Der Zweck des recht ähnlichen Gebäudes B ließ sich nicht bestimmen. Es könnte ebenfalls ein Heiligtum gewesen sein. 80 m weiter S kam ein weiterer, kleiner Bau F zutage, der auch ein Heiligtum gewesen sein dürfte, doch gibt es keine Funde, die auf seine Bestimmung hinweisen. – Bau C hatte recht kräftige Fundamentmauern und einen Eingang, der aus der Mitte in eine Ecke gerückt war. Der Ausgräber sah in dem Bau daher einen Wachtturm. Ein Straßenturm ist auf der Paßhöhe sehr wohl vorstellbar. Der langgestreckte Bau D wies im S-Teil einen Herd auf. Es handelte sich also um einen Wohnbau, der als Straßenstation oder Gasthaus zu deuten ist. Bei E lag der zugehörige Keller, der sich vermutlich in einem hölzernen Anbau von D befand. – Sicherlich sind nicht alle

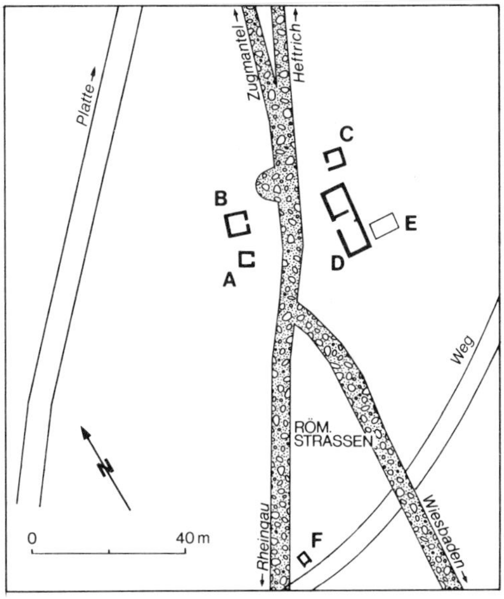

Abb. 468 Wiesbaden. Rentmauer. Römische Straßenstation

Gebäude A – F gleichzeitig gebaut worden, auch sind Umbauten oder hölzerne Vorgängerbauten denkbar. Solche Einzelheiten konnten mit der Grabungstechnik der Jahrhundertwende allerdings nicht so gut ermittelt werden wie heute. – Die ältesten Funde beginnen Ende des 1. Jh nChr, die spätesten gehören in die Mitte des 3. Jh. – Die flachen Ruinenhügel der Gebäude A, B und C sind noch heute gut zu erkennen. Ba

Lit: ERitterling, Nassauische Annalen 35, 1905, 264 ff.

Röm Gutshöfe am Südhang des Taunus nördlich von Wiesbaden

Abb 469, 470

N vom ehemaligen Civitas-Hauptort *Aquae Mattiacorum* sind einige röm Gutshöfe am S-Hang

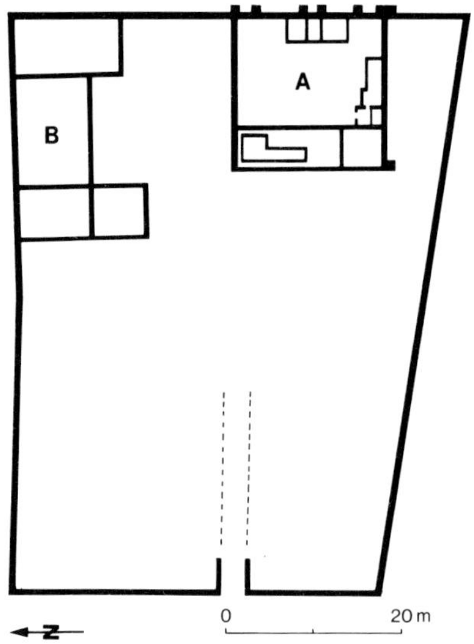

Abb. 469 Wiesbaden. Römischer Gutshof »Höfchen«. A Hauptgebäude, B Wirtschaftsgebäude

des Taunus erbaut worden. Der nördlichste von ihnen liegt über 300 m hoch. Diese Höhenlage ist ungewöhnlich, denn sonst bevorzugten die röm Gutsbetriebe die fruchtbaren, warmen Ebenen. Der heute überwiegend bewaldete Berghang muß während der Römerzeit in der Umgebung der *villae rusticae* waldfrei gewesen sein. Da Ackerbau hier kaum möglich ist, wird man Viehzucht annehmen dürfen. Die Landwirtschaftsbetriebe werden den Civitas-Hauptort mit frischem Fleisch und Milch beliefert haben. Zwei der insgesamt sieben aufgefundenen *villae rusticae* sollen hier besprochen werden.
Am W-Hang des Dambachtals befand sich ein mittelgroßer Gutsbetrieb, der in der Literatur als »Villa auf dem Neroberg« bezeichnet wird. Die Ruine ist schon 1848 ausgegraben und aufgemessen worden. Die Untersuchung erfolgte also keineswegs dem heutigen Forschungsstand entsprechend, was die Deutung mancher Einzelheiten erschwert. Das Hauptgebäude A besaß – wie üblich – eine große Mittelhalle, die von kleineren Räumen umgeben wurde. B und C waren Wirtschaftsgebäude. Weitere Wirtschaftsgebäude aus Holz sind anzunehmen, konnten aber seinerzeit nicht festgestellt werden. Der Haupteingang in den Hof lag eher im S als im N; auch die Frontseite des Hauptgebäudes war wohl nach S gerichtet.
Noch höher am Berghang befand sich ein kleiner Betrieb, der als »Höfchen« bezeichnet wird. Die Ruine liegt in einem Waldstück am N-Rand der Wiesen im Rabengrund. Das Hauptgebäude A ist dem Hofeingang gegenüber an die rückwärtige Hofmauer gesetzt worden. Eine Halle füllte den größten Teil des Gebäudes aus. Das Wirtschaftsgebäude B, das vermutlich Ställe enthielt, ist ebenfalls gegen die Hofmauer gebaut worden. Auch hier könnte es weitere, hölzerne Wirtschaftsgebäude gegeben haben. Möglicherweise war das »Höfchen«, dessen Hauptgebäude nur 18 m breit war, kein selbständiger Landwirtschaftsbetrieb, sondern eine Art Almhof oder Vorwerk eines größeren Gutes. Ba

Lit: KReuter, Nassauische Annalen 5/III, 1876, 5 ff – HSchoppa, Aquae Mattiacae (1974) 79 ff.

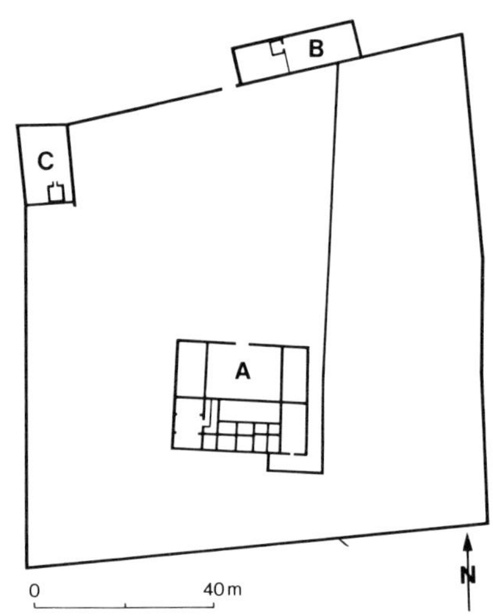

Abb. 470 Wiesbaden. Römischer Gutshof auf dem Neroberg. A Herrenhaus, B und C Wirtschaftsgebäude

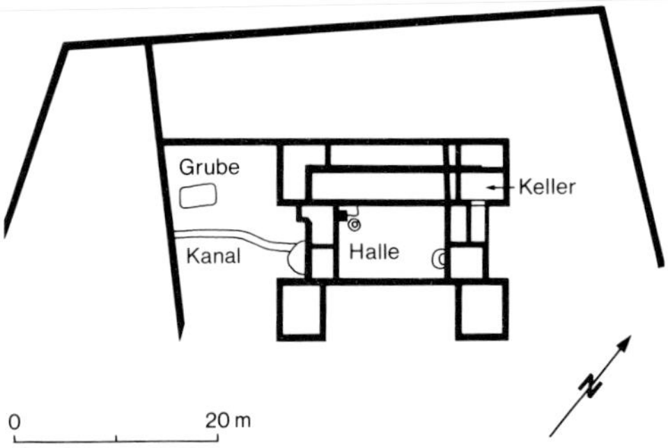

Abb. 471 Wiesbaden-Biebrich. Römischer Gutshof

Wiesbaden-Biebrich WI

Röm Gutshof

Abb 471

Unmittelbar SW vom Bahnhof Wiesbaden-O wurde ein röm Gutshof ausgegraben, der zu den kleineren Betrieben gehörte. Sein Herrenhaus war nur 22 m breit. Die Mitte des Hauses nahm eine Halle ein, die zugleich als Küche gedient hat. Hier fand man auch den Kochherd. Die Fassade des Gebäudes wies nach SO; sie wurde durch die üblichen Eckrisalite betont. Hinter der Halle und seitlich von ihr befanden sich Wohnräume und ein kleines Bad. Die Hofmauer konnte nicht vollständig ausgegraben werden. Sie wird gewiß auch Wirtschaftsgebäude umschlossen haben, die aber unbekannt blieben. Ob die Unterteilung des Hofbezirks im W dazu diente, einen Gemüsegarten oder einen besonderen Wirtschaftshof abzutrennen, ist ungewiß. – S vom Herrenhaus fand man einen Verteidigungsgraben der spätröm Zeit. Der zugehörige Wehrbau – vielleicht ein Wehrturm (*burgus*) – wurde nicht entdeckt. Ba

Lit: FKutsch in: AHenche (Herausgeber), Der ehemalige Landkreis Wiesbaden (1930) 71 ff.

Spätröm Burgus

Im Jahre 1963 wurde gegenüber dem Haupteingang der Kalle AG in der Rheingaustraße unweit vom Rheinufer ein 8,40 m tiefer Schacht in die Erde getrieben, um Kanalrohre zu verlegen. Dabei stieß man auf eine spätröm Fundamentmauer mit der enormen Stärke von 3,70 m. Sie saß wahrscheinlich auf einem Balkenrost. Sicherlich handelte es sich um den Rest eines Wehrturms (*burgus*) aus der Zeit Kaiser Valentinians I. von ähnlicher Bauweise wie der → Zullestein bei Nordheim, Landkreis Bergstraße. Diese *burgi* waren nicht groß, aber sehr stark gebaut. Sie besaßen seitliche Zungenmauern, die zum Fluß hinabführten und die sichere Anlandung von Schiffen im Schutz des Burgus ermöglichten. Nach der Zerstörung ist die Ruine dann bei Rheinüberschwemmungen 8 m hoch mit Auenlehm überdeckt worden. – Die Aufgabe dieser Befestigung und des spätröm Brückenkopfs in Kastel wird es gewesen sein, dem röm Heer jederzeit den Zugang zum rechtsrheinischen Gebiet um Wiesbaden zu gewähren. Für die offensive Verteidigung der röm Grenze war das wichtig; auch gab es der röm Politik, vor der Grenze eine Zone verbündeter Stämme zu schaffen, den gewünschten Nachdruck. Ba

Lit: HSchoppa, Fundber. Hessen 4, 1964, 224.

Wiesbaden-Kastel → Kastel

Wölfersheim-Wohnbach FB

*Röm Straßenturm**

Abb 411, 472

Die Römerstraße von Friedberg zum Kastell Arnsburg zieht W von Wohnbach durch den Wölfersheimer Wald. Ungefähr 1,5 km S der röm Straßengabelung bei → Münzenberg läuft die alte

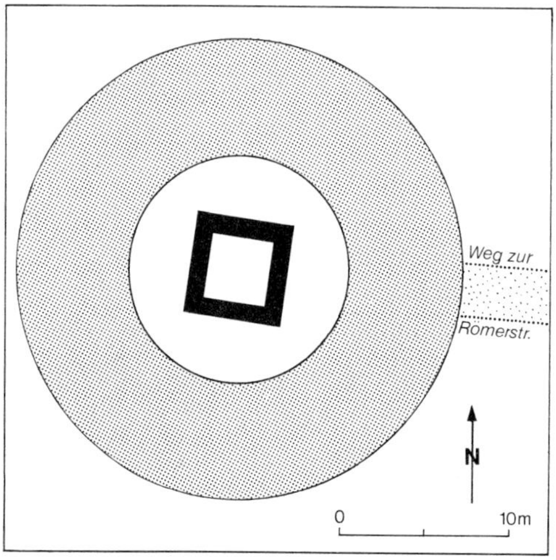

Abb. 472 Wölfersheim-Wohnbach. Straßenturm mit Ringgraben an der Römerstraße im Wölfersheimer Wald

Straße über eine flache Anhöhe. Dort liegt 70 m W von der Römerstraße die Ruine eines röm Straßenturms. Schon von weitem erblickt man im Hochwald die Erdaufwürfe der Ausgrabung von 1897. F. Kofler entdeckte damals einen quadratischen Turm von rund 5,75 m (etwa 20 röm Fuß) Seitenlänge. Er hatte mächtige Fundamente, die auf eine große Höhe des Bauwerks hinwiesen. Leider sind sie seitdem ausgebrochen worden. Der Turm besaß ein begehbares Erdgeschoß, dessen Fußboden mit Steinplatten belegt war; er hatte ein Ziegeldach. In diesen zwei Punkten unterscheidet er sich von den üblichen Limeswachttürmen. Er war außerdem durch einen breiten Ringgraben gesichert, der noch schwach sichtbar ist. Ein schmaler Stichweg verband den Turm mit der Römerstraße. Er ähnelt in seinen Abmessungen und in baulichen Details dem röm Signalturm auf dem Johannisberg in → Bad Nauheim. Jedenfals war von dem Turm im Wölfersheimer Wald eine Sicht über weite Teile der Wetterau möglich. Ebenso konnte die Römerstraße kilometerweit überblickt werden, falls die Umgebung des Turms im Altertum waldfrei war. Tatsächlich liegt in NW Richtung nur 800 m entfernt ein röm Gutshof im heutigen Wohnbacher Hinterwald. Man darf dies als Hinweis darauf werten, daß der heute bewaldete Höhenrücken in röm Zeit weitgehend waldfrei war; ob er als Acker oder Weide genutzt wurde, steht dahin. Ba

Lit: FKofler, Westdeutsche Zeitschrift 17, 1898 Limesblatt Sp. 767 ff.

Röm Gutshof

Abb 473

1,5 km W Wohnbach, am O Abhang des Wölfersheimer Waldes lag in einer ausgeprägten und nach O offenen Geländemulde (Flur »Wahleburg«) ein röm Gutshof. Er wurde bei Erdarbeiten für den Bau der Autobahn Gießen–Hanau entdeckt und im Herbst 1976 vom Landesamt für Denkmalpflege Hessen in Zusammenarbeit mit der Arbeitsgemeinschaft Vor- u. Frühgeschichte Wetteraukreis ausgegraben. Im Gelände ist davon heute nichts mehr zu sehen. Das Hauptgebäude (28,5 x 24 m) bestand aus der großen dreischiffigen Halle mit seitlichen Säulen- oder Pfostenreihen (G_1 und G_2), an die sich S kleinere Räumlichkeiten anschlossen. Die beiden Wohnräume C und D waren mit einer Fußbodenheizung (Ka-

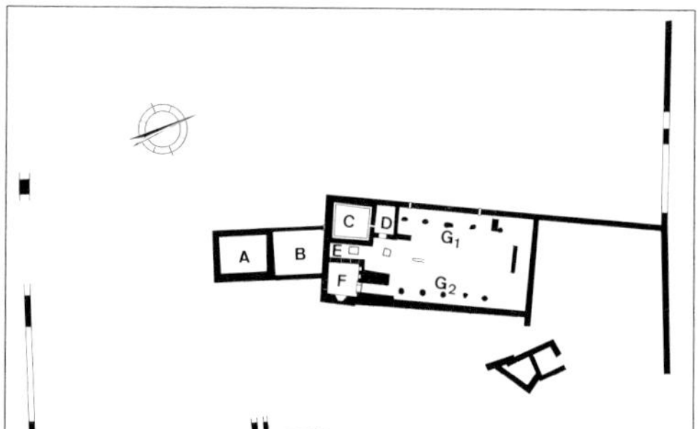

Abb. 473 Wölfersheim-Wohnbach. Hauptgebäude eines römischen Gutshofs. G_1, G_2 Säulenreihen in der Halle, C, D Wohnräume, F Keller, A Speicher

nalheizung) ausgestattet, die von der Halle aus befeuert wurde. Den Keller F erreichte man von der Halle aus, wo sich im rampenartigen Zugang auch eine Wandnische befand. Im Keller fand man außerdem noch den schrägen Lichtschacht eines Fensters und 2 Wandnischen. Die länglichen Aussparungen im S und W der Kellerwände waren ihrer Anordnung wegen Verankerungslöcher eines Wandregals. Das sich durch die Hanglage an der W Mauer des Hauptgebäudes stauende Regen- oder Grundwasser wurde über 2 längliche Sandsteinrinnen nach O durch die Außenmauer und große Halle abgeleitet. Der dem Wohngebäude im S vorgelagerte turmartige Speicher A gehörte einer älteren Bauperiode an. Beide Baukörper wurden später durch Errichtung des Gebäudeteils B miteinander verbunden. Die übrigen angeschnittenen Bauten konnten aus Zeitmangel nicht vollständig ausgegraben werden. Die Außenmauern aller Gebäude sowie die Kellerwände waren mit dem üblichen Fugenputz versehen, in dem die Steine mit horizontalen und vertikalen, z.T. rot ausgemalten Ritzlinien umrandet wurden. Diese Linien hatte man im Wohnbacher Keller mit einem Knochen (*fibula* eines Paarhufers) ausgeführt, der im Hauptgebäude gefunden wurde. Das von einer Hofmauer umschlossene, etwa 85 m breite Anwesen reichte noch über die Autobahntrasse nach O und wurde später bei Felderegulierungsarbeiten vollständig zerstört. Der Wohnbacher Gutshof wird zeitlich dem ausgehenden 2. und dem beginnenden 3. Jh nChr zuzuweisen sein. Li

Röm Gutshof im Wohnbacher Hinterwald*

Abb 411, 474

Ungefähr 2 km SO von Münzenberg befinden sich im Wohnbacher Hinterwald die sichtbaren Ruinen eines röm Gutshofs (Lageplan Abb 411). Sie liegen ungefähr 700 m W der Römerstraße Arnsburg–Friedberg; ein Waldweg führt heute von der Römerstraße direkt zu den Resten des Gutshofs. Die Lage der Hofmauer wird durch einen niedrigen Erdwall bezeichnet, der eine Fläche von 1 ha einschließt. Der Erdwall überdeckt das etwa 1 m breite Fundament der ehemaligen Hofmauer. In der Mitte der O-Seite erblickt man den etwas höheren Ruinenhügel des Torbaus. Er wandte sich der Römerstraße zu. Die eindrucksvolle, leider durch unsachgemäße Wühlereien beeinträchtigte Ruine des Herrenhauses liegt – vom Eingang zurückgesetzt – in der W-Hälfte des Hofs. Außer einer flüchtigen Untersuchung durch Kofler haben in dem Gutshof bisher keine archäologischen Ausgrabungen stattgefunden.

Ba

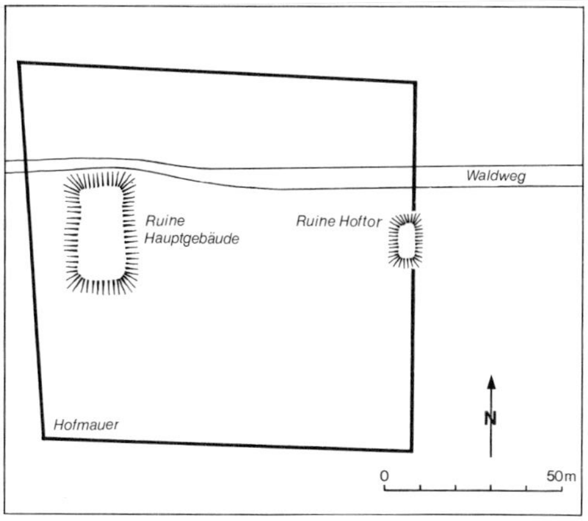

Abb. 474 Wölfersheim-Wohnbach. Römischer Gutshof im Hinterwald, Planskizze

Lit: FKofler, Westdeutsche Zeitschrift 17, 1898 Limesblatt Sp 769.

Wörth MIL

Numeruskastell

Abb 475

Das Steinkastell, nur rund 2300 m in der Luftlinie vom Kastell → Trennfurt und 4500 m vom Kastell

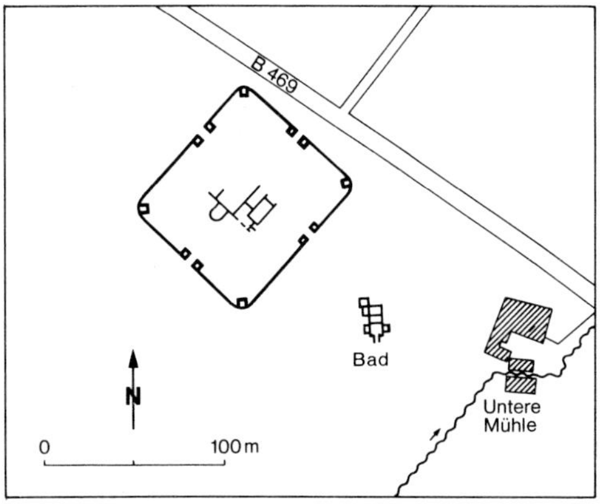

Abb. 475 Wörth. Kastell und Bad. Lageplan

→ Obernburg entfernt, ist 0,8 ha groß. Es hat vier Tore und ist mit einem einfachen Spitzgraben umgeben. Die Vorderfront weist auf den Main. Für das geschulte Auge sind die Reste in den Äkkern und Obstgärten N des Ortes, unmittelbar S der B 469, nahe der km-Marke 25,0 als Bodenerhebungen sichtbar.

Die Erbauungszeit der von W. Conrady zunächst 1882/83 und dann wieder 1887 untersuchten Anlage konnte bisher nicht endgültig geklärt werden. Unbekannt ist auch, welche Truppe hier lag. Da der Anfang der Odenwaldlinie in seiner Führung noch nicht genau festgelegt werden konnte, blieb es unbestimmt, ob das Kastell mit der Einrichtung des Odenwaldlimes zu tun hat oder nicht.

Der Ausgräber nennt nur wenige Funde, von denen 5 Münzen und 2 Terra-Sigillata-Stempel die wichtigsten sind. Sie sind inzwischen verloren. Von der Forschung wurde als Datierung nach seinen Angaben bisher eine Belegung von der Mitte des 2. bis zum Anfang des 3. Jh angenommen. Neuere Funde aus dem Kastellareal, die aber nicht von planmäßigen Grabungen stammen, machen es wahrscheinlich, daß es vor dem Steinkastell eine Vorgängeranlage in Holz-Erde-Bauweise aus domitianischer Zeit gegeben hat. Danach könnte das Kastell Wörth zum älteren Mainlimes gehören. Seine Erbauung hätte mit dem Odenwaldlimes, der vermutlich etwas später eingerichtet wurde, dann nichts zu tun. Die nur 2500 m betragende Entfernung zum ersten Kastell der Odenwaldlinie → Seckmauern, die zu Diskussionen Anlaß gegeben hatte, erklärte sich aus diesen verschiedenen Konzepten. Auch die Enddatierung des Kastells Wörth bleibt eine noch offene Frage.

Bekannt, aber nicht sichtbar, ist das Kastellbad. Die Kommandantur (*principia*) konnte seinerzeit teilweise ausgegraben werden. Sie ist möglicherweise das einzige Steingebäude im Innern. Von einem Lagerdorf ist bisher nichts bekannt. Inschriften sind keine gefunden worden. Be

Ao: Privatbesitz
Lit: WConrady, Das Kastell Wörth, ORL Abt B 36 (1900) – LWamser, Ausgrabungen und Funde in Unterfranken 1979, Frankenland, Zeitschrift für Fränkische Landeskunde und Kulturpflege, NF 32, 1980, 158.

Wörth → Seckmauern

Würzberg ERB

Numeruskastell und Badegebäude**

Abb 476–478

Das Kastell Würzberg war einst das am besten erhaltene des Odenwaldlimes. Auf Veranlassung des Grafen Franz zu Erbach wurde es daher am Anfang des 19. Jh »sehr genau untersucht, um die Struktur desselben und dadurch auch die Bauart der ihm am meisten ähnlichen, aber schon mehr zerstörten Kastelle kennen zu lernen«; dies teilt J. F. Knapp mit, der sich seinerzeit an den Ausgrabungen beteiligte. Damals überführte man viele Steine der Wehrmauer in den → Eulbacher Park. Aus ihnen entstand der heute noch vorhandene Obelisk und ein etwas phantasievoll rekonstruiertes Kastelltor mit einem Stück zugehöriger

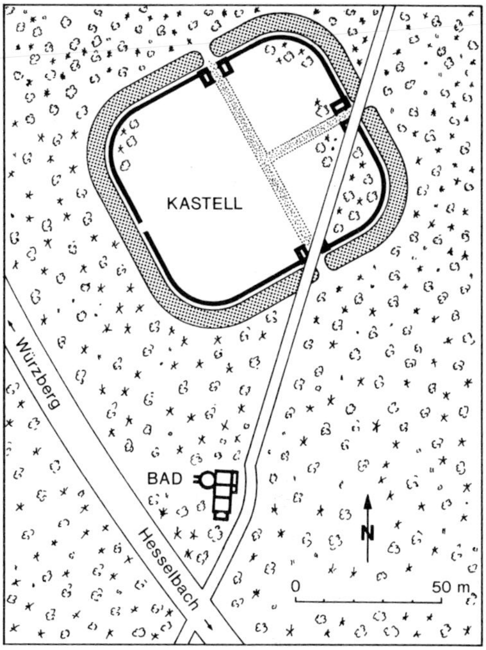

Abb. 476 Würzberg. Numeruskastell und Badegebäude

Wehrmauer. In den Obelisken wurde auch eine Steinplatte eingefügt, die 1806 im Graben vor dem N-Tor des Kastells gefunden worden ist. Sie trägt eine gerahmte und seitlich von Ansae eingefaßte Fläche, auf der einst die Bauinschrift aufgemalt, leider aber nicht eingemeißelt worden ist. Die aufgemalten Buchstaben sind verschwunden, und daher wissen wir nicht, welche Einheit im Kastell Würzberg stationiert war. Graf Franz zu Erbach ließ in der leeren Fläche eine lateinische Inschrift anbringen, aus der hervorgeht, daß der Obelisk aus Steinen des Kastells Würzberg erbaut worden ist.

Die Untersuchung der RLK fand im Juli 1895 unter Leitung von F. Kofler statt. Kofler fand die Umwehrung schon stärker zerstört vor, sie war inzwischen auch von den Besitzern des Grundstücks als Steinbruch benutzt worden. Er stellte die Abmessungen der Kastellumwehrung genau fest, vermochte aber mit den Grabungsmethoden seiner Zeit nichts über die Innenbauten auszusagen, die durchweg aus Fachwerk bestanden. Sie werden einen ähnlichen Grundriß besessen haben wie die des Kastells Hesselbach. Kofler hat auch das Kastellbad noch einmal gründlicher untersucht und im Limeswerk veröffentlicht. Seitdem liegt es zur Besichtigung frei. – Eine kleine Nachuntersuchung der Umwehrung fand 1963 durch das Saalburgmuseum statt. Das Badegebäude und seine unmittelbare Umgebung waren das Ziel einer Konservierungs- und Untersuchungsmaßnahme des Landesdenkmalamtes Hessen im Jahre 1980.

Noch immer gehört das Kastell zu den am besten erhaltenen röm Wehrbauten des Odenwaldlimes. Die Umwehrung ist rundum als Erddamm sichtbar; sie ist stellenweise über 1,2 m hoch. Darin steckt, äußerlich nicht erkennbar, das steinerne Fundament der Wehrmauer. Davor sind überall noch schwache Spuren des Verteidigungsgrabens wahrzunehmen.

Die Besatzung des kleinen Kastells (0,6 ha) ist, wie schon gesagt, unbekannt. Die Umwehrung war ganz ähnlich aufgebaut wie die des Nachbarkastells Hesselbach. Sie besaß 3 Tore, von denen das NO das Haupttor war und gegen den Limes zeigte, der in geringer Entfernung O vom Kastell

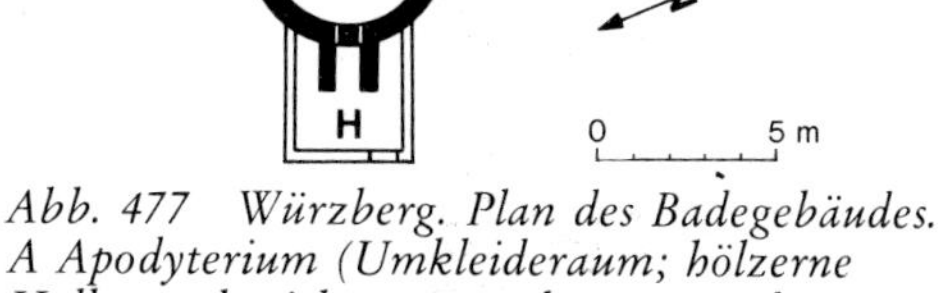

Abb. 477 Würzberg. Plan des Badegebäudes. A Apodyterium (Umkleideraum; hölzerne Halle, noch nicht untersucht), F Frigidarium (Kaltbad) mit P Piscina (Kaltwasserwanne), T Tepidarium (lauwarmes Bad) mit zugehöriger, gemauerter Wanne T_1, C Caldarium (Warmbad) mit Warmwasserwanne C_1, S Sudatorium (Schwitzraum), H Heizraum

Abb. 478 Würzberg. Badegebäude, Blick von Süden

vorbeilief. In der gegenüberliegenden, rückwärtigen Kastellseite befand sich wie bei dem Kastell Hesselbach nur eine kleine Ausfallpforte. Im Kastellgraben lagen Steine von den höheren Teilen der Wehrmauer und zwar prismatisch geformte Zinnendecksteine und profilierte Gesimssteine, die am unteren Ansatz der Brustwehr angebracht waren. Graf Franz hat sie an der rekonstruierten Kastellmauer im Eulbacher Park ungefähr an der richtigen Stelle anbringen lassen. Die Rekonstruktion entspricht im übrigen nicht dem heutigen Kenntnisstand. Es fehlen u. a. die Tortürme, die man bei den alten Grabungen nicht erkannt hat. Dennoch hat die Rekonstruktion ihren eigentümlichen, romantischen Reiz.

Von besonderem Interesse sind die freiliegenden Grundmauern des Kastellbades. Obgleich es zu den kleinsten Thermenbauten am obergermanischen Limes gehörte, sind doch alle Räume für das raffinierte Baden vorhanden, das der röm Soldat auch am äußersten Rand des Reichs nicht missen mochte. Man betrat vom Kastell her zunächst den hölzernen Umkleidesaal A, der N an die steinernen Räume des Bades anschloß. Dieser Raum ist bisher noch nicht untersucht worden. Der Thermenbau war innen und außen verputzt, farbig ausgemalt, besaß Glasfenster und Wasserhähne mit fließend warmem und kaltem Wasser. Es ist bisher noch unbekannt, wie die Wasserversorgung auf der trockenen Buntsandsteinhochfläche funktionierte. Wahrscheinlich bezogen die Römer das Wasser aus einem nahegelegenen Brunnen, aus dem es mittels einer Pumpe in einen Hochbehälter am Bad gefördert wurde. Das Kastell ist um 100 nChr entstanden, bald darauf hat die Besatzung auch das Bad gebaut. In der Mitte des 2. Jh zogen die Grenztruppen an die neue, äußere Limeslinie im O. Das Kastell wurde aufgegeben und zerfiel. Ba

Lit: FKofler ORL Abt B Band V,1 Kastell Nr. 49 (1896) – DBaatz, Kastell Hesselbach und andere Forschungen am Odenwaldlimes. Limesforsch 12 (1973) 115 ff.

Zugmantel RÜD

*Kohortenkastell**

Abb 42, 43, 74, 329, 330, 479–483

Von Wiesbaden aus zieht die B 417 in N Richtung nach Limburg. Sie folgt einem alten Weg, der Hühnerstraße, der schon in röm Zeit die Verbindung zwischen dem Rheingau bei Wiesbaden und dem Limburger Becken herstellte. N von Neuhof überquert die Straße den Limes. Dort befinden sich die Reste des Kastells Zugmantel auf einer flachen, bewaldeten Höhe. Die Aufgabe des Kastells war es, die Civitas-Hauptstadt *Aquae Mattiacorum* (Wiesbaden) und das fruchtbare Land im Rheingau vor Überfällen zu schützen, die aus dem germanisch besiedelten Limburger Becken zu befürchten waren. – Der heutige Besucher findet unmittelbar an der Bundesstraße einen Parkplatz des Naturparks Hochtaunus. Von hier geht ein bequemer, archäologischer Rundwanderweg aus. Er führt zu den Spuren des Kastells, zu den Rundschanzen und zu dem rekonstruierten Wachtturm Wp 3/15 am Limes. Auch der Pfahlgraben ist gut erhalten.

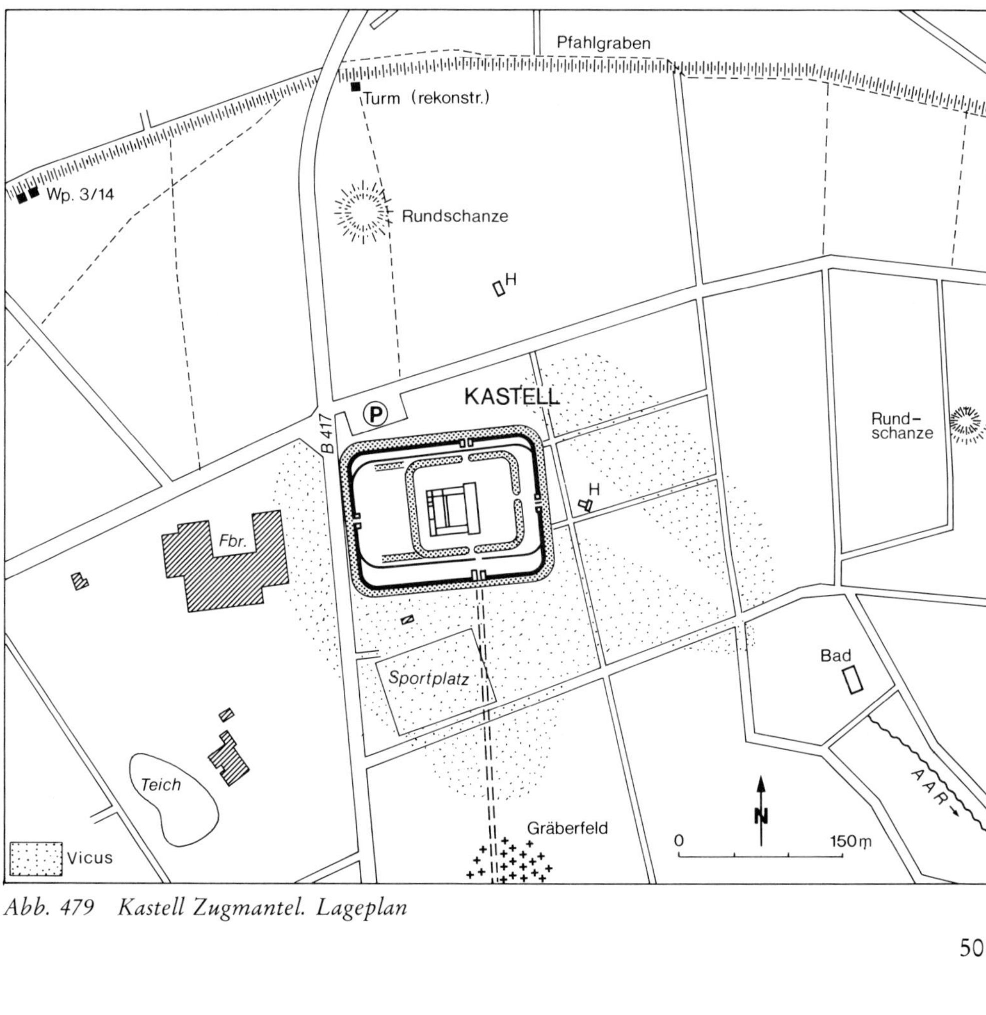

Abb. 479 Kastell Zugmantel. Lageplan

Nachdem der historische Verein für Nassau schon in der Mitte des 19. Jh kleinere Ausgrabungen am Zugmantel unternommen hatte, ruhte die Erforschung des Kastells bis zum Beginn der Untersuchungen der RLK, die L. Jacobi seit 1894 organisierte. Später hat H. Jacobi die Ausgrabungen mit Mitteln des Saalburgmuseums weitergeführt; sie dauerten mit Unterbrechungen bis 1934. H. Jacobi hat vor allem das Lagerdorf (*vicus*) untersucht, das dank seiner intensiven, jahrzehntelangen Forschungsarbeit als das am besten bekannte am ganzen obergermanischen Limes gelten darf. Auch nach 1934 ruhten die Arbeiten nicht. J. Alfs, W. Jorns, W. Schleiermacher und H. Schönberger fügten dem bisher Bekannten durch ihre Ausgrabungen weitere bemerkenswerte Einzelheiten hinzu.

Wegen seiner wichtigen Sperrfunktion gehörte das Kastell am Zugmantel zu den ältesten röm Wehrbauten im Taunus. Es begann um 90 nChr mit einem Numeruskastell aus Holz (1. Holzkastell, 0,7 ha). Dieses wurde unter Kaiser Hadrian erweitert (2. Holzkastell, etwa 1,1 ha). Wohl in der Mitte des 2. Jh entstand das wiederum etwas größere Steinkastell I (1,7 ha). 223 ist schließlich das auf 2,1 ha ausgebaute Steinkastell II fertig geworden. Als Besatzung ist in dieser Zeit die *Cohors I Treverorum equitata* auf Inschriften bezeugt; sie ging aus einer älteren, kleineren Hilfstruppe der keltischen Treverer (»Trierer«) hervor, einem *numerus Treverorum*. Mit 2,1 ha Fläche war Steinkastell II das kleinste Lager einer *cohors equitata* in Obergermanien. Es hat bis zum Ende des Limes um 260 bestanden. – Heute ist die Umwehrung des Steinkastells II rundum als Erdwall, stellenweise auch als Böschung zu erkennen.

Abb. 480 Zugmantel. Inschriftstein mit Angabe eines Bauabschnitts (pedatura) von 72 Fuß Länge, den die Centurie des Leubaccus unter Aufsicht von Crescentinius Respectus, Centurio der 8. Legion, an der Kastellmauer ausgeführt hat

Abb. 481 Zugmantel. Stierplastik aus dem Dolichenus-Heiligtum

Das Haupttor war in allen Bauphasen nach O gerichtet. Schon vom ältesten Haupttor führte ein Weg in SO Richtung zur Aarquelle. An dieser Quelle, die noch heute fließt, hat die Truppe am Anfang des 2. Jh einen Thermenbau errichtet. An dem Weg vom Haupttor zu den Thermen entwikkelte sich der Kern des Vicus. Der Weg wurde später zu einem dreieckigen Platz erweitert. Er wurde von einem kleinen Heiligtum beherrscht, das dicht vor dem Kastelltor lag (H). In dem Vicus befand sich außerdem ein Heiligtum des *Jupiter Dolichenus*, von dem man geringe Mauerreste und auch Skulpturen dicht vor der NO-Ecke des Kastells gefunden hat. Es gab ferner einen Tempel zwischen Kastell und Limes, dessen Spuren im Wald noch sichtbar sind. Vielleicht war er der

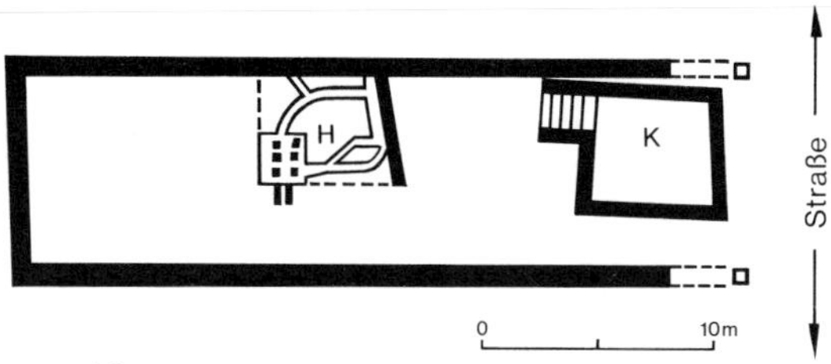

Abb. 482 Zugmantel. Grundriß eines Vicus-Hauses. H Raum mit Kanalheizung. K Keller

Mater Magna geweiht. – Der Vicus besaß einen zweiten Schwerpunkt an der Straße, die vom S-Tor des Kastells ausging. An ihr begann das Gräberfeld hinter dem Vicus in reichlich 200 m Entfernung vom Kastell.

Bei der Ausgrabung des Vicus hat H. Jacobi zum erstenmal über die Haustypen Klarheit gewonnen, die in einer solchen dörflichen Ansiedlung üblich waren. Die Häuser waren länglich-rechteckig; ihre Breite lag bei 6–10 m, die Länge meist zwischen 30 und 40 m. Sie wendeten die Schmalseite der Straße zu, und dort befand sich fast immer der einzige Kellerraum des Hauses. Von der Inneneinteilung der Häuser ist wenig bekannt. Gelegentlich konnten geheizte Räume im Inneren der Häuser nachgewiesen werden, viele besaßen auch einen eigenen Brunnen. Im Vicus der → Saalburg sind Ruinen solcher Vicus-Häuser sichtbar; der Vicus des Zugmantel-Kastells ist dagegen völlig von der Oberfläche verschwunden.

Sichtbar ist indessen eine »Rundschanze« zwi-

Abb. 483 Zugmantel. Germanische Keramik

schen Kastell und Limes, nicht weit von der Bundesstraße. Sie besaß im N und im S je einen Eingang. Die »Schanze« war kein Wehrbau, sondern ein kleines Amphitheater, wie man es oft neben Legionslagern, gelegentlich auch neben Auxiliarlagern gefunden hat. Sie dienten wahrscheinlich als Arena zur Vorführung von Übungen der Truppe. Eine zweite »Rundschanze« mit möglicherweise ähnlicher Zweckbestimmung liegt 400 m O vom Kastell am Galgenköppel. Der archäologische Rundwanderweg führt auch zu dieser Schanze.

Unter den Funden aus dem Vicus gibt es ungewöhnlich zahlreiche germanische Fundstücke des 2. Jh nChr, die in anderen Kastellvici des röm Hessen gelegentlich auch vorkommen. Sie fanden stets besondere Beachtung in der Forschung und haben manche Diskussion hervorgerufen. Sie kamen zusammen mit röm Funden aus den Kellern, Brunnen und Bodenschichten des Vicus und bezeugen, daß neben dem Kastell der 1. Treverkohorte eine germanische Bevölkerungsgruppe wohnte. Offenbar haben die Römer auch im 2. Jh nChr gelegentlich kleineren Gruppen von Germanen die Ansiedlung in der Provinz gestattet, möglicherweise mit der Verpflichtung zum Heeresdienst. Ba

Ao: Saalburgmuseum, Bad Homburg; Museum Wiesbaden

Lit: LJacobi, ORL Abt B Band II, 1 Kastell Nr. 8 (1909) – EFabricius, ORL Abt A Band II,1 Strecke 3 S 61 ff – R. von Uslar, Westgermanische Bodenfunde (1938) 248 – HSchönberger, Saalburg-Jahrb. 10, 1951, 55 ff (m. ält Lit.) – DBaatz, Saalburg-Jahrb. 24, 1967, 40 ff.

Zullestein HP

*Spätröm Burgus**

Abb 484–486

Im Zusammenhang mit dem Bau des Kernkraftwerks Biblis kam in den Jahren 1970–72 eine archäologische Untersuchung des Ruinenhügels der Burg Stein unweit der Weschnitzmündung in Gang. Die Burg wurde schon 1657 abgerissen, also bald nach dem Dreißigjährigen Krieg. Zu Beginn der Grabung 1970 war im Steiner Wald nur ein flacher Hügel sichtbar, keine einzige Mauer ragte daraus hervor. Die Burg wird 1232 zuerst erwähnt und dürfte um diese Zeit erbaut worden sein. Tatsächlich stieß man bei der Ausgrabung alsbald auf das Mauerwerk der Burg. Zur Überraschung des Ausgräbers W. Jorns zeigt sich unter der staufischen Burg ein karolingischer Wehrbau. Man kannte ihn bereits unter dem Namen Zullestein aus Urkunden (erwähnt 806, 836 und 846), doch war seine genaue Lage nicht überliefert. Noch größer wurde die Überraschung, als unter und neben dem karolingischen Bauwerk und von diesem teilweise weiterbenutzt die mächtigen Mauern einer kleinen, spätröm Festung auftauchten, von der man bis dahin überhaupt nichts gewußt hatte. Der Grundriß des röm Wehrbaus ist typisch für die befestigten Schiffsländen aus der Zeit Valentinians I. (364–375), die der Kaiser an vielen Stellen der Rhein- und Donaugrenze jeweils auf den germanischen Gegenufern errichten ließ. Diesen Zeitansatz bestätigen auch die Ausgrabungsfunde. Am rechten Rheinufer kennt man ähnliche Schiffsländen aus Mannheim-Neckarau, Ladenburg und Engers bei Neuwied. Weitere mögen in Wiesbaden-Biebrich und Niederlahnstein gestanden haben, und einige sind sicherlich auch noch nicht entdeckt worden. Sie ermöglichten die Landung röm Kriegs- und Transportschiffe am feindlichen Ufer unter dem sicheren Schutz der kleinen Festungen. Der Kaiser wollte mit dem Bau der Burgi seinen Truppen jederzeit einen Zugang zu der Pufferzone vor der röm Grenze verschaffen. Wir erinnern daran, daß die Römer in dieser Zeit schon seit einem Jh kein

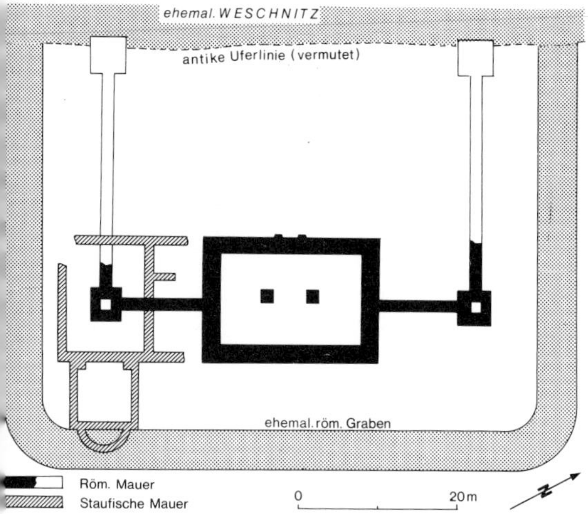

Abb. 484 Zullestein. Spätrömischer Burgus und mittelalterliche Wehrbauten

Abb. 485 Zullestein. Luftbild

rechtsrheinisches Gebiet mehr besaßen; sie hatten sich Mitte des 3. Jh auf den Rhein zurückgezogen. Allerdings hatten sie eine rechtsrheinische Puffer- und Einflußzone gebildet. Mit Hilfe der befestigten Schiffsländen sollte der röm Einfluß in der Pufferzone wirksam aufrechterhalten werden.

Die kleine Festung besitzt als Kernwerk einen mächtigen, rechteckigen Turm von 21,3 x 15,1 m Grundfläche. Die Außenmauer war im Erdgeschoß 2 m dick! In der Mitte der NW Langseite befand sich der Eingang, der sich der Weschnitz zuwandte, die damals W vom Burgus vorbeifloß. Dieser lag – vom Rhein aus gesehen – an etwas zurückgesetzter Stelle unweit der Mündung der Weschnitz in den Rhein. Das Kernwerk hatte wahrscheinlich drei Stockwerke, deren Fußböden auf zwei kräftigen Strebepfeilern ruhten. Man kann sie innerhalb des Turms sehen. Der Turm beherbergte die Besatzung und diente sicherlich auch der Lagerung von Vorräten ähnlich wie der Burgus Engers, auf dessen Fußboden bei der Ausgrabung eine dicke Schicht verkohlten Getreides gefunden worden ist. – Oben schloß der Turm mit einem Satteldach ab, das mit Ziegeln gedeckt war. Zahlreiche Schießscharten ermöglichten die Verteidigung, bei der vermutlich leichte Pfeilkatapulte eingesetzt werden konnten. Außen war der Turm weiß verputzt und wird mit seinem roten Ziegeldach in starkem Kontrast zur Landschaft gestanden haben und weit zu sehen gewesen sein. An den beiden Schmalseiten des Turms schlossen sich Flügelmauern an, die zu zwei kleinen, quadratischen Ecktürmen liefen. Von dort zogen im rechten Winkel zwei Flankenmauern zum damaligen Flußbett hinunter. In etwa 6 m Entfernung umschloß ein Verteidigungsgraben die kleine Festung. Auf diese Weise wurde unmittelbar am Fluß eine gesicherte Landungsstelle für Schiffe geschaffen, die 42 m breit war. Die beiden Flankenmauern sind in nachröm Zeit vom Fluß unterspült und teilweise zerstört worden, so daß ihre genaue Länge nicht bekannt ist. Auch weiß man nicht, ob die Mauern im Fluß jeweils mit einem kleinen Turm endeten, wie dies von valentinianischen Schiffsländen in Ungarn bekannt ist.

Die Römer haben den Burgus nur wenige Jahrzehnte besetzt, etwa bis um 400 nChr. Vielleicht bestand ein Zusammenhang mit dem Betrieb der Granitsteinbrüche am → Felsberg im Odenwald. Dort sind allerdings vor allem in der 1. Hälfte des 4. Jh mächtige Säulen und andere Werkstücke von den Römern für kaiserliche Bauten in Trier gewonnen worden. Der Abtransport der Werk-

Abb. 486 Zullestein. Blick von NO auf den Burgus; im Vordergrund Fundament des kleinen, quadratischen Eckturms, im Hintergrund links Mauerwerk des Kernwerks

stücke kann über die Weschnitz erfolgt sein. Ob die Steinbrüche aber noch während der 2. Hälfte des 4. Jh unter Valentinian I. oder unter seinem Sohn Gratian betrieben worden sind, ist ungewiß. – Nach dem Ende der Römerherrschaft fiel der Burgus in Ruinen. Erst nach Jahrhunderten wurden die noch hoch aufrechtstehenden Mauern des Kernwerks in einen befestigten karolingischen Königshof verwandelt. Als der Platz 846 aus dem Reichsgut ausschied und an das Kloster Lorsch ging, scheinen die Wehrfunktionen vernachlässigt worden zu sein. Erst nach weiteren Jahrhunderten, als auch die starken Mauern des röm Burgus weitgehend abgetragen waren, entstand in staufischer Zeit die Burg Stein in der Ruine der karolingischen Befestigung. Heute kann das freigelegte Mauerwerk der alten Wehrbauten das Ziel einer Wanderung in dem eigentümlichen Auenwald nahe der Weschnitzmündung sein. Ba

Lit: WJorns, Archäol. Korrbl. 3, 1973, 75 ff – ders. in: Deutsche Königspfalzen Bd. 3 (1979) 111 ff.

III Anhang

Zeittafel mit Kaiserliste

Literaturverzeichnis

Glossar

Verzeichnis der Museen

Namen- und Sachregister

Ortsregister

Zeittafel

2. Jahrhundert vChr	In Hessen leben keltische Stämme.
erste Hälfte d. 1. Jh vChr	Die ersten Germanen lassen sich nieder.
58–51 vChr	Caesar erobert Gallien; dadurch wird der Rhein zur Grenze des Römerreichs.
12 vChr	Beginn der Germanenfeldzüge unter Kaiser Augustus am Niederrhein.
11/10 vChr	Das römische Heer unter Drusus beginnt von Mainz aus gegen die Chatten zu marschieren.
9 vChr	Eroberungszug des Drusus von Mainz zur Elbe. Tod des Drusus.
9 nChr	Niederlage des röm Heeres unter Varus im »Teutoburger Wald«; Verlust dreier Legionen.
14	Kaiser Augustus stirbt.
14–16	Germanenfeldzüge des Germanicus berühren auch den hessischen Raum.
16	Abberufung des Germanicus durch Kaiser Tiberius. Ende der römischen Germanenfeldzüge. Der Rhein bleibt Grenze.
69	Vierkaiserjahr, Bürgerkriege im Römerreich; Aufstand der germanischen Bataver am Niederrhein; Zerstörungen im röm Grenzgebiet.
nach 70	Wiederaufbau im Grenzgebiet. Röm Truppen besetzen das Untermaingebiet und die Wetterau.
83–85	Chattenkrieg Kaiser Domitians; endgültige Eroberung des rechtsrheinischen Provinzgebiets. Anfänge des Limes.
85	Gründung der röm Provinz Germania superior mit Hauptstadt Mogontiacum (Mainz).
88/89	Aufstand des Provinzstatthalters L. Antonius Saturninus. Zerstörungen am Limes und im Grenzgebiet durch die Chatten. Danach energischer Aufbau des Limes.
98–117	Regierung Kaiser Trajans. Gründung der ersten Civitates im heute hessischen Raum. Fertigstellung des Limes.
erste Hälfte bis Mitte des 2. Jh	Zeit der friedlichen Entwicklung. Hinter dem Limes entstehen städtische Mittelpunkte und zahlreiche röm Landgüter.
Mitte 2. Jh	Vorverlegung des obergermanischen Limes von der Odenwald-Neckarlinie an die Linie Miltenberg–Lorch (Württ.).
zweite Hälfte des 2. Jh	Bedrohungen des Grenzgebiets durch Chatten werden von den Römern abgewiesen.
213	Feldzug Kaiser Caracallas gegen den neugebildeten Germanenstamm der Alamannen und Sieg des Kaisers.
233	Einfall der Alamannen in die Provinz; Zerstörungen im Grenzgebiet.
235	Kaiser Maximinus Thrax führt von Mainz aus einen erfolgreichen Krieg gegen die Alamannen.

235–259	Steigender Druck der Alamannen auf die röm Provinz Germania superior. Germaneneinfälle, Zerstörungen und röm Gegenschläge.
259/60	Räumung des obergermanischen Limes durch die Römer. Der Rhein wird wieder Grenze des Imperiums.
306–337	Regierung Konstantins des Großen. Befestigung der Rheingrenze, Germanenfeldzüge; die Römer nehmen das Gebiet um Wiesbaden wieder in Besitz und betreiben Steinbrüche im Odenwald.
350–353	Magnentius ist Gegenkaiser in Gallien. Schwere Verluste des röm Heeres im Bürgerkrieg, Untergang der rheinischen Grenztruppen. Tiefe Einfälle der Alamannen nach Gallien, Verlust des röm Gebiets um Wiesbaden.
355–361	Julian Apostata verwaltet Gallien als Caesar, schlägt die Alamannen und stabilisiert die Rheingrenze wieder.
364–375	Regierung Valentinians I. Systematische Befestigung der Rheingrenze, Feldzüge gegen die Alamannen jenseits des Rheins.
401–405	Röm Grenztruppen werden von dem Heermeister Stilicho vom Rhein abgezogen. Die Verteidigung der röm Rheingrenze geht auf germanische Verbündete (*foederati*) über. Beginn der germanischen Völkerwanderung.
406/407	Wandalen, Alanen und Sueben überschreiten den Rhein und verwüsten Gallien.
451	Schlacht auf den Katalaunischen Feldern. Der Heermeister Aetius schlägt die Hunnen mit Hilfe germanischer Verbündeter.
454	Aetius, der letzte Repräsentant der röm Macht in Gallien, wird in Rom ermordet.

Regierungsjahre römischer Kaiser von Augustus bis Honorius (30 v–423 nChr)

Augustus	30 v–14 nChr	Maximinus Thrax	235–238
Tiberius	14–37	Gordianus I. und II.	238
Caligula	37–41	Pupienus, Balbinus	238
Claudius	41–54	Gordianus III.	238–244
Nero	54–68	Philippus Arabs	244–249
Galba	68–69	Decius	249–251
Otho, Vitellius	69	Trebonianus Gallus	251–253
Vespasian	69–79	Aemilianus	253
Titus	79–81	Valerianus	253–260
Domitian	81–96	Gallienus	253–268
Nerva	96–98	Claudius II. Gothicus	268–270
Trajan	98–117	Aurelian	270–275
Hadrian	117–138	Probus	276–282
Antoninus Pius	138–161	Diokletian	284–305
Marcus Aurelius	161–180	Beginn der Tetrarchie	293
Commodus	180–192	Konstantin der Große	306–337
Pertinax, Didius Julian.	193	Constantius II.	337–361
Septimius Severus	193–211	Julian Apostata	361–363
Antoninus Caracalla	211–217	Valentinian I.	364–375
Macrinus	217–218	Gratian	375–383
Elagabal	218–222	Theodosius I.	379–395
Severus Alexander	222–235	Honorius	395–423

Abkürzungsverzeichnis

CIL	Corpus Inscriptionum Latinarum (für Hessen: Band XIII)
FundberHessen	Fundberichte aus Hessen
ORL	Fabricius, E., F. Hettner, O. von Sarwey: Der obergermanisch-raetische Limes des Römerreichs

Literatur

A. Allgemein

1. Römische Geschichte

Aufstieg und Niedergang der römischen Welt. Geschichte und Kultur Roms im Spiegel der neueren Forschung (zahlreiche Bände; Berlin/New York 1972 ff.)
Bengtson, H.: Grundriß der römischen Geschichte mit Quellenkunde Bd. 1. Handbuch der Altertumswissenschaft Bd. III. 5.1, 2. Aufl. (München 1970)
Christ, K.: Die Römer. Eine Einführung in ihre Geschichte und Zivilisation (München 1979)
Heuß, A.: Römische Geschichte. 4. Aufl. (Braunschweig 1976)

2. Römer am Rhein und in Hessen

Christ, K.: Zur Geschichte des hessischen Raums in der römischen Kaiserzeit. Festschrift W. Heinemeyer (Marburg 1979) 529 ff.
Germania Romana III. Röm Leben auf german. Boden. Gymnasium Beiheft 7 (Heidelberg 1970)
Ch. Ternes, Die Römer an Rhein und Mosel (Reclam 1975)

3. Quellensammlungen

Capelle, W.: Das alte Germanien. Die Nachrichten der griechischen und römischen Schriftsteller, 2. Aufl. (Jena 1937)
Riese, A.: Das rheinische Germanien in der antiken Literatur (Leipzig 1892)
–: Das rheinische Germanien in den antiken Inschriften (Leipzig 1914)

4. Kelten in der Wetterau

Schönberger, H.: Die Spätlatènezeit in der Wetterau. Saalburg-Jahrb. 11, 1952, 21 ff.

5. Germanen

Artikel »Alemannen«: in: Hoops Reallexikon der Germanischen Altertumskunde, 2. Aufl. Bd. 1 (1973) 137 ff.; Artikel »Chatten« ebd. Bd. 4 (1981) 377 ff.
Mildenberger, G.: Römerzeitliche Siedlungen in Nordhessen (Marburg 1972)
–: Germanische Burgen. Veröffentl. d. Altertkommission Westfalen Bd. 6 (München 1978)
Nierhaus, R.: Das swebische Gräberfeld von Diersheim. Römisch-Germanische Forschungen 28 (Berlin 1966)
von Uslar, R.: Westgermanische Bodenfunde. Germanische Denkmäler der Frühzeit Bd. 3. 2. Aufl. (Berlin 1978)

B. zu den Kapiteln

1. Die archäologische Erforschung der Römerzeit in Hessen

Fabricius, E.: ORL Abt. A Bd. II, 1 (1936) Strecke 3 S. 3 ff.; Strecke 4–5 S. 3 ff.; Bd. V (1935) Strecke 10 S. 3 ff.
Jacobi, H.: Saalburg-Jahrbuch 1, 1910, 1 ff.
Huld-Zetsche, I.: 150 Jahre Forschungen in Nida-Heddernheim. Nassauische Annalen 90, 1979, 5 ff.

2. Eroberung und Verzicht; Die Zeit der Defensive (12 v. Chr. – 69 n. Chr.)

Wells, C. M.: The German policy of Augustus (Oxford 1972)
Schönberger, H. u. Simon, H.-G.: Römerlager Rödgen. Limesforschungen 15 (Berlin 1976) 247 ff.
Nesselhauf, H.: Umriß einer Geschichte des obergermanischen Heeres. Jahrbuch d. Röm.-Germ. Zentralmuseums Mainz 7, 1960, 151 ff.

3. Römische Eroberungen unter den flavischen Kaisern; Bau des Limes

Schönberger, H.: The Roman frontier in Germany. Journal of Roman Studies 59, 1969, 155 ff.
–: Das Kastell Okarben. Limesforschungen 19 (Berlin 1980) 37 ff.

4. Das Leben im Grenzland des Römerreichs

Baatz, D.: in Germania Romana III. Gymnasium Beiheft 7 (Heidelberg 1970) 9 ff. 92 ff.
Duncan-Jones, R.: The economy of the Roman Empire (Cambridge 1977)
Kretzschmer, F.: Bilddokumente röm Technik (Düsseldorf 1978)
Landels, J. G.: Die Technik in der antiken Welt (München 1979)
Gaitzsch, W.: Römische Werkzeuge. Limesmuseum Aalen, Heft 19 (Stuttgart 1978)
Blank, H.: Einführung in das Privatleben der Griechen und Römer (Darmstadt 1976)
Flashaar, H. (Herausg.): Antike Medizin (Darmstadt 1971)
Toynbee, J. M. C.: Death and burial in the Roman world (London 1971)
Körber-Grohne, U.: Nutzpflanzen und Umwelt im röm Germanien. Limesmuseum Aalen, Heft 21 (Stuttgart 1979)
Stein, E.: Die kaiserlichen Beamten und Truppenkörper im röm Deutschland unter dem Prinzipat (Wien 1932)
Baatz, D.: Der röm Limes. 2. Aufl. (Berlin 1975)
von Domaszewski, A.: Rangordnung des röm Heeres. 2. Aufl. Bonner Jahrbücher, Beiheft 14 (Köln 1967)
Ulbert, G.: Artikel »Bewaffnung« in Hoops Reallexikon der Germanischen Altertumskunde, 2. Aufl. Bd. 2 (1976) 416 ff.
Robinson, H. R.: The armour of Imperial Rome (New York 1975)

5. Religion und Kunst

Espérandieu, E.: Recueil général des bas-reliefs, statues et bustes de la Gaule Romaine (Paris 1907–1966)
–: Recueil général des bas-reliefs, statues et bustes de la Germanie Romaine (Paris–Bruxelles 1931)
Germania Romana. Ein Bilder-Atlas. 2. Aufl. (Bamberg 1924–1930)
Römer am Rhein. Ausstellung Kunsthalle (Köln 1967)
Corpus Signorum Imperii Romani (CSIR) – Corpus der Skulpturen der röm Welt:
I, 1 Raetia u. Noricum. Bearb. von G. Gamer u. A. Rüsch (Bonn 1973)
II, 1. Germania superior. Alzey und Umgebung Bearb. von E. Künzl (Bonn 1975)
III, 1. Germania inferior. Bonn und Umgebung. Die militär. Grabdenkmäler. Bearb. von G. Bauchhenß (Bonn 1978)
III, 2. Germania inferior. Bonn und Umgebung. Zivile Grabdenkmäler. Bearb. von G. Bauchhenß (Bonn 1979)
Quilling, F.: Die Jupitersäule des Samus und Severus (Leipzig 1918)
Schoppa, H.: Die Kunst der Römerzeit in Gallien, Germanien und Britannien (München u. Berlin 1957)
Parlasca, K.: Die röm Mosaiken in Deutschland. Röm.-German. Forschungen 23 (Berlin 1959)
Bauchhenß, G. und Noelke, P.: Die Jupitersäulen in den german. Provinzen. Bonner Jahrbücher, Beiheft 41 (Bonn u. Köln 1981)
Latte, K.: Röm Religionsgeschichte. Handbuch d. Altertumswiss. Bd. V,4 (München 1960)
Drexel, F.: Götterverehrung im röm Germanien. 14. Bericht d. Röm.-German. Kommission 1922, 1 ff.
Vermaseren, M. J.: Corpus Inscriptionum et Monumentorum Religionis Mithraicae Bd. I–II (Den Haag 1956–60)
–: Der Kult des Mithras im röm Germanien. Limesmuseum Aalen Heft 10 (Stuttgart 1974)
Speidel, M. P.: Jupiter Dolichenus, der Himmelsgott auf dem Stier. Limesmuseum Aalen Heft 24 (Stuttgart 1980)

6. Fall des Limes und Spätantike

Schönberger, H.: The Roman frontier in Germany. Journal of Roman Studies 59, 1969, 177 ff.
Hoffmann, D.: Das spätrömische Bewegungsheer und die Notitia Dignitatum. Epigraphische Studien Bd. 7, 1–2 (Düsseldorf 1969–70)
–: Die Gallienarmee und der Grenzschutz am Rhein in der Spätantike. Nassauische Annalen 84, 1973, 1 ff.
von Petrikovits, H.: Fortifications in the North-western Roman Empire from the third to the fifth centuries AD. Journal of Roman Studies 61, 1971, 178 ff.

C. Regionale Übersichten

Kofler, F.: Archäologische Karte des Großherzogtums Hessen. Archiv f. hess. Geschichte u. Altertumskunde, Neue Folge 1, 1894, 1 ff.
Wolff, G.: Die südliche Wetterau in vor- und frühgeschichtlicher Zeit (Frankfurt a. M. 1913)
Jorns, W. (Herausg.): Neue Bodenurkunden aus Starkenburg (Kassel 1953)
Schell, G.: Die röm Besiedlung von Rheingau und Wetterau. Nassauische Annalen 75, 1964, 1 ff.
Führer zu vor- und frühgeschichtlichen Denkmälern Bd. 21 Hochtaunus. 2. Aufl. (Mainz 1980)
Zum Limes: ORL Abt. A Bd. II–V; Abt. B Bd. II–V,1
Behn, F.: Die römischen Steindenkmäler und Inschriften aus Starkenburg. Festschrift des Römisch-Germanischen Zentralmuseums in Mainz Bd. 1 (Mainz 1952) 12 ff.
Castritius, H., Clauss, M. und Hefner, L.: Die römischen Steininschriften des Odenwaldes. Beiträge zur Erforschung des Odenwaldes und seiner Randlandschaften Bd. 2 (Breuberg–Neustadt 1977) 237 ff; weitere Inschriften in: Bd. 3 (1980) 193 ff.

Glossar

Aedes: Haus, speziell Tempel. In den → Principia der → Kastelle: Fahnenheiligtum.
Aedicula: Tempelchen; auf Grabsteinen bisweilen in Gestalt einer kleinen Tempelfassade wiedergegeben.
Aedilis, Ädil: städtischer Beamter, Leiter des Wirtschafts- und Kulturdezernats.
Aion: »Ewigkeit«, löwenköpfiger Dämon, kommt u. a. im Mithraskult vor.
Ala: Reiterregiment, fünfhundert oder tausend Mann stark *(ala quingenaria* oder *ala milliaria).* Die Ala war eine → Auxiliartruppe. Chef der Ala war bei den kleineren Alen ein → Praefectus, bei den großen ein → Tribunus.
Annex (an Wehrbau): an das Kernwerk einer Wehranlage angefügter, verteidigungsfähiger Anbau.
Ansa (Mehrzahl ansae): lateinisches Wort, Hauptbedeutung »Griff«. Manche römischen Steininschriften ahmten Holztafeln nach, die seitlich je einen stilisierten, oftmals dreieckigen Griff (ansa) besaßen.
Apodyterium: Umkleideraum der → Thermen.
Aquilifer: Offizier in der → Legion, Träger des Legionsadlers (wichtigste Legionsstandarte).
Auxiliarsoldat: Berufssoldat in einer → Auxiliartruppe. Die Auxiliarsoldaten kamen aus den röm Provinzen. Der Besitz des röm Bürgerrechts wurde bei ihnen nicht vorausgesetzt. Der Soldat in einer Infanterieeinheit wurde als *miles,* der Kavallerist als *eques* bezeichnet.
Auxiliartruppe: Hilfstruppe im Gegensatz zu den Kerntruppen, den → Legionen. Es gab unter den Auxiliartruppen Infanterieeinheiten (→ Kohorte) und Reiterregimenter (→ Ala). Diese Einheiten waren entweder 500 oder 1000 Mann stark. Eine weitere Gattung der Auxiliartruppen bildeten die oft noch kleineren → Numeri.
Bacchus: Gott des Weins, Mysteriengottheit.
Benefiziarier: Als Militärpolizist abkommandierter → Legionssoldat.
Biviae, Triviae, Quadruviae: Gottheiten der Wegegabelungen und Kreuzungen.
Burgus: kleine Befestigung, fester Turm.
Caldarium: Warmbaderaum der → Thermen.
Cautes, Cautopates: fackeltragende → Genien im Mithraskult, Verkörperungen von Leben und Tod.
Centurie: wörtlich »Hundertschaft«, Unterabteilung der → Kohorte. Die ursprünglich aus hundert Infanteristen bestehende Centurie umfaßte in der röm Kaiserzeit nur rund achtzig Soldaten. Chef der Centurie war der → Centurio; sein Stellvertreter war der Optio.
Centurio: »Hauptmann«, Chef der → Centurie.
Ceres: Göttin für die Fruchtbarkeit der Felder, vor allem des Getreides; Mysteriengottheit.
Chatten: germanischer Stamm im heutigen Hessen.
Civitas: Stammesgemeinde mit Selbstverwaltung innerhalb der röm Provinz. Jede Civitas besaß einen Hauptort, der Sitz der Verwaltung war. Diese ging von der Versammlung der Ratsherren (→ Ordo Decurionum) aus, die von zwei jährlich wechselnden Bürgermeistern (→ Duoviri) geleitet wurde.
Cohors: → Kohorte.
Colonia: Stadt nach römischem Recht.
Dadophoren: die fackeltragenden Genien → Cautes und Cautopates im Mithraskult.
Dea Candida: »reine Göttin«, keltische Göttin unter römischem Namen.
Decurio: (a) Ratsherr einer römischen Stadt oder einer → Civitas. (b) Reiteroffizier, »Rittmeister«, Chef einer → Turma.
Dendrochronologie: Verfahren zur absoluten Al-

tersbestimmung antiker Hölzer durch Ausmessung der Jahrringe.
Dendrophoren: »Baumträger«, Mitglieder eines Priesterkollegiums im Kult der → Kybele (vgl. die heute noch geübte Sitte des Maibaums).
Diana: Jagd- und Naturgöttin.
Dioskuren: (griech.) Zeussöhne Kastor und Polydeukes (lat. Castor und Pollux).
Doliche: Stadt in Nordsyrien; Heimat des → Jupiter Dolichenus.
Duovir: Bürgermeister. Die → Civitates sowie die meisten röm Städte besaßen jeweils zwei jährlich wechselnde, gewählte Duoviri.
Epona: Keltisch-röm Schutzgöttin der Pferde, Maultiere, Esel und Fuhrleute.
Flavier, flavisch: Die Kaiser Vespasian, Titus und Domitian bildeten die flavische Dynastie.
Fortuna: Glücksgöttin, Göttin des wandelbaren Schicksals.
Forum: Marktplatz. Am Marktplatz einer röm Stadt befand sich meist der Sitz der Stadtverwaltung, das Rathaus mit dem Sitzungssaal der Ratsherren (*curia*), oft eine Markt- und Gerichtshalle (*basilica*) und der Haupttempel der Stadt.
Frigidarium: Kaltbaderaum der röm → Thermen.
Genius: Lebens- und Zeugungskraft des Mannes, Schutzgeist des Mannes; als Schutzgeist auch auf Gemeinschaften oder bestimmte Örtlichkeiten übertragen.
Giganten: Urweltriesen, Angreifer auf die Ordnung der olympischen Götter.
Hercules: lat. Form des griech. Herakles. Halbgott, Sohn des Zeus, Überwinder irdischer Mühen.
Hilfstruppe: → Auxiliartruppe.
Horreum: Speicher, insbesondere Getreidespeicher; auch in den röm → Kastellen.
Hypokaustum: röm Fußbodenheizung.
Isis: ägyptische Göttin, weit verehrt im Römerreich.
Juno: Göttin, Gemahlin des Jupiter.
Jupiter: höchster röm Gott, daher auch: Jupiter Optimus Maximus (abgekürzt IOM) »der beste und größte Jupiter«. Andere Schreiweise: Juppiter.
Jupiter Dolichenus: Stadtgott von Doliche in Nordsyrien, weit verehrt im Römerreich.
Kastell: lat. *castellum,* befestigte Kaserne für eine → Auxiliartruppe.
Kline: Bett oder auch Speisesofa für die antike Sitte des Speisens im Liegen.
Kohorte: Bezeichnung für Infanterieabteilungen der Auxiliartruppen und der Legionen. (a) Kohorten der → Auxiliartruppen, »Auxiliarinfanterie«, waren entweder 500 oder 1000 Mann stark (*cohors quingenaria* oder *cohors milliaria*). Einigen Auxiliarkohorten waren Reiterzüge (→ Turmae) angegliedert; eine solche Kohorte wurde als *cohors equitata* bezeichnet. Chef der Auxiliarkohorte war in der Regel ein → Praefectus, bisweilen auch ein → Tribunus. (b) Unterabteilung der → Legion. Die Legion war in zehn Kohorten gegliedert, von denen die erste 1000 Mann, die übrigen neun 500 Mann stark waren. Die Legionskohorte wurde von dem jeweils ranghöchsten → Centurio der Kohorte geführt.
Konsul: die beiden Konsuln, die jährlich wechselten, waren die höchsten Repräsentanten der röm Republik. Das Amt bestand im Kaiserreich weiter. Das Jahr wurde jeweils nach den beiden Inhabern das Konsulats bezeichnet.
Kybele: kleinasiatische Muttergottheit und Mysteriengöttin, auch → Mater Magna genannt.
Laconicum: Schwitzraum in den → Thermen.
Latènekultur: wissenschaftliche Bezeichnung für die Kultur der vorröm Kelten. Der Name stammt von der Fundstätte »Latène« am Nordende des Neuenburger Sees (Schweiz). Die Latènekultur begann etwa um 400 vChr. Sie ist in Hessen in Früh-, Mittel- und Spätlatène unterteilt worden. Das Ende der Latènekultur wurde hier im Lauf des 1. Jahrhunderts vChr zunächst durch eindringende Germanen, dann durch die röm Okkupation herbeigeführt.
Legatus: wörtlich »Beauftragter« des Kaisers, bezeichnet unterschiedliche Rangstufen. (a) Legatus »General« als Chef einer → Legion. (b) Legatus Augusti pro praetore (Beauftragter des Kaisers mit der Vollmacht eines Prätors) war der Titel des Statthalters der Provinz → Obergermanien, zu der auch das röm Hessen gehörte.
Legion: Einheit der Kerntruppen des Römerreichs, etwa 5000–6000 Mann stark. Die Legion bestand aus Berufssoldaten. Nur röm Bürger wa-

ren zum Dienst zugelassen. Chef der Legion war der → Legatus. Die Legion war in zehn → Kohorten gegliedert, von denen die erste doppelte Stärke besaß.
Legionssoldat: Berufssoldat, der in einer → Legion diente (*miles*). Im Gegensatz zum → Auxiliarsoldaten mußte er das röm Bürgerrecht besitzen.
Leuga, Leuge: gallische Meile, 1,5 röm → Meilen lang (2,22 km); seit 202 nChr amtliches Wegemaß in den gallischen und germanischen Provinzen des Römerreichs.
Limes: die Grundbedeutung des Wortes ist »Feldgrenze«, »Grenzweg«. Es wurde auch zur Bezeichnung der überwachten, röm Reichsgrenze verwendet.
Mansio: Herberge, Unterkunftshaus.
Mars: Gott des Krieges.
Mater, Matrona: »Mutter, Familienmutter«, auch Bezeichnung von Muttergottheiten.
Mater Magna: kleinasiatische Göttin → Kybele.
Meile: lat. *milia passuum* »tausend Schritt«. Die röm Meile war 1,48 km lang.
Mercurius: Gott des Handels und der Kaufleute.
Metroon: Tempel der → Kybele.
Minerva: Göttin der Handwerker und der Künste.
Mithras: iranischer Lichtgott, Herr einer der wichtigsten Erlösungsmysterien der alten Welt.
Municipium: Stadt nach römischem Recht von etwas geringerem Rang als eine → Colonia.
Mysterien: Glauben für Eingeweihte mit Hoffnung auf Erlösung und Weiterleben nach dem Tode.
Numerus: wörtlich »Einheit«; am Limes Bezeichnung für meist kleinere Einheiten der → Auxiliartruppen, die bisweilen nur etwa 150 Mann stark waren. Ihr Chef (*praepositus*) war ein abkommandierter Legionscenturio.
Nymphen: weibliche Naturgottheiten, auch Quellengöttinnen.
Obergermanien: röm Provinz *Germania superior* (Hauptstadt Mainz). Zu ihr gehörte das röm Hessen.
Oppidum: »Stadt; große befestigte Siedlung«; insbesondere stadtartige, befestigte Siedlung des Mittel- und Spätlatène (→ Latènekultur).
Ordo decurionum: Körperschaft der Ratsherren einer röm Stadt oder → Civitas.
Parther: iran. Volk im heutigen Iran und Irak.
Peregriner: Provinzbewohner ohne röm Bürgerrecht.
Portikus: Säulenhalle.
Praefectus, Präfekt: »Oberst«, Chef einer → Auxiliartruppe, einer → Kohorte oder → Ala.
Praetorium: (a) Wohnhaus eines militärischen Lagerkommandanten; (b) gut ausgestattetes Unterkunftshaus.
Principia: Mittelgebäude der röm → Kastelle und Legionslager; Stabsgebäude bzw. Kommandantur.
Raeter: kelt. Volksstamm aus den Alpen im heutigen Österreich und der Schweiz.
Risalit: flankierend vorspringender Bauteil, etwa bei den Hauptgebäuden röm Gutshöfe.
Sarapis: ägyptischer Hauptgott, dem röm → Jupiter vergleichbar.
Saturnus: lat. Bezeichnung des griech. Kronos, Vater des Zeus. Gott der Saat und der Ernte.
Satyr: Mischwesen aus Mensch und Pferd, Begleiter des Bacchus.
Spitzgraben: Verteidigungsgraben mit V-förmigem Querschnitt; häufig vom röm Heer verwendet.
Stele: freistehender Grabstein.
Sudatorium: Schwitzraum (Sauna) in den → Thermen.
Taranis, Taranucnus: keltischer Himmelsgott.
Tepidarium: lauwarmer Baderaum in den → Thermen.
Terra Sigillata: rotglänzendes, röm Tafelgeschirr aus Ton. Diese oft qualitätvolle Ware ist nur in wenigen Offizinen hergestellt worden (z. B. in Rheinzabern bei Speyer).
Thermen: geheizte Bäder. Die zahlreichen Räume der Thermen mit ihren unterschiedlichen Badeeinrichtungen und Temperaturen wurden durch → Hypokausten geheizt.
Toga: mantelartiges, festliches Gewand aus Wolle, Kennzeichen des röm Bürgers.
Tribunus: hoher Offizier. (a) Stabsoffizier bei der → Legion; (b) Chef einer besonders angesehenen oder großen → Auxiliartruppe, etwa einer → Ala milliaria.

Triumph: ritueller Aufzug des siegreichen Feldherrn und seiner Armee in Rom.
Tunika: hemdartiges Gewand.
Turma: »Reiterzug«, Unterabteilung der → Ala. Die Turma war 30–40 Mann stark. Führer der Turma war der → Decurio; sein Stellvertreter wurde Duplicarius (»Doppelsöldner«) genannt.
Venus: Göttin der Liebe.
Vexillatio: abkommandierter Teil einer röm Militäreinheit mit eigener Fahne (vexillum).
Victoria: Göttin des Sieges.
Vicus: wörtlich »Dorf«. Die röm Vici waren meist keine Bauerndörfer, sondern Marktflecken mit Gewerbe- und Dienstleistungsbetrieben.
Villa rustica: röm Gutshof.
Vulcanus: Gott der Schmiedekunst und des Metallhandwerks.
Zeus: griechische Entsprechung des → Jupiter.

Museen Hessens mit römischen Funden

Die reichsten Sammlungen von Funden aus der Römerzeit Hessens befinden sich im Museum Wiesbaden, im Hessischen Landesmuseum Darmstadt, im Museum für Vor- und Frühgeschichte Frankfurt a. M. und im Saalburgmuseum Bad Homburg. Röm Funde gibt es aber auch in vielen anderen Museen Hessens. Man findet dort oft wichtige und interessante Einzelstücke oder gute regionale Übersichten.

Bad Homburg: Saalburgmuseum
Bad Homburg: Städt. Heimat- und Hutmuseum
Bad Nauheim: Salzmuseum
Bad Vilbel: Brunnen- und Heimatmuseum
Breuberg: Breuberg-Museum
Büdingen: Regionalmuseum
Butzbach: Heimatmuseum
Darmstadt: Hessisches Landesmuseum
Dieburg: Kreis- und Stadtmuseum
Dietzenbach: Heimatmuseum
Dreieichenhain: Dreieichmuseum
Erbach/Odenwald: Schloß Erbach
Frankfurt a. M.: Museum f. Vor- u. Frühgeschichte, Holzhausenschlößchen
Frankfurt a. M.: Röm Ausstellung Nida-Heddernheim, Deutschordenshaus
Frankfurt a. M.: Historisches Museum, Ausstellung Altstadtgrabung
Ffm.-Bergen-Enkheim: Heimatmuseum
Ffm.-Höchst: Museum für Höchster Geschichte
Ffm.-Schwanheim: Heimatmuseum
Friedberg: Wetterau-Museum
Gießen: Oberhessisches Museum
Groß-Gerau: Heimatmuseum des Gerauer Landes
Großkrotzenburg: Museum
Hanau: Historisches Museum Schloß Philippsruhe
Hanau-Steinheim: Museum Steinheim
Königstein im Taunus: Stadtmuseum
Niddatal-Assenheim: Schloßmuseum
Ober-Ramstadt: Museum
Oberursel: Vortaunusmuseum
Offenbach a. M.: Stadtmuseum
Pfungstadt: Städt. Museum
Seligenstadt: Landschaftsmuseum, ehemalige Benediktinerabtei
Viernheim: Heimatmuseum
Wiesbaden: Museum Wiesbaden, Sammlung Nassauischer Altertümer

Einige sehenswerte Museen mit röm Funden in der Nachbarschaft Hessens

Mainz: Römisch-Germanisches Zentralmuseum
Mainz: Mittelrheinisches Landesmuseum
Worms: Museum der Stadt Worms
Mannheim: Reiss-Museum
Ladenburg: Lobdengau-Museum
Heidelberg: Kurpfälzisches Museum
Speyer: Historisches Museum der Pfalz
Karlsruhe: Badisches Landesmuseum
Aschaffenburg: Stiftsmuseum
Obernburg a. M.: Römerhaus
Miltenberg: Museum

Namen- und Sachregister

Ortsregister

Bildnachweis

Aschaffenburg, Museum: 155
Augst, Römermuseum: 52
D. Baatz: 3, 4, 16 (freigeg. v. Reg.-Präs. Darmstadt, Nr. 875/80), 17, 18 (freigeg. v. Reg.-Präs. Darmstadt, Nr. 12/81), 29, 34, 40, 41, 43–45, 53, 54, 56, 57, 63, 64, 74, 75, 85, 146, 156, 158, 187 (freigeg. v. Reg.-Präs. Darmstadt, Nr. 877/80), 191 (freigeg. v. Reg.-Präs. Darmstadt, Nr. 865/80), 192, 197 (freigeg. v. Reg.-Präs. Darmstadt, Nr. 866/80), 198, 199, 202, 203, 231, 257 (freigeg. v. Reg.-Präs. Darmstadt, Nr. 879/80), 265 (freigeg. v. Reg.-Präs. Darmstadt, Nr. 1573/80), 266, 267, 286 (freigeg. v. Reg.-Präs. Darmstadt, Nr. 06/81), 288, 298, 302, 303, 308, 311, 329, 330, 337, 342, 346, 349, 355, 380, 389, 390, 395–398, 401, 412 (freigeg. v. Reg.-Präs. Darmstadt, Nr. 864/80), 417 (freigeg. v. Reg.-Präs. Darmstadt, Nr. 1579/80), 418, 426, 445, 447, 450, 466, 478, 480, 481, 483, 485 (freigeg. v. Reg.-Präs. Darmstadt, Nr. 872/80), 486
B. Beckmann: 404, 406, 407, 459
Bonn, Rheinisches Landesmuseum: 107
Büdingen, Museum: 172
W. Czysz: 280, 421, 422, 423
Darmstadt, Hessisches Landesmuseum: 38, 116, 140, 175, 176, 243, 460
W. Dehn: 186 (G. Jacobi)
Deutsches Archäologisches Institut, Rom: 51, 61, 62, 78
Dieburg, Kreis- und Stadtmuseum: 269, 270, 272
Dreieichenhain, Dreieichmuseum: 182, 185
Ch. Eckert, Stuttgart: 179, 184
Fischer, U: 114, 124
Frankfurt, Museum für Vor- und Frühgeschichte: 60, 92, 95, 97, 100–103, 105, 106, 112, 115, 117, 121, 123, 135, 208, 209, 212, 415
Frankfurt, Universität: 25, 26
Friedberg, Museum: 249
Gallay: 284
Gießen, Oberhessisches Museum: 253, 254
Groß-Gerau, Museum: 259
Hanau, Museum: 241, 264, 393
Hanau, Schloß Philippsruhe: 281
L. Hefner: 428, 430
G. Hock: 96, 98
G. Jacobi: 188
Knetsch: 433
F. Kochmann, Frankfurt: 227, 228
Köln, Römisch-Germanisches Museum: 110
Künzl, E.: 111
Kutsch: 471
Landesamt für Denkmalpflege, Hessen: 1, 2, 8, 10–12, 15, 151, 159, 162, 163, 171, 173, 178, 181, 252, 258, 260–262, 273, 276, 278, 279, 291, 294, 304, 384, 414, 419, 420, 432, 436, 437, 448, 449, 452, 473

Liebighaus, Frankfurt: 238
H. Lischewski: 174
Mainz, Mittelrheinisches Landesmuseum: 80, 125
Mannheim, Reiß-Museum: 195
Nassauer Annalen: 204
Nuber, H. U.: 295–297
Stadt Obernburg: 429
Nach ORL: 5, 42, 77, 149, 154, 301, 325, 326, 331, 338, 343, 347, 362, 365, 366, 369, 370, 374, 375, 378, 379, 382, 383, 441, 442
F. Restel: 408, 410
Römisch-Germanische Kommission, Frankfurt: 152, 165, 166, 312
Römisch-Germanisches Zentralmuseum, Mainz: 21, 22, 27, 30, 31, 49, 79, 81–83, 86–91, 93, 94, 108, 109, 113, 118–120, 122, 126–128, 130–134, 136, 137, 141–144, 193, 201, 402, 464
Saalburgmuseum, Bad Homburg: 9, 13, 37, 39, 47, 55, 58, 59, 65–73, 76, 99, 129, 138, 139, 150, 160, 189, 200, 244, 255, 256, 287, 305, 307, 309, 310, 335, 368, 376, 416, 444, 446, 456, 472, 474, 482
Schallmayer, E.: 161, 274, 385, 386, 461
Schwanheim, Heimatverein: 242
G. Seitz, Freiburg: 14
U. Seitz-Gray, Frankfurt: 214–226, 229, 234–236
Seligenstadt, Museum: 453
St. Germain-en-Laye, Mus. nat.: 104
L. Süß: 248
Taunusklub Frankfurt: 322
Trier, Landesmuseum: 48
F. Uhlig, Otzberg: 180
W. Wackerfuß: 457
P. Wagner: 250, 435, 438
Wiesbaden, Museum: 6, 24, 28, 46, 50, 467
H. Wohnaut: 237

Heidekringen
Wiesbaden
Hofhe
Biebrich
Flörsheim
Kastel
Mainz
Main
Rüsse
Wispen
Rhein
Trebur
G
Selz
Gulden-B.
Gehab
Nahe
Eller-B.
Wies-B.
Apfel-B.
Alsenz
See-B.
Zulleste
Pfrimm-B.
Lauter
Isenach
0
20 km
Limes
Fundstätte
Fundstätte und Museum
Museum
Reh-B.